中 国 国 家 标 准 汇 编

2018 年修订-39

中国标准出版社　编

中国标准出版社

北　京

图书在版编目(CIP)数据

中国国家标准汇编:2018年修订.39/中国标准出版社编.—北京:中国标准出版社,2020.6

ISBN 978-7-5066-9602-9

Ⅰ.①中… Ⅱ.①中… Ⅲ.①国家标准-汇编-中国-2018 Ⅳ.①T-652.1

中国版本图书馆CIP数据核字(2020)第069782号

中国标准出版社出版发行
北京市朝阳区和平里西街甲2号(100029)
北京市西城区三里河北街16号(100045)

网址 www.spc.net.cn
总编室:(010)68533533 发行中心:(010)51780238
读者服务部:(010)68523946

中国标准出版社秦皇岛印刷厂印刷
各地新华书店经销

*

开本 880×1230 1/16 印张 42.25 字数 1 278 千字
2020年6月第一版 2020年6月第一次印刷

*

定价 220.00 元

如有印装差错 由本社发行中心调换
版权专有 侵权必究
举报电话:(010)68510107

出 版 说 明

《中国国家标准汇编》是一部大型综合性国家标准全集。自1983年起,每年按国家标准顺序号分册汇编出版,分为“制定”卷和“修订”卷两种形式。

“制定”卷收入上一年度我国发布的、新制定的国家标准,视篇幅分成若干分册,封面和书脊上注明“20××年制定”字样及分册号,分册号一直连续。各分册中的标准是按照标准编号顺序连续排列的,如有标准顺序号缺号的,除特殊情况注明外,暂为空号。

“修订”卷收入上一年度我国发布的、被修订的国家标准,视篇幅分设若干分册,但与“制定”卷分册号无关联,仅在封面和书脊上注明“20××年修订-1,-2,-3,……”字样。“修订”卷各分册中的标准,仍按标准编号顺序排列(但不连续);如有遗漏的,均在当年最后一分册中补齐。需提请读者注意的是,个别非顺延前年度标准编号的新制定国家标准没有收入在“制定”卷中,而是收入在“修订”卷中。

读者购买每年出版的《中国国家标准汇编》“制定”卷和“修订”卷则可收齐由我社出版的上一年度制定和修订的全部国家标准。

2018年我国制修订国家标准共2 684项。本分册为《中国国家标准汇编》“2018年修订-39”,收入新制修订的国家标准9项。

中国标准出版社

2020年3月

目　　录

ICS 35.040
L 71

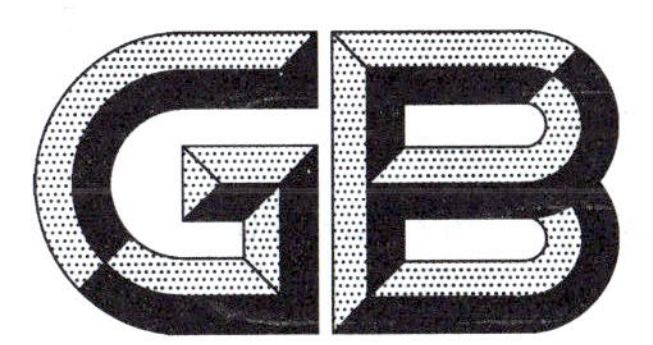

中华人民共和国国家标准

GB/T 33475.3—2018

信息技术 高效多媒体编码 第3部分：音频

Information technology—High efficiency media coding—Part3: Audio

2018-06-07 发布

2019-01-01 实施

国家市场监督管理总局
中国国家标准化管理委员会 发布

前　言

GB/T 33475《信息技术　高效多媒体编码》分为三个部分：

——第1部分：系统；

——第2部分：视频；

——第3部分：音频。

本部分为GB/T 33475的第3部分。

本部分按照GB/T 1.1—2009给出的规则起草。

本部分由全国信息技术标准化技术委员会(SAC/TC 28)提出并归口。

本部分起草单位：清华大学、南京青衿信息科技有限公司、中关村视听产业技术创新联盟、中科开元信息技术(北京)有限公司、新加坡国家科研局资讯通信研究所、北京大学、武汉大学、北京天籁传音数字技术有限公司、北京理工大学、天津大学。

本部分主要起草人：窦维蓓、潘兴德、李靓、舒海燕、卢敏、吴超刚、杨新辉、刘任化、黄海滨、俞容山、黄益超、曲天书、王晓晨、姜林、王晶、张涛、高文、黄铁军。

引 言

GB/T 33475 的本部分是高质量音频信号的编解码技术标准，是为了适应数字存储媒体、互联网宽带音视频业务、数字音视频广播、无线宽带多媒体通信、数字电影、虚拟/增强现实和视频监控等应用中对音频压缩技术的需要而制定的。

本部分描述了高质量音频信号的通用音频编码、无损编码和三维声音对象编码的表示方法，及通用音频解码、无损解码和三维声音对象解码的方法。通用音频编码支持最多 128 声道、支持采样率 8 kHz～192 kHz，并支持 8 比特、16 比特和 24 比特采样精度。支持编码输出比特流为每声道 16 kbit/s～192 kbit/s，单声道：16 kbit/s、32 kbit/s、44 kbit/s、56 kbit/s、64 kbit/s、72 kbit/s、80 kbit/s、96 kbit/s、128 kbit/s、144 kbit/s、164 kbit/s、192 kbit/s；双声道立体声：24 kbit/s、32 kbit/s、48 kbit/s、64 kbit/s、80 kbit/s、96 kbit/s、128 kbit/s、144 kbit/s、192 kbit/s、256 kbit/s、320 kbit/s；5.1 环绕立体声：192 kbit/s、256 kbit/s、320 kbit/s、384 kbit/s、448 kbit/s、512 kbit/s、640 kbit/s、720 kbit/s；以及7.1和 10.1 等多声道环绕立体声。无损音频编码支持最多 128 声道、任意采样频率，并支持 8 比特、16 比特和 24 比特采样精度。三维声音对象编码支持最多 128 个声音对象。

本文件的发布机构提请注意，声明符合本部分时，可能涉及到 7.3、7.4.2、7.5、7.6、7.7、7.8、7.9、8.4、8.7、9.3、9.4 相关的专利的使用。

本文件的发布机构提请注意，声明符合本文件时，可能涉及到 20 项与通用音频编解码技术相关的专利的使用。

PCT/CN2014/095012，一种用于音频信号的矢量量化编解码方法及装置；PCT/CN2014/095394，多声道声音信号编码方法、解码方法及装置；PCT/CN2014/095396，多声道声音信号编码方法、解码方法及装置；PCT/CN2014/095393，主成分分析 PCA 映射模型的编解码方法及装置；200610087094.6，频带扩展编码方法及装置和解码方法及装置；201210085183.2，一种声音编解码装置及其方法；201210085213.X，一种声音编解码装置及其方法；201210085257.2，一种声音编解码装置及其方法；201310109081.4，一种声音解码装置及其方法；201310128173.7，一种声音编解码装置及其方法；201310728959.2，一种用于音频信号的矢量量化编解码方法及装置；201410395806.5，多声道声音信号编码方法、解码方法及装置；201410404895.5，多声道声音信号编码方法、解码方法及装置；201410710991.2，主成分分析 PCA 映射模型的编解码方法及装置；201510226119.5，一种针对被舍弃的子空间分量的补偿编解码装置及方法；200710175993.6，编码集成系统和方法与解码集成系统和方法；200710135833.9，立体声音频编/解码方法及编/解码器；200710304486.8，音频信号的编码方法和装置与解码方法和装置；200810106460.7，立体声信号编解码方法、装置及编解码系统；201410573759.9，一种立体声编解码方法。

本文件的发布机构提请注意，声明符合本文件时，可能涉及到 3 项与无损音频音频编解码技术相关的专利的使用。

ZL201010281033.X，一种基于整形小波变换的音频无损压缩编码、解码方法；201110263485.X，后向块自适应 Golomb-Rice 编解码方法及装置；201410721299.X，多声道无损音频混合编解码方法及装置。

本文件的发布机构提请注意，声明符合本文件时，可能涉及到 4 项与对象元数据编解码技术相关的专利的使用。

201610157032.1，一种全景声处理方法；201610157663.3，一种声场空间的坐标定义方法；201610158782.0，一种声音对象的编码方法；201610159117.3，一种全景声编码方法。

本文件的发布机构对于该专利的真实性、有效性和范围无任何立场。

该专利持有人已向本文件的发布机构保证，他愿意同任何申请人在合理且无歧视的条款和条件下，就专利授权许可进行谈判。该专利持有人的声明已在本部分的发布机构备案。相关信息可以通过以下联系方式获得：

联 系 人：黄铁军（数字音视频编解码技术标准工作组秘书长）

通讯地址：北京大学理科 2 号楼 2641 室

邮政编码：100871

电子邮件：tjhuang@pku.edu.cn

电　　话：＋10-62756172

传　　真：＋10-62751638

网　　址：http://www.avs.org.cn

请注意除上述专利外，本部分的某些内容仍可能涉及专利。本部分的发布机构不承担识别这些专利的责任。

信息技术 高效多媒体编码 第3部分:音频

1 范围

GB/T 33475 的本部分描述了高质量音频信号的通用音频编码、无损音频编码和三维音频对象编码的表示方法及通用音频解码、无损音频解码和三维音频对象解码的方法。

本部分适用于下述领域:

——数字存储媒体;

——互联网宽带音视频业务;

——数字音视频广播;

——无线宽带多媒体通信;

——数字电影;

——虚拟现实和增强现实;

——视频监控。

2 规范性引用文件

下列文件对于本文件的应用是必不可少的。凡是注日期的引用文件,仅注日期的版本适用于本文件。凡是不注日期的引用文件,其最新版本(包括所有的修改单)适用于本文件。

GB/T 4880.2—2000 语种名称代码 第2部分:3字母代码

GB/T 5271.1 信息技术 词汇 第1部分:基本术语

GB/T 5271.4 信息技术 词汇 第4部分:数据的组织

GB/T 5271.9 信息技术 词汇 第9部分:数据通信

GB/T 17975.1—2010 信息技术 运动图像及其伴音信息的通用编码 第1部分:系统

3 术语和定义

GB/T 5271.1、GB/T 5271.4 和 GB/T 5271.9 界定的以及下列术语和定义适用于本文件。

3.1

保留 reserved

在定义编码位流中的暂时未被使用的字段,可能在将来的标准扩展中被用到。

3.2

比特率 bitrate

编码位流传输到解码器输入端的速率。

3.3

位流 bitstream

用作数据编码表示的有一定次序的一组比特。

3.4

编码　coding

读入音频采样流，并产生一个符合本部分的有效位流。

3.5

编码器　coder

编码处理的实体。

3.6

编码表示　coded representation

以其编码形式表示的数据单元。

3.7

编码音频位流　coded audio bitstream

音频信号的编码表示。

3.8

边信息　side information

位流中控制解码的必要信息。

3.9

采样频率　sampling frequency；fs

每秒从连续信号中提取离散信号的采样个数，可简称采样率。

注：单位为赫兹(Hz)。

3.10

辅助数据　ancillary data

位流中用于协助声道编码的数据。

3.11

解码　decoding

在本部分中定义的一种数据处理，即读入编码位流并输出音频采样值的过程。

3.12

解码器　decoder

解码处理的实体。

3.13

谱系数　spectral coefficient

分析滤波器组中输出的离散频谱域数据。

3.14

熵编码　entropy coding

信号数字表示中的一种变长无损编码，用以减少统计特性上的冗余。

3.15

声道　channel

声音在录制或播放时在不同空间位置采集或回放的相互独立的音频信号。

3.16

数据单元　data element

编码前的和编码后的数据项的表示。

3.17

填充(位)　stuffing(bits)

填充(字节)　stuffing(byte)

可以插入到编码位流的特别位置中,而在解码过程中被去除的码字。另外,编码的附加数据也能使用填充位或字节。

3.18

信号类型　signal type

一种对编码音频信号进行分类的机制,用于选择不同的滤波方式和编码方式。

3.19

音频缓存器　audio buffer

解码器中用于存储编码音频数据的缓存器。

3.20

字节　byte

8 个比特的序列。

3.21

字节对齐　byte alignment

在编码位流中,使比特数为 8 的倍数的处理过程。

3.22

噪性编码　noise level coding

信号统计特性类似噪声的程度参数编码。

3.23

加弦　adding individual line

在特定频带内增加一个正弦成分。

3.24

线性预测编码　linear predict coding

对输入音频信号进行处理的一种算法,用于减少信号的冗余,提高编码效率。

3.25

提升小波　lifting wavelet

用提升策略来实现的小波变换。

3.26

多声道去相关　multichannel decorrelation

去除声道间相关性以提高编码效率。

3.27

声道编码　channel coding

基础声道的编码,即除声音对象外基础声音信号的编码。

3.28

声音对象　sound object

被感知为一个整体的声音或由一个声源发出的独立于环境的声音。

3.29

声音对象编码　sound object coding

读入声音对象音频采样流及其边信息,并产生一个包括对象元数据和音频内容的编码位流。

4　符号和缩略语

本部分中使用的数学运算符和优先级与 C 语言使用的类似。但对整型除法和算术移位操作进行了特定的定义。除特别说明外,约定编号和计数从 0 开始。

4.1 算术运算符

下列算术运算符适用于本文件。

+	加
−	减(二元运算符)或取反(一元前缀运算符)
×	乘
a^b	幂,表示 a 的 b 次幂,也可表示上标。
^	幂
%	取模算符,仅对正整数定义。
/	整数除法,结果向 0 取整。例如,7/4 和−7/−4 取整为 1,−7/4 和 7/−4 取整为−1。
$\frac{a}{b}$	除法运算,不做取整或四舍五入。
| |	绝对值 $\|x\|=x$ 当 $x>0$ $\|x\|=0$ 当 $x=0$ $\|x\|=-x$ 当 $x<0$
abs	绝对值
sign()	取符号 $\mathrm{sign}(x)=1$ 当 $x>0$ $\mathrm{sign}(x)=0$ 当 $x=0$ $\mathrm{sign}(x)=-1$ 当 $x<0$
$\sqrt{x}$	平方根
$\sum_{i=a}^{b} f(i)$	自变量 i 取由 a 到 b(含 b) 的所有整数值时,函数 $f(i)$ 的累 加和。
$\log_{10}$	以 10 为底的对数
$\log_2$	以 2 为底的对数
⌊ ⌋	向下取整
exp	以自然常数 e 为底的指数函数
residual	残差,指实际观察值与估计值(拟合值)之间的差

4.2 逻辑运算符

下列逻辑运算符适合于本文件。

||	逻辑或
&&	逻辑与
!	逻辑非

4.3 关系运算符

下列关系运算符适用于本文件。

>	大于
≥	大于或等于
<	小于
≤	小于或等于
=	等于
≠	不等于

max[,……,]　参数表中的最大值

min[,……,]　参数表中的最小值

4.4 位运算符

下列位运算符适用于本文件。

&　与

|　或

~　取反

$a >> b$　将 a 以 2 的补码整数表示的形式向右移 b 位。仅当 b 取正数时定义此运算。向右移至最高有效位时，其值与 a 移位运算前的最高有效位相等。

$a << b$　将 a 以 2 的补码整数表示的形式向左移 b 位。仅当 b 取正数时定义此运算。向左移至最低有效位时，其值等于 0。

4.5 赋值

下列赋值运算适用于本文件。

==　赋值运算符

$x = a..b$　x 取从 a 至 b（含 b）的值，其中 x、a 和 b 是整数。

++　自加，x++相当于 $x=x+1$。当用于数组下标时，在自加运算前先求变量值。

−−　自减，x−−相当于 $x=x-1$。当用于数组下标时，在自减运算前先求变量值。

+=　自加指定值，例如，x+=3 相当于 $x=x+3$，x+=(−3)相当于 $x=x+(-3)$。

−=　自减指定值，例如，x−=3 相当于 $x=x+(-3)$，x−=(−3)相当于 $x=x-(-3)$。

4.6 助记符

下列助记符适用于本文件。

rpchof　多项式余数，高阶在先。

bslbf　位串，左位在前，这里“左”是按 GB/T 17191 中写的位串的顺序。位串是带单引号的 1 和 0 串。如‘1000 0001’。位串内的空格是便于阅读的，无特殊意义。(bitstream left bit first)。

uimsbf　无符号整数，最高有效位优先。(unsigned integer，most significant bit first)。

bsmbf　位串是带引号的 1 和 0 串，右位在前，如先编码一个 5 比特的数值 6，然后编码一个 3 比特的数值 2，那么编码位串为‘010 00110’。

4.7 缩略语

下列缩略语适用于本文件。

FFT：　快速傅立叶变换　(Fast Fourier Transform)

MDCT：　修正离散余弦变换　(Modified Discrete Cosine Transform)

IMDCT：　修正离散余弦反变换　(Inverse Modified Discrete Cosine Transform)

MDST：　修正离散正弦变换　(Modified Discrete Sine Transform)

MDFT：　修正离散傅里叶变换　(Modified Discrete Fourier Transform)

IMDFT：　修正离散傅里叶反变换　(Inverse Modified Discrete Fourier Transform)

MCR：　极大相关旋转　(Maximum Correlation Rotation)

PCA：　主成分分析　(Principal Component Analysis)

AASF：　AVS2 音频存储格式　(AVS2 Audio Storage Format)

AATF：	AVS2 音频传输格式	（AVS2 Audio Transport Format）
CRC：	循环冗余校验	（Cylic Redundancy Check）
BWE：	高频带宽扩展	（Bandwidth Extension）
TNS：	时域噪声整形	（Temporal Noise Shaping）

5 位流语法规则

位流中的每一个数据项用黑体。通过名字、按位的长度及其类型和传输顺序的助记符来描述。

位流中被解码的数据元素所导致的操作依赖于该数据的值及以前解码的数据元素。下面的语法结构表示数据元素以标准类型出现时的情形。

注 1：如无特殊说明，本部分中的“位”指二进制位。

注 2：本部分语法用“C”代码规定，变量或表达式为非零值时等价于条件为真，变量或表达式为零值时等价于条件为非真。

```
while(condition){
    data_element
    …
}
```

若条件为真，则数据元素组紧接着数据流产生，如此重复直到条件为非真。

```
do{
    data_element
    …
}while(condition)
```

若条件为真，则数据元素组紧接着数据流产生，如此重复直到条件为非真。

```
if(condition){
    data_element
    …
} else{
    data_element
    …
}
```

若条件为真，在数据流中产生第一组数据元素，若条件为非真，在数据流中产生第二组数据元素。

```
for(expr1;expr2 ; expr3){
    data_element
    …
}
```

expr1 是指定循环初始状态表达式，通常它指定了计数器的初始状态，expr2 是指定的每次循环前的测试条件。条件为非真时循环终止，expr3 是每次循环结束时执行的表达式，一般是增加计数器。

注 3：本结构的最通常用法为

```
for(i=0;i<n;i++){
    data_element
    …
}
```

数据元素组产生 n 次。数据元素组内的条件结构可能依赖循环控制变量 i 的值。第一次出现时被置为'0',第二次增加到'1',如此往复。

switch(expr){
  case constcase1:
    data_element1
    break
  case constcase2:
    data_element2
    break
    …
    case constcasen:
    data_elementn
    break
  default:
    data_elementdefault
    break
}
	根据表达式 expr 的值,产生对应的数据元素。expr 的值为 constcase1 时产生数据元素 data_element1,expr 的值为 constcase2 时产生数据元素 data_element2,以此类推,expr 的值为 constcasen 时产生数据元素 data_elementn。当 expr 的值不等于 constcase1, constcase2, …, constcasen 中的任何一个值时,产生数据元素 data_elementdefault

本结构的一类变体是在 case 后不出现 break,如

switch(expr){
  case constcase1:
    data_element1
  case constcase2:
    data_element2
    break
    …
  case constcasen:
    data_elementn
    break
  default:
    data_elementdefault
    break
}
	expr 的值 constcasex 时,从对应的 case constcasex 开始产生数据元素,直到 break 出现。expr 的值 constcase1 时产生数据元素 data_element1 和 data_element2,expr 的值为 constcasen 时产生数据元素 data_elementn

注 4:数据元素组中可能含有嵌套结构。为简便起见,当后面只有一个数据元素时"[]"省略。

data_element[ ]	data_element 是一数组数据,数据元素的个数由上下文而定;
data_element[n]	data_element[n]是数组数据的第 $n+1$ 个元素;
data_element[m][n]	data_element[m][n]是二维数组的第 $m+1$,$n+1$ 个元素;
data_element[l][m][n]	data_element[l][m][n]是三维数组的第 $l+1$,$m+1$,$n+1$ 个元素;
data_element[m…n]	data_element[m…n]是位 m 到位 n 之间包括的位。

虽然语法用过程项表示,但不能认为条款实现了可靠的解码过程。它只是定义了一个无错误的位流输入。

byte_alignment 函数的定义:

如当前位置在字节的边界,则 byte_alignment()函数返回'1',即位流中的下一位是一个字节的起始位,否则返回'0'。

nextbits 函数的定义:

函数 nextbits()将位串与位流中将要解码的下一比特进行比较。

feof 函数的定义：

函数 feof()判断流或文件是否结束，feof()函数返回‘1’表示流或文件结束，否则返回‘0’。

位流语法表第二栏注明了每个数据元素的比特数。“X…Y”表示比特数的大小介于 X 和 Y 之间，包括 X 和 Y。“{X;Y}”表示比特数的大小为 X 或 Y，取决于位流中其他数据元素的值。

6 音频编码框架

6.1 概述

随着三维声(3D Audio，three dimension audio)系统的应用，4K 和 3D 电影、超高清电视、网络高清视频、虚拟现实、网络和移动音频等应用环境提出了对三维音频数据的高效、高质量压缩编码需求。由于 3D 视听系统的数据量远大于传统视听系统，增加了存储空间和传输带宽(或数据流量)开销，所以在保证高音质的基础上提高压缩效率是 AVS2 音频编码需要解决的主要问题。AVS2 音频编码是以高压缩率、高音质和音频对象编码为标志的 3D 音频编码技术。既具有技术先进、编解码选项丰富、系统整合度高、配置灵活、适应面广等技术特点，又具有高压缩率、高音质和低复杂度的性能特点。

AVS2 音频编码框架如图 1 所示，整个系统由基础声道编码(base_profile)和 3D 音频对象编码(3D_profile)两种编码档次(profile)组成。基础声道编码档次不仅融合了单声道、立体声(双声道)、环绕声(多声道)和 3D 声床等声道编码技术，还整合了通用音频编码(General Audio coding, GA)和无损音频编码(Lossless Audio coding, LL)两种编码选项。通用编码选项融合了高码率和低码率两种编码模式。3D 音频对象编码包含对象音频数据和对象元数据编码，其中对象音频数据与 3D 声床共用基础声道编码，增加了音频对象元数据(metadata)编码模块(Audio Object Coding, Ob)实现对 3D 音频对象声源的类型、空间位置、运动轨迹等对象描述信息的编码。相对于现行音频标准，AVS2 音频编码具有五个特点：

a) 码流封装兼顾存储和传输需求，设计了无需帧头信息的存储格式 AASF(Avs Audio Storage Format)和带有帧头与误码校验信息的传输格式 AATF(Avs Audio Transform Format)。在保证应用需求的同时，尽量减少编码冗余。具体内容见附录 A，两种封装格式的码率差异约 740 b/s。

b) 编解码框架具有系统整合度高、编码选项灵活的特点。包括 3D 音频对象/声道信号编码、有损/无损编码、高/低码率编码、单/双/多声道编码等多种编码选项，分别由 coding_profile、audio_codec_id、id_syn_ele(ID_SCE、ID_CPE_F(S, L)和 ID_PCA_2(3,4,6))等码流中的字段标识进行选择。具体内容在第 7 章至第 9 章中的语法描述。

c) 3D 音频编码具有声道和声音对象配置灵活、压缩效率高和三维声场表达精度高的特点。可在 128 个声音对象与 128 个声道信号之间任意配置。声场坐标原点为声场空间水平切面中心与录音师双耳连线中心等高的位置，用两个坐标系(x、y、z)和(ϕ,θ,γ)的 6 个自由度定义的锥形区域，表达声音对象的空间位置。音频元数据采用参考帧和预测帧联合编码，提高了编码效率。

d) 无损(LL)编码采用了整形提升小波分解联合 LPC 和算数熵编码的编码框架，压缩效率达到 50%左右。增加了 Golomb-rice 和算数熵编码的选择开关，可以兼顾压缩效率和复杂度折中选择。压缩效率和解码速度都不低于现行国际标准或商业软件。

e) 通用(GA)编码设计了多个编码选项共用核心模块的技术，既具有融合度高、选项灵活的特点，又具有高压缩效率、低算法延时的性能。基于 MDCT 谱线奇偶分离的 K-L 变换(MCR，Maximun Correlation Rotation)和基于 MDCT 谱线的主成分分析(PCA，Principal component analysis)是 AVS2 音频多声道编码的核心技术。基于 MDFT 的带宽扩展(BWE，BandWidth Extension)是 AVS2 音频低码率编码的核心技术。设计了在 MDCT 的基础上，计算 MDST (modified discrete sine transform)获得 MDFT 频谱系数,降低了系统复杂度。设计了兼容 MDFT 和 MDCT 域的 MCR 技术,使得 MCR 成为高/低码率编码共用的核心模块,提高了系统融合度。设计了 MDCT 域的 PCA 和 MCR 可选多声道编码,提高了对音频信号的适应性。通用编码透明音质的典型码率为 5.1 声道 256 kbit/s(同隐藏参考的评分差值平均−0.02 分),无明显损伤音质的典型码率为 5.1 声道 192 kbit/s(同隐藏参考的评分差值平均−0.54 分),编解码延时仅限于 MDCT 变换的延时。

同 IEEE Std. 1857.2™—2013 相比,除了无损压缩技术相当外,AVS2 音频增加了 3D 音频编码档次,采用了高压缩效率的通用编码技术,具有更高的压缩效率和音质,节省 50%的码率(AVS2 音频 5.1 声道 192 kbit/s 编码音质优于 IEEE Std. 1857.2™—2013 中的 5.1 声道 384 kbit/s 的编码性能)。

AVS2 音频编码框架见图 1。编码时,将输入的音频信号分为声道信号和对象信号,声道信号可以任意选择通用音频编码或者无损音频编码,对象信号同样可以任意选择通用音频编码或者无损音频编码,对象元数据独立编码,无论是通用音频编码还是无损音频编码都包括单声道编码、立体声编码(包括双声道、多声道、3D 声场),在通用音频编码中的双声道编码和多声道编码中,根据编码比特率的高/低分为高比特率编码和低比特率编码。解码是编码的逆过程,最后输出解码后的声道信号和对象信号。

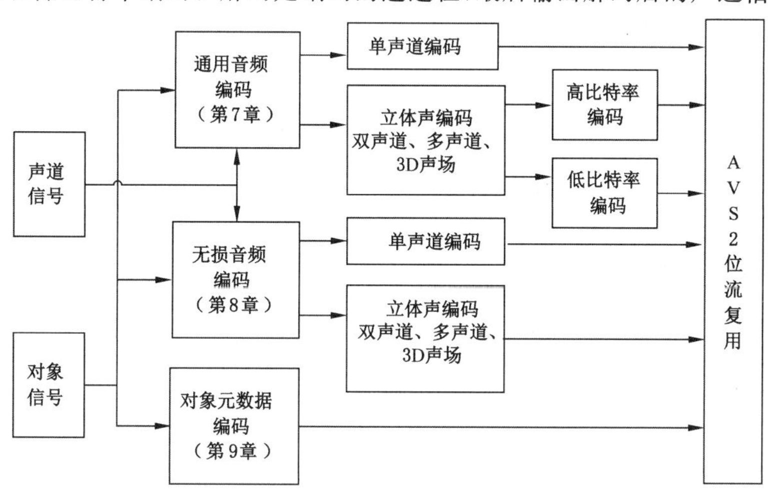

图 1 AVS2 音频编码框架示意图

本章描述了用于高质量音频信号传输和解码的工具集。6.2 简要介绍了通用音频编解码工具;6.3 简要介绍了无损编解码工具;6.4 简要介绍了对象元数据编解码工具。每种工具的数据流定义、位流语法、语义和解码过程等详细定义参见具体章节。

6.2 通用音频编码工具

第 7 章描述了高质量通用音频编码的表示方法及其解码方法。用于高分辨率数字广播、数字存储媒体、无线宽带多媒体通讯、互联网宽带流媒体业务、数字电影和视频监控。

支持最多 128 声道、支持采样率 8 kHz～192 kHz,并支持 8 比特、16 比特和 24 比特采样精度。支持编码输出位流为每声道 16 kbit/s～192 kbit/s,单声道:16 kbit/s、32 kbit/s、44 kbit/s、56 kbit/s、64 kbit/s、72 kbit/s、80 kbit/s、96 kbit/s、128 kbit/s、144 kbit/s、164 kbit/s、192 kbit/s;双声道立体声:24 kbit/s、32 kbit/s、48 kbit/s、64 kbit/s、80 kbit/s、96 kbit/s、128 kbit/s、144 kbit/s、192 kbit/s、256 kbit/s、320 kbit/s;5.1 立体声:192 kbit/s、256 kbit/s、320 kbit/s、384 kbit/s、448 kbit/s、512 kbit/s、640 kbit/s、720 kbit/s 等。

6.3 无损音频编码工具

第 8 章描述了无损音频编码的表示方法及其解码方法。用于高分辨率数字广播、数字存储媒体、互联网宽带流媒体业务和数字电影。

支持最多 128 声道、任意采样频率，并支持 8 比特、16 比特和 24 比特采样精度。

6.4 对象元数据编码工具

第 9 章描述了对象元数据编码的表示方法及其解码方法。

至少支持 4 个对象，具有对对象在三维声场中的坐标定位、运动轨迹、对象声音有无等信息的描述。

7 通用音频编码

7.1 语法

ga_raw_data_stream()语法见表 1。

表 1 ga_raw_data_stream()语法

语法	比特数	助记符
ga_raw_data_stream()		
{		
while (data_available()) {		
ga_raw_data_block()		
byte_alignment()		
}		
}		

通用音频编码的原始数据块 ga_raw_data_block()包含所有的音频数据(包括辅助数据)，其语法见表 2。

表 2 ga_raw_data_block()语法

语法	比特数	助记符
ga_raw_data_block()		
{		
raw_data_length	16	**bsmbf**
if(channel_number>1){		
codec_type	1	**bsmbf**
if(codec_type==1)		
PCAGroupmode	4	**bsmbf**
}		
useBWE	1	**bsmbf**
fill_enable	1	**bsmbf**
elenum=getEleNum(codec_type,channel_number)		
for(ele=0;ele<elenum;ele++) {		
id_syn_ele	4	**bsmbf**
switch (id_syn_ele) {		

表 2（续）

语法	比特数	助记符
case ID_SCE：single_channel_element()		
break		
case ID_CPE_F：		
case ID_CPE_S：		
case ID_CPE_L：couple_channel_element(id_syn_ele)		
break		
case ID_PCA2：		
case ID_PCA3：		
case ID_PCA4：		
case ID_PCA6：PCA_channel_element(id_syn_ele)		
break		
case ID_FIL：fill_element()		
break		
}		
}		
byte_alignment()		
}		

single_channel_element()语法见表 3。

表 3 single_channel_element()语法

语法	比特数	助记符
single_channel_element()		
{		
base_setting_index	4	**bsmbf**
lf_winseq_index	6	**bsmbf**
individual_channel_stream()		
if(useBWE == 1)		
{		
BWE_data()		
}		
}		

individual_channel_stream()语法见表 4。

表 4 individual_channel_stream()语法

语法	比特数	助记符
individual_channel_stream()		
{		
for(i = 0, i < num_block_inchannel, i++){		
block_residue_data(i)		
block_floor_data(i)		
tns_data()		
}		
}		

block_residue_data()语法见表 5。

表 5 block_residue_data()语法

语法	比特数	助记符
block_residue_data()		
{		
for(s=0;s<stages;s++){		
for(i=0,l=0;i<partvals;l++){		
if(s==0){		
val	{0…19}	**bsmbf**
}		
for(k=0;k<partitions_per_word && i<partvals;k++,i++){		
statebook = getbook(val,k,s)		
if(statebook){		
step=samples_per_partition/dim;		
for(m=0;m<step;m++){		
cod_res	{0…19}	**bsmbf**
}		
}		
}		
}		
}		
}		

block_floor_data()语法见表 6。

表 6　**block_floor_data()语法**

语法	比特数	助记符
block_floor_data()		
{		
floorFirstvalue	9	**bsmbf**
maxBandnum	{4…6}	**bsmbf**
for(i=0; i<maxBandnum; i++) {		
if(sfbNonzeroIndex[i]) {		
floorFitvalue[**i**]	{2…27}	**bsmbf**
}		
}		
}		

tns_data()语法见表 7。

表 7　**tns_data()语法**

语法	比特数	助记符
tns_data()		
{		
n_filt	1	**bsmbf**
if(n_filt)		
coef_res	1	**bsmbf**
for(filt=0; filt<n_filt; filt++) {		
length[**filt**]	{4;6}	**bsmbf**
order[**filt**]	{3;5}	**bsmbf**
if(order[filt]) {		
direction[**filt**]	1	**bsmbf**
coef_compress[**filt**]	1	**bsmbf**
for(i=0; i<order[filt]; i++)		
coef[**filt**][**i**]	{2…4}	**bsmbf**
}		
}		
}		

couple_channel_element()语法见表 8。

表 8 **couple_channel_element()语法**

语法	比特数	助记符
couple_channel_element(id_syn_ele)		
{		
core_num	1	**bsmbf**
for(i=0; i<core_num+1; i++) {		
base_setting_index	4	**bsmbf**
lf_winseq_index	6	**bsmbf**
individual_channel_stream()		
}		
if(id_syn_ele == ID_CPE_F){		
ps_element(id_syn_ele)		
}		
else if (id_syn_ele == ID_CPE_L){		
BWE_data()		
ps_element(id_syn_ele)		
}		
}		

ps_element()语法见表 9。

表 9 **ps_element()语法**

语法	比特数	助记符
ps_element(id_syn_ele)		
{		
if(id_syn_ele==ID_CPE_L){		
mcr_num=getLMcrNum(bitrate_index)		
for(i=0; i<mcr_num; i++)		
mcr_mag_index[i]	9,10	**bsmbf**
}		
else{		
mcr_index	2	**bsmbf**
mcr_num=getFMcrNum(lf_winseq_index)		
for(i=0; i<mcr_num; i++) {		
mcr_even_index[i]	{8…10}	**bsmbf**
mcr_odd_index[i]	{8…10}	**bsmbf**
}		

表 9（续）

语法	比特数	助记符
}		
byte_alignment()		
}		

PCA_channel_element()语法见表 10。

表 10 **PCA_channel_element()语法**

语法	比特数	助记符
PCA_channel_element (id_syn_ele)		
{		
usePCAitemnum	3	**bsmbf**
base_setting_index	4	**bsmbf**
lf_winseq_index	6	**bsmbf**
switch(id_syn_ele)		
{		
case ID_PCA4:		
channelnum = 4;		
case ID_PCA2:		
channelnum = 2;		
}		
for(i = 0; i < num_block_inchannel; i++)		
block_pca_matrixdata(channelnum, i)		
Indexinelement=1;		
while(Indexinelement < channelnum){		
PCA_individual_channel_stream(channelnum, 1)		
Indexinelement++		
}		
if(useBWE == 1) {		
BWE_data()		
}		
}		

PCA_individual_channel_stream()语法见表 11。

表 11 PCA_individual_channel_stream()语法

语法	比特数	助记符
PCA_individual_channel_stream (channelnum,indexinelement)		
{		
for(i = 0; i < num_block_inchannel; i++){		
block_residue_data(i)		
block_floor_data(i)		
tns_data()		
}		
}		

block_pca_matrixdata()语法见表 12。

表 12 block_pca_matrixdata()语法

语法	比特数	助记符
block_pca_matrixdata(channelnum,blockindex)		
{		
bandmulgroupflag	1	**bsmbf**
Matrixdataencodednum=getMatrixdataencodenum(bandmulgroupflag)		
allbandMatrixdatainflag	1	**bsmbf**
if (allbandMatrixdatainflag == 1)		
{		
for(i=0;i< Matrixdataencodednum;i++)		
bandMatrixdatainflag[i]	1	**bsmbf**
}		
PCAMatrixdataEncodeMode	2	**bsmbf**
for(i=0;i< Matrixdataencodednum;i++)		
if(bandMatrixdatainflag[i]==true) {		
if(PCAMatrixdataEncodeMode ==0) {		
bandMatrixdata_0(channelnum,i,0)		
bandMatrixdata_0(channelnum,i,1)		
}		
else if(PCAMatrixdataEncodeMode ==1) {		
bandMatrixdata_1(channelnum,i,0)		
bandMatrixdata_1(channelnum,i,1)		
}		
}		
}		

bandMatrixdata_0()语法见表 13。

表 13 bandMatrixdata_0()语法

语法	比特数	助记符
bandMatrixdata_0(channlenum,bandindex,evenflag)		
{		
switch (channlenum) {		
case 2:		
Dataposflag	1	**bsmbf**
quanMatrixdata02	4	**bsmbf**
break		
case 4:		
if(bandindex==0){		
for(j=0;j< usePCAitemnum;j++){		
quanMatrixdata04_01	4	**bsmbf**
quanMatrixdata04_02	4	**bsmbf**
quanMatrixdata04_03	4	**bsmbf**
quanMatrixdata04_04	1	**bsmbf**
}		
} else {		
if(usePCAitemnum==2){		
quanMatrixdata04_PCN2_pos01	3	**bsmbf**
if(quanMatrixdata03_pos01==7)		
quanMatrixdata04_ PCN2_pos02	1	**bsmbf**
quanMatrixdata04_ PCN2_ pos03	1	**bsmbf**
quanMatrixdata04_ PCN2_ pos04	1	**bsmbf**
for(i=0;i<2;i++){		
quanMatrixdata04_ PCN2_01	{3;4}	**bsmbf**
quanMatrixdata04_ PCN2_02	4	**bsmbf**
}		
} else if(usePCAitemnum==3){		
quanMatrixdata04_ PCN3_pos01	8	**bsmbf**
for(i=0;i<3;i++){		
quanMatrixdata04_PCN3_01	{3;4}	**bsmbf**
quanMatrixdata04_PCN3_02	{3;4}	**bsmbf**
}		
}		

表 13（续）

语法	比特数	助记符
}		
break		
default：break		
}		
}		

bandMatrixdata_1()语法见表 14。

表 14 bandMatrixdata_1()语法

语法	比特数	助记符
bandMatrixdata_1(channlenum,bandindex,evenflag)		
{		
switch (channlenum) {		
case 2：		
Dataposflag	1	**bsmbf**
quanMatrixdata02	{4;5}	**bsmbf**
break		
case 4：		
if(bandindex==0){		
for(j=0;j< usePCAitemnum;j++){		
quanMatrixdata04_01	4	**bsmbf**
quanMatrixdata04_02	4	**bsmbf**
quanMatrixdata04_03	4	**bsmbf**
quanMatrixdata04_04	1	**bsmbf**
}		
}		
else {		
for(j=0;j< usePCAitemnum;j++){		
quanMatrixdata04_01	4	**bsmbf**
quanMatrixdata04_02	4	**bsmbf**
quanMatrixdata04_03	4	**bsmbf**
}		
}		
break		
case 3：		

表 14（续）

语法	比特数	助记符
for(j=0;j< usePCAitemnum;j++){		
quanMatrixdata04_01	4	**bsmbf**
quanMatrixdata04_02	4	**bsmbf**
quanMatrixdata04_03	4	**bsmbf**
}		
break		
default:		
break		
}		
}		

BWE_data()语法见表 15。

表 15 BWE_data()语法

语法	比特数	助记符
BWE_data()		
{		
bweCount	8	**bsmbf**
groupMode	1	**bsmbf**
seqMode	{4;10}	**bsmbf**
onsetFlag	1	**bsmbf**
if(onsetFlag)		
onsetPos	4	**bsmbf**
envelop_timeFlag	1	**bsmbf**
if(envelop_timeFlag){		
for(sfb = 0; sfb < sfbCnt; sfb++){		
hf_envelop_bits[0][**sfb**]	5	**bsmbf**
for(i = 1; i < groupNum; i++)		
hf_envelop_bits[**i**][**sfb**]	{2…19}	**bsmbf**
}		
}		
else{		
for(i = 0; i < groupNum; i++){		
hf_envelop_bits[**i**][0]	5	
for(sfb = 1; sfb < sfbCnt; sfb++)		

表 15（续）

语法	比特数	助记符
hf_envelop_bits[i][sfb]	{2…17}	**bsmbf**
}		
}		
if(groupNum > 1){		
noisefloor_timeFlag	1	**bsmbf**
if(noisefloor_timeFlag){		
for(sfb = 0; sfb < sfbCntNoiseFloor; sfb++){		
hf_noisefloor_bits[0][sfb]	4	**bsmbf**
for(i = 1; i < 2; i++)		
hf_noisefloor_bits[i][sfb]	{2…20}	**bsmbf**
}		
}		
else{		
for(i = 0; i < 2; i++){		
hf_noisefloor_bits[i][0]	4	**bsmbf**
for(sfb = 1; sfb < sfbCntNoiseFloor; sfb++)		
hf_noisefloor_bits[i][sfb]	{2…15}	**bsmbf**
}		
}		
}		
else{		
hf_noisefloor_bits[0][0]	4	**bsmbf**
for(sfb = 1; sfb < sfbCntNoiseFloor; sfb++)		
hf_noisefloor_bits[0][sfb]	{2…15}	**bsmbf**
}		
addHarmonicFlag	1	**bsmbf**
if(addHarmonicFlag){		
for(i = 0; i < sfbCnt; i++)		
addHarmonicVec[i]	1	**bsmbf**
}		
byte_alignment()		
}		

fill_element()语法见表 16。

表 16 **fill_element()语法**

语法	比特数	助记符
fill_element()		
{		
fill_type	4	**bsmbf**
switch(fill_type) {		
case FILL_DFT:		
count_byte	16	**bsmbf**
for(i=0;i<8 * Count_byte;i++)		
fill_dft_bits[i]	1	**bsmbf**
break		
case FILL_SHORT:		
count_byte	15	**bsmbf**
for(i=0;i<8 * Count_byte;i++)		
fill_dft_bits[i]	2	**bsmbf**
break		
case FILL_INT:		
count_byte	14	**bsmbf**
for(i=0;i<8 * Count_byte;i++)		
fill_dft_bits[i]	4	**bsmbf**
break		
case FILL_LONG:		
count_byte	13	**bsmbf**
for(i=0;i<8 * Count_byte;i++)		
fill_dft_bits[i]	8	**bsmbf**
break		
}		

7.2 通用信息

7.2.1 概述

AVS2 音频通用编解码模块包括单声道、双声道立体声和多声道立体声编解码模块。

图 2 和图 3 给出了 AVS2 音频通用单声道编解码的基本结构。正如表 17 指出的，解码器中包括了必选和可选的模块，参见图 2。图中数据的流向是从左至右，由上至下。解码器的任务是解析位流中对量化音频频谱的描述，解出量化值和其他重建信息，恢复量化频谱，最后将频谱值从频域变换到时域中，获得解码音频信号。

表 17 模块列表

模块名称	必选/可选
位流解复用	必选
低频量化解码	必选
IMDCT 变换模块	必选
MDCT 至 MDFT 转换	必选
高频参数解码	必选
IMDFT 变换	必选
重采样	可选

AVS2 音频通用编解码模块包括：

a) AVS2 音频通用单声道编码结构：
   1) 重采样模块用于将输入的单声道声音信号从原始采样率变换到目标采样率。应注意，如果所输入的单声道声音信号本身就具有目标采样率，则编码结构可以不包括重采样模块：
      ——输入：原始采样频率的单声道声音信号。
      ——输出：目标采样频率的单声道声音信号。
   2) 信号分析模块用于对重采样后的编码信号逐帧进行信号类型分析，并输出块长控制参数：
      ——输入：重采样后的声音信号。
      ——输出：块长控制参数。
   3) 是否低码率编码模块用于根据码率的大小，判断是否是低码率编码，例如，如果单声道编码码率为 16 kbit/s 或者 32 kbit/s，则判断是低码率编码，否则不是：
      ——输入：编码码率大小，重采样后的声音信号。
      ——输出：如果是低码率编码，将声音信号输出到 MDCT 变换模块、MDFT 变换模块和高频编码信号分析模块；否则将声音信号输出到 MDCT 变换模块。
   4) MDCT 变换模块用于根据块长控制参数，对当前帧的单声道音频信号进行相应的 MDCT 变换：
      ——输入：块长控制参数和单声道声音信号。
      ——输出：单声道 MDCT 频谱系数。
   5) 心理声学模型用于根据块长控制参数对当前帧的单声道音频信号进行心理声学模型分析：
      ——输入：块长控制参数和单声道声音信号。
      ——输出：心理声学感知曲线。
   6) 量化编码模块用于根据块长控制参数和心理声学模型输出的心理声学感知曲线，对单声道 MDCT 频谱进行量化编码：
      ——输入：块长控制参数和单声道 MDCT 频谱系数。
      ——输出：MDCT 频谱编码数据。
   7) 高频编码信号分析模块用于当编码端选择低码率编码时，对重采样后的声音信号逐帧进行信号类型分析，并输出高频编码块长控制参数：
      ——输入：重采样后的声音信号。
      ——输出：高频编码块长控制参数。
   8) MDFT 变换模块用于根据高频编码块长控制参数，对当前帧的单声道音频信号进行相应的 MDFT 变换：

——输入：高频编码块长控制参数和单声道声音信号。

——输出：单声道 MDFT 频谱系数。

9) 高频参数编码模块用于从 MDFT 频谱系数中提取高频参数，并对高频参数进行量化编码。

——输入：单声道 MDFT 频谱系数；

——输出：高频参数编码数据。

10) 位流复用模块用于低码率时将 MDCT 频谱编码数据和块长控制参数以及高频参数编码数据和块长控制参数进行复用，形成 AVS2 音频编码位流；高码率时将 MDCT 频谱编码数据和块长控制参数进行复用，形成 AVS2 音频编码位流：

——输入：MDCT 频谱编码数据和块长控制参数以及高频参数编码数据和高频编码块长控制参数。

——输出：AVS2 音频编码位流。

b) AVS2 音频通用单声道解码结构：

1) 位流解复用模块用于对接收的 AVS2 音频数据流进行解复用，得到相应数据帧的编码数据和边信息：

——输入：AVS2 音频编码位流。

——输出：解析量化后的 AVS2 音频谱位流描述，高码率时输出 MDCT 反量化解码模块相应的编码数据和块长控制参数；低码率时输出 MDCT 反量化解码模块相应的编码数据和块长控制参数以及高频参数解码模块的高频参数编码数据和块长控制参数。

2) MDCT 反量化解码模块从位流解复用模块取得 MDCT 频谱编码数据和块长控制参数，对该帧编码数据解码：

——输入：MDCT 频谱编码数据和块长控制参数。

——输出：反量化后的 MDCT 频谱系数。

3) 高低码率选择模块用于根据编码码率选择是高码率编码还是低码率编码。如果单声道编码码率为 16 kbit/s 或 32 kbit/s，选择低码率编码，否则选择高码率编码：

——输入：编码码率。

——输出：高低码率编码选择结果。

4) IMDCT 变换模块用于当编码端选择高码率编码时，将 MDCT 频谱系数进行 IMDCT 变换。IMDCT 变换根据块长控制参数采用不同块长的变换，获取该帧的时域信号。IMDCT 变换的方法是编码端 MDCT 变换模块的逆过程：

——输入：MDCT 频谱系数。

——输出：时域重建信号。

5) MDCT 至 MDFT 转换模块用于当编码端选择低码率编码时，接收 MDCT 反量化解码模块的输出，将频谱系数从 MDCT 域转换至 MDFT 域：

——输入：反量化后的 MDCT 频谱系数和高频块长控制参数。

——输出：低频 MDFT 频谱系数。

6) 高频参数解码模块用于当编码端选择低码率编码时，从该帧 MDFT 频谱中映射部分频谱系数到高频部分，按照位流解复用模块输出的高频参数编码数据调整其增益和音调性得到高频 MDFT 频谱系数：

——输入：高频参数编码数据和块长控制参数、MDFT 频谱系数。

——输出：高频 MDFT 频谱系数。

7) IMDFT 变换模块用于当编码端选择低码率编码时，将低频 MDFT 频谱和高频 MDFT 频谱组合在一起进行 IMDFT 变换。IMDFT 变换根据块长控制参数采用不同块长的变换，获取该帧的时域信号：

——输入：高频 MDFT 频谱系数、低频 MDFT 频谱系数。

——输出：时域重建信号。

8) 重采样模块用于将 IMDCT 变换模块或者 IMDFT 变换模块输出的该帧时域信号的采样频率变换到适合声音回放的采样频率。应注意，如果 IMDCT 变换模块或者 IMDFT 变换模块输出的时域重建信号的采样频率适于声音回放，则可以不包括该模块：

——输入：时域重建信号。

——输出：目标采样频率的单声道声音信号。

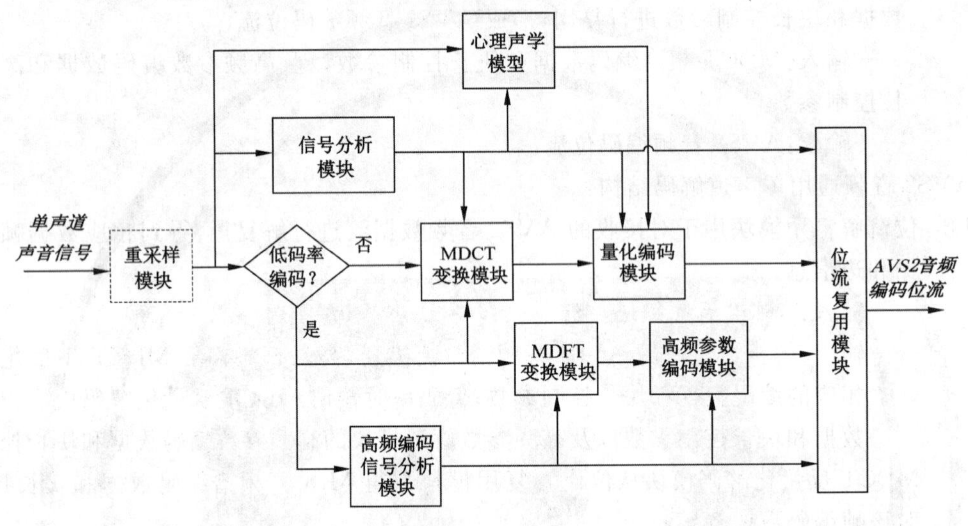

图 2 AVS2 音频通用单声道编码器框图

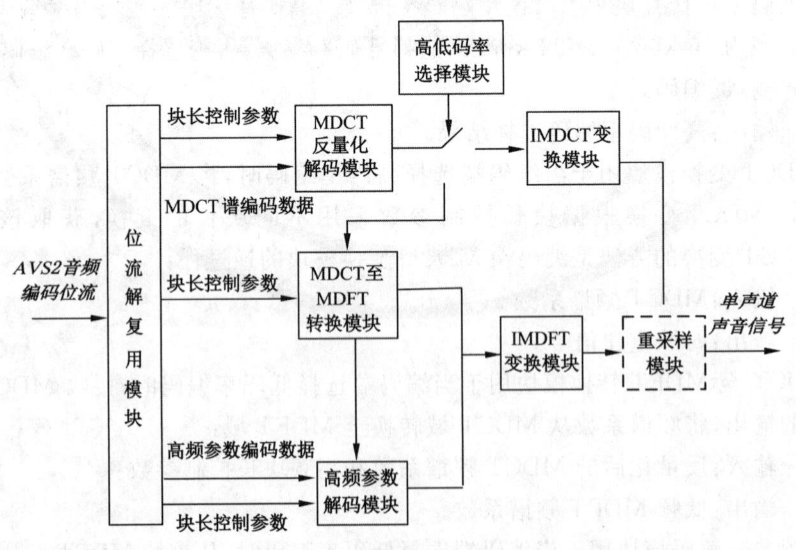

图 3 AVS2 音频通用单声道解码器框图

图 4 和图 5 是 AVS2 音频通用双声道立体声编解码的基本结构。

c) AVS2 音频通用双声道立体声编码结构：

1) 信号类型分析模块用于对输入的双声道时域信号的下混声道进行信号分析，确定当前帧的块长控制参数：

——输入：双声道时域信号。

——输出：块长控制参数和高频参数块长控制参数。

2） MDCT 变换模块用于当编码端选择高码率编码时，即双声道立体声编码码率大于 48 kbit/s时，根据块长控制参数，对当前帧的双声道音频信号进行相应的 MDCT 变换：

——输入：块长控制参数和双声道时域信号。

——输出：双声道 MDCT 频谱系数。

3） MDFT 变换模块用于当编码端选择低码率编码时，即双声道立体声编码码率为 24 kbit/s、32 kbit/s或者 48 kbit/s 时，根据块长控制参数，对当前帧的双声道音频信号进行相应的 MDFT 变换：

——输入：块长控制参数和双声道时域信号。

——输出：双声道 MDFT 频谱系数。

4） MCR 参数提取模块用于根据块长控制信息，在每个变换块内进行 MCR 参数的提取：

——输入：高码率时输入双声道 MDCT 频谱系数，低码率时输入双声道 MDFT 频谱系数。

——输出：MCR 参数。

5） MCR 量化编码模块用于对提取的 MCR 参数进行量化编码：

——输入：MCR 参数。

——输出：MCR 量化参数和 MCR 编码数据。

6） 下混频谱生成模块用于根据块长控制信息，高码率时在每个变换块内利用双声道的 MDCT 频谱和量化后的 MCR 参数生成当前帧的下混 MDCT 频谱，低码率时在每个变换块内利用双声道的 MDFT 频谱和量化后的 MCR 参数生成当前帧的下混 MDFT 频谱：

——输入：块长控制参数、MCR 量化参数和高码率时的双声道 MDCT 频谱系数或者低码率时的双声道 MDFT 频谱系数。

——输出：高码率时的下混 MDCT 频谱系数或者低码率时的下混 MDFT 频谱系数。

7） 单声道量化编码模块用于根据块长控制信号，对下混 MDCT 频谱进行单声道量化编码：

——输入：块长控制参数和下混 MDCT 频谱系数。

——输出：单声道编码数据。

8） MDFT 至 MDCT 转换模块用于当编码端选择低码率编码时，将下混 MDFT 频谱系数从 MDFT 域转换至 MDCT 域：

——输入：块长控制参数和下混 MDFT 频谱系数。

——输出：下混 MDCT 频谱系数。

9） 高频参数编码模块用于当编码端选择低码率编码时，从下混 MDFT 频谱系数中提取高频参数，并对高频参数进行量化编码：

——输入：高频参数块长控制参数和下混 MDFT 频谱系数。

——输出：高频参数编码数据。

10） 位流复用模块用于高码率时将单声道编码数据、MCR 编码数据以及块长控制参数进行位流封装，低码率时将单声道编码数据、MCR 编码数据、高频参数编码数据以及块长控制参数进行位流封装：

——输入：高码率时输入块长控制参数、单声道编码数据和 MCR 编码数据，低码率时输入块长控制参数、单声道编码数据、高频参数编码数据和 MCR 编码数据。

——输出：AVS2 音频编码位流。

d） AVS2 音频通用双声道立体声解码结构：

1） 位流解复用模块用于对 AVS2 音频位流进行解复用，解析成各个编码数据，送入解码器后续所对应的模块中：

——输入：AVS2 音频编码位流。

——输出：高码率时块长控制参数、单声道编码数据和 MCR 参数编码数据，低码率时块长控制参数、单声道编码数据、高频参数编码数据和 MCR 参数编码数据。

2） MDCT 谱线反量化模块用于对单声道编码数据进行 MDCT 谱的反量化解码过程，与 AVS2 音频单声道解码过程相同：

——输入：单声道编码数据和块长控制参数。

——输出：单声道 MDCT 频谱系数。

3） MCR 参数反量化模块用于对 MCR 参数编码数据进行反量化解码过程：

——输入：MCR 参数编码数据。

——输出：MCR 反量化参数。

4） MDCT 至 MDFT 转换模块用于当编码端使用低码率编码时，即双声道立体声编码码率为 24 kbit/s、32 kbit/s 或者 48 kbit/s 时，接收 MDCT 反量化解码模块的输出，将频谱系数从 MDCT 域转换至 MDFT 域：

——输入：单声道 MDCT 频谱系数。

——输出：单声道 MDFT 频谱系数。

5） 高频参数解码模块用于当编码端使用低码率编码时，从该帧单声道 MDFT 频谱中映射部分频谱系数到高频部分，按照位流解复用模块输出的高频参数编码数据调整其增益和音调性得到高频 MDFT 频谱系数：

——输入：高频参数编码数据和块长控制参数、单声道 MDFT 频谱系数。

——输出：高频 MDFT 频谱系数。

6） 双声道频谱生成模块用于高码率时，即双声道立体声编码码率大于 48 kbit/s 时，根据单声道 MDCT 频谱系数和 MCR 反量化参数进行双声道 MDCT 频谱系数的重建过程，低码率时根据单声道低频 MDFT 频谱系数、高频 MDFT 频谱系数和 MCR 反量化参数进行双声道 MDFT 频谱系数的重建过程：

——输入：高码率时输入单声道 MDCT 频谱系数、MCR 反量化参数和块长控制参数，低码率时输入单声道低频 MDFT 频谱系数、高频 MDFT 频谱系数、MCR 反量化参数和块长控制参数。

——输出：高码率时的双声道 MDCT 频谱系数或低码率时的双声道 MDFT 频谱系数。

7） IMDCT 变换模块用于当编码端选择高码率编码时，对双声道的 MDCT 频谱系数分别进行 IMDCT 变换，重建出对应的双声道时域信号：

——输入：双声道 MDCT 频谱系数和块长控制参数。

——输出：双声道时域信号。

8） IMDFT 变换模块用于当编码端选择低码率编码时，对双声道的 MDFT 频谱系数分别进行 IMDFT 变换，重建出对应的双声道时域信号：

——输入：双声道 MDFT 频谱系数和块长控制参数。

——输出：双声道时域信号。

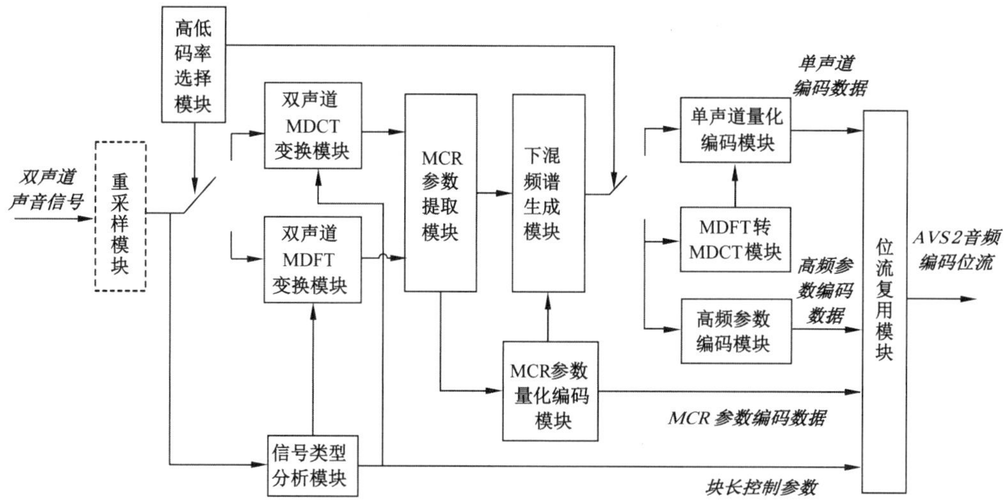

图 4 AVS2 音频通用双声道立体声编码器框图

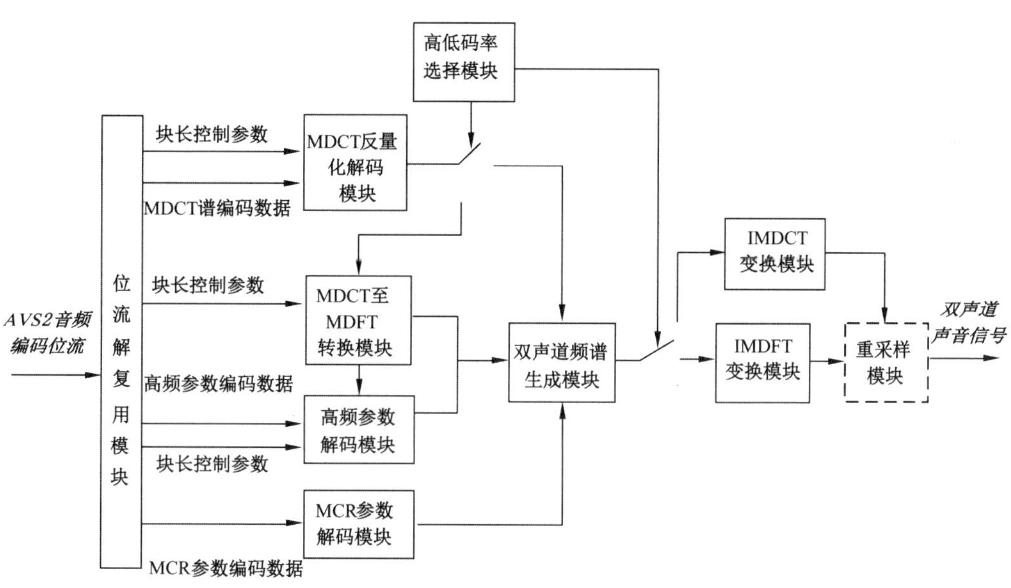

图 5 AVS2 音频通用双声道立体声解码器框图

图 6 和图 7 是 AVS2 音频通用多声道立体声编解码的基本结构。

e) AVS2 音频通用多声道立体声编码结构：

1) 信号类型分析模块用于对输入的多声道时域信号进行信号分析，确定多声道时域信号当前帧的块长控制参数：

——输入：多声道时域信号。

——输出：多声道块长控制参数。

2) MDCT 变换模块用于当编码端选择高码率编码时，例如双声道立体声编码码率大于 48 kbit/s时，根据多声道块长控制参数，对多声道时域信号进行 MDCT 变换：

——输入：多声道时域信号和多声道块长控制参数。

——输出：多声道 MDCT 频谱系数。

3) MDFT 变换模块用于当编码端选择低码率编码时，例如双声道立体声编码码率小于 48 kbit/s时，根据多声道块长控制参数，对多声道时域信号进行 MDFT 变换：

——输入：多声道时域信号和多声道块长控制参数。

——输出：多声道 MDFT 频谱系数。

4) 编码方式选择模块用于当编码端选择高码率编码时，选择基于 MCR 的多声道立体声编码方式和基于 PCA 分析的多声道立体声编码方式之一进行编码，当编码端选择低码率编码时选择基于 MCR 的多声道立体声编码方式进行编码：

——输入：多声道时域信号。

——输出：编码方式选择结果。

5) 基于 MCR 的多声道立体声编码方式是对多声道信号进行声道组织，各路声道选择采用 MCR 立体声编码或单声道编码。基于 MCR 的多声道立体声编码方式包括：

——MCR 声道组织模块用于高码率时对多声道 MDCT 频谱系数进行声道组织，或者低码率时多声道 MDFT 频谱系数进行声道组织，可以是多个 MCR 声道对、多个独立的单声道或两者的混合模式：

- 输入：高码率时的多声道 MDCT 频谱系数，或者低码率时的多声道 MDFT 频谱系数。
- 输出：声道组织后的高码率时的 MDCT 频谱系数，或者低码率时的 MDFT 频谱系数。

——MCR 立体声编码模块用于对每个 MCR 声道对的高码率时的 MDCT 频谱系数或者低码率时的 MDFT 频谱系数进行双声道立体声编码，与 AVS2 音频通用双声道立体声编码过程相同：

- 输入：高码率时的 MCR 声道对的 MDCT 频谱系数，或者低码率时的 MCR 声道对的 MDFT 频谱系数。
- 输出：MCR 声道对的编码数据。

——单声道编码模块用于对每个独立的单声道 MDCT 频谱系数或 MDFT 频谱系数进行单声道编码，与 AVS2 音频单声道编码过程相同：

- 输入：单声道的 MDCT 频谱系数或 MDFT 频谱系数。
- 输出：单声道的编码数据。

6) 基于 PCA 分析的多声道立体声编码是对各声道 MDCT 数据进行 PCA 分析，分为不同的 PCA 分组，获得 PCA 系数矩阵和 PCA 主成分，对选定的 PCA 主成分采用 AVS2 音频通用单声道编码。基于 PCA 分析的多声道立体声编码方式包括：

——PCA 分析模块用于对各 PCA 分组的多声道 MDCT 频谱系数进行 PCA 分析，获得 PCA 主成分 MDCT 频谱系数、PCA 系数矩阵：

- 输入：多声道 MDCT 频谱系数。
- 输出：PCA 主成分 MDCT 频谱系数、PCA 系数矩阵。

——PCA 系数矩阵量化模块用于对 PCA 系数矩阵进行量化编码，获得 PCA 系数的编码数据：

- 输入：PCA 系数矩阵。
- 输出：PCA 系数的编码数据。

——PCA 主成分编码模块用于对 PCA 主成分 MDCT 域频谱数据进行量化编码，获得 PCA 主成分的编码数据：

- 输入：PCA 主成分 MDCT 频谱系数。
- 输出：PCA 主成分的编码数据。

f) AVS2 音频通用多声道立体声解码结构包括：

1) 位流解复用模块用于对 AVS2 音频位流进行解复用，解析成各个编码数据，送入对应的模块：

——输入：AVS2 音频编码位流。

——输出：块长编码参数、编码方式选择参数、高码率时的 MCR 声道对的编码数据、单声道编码数据和 PCA 编码数据，以及低码率时的 MCR 声道对的编码数据、单声道编码数据。

2） 编码方式解码模块用于获得多声道立体声编码方式，选择对应的基于 MCR 的多声道立体声解码方式或基于 PCA 分析的多声道立体声解码方式之一进行解码：

——输入：编码方式选择参数。

——输出：基于 MCR 的多声道立体声解码方式或基于 PCA 分析的多声道立体声解码方式。

3） 基于 MCR 的多声道立体声解码方式中，多声道编码数据分成多个 MCR 声道对、多个独立的单声道或二者的混合模式，对两种编码数据分别完成双声道立体声解码和单声道解码，并进行声道重组，得到高码率时的多声道的 MDCT 频谱系数，例如双声道立体声编码码率大于 48 kbit/s 时，或者低码率时的多声道的 MDFT 频谱系数，例如双声道立体声编码码率小于 48 kbit/s 时。基于 MCR 的多声道立体声解码方式包括：

——MCR 立体声解码模块用于对每个 MCR 声道对的编码数据块进行基于 MCR 的参数立体声解码，重建出高码率时的两路声道的 MDCT 频谱系数，或者低码率时的两路声道的 MDFT 频谱系数，与 AVS2 音频通用双声道立体声解码过程相同：

- 输入：MCR 声道对的编码数据。
- 输出：MCR 声道对的高码率时的 MDCT 频谱系数，或者低码率时的 MDFT 频谱系数。

——单声道解码模块用于对每个单声道编码数据块进行单声道解码过程，重建出该路声道的 MDCT 频谱系数，与 AVS2 音频通用单声道解码过程相同：

- 输入：单声道的编码数据。
- 输出：一路声道的 MDCT 频谱系数。

——MCR 声道重组模块用于根据多声道音频位流中获得的声道配置信息对重建的高码率时的 MDCT 频谱系数，或者低码率时的 MDFT 频谱系数进行组织，获得多声道高码率时的 IMDCT 频谱系数，或者低码率时的 IMDFT 频谱系数：

- 输入：所有声道的高码率时的 MDCT 频谱系数，或者低码率时的 MDFT 频谱系数。
- 输出：重组后各声道的高码率时的 MDCT 频谱系数，或者低码率时的 MDFT 频谱系数。

4） 基于 PCA 分析的多声道立体声解码方式是通过 PCA 主成分解码和 PCA 系数矩阵解码分别得到各主成分的 MDCT 频谱系数及 PCA 系数矩阵，然后通过 PCA 合成过程得到各声道 MDCT 频谱系数。基于 PCA 分析的多声道立体声解码方式包括：

——PCA 系数矩阵解码模块用于对 PCA 映射模型即 PCA 系数矩阵进行解码：

- 输入：PCA 系数的编码数据。
- 输出：解码的 PCA 系数矩阵。

——PCA 主成分解码模块用于通过对位流的解码来获得的 PCA 主成分 MDCT 频谱系数，解码过程与 AVS2 音频通用单声道解码过程相同：

- 输入：PCA 主成分的编码数据。
- 输出：解码的 PCA 主成分 MDCT 频谱系数。

——PCA 合成模块用于基于解码的各主成分 MDCT 频谱系数及 PCA 系数矩阵，进行 PCA 合成过程，获得解码的多声道 MDCT 频谱系数：

- 输入:解码的 PCA 系数矩阵、解码的 PCA 主成分 MDCT 频谱系数。
- 输出:解码的各声道 MDCT 频谱系数。

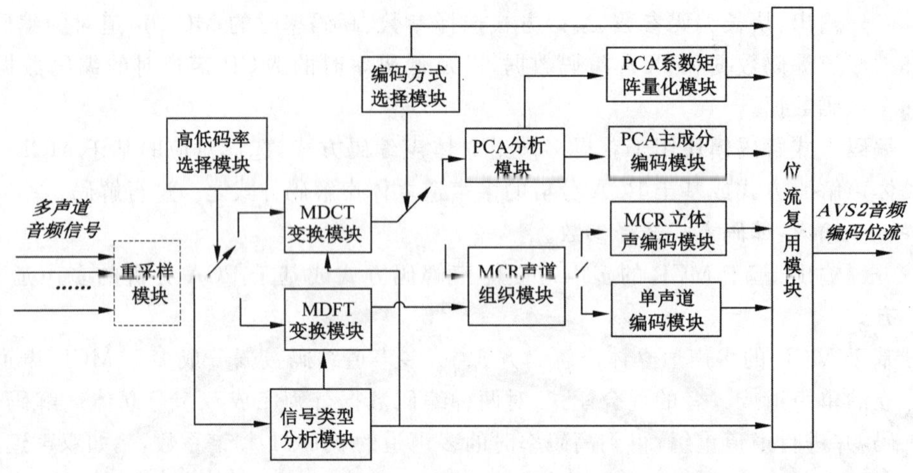

图 6 AVS2 音频通用多声道立体声编码器框图

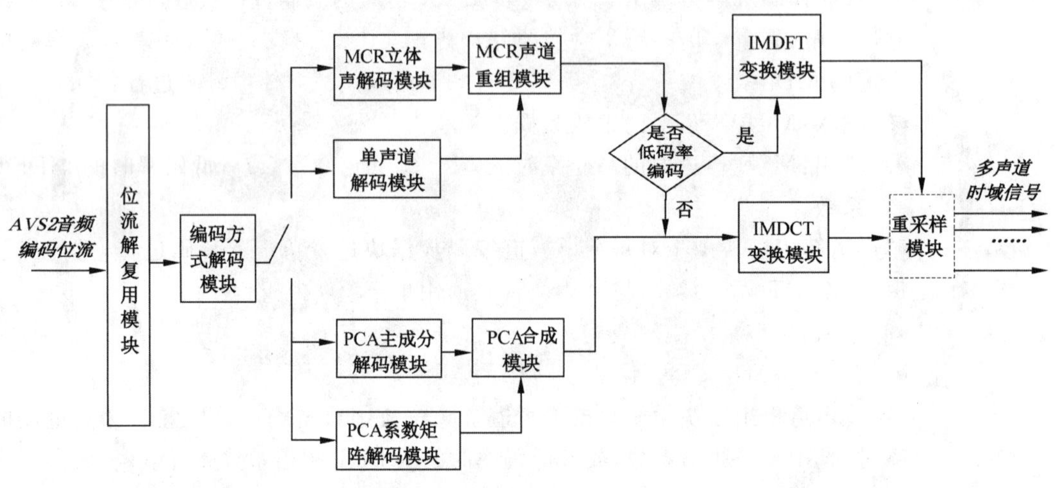

图 7 AVS2 音频通用多声道立体声解码器框图

7.2.2 原始数据解码

7.2.2.1 定义

ga_raw_data_stream()	包含 ga_raw_data_block()的序列
ga_raw_data_block()	原始数据块,包括一帧音频数据样本的编码数据,相关信息和其他数据
channel_number	音频信号的声道数,见附录 A 中表 A.7 声道数索引(channel_number_index)
codec_type	编码方式选择参数标识,1 比特,当 codec_type 取 0 时,通用音频多声道立体声编码方式选择基于 MCR 的多声道立体声编码方式,当 codec_type 取 1 时,通用音频多声道立体声编码方式选择基于 PCA 的多声道立体声编码方式
elenum	编码数据流的数量,由位流格式、channel_number 和 codec_type 确定,当 channel_num 为 1 时,elenum 取 1,当 channel_num 为 2 时,elenum 取 1;当 channel_num 大于 2 时,并且当 codec_type 取 0 时,AASF 流

见表 A.14，AATF 流见表 A.15，当 codec_type 取 1 时，AASF 流见表 A.16，AATF 流见表 A.17

id_syn_ele 数据流单元类型标识，见表 18

single_channel_element() 含有单声道已编码数据的位流语法单元

couple_channel_element() 含有双声道已编码数据的位流语法单元

PCA_channel_element() 含有 PCA 编码数据的位流语法单元

BWE_data() 含有高频参数编码数据的位流语法单元

fill_element() 缩写 FIL。含有填充数据的位流语法单元，在原始数据块中可以含有任意多个任意次序的填充单元。

raw_data_length 不包括这个字段本身的原始数据块的长度，以字节为单位

表 18 id_syn_ele 域值定义

id_syn_ele 名称	id_syn_ele 值	数据流单元
ID_SCE	0x0	single_channel_element
ID_CPE_F	0x1	couple_channel_element
ID_CPE_S	0x2	couple_channel_element
ID_PCA2	0x3	PCA_channel_element
ID_PCA4	0x5	PCA_channel_element
ID_FIL	0x6	fill_element
ID_PCA6	0x8	PCA_channel_element
ID_PCA3	0x9	PCA_channel_element
ID_CPE_L	0xf	couple_channel_element

7.2.2.2 解码过程

原始数据块(ga_raw_data_block)是构成 AASF 和 AATF 编码位流的基本单位，解码 ga_raw_data_block 可获得一帧的音频样本。AASF 和 AATF 格式如 A.1 所示。音频信号的采样率，如表 A.8 采样频率索引(sampling_frequency_index)所示。

原始数据流支持匀速和变速率信道的编码。除了细微的条件之外，每种情形下位流的结构和解码器的操作完全相同。对于匀速信道，编码器可能会插入 FIL 单元来准确地调整达到期望速率。

7.2.3 填充数据解码过程

如果填充数据使能比特 fill_enable 解码为 0，则表示没有填充数据；否则 fill_enable 将被解码为 1，此时首先解码出填充数据块的类型 fill_type，定义见表 19。然后得到填充数据的长度 count_byte，依据长度信息依次解出填充数据 fill_dft_bits。

表 19 fill_type 域值定义

符号	fill_type 值	用途
FILL_DFT	0	用单字节填充
FILL_SHORT	1	用双字节填充

表 19（续）

符号	fill_type 值	用途
FILL_INT	2	用 4 字节填充
FILL_LONG	3	用 8 字节填充
—	其他值	保留

7.3 single_channel_element()解码

7.3.1 定义

base_setting_index　MDCT 编码数据的码本索引
lf_winseq_index　低频编码的块序列信息
num_block_inchannel　当前帧的分块数

7.3.2 解码过程

single_channel_element()由 base_setting_index，lf_winseq_index 和一个 individual_channel_stream()组成。

对于 individual_channel_stream()解析的顺序为：

得到 MDCT 调整谱编码数据 block_residue_data，block_residue_data 解码见 7.7.2.2；

得到 MDCT 谱幅度调整曲线编码数据 block_floor_data，block_floor_data 解码见 7.7.2.4；

得到 TNS 编码数据 tns_data，tns_data 解码见 7.7.2.5。

7.3.3 窗口和窗口序列

根据信号性质的不同，编码器可以采用不同的窗长来改变时间/频率分辨率，即可以分为不同长度的块来进行变换和编解码。对低频编码来说，当帧长长度 M 为 1 024 时，可以采用一系列不同块长的块类型，如长度分别为 M、$M/2$、$M/4$、$M/8$、$M/16$ 的块，分别对应于长块(M 块)、中长块($M/2$ 块)、中块($M/4$ 块)、短块($M/8$ 块)、超短块($M/16$ 块)。对于每帧信号，该模块输出的块序列可以是 M 长度的长块(M 块)，也可以是一组中长块($M/2$ 块)、中块($M/4$ 块)、短块($M/8$ 块)、超短块($M/16$ 块)的组合。当采用高频参数编码时，帧长长度 M 是 2 048。

解码低频编码的块序列信息，用“lf_winseq_index”表示，低频编码的块序列信息表，用“lf_winseq_table”表示，用于确定低频解码所需的分析窗信息。

低频编码的块序列信息表 lf_winseq_table 如表 20 所示。

其中，块序列信息项的结构：分块数 m 窗信息 0 窗信息 1… 窗信息 m。当前帧的分块数 num_block_inchannel 等于分块数 m。

窗信息与窗长度的对应关系如表 21 所示。

例如，当“lf_winseq_index”为 6 时，块序列信息项是{2,3,3,2}，第一项 2 表示当前帧有 2 个分块，第二项 3 表示第一个分块的前一块，窗长度是 $M/2$，第三项 3 表示第一个分块，窗长度也是 $M/2$；第四项 2 表示第二个分块，窗长度是 $M/4$。

表 20 低频编码的块序列信息表

索引	块序列信息项	索引	块序列信息项
0	{1,4,4}	18	{5,2,2,2,1,1,1}
1	{1,4,3}	19	{5,2,1,1,1,2,1}
2	{1,4,2}	20	{6,2,2,1,1,1,1,1}
3	{1,4,1}	21	{7,2,1,1,1,1,1,1,1}
4	{1,3,4}	22	{2,2,3,1}
5	{2,3,3,3}	23	{1,1,4}
6	{2,3,3,2}	24	{4,1,1,1,2,3}
7	{4,3,1,1,1,2}	25	{2,1,3,3}
8	{2,3,3,1}	26	{5,1,1,1,2,2,2}
9	{5,3,1,1,1,1,1}	27	{6,1,1,1,1,1,2,2}
10	{1,2,4}	28	{5,1,2,1,1,1,2}
11	{3,2,2,2,3}	29	{7,1,1,1,1,1,1,1,2}
12	{4,2,1,1,1,3}	30	{2,1,3,2}
13	{4,2,2,2,2,2}	31	{6,1,1,1,2,1,1,1}
14	{4,2,2,2,2,2}	32	{5,1,1,2,2,1, 1}
15	{5,2,2,1,1,1,2}	33	{5,1,2,1,1,1,2}
16	{6,2,1,1,1,1,1,2}	34	{8,1,1,1,1,1,1,1,1,1}
17	{2,2,3,2}	35	{2,1,3,1}

表 21 窗信息表

窗信息	窗长度
0	$M/16$
1	$M/8$
2	$M/4$
3	$M/2$
4	M

7.4 couple_channel_element()解码

7.4.1 定义

ps_element()　立体声参数的编码数据
core_num　核心声道数标识
mcr_num　MCR 量化参数的个数
mcr_index　MCR 量化参数配置索引
mcr_even_index[]　偶谱线的子带 MCR 旋转角的量化索引

mcr_odd_index[] 奇谱线的子带 MCR 旋转角的量化索引

mcr_mag_index MDFT 频谱子带对应的索引信

7.4.2 解码过程

在获得每个原始数据块 ga_raw_data_block()后，如果 id_syn_ele 是 ID_CPE_F、ID_CPE_S 或 ID_CPE_L，则选择进行双声道立体声解码或基于 MCR 的多声道立体声解码方式：

a) 按照 id_syn_ele 信息获取 MCR 声道对中的核心单声道编码的声道数标识 core_num，并对每个编码数据块 couple_channel_element()进行拆分：

当 id_syn_ele 为 ID_CPE_F，读取 1 比特的 core_num，然后拆分得到(core_num+1)个 single_channel_element()数据和 1 个 ps_element()数据；

当 id_syn_ele 为 ID_CPE_S，读取 1 比特的 core_num，然后拆分得到(core_num +1)个single_channel_element()数据；

当 id_syn_ele 为 ID_CPE_L，core_num 为 0，然后拆分得到 1 个 single_channel_element()数据、1 个 BWE_data()和 1 个 ps_element()数据。

b) 每个 single_channel_element()中获取 lf_winseq_index 信息，并根据 lf_winseq_index 对 individual_channel_stream()解码，获得 M 点的重建 MDCT 频谱系数 $Z_i(k)$，$k=0,\cdots,M-1$；$i=1,\cdots,\text{core\_num}+1$。解码过程见 7.3.2。

当 id_syn_ele 为 ID_CPE_L 时，对 BWE_data()进行解码，详细过程见 7.6；并由 M 点 MDCT 频谱系数 $Z_1(k)$重建出 $2M$ 点的 MDFT 复频谱 $Z_1{}^F(k,t)$，$k=0,\cdots,\text{stLen}-1$，$t=0,\cdots,\text{bkNum}-1$。解码过程见 7.8 和 7.9。

c) 若 id_syn_ele 为 ID_CPE_F 或 ID_CPE_S 时，重建 MCR 反变换前的双声道 M 点的 MDCT 频谱系数 $Y_1(k)$和 $Y_2(k)$。

当 core_num 为 0 时，见式(1)。

$$\begin{cases}Y_1(k)=Z_1(k)\\Y_2(k)=Z_1(k)\end{cases},k=0,\cdots,M-1 \qquad\cdots\cdots(1)$$

式中：

$Z_1(k)$——由单声道解码模块得到的一个声道的重建的 MDCT 频谱系数。

当 core_num 为 1 时，见式(2)。

$$\begin{cases}Y_1(k)=Z_1(k)+Z_2(k)\\Y_2(k)=Z_1(k)-Z_2(k)\end{cases},k=0,\cdots,M-1 \qquad\cdots\cdots(2)$$

式中：

$Z_1(k)$和 $Z_2(k)$——由单声道解码模块得到的两个声道的重建 MDCT 频谱系数。

若 id_syn_ele 为 ID_CPE_L 时，重建 MCR 反变换前的双声道 $2M$ 点 MDFT 的幅值谱系数 $Y_1{}^M(k)$、$Y_2{}^M(k)$和相位谱系数 $Y_1{}^A(k)$、$Y_2{}^A(k)$。见式(3)。

$$\begin{cases}Y_1^M(k,t)=Y_2^M(k,t)=\|Z_1^F(k,t)\|\\Y_1^A(k,t)=Y_2^A(k,t)=\angle Z_1^F(k,t)\end{cases},k=0,\cdots,\text{stLen}-1,t=0,\cdots,\text{bkNum}-1 \qquad\cdots\cdots(3)$$

式中：

$Z_1{}^F(k,t)$——由高频参数解码模块得到的一个声道重建的 $2M$ 点 MDFT 复频谱系数；

stLen ——MDFT 变换块长度；

bkNum ——单帧信号的 MDFT 变换块数量。

d) 当 id_syn_ele 为 ID_CPE_F 或 ID_CPE_S 时，获取当前帧的子带 MCR 旋转角 $\theta_E(m)$和 $\theta_O(m)$。

——根据 ps_element()中的 MCR 量化参数配置索引 mcr_index(见表 22),获取当前帧不同 MDCT 变换块长度下的 MCR 量化信息,包括:子带划分数目 sfb_num,MCR 矢量量化维度 vq_dim 和比特数 vq_bit,以及对应的 MCR 量化码书 mcr_cbook。MCR 量化码书详见附录 B 中表 B.153~表 B.156。

——当 id_syn_ele 为 ID_CPE_F 时,首先由 getFMcrNum()获得 MDCT 域的 MCR 量化参数的个数 mcr_num,具体过程为:

```
mcr_num = 0;
for(i=1; i<lf_winseq_table[lf_winseq_index][0]+1; i++){
    由表 20 和表 21 确定当前块长度;
    由表 22 确定划分频域子频带数量 sfb_num 和矢量维度 vq_dim;
    mcr_num += sfb_num/vqdim;
}
```

然后在每个 MDCT 变换块内,首先从 ps_element()数据中获取奇偶子频谱的频带对应的索引信息 mcr_even_index 和 mcr_odd_index;再由索引信息从 MCR 量化码书中获得反量化的子频带 MCR 旋转角。

——当 id_syn_ele 为 ID_CPE_S 时,当前帧则采用与上一帧相同的子频带 MCR 旋转角。

当 id_syn_ele 为 ID_CPE_L 时,获取当前帧的子频带 MCR 旋转角 $\theta(m,g)$

——根据码率配置索引 bitrate_index(见附录表 A.11 和表 A.12),获取当前帧 MDFT 变换块长度下的 MCR 量化信息,包括:子频带划分数目 sfb_num,MCR 矢量量化维度 vq_dim 和比特数 vq_bit,以及对应的 MCR 量化码书 mcr_mag_cbook。MCR 量化码书详见表 B.157~表 B.158。

当 id_syn_ele 为 ID_CPE_L 时,首先由 getLMcrNum()获得 MDFT 域的 MCR 量化参数的个数 mcr_num,具体过程为:由表 43 和表 44 确定当前帧的分块数 m 和块长度;由表 27确定划分频域子频带数量 sfb_num 和矢量维度 vq_dim;mcr_num 计算式为 mcr_num =m * sfb_num/vq_dim。

然后在每个 MDFT 变换块的时域分组内,从 ps_element()数据中获取频谱子带对应的索引信息 mcr_mag_index;再由索引信息从 MCR 量化码书中获得反量化的子频带 MCR 旋转角。其中时域分组的个数和长度由当前帧高频参数解码所需的块分组信息确定,解码过程见 7.6.3,块分组信息表见表 43 和表 44。

e) 当 id_syn_ele 为 ID_CPE_F 或 ID_CPE_S 时,在每个 MDCT 块内根据对应的 MCR 旋转角和 MDCT 频谱系数进行 MCR 反旋转变换,获取重建双声道的 M 点频谱系数 $X_1(k)$和 $X_2(k)$。

——将频谱系数 $Y_1(k)$和 $Y_2(k)$按照序号的奇偶性各自划分成两个 $M/2$ 点的子频谱,见式(4):

$$\begin{cases} Y_{E,1}(k)=Y_1(2k) \\ Y_{E,2}(k)=Y_2(2k) \\ Y_{O,1}(k)=Y_1(2k+1) \\ Y_{O,2}(k)=Y_2(2k+1) \end{cases},k=0,\cdots,M/2-1 \tag{4}$$

式中:

$Y_1(2k)$和 $Y_2(2k)$ ——进行 MCR 反变换前的两个声道的 MDCT 的偶频谱系数;

$Y_1(2k+1)$和 $Y_2(2k+1)$——进行 MCR 反变换前的两个声道的 MDCT 的奇频谱系数。

——对每个 MDCT 块内的子频谱系数进行频带划分。

假设划分的频带数为 sfb_num。第 m 个频带上重建的两路声道的 MDCT 偶谱线表示见式(5)：

$$\begin{cases}X_1(2k)=\cos\theta_E(m)\times Y_{E,1}(k)+\sin\theta_E(m)\times Y_{E,2}(k)\\X_2(2k)=\sin\theta_E(m)\times Y_{E,1}(k)-\cos\theta_E(m)\times Y_{E,2}(k)\end{cases},k=k_m,\cdots,k_{m+1}-1 \quad\cdots\cdots(5)$$

式中：

$\theta_E(m)$ ——偶子频谱上第 m 个频带的 MCR 旋转角；

$Y_{E,1}(k)$和$Y_{E,2}(k)$——MCR 反变换前的双声道 MDCT 的偶子频谱系数；

k_m ——第 m 个频带内频谱系数的起始序号。

MDCT 奇谱线表示见式(6)：

$$\begin{cases}X_1(2k+1)=\cos\theta_O(m)\times Y_{O,1}(k)+\sin\theta_O(m)\times Y_{O,2}(k)\\X_2(2k+1)=\sin\theta_O(m)\times Y_{O,1}(k)-\cos\theta_O(m)\times Y_{O,2}(k)\end{cases},k=k_m,\cdots,k_{m+1}-1 \quad\cdots\cdots(6)$$

式中：

$\theta_O(m)$ ——奇子频谱上第 m 个频带的 MCR 旋转角；

$Y_{O,1}(k)$和$Y_{O,2}(k)$ ——MCR 反变换前的双声道 MDCT 的偶子频谱系数；

k_m ——第 m 个频带内频谱系数的起始序号。

当 id_syn_ele 为 ID_CPE_L 时，在每个 MDFT 变换块的时域分组内根据对应的 MCR 旋转角和 MDFT 幅值谱系数进行 MCR 反旋转变换，获取重建双声道的 $2M$ 点 MDFT 复频谱系数 $X_1{}^F(k,t)$和 $X_2{}^F(k,t)$。

——对每个 MDFT 变换块内的频谱系数进行频带划分。

假设划分的频带数为 sfb_num。第 m 个频带上重建的两路声道的 MDFT 幅值谱线表示见式(7)：

$$\begin{cases}X_1^M(k,t)=\cos\theta(m,g)\times Y_1^M(k,t)+\sin\theta(m,g)\times Y_2^M(k,t)\\X_2^M(k,t)=\sin\theta(m,g)\times Y_1^M(k,t)-\cos\theta(m,g)\times Y_2^M(k,t)\end{cases},k=k_m,\cdots,k_{m+1}-1 \quad\cdots\cdots(7)$$

式中：

$\theta(m,g)$ ——第 g 个时域分组的第 m 个频带的 MCR 旋转角；

$Y_1{}^M(k,t)$和$Y_2{}^M(k,t)$ ——MCR 反变换前的双声道 MDFT 的第 t 个时域块第 m 个频带的幅值谱系数；

k_m ——第 m 个频带内频谱系数的起始序号。

——根据幅值谱系数 $X_1{}^M(k,t)$、$X_2{}^M(k,t)$和相位谱 $Y_1{}^A(k,t)$、$Y_2{}^A(k,t)$，重建出双声道的 $2M$ 点 MDFT 复频谱系数 $X_1{}^F(k,t)$和 $X_2{}^F(k,t)$，见式(8)：

$$\begin{cases}X_1^F(k,t)=X_1^M(k,t)\times\exp(-j\times Y_1^A(k,t))\\X_2^F(k,t)=X_2^M(k,t)\times\exp(-j\times Y_2^A(k,t))\end{cases} \quad\cdots\cdots(8)$$

式中：

$X_1{}^M(k,t)$和 $X_2{}^M(k,t)$——进行 MCR 反变换后的两个声道的 MDFT 的幅值谱系数；

$Y_1{}^A(k,t)$和 $Y_2{}^A(k,t)$ ——两个声道的 MDFT 的相位谱系数。

f) 如果是基于 MCR 的多声道立体声解码方式，最后对得到的所有 MCR 声道对的 MDCT 频谱系数进行声道重组。

MCR 参数采用矢量量化编码，矢量维度、分配比特和量化码书的选择由 MCR 参数码率和 MDCT 块长决定。若 id_syn_ele 为 ID_CPE_F 或 ID_CPE_S 时，解码时可以根据 MCR 量化参数配置索引

mcr_index 选择对应的量化码书对 MDCT 域的 MCR 参数进行量化。表 22 给出了 MDCT 域的 MCR 量化参数配置表信息，其中频谱子带划分和 MCR 量化码书由 MDCT 块长度 st_len 决定。表 23～表 26分别给出 st_len 为 128，256，512 和 1 024 情况下的奇偶频谱子带划分表。

表 22 MDCT 域的 MCR 量化参数信息配置表

MCR 配置索引 mcr_index	MCR 码率 mcr_rate	MDCT 块长 st_len	划分子带 sfb_num	矢量维度 vq_dim	量化比特 vq_bit	量化码书 mcr_cbook
0	≤12 kbit/s	128	9	3	8	codebk_256_3
		256	12	3	9	codebk_512_3
		512	24	3	9	codebk_512_3
		1024	36	3	10	codebk_1024_3
1	16 kbit/s	128	9	3	9	codebk_512_3
		256	15	3	9	codebk_512_3
		512	30	3	9	codebk_512_3
		1024	48	3	10	codebk_1024_3
2	20 kbit/s	128	9	3	9	codebk_512_3
		256	18	3	10	codebk_1024_3
		512	36	3	10	codebk_1024_3
		1024	48	2	8	codebk_256_2
3	24 kbit/s	128	12	3	9	codebk_512_3
		256	18	3	10	codebk_1024_3
		512	36	3	10	codebk_1024_3
		1024	64	2	8	codebk_256_2

表 23 MDCT 块长度为 128 的奇偶频谱子带划分表

MCR 频带序号	MDCT 谱系数 Index	
	划分子带 sfb_num 为 9	划分子带 sfb_num 为 12
0	0—3	0—3
1	4—7	4—7
2	8—11	8—11
3	12—15	12—15
4	16—21	16—19
5	22—27	20—23
6	28—35	24—27
7	36—47	28—31
8	48—63	32—37
9		38—43
10		44—51
11		52—63

表 24 MDCT 块长度为 256 的奇偶频谱子带划分表

MCR 频带序号	MDCT 谱系数 Index		
	划分子带 sfb_num 为 12	划分子带 sfb_num 为 15	划分子带 sfb_num 为 18
0	0—3	0—3	0—3
1	4—7	4—7	4—7
2	8—11	8—11	8—11
3	12—17	12—15	12—15
4	18—23	16—19	16—19
5	24—31	20—23	20—23
6	32—41	24—29	24—27
7	42—53	30—35	28—33
8	54—67	36—43	34—39
9	68—83	44—51	40—45
10	84—103	52—61	46—51
11	104—127	62—73	52—57
12		74—87	58—63
13		88—103	64—71
14		104—127	72—79
15			80—89
16			90—105
17			106—127

表 25 MDCT 块长度为 512 的奇偶频谱子带划分表

MCR 频带序号	MDCT 谱系数 Index		
	划分子带 sfb_num 为 24	划分子带 sfb_num 为 30	划分子带 sfb_num 为 36
0	0—3	0—3	0—3
1	4—7	4—7	4—7
2	8—11	8—11	8—11
3	12—15	12—15	12—15
4	16—19	16—19	16—19
5	20—23	20—23	20—23
6	24—29	24—27	24—27
7	30—35	28—31	28—31
8	36—41	32—35	32—35
9	42—47	36—39	36—39

表 25（续）

MCR 频带序号	MDCT 谱系数 Index		
	划分子带 sfb_num 为 24	划分子带 sfb_num 为 30	划分子带 sfb_num 为 36
10	48—55	40—43	40—43
11	56—63	44—47	44—47
12	64—73	48—51	48—51
13	74—83	52—55	52—55
14	84—95	56—59	56—59
15	96—107	60—63	60—63
16	108—119	64—69	64—67
17	120—133	70—75	68—71
18	134—147	76—81	72—77
19	148—163	82—87	78—83
20	164—179	88—93	84—89
21	180—199	94—99	90—95
22	200—223	100—107	96—101
23	224—255	108—117	102—107
24		118—129	108—113
25		130—145	114—119
26		146—165	120—127
27		166—189	128—135
28		190—217	136—143
29		218—255	144—151
30			152—161
31			162—173
32			174—187
33			188—203
34			204—225
35			226—255

表 26　MDCT 块长度为 1 024 的奇偶频谱子带划分表

MCR 频带序号	MDCT 谱系数 Index		
	划分子带 sfb_num 为 36	划分子带 sfb_num 为 48	划分子带 sfb_num 为 64
0	0—3	0—1	0—1
1	4—7	2—3	2—3

表 26（续）

MCR 频带序号	MDCT 谱系数 Index		
	划分子带 sfb_num 为 36	划分子带 sfb_num 为 48	划分子带 sfb_num 为 64
2	8—11	4—5	4—5
3	12—15	6—7	6—7
4	16—19	8—9	8—9
5	20—23	10—11	10—11
6	24—27	12—13	12—13
7	28—31	14—15	14—15
8	32—37	16—19	16—17
9	38—43	20—23	18—19
10	44—49	24—27	20—23
11	50—55	28—31	24—27
12	56—61	32—35	28—31
13	62—67	36—39	32—35
14	68—75	40—43	36—39
15	76—83	44—47	40—43
16	84—91	48—51	44—47
17	92—99	52—55	48—51
18	100—107	56—59	52—55
19	108—117	60—63	56—59
20	118—127	64—67	60—63
21	128—137	68—73	64—67
22	138—147	74—79	68—71
23	148—159	80—85	72—75
24	160—171	86—91	76—79
25	172—183	92—97	80—85
26	184—195	98—103	86—91
27	196—211	104—109	92—97
28	212—231	110—115	98—103
29	232—255	116—123	104—109
30	256—283	124—131	110—115
31	284—317	132—139	116—121
32	318—355	140—147	122—127
33	356—399	148—155	128—133
34	400—453	156—163	134—139

表 26（续）

MCR 频带序号	MDCT 谱系数 Index		
	划分子带 sfb_num 为 36	划分子带 sfb_num 为 48	划分子带 sfb_num 为 64
35	454—511	164—175	140—147
36		176—187	148—155
37		188—199	156—163
38		200—213	164—171
39		214—227	172—179
40		228—245	180—187
41		246—267	188—195
42		268—295	196—203
43		296—323	204—211
44		324—359	212—223
45		360—399	224—235
46		400—447	236—247
47		448—511	248—259
48			260—271
49			272—283
50			284—295
51			296—307
52			308—319
53			320—335
54			336—351
55			352—367
56			368—383
57			384—399
58			400—415
59			416—431
60			432—447
61			448—463
62			464—487
63			488—511

表 27　MDFT 域的 MCR 量化参数信息配置表

比特率索引 bitrate_index	MDFT 块长 stLen	频谱子带数 sfb_num	矢量维度 vq_dim	量化比特 vq_bit	量化码书 mcr_mag_cbook
0x10	256	15	3	9	cb_mag_512_3
0x11	256	18	3	10	cb_mag_1024_3
0x12	256	18	3	9	cb_mag_512_3
0x10	2 048	36	3	9	cb_mag_512_3
0x11	2 048	48	3	10	cb_mag_1024_3
0x12	2 048	48	3	9	cb_mag_512_3

若 id_syn_ele 为 ID_CPE_L 时,解码时可以根据比特率索引 bitrate_index 选择对应的量化码书对 MDFT 域的 MCR 参数进行量化。表 27 给出了 MDFT 域的 MCR 量化参数配置表信息,MDFT 频谱子带划分由 MDFT 块长度 stLen 决定,表 28 和表 29 分别给出 stLen 为 256 和 2048 情况下的幅值谱子带划分表。

表 28　MDFT 块长度为 256 的幅值谱子带划分表

MCR 频带序号	MDFT 谱系数 Index	
	划分子带 sfb_num 为 15	划分子带 sfb_num 为 18
0	0—7	0—7
1	8—15	8—15
2	16—23	16—23
3	24—31	24—31
4	32—39	32—39
5	40—47	40—47
6	48—59	48—55
7	60—71	56—67
8	72—87	68—79
9	88—103	80—91
10	104—123	92—103
11	124—147	104—115
12	148—175	116—127
13	176—207	128—143
14	208—255	144—159
15		160—159
16		180—211
17		212—255

表 29 MDFT 块长度为 2 048 的幅值谱子带划分表

MCR 频带序号	MDFT 谱系数 Index	
	划分子带 sfb_num 为 36	划分子带 sfb_num 为 48
0	0—11	0—7
1	12—27	8—11
2	28—47	12—23
3	48—63	24—31
4	64—79	32—39
5	80—95	40—47
6	96—111	48—51
7	112—127	52—63
8	128—151	64—79
9	152—175	80—95
10	176—199	96—111
11	200—223	112—127
12	224—247	128—143
13	248—271	144—159
14	272—303	160—175
15	304—335	176—191
16	336—367	192—207
17	368—399	208—223
18	400—431	224—239
19	432—471	240—255
20	472—511	256—271
21	512—551	272—295
22	552—591	296—319
23	592—639	320—343
24	640—687	344—367
25	688—735	368—391
26	736—783	392—415
27	784—847	416—439
28	848—927	440—463
29	928—1023	464—495
30	1024—1135	496—527
31	1136—1271	528—559
32	1272—1423	560—591

表 29（续）

MCR 频带序号	MDFT 谱系数 Index	
	划分子带 sfb_num 为 36	划分子带 sfb_num 为 48
33	1424—1599	592—623
34	1600—1815	624—655
35	1816—2047	656—703
36		704—751
37		752—799
38		800—855
39		856—911
40		912—983
41		984—1071
42		1072—1183
43		1184—1295
44		1296—1439
45		1440—1599
46		1600—1791
47		1792—2047

当 id_syn_ele 为 ID_CPE_L 时，解码时可以根据比特率索引 bitrate_index，得到 single_channel_element()数据、BWE_data()和 ps_element()数据的编码码率，见表 30。

表 30　立体声编码码率配置表(id_syn_ele 为 ID_CPE_L 时)

bitrate_index	single_channel_element()编码码率	BWE_data()编码码率	ps_element()编码码率
0x10	20 kbit/s	小于 4 kbit/s	小于 4 kbit/s
0x11	28 kbit/s	大于 4 kbit/s	小于 4 kbit/s
0x12	40 kbit/s	大于 4 kbit/s	大于 4 kbit/s

当 id_syn_ele 为 ID_CPE_F 时，解码时可以根据比特率索引 bitrate_index，得到 single_channel_element()数据和 ps_element()数据的编码码率，见表 31。例如，当 bitrate_index 为 0x16 时，编码双声道立体声的核心声道数为 2，核心声道对数为 1，single_channel_element()数据的编码速率分别为 80 kbit/s和 32 kbit/s，ps_element()数据的编码码率为 16 kbit/s；当 bitrate_index 为 0x25 时，编码双声道立体声的核心声道数为 6，核心声道对数为 3，single_channel_element()数据的编码速率分别为 112 kbit/s 和48 kbit/s、112 kbit/s 和 48 kbit/s 、96 kbit/s 和 48 kbit/s ，而 ps_element()数据的编码码率分别为 16 kbit/s、16 kbit/s、16 kbit/s。

表 31　立体声编码码率配置表(id_syn_ele 为 ID_CPE_F 时)

bitrate_index	核心声道数	核心声道对数	single_channel_element()编码码率(kbit/s)	ps_element()编码码率(kbit/s)
0x13	1	1	{56}	{8}
0x14	1	1	{64}	{16}
0x15	1	1	{72}	{24}
0x16	2	1	{80,32}	{16}
0x17	2	1	{80,48}	{16}
0x18	2	1	{120,48}	{20}
0x19	2	1	{176,60}	{20}
0x1a	2	1	{224,72}	{24}
0x20	3	3	{56},{56},{56}	{8},{8},{8}
0x21	3	3	{72},{72},{64}	{16},{16},{16}
0x22	5	3	{72,32},{72,32},{72}	{16},{16},{16}
0x23	6	3	{80,32},{80,32},{80,32}	{16},{16},{16}
0x24	6	3	{88,48},{88,48},{88,48}	{12},{12},{12}
0x25	6	3	{112,48},{112,48},{96,48}	{16},{16},{16}
0x26	6	3	{140,60},{140,60},{140,48}	{16},{16},{20}
0x27	6	3	{160,60},{160,60},{160,60}	{20},{20},{20}

7.5　PCA_channel_element()解码

7.5.1　定义

PCAGroupmodeHeader	AASF 文件头中多声道编码的 PCA 分组模式信息
PCAGroupmode	每帧中的多声道编码的 PCA 分组模式信息
anaMatrixdata[band][evenodd][j][i]	PCA 边信息,即 PCA 映射矩阵数据,band 表示频带分组序号,evenodd 标识奇数序列或偶数序列,j、i 是系数矩阵的行、列序号,第 j 行数据对应第 j 个主成分的映射系数。
usePCAitemnum	3 比特,PCA 分组中进行了编码的主成分数量
bandmulgroupflag	1 比特,PCA 分析的频带标识组合信息 1
allbandMatrixdatainflag	1 比特,PCA 分析的频带组合信息 2,所有频带的 PCA 边信息位流都存在的标识
bandMatrixdatainflag[band]	1 比特,第 band 个频带是否存在 PCA 边信息位流的标识
PCAMatrixdataEncodeMode	2 比特,标识 PCA 系数矩阵数据的编码方式
dataposflag	PCA2 的边信息,标识绝对值较大系数的位置
quanMatrixdata02	PCA2 的边信息,PCA 映射矩阵的系数量化值
quanMatrixdata04_01	PCA4 的系数矩阵中某列的第 1 个数据的量化值
quanMatrixdata04_02	PCA4 的系数矩阵中某列的第 2 个数据的量化值
quanMatrixdata04_03	PCA4 的系数矩阵中某列的第 3 个数据的量化值
quanMatrixdata04_04	anaMatrixdata[band][evenodd][j][3]的符号位

quanMatrixdata04_PCN2_pos01	PCAMatrixdataEncodeMode 取 0，usePCAitemnum 取 2 时 PCA4 的边信息中的位置信息 01，绝对值次小的系数的位置信息 1
quanMatrixdata04_PCN2_pos02	PCAMatrixdataEncodeMode 取 0，usePCAitemnum 取 2 时 PCA4 的边信息中的位置信息 02，quanMatrixdata04_PCN2_pos01 等于 7 时绝对值次小的系数的位置信息 2
quanMatrixdata04_PCN2_pos03	PCAMatrixdataEncodeMode 取 0，usePCAitemnum 取 2 时 PCA4 的边信息中的位置信息，第一主成分对应的绝对值第三小的系数的位置信息
quanMatrixdata04_PCN2_pos04	PCAMatrixdataEncodeMode 取 0，usePCAitemnum 取 2 时 PCA4 的边信息中的位置信息，第二主成分对应的绝对值第三小的系数的位置信息
quanMatrixdata04_PCN2_01	PCAMatrixdataEncodeMode 取 0，usePCAitemnum 取 2 时 PCA4 的边信息量化值，绝对值次小的系数的量化值
quanMatrixdata04_PCN2_02	PCAMatrixdataEncodeMode 取 0，usePCAitemnum 取 2 时 PCA4 的边信息量化值，绝对值第三小的系数的量化值
quanMatrixdata04_PCN3_pos01	PCAMatrixdataEncodeMode 取 0，usePCAitemnum 取 3 时 PCA4 的边信息中的位置信息
quanMatrixdata04_PCN3_01	PCAMatrixdataEncodeMode 取 0，usePCAitemnum 取 3 时 PCA4 的边信息量化值，绝对值次小的系数的量化值
quanMatrixdata04_PCN3_02	PCAMatrixdataEncodeMode 取 0，usePCAitemnum 取 3 时 PCA4 的边信息量化值，绝对值第三小的系数的量化值
fixedPCAGroupmode()	根据 PCAGroupmodeHeader 信息来判断是否是固定的声道分组
PCAbandnum	PCA 频带划分数量
Allbandsetflag[i]	PCA 边信息频带组合标识信息
min1pos[i]	绝对值次小的系数的位置信息
min2pos[i]	绝对值第三小的系数的位置信息
min3pos[i]	绝对值最大的系数的位置信息
pcaMDCTdata[i][k]	PCA 主成分 MDCT 编码数据

7.5.2 解码过程

7.5.2.1 概述

在获得每个原始数据块 ga_raw_data_block()后，如果 id_syn_ele 是 ID_PCA2 或 ID_PCA4，则选择进行基于 PCA 分析的多声道立体声解码模式，具体步骤包括：

a) 解码 usePCAitemnum、base_setting_index 和 lf_winseq_index，根据 usePCAitemnum 确定 PCA 分组中含有的主成分数据的数量，根据 base_setting_index 来确定 MDCT 编码数据解码所用的码书，根据 lf_winseq_index 解码得到低频编码的块序列信息；
b) 根据块序列信息进行 PCA 系数矩阵的解码 block_pca_matrixdata，得到 anaMatrixdata 数据；
c) 根据 usePCAitemnum 信息，PCA 分组中就含有 usePCAitemnum 个 PCA_individual_channel_stream()数据，当 PCA 分组类型为 ID_PCA2 时 PCA 分组含有 1 个 PCA_individual_channel_stream()或 2 个 PCA_individual_channel_stream()；当 PCA 分组类型为 ID_PCA4 时 PCA 分组含有 1 个、2 个、3 个或 4 个 PCA_individual_channel_stream()；

d) 根据 lf_winseq_index 对 PCA_individual_channel_stream()解码，获得重建的 PCA 主成分 MDCT 频谱系数；

e) 根据解码得到的 PCA 主成分 MDCT 频谱系数，通过 PCA 合成过程重构 PCA 分组中所有声道的 MDCT 频谱系数。

在附录表 A.2 aasf_header 中的 PCAGroupmodeHeader 为 PCA 分组模式，16 比特表示，用来配置多声道 PCA 分析时的声道分组模式。PCA 分组类型见表 32。

表 32 PCA 分组类型表

PCA 分组类型	分组内声道个数
ID_PCA2	2
ID_PCA3	3
ID_PCA4	4
ID_PCA5	5
ID_PCA6	6

7.5.2.2 PCA 系数矩阵 block_pca_matrixdata() 解码

PCA 系数矩阵 block_pca_matrixdata()的解码是基于频带划分进行的，根据块长度的不同和 PCA 分析所含声道数的不同，PCA 分析的频带划分也有所不同。表 33～表 36 分别给出块长度为 128、256、512 和 1024 情况下的 PCA 频带划分表。根据频带划分表也可知不同块长度下所划分的 PCA 频带数 PCAbandnum。

表 33 块长度为 128 时的 PCA 频带划分表

PCA 频带序号	起始	长度	PCA 频带序号	起始	长度
0	0	8	5	44	12
1	8	8	6	56	16
2	16	8	7	72	24
3	24	8	8	96	32
4	32	12			

表 34 块长度为 256 时的 PCA 频带划分表

PCA 频带序号	起始	长度	PCA 频带序号	起始	长度
0	0	8	6	64	20
1	8	8	7	84	24
2	16	8	8	108	26
3	24	12	9	134	34
4	36	12	10	168	40
5	48	16	11	208	48

表 35 块长度为 512 时的 PCA 频带划分表

PCA 频带序号	起始	长度	PCA 频带序号	起始	长度
0	0	8	12	128	20
1	8	8	13	148	20
2	16	8	14	168	24
3	24	8	15	192	24
4	32	8	16	216	24
5	40	8	17	240	28
6	48	12	18	268	28
7	60	12	19	296	32
8	72	12	20	328	32
9	84	12	21	360	40
10	96	16	22	400	48
11	112	16	23	448	64

表 36 块长度为 1024 时的 PCA 频带划分表

PCA 频带序号	起始	长度	PCA 频带序号	起始	长度
0	0	8	20	168	12
1	8	8	21	180	12
2	16	8	22	192	14
3	24	8	23	206	14
4	32	8	24	220	16
5	40	8	25	236	16
6	48	8	26	252	18
7	56	8	27	270	20
8	64	8	28	290	24
9	72	8	29	314	30
10	80	8	30	344	36
11	88	8	31	380	40
12	96	8	32	420	44
13	104	8	33	464	48
14	112	8	34	512	56
15	120	8	35	568	68
16	128	10	36	636	76
17	138	10	37	712	88
18	148	10	38	800	108
19	158	10	39	908	116

解码过程为，首先，解码 bandmulgroupflag 、allbandMatrixdatainflag、bandMatrixdatainflag [ ]、PCAMatrixdataEncodeMode。其中，bandmulgroupflag 是表示 PCA 频带合并的标识，如果 bandmulgroupflag 取 1，则序号 MULBANDSTART 等于 14 之后的频带每两个共用一组 PCA 系数矩阵。allbandMatrixdatainflag 表示是否进行 PCA 系数矩阵的频带组合标识，当 allbandMatrixdatainflag 取 0 时，不进行 PCA 系数矩阵的频带组合，每个频带作为一个频带分组，有独立的一组 PCA 边信息；当 allbandMatrixdatainflag 取 1 时，进行 PCA 系数矩阵的频带组合，组成频带分组。PCA 系数矩阵的频带组合是根据 bandMatrixdatainflag[i]进行的，当 bandMatrixdatainflag[i]取 1 时，表示该频带是频带分组的起始边界，而当 bandMatrixdatainflag[i]取 0 时，表示该频带与其前序的频带属于同一个频带分组，共用一组 PCA 系数矩阵。PCA 系数矩阵的编解码模式可以有多种，由 PCAMatrixdataEncodeMode 来标识。解码 bandmulgroupflag 、allbandMatrixdatainflag、bandMatrixdatainflag[ ]得到 PCA 频带组合信息 allbandsetflag[ ]，其中，allbandsetflag[i]为 1，表示第 i 个 PCA 频带是 PCA 频带分组的起始位置。解码过程如下：

```
for(kk=0;kk< PCAbandnum;kk++)
  allbandsetflag[kk] = 0;
if(bandmulgroupflag ==0)
  bandmulflag = 1;
else
  bandmulflag= 2;
if(allbandMatrixdatainflag ==1)
{
  for(kk=0;kk< PCAbandnum;kk+=((kk>=MULBANDSTART) ? bandmulflag:1))
  {
    bandMatrixdatainflag = avs2audiopack_read(1);
    allbandsetflag[kk]= bandMatrixdatainflag;
  }
}else
{
  for(kk=0;kk< PCAbandnum;kk+=((kk>=MULBANDSTART) ? bandmulflag:1))
    allbandsetflag[kk] = 1;
}
```

函数 getMatrixdataencodenum()确定进行 PCA 编码的频带数量 Matrixdataencodednum：

```
  Matrixdataencodednum = 0;
  for(kk=0;kk< PCAbandnum;kk+=((kk>=MULBANDSTART) ? bandmulflag:1))
  {
    Matrixdataencodednum++;
  }
```

然后，根据 PCA 频带组合信息进行 PCA 频带组合，得到 PCA 频带分组，解码每一个频带分组的 PCA 系数矩阵 anaMatrixdata，每个分组内的各频带的 PCA 系数矩阵是相同的。对于每一个频带分组，PCA 系数矩阵分为两组，即奇数序号 MDCT 的 PCA 系数矩阵和偶数序号 MDCT 的 PCA 系数矩阵。根据 PCA 分组类型、PCAMatrixdataEncodeMode、usePCAitemnum 的不同，PCA 系数矩阵的解码会有所不同。

a) 当 PCAMatrixdataEncodeMode 为 0 时，解码过程分情况描述如下：

对于 PCA2，依次解码系数矩阵中对应于 usePCAitemnum 个主成分的数据 anaMatrixdata [band] [evenodd][j][]($j=0,\cdots$, usePCAitemnum-1)。首先解码第一主成分对应的系数：先进行位置标识 dataposflag 的解码，以确定 quanMatrixdata02 在 PCA 系数矩阵中的位置，并且当 dataposflag 取 1 时，quanMatrixdata02 是对应于 anaMatrixdata[band][evenodd][0][0]的数据，当 dataposflag 取 0 时，quanMatrixdata02 是对应于 anaMatrixdata[band][evenodd][0][1]的数据；然后对 quanMatrixdata02 进行解码，结合 dataposflag 得到 anaMatrixdata[band][evenodd][0][1-dataposflag]的重建值。此时 quanMatrixdata02 的解码比特数是 4 比特，quanMatrixdata02 的量化码书见表 37。

表 37 quanMatrixdata02(4 比特)的量化码书

码字	系数值	码字	系数值	码字	系数值	码字	系数值
0	−0.707	4	−0.303	8	0.101	12	0.505
1	−0.606	5	−0.202	9	0.202	13	0.606
2	−0.505	6	−0.101	10	0.303	14	0.707
3	−0.404	7	0	11	0.404	15	

anaMatrixdata[band][evenodd][0][dataposflag]的值由 anaMatrixdata[band][evenodd][0][1-dataposflag]来确定，计算公式见式(9)：

$$\text{anaMatrixdata[band][evenodd][0][dataposflag]} = \sqrt{1-(\text{anaMatrixdata[band][evenodd][0][1}-\text{dataposflag]})^2} \quad \cdots\cdots(9)$$

式中：

band ——频带分组序号；

evenodd ——标识奇数序列或偶数序列；

dataposflag——位置标识。

如果 usePCAitemnum 为 2，则根据 anaMatrixdata[band][evenodd][0][]对 anaMatrixdata[band][evenodd][1][]进行赋值，见式(10)、式(11)：

$$\text{anaMatrixdata[band][evenodd][1][0]} = -\text{anaMatrixdata[band][evenodd][0][1]} \quad \cdots\cdots(10)$$

$$\text{anaMatrixdata[band][evenodd][1][1]} = \text{anaMatrixdata[band][evenodd][0][0]} \quad \cdots\cdots(11)$$

式中：

band ——频带分组序号；

evenodd ——标识奇数序列或偶数序列。

对于 PCA4 中的第一个频带分组，依次解码系数矩阵中对应于 usePCAitemnum 个主成分的数据。对应于第 j 个主成分：先依次对 quanMatrixdata04_01、quanMatrixdata04_02、quanMatrixdata04_03 进行解码，得到 anaMatrixdata[band][evenodd][j][0]、anaMatrixdata[band][evenodd][j][1]、anaMatrixdata[band][evenodd][j][2]的重建值，量化码书见表 38，然后对 quanMatrixdata04_04 解码得到 anaMatrixdata[band][evenodd][j][3]的符号位 sign，并通过运算得到 anaMatrixdata[band][evenodd][j][3]的重建值，见式(12)、式(13)：

$$\text{sign} = 1 - 2 \times \text{quanMatrixdata04\_04} \quad \cdots\cdots(12)$$

式中：

quanMatrixdata04_04——符号位的编码码字；

sign ——符号位。

$$anaMatrixdata[band][evenodd][j][3] = sign \times \sqrt{1 - \sum_{k=0}^{2}(anaMatrixdata[band][evenodd][j][k])^2} \quad \cdots\cdots (13)$$

式中：

band ——频带分组序号；

evenodd ——标识奇数序列或偶数序列；

j ——第 j 个主成分。

表 38 quanMatrixdata04 的量化码书

码字	系数值	码字	系数值	码字	系数值	码字	系数值
0	−1	4	−0.423	8	0.101	12	0.714
1	−0.857	5	−0.282	9	0.282	13	0.857
2	−0.714	6	−0.101	10	0.423	14	1
3	−0.571	7	0	11	0.571	15	

对于 PCA4 中的其他频带分组，当 usePCAitemnum 为 2 时：首先解码位置信息 quanMatrixdata04_PCN2_pos01、quanMatrixdata04_PCN2_pos02 得到在系数矩阵中第一主成分、第二主成分分别对应的列数据 anaMatrixdata[band][evenodd][0][]及 anaMatrixdata[band][evenodd][1] []各自的绝对值次小的数据的位置序号 min1pos[]；解码 quanMatrixdata04_PCN2_pos03 和 quanMatrixdata04_PCN2_pos04 得到在系数矩阵中第一主成分、第二主成分分别对应的列数据 anaMatrixdata[band][evenodd][0][]及 anaMatrixdata[band][evenodd][1][]各自的绝对值第三小的数据的位置信息 min2pos[]、绝对值最大的数据的位置信息 min3pos[](anaMatrixdata[band][evenodd] [j][3]固定为 0，即绝对值最小的位置固定为 4)，解码过程的伪代码如下：

```
quanMatrixdata04_PCN2_pos01= avs2audiopack_read(&vb->opb, 3);
if(quanMatrixdata04_PCN2_pos01==6) {
  min1pos[0]= 1;
  min1pos[1]= 1;
}else if(quanMatrixdata04_PCN2_pos01==7)
{
  min1pos[0]= 2;
  min1pos[1]= 2;
  quanMatrixdata04_PCN2_pos02= avs2audiopack_read(&vb->opb, 1);
  if(quanMatrixdata04_PCN2_pos02==1)
    {min1pos[0]= 3;
    min1pos[1]= 3;}
} else{
  min1pos[0] = (quanMatrixdata04_PCN2_pos01>>1);
  quandata = quanMatrixdata04_PCN2_pos01- min1pos[0] * 2;
  min1pos[0] = min1pos[0] +1;
  if(min1pos[0]==1)
  {  if(quandata==1)
       min1pos[1] = 3;
```

```
        else min1pos[1]= 2;
    }else
    {   if(quandata==1)
          {if(min1pos[0]==2)
             min1pos[1] = 3;
          if(min1pos[0]==3)
             min1pos[1] = 2;}
        else
          min1pos[1]= 1;
    }
  }
  quanMatrixdata04_PCN2_pos03= avs2audiopack_read(&vb->opb, 1);
  quanMatrixdata04_PCN2_pos04= avs2audiopack_read(&vb->opb, 1);
  for(j=0;j< usePCAitemnum;j++)
  {  if(j==0)
         quandata =quanMatrixdata04_PCN2_pos03;
     if(j==1)
         quandata =quanMatrixdata04_PCN2_pos04;
     if(min1pos[j]==1)
     {
       min2pos[j]=2;
       min3pos[j]=3;
       if(quandata==1)
       {
         min2pos[j]=3;
         min3pos[j]=2;}
     }else if(min1pos[j]==2)
     {
       min2pos[j]=1;
       min3pos[j]=3;
       if(quandata==1)
       {  min2pos[j]=3;
          min3pos[j]=1;}
     }else if(min1pos[j]==3)
     {
       min2pos[j]=2;
       min3pos[j]=1;
       if(quandata==1)
       {  min2pos[j]=1;
          min3pos[j]=2;}
     }
  }
```

对于系数矩阵中第一主成分、第二主成分分别对应的列数据，进行各列数据的 quanMatrixdata04_

PCN2_01、quanMatrixdata04_ PCN2_02 的解码，quanMatrixdata04_PCN2_01、quanMatrixdata04_PCN2_02 对应于系数矩阵中某列数据中绝对值次小的两个值，得到列数据中的绝对值最小的两个值 valuet1、valuet2，并据此得到该列数据的重建值。quanMatrixdata04_ PCN2_01、quanMatrixdata04_PCN2_02 的反量化码书见表 37、表 39 和表 40。对于第一主成分对应的列数据，quanMatrixdata04_PCN2_01 的解码比特数是 4 比特，对应的解码码书是表 39，quanMatrixdata04_PCN2_02 的解码比特数是 4 比特，对应的解码码书是表 37；对于第二主成分对应的列数据中，quanMatrixdata04_PCN2_01 的解码比特数是 3 比特，对应的解码码书是表 40，quanMatrixdata04_PCN2_02 的解码比特数是 4 比特，对应的解码码书是表 37。

计算公式见式(14)～式(17)。

$$\text{anaMatrixdata}[\text{band}][\text{evenodd}][j][\text{min1pos}[j]-1]=\text{valuet1} \tag{14}$$

$$\text{anaMatrixdata}[\text{band}][\text{evenodd}][j][\text{min2pos}[j]-1]=\text{valuet2} \tag{15}$$

$$\text{anaMatrixdata}[\text{band}][\text{evenodd}][j][\text{min3pos}[j]-1]=\sqrt{1-\text{valuet1}^2-\text{valuet2}^2} \tag{16}$$

$$\text{anaMatrixdata}[\text{band}][\text{evenodd}][j][3]=0 \tag{17}$$

式中：

band ——频带分组序号；

evenodd ——标识奇数序列或偶数序列；

minlpos[j] ——绝对值次小的数据的位置序号；

min2pos[j] ——绝对值第二小的数据的位置序号；

min3pos[j] ——绝对值最大的数据的位置序号。

表 39 quanMatrixdata04_PCN2(4 比特)的量化码书

码字	系数值	码字	系数值	码字	系数值	码字	系数值
0	−0.615	4	−0.264	8	0.088	12	0.440
1	−0.528	5	−0.176	9	0. 176	13	0.528
2	−0.440	6	−0.088	10	0.264	14	0.615
3	−0.352	7	0	11	0.352	15	

表 40 quanMatrixdata04_PCN2(3 比特)的量化码书

码字	系数值	码字	系数值	码字	系数值	码字	系数值
0	−0.615	2	−0.205	4	0.205	6	0.615
1	−0.410	3	0	5	0.410	7	

对于 PCA4 中的其他频带分组，当 usePCAitemnum 取 3 时：首先解码位置信息 quanMatrixdata04_PCN3_pos01，然后依次解码各主成分 j 所对应的矩阵系数数据 anaMatrixdata[band][evenodd][j][]。quanMatrixdata04_PCN3_01、quanMatrixdata04_PCN3_02 对应于系数矩阵中某列数据中绝对值次小的两个值。解码过程与 usePCAitemnum 取 2 时类似，但 quanMatrixdata04_PCN3_pos01 的解码过程有所不同，其解码过程如下：

postable[6][3]={{1,2,3},{1,3,2},{2,1,3},{2,3,1},{3,1,2},{3,2,1}}；

```
tmp1 = (quanMatrixdata04_PCN3_pos01)%6;
min1pos[0]= postable[tmp1][0];
min2pos[0]= postable[tmp1][1];
min3pos[0]= postable[tmp1][2];
tmp1 = (quanMatrixdata04_PCN3_pos01/6)%6;
min1pos[1]= postable[tmp1][0];
min2pos[1]= postable[tmp1][1];
min3pos[0]= postable[tmp1][2];
tmp1 = (quanMatrixdata04_PCN3_pos01/36)%6;
min1pos[2]= postable[tmp1][0];
min2pos[2]= postable[tmp1][1];
min3pos[0]= postable[tmp1][2];
```

quanMatrixdata04_ PCN3_01、quanMatrixdata04_ PCN3_02 的反量化的码书见表 37、表 39、表 40 和表 41。对第一主成分对应的列数据，quanMatrixdata04_PCN3_01 的解码比特数是 4 比特，对应的解码码书是表 39，quanMatrixdata04_PCN3_02 的解码比特数是 4 比特，对应的解码码书是表 37；对第二主成分对应的列数据，quanMatrixdata04_PCN3_01 的解码比特数是 3 比特，对应的解码码书是表 38，quanMatrixdata04_PCN3_02 的解码比特数是 4 比特，对应的解码码书是表 37；对第三主成分对应的列数据，quanMatrixdata04_PCN3_01 的解码比特数是 3 比特，对应的解码码书是表 40，quanMatrixdata0 4_ PCN3_02 的长度是 3 比特，对应的解码码书是表 41。

表 41 quanMatrixdata04_PCN3 的量化码书

码字	系数值	码字	系数值	码字	系数值	码字	系数值
0	−0.707	2	−0.236	4	0.236	6	0.707
1	−0.471	3	0	5	0.471	7	

b) 当 PCAMatrixdataEncodeMode 为 1 时，解码过程分情况描述如下：

对 PCA 分组类型为 PCA2、PCA4 中的第一个频带分组的解码过程与 PCAMatrixdataEncodeMode 为 0 时相同，不同之处是此时 quanMatrixdata02 的解码比特数是 5 比特，quanMatrixdata02 的量化码书见表 42。

表 42 quanMatrixdata02(5 比特)的量化码书

码字	系数值	码字	系数值	码字	系数值	码字	系数值
0	−0.707	8	−0.330	16	0.047	24	0.424
1	−0.660	9	−0.283	17	0.094	25	0.471
2	−0.613	10	−0.236	18	0.141	26	0.518
3	−0.566	11	−0.189	19	0.189	27	0.566
4	−0.518	12	−0.141	20	0.236	28	0.613
5	−0.471	13	−0.094	21	0.283	29	0.660
6	−0.424	14	−0.047	22	0.330	30	0.707
7	−0.377	15	0	23	0.377		

对于 PCA4 中的其他频带分组,则对 usePCAitemnum 确定的每个主成分 j 依次解码 quanMatrixdata04_01、quanMatrixdata04_02、quanMatrixdata04_03 得到重建值 valuet1、valuet2 和 valuet3,并据此重建 PCA 系数矩阵。计算公式见式(18)～式(21):

anaMatrixdata[band][evenodd][j][0] = valuet1 ……………………(18)

anaMatrixdata[band][evenodd][j][1] = valuet2 ……………………(19)

anaMatrixdata[band][evenodd][j][2] = valuet3 ……………………(20)

anaMatrixdata[band][evenodd][j][3] = 0 ……………………(21)

式中:

band ——频带分组序号;

evenodd ——标识奇数序列或偶数序列。

最后,对 PCA 频带分组内的每个 PCA 频带共用该频带分组的 PCA 系数矩阵,得到所有频带的 PCA 系数矩阵。

7.5.2.3 PCA_individual_channel_stream()解码

与 individual_channel_stream()解码相同。这里解码得到的是 PCA 主成分 MDCT 频谱 pcaMDCTdata[i][k],i 是 PCA 主成分的序号,k 是频域序号。

7.5.2.4 PCA 合成过程

在得到 PCA 主成分 MDCT 频谱系数后,通过 PCA 合成过程重构 PCA 声道分组中所有声道的 MDCT 频谱系数。

根据 lf_winseq_index 确定的低频编码的块序列信息,对每一变换块的每一个 PCA 频带进行 PCA 合成,得到解码的 MDCT 频谱 MDCTdata[i][k]。这一过程是对每个 PCA 频带上分别进行的,每个频带又分为奇数位 MDCT 数据和偶数位 MDCT 数据来各自进行处理。PCA 合成过程的伪代码如下:

```
for (i = 1; i <= n; i++) {
  for (k = 1; k <= m; k++)
  {
    MDCTdata[i][k] = 0.0;
    for (k2 = 1; k2 <= usePCAitemnum; k2++)
      MDCTdata [i][k] += pcaMDCTdata [i][k2] *
        anaMatrixdata[band][evenodd] [k][m-k2+1];
  }
}
```

7.6 BWE_data()解码

7.6.1 定义

bweCount	不包括这个字段本身的 bwe 数据块的长度,以字节为单位
groupMode	高频参数编码模式信息表的索引
seqMode	高频参数编码模式信息表中的分块信息索引
onsetFlag	突变标识
envelop_timeFlag	高频包络编码的编码顺序标识
hf_envelop_bits[i] [sfb]	高频包络编码位流数据
noisefloor_timeFlag	噪性编码的编码顺序标识

hf_noisefloor_bits[i][sfb]	噪性编码位流数据
addHarmonicFlag[i][sfb]	加弦标识
addHarmonicVec[i]	加弦编码位流数据
sfbCnt	频带划分数
sfbCntNoiseFloor	噪性编码的频带划分数

7.6.2 解码过程

BWE_data()的解码是从位流中获取高频参数编码信息的解码过程。

首先，解码高频参数编码模式信息中的 groupMode 和 seqMode。当 groupMode 解码为 0 时，seqMode 的解码比特数为 4 比特，当 groupMode 解码为 1 时，seqMode 的解码比特数为 10 比特。伪代码如下：

```
tmp = avs2audiopack_read(&opb, 1);
if(tmp == 0)
  groupMode = 0;
else
  groupMode = 4;
if(groupMode == 0)
  seqMode = avs2audiopack_read(&opb, 4);
else
  seqMode = avs2audiopack_read(&opb, 10);
BlockTabletmp =getBlockseqTable(groupMode);
blockNum = BlockTabletmp[seqMode][1];
GroupTabletmp = getGroupseqTable(groupMode);
groupNum = GroupTabletmp[seqMode][1];
```

然后，解码突变标识信息 onsetFlag，并据此解码突变位置信息 onsetPos。伪代码如下：

```
onsetFlag = avs2audiopack_read(&opb, 1);
if(onsetFlag)
  onsetPos = avs2audiopack_read(&opb, 4);
else
  onsetPos = GroupTabletmp[seqMode][3];
```

接下来，解码高频包络编码信息和噪性编码信息。伪代码如下：

```
envelop_timeFlag = avs2audiopack_read(&opb, 1);
if(envelop_timeFlag) {
  huff = book_envelop_time_Decode;
  for(sfb = 0; sfb < sfbParam.sfbCnt; sfb++) {
    param[0].hf_envelop_bits[sfb] = avs2audiopack_read(&opb, 5);
    for(i = 1; i < groupNum; i++) {
      envelop_index = DecodeHuffman(huff, &opb);
      param[i].hf_ envelop_bits [sfb] = param[i-1].hf_ envelop_bits [sfb] +
                                        envelop_index;
    }
  }
}
```

```
else {
  huff = book_envelop_freq_Decode;
  for(i = 0; i < groupNum; i++) {
    param[i].hf_ envelop_bits [0] = avs2audiopack_read(&opb, 5);
    for(sfb = 1; sfb < sfbParam.sfbCnt; sfb++) {
      envelop_index = DecodeHuffman(huff, &opb);
      param[i].hf_ envelop_bits [sfb] = param[i].hf_ envelop_bits [sfb-1] +
                                        envelop_index;
    }
  }
}
if(groupNum > 1) {
  noisefloor_timeFlag = avs2audiopack_read(&opb, 1);
  if(noisefloor_timeFlag)  {
    huff = book_noisefloor_time_Decode;
    for(sfb = 0; sfb < sfbParam.sfbCntNoiseFloor; sfb++) {
      param[0].hf_noisefloor_bits[sfb] = avs2audiopack_read (&opb, 4) +
                                         NOISE_FLOOR_OFFSET - 1;
      for(i = 1; i < 2; i++){
        noisefloor_index = DecodeHuffman(huff, &opb);
        param[i]. hf_noisefloor_bits [sfb]=param[i-1]. hf_noisefloor_bits [sfb]
                                          + noisefloor_index;
      }
    }
  }
  else {
    huff = book_noisefloor_freq_Decode;
    for(i = 0; i < 2; i++) {
      param[i].hf_noisefloor_bits[0] = avs2audiopack_read (&opb, 4) +
                                       NOISE_FLOOR_OFFSET - 1;
      for(sfb = 1; sfb < sfbParam.sfbCntNoiseFloor; sfb++){
        noisefloor_index = DecodeHuffman(huff, &opb);
        param[i]. hf_noisefloor_bits [sfb]=param[i]. hf_noisefloor_bits [sfb-1]
                                          + noisefloor_index;
      }
    }
  }
}
else {
  huff = book_noisefloor_freq_Decode;
  param[0].hf_noisefloor_bits[0]=avs2audiopack_read(&opb,4)+NOISE_FLOOR_OFFSET-1;
  for(sfb = 1; sfb < sfbParam.sfbCntNoiseFloor; sfb++) {
    noisefloor_index = DecodeHuffman(huff, &opb);
```

```
        param[0]. hf_noisefloor_bits [sfb] = param[0]. hf_noisefloor_bits [sfb-1] +
                                             noisefloor_index;
    }
}
```

最后，解码加弦编码信息。伪代码如下：

```
param[0].addHarmonicFlag = avs2audiopack_read(&opb, 1);
if(param[0].addHarmonicFlag){
  for(i = 0; i < sfbParam.sfbCnt; i++)
    param[0].addHarmonicVec[i] = avs2audiopack_read(&opb, 1);
}
else {
  for(i = 0; i < sfbParam.sfbCnt; i++)
    param[0].addHarmonicVec[i]= 0;
}
```

其中，DecodeHuffman()的伪代码如下：

```
static int DecodeHuffman (Huffman h, avs2audiopack_buffer * opb)
{
  char index = 0;
  int value, bit;

  while (index >= 0) {
    bit = avs2audiopack_read(opb, 1);
    index = h[index][bit];
  }
  value = index+64;
  return value;
}
```

7.6.3 高频参数编码模式信息解码

解码高频参数编码模式信息中的 groupMode 和 seqMode 信息，得到当前帧高频参数编码的模式信息表，可以确定高频参数解码所需的分析窗信息、块分组信息等。

groupMode 为 0 时模式信息表见表 43，表示高频谱的分析块长是 2048 或者 1024。

表 43 模式信息项的结构为：seqMode 分块数 m 窗信息 0，窗信息 1，…，窗信息 m。

例如，seqmode 为 1 时，模式信息项为{1,1,4,1}，表示当前帧有 1 个分块，该分块的前一块窗长度是 2048，当前块窗长度是 256。

表 43 groupMode 为 0 时的模式信息表

seqmode	模式信息项	seqmode	模式信息项
0	{0,1,1,4}	3	{3,1,4,3}
1	{1,1,4,1}	4	{4,1,4,4}
2	{2,1,3,4}	5	{5,2,3,3,3}

表 43（续）

seqmode	模式信息项	seqmode	模式信息项
6	{6,2,1,3,3}	8	{8,2,3,3,1}
7	{7,2,1,3,1}		

groupMode 为 4 时模式信息表见表 44，表示高频谱的分析块长是 256，每帧最多有 10 个分析块，然后将这些分析块进行分组。

表 44 模式信息项的结构为：seqMode 分块数 m 分块边界 0，分块边界 1，…，分块边界 m。

例如，seqmode 为 3 时，模式信息项为{3,2,0,2,8}，表示当前帧有两个分组，其中，第一个分组包含第 1 个和第 2 个分析块，第二个分组包含第 3 个～第 8 个分析块。

表 44 groupMode 为 4 时的模式信息表

seqMode	模式信息项	seqMode	模式信息项	seqMode	模式信息项
0	0,2,0,1,8	24	24,2,1,3,8	48	48,2,2,6,8
1	1,2,0,1,9	25	25,2,1,3,9	49	49,2,2,6,9
2	2,2,0,1,10	26	26,2,1,3,10	50	50,2,2,6,10
3	3,2,0,2,8	27	27,2,1,4,8	51	51,2,2,7,8
4	4,2,0,2,9	28	28,2,1,4,9	52	52,2,2,7,9
5	5,2,0,2,10	29	29,2,1,4,10	53	53,3,0,1,2,8
6	6,2,0,3,8	30	30,2,1,5,8	54	54,3,0,1,2,9
7	7,2,0,3,9	31	31,2,1,5,9	55	55,3,0,1,2,10
8	8,2,0,3,10	32	32,2,1,5,10	56	56,3,0,1,3,8
9	9,2,0,4,8	33	33,2,1,6,8	57	57,3,0,1,3,9
10	10,2,0,4,9	34	34,2,1,6,9	58	58,3,0,1,3,10
11	11,2,0,4,10	35	35,2,1,6,10	59	59,3,0,1,4,8
12	12,2,0,5,8	36	36,2,1,7,8	60	60,3,0,1,4,9
13	13,2,0,5,9	37	37,2,1,7,9	61	61,3,0,1,4,10
14	14,2,0,5,10	38	38,2,1,7,10	62	62,3,0,1,5,8
15	15,2,0,6,8	39	39,2,2,3,8	63	63,3,0,1,5,9
16	16,2,0,6,9	40	40,2,2,3,9	64	64,3,0,1,5,10
17	17,2,0,6,10	41	41,2,2,3,10	65	65,3,0,1,6,8
18	18,2,0,7,8	42	42,2,2,4,8	66	66,3,0,1,6,9
19	19,2,0,7,9	43	43,2,2,4,9	67	67,3,0,1,6,10
20	20,1,0,8	44	44,2,2,4,10	68	68,3,0,1,7,8
21	21,2,1,2,8	45	45,2,2,5,8	69	69,3,0,1,7,9
22	22,2,1,2,9	46	46,2,2,5,9	70	70,3,0,1,7,10
23	23,2,1,2,10	47	47,2,2,5,10	71	71,3,0,2,3,8

表 44（续）

seqMode	模式信息项	seqMode	模式信息项	seqMode	模式信息项
72	72,3,0,2,3,9	106	106,3,0,4,7,10	140	140,3,1,3,7,8
73	73,3,0,2,3,10	107	107,3,0,5,6,8	141	141,3,1,3,7,9
74	74,3,0,2,4,8	108	108,3,0,5,6,9	142	142,3,1,3,7,10
75	75,3,0,2,4,9	109	109,3,0,5,6,10	143	143,3,1,4,5,8
76	76,3,0,2,4,10	110	110,3,0,5,7,8	144	144,3,1,4,5,9
77	77,3,0,2,5,8	111	111,3,0,5,7,9	145	145,3,1,4,5,10
78	78,3,0,2,5,9	112	112,3,0,5,7,10	146	146,3,1,4,6,8
79	79,3,0,2,5,10	113	113,3,0,6,7,8	147	147,3,1,4,6,9
80	80,3,0,2,6,8	114	114,3,0,6,7,9	148	148,3,1,4,6,10
81	81,3,0,2,6,9	115	115,3,0,6,7,10	149	149,3,1,4,7,8
82	82,3,0,2,6,10	116	116,3,1,2,3,8	150	150,3,1,4,7,9
83	83,3,0,2,7,8	117	117,3,1,2,3,9	151	151,3,1,4,7,10
84	84,3,0,2,7,9	118	118,3,1,2,3,10	152	152,3,1,5,6,8
85	85,3,0,2,7,10	119	119,3,1,2,4,8	153	153,3,1,5,6,9
86	86,3,0,3,4,8	120	120,3,1,2,4,9	154	154,3,1,5,6,10
87	87,3,0,3,4,9	121	121,3,1,2,4,10	155	155,3,1,5,7,8
88	88,3,0,3,4,10	122	122,3,1,2,5,8	156	156,3,1,5,7,9
89	89,3,0,3,5,8	123	123,3,1,2,5,9	157	157,3,1,5,7,10
90	90,3,0,3,5,9	124	124,3,1,2,5,10	158	158,3,1,6,7,8
91	91,3,0,3,5,10	125	125,3,1,2,6,8	159	159,3,1,6,7,9
92	92,3,0,3,6,8	126	126,3,1,2,6,9	160	160,3,1,6,7,10
93	93,3,0,3,6,9	127	127,3,1,2,6,10	161	161,3,2,3,4,8
94	94,3,0,3,6,10	128	128,3,1,2,7,8	162	162,3,2,3,4,9
95	95,3,0,3,7,8	129	129,3,1,2,7,9	163	163,3,2,3,4,10
96	96,3,0,3,7,9	130	130,3,1,2,7,10	164	164,3,2,3,5,8
97	97,3,0,3,7,10	131	131,3,1,3,4,8	165	165,3,2,3,5,9
98	98,3,0,4,5,8	132	132,3,1,3,4,9	166	166,3,2,3,5,10
99	99,3,0,4,5,9	133	133,3,1,3,4,10	167	167,3,2,3,6,8
100	100,3,0,4,5,10	134	134,3,1,3,5,8	168	168,3,2,3,6,9
101	101,3,0,4,6,8	135	135,3,1,3,5,9	169	169,3,2,3,6,10
102	102,3,0,4,6,9	136	136,3,1,3,5,10	170	170,3,2,3,7,8
103	103,3,0,4,6,10	137	137,3,1,3,6,8	171	171,3,2,3,7,9
104	104,3,0,4,7,8	138	138,3,1,3,6,9	172	172,3,2,3,7,10
105	105,3,0,4,7,9	139	139,3,1,3,6,10	173	173,3,2,4,5,8

表 44（续）

seqMode	模式信息项	seqMode	模式信息项	seqMode	模式信息项
174	174,3,2,4,5,9	208	208,4,0,1,3,5,8	242	242,4,0,2,3,6,9
175	175,3,2,4,5,10	209	209,4,0,1,3,5,9	243	243,4,0,2,3,6,10
176	176,3,2,4,6,8	210	210,4,0,1,3,5,10	244	244,4,0,2,3,7,8
177	177,3,2,4,6,9	211	211,4,0,1,3,6,8	245	245,4,0,2,3,7,9
178	178,3,2,4,6,10	212	212,4,0,1,3,6,9	246	246,4,0,2,3,7,10
179	179,3,2,4,7,8	213	213,4,0,1,3,6,10	247	247,4,0,2,4,5,8
180	180,3,2,4,7,9	214	214,4,0,1,3,7,8	248	248,4,0,2,4,5,9
181	181,3,2,4,7,10	215	215,4,0,1,3,7,9	249	249,4,0,2,4,5,10
182	182,3,2,5,6,8	216	216,4,0,1,3,7,10	250	250,4,0,2,4,6,8
183	183,3,2,5,6,9	217	217,4,0,1,4,5,8	251	251,4,0,2,4,6,9
184	184,3,2,5,6,10	218	218,4,0,1,4,5,9	252	252,4,0,2,4,6,10
185	185,3,2,5,7,8	219	219,4,0,1,4,5,10	253	253,4,0,2,4,7,8
186	186,3,2,5,7,9	220	220,4,0,1,4,6,8	254	254,4,0,2,4,7,9
187	187,3,2,5,7,10	221	221,4,0,1,4,6,9	255	255,4,0,2,4,7,10
188	188,3,2,6,7,8	222	222,4,0,1,4,6,10	256	256,4,0,2,5,6,8
189	189,3,2,6,7,9	223	223,4,0,1,4,7,8	257	257,4,0,2,5,6,9
190	190,4,0,1,2,3,8	224	224,4,0,1,4,7,9	258	258,4,0,2,5,6,10
191	191,4,0,1,2,3,9	225	225,4,0,1,4,7,10	259	259,4,0,2,5,7,8
192	192,4,0,1,2,3,10	226	226,4,0,1,5,6,8	260	260,4,0,2,5,7,9
193	193,4,0,1,2,4,8	227	227,4,0,1,5,6,9	261	261,4,0,2,5,7,10
194	194,4,0,1,2,4,9	228	228,4,0,1,5,6,10	262	262,4,0,2,6,7,8
195	195,4,0,1,2,4,10	229	229,4,0,1,5,7,8	263	263,4,0,2,6,7,9
196	196,4,0,1,2,5,8	230	230,4,0,1,5,7,9	264	264,4,0,2,6,7,10
197	197,4,0,1,2,5,9	231	231,4,0,1,5,7,10	265	265,4,0,3,4,5,8
198	198,4,0,1,2,5,10	232	232,4,0,1,6,7,8	266	266,4,0,3,4,5,9
199	199,4,0,1,2,6,8	233	233,4,0,1,6,7,9	267	267,4,0,3,4,5,10
200	200,4,0,1,2,6,9	234	234,4,0,1,6,7,10	268	268,4,0,3,4,6,8
201	201,4,0,1,2,6,10	235	235,4,0,2,3,4,8	269	269,4,0,3,4,6,9
202	202,4,0,1,2,7,8	236	236,4,0,2,3,4,9	270	270,4,0,3,4,6,10
203	203,4,0,1,2,7,9	237	237,4,0,2,3,4,10	271	271,4,0,3,4,7,8
204	204,4,0,1,2,7,10	238	238,4,0,2,3,5,8	272	272,4,0,3,4,7,9
205	205,4,0,1,3,4,8	239	239,4,0,2,3,5,9	273	273,4,0,3,4,7,10
206	206,4,0,1,3,4,9	240	240,4,0,2,3,5,10	274	274,4,0,3,5,6,8
207	207,4,0,1,3,4,10	241	241,4,0,2,3,6,8	275	275,4,0,3,5,6,9

表 44（续）

seqMode	模式信息项	seqMode	模式信息项	seqMode	模式信息项
276	276,4,0,3,5,6,10	310	310,4,1,2,4,6,8	344	344,4,1,4,5,6,9
277	277,4,0,3,5,7,8	311	311,4,1,2,4,6,9	345	345,4,1,4,5,6,10
278	278,4,0,3,5,7,9	312	312,4,1,2,4,6,10	346	346,4,1,4,5,7,8
279	279,4,0,3,5,7,10	313	313,4,1,2,4,7,8	347	347,4,1,4,5,7,9
280	280,4,0,3,6,7,8	314	314,4,1,2,4,7,9	348	348,4,1,4,5,7,10
281	281,4,0,3,6,7,9	315	315,4,1,2,4,7,10	349	349,4,1,4,6,7,8
282	282,4,0,3,6,7,10	316	316,4,1,2,5,6,8	350	350,4,1,4,6,7,9
283	283,4,0,4,5,6,8	317	317,4,1,2,5,6,9	351	351,4,1,4,6,7,10
284	284,4,0,4,5,6,9	318	318,4,1,2,5,6,10	352	352,4,1,5,6,7,8
285	285,4,0,4,5,6,10	319	319,4,1,2,5,7,8	353	353,4,1,5,6,7,9
286	286,4,0,4,5,7,8	320	320,4,1,2,5,7,9	354	354,4,1,5,6,7,10
287	287,4,0,4,5,7,9	321	321,4,1,2,5,7,10	355	355,4,2,3,4,5,8
288	288,4,0,4,5,7,10	322	322,4,1,2,6,7,8	356	356,4,2,3,4,5,9
289	289,4,0,4,6,7,8	323	323,4,1,2,6,7,9	357	357,4,2,3,4,5,10
290	290,4,0,4,6,7,9	324	324,4,1,2,6,7,10	358	358,4,2,3,4,6,8
291	291,4,0,4,6,7,10	325	325,4,1,3,4,5,8	359	359,4,2,3,4,6,9
292	292,4,0,5,6,7,8	326	326,4,1,3,4,5,9	360	360,4,2,3,4,6,10
293	293,4,0,5,6,7,9	327	327,4,1,3,4,5,10	361	361,4,2,3,4,7,8
294	294,4,0,5,6,7,10	328	328,4,1,3,4,6,8	362	362,4,2,3,4,7,9
295	295,4,1,2,3,4,8	329	329,4,1,3,4,6,9	363	363,4,2,3,4,7,10
296	296,4,1,2,3,4,9	330	330,4,1,3,4,6,10	364	364,4,2,3,5,6,8
297	297,4,1,2,3,4,10	331	331,4,1,3,4,7,8	365	365,4,2,3,5,6,9
298	298,4,1,2,3,5,8	332	332,4,1,3,4,7,9	366	366,4,2,3,5,6,10
299	299,4,1,2,3,5,9	333	333,4,1,3,4,7,10	367	367,4,2,3,5,7,8
300	300,4,1,2,3,5,10	334	334,4,1,3,5,6,8	368	368,4,2,3,5,7,9
301	301,4,1,2,3,6,8	335	335,4,1,3,5,6,9	369	369,4,2,3,5,7,10
302	302,4,1,2,3,6,9	336	336,4,1,3,5,6,10	370	370,4,2,3,6,7,8
303	303,4,1,2,3,6,10	337	337,4,1,3,5,7,8	371	371,4,2,3,6,7,9
304	304,4,1,2,3,7,8	338	338,4,1,3,5,7,9	372	372,4,2,3,6,7,10
305	305,4,1,2,3,7,9	339	339,4,1,3,5,7,10	373	373,4,2,4,5,6,8
306	306,4,1,2,3,7,10	340	340,4,1,3,6,7,8	374	374,4,2,4,5,6,9
307	307,4,1,2,4,5,8	341	341,4,1,3,6,7,9	375	375,4,2,4,5,6,10
308	308,4,1,2,4,5,9	342	342,4,1,3,6,7,10	376	376,4,2,4,5,7,8
309	309,4,1,2,4,5,10	343	343,4,1,4,5,6,8	377	377,4,2,4,5,7,9

表 44（续）

seqMode	模式信息项	seqMode	模式信息项	seqMode	模式信息项
378	378,4,2,4,5,7,10	412	412,4,2,3,3.50,5,9	446	446,4,0,3,3.50,5,10
379	379,4,2,4,6,7,8	413	413,4,2,3,3.50,5,10	447	447,4,0,2,2.50,4,8
380	380,4,2,4,6,7,9	414	414,4,2,4,4.50,6,8	448	448,4,0,2,2.50,4,9
381	381,4,2,4,6,7,10	415	415,4,2,4,4.50,6,9	449	449,4,0,2,2.50,4,10
382	382,4,2,5,6,7,8	416	416,4,2,4,4.50,6,10	450	450,4,0,2,2.50,4,8
383	383,4,2,5,6,7,9	417	417,4,2,5,5.50,7,8	451	451,4,0,4,4.50,6,8
384	384,4,0,1,1.50,3,8	418	418,4,2,5,5.50,7,9	452	452,4,0,2,2.50,4,9
385	385,4,0,1,1.50,3,9	419	419,4,2,5,5.50,7,10	453	453,4,0,4,4.50,6,9
386	386,4,0,1,1.50,3,10	420	420,4,0,2,2.50,4,8	454	454,4,0,2,2.50,4,10
387	387,4,0,2,2.50,4,8	421	421,4,0,2,2.50,4,9	455	455,4,0,4,4.50,6,10
388	388,4,0,2,2.50,4,9	422	422,4,0,2,2.50,4,10	456	456,4,0,2,2.50,4,8
389	389,4,0,2,2.50,4,10	423	423,4,0,1,1.50,3,8	457	457,4,0,2,2.50,4,9
390	390,4,0,3,3.50,5,8	424	424,4,0,1,1.50,3,9	458	458,4,0,2,2.50,4,10
391	391,4,0,3,3.50,5,9	425	425,4,0,1,1.50,3,10	459	459,4,0,5,5.50,7,8
392	392,4,0,3,3.50,5,10	426	426,4,0,1,1.50,3,8	460	460,4,0,5,5.50,7,9
393	393,4,0,4,4.50,6,8	427	427,4,0,3,3.50,5,8	461	461,4,0,5,5.50,7,10
394	394,4,0,4,4.50,6,9	428	428,4,0,1,1.50,3,9	462	462,4,0,4,4.50,6,8
395	395,4,0,4,4.50,6,10	429	429,4,0,3,3.50,5,9	463	463,4,0,4,4.50,6,9
396	396,4,0,5,5.50,7,8	430	430,4,0,1,1.50,3,10	464	464,4,0,4,4.50,6,10
397	397,4,0,5,5.50,7,9	431	431,4,0,3,3.50,5,10	465	465,4,0,3,3.50,5,8
398	398,4,0,5,5.50,7,10	432	432,4,0,1,1.50,3,8	466	466,4,0,3,3.50,5,9
399	399,4,1,2,2.50,4,8	433	433,4,0,1,1.50,3,9	467	467,4,0,3,3.50,5,10
400	400,4,1,2,2.50,4,9	434	434,4,0,1,1.50,3,10	468	468,4,0,3,3.50,5,8
401	401,4,1,2,2.50,4,10	435	435,4,0,1,1.50,3,8	469	469,4,0,5,5.50,7,8
402	402,4,1,3,3.50,5,8	436	436,4,0,1,1.50,3,9	470	470,4,0,3,3.50,5,9
403	403,4,1,3,3.50,5,9	437	437,4,0,1,1.50,3,10	471	471,4,0,5,5.50,7,9
404	404,4,1,3,3.50,5,10	438	438,4,0,4,4.50,6,8	472	472,4,0,3,3.50,5,10
405	405,4,1,4,4.50,6,8	439	439,4,0,4,4.50,6,9	473	473,4,0,5,5.50,7,10
406	406,4,1,4,4.50,6,9	440	440,4,0,4,4.50,6,10	474	474,4,0,5,5.50,7,8
407	407,4,1,4,4.50,6,10	441	441,4,0,5,5.50,7,8	475	475,4,0,5,5.50,7,9
408	408,4,1,5,5.50,7,8	442	442,4,0,5,5.50,7,9	476	476,4,0,5,5.50,7,10
409	409,4,1,5,5.50,7,9	443	443,4,0,5,5.50,7,10	477	477,4,0,4,4.50,6,8
410	410,4,1,5,5.50,7,10	444	444,4,0,3,3.50,5,8	478	478,4,0,4,4.50,6,9
411	411,4,2,3,3.50,5,8	445	445,4,0,3,3.50,5,9	479	479,4,0,4,4.50,6,10

表 44（续）

seqMode	模式信息项	seqMode	模式信息项	seqMode	模式信息项
480	480,4,1,3,3.50,5,8	498	498,4,1,4,4.50,6,8	516	516,4,2,4,4.50,6,8
481	481,4,1,3,3.50,5,9	499	499,4,1,4,4.50,6,9	517	517,4,2,4,4.50,6,9
482	482,4,1,3,3.50,5,10	500	500,4,1,4,4.50,6,10	518	518,4,2,4,4.50,6,10
483	483,4,1,2,2.50,4,8	501	501,4,1,3,3.50,5,8	519	519,4,2,3,3.50,5,8
484	484,4,1,2,2.50,4,9	502	502,4,1,3,3.50,5,9	520	520,4,2,3,3.50,5,9
485	485,4,1,2,2.50,4,10	503	503,4,1,3,3.50,5,10	521	521,4,2,3,3.50,5,10
486	486,4,1,2,2.50,4,8	504	504,4,1,3,3.50,5,8	522	522,4,2,3,3.50,5,8
487	487,4,1,4,4.50,6,8	505	505,4,1,5,5.50,7,8	523	523,4,2,5,5.50,7,8
488	488,4,1,2,2.50,4,9	506	506,4,1,3,3.50,5,9	524	524,4,2,3,3.50,5,9
489	489,4,1,4,4.50,6,9	507	507,4,1,5,5.50,7,9	525	525,4,2,5,5.50,7,9
490	490,4,1,2,2.50,4,10	508	508,4,1,3,3.50,5,10	526	526,4,2,3,3.50,5,10
491	491,4,1,4,4.50,6,10	509	509,4,1,5,5.50,7,10	527	527,4,2,5,5.50,7,10
492	492,4,1,2,2.50,4,8	510	510,4,1,5,5.50,7,8	528	528,4,2,5,5.50,7,8
493	493,4,1,2,2.50,4,9	511	511,4,1,5,5.50,7,9	529	529,4,2,5,5.50,7,9
494	494,4,1,2,2.50,4,10	512	512,4,1,5,5.50,7,10	530	530,4,2,5,5.50,7,10
495	495,4,1,5,5.50,7,8	513	513,4,1,4,4.50,6,8	531	531,4,2,4,4.50,6,8
496	496,4,1,5,5.50,7,9	514	514,4,1,4,4.50,6,9		
497	497,4,1,5,5.50,7,10	515	515,4,1,4,4.50,6,10		

7.6.4 高频包络编码信息解码

对高频包络编码位流数据进行哈夫曼解码，当高频包络编码顺序标识取 0 或 1 时采用不同的码书，当高频包络编码顺序标识取 1 时，采用码书 book_envelop_time_Decode，见表 45；当高频包络编码顺序标识取 0 时，采用码书 book_envelop_freq_Decode，见表 46。

表 45 高频包络信息哈夫曼码书（高频包络编码顺序标识取 1）

索引	码字	长度	索引	码字	长度
0	0x37FBE	0x13	8	0xDFFE	0x11
1	0x37FBF	0x13	9	0x6FFC	0x10
2	0x37FEA	0x13	10	0x1BFC	0x0E
3	0x1BFDC	0x12	11	0x0FFE	0x0C
4	0x1BFF4	0x12	12	0x1BE	0x0A
5	0x1BFF6	0x12	13	0x01FE	0x09
6	0x1BFF7	0x12	14	0x00FE	0x08
7	0xDFEC	0x11	15	0x001A	0x06

表 45（续）

索引	码字	长度	索引	码字	长度
16	0x001E	0x06	31	0x03FE	0x0A
17	0x000E	0x05	32	0x07FE	0x0B
18	0x0002	0x03	33	0x037E	0x0B
19	0x0000	0x02	34	0x06FE	0x0C
20	0x0002	0x02	35	0x1FFE	0x0D
21	0x0006	0x03	36	0x3FFE	0x0E
22	0x000E	0x04	37	0x3FFF	0x0E
23	0x001E	0x05	38	0x1BFE	0x0E
24	0x000C	0x05	39	0x37FA	0x0F
25	0x003E	0x06	40	0x6FFE	0x10
26	0x001F	0x06	41	0xDFFF	0x11
27	0x007E	0x07	42	0xDFED	0x11
28	0x0036	0x07	43	0x1BFDD	0x12
29	0x006E	0x08	44	0x1BFDE	0x12
30	0x00DE	0x09	45	0x37FEB	0x13

表 46　高频包络信息哈夫曼码书(高频包络编码顺序标识取 0)

索引	码字	长度	索引	码字	长度
0	0x1C00C	0x11	16	0x0002	0x02
1	0x1C00E	0x11	17	0x0001	0x02
2	0x7002	0x0F	18	0x001F	0x05
3	0x7006	0x0F	19	0x003B	0x06
4	0x3800	0x0E	20	0x0073	0x07
5	0x1C02	0x0D	21	0x00E3	0x08
6	0x0E02	0x0C	22	0x01C3	0x09
7	0x0702	0x0B	23	0x0383	0x0A
8	0x0382	0x0A	24	0x0703	0x0B
9	0x01C2	0x09	25	0x0E03	0x0C
10	0x00E2	0x08	26	0x1C03	0x0D
11	0x0072	0x07	27	0x3802	0x0E
12	0x003A	0x06	28	0x7007	0x0F
13	0x001E	0x05	29	0x1C00F	0x11
14	0x0006	0x03	30	0x1C00D	0x11
15	0x0000	0x02			

7.6.5 噪性编码信息解码

对高频参数编码噪性编码位流数据进行哈夫曼解码，当噪性编码顺序标识取 0 或 1 时采用不同的码书。当噪性编码顺序标识取 1 时，采用码书 book_noisefloor_time_Decode，见表 47；当噪性编码顺序标识取 0 时，采用码书 book_noisefloor_freq_Decode，见表 48。

表 47 噪性编码信息哈夫曼码书（噪性编码顺序标识取 1）

索引	码字	长度	索引	码字	长度
0	0x7E7FC	0x13	13	0x0000	0x01
1	0xFCFFA	0x14	14	0x0002	0x02
2	0xFCFFB	0x14	15	0x001E	0x05
3	0x1F9FE	0x11	16	0x00FF	0x08
4	0x1F9FC	0x11	17	0x01FB	0x09
5	0x3F3E	0x0E	18	0x01F8	0x09
6	0x0FCE	0x0C	19	0x07E6	0x0B
7	0x03F2	0x0A	20	0x1F9E	0x0D
8	0x01FA	0x09	21	0x7E7E	0x0F
9	0x00FE	0x08	22	0x1F9FD	0x11
10	0x003E	0x06	23	0x7E7FE	0x14
11	0x000E	0x04	24	0x7E7FF	0x14
12	0x0006	0x03			

表 48 噪性编码信息哈夫曼码书（噪性编码顺序标识取 0）

索引	码字	长度	索引	码字	长度
0	0x3E3E	0x0F	13	0x0000	0x02
1	0x0F8E	0x0D	14	0x0002	0x02
2	0x07C6	0x0C	15	0x0006	0x03
3	0x01F0	0x0A	16	0x001E	0x05
4	0x01F2	0x0A	17	0x003E	0x06
5	0x00FA	0x09	18	0x007F	0x07
6	0x007E	0x08	19	0x007F	0x08
7	0x007E	0x07	20	0x00FB	0x09
8	0x001E	0x06	21	0x01F3	0x0A
9	0x000E	0x05	22	0x03E2	0x0B
10	0x0006	0x04	23	0x1F1E	0x0E
11	0x000E	0x04	24	0x3E3F	0x0F
12	0x0002	0x03			

7.7 量化解码

7.7.1 定义

stages	对 MDCT 调整谱量化数据进行多级哈夫曼编码的级数
partvals	对 MDCT 调整谱量化数据进行分组后得到的分组个数
val	对矢量分组字单元的 MDCT 调整谱量化数据进行编码所用哈夫曼码书的编码码字
partitions_per_word	每个矢量分组字单元所对应的矢量分组的个数
partword[l][k]	MDCT 调整谱量化数据解码所用码书信息的序号
getbook(val,k,s)	由 val 确定矢量分组字单元中第 k 个矢量分组的第 s 级哈夫曼码书的函数
stagebook	由 val 确定的第 s 级哈夫曼码书
samples_per_partition	每个分组所包含的调整谱量化数据
cod_res	对调整谱量化数据进行编码的哈夫曼码字
Resbookset[mode]	MDCT 调整谱量化数据的码本索引为 mode 时,block_residue_data 编码所用的码书集合
floorFirstvalue	MDCT 谱幅度调整曲线的第一个非零量化值
maxBandnum	MDCT 谱幅度调整曲线的编码频带的最大个数
floorFitvalue[i]	第 i 个 MDCT 谱幅度调整曲线的量化值
n_filt	TNS 滤波器的数目
coef_res	1 比特,表示 TNS 滤波器系数的分辨率
length[filt]	使用一个 TNS 滤波器 filt 的区域长度
order[filt]	TNS 滤波器 filt 的阶数
direction[filt]	1 比特,表示滤波器是以上升还是下降的方向,“1”表示上升的方向,“0”表示下降的方向
coef_compress[filt]	1 比特,表示 TNS 滤波器 filt 的系数的最高有效位在传输中是否被忽略,“1”表示被忽略,“0”表示不被忽略
coef[filt][i]	TNS 滤波器 filt 的系数

7.7.2 解码过程

7.7.2.1 概述

解码过程主要包括三类信息:解码 MDCT 调整谱编码数据 block_residue_data、解码 MDCT 谱幅度调整曲线编码数据 block_floor_data、解码 TNS 编码数据 tns_data。

首先解码 MDCT 调整谱编码数据获得 MDCT 调整谱,接着解码 MDCT 谱幅度调整曲线编码数据,然后利用 MDCT 谱幅度调整曲线对解码后的 MDCT 调整谱进行幅度调整,得到解码后的 MDCT 频谱。最后解码 TNS 编码数据,对 MDCT 频谱进行 TNS 滤波。

7.7.2.2 MDCT 调整谱解码

根据 MDCT 编码数据的码本索引 base_setting_index、块长度等信息,确定 MDCT 调整谱编码数据解码所用的码书集合 Resbookset。表 B.2 至表 B.152 中列出了不同编码模式、不同块长下的 MDCT 调整谱解码码书集合 Resbookset。表 49 列出了 base_setting_index 为 0 至 12 时的调整谱解码码书集合及对应码书的 dim 值,dim 即为构成该码书的维数,例如对于一个容量 L 为 169 的书,如果维数为 2,

这表示码字由两部分组成，其中每一部分的容量为13，然后由两部分排列组合得到总容量169。

表49 码书索引 base_setting_index 取不同值时的调整谱解码码书集合

base_setting_index	调整谱解码码书集合
0	residuebook __44un1__short(表B.2),2,residuebook __44un1__p1_0(表B.3),4, residuebook __44un1__p2_0(表B.4),4,residuebook __44un1__p3_0(表B.5),4, residuebook __44un1__p4_0(表B.6),4,residuebook __44un1__p5_0(表B.7),2, residuebook __44un1__p6_0(表B.8),2,residuebook __44un1__p6_1(表B.9),2, residuebook __44un1__p7_0(表B.10),4,residuebook __44un1__p7_1(表B.11),2, residuebook __44un1__p7_2(表B.12),2,residuebook __44un1__long(表B.13)2
1	residuebook __44u0__short(表B.14),2,residuebook __44u0__p1_0(表B.15),4, residuebook __44u0__p2_0(表B.16),4,residuebook __44u0__p3_0(表B.17),4, residuebook __44u0__p4_0(表B.18),4,residuebook __44u0__p5_0(表B.19),2, residuebook __44u0__p6_0(表B.20),2,residuebook __44u0__p6_1(表B.21),2, residuebook __44u0__p7_0(表B.22),4,residuebook __44u0__p7_1(表B.23),2, residuebook __44u0__p7_2(表B.24),2,residuebook __44u0__long(表B.25),2
2	residuebook __44u1__short(表B.26),2,residuebook __44u1__p1_0(表B.27),4, residuebook __44u1__p2_0(表B.28),4,residuebook __44u1__p3_0(表B.29),4, residuebook __44u1__p4_0(表B.30),4,residuebook __44u1__p5_0(表B.31),2, residuebook __44u1__p6_0(表B.32),2,residuebook __44u1__p6_1(表B.33),2, residuebook __44u1__p7_0(表B.34),2,residuebook __44u1__p7_1(表B.35),2, residuebook __44u1__p7_2(表B.36),2,residuebook __44u1__long(表B.37),2
3	residuebook __44u2__short(表B.38),2,residuebook __44u2__p1_0(表B.39),4, residuebook __44u2__p2_0(表B.40),4,residuebook __44u2__p3_0(表B.41),4, residuebook __44u2__p4_0(表B.42),4,residuebook __44u2__p5_0(表B.43),2, residuebook __44u2__p6_0(表B.44),2,residuebook __44u2__p6_1(表B.45),2, residuebook __44u2__p7_0(表B.46),2,residuebook __44u2__p7_1(表B.47),2, residuebook __44u2__p7_2(表B.48),2,residuebook __44u2__long(表B.49),2
4	residuebook __44u3__short(表B.50),2,residuebook __44u3__p1_0(表B.51),4, residuebook __44u3__p2_0(表B.52),4,residuebook __44u3__p3_0(表B.53),4, residuebook __44u3__p4_0(表B.54),4,residuebook __44u3__p5_0(表B.55),2, residuebook __44u3__p6_0(表B.56),2,residuebook __44u3__p6_1(表B.57),2, residuebook __44u3__p7_0(表B.58),2,residuebook __44u3__p7_1(表B.59),2, residuebook __44u3__p7_2(表B.60),2,residuebook __44u3__long(表B.61),2
5	residuebook __44u4__short(表B.62),2,residuebook __44u4__p1_0(表B.63),4, residuebook __44u4__p2_0(表B.64),4,residuebook __44u4__p3_0(表B.65),4, residuebook __44u4__p4_0(表B.66),4,residuebook __44u4__p5_0(表B.67),2, residuebook __44u4__p6_0(表B.68),2,residuebook __44u4__p6_1(表B.69),2, residuebook __44u4__p7_0(表B.70),2,residuebook __44u4__p7_1(表B.71),2, residuebook __44u4__p7_2(表B.72),2,residuebook __44u4__long(表B.73),2

表 49（续）

base_setting_index	调整谱解码码书集合
6	residuebook __44u5__short(表 B.74),2,residuebook __44u5__p1_0(表 B.75),4, residuebook __44u5__p2_0(表 B.76),4,residuebook __44u5__p3_0(表 B.77),4, residuebook __44u5__p4_0(表 B.78),4,residuebook __44u5__p5_0(表 B.79),2, residuebook __44u5__p6_0(表 B.80),2,residuebook __44u5__p7_0(表 B.81),4, residuebook __44u5__p7_1(表 B.82),2,residuebook __44u5__p8_0(表 B.83),2, residuebook __44u5__p8_1(表 B.84),2,residuebook __44u5__p9_0(表 B.85),2, residuebook __44u5__p9_1(表 B.86),2,residuebook __44u5__p9_2(表 B.87),2, residuebook __44u5__long(表 B.88),2
7	residuebook __44u6__short(表 B.89),2,residuebook __44u6__p1_0(表 B.90),4, residuebook __44u6__p2_0(表 B.91),4,residuebook __44u6__p3_0(表 B.92),4, residuebook __44u6__p4_0(表 B.93),4,residuebook __44u6__p5_0(表 B.94),2, residuebook __44u6__p6_0(表 B.95),2,residuebook __44u6__p7_0(表 B.96),4, residuebook __44u6__p7_1(表 B.97),2,residuebook __44u6__p8_0(表 B.98),2, residuebook __44u6__p8_1(表 B.99),2,residuebook __44u6__p9_0(表 B.100),2, residuebook __44u6__p9_1(表 B.101),2,residuebook __44u6__p9_2(表 B.102),2, residuebook __44u6__long(表 B.103),2
8	residuebook __44u7__short(表 B.104),2,residuebook __44u7__p1_0(表 B.105),4, residuebook __44u7__p2_0(表 B.106),4,residuebook __44u7__p3_0(表 B.107),4, residuebook __44u7__p4_0(表 B.108),4,residuebook __44u7__p5_0(表 B.109),2, residuebook __44u7__p6_0(表 B.110),2,residuebook __44u7__p7_0(表 B.111),4, residuebook __44u7__p7_1(表 B.112),2,residuebook __44u7__p8_0(表 B.113),2, residuebook __44u7__p8_1(表 B.114),2,residuebook __44u7__p9_0(表 B.115),2, residuebook __44u7__p9_1(表 B.116),2,residuebook __44u7__p9_2(表 B.117),1, residuebook __44u7__long(表 B.118)2
9	residuebook __44u8__short(表 B.119),2,residuebook __44u8__p1_0(表 B.120),4, residuebook __44u8__p2_0(表 B.121),4,residuebook __44u8__p3_0(表 B.122),2, residuebook __44u8__p4_0(表 B.123),2,residuebook __44u8__p5_0(表 B.124),4, residuebook __44u8__p5_1(表 B.125),2,residuebook __44u8__p6_0(表 B.126),2, residuebook __44u8__p6_1(表 B.127),2,residuebook __44u8__p7_0(表 B.128),2, residuebook __44u8__p7_1(表 B.129),2,residuebook __44u8__p8_0(表 B.130),2, residuebook __44u8__p8_1(表 B.131),2,residuebook __44u8__p9_0(表 B.132),2, residuebook __44u8__p9_1(表 B.133),2,residuebook __44u8__p9_2(表 B.134),1, residuebook __44u8__long(表 B.135),2
10～12	residuebook __44u9__short(表 B.136),2,residuebook __44u9__p1_0(表 B.137),4, residuebook __44u9__p2_0(表 B.138),4,residuebook __44u9__p3_0(表 B.139),2, residuebook __44u9__p4_0(表 B.140),2,residuebook __44u9__p5_0(表 B.141),4, residuebook __44u9__p5_1(表 B.142),2,residuebook __44u9__p6_0(表 B.143),2, esiduebook __44u9__p6_1(表 B.144),2,residuebook __44u9__p7_0(表 B.145),2, residuebook __44u9__p7_1(表 B.146),2,residuebook __44u9__p8_0(表 B.147),2, residuebook __44u9__p8_1(表 B.148),2,residuebook __44u9__p9_0(表 B.149),2, residuebook __44u9__p9_1(表 B.150),2,residuebook __44u9__p9_2(表 B.151),1, residuebook __44u9__long(表 B.152),2

在确定了码本索引 base_setting_index 之后，首先根据对应的码书集合确定出对应的多级哈夫曼编码的级数 stage，例如：当 base_setting_index 的值为 9 时，p1 到 p4 有 1 级，p5 到 p8 有 2 级，p9 有 3 级，所有 stage 取最大值，即为 3 级。然后，根据 MDCT 编码数据的码本索引 base_setting_index、块长来确定 MDCT 调整谱的矢量分组情况，对每个分组进行编码码书信息和 MDCT 调整谱编码数据的解码，当块长为 256 个样点时，samples_per_partition 为 16，其余块长情况下为 32。partvals 为 MDFT 频谱序列的样本数除以 samples_per_partition 后向上取整所得。partitions_per_word 取对应码书的 dim 值。每 samples_per_partition 个调整谱编码数据划分为一个矢量分组，每 partitions_per_word 个矢量分组作为一个矢量分组字单元。

具体解码包括：

第一步，确定对编码码书的编码信息进行解码所用的码书 phrasebook，并根据此码书对每个矢量分组字单元的 MDCT 调整谱编码数据解码所用哈夫曼码书的编码码字 val 进行解码。

第二步，根据 val 确定矢量分组字单元中每个矢量分组的哈夫曼码书信息的序号 partword[l][k]，据此得到对每一个矢量分组进行解码所用的各级哈夫曼码书，然后对每一矢量分组的 MDCT 调整谱编码数据进行解码，解码过程可能是一级或多级。每一级的解码过程包含哈夫曼解码和反量化两部分，得到本级的反量化的 MDCT 调整谱，各级反量化的 MDCT 调整谱之和即为解码的 MDCT 调整谱。每一级的量化步长 delta[s]、量化下限 mindel[s]与该级量化值容量 quantvals[s]相关：

$$\begin{cases} \text{delta}[2]=\text{quantvals}[1]\times\text{quantvals}[0]; \\ \text{delta}[1]=\text{quantvals}[0]; \\ \text{delta}[0]=1; \end{cases}$$

$$\text{mindel}[s]=-\left(\frac{\text{quantvals}[s]-1}{2}\right)\times\text{delta}[s]$$

量化值容量 quantvals[s]与所用哈夫曼码书的容量 L、维数 dim 的关系是：

$$\text{quantvals}[s]^{\text{dim}}=L;$$

解码过程由下列伪代码具体说明：

```
avs2audiopack_buffer opb;
……
for(s=0;s< stages;s++){
   for(i=0,l=0;i<partvals;l++){
     for(k=0;k<partitions_per_word && i<partvals;k++,i++){
        offset= i * samples_per_partition;
        codebook *stagebook= getbook (val,k, s);
        if(stagebook)
          decodepart(stagebook,&MDCTdata[offset], &opb, samples_per_partition);
     }
   }
}
```

其中，getbook()是获取解码所用哈夫曼码书的函数，partbooks[][]是可用哈夫曼码书的集合，partbooks[m][s]是第 m 个哈夫曼码书集的第 s 级哈夫曼码书，每个哈夫曼码书都来自哈夫曼码书集合 Resbookset。getbook()由下列伪代码具体说明：

```
getbook(val,k, s)
{  mult =1;
   for(kk=0;kk< partitions_per_word;kk++)
     mult *= parts;
```

```
  mult /= parts;
  for(kk=0;kk<partitions_per_word;kk++){
    deco= bookinfoval /mult;
    bookinfoval-=deco * mult;
    mult/= parts;
    partword[l][kk]= val;
  }
  return partbooks[partword[l][k]][s];
}
```

decodepart()由下列伪代码具体说明,其中 avs2audiopack_buffer 是一个存放位流信息的结构体:

```
decodepart(codebook * book,float * a,avs2audiopack_buffer * b,int n){
  int i,j,entry;
  float * t;
  if(book->dim>8){
    for(i=0;i<n;){
      entry = decode_packed_entry_number(book,b);
      if(entry==-1)return(-1);
      t = book->valuelist+entry * book->dim;
      for (j=0;j<book->dim;)
        a[i++]+=t[j++];
    }
  }else{
    for(i=0;i<n;){
      entry = decode_packed_entry_number(book,b);
      if(entry==-1)return(-1);
      t = book->valuelist+entry * book->dim;
      j=0;
      switch((int)book->dim){
      case 8:
        a[i++]+=t[j++];
      case 7:
        a[i++]+=t[j++];
      case 6:
        a[i++]+=t[j++];
      case 5:
        a[i++]+=t[j++];
      case 4:
        a[i++]+=t[j++];
      case 3:
        a[i++]+=t[j++];
      case 2:
        a[i++]+=t[j++];
      case 1:
```

```
        a[i++]+=t[j++];
      case 0:
        break;
      }
    }
  }
  return(0);
}
```

上面伪代码中的 valuelist 由如下伪代码具体说明，codebook 为存放所选码书信息的结构体类型。Lengthlist 为码字长度。stagebook->entries 为码书的容量，例如 residuebook __44u9__p5_1 所对应的 stagebook->entries 为 121。最终得到的 valuelist 值存在 r 数组中。

```
codebook stagebook;
……
  quantvals=_book_maptype1_quantvals(stagebook);
  for(j=0;j< stagebook->entries;j++){
    if((sparsemap && stagebook->lengthlist[j]) || ! sparsemap){
      float last=0.f;
      int indexdiv=1;
      for(k=0;k< stagebook->dim;k++){
        int index= (j/indexdiv)%quantvals;
        float val= stagebook->quantlist[index];
        val=fabs(val) * delta+mindel;
        if(sparsemap)
          r[sparsemap[count] * stagebook->dim+k]=val;
        else
          r[count * stagebook->dim+k]=val;
        indexdiv * =quantvals;
      }
      count++;
    }
  }
```

上面伪代码中 quantlist 的确定如下：

$$quantlist[index]=(-1)^{index}\times[\frac{index+1}{2}]+(\frac{quantvals[s]-1}{2});$$

上面伪代码中 sparsemap 确定如下，codes[]为相应码表中当 lengthlist 不等于 0 时所对应的码字的数组。bitreverse()是一个实现比特位反序的函数，qsort()实现从小到大排序。

```
for(i=0;i<n;i++){
    codes[i]=bitreverse(codes[i]);
    codep[i]=codes+i;
}
qsort(codep,n,sizeof( * codep),sort32a);
sparsemap=malloc(n * sizeof( * sparsemap));
for(i=0;i<n;i++){
```

```
    int position=codep[i]-codes;
    sparsemap [position]=i;
  }
```

上面伪代码中 decode_packed_entry_number()由如下伪代码具体说明,其中 book->used_entries 为对应码书中除去 lengthlist 为 0 的项,剩余码字的容量,例如码书 residuebook __44u6__p3_0 中,总容量是 625,然后除去 418,419 这一类的项,其余所剩码字的容量即为 book->used_entries。

```
decode_packed_entry_number(codebook * book, avs2audiopack_buffer * b){
  intread=book->dec_maxlength;
  long lo,hi;
  long lok = avs2audiopack_look(b,book->dec_firsttablen);
  if (lok >= 0) {
    long entry = book->dec_firsttable[lok];
    if(entry&0x80000000UL){
      lo=(entry>>15)&0x7fff;
      hi=book->used_entries-(entry&0x7fff);
    }else{
      avs2audiopack_adv(b, book->dec_codelengths[entry-1]);
      return(entry-1);
    }
  }else{
    lo=0;
    hi=book->used_entries;
  }
  lok = avs2audiopack_look(b, read);
  while(lok<0 && read>1)
    lok = avs2audiopack_look(b, --read);
  if(lok<0) return -1;
  {
    unsigned int testword=bitreverse((unsigned int)lok);
    while(hi-lo>1){
      long p=(hi-lo)>>1;
      long test=book->codelist[lo+p]>testword;
      lo+=p&(test-1);
      hi-=p&(-test);
      }
    if(book->dec_codelengths[lo]<=read){
      avs2audiopack_adv(b, book->dec_codelengths[lo]);
      return(lo);
    }
  }
  avs2audiopack_adv(b, read);
  return(-1);
}
```

上面代码中 dec_codelengths 和 dec_firsttable 的确定如下：

```
c->dec_codelengths= malloc(n * sizeof( * c->dec_codelengths));
  for(n=0,i=0;i<entries;i++)
    if(lengthlist[i]>0)
      c->dec_codelengths[sparsemap[n++]]=lengthlist[i];
  {
      char codesss[121];
      memcpy(codesss, c->dec_codelengths, 121 * sizeof(char));
  }

c->dec_firsttablen=_ilog(c->used_entries)-4;
if(c->dec_firsttablen<5)c->dec_firsttablen=5;
if(c->dec_firsttablen>8)c->dec_firsttablen=8;
tabn=1<<c->dec_firsttablen;
c->dec_firsttable= calloc(tabn,sizeof( * c->dec_firsttable));
c->dec_maxlength=0;
for(i=0;i<n;i++){
  if(c->dec_maxlength<c->dec_codelengths[i])
    c->dec_maxlength=c->dec_codelengths[i];
  if(c->dec_codelengths[i]<=c->dec_firsttablen){
    avs2audio_uint32_t orig=bitreverse(c->codelist[i]);
    for(j=0;j<(1<<(c->dec_firsttablen-c->dec_codelengths[i]));j++)
      c->dec_firsttable[orig|(j<<c->dec_codelengths[i])]=i+1;
  }
}
{
  avs2audio_uint32_t mask=0xfffffffeUL<<(31-c->dec_firsttablen);
  long lo=0,hi=0;

  for(i=0;i<tabn;i++){
    avs2audio_uint32_t word=i<<(32-c->dec_firsttablen);
    if(c->dec_firsttable[bitreverse(word)]==0){
      while((lo+1)<n && c->codelist[lo+1]<=word)lo++;
      while(  hi<n && word>=(c->codelist[hi]&mask))hi++;
      {
        unsigned long loval=lo;
        unsigned long hival=n-hi;

        if(loval>0x7fff)loval=0x7fff;
        if(hival>0x7fff)hival=0x7fff;
        c->dec_firsttable[bitreverse(word)]=
          0x80000000UL | (loval<<15) | hival;
      }
```

```
        }
      }
    }
```

上面伪代码中的 avs2audiopack_look()和 avs2audiopack_adv()是读取函数,从位流信息中读取相应的码字。

7.7.2.3 MDCT 谱幅度调整曲线的频段划分与分组

为了对 MDCT 谱幅度调整曲线进行表达,频带被划分为 m 个频段(各频段的宽度并不是相同),用 m 个点来表达 MDCT 谱幅度调整曲线,编码器对这 m 个点进行量化编码,解码器解码得到这 m 个点的重建值。

为了提高 MDCT 谱幅度调整曲线的编码效率,频带划分由块长度决定。表 50～表 53 分别给出块长度为 128、256、512 和 1024 的频带划分表。

表 50　块长度为 128 时的频带划分表

频带序号	MDCT 谱系数 Index	频带序号	MDCT 谱系数 Index	频带序号	MDCT 谱系数 Index
0	0—3	5	20—27	10	68—79
1	4—7	6	28—35	11	80—95
2	8—11	7	36—43	12	96—111
3	12—15	8	44—55	13	112—127
4	16—19	9	56—67		

表 51　块长度为 256 时的频带划分表

频带序号	MDCT 谱系数 Index	频带序号	MDCT 谱系数 Index	频带序号	MDCT 谱系数 Index
0	0—3	8	32—39	16	116—131
1	4—7	9	40—47	17	132—155
2	8—11	10	48—55	18	156—179
3	12—15	11	56—63	19	180—203
4	16—19	12	64—75	20	204—227
5	20—23	13	76—87	21	228—255
6	24—27	14	88—99		
7	28—31	15	100—115		

表 52　块长度为 512 时的频带划分表

频带序号	MDCT 谱系数 Index	频带序号	MDCT 谱系数 Index	频带序号	MDCT 谱系数 Index
0	0—3	5	20—23	10	44—51
1	4—7	6	24—27	11	52—59
2	8—11	7	28—31	12	60—67
3	12—15	8	32—35	13	68—75
4	16—19	9	36—43	14	76—83

表 52（续）

频带序号	MDCT 谱系数 Index	频带序号	MDCT 谱系数 Index	频带序号	MDCT 谱系数 Index
15	84—95	22	180—199	29	336—363
16	96—107	23	200—219	30	364—391
17	108—119	24	220—239	31	392—419
18	120—131	25	240—263	32	420—447
19	132—147	26	264—287	33	448—479
20	148—163	27	288—311	34	480—511
21	164—179	28	312—335		

表 53　块长度为 1 024 时的频带划分表

频带序号	MDCT 谱系数 Index	频带序号	MDCT 谱系数 Index	频带序号	MDCT 谱系数 Index
0	0—3	17	96—107	34	480—511
1	4—7	18	108—119	35	512—543
2	8—11	19	120—131	36	544—575
3	12—15	20	132—143	37	576—607
4	16—19	21	144—159	38	608—639
5	20—23	22	160—175	39	640—671
6	24—27	23	176—195	40	672—703
7	28—31	24	196—215	41	704—735
8	32—35	25	216—239	42	736—767
9	36—39	26	240—263	43	768—799
10	40—47	27	264—291	44	800—831
11	48—55	28	292—319	45	832—863
12	56—63	29	320—351	46	864—895
13	64—71	30	352—383	47	896—927
14	72—79	31	384—415	48	928—1023
15	80—87	32	416—447		
16	88—95	33	448—479		

7.7.2.4　MDCT 谱幅度调整曲线解码

MDCT 谱幅度调整曲线解码码书 huffmanDecodeBook 见附录表 B.1。

首先，从位流中解码得到 MDCT 谱幅度调整曲线的第一个非零量化值 floorFirstvalue，以及 MDCT 谱幅度调整曲线的编码频带的最大个数 maxBandnum。其中，根据块长度确定 maxBandnum 的解码比特数，当块长度为 128 时解码比特数为 4 比特，当块长度为 256 时解码比特数为 5 比特，当块长度大于 256 时解码比特数为 6 比特。

然后，根据解码得到的 floorFirstvalue 和 maxBandnum，利用哈夫曼码书 huffmanDecodeBook 进行哈夫曼解码得到一条完整的 MDCT 谱幅度调整曲线，并进行反量化。

解码过程由下面的伪代码具体说明：

```
floorFirstvalue = avs2audiopack_read(opb, 9);
maxBandNum = avs2audiopack_read(opb, bits);
  for(i = 0 ; i < maxBandnum; i++)
```

```
{
  if(anSfbNonZeroIndx[i])
  {
    t = tianlai_book_decode(&huffmanDecodeBook, opb);
    if(t<0)
      return FERROR;
    nDiff = t - MIDSCALEFAC;
    nFac += nDiff;
    fit_value[i] = nFac;
  }
}
```

上面伪代码中的 tianlai_book_decode 由如下伪代码具体说明:

```
long tianlai_book_decode(codebook *book, avs2audiopack_buffer *b){
  if(book->used_entries>0){
    long packed_entry=decode_packed_entry_number(book,b);
    if(packed_entry>=0)
      return(book->dec_index[packed_entry]);
  }
  return(-1);
}
```

最后,利用 MDCT 谱幅度调整曲线对解码后的 MDCT 调整谱进行幅度调整,得到解码后的 MDCT 频谱。

7.7.2.5 TNS 编码数据解码

TNS 的解码是对选择的 MDCT 谱系数区域作全极点滤波,TNS 滤波器的数目用"n_filt"表示,根据块长度确定"length[filt]"和"order[filt]"的解码比特数,当块长度为 128 或者 256 时,length[filt]的解码比特数是 4 比特,order[filt]的解码比特数是 3 比特;当块长度大于 256 时,length[filt]的解码比特数是 6 比特,order[filt]的解码比特数是 5 比特。

7.8 MDCT 至 MDFT 转换

7.8.1 概述

将低频量化解码模块输出的低频谱从 MDCT 域转换至 MDFT 域,并将 MDFT 域的低频谱输出到高频参数解码模块。MDCT 至 MDFT 转换过程是根据低频 MDCT 频谱重构低频时域信号,然后进行加窗 MDST 变换得到低频 MDFT 频谱。

7.8.2 低频时域信号重建

对于逆修正离散余弦变换(IMDCT),低频时域信号重建过程包括三个步骤:IMDCT 变换、时域加窗处理和时域叠加运算。

首先对解码后的 MDCT 频谱 $X[i]$进行 IMDCT 变换,得到变换后的时域信号 $x_{i,n}$。IMDCT 变换的表达式见式(22):

$$x_{i,n}=\frac{2}{N}\sum_{k=0}^{\frac{N}{2}-1}X[i][k]\cos\left(\frac{2\pi}{N}\times(n+n_0)\times(k+\frac{1}{2})\right) \quad \cdots\cdots(22)$$

式中：

n ——样本序号，且 $0 \leqslant n \leqslant N$；

N——时域样本数，取值为 2 048；

$n_0 = (N/2+1)/2$；

i ——帧序号；

k ——谱序号。

其次，对 IMDCT 变换获取的时域信号在时域进行加窗处理。为满足完全重构条件，窗函数 $w(n)$ 应满足以下两个条件：$w(2M-1-n)=w(n)$ 且 $w^2(n)+w^2(n+M)=1$，其中，M 为块类型长度。

最后，对上述加窗时域信号进行叠加处理，得到时域音频信号。具体是：将加窗操作后获取的信号的前 $N/2$ 个样本和前一帧信号的后 $N/2$ 个样本重叠相加，获取 $N/2$ 个输出的时域音频样本，即 $\text{timeSam}_{i,n}=\text{preSam}_{i,n}+\text{preSam}_{i-1,n+N/2}$，其中 i 表示帧序号，n 表示样本序号，有 $0 \leqslant n \leqslant N/2$。

7.8.3 窗序列构造

长度分别为 M、$M/2$、$M/4$、$M/8$、$M/16$ 的块，可对应称之为长块（M 块）、中长块（$M/2$ 块）、中块（$M/4$ 块）、短块（$M/8$ 块）、超短块（$M/16$ 块），其块类型长度分别为 M、$M/2$、$M/4$、$M/8$、$M/16$。将时域信号划分为一系列前后相连的块，就能得到一组块序列。对于每帧信号，该模块输出的块序列可以是 M 长度的长块，也可以是一组 $M/2$、$M/4$、$M/8$、$M/16$ 的块的组合。在块序列中，当不同长度的块相邻时，则表现为切换块，当存在切换时，块在时间域上的长度由当前块块类型及前一块块类型决定，取两个块类型长度中的最大值。

在实际中，可选用 Sine 窗作为窗函数。当然，也可以通过使用双正交变换，用特定的分析滤波器和综合滤波器来修改对窗函数的限制。图 8 a)～图 8 d)例示了当帧长 $M=2\,048$，窗函数为 Sine 窗时 M 块、$M/2$ 块、$M/4$ 块、$M/8$ 块的窗函数。

对于块序列中的每一块数据，其所对应的窗函数由当前块及前一块的块类型长度共同决定，窗长度是两个块类型长度的最大值的 2 倍，窗函数由式(23)、式(24)计算得到：

$$w(n)=\left\{\begin{array}{ll} w1(n), & 0 \leqslant n \leqslant L \\ 1, & L \leqslant n < L+\dfrac{L-K}{2} \\ w2\left(n-L-\dfrac{L-K}{2}+K\right), & L+\dfrac{L-K}{2} \leqslant n < L+\dfrac{L+K}{2} \\ 0, & L+\dfrac{L+K}{2} \leqslant n < 2L \end{array}\right\}, L \geqslant K \quad \cdots\cdots\cdots\cdots (23)$$

$$w(n)=\left\{\begin{array}{ll} 0, & 0 \leqslant n \leqslant \dfrac{K-L}{2} \\ w1\left(n-\dfrac{K-L}{2}\right), & \dfrac{K-L}{2} \leqslant n < L+\dfrac{K-L}{2} \\ 1, & L+\dfrac{K-L}{2} \leqslant n < K \\ w2(n-K), & K \leqslant n < 2K \end{array}\right\}, L < K \quad \cdots\cdots\cdots\cdots (24)$$

式中：

$w1(n)$——前一块的块类型对应的窗函数；

$w2(n)$——当前块的块类型对应的窗函数；

L ——前一块的块类型对应的块类型长度；

K ——当前块的块类型对应的块类型长度。

图 8 e)～图 8 p)例示了当帧长 M 为 2 048，窗函数为 Sine 窗时不同切换块的窗函数。当不采用高频参数编码时，帧长 M 是 1 024，K 也是 1 024。当采用高频参数编码时，帧长 M 是 2 048，K 也是 2 048。

当前帧的块序列中各块的窗函数组成了当前帧的窗序列，相邻块的窗函数前后交叠；前后帧的窗函数也存在交叠。图 9 例示了一种窗序列的情况，前后帧窗序列均为长窗，即前后帧均为缓变帧，当前帧块序列为{$M/8$，$M/8$，$M/4$，$M/2$}，则其窗序列如图所示。

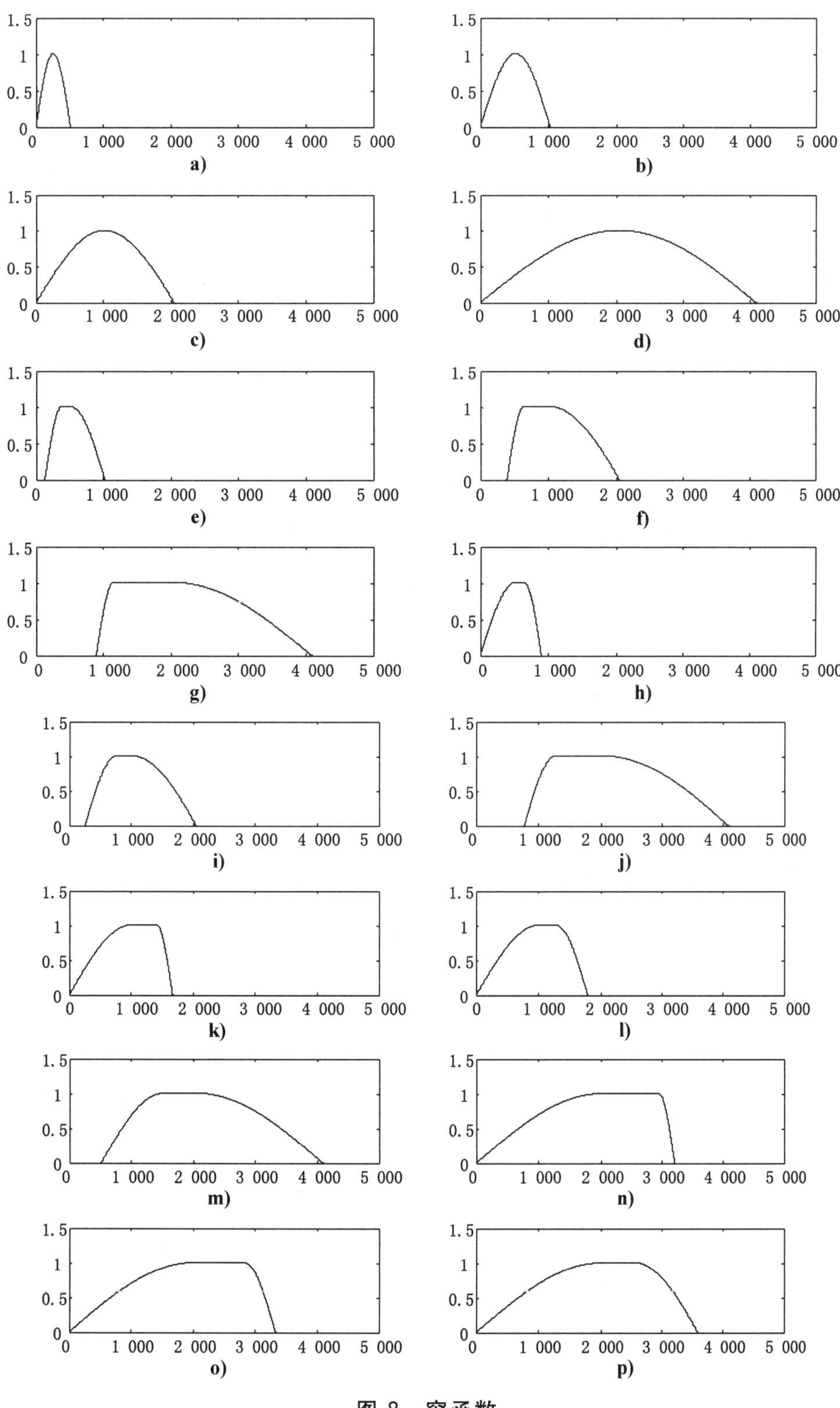

图 8　窗函数

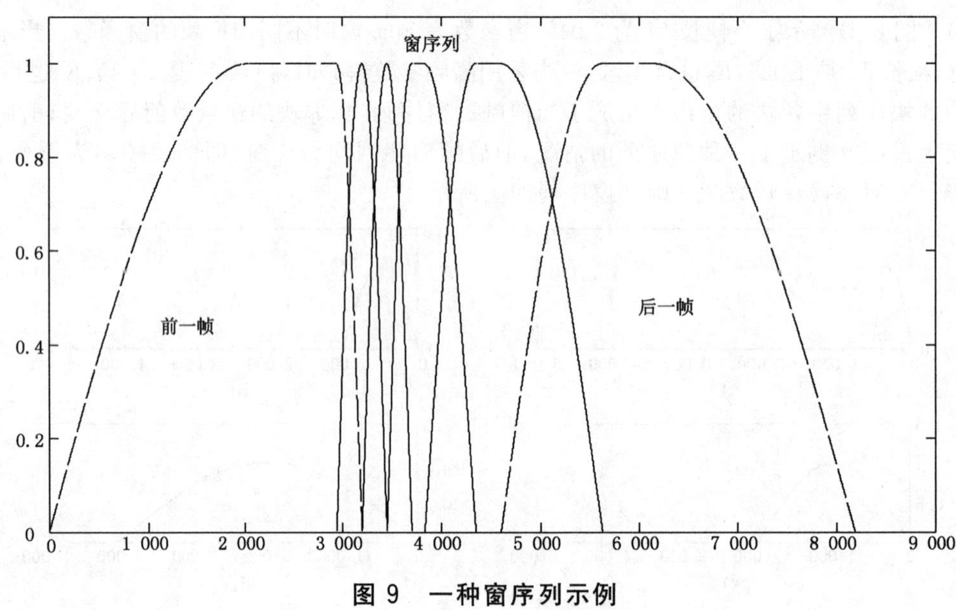

图 9　一种窗序列示例

7.8.4　低频 MDFT 频谱计算

如果低频编码分析窗序列与高频编码分析窗序列一致，则可通过 MDST 与 MDCT 的组合出 MDFT 频谱；若不一致，则通过 MDFT 变换计算出 MDFT 频谱。

为了保持与 MDCT 频谱的同步，MDFT、MDST 变换要采用与当前帧 MDCT 变换相同的窗函数、窗长度等。如果，当前 MDCT 变换的长度为 $2M$，则 MDST 变换见式(25)：

$$Y(k)=\sum\nolimits_{n=0}^{2M-1} s(n)\sin\left(\frac{\pi}{4M}\times\left(2n+1+\frac{2M}{2}\right)\times(2k+1)\right),k=0,1,\cdots,M-1 \quad (25)$$

式中：

$s(n)$——时域信号；

n　——样本序号；

$2M$　——帧长，表示时域样本数，k 表示谱序号。

MDCT 与 MDST 组合为 MDFT。

以 MDCT 为实部，MDST 为虚部，构造 MDFT 为 $Z(k)$，见式(26)：

$$Z(k)=X(k)+jY(k),\ k=0,\ 1,\cdots,\ 2M-1 \quad (26)$$

式中：

$X(k)$——MDCT 频谱。

如果低频编码分析窗序列与高频编码分析窗序列不一致，则根据低频时域信号进行加窗 MDFT 变换得到低频 MDFT 频谱。

MDFT 变换公式见式(27)：

$$Z(k)=\sum\nolimits_{n=0}^{2M-1} sr(n)w(n)\exp\left(i\times\frac{\pi}{4M}\times\left(2n+1+\frac{2M}{2}\right)\times(2k+1)\right),k=0,1,\cdots,M-1 \quad (27)$$

式中：

$w(n)$——窗函数；

$sr(n)$——时域信号；

n　——样本序号；

$2M$ ——帧长，表示时域样本数；

k ——谱序号。

7.9 高频参数解码

7.9.1 概述

从该帧低频 MDFT 频谱中映射部分谱系数到高频部分，按照位流解复用模块输出的高频参数编码数据(包括包络编码数据、噪性编码数据和加弦编码数据)，调整其增益和音调性得到高频谱。

高频参数解码模块包括频谱映射器、调性调整器和增益调整器。

7.9.2 频谱映射器

频谱映射器用于将反量化的低频 MDFT 频谱的特定频段对应映射到高频谱的特定频段。

7.9.3 调性调整器

调性调整器将映射后的高频谱划分为多个子频带，然后根据噪性编码数据得到调性调整类型，如果调整类型为不调整，则映射后的频谱不作处理；如果调整类型为加噪，则根据噪性编码数据计算得出加噪的能量，并在映射后的频谱中对应频带加入相应能量的噪声；如果调整类型为加弦，则根据噪性编码数据和加弦编码数据计算得出加弦的能量，并在映射后频谱的本频带中的中央加入相应能量的弦。

加噪噪声的相位谱是根据一个随机噪声相位谱序列确定的，该随机噪声相位谱可由其频谱系数得到，见附录表 B.159。在宽度为 blocklen 的子频带中加入噪声时，首先随机选择一个起始位置 phase_index，然后从随机噪声相位谱序列中的第 phase_index 个相位谱开始依序取出 blocklen 个谱线作为所加噪声的相位谱，其中 phase_index=(phase_index+1)%512。加弦时，前后帧加弦的相位要保持连续。

因编码码率、高频编码分析窗长的不同，所采用的子频带划分会有差异。划分时，先将高频谱系数分为多个频率分析块，每个频率分析块的长度相同，然后将频率分析块进行分组，这样的分组叫作子频带。下面给出了不同编码码率、不同编码分析窗长度下的频率分析块数量 blockNum、频率分析块长度 blockLen、子频带数量 sfbCnt、sfbCntNoiseFloor 和各个子频带起始位置 sfb_offset、sfbCntNoiseFloor_offset 等，见表 54～表 59。

表 54 高频参数编码码率小于 4 kbit/s 高频编码子频带信息

	M 长度窗	$M/2$ 长度窗	$M/4$ 长度窗	$M/8$ 长度窗	$M/16$ 长度窗
blockNum	31	31	31	31	31
blockLen	32	16	8	4	2
sfbCnt	12	12	12	12	12
sfbCntNoiseFloor	2	2	2	2	2

表 55 高频参数编码码率小于 4 kbit/s sfbCnt 划分信息

子频带 index	M 长度窗 sfb_offset	$M/2$ 长度窗 sfb_offset	$M/4$ 长度窗 sfb_offset	$M/8$ 长度窗 sfb_offset	$M/16$ 长度窗 sfb_offset
0	0	0	0	0	0
1	1	1	1	1	1
2	2	2	2	2	2

表 55（续）

子频带 index	*M* 长度窗 sfb_offset	*M*/2 长度窗 sfb_offset	*M*/4 长度窗 sfb_offset	*M*/8 长度窗 sfb_offset	*M*/16 长度窗 sfb_offset
3	3	3	3	3	3
4	4	4	4	4	4
5	5	5	5	5	5
6	6	6	6	6	6
7	8	8	8	8	8
8	10	10	10	10	10
9	12	12	12	12	12
10	15	15	15	15	15
11	18	18	18	18	18
12	21	21	21	21	21

表 56　高频参数编码码率小于 4 kbit/s sfbCntNoiseFloor 划分信息

子频带 index	*M* 长度窗 sfbCntNoise-Floor_offset	*M*/2 长度窗 sfbCntNoise-Floor_offset	*M*/4 长度窗 sfbCntNoise-Floor_offset	*M*/8 长度窗 sfbCntNoise-Floor_offset	*M*/16 长度窗 sfbCntNoise-Floor_offset
0	0	0	0	0	0
1	6	6	6	6	6
2	21	21	21	21	21

表 57　高频参数编码码率大于 4 kbit/s 高频编码子频带信息

	M 长度窗	*M*/2 长度窗	*M*/4 长度窗	*M*/8 长度窗	*M*/16 长度窗
blockNum	47	47	47	47	47
blockLen	32	16	8	4	2
sfbCnt	12	12	12	12	12
sfbCntNoiseFloor	2	2	2	2	2

表 58　高频参数编码码率大于 4 kbit/s sfbCnt 划分信息

子频带 index	*M* 长度窗 sfb_offset	*M*/2 长度窗 sfb_offset	*M*/4 长度窗 sfb_offset	*M*/8 长度窗 sfb_offset	*M*/16 长度窗 sfb_offset
0	0	0	0	0	0
1	1	1	1	1	1
2	2	2	2	2	2

表 58（续）

子频带 index	M 长度窗 sfb_offset	$M/2$ 长度窗 sfb_offset	$M/4$ 长度窗 sfb_offset	$M/8$ 长度窗 sfb_offset	$M/16$ 长度窗 sfb_offset
3	4	4	4	4	4
4	6	6	6	6	6
5	8	8	8	8	8
6	10	10	10	10	10
7	12	12	12	12	12
8	14	14	14	14	14
9	17	17	17	17	17
10	20	20	20	20	20
11	23	23	23	23	23
12	26	26	26	26	26

表 59 高频参数编码码率大于 4 kbit/s sfbCntNoiseFloor 划分信息

子频带 index	M 长度窗 sfbCntNoise-Floor_offset	$M/2$ 长度窗 sfbCntNoise-Floor_offset	$M/4$ 长度窗 sfbCntNoise-Floor_offset	$M/8$ 长度窗 sfbCntNoise-Floor_offset	$M/16$ 长度窗 sfbCntNoise-Floor_offset
0	0	0	0	0	0
1	10	10	10	10	10
2	21	21	21	21	21

7.9.4 增益调整器

增益调整器根据突变标识信息将时频平面划分多个区域，然后由高频包络编码数据得到每个区域增益调整的目标能量，最后将每个区域的能量进行调整使其与该区域目标能量相同。

7.10 IMDFT 变换

IMDFT 变换模块用于将低频谱和高频谱组合在一起进行 IMDFT 变换。IMDFT 变换根据信号类型边信息采用不同长度阶数的 IMDFT 变换，获取该帧的时域信号。

IMDFT 变换过程包括三个步骤：IMDFT 变换、时域加窗处理和时域叠加运算。

首先，对组合后的 MDFT 频谱进行 IMDFT 变换，得到变换后的时域信号 $x_{i,n}$。IMDFT 变换的表达式见式(28)：

$$x_{i,n}=sr(n)=\frac{1}{2M}\sum_{k=0}^{2M-1}S(k)\exp\left(-i\times\frac{\pi}{4M}\times\left(2n+1+\frac{2M}{2}\right)\times(2k+1)\right) \tag{28}$$

式中：

n ——样本序号；

$2M$ ——帧长，表示时域样本数；

k ——谱序号。

其次，对 IMDFT 变换获得的时域信号在时域进行加窗处理。为满足完全重构条件，窗函数 $w(n)$ 应满足以下两个条件：$w(2M-1-n)=w(n)$ 且 $w^2(n)+w^2(n+M)=1$。

最后,对上述加窗时域信号进行叠加处理,得到时域音频信号。具体是:将加窗操作后获得的信号的前 $N/2$ 个样本和前一帧信号的后 $N/2$ 个样本重叠相加,获得 $N/2$ 个输出的时域音频样本,即 $\text{timeSam}_{i,n} = \text{preSam}_{i,n} + \text{preSam}_{i-1,n+N/2}$,其中 i 表示帧序号,n 表示样本序号,有 $0 \leqslant n \leqslant N/2$。

8 无损音频编码

8.1 语法

ll_raw_data_stream()语法见表 60。

表 60 ll_raw_data_stream()语法

语法	比特数	助记符
ll_raw_data_stream()		
{		
while (data_available()) {		
ll_raw_data_block()		
byte_alignment()		
}		
}		

原始数据块 ll_raw_data_block()的语法见表 61。

表 61 ll_raw_data_block( )语法

语法	比特数	助记符
ll_raw_data_block()		
{		
lossless_data_length	16	**uimsbf**
lossless_data_block()		
}		

其中无损编码位流 lossless_data_block()的语法见表 62。

表 62 lossless_data_block()语法

语法	比特数	助记符
lossless_data_block ( )		
{		
for (pairCh = 0; pairCh < pairChNumber; pairCh++){		
correlation_enable	1	**uimsbf**
for (ch = nCh; ch < nChanNum; ch++)		
single_channel_block ( )		
}		
}		

每个声道块 single_channel_block()的语法见表 63。

表 63 single_channel_block()语法

语法	比特数	助记符
single_channel_block ( )		
{		
block_type	1	**uimsbf**
if (block_type){		
level	1	**uimsbf**
if (! level) {		
entropytype	1	**bslbf**
if(entropytype)		
rice_data_block(original[0.. 1023])		
else		
arith_data_block (original[0..1023])		
}		
else{		
ca[0]	{8...24}	**uimsbf**
entropytype	1	**bslbf**
if(entropytype)		
rice_data_block (ca[1.. 510])		
else		
arith_data_block (ca[1.. 510])		
ca[511]	{8...24}	
cd[0]	{8...24}	**uimsbf**
entropytype	1	**bslbf**
if(entropytype)		
rice_data_block (cd[1.. 510])		
else		
arith_data_block (cd[1.. 510])		
cd[511]	{8...24}	**uimsbf**
}		
}		
byte_alignment()		
}		

算术编码块 arith_data_block()的语法见表 64。

在 rice_data_block()中,leadzero[i]是由当前的输入数据和 m 值所决定的,用 leadzero[i]比特零位串编解码,且位数是变化的(varies);remdval[i]用当前参数 m 的大小位进行无符号的二进制值编解码,由于 m 是可变的,所以 remdval[i]的位数也是变化的(varies)。

表 64 arith_data_block()语法

语法	比特数	助记符
arith_data_block (data)		
{		
lpc_order	7	**uimsbf**
for (k=0;k<lpc_order;k++)		
parq[k]	7	**uimsbf**
sbk_no	2	**uimsbf**
s[0]	{7;8}	**uimsbf**
if (sbk_no)		
s[1..(sub-1)]	**varies**	**uimsbf**
msb[0..(length(data)-1)]	**varies**	**uimsbf**
lsb[0..(length(data)-1)]	{0..31} **each**	**uimsbf**
ra_lsb[0..(min(lpc_order, 16) - 1)]	{0..31}**each**	**uimsbf**
sign[0..(length(data)-1)]	{0..1}**each**	**uimsbf**
}		

Golomb-Rice 编码块 rice_data_block()的语法定义见表 65。

表 65 rice_data_block()语法

语法	比特数	助记符
rice_data_block (data){		
{		
lpc_order	7	**uimsbf**
for (k=0;k<lpc_order;k++)		
parq[k]	7	**uimsbf**
subblksize	3	**uimsbf**
m_init	{3;4;5}	**uimsbf**
for(i = 0; i<length(data); i++){		
leadzero[i]	**varies**	**bslbf**
divsbit[i]	1	**uimsbf**
if(leadzero[i] >= 32)		
m_ext	{3;4;5}	**uimsbf**
remdval[i]	**varies**	**Uimsbf**
}		
ra_lsb[0..(min(lpc_order, 16) - 1)]	{0..31} **each**	**uimsbf**
sign[0..(min(lpc_order, 16)-1)]	{0..1}**each**	**uimsbf**
}		

8.2 通用信息

8.2.1 编码器

图 10 给出了无损编码器的具体实现。无损编码器包括以下主要组成部分：

- 声道去相关：根据声道间的相关性，利用和差编码进行去相关处理；
- 整型提升小波分解：基于整型提升小波对输入音频信号分带，并生成边信息；
- LPC 系数计算和量化：分别在各子带内计算和量化 LPC 系数；
- 线性预测器(LPC)：使用量化后的 LPC 系数计算各子带信号的残差；
- 预处理器：对预测残差信号进行归一化处理，同时输出相应的 LSB 信号和符号位；
- 熵编码器：对归一化处理后的各子带预测残差分别进行熵编码。

无损编码器的编码过程为：对输入到无损编码器的数据通过声道去相关模块进行去相关性处理。对处理过的数据，采用整型提升小波进行分带，各子带信号分别采用传统的线性预测器进行预测，生成预测残差信号。预测残差信号首先经过预处理器的归一化处理，产生归一化输出信号，LSB 信号，以及信号符号位。归一化的各子带预测输出信号经过熵编码器进行熵编码，生成编码位流。

无损编码器的输出位流，即无损编码位流，由熵编码器的编码位流，LSB 信号，符号位，量化后的 LPC 系数以及小波边信息组成。

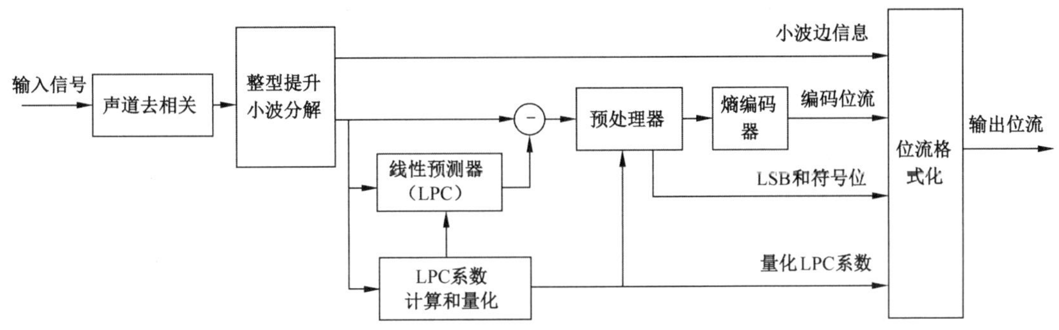

图 10　无损编码器

8.2.2 解码器

图 11 给出了无损解码器的具体实现。无损解码器包括以下主要组成部分：

- 位流解复用器：对输入位流进行分解；
- 熵解码器 ：对编码位流进行熵解码；
- 后处理器 ：根据量化的 LPC 系数，对熵解码信号，符号位信号和 LSB 信号进行组合，生成预测残差；
- 线性预测器(LPC) ：使用量化后的 LPC 系数和预测残差重建各子带信号；
- 整型提升小波重构：结合小波边信息，通过整型提升小波把各个子带信号重构成原始无损信号；
- 声道去相关重建：根据相关性决定状态，重建相关性无损输出信号。

无损解码器的输入包括：编码位流，LSB 信号，符号位信号，量化 LPC 系数以及小波边信息。熵解码器对编码位流进行熵解码，然后通过后处理器，同 LSB 和符号位，一起组合生成预测残差。线性预测器根据量化的 LPC 系数对预测残差进行重建，生成各子带信号。利用整型提升小波对子带信号和小波边信息进行重构，得到相应的原始无损信号。最后，再通过声道去相关重建，生成相应声道的无损输出信号。

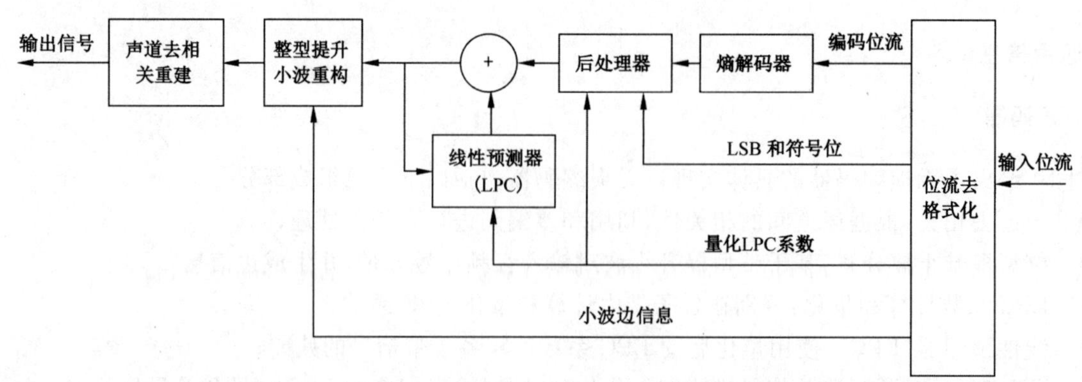

图 11　无损解码器

8.2.3　语法元素与描述字说明

无损数据解码中的描述字说明见表 66。

表 66　无损数据解码中的描述字

语法元素与描述字	定义
correlation_enable	声道对去相关决定：'0' -不去相关；'1' -去相关。 如果 correlation_enable 为零,不需要进行声道对的去相关重建;否则需要进行声道对的去相关重建
block_type	数据帧类型:'0'-全零帧;'1'-非全零帧
lpc_order	线性预测器长度
parq[ ]	LPC 参数
entropytype	1 比特:熵编码的类型 '0' - 算术熵编码; '1' - 自适应 Golomb-rice 熵编码
sbk_no	算术熵编码子帧个数:'0'- 1;'1'- 2;'2'- 4;'3'- 8 个子帧
s[ ]	算术熵编码参数
msb[ ]	高比特位位流
lsb[ ]	低比特位位流
sign[ ]	符号位位流
ra_lsb[ ]	残差预处理器 LSB 位流
level	小波分解级数:'0'-关闭小波;'1'-打开小波
original[ ]	小波模块输入信号
ca[ ]	小波分解后近似信号
cd[ ]	小波分解后细节信号

表 66（续）

语法元素与描述字	定义
subblksize	3 比特：自适应 Golomb-Rice 编码中子块的大小 '0' - 2 sample/block； '1' - 4 sample/block； '2' - 8 sample/block； '3' - 16 sample/block； '4' - 32 sample/block； '5''6''7' - 保留
m_init	3，4 或者 5 比特：自适应 Golomb-rice 编码中初始 m 值
m_ext	3，4 或者 5 比特：自适应 Golomb-rice 编码中扩展 m 值 当 mext 存在时，将用它的值更新当前的 m 值，并用更新后的 m 值编解码当前的输入残差数据
leadzero[]	Golomb-rice 码中前缀零的个数的位流
divsbit[]	间隔比特位流，每个元素 1 比特，并且其值为 1
remdval[]	Golomb-rice 码中尾数的二进制码位流，每个元素 m 比特，并且 m 会根据输入数据的变化自适应的调整

8.3 声道去相关

8.3.1 概述

编码：去相关处理利用和差编码，将有相关性的声道对转换成和/差声道对。

解码：去相关重建处理将包含和/差声道对信息的解码数据重建为原声道对样本。

8.3.2 声道排列（编解码）

默认声道排列表见表 67。

表 67 声道映射表

channel_number	声道数	声道排列
0000	1	前中(C)
0001	2	前左(L)，前右(R)
0010	3	前左(L)，前右(R)，低频增强声道(LFE)
0011	4	前左(L)，前右(R)，前中(C)，低频增强声道(LFE)
0100	5	前左(L)，前右(R)，前中(C)，低频增强声道(LFE)，左环绕(LS)
0101	6	前左(L)，前右(R)，前中(C)，低频增强声道(LFE)，左环绕(LS)，右环绕(RS)
0110	7	前左(L)，前右(R)，前中(C)，低频增强声道(LFE)，左环绕(LS)，右环绕(RS)，后左(LB)
0111	8	前左(L)，前右(R)，前中(C)，低频增强声道(LFE)，左环绕(LS)，右环绕(RS)，后左(LB)，后右(RB)
1000—1111	9—16	保留
1111 0001—1111 1111	17—31	保留

8.3.3 声道去相关(编码)

声道相关性处理由相关性判断与和差编码两部分组成,需要对声道对中的相关性进行判断,分别计算原始声道的相关系数与和差编码声道的相关系数,根据相关系数值选择是否进行声道去相关决定使能。

a) 对单声道(Mono)输入,不做声道间去相关。

b) 对双声道立体声输入,声道间去相关方法如下:

和声道(Mid) = (L + R)/2

差声道(Side) = (L − R)

即把左右声道输入转换为 Mid 和 Side 通道并传送至下一级编码单元,然后对 Mid 和 Side 通道进行独立编码。示意图见图 12。

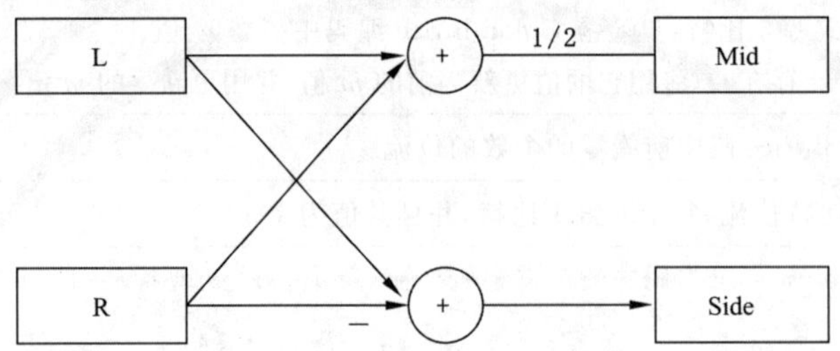

图 12 多声道去相关示意图

c) 对多声道立体声输入,声道间去相关方法如下:

1) 如果 L 和 R 声道同时存在,则 L 和 R 声道转换为 Mid 和 Side 通道;

2) 如果 Ls 和 Rs 同时存在,则 Ls 和 Rs 声道转换为 SMid 和 SSide 通道;其中:

SMid = (Ls+Rs)/2

SSide = Ls−Rs

3) 如果 LB 和 RB 同时存在,则 LB 和 RB 声道转换为 BMid 和 BSide 通道;其中:

BMid = (LB+RB)/2

BSide = LB−RB

4) 如果 LFE 声道存在,LFE 声道不做任何处理;

5) 如果 C 声道存在,C 声道不做任何处理;

d) 几种典型声道模式的声道间去相关示意图如下:

1) 2.1 声道(L|R|LFE)

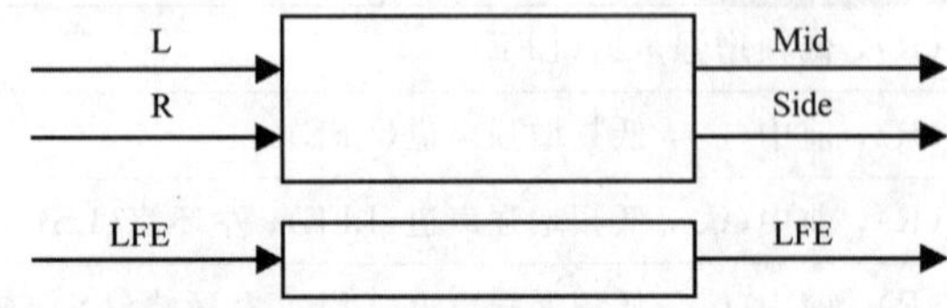

2) 3.1 声道(L|R|C|LFE)

3) 5.1 声道(L|R|LS|RS|C|LFE)

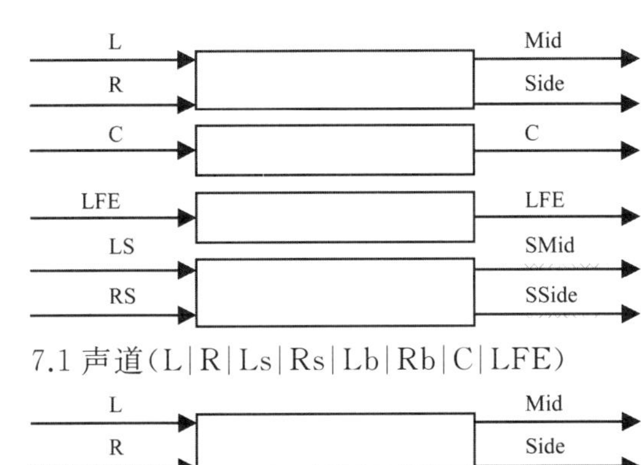

4) 7.1 声道(L|R|Ls|Rs|Lb|Rb|C|LFE)

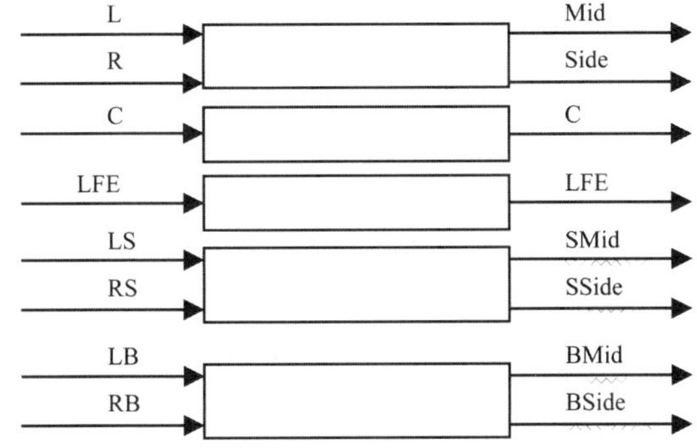

8.3.4 声道去相关重建(解码)

无损和差编码的相关性重建,需要利用差声道中包含的奇/偶信息来恢复编码时计算和声道时产生的舍入误差。通过如下方法实现重建无损原始声道信息。

$L = Mid + (Side + Side\&1)/2$

$R = Mid - (Side - Side\&1)/2$

其他声道对重建方法同 L 和 R。

8.4 整型提升小波

8.4.1 概述

小波变换对音频信号进行分带处理,生成的窄带信号(细节信号和近似信号)再进一步采用 LPC 处理,以提高编解码器的性能。考虑到浮点数运算的截断误差问题,该模块用整型提升小波来实现。

8.4.2 小波编码器

编码部分小波分解的具体实现如图 13 所示:

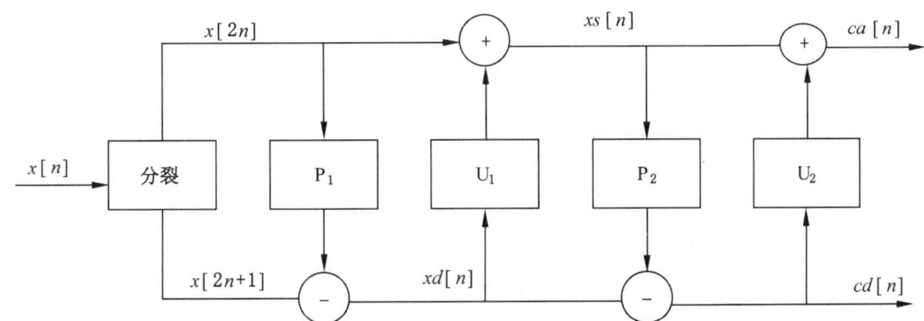

图 13 提升小波分解(编码)

其中 P_1,P_2 为预测滤波器,U_1,U_2 为更新滤波器,为了保证音频信号能够在不同运算平台上无损重建,此处滤波器系数采用 Q14 的定点方式量化,具体的运算方法如下:

第一级预测后的结果 xd 见式(29)：

$$xd[n]=x[2n+1]-\left\lfloor\frac{2731\times(x[2n]+x[2n+2])}{2^{14}}\right\rfloor \tag{29}$$

式中：

x——输入信号。

第一级更新后的结果 xs 见式(30)：

$$xs[n]=x[2n]+\left\lfloor\frac{-9\,216\times(xd[n-1]+xd[n])}{2^{14}}\right\rfloor \tag{30}$$

第二级预测后的结果 cd 见式(31)：

$$cd[n]=xd[n]-\left\lfloor\frac{21\,845\times(xs[n]+xs[n+1])}{2^{14}}\right\rfloor \tag{31}$$

第二级更新后的结果 ca 见式(32)：

$$ca[n]=xs[n]+\left\lfloor\frac{126\times(cd[n-3]+cd[n+2])-938\times(cd[n-2]+cd[n+1])+3\,372\times(cd[n-1]+cd[n])}{2^{14}}\right\rfloor \tag{32}$$

式中的$\lfloor\ \rfloor$表示向下取整运算。

编码过程中的小波变换模块伪代码如下：

```
for ( i = 0; i < 512; i++){
  ca[i] = x[i<<1];
  cd[i] = x[(i<<1)+1];
}
for(i = 0; i < 511; i ++)
  cd[i] = cd[i] + ((-2731 * (ca[i+1] + ca[i]))>>14);
cd[511] = cd[511] + ((-2731 * ca[511]) >> 14);
ca[0] = ca[0] + ((-9216 * cd[0])>>14);
for( i = 1; i < 512; i ++)
  ca[i] = ca[i] + ((-9216 * (cd[i-1] + cd[i]))>>14);
for(i = 0; i < 511; i ++)
  cd[i] = cd[i] + ((-21845 * (ca[i+1] + ca[i]))>>14);
cd[511] = cd[511] + ((-21845 * ca[511]) >> 14);
ca[0] = ca[0] + ((126 * cd[2] - 938 * cd[1] + 3372 * cd[0])>>14);
ca[1] = ca[1] + ((126 * cd[3] - 938 * cd[2] + 3372 * (cd[1] + cd[0]))>>14);
ca[2] = ca[2] + ((126 * cd[4] - 938 * (cd[3] + cd[0]) + 3372 * (cd[2] + cd[1]))>>14);
for( i = 3; i < 510; i ++)
  ca[i] = ca[i] + ((126 * (cd[i+2] + cd[i-3]) - 938 * (cd[i+1] + cd[i-2]) + 3372 * (cd
[i] + cd[i-1]))>>14);
  ca[510] = ca[510] + ((126 * cd[507] - 938 * (cd[511] + cd[508])+
    3372 * (cd[510] + cd[509]))>>14);
  ca[511] = ca[511] + ((126 * cd[508] - 938 * cd[509] + 3372 * (cd[510] + cd[511]))>>
14);
```

在小波变换后，需要判断变换结果是否越界。如果发生越界，则关闭小波。小波越界情况的处理由以下伪代码给出：

```
if(overflow())
   level = 0;
```

其中，实现越界判断的子程序 overflow()的定义为：

```
overflow()
{
  max_val = (1<<(res-1))-1;
  min_val = -(1<<(res-1));
  for (k = 0; k < 512; k ++){
    if(ca[k] > max_val || ca[k] < min_val)
      return 1;
    if(cd[k] > max_val || cd[k] < min_val)
      return 1;
  }
  return 0;
}
```

其中，max_val 为小波变换越界判断的上界；min_val 为小波变换越界判断的下界。

res 的值：

'8' — resolution 为 0 时

'16'— resolution 为 1 时

'24'— resolution 为 2 时

8.4.3 小波解码器

解码部分小波重构具体实现如图 14 所示：

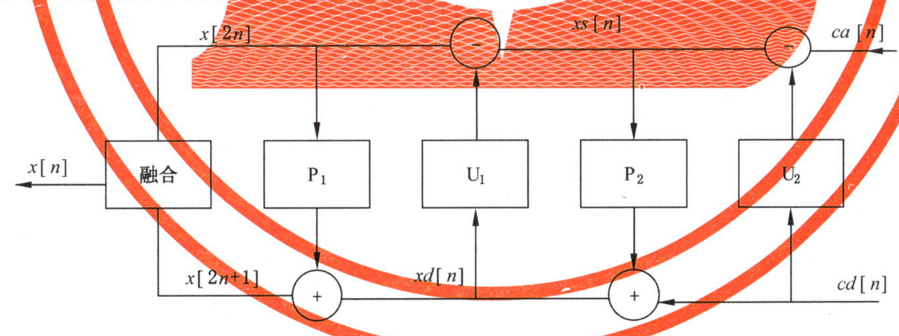

图 14 提升小波重构(解码)

其中的滤波器设置跟前面一致，具体的运算方法如下：

$$ca[n]=xs[n]+\left\lfloor\frac{126\times(cd[n-3]+cd[n+2])-938\times(cd[n-2]+cd[n+1])+3\,372\times(cd[n-1]+cd[n])}{2^{14}}\right\rfloor \quad\cdots\cdots(33)$$

$$xd[n]=cd[n]+\left\lfloor\frac{21\,845\times(xs[n]+xs[n+1])}{2^{14}}\right\rfloor \quad\cdots\cdots(34)$$

$$x[2n]=xs[n]-\left\lfloor\frac{-9\,216\times(xd[n-1]+xd[n])}{2^{14}}\right\rfloor \quad\cdots\cdots(35)$$

$$x[2n+1]=xd[n]+\left\lfloor\frac{2\,731\times(x[2n]+x[2n+2])}{2^{14}}\right\rfloor \quad\cdots\cdots(36)$$

解码过程中的小波变换模块伪代码如下：

```
ca[0] = ca[0] - ((126 * cd[2] - 938 * cd[1] + 3372 * cd[0])>>14);
ca[1] = ca[1] - ((126 * cd[3] - 938 * cd[2] + 3372 * (cd[1] + cd[0]))>>14);
ca[2] = ca[2] - ((126 * cd[4] -938 * (cd[3] + cd[0]) + 3372 * (cd[2] + cd[1]))>>14);
for( i = 3; i < 510; i ++)
  ca[i] = ca[i] - ((126 * (cd[i+2] + cd[i-3]) - 938 * (cd[i+1] + cd[i-2]) + 3372 * (cd[i] + cd[i-1]))>>14);
ca[510] = ca[510] - ((126 * cd[507] - 938 * (cd[511] + cd[508])+ 3372 * (cd[510] + cd[509]))>>14);
ca[511] = ca[511] - ((126 * cd[508] - 938 * cd[509] + 3372 * (cd[510] + cd[511]))>>14);
for(i = 0; i < 511; i ++)
  cd[i] = cd[i] - ((-21845 * (ca[i+1] + ca[i]))>>14);
cd[511] = cd[511] - ((-21845 * ca[511]) >> 14);
ca[0] = ca[0] - ((-9216 * cd[0])>>14);
  for( i = 1; i < 512; i ++)
    ca[i] = ca[i] - ((-9216 * (cd[i-1] + cd[i]))>>14);
  for(i = 0; i < 511; i ++)
    cd[i] = cd[i] - ((-2731 * (ca[i+1] + ca[i]))>>14);
  cd[511] = cd[511] - ((-2731 * ca[511]) >> 14);
  for ( i = 0; i < 512; i ++){
    x[i<<1] = ca[i];
     x[(i<<1)+1] = cd[i];
  }
```

8.5 线性预测器

8.5.1 概述

为确保音频信号能够在不同的运算平台上无损重建，线性预测器以整数运算实现。

8.5.2 预测器系数

8.5.2.1 概述

LPC 偏相关系数可由 Levinson-Durbin 算法算出。这里以 $P_k, k = 1, \cdots$,lpc_order 代表 LPC 偏相关系数。其中，lpc_order 是线性预测器的阶数。

8.5.2.2 量化偏相关系数

偏相关系数 P_k 的量化方式见式(37)：

$$a_k=\begin{cases}\left\lfloor 64\left(\dfrac{\ln\left(\dfrac{2}{3}+\dfrac{5}{6}\sqrt{\dfrac{1+P_1}{2}}\right)}{\ln\left(\dfrac{3}{2}\right)}\right)\right\rfloor & k=1\\ \left\lfloor 64\left(\dfrac{\ln\left(\dfrac{2}{3}+\dfrac{5}{6}\sqrt{\dfrac{1-P_2}{2}}\right)}{\ln\left(\dfrac{3}{2}\right)}\right)\right\rfloor & k=2\\ \lfloor 64P_k\rfloor & k=3,\cdots,\text{lpc\_order}\end{cases} \qquad \cdots\cdots(37)$$

量化后的偏相关系数由 a_k 表示，a_k 的取值区间为[−64，63]。无损编码位流中的 LPC 参数 parq 按以下方式由 a_k 得出，见式(38)：

$$\text{parq}[k]=a_k+64,\quad k=1,\cdots,\text{lpc\_order} \qquad \cdots\cdots(38)$$

8.5.2.3 重建偏相关系数

在解码端，偏相关系数 par 的重构方式见式(39)：

$$\text{par}[k]=\begin{cases}\Gamma(a_k) & k=1\\ -\Gamma(a_k) & k=2\\ a_k2^{14}+2^{13} & k=3,\cdots,\text{lpc\_order}\end{cases} \qquad \cdots\cdots(39)$$

式中：

映射关系 Γ(∗)由表 68 给出。

表 68　$\Gamma(a_k)$，$k=1,2$

a_k	$\Gamma(a_k)$	a_k	$\Gamma(a_k)$	a_k	$\Gamma(a_k)$	a_k	$\Gamma(a_k)$	a_k	$\Gamma(a_k)$	a_k	$\Gamma(a_k)$	a_k	$\Gamma(a_k)$	a_k	$\Gamma(a_k)$
−64	−1048549	−48	−1032260	−32	−978394	−16	−874885	0	−706573	16	−454462	32	−94815	48	401965
−63	−1048440	−47	−1030106	−31	−973519	−15	−866440	1	−693492	17	−435410	33	−68126	49	438364
−62	−1048220	−46	−1027803	−30	−968448	−14	−857739	2	−680079	18	−415933	34	−40896	50	475450
−61	−1047887	−45	−1025349	−29	−963178	−13	−848778	3	−666330	19	−396024	35	−13117	51	513232
−60	−1047439	−44	−1022741	−28	−957705	−12	−839552	4	−652240	20	−375678	36	15221	52	551721
−59	−1046874	−43	−1019976	−27	−952025	−11	−830058	5	−637803	21	−354887	37	44125	53	590929
−58	−1046189	−42	−1017052	−26	−946135	−10	−820290	6	−623013	22	−333645	38	73603	54	630864
−57	−1045382	−41	−1013965	−25	−940032	−9	−810245	7	−607865	23	−311944	39	103665	55	671538
−56	−1044452	−40	−1010713	−24	−933712	−8	−799917	8	−592353	24	−289778	40	134320	56	712962
−55	−1043395	−39	−1007293	−23	−927171	−7	−789303	9	−576472	25	−267139	41	165575	57	755147
−54	−1042209	−38	−1003702	−22	−920405	−6	−778397	10	−560216	26	−244021	42	197441	58	798104
−53	−1040893	−37	−999937	−21	−913412	−5	−767195	11	−543578	27	−220415	43	229925	59	841845
−52	−1039443	−36	−995995	−20	−906186	−4	−755692	12	−526553	28	−196315	44	263038	60	886380
−51	−1037857	−35	−991873	−19	−898724	−3	−743883	13	−509136	29	−171712	45	296789	61	931722
−50	−1036133	−34	−987567	−18	−891023	−2	−731764	14	−491319	30	−146600	46	331188	62	977882
−49	−1034269	−33	−983075	−17	−883078	−1	−719329	15	−473096	31	−120970	47	366243	63	1024872

8.5.2.4 偏相关系数到滤波器系数的转换

由偏相关系数 par 到 k-阶(1≤k≤lpc_order)滤波器系数 c[k][1..k]的转换由以下伪代码给出：

```
for ( k = 1; k <= lpc_order; k++ ){
  for ( i = 1; i <= k/2; i++ ){
    val1 = c[k-1][i] + ( ( ((int64)par[k] * c[k-1][k-i]) + (1<<19) ) >> 20 );
    val2 = c[k-1][k-i] + ( ( ((int64)par[k] * c[k-1][i]) + (1<<19) ) >> 20 );
    c[k][k-i] = limit_to_int32 (val2);
    c[k][i] = limit_to_int32 (val1);
  }
  c[k][k] = par[k];
}
```

其中,子程序 limit_to_int32( ) 限制数值范围在 int32 内,定义为：

```
limit_to_int32 (num){
  if ( num > 2147483647 )
    return ( 2147483647 );
  else if ( num < -2147483648 )
    return ( -2147483648 );
  else
    return ( (int32)num );
}
```

8.5.3 LPC 编码器

对于长度为 N 的输入序列 x，LPC 生成残差序列 d 的过程见式(40)：

$$d[n]=\begin{cases} x[n] & n=0 \\ x[n]-\left\lfloor \dfrac{2^{19}+\sum\limits_{k=1}^{n} c[n][k]\times x[n-k]}{2^{20}} \right\rfloor & 1\leqslant n<\text{lpc\_order} \\ x[n]-\left\lfloor \dfrac{2^{19}+\sum\limits_{k=1}^{\text{lpc\_order}} c[\text{lpc\_order}][k]\times x[n-k]}{2^{20}} \right\rfloor & \text{lpc\_order}\leqslant n<N \end{cases} \qquad (40)$$

当 level=0 时，式中的 x 为原始输入信号,当 level=1 时，x 则为小波模块输出的 ca，cd 信号。

8.5.4 LPC 解码器

由残差序列 d 重构 LPC 输入序列 x 的过程见式(41)：

$$x[n]=\begin{cases} d[n] & n=0 \\ d[n]+\left\lfloor \dfrac{2^{19}+\sum\limits_{k=1}^{n} c[n][k]\times x[n-k]}{2^{20}} \right\rfloor & 1\leqslant n<\text{lpc\_order} \\ d[n]+\left\lfloor \dfrac{2^{19}+\sum\limits_{k=1}^{\text{lpc\_order}} c[\text{lpc\_order}][k]\times x[n-k]}{2^{20}} \right\rfloor & \text{lpc\_order}\leqslant n<N \end{cases} \qquad (41)$$

8.6 残差预处理

8.6.1 编码端预处理

编码预处理分为两步:1)残差能量归一化;2)输出残差样值符号。第一步指的是:将输入残差样值序列中最前边的几个样值进行下移降幅操作,以便整个序列保持较小的动态范围,从而提高后续熵编码的效率。进行能量归一化的样值数量见式(42):

$$L = \min(\text{lpc\_order}, 16) \qquad \cdots\cdots (42)$$

每个样值的下移位数见式(43):

$$\text{shift}[n] = \begin{cases} \left\lfloor \dfrac{2^{12} + \sum\limits_{k=1}^{n+1} \text{RA\_shift12}[a_k]}{2^{13}} \right\rfloor & n = 0,1 \\ \left\lfloor \dfrac{2^{12} + \sum\limits_{k=1}^{2} \text{RA\_shift12}[a_k] + \sum\limits_{k=3}^{n+1} \text{RA\_shift}[|a_k|]}{2^{13}} \right\rfloor & 2 \leqslant n \leqslant L-1 \end{cases} \qquad \cdots\cdots (43)$$

式中:$\text{RA_shift12}[a_k]$和$\text{RA_shift}[a_k]$分别由表69和表70给出。

表69 $\text{RA\_shift12}[a_k]$, $k = 1,2$

a_k	RA_shift12[a_k]	a_k	RA_shift12[a_k]	a_k	RA_shift12[a_k]	a_k	RA_shift12[a_k]
−64	58348	−44	17862	−24	9305	−4	4330
−63	48794	−43	17269	−23	8997	−3	4135
−62	43108	−42	16702	−22	8697	−2	3944
−61	39207	−41	16159	−21	8404	−1	3758
−60	36249	−40	15638	−20	8118	0	3577
−59	33866	−39	15136	−19	7839	1	3399
−58	31870	−38	14654	−18	7566	2	3226
−57	30151	−37	14189	−17	7300	3	3056
−56	28643	−36	13740	−16	7039	4	2891
−55	27298	−35	13305	−15	6785	5	2730
−54	26083	−34	12885	−14	6536	6	2573
−53	24977	−33	12479	−13	6293	7	2420
−52	23959	−32	12084	−12	6055	8	2271
−51	23018	−31	11702	−11	5822	9	2127
−50	22141	−30	11330	−10	5594	10	1986
−49	21321	−29	10969	−9	5372	11	1849
−48	20551	−28	10618	−8	5154	12	1717
−47	19824	−27	10277	−7	4941	13	1589
−46	19136	−26	9944	−6	4733	14	1465
−45	18483	−25	9620	−5	4529	15	1345

表 69（续）

a_k	RA_shift12[a_k]	a_k	RA_shift12[a_k]	a_k	RA_shift12[a_k]	a_k	RA_shift12[a_k]
16	1229	28	211	40	98	52	1915
17	1118	29	161	41	149	53	2258
18	1012	30	117	42	213	54	2655
19	909	31	79	43	291	55	3119
20	812	32	49	44	384	56	3667
21	719	33	25	45	493	57	4320
22	631	34	9	46	621	58	5117
23	548	35	1	47	769	59	6113
24	469	36	1	48	939	60	7409
25	397	37	10	49	1135	61	9209
26	329	38	29	50	1360	62	12043
27	267	39	58	51	1618	63	18365

表 70 **RA_shift[a_k]，$k>2$**

a_k	RA_shift[a_k]	a_k	RA_shift[a_k]	a_k	RA_shift[a_k]	a_k	RA_shift[a_k]
0	0	17	432	34	1960	51	5956
1	1	18	487	35	2100	52	6378
2	6	19	545	36	2248	53	6841
3	13	20	607	37	2404	54	7354
4	23	21	673	38	2569	55	7927
5	36	22	743	39	2743	56	8573
6	52	23	817	40	2927	57	9313
7	71	24	896	41	3122	58	10176
8	93	25	978	42	3329	59	11205
9	118	26	1066	43	3548	60	12476
10	146	27	1158	44	3781	61	14128
11	177	28	1255	45	4030	62	16477
12	211	29	1358	46	4296	63	20526
13	249	30	1466	47	4580	64	23147
14	290	31	1580	48	4885		
15	334	32	1700	49	5214		
16	381	33	1826	50	5570		

下移的 LSB 位元直接输出。整个能量归一化的过程由如下伪代码表示：

```
for ( n = 0; n < L; n++ ){
  shift[n] = min (shift[n], 30);
  mask = (1<<shift[n]) - 1;
  write_bits (abs(d[n]) & mask, shift[n]);
  d_new[n] = (abs(d[n])) >> shift[n];
}
```

第二步输出残差样值符号的过程由如下伪代码表示：

```
for ( n = 0; n < N; n++ ) {
  if ( d[i] > 0 )
      write_bits (0, 1);
  else if ( d[i] < 0 )
      write_bits (1, 1);
}
```

8.6.2 解码端后处理

解码后处理分为两步:1)恢复归一化的残差;2)恢复残差样值符号。整个过程的伪代码如下：

```
for ( n = 0; n < L; n++ ){
  d[n] = d_new[n] << shift[n];
  d[n] |= read_bits (shift[n]);
}
for ( n = 0; n < N; n++ )
  if ( d[n] )
    if ( read_bits(1) )
      d[n] = -d[n];
```

8.7 熵编码

8.7.1 概述

预测残差由熵编码器来进行编码。图 15 为熵编码器的结构示意图。

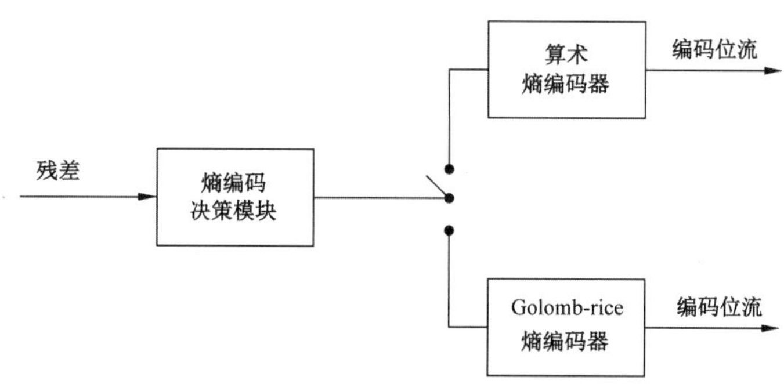

图 15 熵编码器

熵编码器决策模块算法可以根据不同应用类型中对资源(处理量,存储器资源)的需求情况、原始信源的数据特性而不同,在符合语法结构条件下允许自定义决策算法。

对于解码器来说,通过读取熵编码器语法字段(entropytype)的值,确定编码位流使用哪一种熵编码器进行编码，然后使用匹配的算术熵解码器或 Golomb-rice 熵解码器进行解码，恢复出预测残差信号，图 16 为熵解码器的结构示意图。

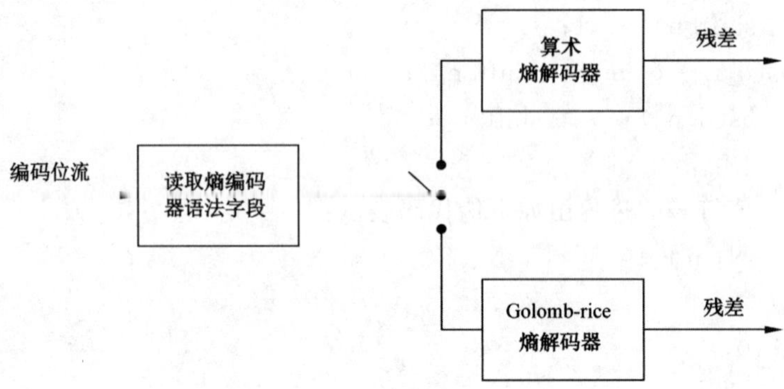

图 16 熵解码器

8.7.2 熵编码器

8.7.2.1 算术编码器

8.7.2.1.1 结构示意图

图 17 为算术编码器的结构。

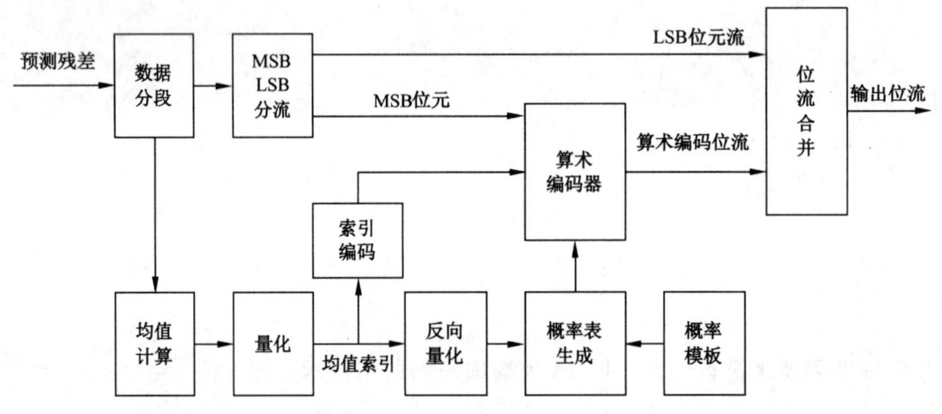

图 17 算术编码器

8.7.2.1.2 数据分段

熵编码器将长度为 N 的输入残差序列划分为 sub 段，sub 的取值范围为{1, 2, 4, 8}。每段的长度 len 计算见式(44)：

$$\mathrm{len}[i]=\begin{cases}\lfloor N/\mathrm{sub}\rfloor & i=0,\cdots,\mathrm{sub}-2\\ N-(\mathrm{sub}-1)\times\lfloor N/\mathrm{sub}\rfloor & i=\mathrm{sub}-1\end{cases} \qquad \cdots\cdots\cdots\cdots(44)$$

式中的$\lfloor\ \rfloor$为向下取整运算符。

熵编码器依次对每段样值进行编码。

8.7.2.1.3 均值计算

每段样值的均值计算见式(45)：

$$mu[i]=\frac{\sum_{n=0}^{\text{len}[i]-1}|d[n]|}{\text{len}[i]},i=0,\cdots,\text{sub}-1 \qquad (45)$$

式中：

$d[n]$——预测残差。

8.7.2.1.4 均值量化

熵编码器按如下方式对均值进行量化，见式(46)：

$$s[i]=\max\left(\left\lfloor 8\times\log_2 mu[i]+\frac{1}{2}\right\rfloor,0\right),i=0,\cdots,\text{sub}-1 \qquad (46)$$

式中：

s——均值索引。

8.7.2.1.5 均值索引编码

如果 sub 大于 1，均值索引 s 通过下面算法进行线性预测，输出残差 sd，见式(47)：

$$sd[i]=\begin{cases}s[i]-s[i-1] & i=1\\ s[i]-\left\lfloor\dfrac{3\times s[i-1]+s[i-2]+1}{4}\right\rfloor & i=2,\cdots,\text{sub}-1\end{cases} \qquad (47)$$

随后，嵌入 sd 的符号位，见式(48)：

$$sd[i]=\begin{cases}2\times sd[i] & sd[i]\geqslant 0\\ -2\times sd[i]-1 & sd[i]<0\end{cases} \qquad (48)$$

最后，对 sd 进行算术编码。

8.7.2.1.6 MSB/LSB 分流

熵编码器对预测差值样值的高比特位(MSB)及低比特位(LSB)进行分流。只有 MSB 需要进行算术编码，LSB 则直接输出至编码位流。每段残差样值的 LSB 的位数 lsb_no 由均值索引 s 决定，见式(49)：

$$\text{lsb\_no}[i]=\max\left(\left\lfloor\frac{s[i]}{8}\right\rfloor-5,0\right),\quad i=0,\cdots,\text{sub}-1 \qquad (49)$$

8.7.2.1.7 反向量化

均值索引经反向量化生成反向量化均值。表 71 为反向量化表。为方便使用，表中列出的数值 inv_mean 为反向量化均值的倒数。

表 71 反向量化均值

均值索引 s	inv_mean[s]	均值索引 s	inv_mean[s]	均值索引 s	inv_mean[s]	均值索引 s	inv_mean[s]
0	32768	3	25268	6	19484	9	15024
1	30048	4	23170	7	17867	10	13777
2	27554	5	21247	8	16384	11	12634

表 71（续）

均值索引 s	inv_mean[s]	均值索引 s	inv_mean[s]	均值索引 s	inv_mean[s]	均值索引 s	inv_mean[s]
12	11585	21	5312	30	2435	39	1117
13	10624	22	4871	31	2233	40	1024
14	9742	23	4467	32	2048	41	939
15	8933	24	4096	33	1878	42	861
16	8192	25	3756	34	1722	43	790
17	7512	26	3444	35	1579	44	724
18	6889	27	3158	36	1448	45	664
19	6317	28	2896	37	1328	46	609
20	5793	29	2656	38	1218	47	558

8.7.2.1.8 概率模板

表 72 给出熵编码器所使用的概率模板。该模板由选定的概率密度函数的采样序列构成。

表 72 熵编码器概率模板

索引 k	概率值 $cp[k]$	索引 k	概率值 $cp[k]$	索引 k	概率值 $cp[k]$	索引 k	概率值 $cp[k]$	索引 k	概率值 $cp[k]$	索引 k	概率值 $cp[k]$	索引 k	概率值 $cp[k]$
0	65535	18	63895	36	59115	54	52078	72	43521	90	34646	108	26207
1	65511	19	63742	37	58769	55	51634	73	43028	91	34181	109	25751
2	65473	20	63543	38	58480	56	51170	74	42550	92	33714	110	25322
3	65410	21	63295	39	58156	57	50719	75	42058	93	33230	111	24911
4	65373	22	63039	40	57761	58	50270	76	41547	94	32706	112	24479
5	65334	23	62822	41	57375	59	49804	77	41062	95	32202	113	24033
6	65327	24	62612	42	56987	60	49347	78	40574	96	31717	114	23589
7	65275	25	62362	43	56627	61	48886	79	40078	97	31266	115	23169
8	65190	26	62126	44	56264	62	48401	80	39573	98	30807	116	22766
9	65061	27	61871	45	55858	63	47936	81	39081	99	30322	117	22365
10	64960	28	61590	46	55444	64	47488	82	38617	100	29854	118	21958
11	64877	29	61324	47	55039	65	46995	83	38131	101	29392	119	21545
12	64757	30	61035	48	54624	66	46495	84	37608	102	28936	120	21146
13	64630	31	60741	49	54228	67	45990	85	37103	103	28480	121	20762
14	64507	32	60459	50	53801	68	45506	86	36593	104	28012	122	20361
15	64360	33	60164	51	53353	69	45001	87	36087	105	27559	123	19959
16	64213	34	59833	52	52920	70	44512	88	35592	106	27107	124	19590
17	64046	35	59480	53	52486	71	44027	89	35117	107	26657	125	19238

表 72（续）

索引 k	概率值 $cp[k]$	索引 k	概率值 $cp[k]$	索引 k	概率值 $cp[k]$	索引 k	概率值 $cp[k]$	索引 k	概率值 $cp[k]$	索引 k	概率值 $cp[k]$	索引 k	概率值 $cp[k]$
126	18864	172	6577	218	1723	264	364	310	77	356	21	402	9
127	18484	173	6403	219	1673	265	352	311	75	357	20	403	9
128	18123	174	6226	220	1625	266	340	312	73	358	20	404	9
129	17772	175	6059	221	1570	267	329	313	70	359	19	405	8
130	17431	176	5905	222	1514	268	319	314	66	360	18	406	8
131	17084	177	5761	223	1468	269	308	315	64	361	18	407	8
132	16723	178	5611	224	1422	270	295	316	63	362	18	408	8
133	16380	179	5457	225	1375	271	285	317	61	363	17	409	8
134	16045	180	5310	226	1327	272	277	318	59	364	17	410	7
135	15705	181	5163	227	1285	273	268	319	57	365	16	411	7
136	15388	182	5022	228	1247	274	258	320	54	366	16	412	7
137	15062	183	4885	229	1211	275	248	321	53	367	16	413	7
138	14730	184	4753	230	1171	276	239	322	52	368	16	414	7
139	14425	185	4627	231	1133	277	230	323	51	369	16	415	7
140	14130	186	4498	232	1094	278	222	324	50	370	16	416	7
141	13835	187	4373	233	1053	279	215	325	49	371	16	417	7
142	13533	188	4251	234	1021	280	209	326	47	372	15	418	7
143	13243	189	4128	235	993	281	202	327	45	373	14	419	7
144	12956	190	4009	236	961	282	193	328	44	374	14	420	7
145	12663	191	3900	237	926	283	186	329	42	375	14	421	6
146	12372	192	3798	238	897	284	181	330	42	376	14	422	6
147	12107	193	3689	239	867	285	176	331	40	377	14	423	6
148	11841	194	3581	240	836	286	170	332	39	378	13	424	6
149	11564	195	3477	241	804	287	164	333	37	379	13	425	6
150	11296	196	3376	242	772	288	160	334	36	380	12	426	6
151	11033	197	3271	243	747	289	153	335	35	381	12	427	6
152	10776	198	3177	244	727	290	145	336	34	382	12	428	6
153	10518	199	3095	245	706	291	142	337	33	383	12	429	6
154	10278	200	3006	246	684	292	138	338	32	384	12	430	6
155	10050	201	2915	247	663	293	133	339	31	385	12	431	6
156	9813	202	2831	248	643	294	127	340	30	386	11	432	5
157	9585	203	2754	249	622	295	123	341	30	387	11	433	5
158	9354	204	2679	250	600	296	120	342	29	388	11	434	5
159	9123	205	2595	251	577	297	116	343	28	389	11	435	5
160	8905	206	2512	252	555	298	111	344	27	390	10	436	5
161	8696	207	2428	253	536	299	107	345	27	391	10	437	5
162	8487	208	2351	254	518	300	104	346	26	392	10	438	5
163	8279	209	2287	255	502	301	100	347	25	393	10	439	5
164	8063	210	2223	256	484	302	96	348	25	394	10	440	5
165	7839	211	2154	257	465	303	94	349	25	395	10	441	5
166	7642	212	2086	258	447	304	92	350	25	396	9	442	5
167	7476	213	2020	259	432	305	88	351	24	397	9	443	5
168	7301	214	1954	260	417	306	85	352	23	398	9	444	5
169	7112	215	1889	261	404	307	83	353	22	399	9	445	5
170	6933	216	1833	262	390	308	82	354	22	400	9	446	5
171	6755	217	1778	263	377	309	80	355	21	401	9	447	5

8.7.2.1.9 概率表生成

算术编码概率表由概率模板生成。熵编码器使用反向量化均值 inv_mean 将概率模板横向延伸至与残差的动态范围相匹配。由于延伸后的概率模板，其采样点通常不在整数点，因此，概率模板延伸后需重新采样以使采样点落在整数点上。生成算术编码概率表的具体步骤是：首先，对均值索引 s 按如下方式重新设定，见式(50)：

$$s[i]=s[i]-8\times \mathrm{lsb\_no}[i] \quad i=0,\cdots,\mathrm{sub}-1 \tag{50}$$

然后，使用重新设定的均值索引 s，计算概率表范围 max_sym，见式(51)：

$$\mathrm{max\_sym}=\left\lfloor \frac{228864}{\mathrm{inv\_mean}[s[i]]} \right\rfloor \tag{51}$$

式中：

inv_mean[s]的值由表 71 获取。

接着，按如下方式对概率模板(表 72)重采样，获得算术编码概率表 count，见式(52)：

$$\mathrm{count}[k]=\begin{cases} cp[k]-\left\lfloor \dfrac{cp[k]}{2^{\mathrm{lsb\_no}[i]+1}} \right\rfloor & k=0 \\ cp\left[\left\lfloor \dfrac{k\times \mathrm{inv\_mean}[s[i]]+256}{512} \right\rfloor\right] & k=1,\cdots,\mathrm{max\_sym} \end{cases} \tag{52}$$

对于均值索引 $s=0$ 的特殊情况，则采用固定概率表，见表 73。

表 73 算术编码概率表($s=0$)

索引 k	概率值 count[k]
0	65535
1	57537
2	9615
3	1208
4	107
5	10

在对均值索引残差 sd 进行算术编码时，所用概率表的生成步骤是：首先，由表 74 查出不同 sub 所对应的索引值 $s0$。

表 74 索引表

sub	索引值 $s0$
2	13
4	16
8	19

然后，计算概率表范围 max_sym，见式(53)：

$$\mathrm{max\_sym}=\left\lfloor \frac{228864}{\mathrm{inv\_mean}[s0]} \right\rfloor \tag{53}$$

接下来，对概率模板(表 72)重采样，获得算术编码概率表 count，见式(54)：

$$\text{count}[k]=cp\left[\left\lfloor\frac{k\times\text{inv\_mean}[s0]+256}{512}\right\rfloor\right]\quad k=0,\cdots,\text{max\_sym}\tag{54}$$

算术编码概率表 count 确定后，再计算累积概率如下：

```
count[max_sym+1] = 0;
for ( k = max_sym; k >= 0; k-- )
  count[k] += count[k+1];
```

8.7.2.1.10 算术编码

算术编码分三步进行：1)初始化编码器，2)对数据进行算术编码，3)终止编码。

第一步初始化编码器，即将表 75 中的三个变量设为其初始值：

表 75 算术编码

变量名	含义	初始值	数据类型
low	编码区间下限	0	unsigned 32-bit integer
range	编码区间宽度	0xFFFFFFFF	unsigned 32-bit integer
scale	中间变量	0	unsigned 32-bit integer

第二步对数据进行算术编码，编码次序为：首先编码均值索引残差 sd，然后编码残差样值的 MSB 比特。对每一个待编数据 sym 的具体处理由如下伪代码表示：

```
while ( sym >= max_sym ){
  sym -= max_sym;
  arith_encode (max_sym);
}
arith_encode (sym);
```

算术编码子程序 arith_encode( )又可细分为两个分步骤：

(2.1) 根据待编数据，重设编码区间；

(2.2) 拓展编码区间，输出已编位流。

分步骤(2.1)的处理过程如下：

$$r=\left\lfloor\frac{\text{range}}{\text{cum\_count}[0]}\right\rfloor$$

$$t=r\times\text{cum\_count}[\text{sym}+1]$$

$$\text{low}=\text{low}+t$$

$$\text{range}=\begin{cases}\text{range}-t & \text{sym}=0\\ r\times(\text{count}[\text{sym}]-\text{count}[\text{sym}+1]) & \text{sym}=1,\cdots,\text{max\_sym}\end{cases}$$

分步骤(2.2)的处理过程由如下伪代码表示：

```
while ( range <= 0x40000000 )
{
  if ( low >= 0x80000000 ){
    low -= 0x80000000;
    bit_plus_follow (1);
  }
  else if ( low+range <= 0x80000000 )
```

```
    bit_plus_follow (0);
  else{
    low -= 0x40000000;
    scale += 1;
  }
  low <<= 1;
  range <<= 1;
}
```

伪代码中子程序 bit_plus_follow( )的作用是输出已编位流，其伪代码如下：

```
bit_plus_follow (bit)
{
  write_bits (bit, 1);
  while (scale){
    write_bits(bit^1, 1);
    scale--;
  }
}
```

编码的第三步为终止算术编码，其伪代码如下：

```
low >>= 29;
low += 1;
bit_plus_follow (low>>2);
write_bits (low&3, 2);
```

8.7.2.2 Golomb-rice 编码器

8.7.2.2.1 结构示意图

图 18 为 Golomb-rice 熵编码器的结构示意图。

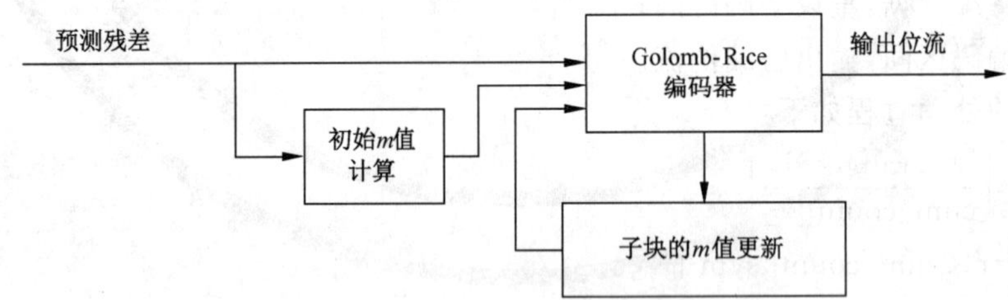

图 18 Golomb-rice 熵编码器

8.7.2.2.2 初始 *m* 值计算

这个模块分为两部分：a)初始 *m* 值的计算；b)初始和值的计算：

a) 初始 *m* 值计算如下：

1) 计算 LPC 阶数的平均值，其计算见式(55)：

$$\text{mean}=\frac{\sum_{i=0}^{L}|\text{residual}[i]|}{L} \tag{55}$$

式中：

$L = \min(\text{lpc\_order}, 16)$。

2) 用 m 值公式计算初始 m_init 值，其计算见式(56)：

$$\text{m\_init} = \begin{cases} 0 & \text{mean} \leqslant 1 \\ \lfloor \log_2(\text{mean}) + 0.5 \rfloor & \text{mean} > 1 \end{cases} \tag{56}$$

并以 m_bits(当 resolution 等于 0 时，m_bits 等于 4；当 resultion 等于 1,2 时，m_bits 等于 5)比特输出初始 m_init 值到位流中，伪代码为 write_bits(m_init, m_bits)。

b) 初始和值计算见式(57)：

$$\text{sum} = 2^{\text{m\_init}} \times \text{RICE\_NUM\_MUL} \tag{57}$$

式中：RICE_NUM_MUL 等于 32。

8.7.2.2.3 Golomb-rice 编码

Golomb-rice 编码分为前缀零的个数(leadzero[i])，间隔比特(divsbit[i]=1)及尾数(remdval[i])三个部分，其计算见式(58)、式(59)：

$$\text{leadzero}[i] = \begin{cases} \dfrac{\text{residual}[i]}{2^m} & 0 < i < L \\ \dfrac{\text{residual}[i] \times 2}{2^m} & L \leqslant i < \text{length(data)}, \text{residual}[i] \geqslant 0 \\ \dfrac{-(\text{residual}[i] \times 2) - 1}{2^m} & L \leqslant i < \text{length(data)}, \text{residual}[i] < 0 \end{cases} \tag{58}$$

$$\text{remdval}[i] = \begin{cases} (\text{residual}[i]) \& (2^m - 1) & 0 \leqslant i < L \\ (\text{residual}[i] \times 2) \& (2^m - 1) & L \leqslant i < \text{length(data)}, \text{residual}[i] \geqslant 0 \\ (-(\text{residual}[i] \times 2) - 1) \& (2^m - 1) & L \leqslant i < \text{length(data)}, \text{residual}[i] < 0 \end{cases} \tag{59}$$

为了避免因特殊信号导致预测不准而产生前缀零 leadzero[i]的个数过大的问题，限定前缀零的最大个数为 63，当前缀零的个数大于 63 时，增加 Golomb-rice 编码参数 m 直到前缀零的个数小于或等于 63，并把扩展 m 值 m_ext 输出在间隔比特后；当前缀零个数大于 31 时，将使用 m_ext 记录扩展 m 值，其对应的伪代码如下：

```
k = m;
if(i < L){
    ulVal =residual[i];
}else{
    if(residual[i] < 0){
        ulVal = -(residual[i]<<1)-1;
    }else{
        ulVal = residual[i]<<1;
    }
}
leadzero = (ulVal>>k);
remain = ulVal & ((1<<k)-1);
if(leadZero < 32){
```

```
    write_bits(0, leadzero);
    write_bits(1, 1);
    write_bits(remain, k);
}else{
    while((ulVal>>k) >= 64){k++;}
    leadzero = (ulVal>>k);
    write_bits(0, 32);
    if(leadzero > 32)
      write_bits(0, leadzero-32);
    }
    write_bits(1, 1);
    write_bits(k-m, m_bits);
    remain= ulVal & ((1<<k)-1);
    m = k;
    write_bits(remain, k);
}
```

其中当 resolution 等于 0 时，m_bits 等于 4；当 resultion 等于 1,2 时，m_bits 等于 5。

8.7.2.2.4 子块的 *m* 值更新

m 值以块为单位更新，块的大小(subblksize)可以是 2,4,8,16,32。更新方法是用前面 RICE_NUM_MUL 个残差的和值预测 Golomb-rice 编码下一残差块的 *m* 值，其计算见式(60)：

$$m=\begin{cases}0 & \mathrm{sum}=0\\ m & 2^{m}\times \mathrm{RICE\_NUL\_MUL}\leqslant \mathrm{sum}\leqslant 2^{m+1}\times \mathrm{RICE\_NUM\_MUL}\\ m+\lfloor \log_2(2\times \mathrm{sum}-1)\rfloor-\lfloor \log_2(2^{m+1}\times \mathrm{RICE\_NUM\_MUL})\rfloor & \mathrm{sum}>2^{m+1}\times \mathrm{RICE\_NUM\_MUL}\\ m-\min(m,(\lfloor \log_2(\mathrm{sum}+2^{m}\times \mathrm{RICE\_NUM\_MUL})\rfloor-\lfloor \log_2(\mathrm{sum})\rfloor)) & 0<\mathrm{sum}<2^{m}\times \mathrm{RICE\_NUM\_MUL}\end{cases} \quad \cdots\cdots(60)$$

sum 值的更新公式见式(61)：

$$\mathrm{sum}=\mathrm{sum}+\sum_{i=\mathrm{start}}^{\mathrm{end}}\begin{cases}(\mathrm{residual}[i]-\dfrac{\mathrm{sum}}{\mathrm{RICE\_NUM\_MUL}}) & 0\leqslant i<L\\ (\mathrm{residual}[i]\times 2-\dfrac{\mathrm{sum}}{\mathrm{RICE\_NUM\_MUL}}) & L\leqslant i<\mathrm{length(data)},\mathrm{residual}[i]\geqslant 0\\ (-(\mathrm{residual}[i]\times 2)-1)-\dfrac{\mathrm{sum}}{\mathrm{RICE\_NUM\_MUL}}) & L\leqslant i<\mathrm{length(data)},\mathrm{residual}[i]<0\end{cases} \quad \cdots\cdots(61)$$

式中：RICE_NUM_MUL 等于 32，start 为子块起始索引，end 为结束索引。

块的大小为 subblksize(2,4,8,16,32)，则 start,end 的关系见式(62)：

$$\mathrm{subblksize}=\mathrm{end}-\mathrm{start}+1 \quad \cdots\cdots(62)$$

对应的伪代码请参考 8.7.2.2.3。

8.7.3 熵解码器

8.7.3.1 算术解码器

8.7.3.1.1 结构示意图

图 19 为算术解码器的结构示意图。

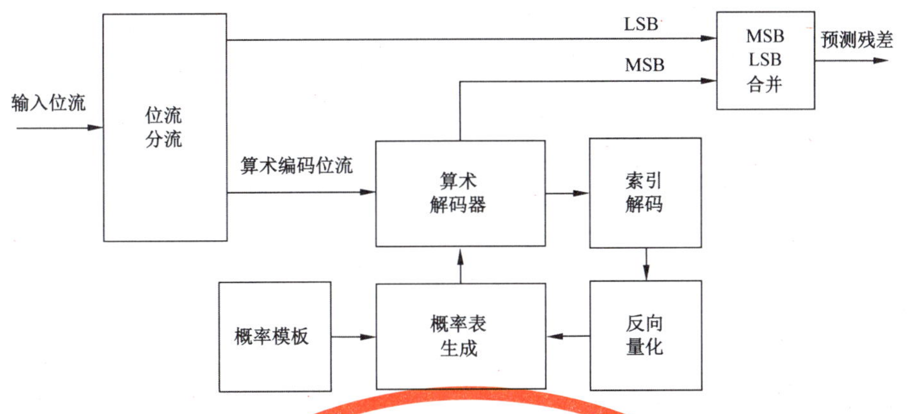

图 19　算术解码器

算术熵解码器中的下列的模块与熵编码器中的相同:1)反向量化;2)概率模板;3)概率表生成。算术解码器对残差的 MSB 进行算术解码。解码后的 MSB 比特与输入位流中的 LSB 比特合并形成预测残差信号。

8.7.3.1.2　算术解码

算术解码分三步进行:1)初始化解码器;2)对数据进行算术解码;3)终止解码。

第一步初始化解码器,即将表 76 中的两个变量设为其初始值:

表 76　算术解码

变量名	含义	初始值	数据类型
code	读取的位流	read_bits(32)	unsigned 32-bit integer
range	编码区间宽度	0xFFFFFFFF	unsigned 32-bit integer

第二步对数据进行算术解码,其次序为:首先解码均值索引残差 sd,然后解码残差样值的 MSB 比特。对一个数据 sym 解码的具体过程由如下伪代码表示:

```
sym = arith_decode ();
if ( sym == max_sym )
  do{
    value = arith_decode ();
    sym += value;
  }while ( value == max_sym )
```

算术编码子程序 arith_decode( )又可细分为三个分步骤:

(2.1)　解码当前数据 sym,

(2.2)　根据解码数据,重设解码区间;

(2.3)　拓展解码区间,由位流读入新信息。

分步骤(2.1)的处理过程如下:

$$r=\left\lfloor\frac{range}{cum\_count[0]}\right\rfloor$$

$$target=\left\lfloor\frac{code}{r}\right\rfloor,$$

随后利用子程序 sym=decode_symbol(target)在 cum_count 表中寻找 target 对应的索引值。较

直接的实现方式是利用线性搜索，比如：

```
decode_symbol (target)
{
  if ( target >= cum_count[1] )
    return (0);
  else {
    index = 2;
    while ( target < cum_count[index])
      index += 1;
    return (index-1);
}
```

更有效的实现方式是利用快速搜索，比如二分法搜索：

```
decode_symbol (target)
{
  if ( target >= cum_count[1] )
    return (0);
  else{
    index_low = 0;
    index_high = max_sym;
    while (1){
      index_mid = (index_low+index_high)>>1;
      if ( target >= cum_count[index_mid] )
        index_high = index_mid - 1;
      else if ( target < cum_count[index_mid+1] )
        index_low = index_mid + 1;
      else
        return (index_mid);
  }
}
```

分步骤(2.2)的处理过程为：

$$t = r \times cum\_count[sym + 1]$$

$$code = code - t$$

$$range = \begin{cases} range - t & sym = 0 \\ r \times (count[sym] - count[sym + 1]) & sym = 1, \cdots, max\_sym \end{cases}$$

分步骤(2.3)的处理过程由如下伪代码表示：

```
num = 0;
while ( range <= 0x40000000 ){
  range <<= 1;
  Num += 1;
}
code <<= num;
code |= read_bits (num);
```

算术解码的第三步是终止解码，其操作为：将输入位流的读取指针倒回 29 个比特位，使其处于算术编码位流结束的位置。

8.7.3.1.3 均值索引解码

如果 sub 大于 1，则将残差 sd 重构为均值索引 s。首先，还原残差 sd 的符号位，见式(63)：

$$sd[i]=\begin{cases}\left\lfloor\dfrac{sd[i]}{2}\right\rfloor & \text{如果 } sd[i] \text{ 是偶数}\\ -\left\lfloor\dfrac{sd[i]+1}{2}\right\rfloor & \text{如果 } sd[i] \text{ 是奇数}\end{cases} \quad\cdots\cdots(63)$$

然后重建均值索引 s，见式(64)：

$$s[i]=\begin{cases}sd[i]+s[i-1] & i=1\\ sd[i]+\left\lfloor\dfrac{3\times s[i-1]+s[i-2]+1}{4}\right\rfloor & i=2,\cdots,\text{sub}-1\end{cases} \quad\cdots\cdots(64)$$

8.7.3.2 Golomb-rice 解码器

8.7.3.2.1 结构示意图

图 20 为 Golomb-rice 熵解码器的结构示意图。

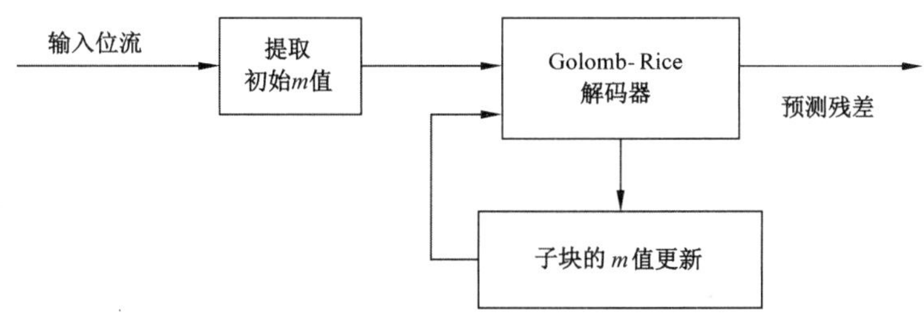

图 20 Golomb-rice 熵解码器

8.7.3.2.2 提取初始 *m* 值

这个模块分为两部分，a)初始 m 值的提取；b)初始和值的计算；

a) 初始 m 值的提取见式(65)：

$$\text{m\_init}=\text{read\_bits}(\text{m\_bits}) \quad\cdots\cdots(65)$$

b) 初始和值的计算见式(66)：

$$\text{sum}=2^{\text{m\_init}}\times \text{RICE\_NUM\_MUL} \quad\cdots\cdots(66)$$

其中当 resolution 等于 0 时，m_bits 等于 4；当 resultion 等于 1，2 时，m_bits 等于 5；RICE_NUM_MUL 等于 32。

8.7.3.2.3 Golomb-rice 解码

其伪代码如下：

```
leadzero = −1
do{
  delimiter = read_bits(1);
  leadzero++;
}while(delimiter==0);
```

```
if(leadzero >= 32){
  m += read_bits (m_bits);
}
remainder = read_bits(m);
ulVal = (leadzero << m) + remainder;
if(i < L){
  Data = ulVal;
}else{
  if(ulVal & 0x1) data = ~(ulVal>>1);
  else data = (ulVal>>1);
}
```

其中,当 resolution 等于 0 时,m_bits 等于 4,当 resultion 等于 1,2 时,m_bits 等于 5。

8.7.3.2.4 子块的 *m* 值更新

其伪代码如下:

```
ricesum +=subblksum - subblksize * (ricesum/RICE_NUM_MUL);
riceval =(1<< m) * RICE_NUM_MUL;
  if(ricesum > riceval ){
    riceval= riceval << 1;
    while(ricesum > riceval ){
      m++;
      riceval = riceval << 1;
    }
}else{
    while(m > 0 && (ricesum < riceval)){
      m--;
      riceval = riceval >> 1;
    }
}
```

其中,ricesum 为前 RICE_NUM_MUL 等于 32 时编码数据的和,subblksum 为当前子块编码数据的和,*m* 为 Golomb-rice 编码当前子块所用的 *m* 值参数。

9 对象元数据编码

9.1 语法

3D_raw_data_stream()语法见表 77。

表 77 3D_raw_data_stream()语法

语法	比特数	助记符
3D_raw_data_stream()		
{		

表 77（续）

语法	比特数	助记符
while (data_available()) {		
if(audio_codec_id==0)		
ga_raw_data_block()		
if(audio_codec_id==1)		
ll_raw_data_block()		
ob_raw_data_block()		
byte_alignment()		
}		
}		

其中 ob_raw_data_block()语法见表 78。

表 78 ob_raw_data_block()语法

语法	比特数	助记符
ob_raw_data_block()		
{		
ObjectNum	7	**bsmbf**
for(i=0;i＜ObjectNum;i++)		
3D_ObjectInfo()		
byte_alignment()		
if(ObjectNum ＞ 0){		
3D_ObjectDataGroupNum	7	**bsmbf**
for(ele=0;ele＜3D_ObjectDataGroupNum;ele++)		
3D_ObjectData()		
}		
}		

3D_ObjectInfo()的语法见表 79。

表 79 3D_ObjectInfo()语法

语法	比特数	助记符
3D_ObjectInfo()		
{		
Object_ID	7	**bsmbf**
for(sb=0;sb＜NumPanSubBlocks;sb++){		

表 79（续）

语法	比特数	助记符
if(sb == 0)		
PanInfoFlag = 1		
else		
PanInfoFlag	1	**bsmbf**
if(PanInfoFlag == 1){		
if(sb == 0){		
pID[sb]	3	**bsmbf**
positionx[sb]	10	**bsmbf**
positiony[sb]	10	**bsmbf**
positionz[sb]	10	**bsmbf**
} else {		
pID[sb]	3	**bsmbf**
positionx[sb]	**DIF**(4)	**bsmbf**
positiony[sb]	**DIF**(4)	**bsmbf**
positionz[sb]	**DIF**(4)	**bsmbf**
}		
ObjectAreaControlP[sb]	1	**bsmbf**
if(ObjectAreaControl[sb] == 1)		
ObjectAreaGamma[sb]	4	**bsmbf**
ObjectType[sb]	3	**bsmbf**
if(ObjectType[sb] > 0)		
ObjectEnvelope[sb]	7	**bsmbf**
}		
Reserved	4	**bsmbf**
}		
Reserved	16	**bsmbf**
}		

3D_ObjectData()的语法见表 80。

表 80 3D_ObjectData()语法

语法	比特数	助记符
3D_ObjectData()		
{		
3D_Object_codec_id	2	**bsmbf**

表 80（续）

语法	比特数	助记符
if(3D_Object_codec_id == 0)		
channel_number_index	3	**bsmbf**
if(3D_Object_codec_id == 1)		
channel_number	{4; 8}	**bsmbf**
resolution	2	**bsmbf**
if(3D_Object_codec_id == 0){		
bitrate_index	6	**bsmbf**
bitstream_type	1	**bsmbf**
}		
byte_alignment()		
if(3D_Object_codec_id == 0)		
ga_raw_data_block()		
if(3D_Object_codec_id == 1)		
ll_raw_data_block()		
}		

9.2 通用信息

不失一般性，我们用一个立方体来描述声场空间，典型应用是扬声器布置于立方体的边界面。为描述这个声场空间，将坐标原点定义为水平切面的中心、高度与录音师监听时耳朵齐平的位置，并令 x 轴指向右墙，y 轴指向屏幕，z 轴垂直指向房顶。

对声场空间采用归一化坐标表示，x 轴、y 轴和 z 轴的最大绝对坐标值为 1，z 轴较短一侧为地面，其归一化绝对坐标值为 a，其中 a 小于 1。

此声场空间的 8 个坐标如下：

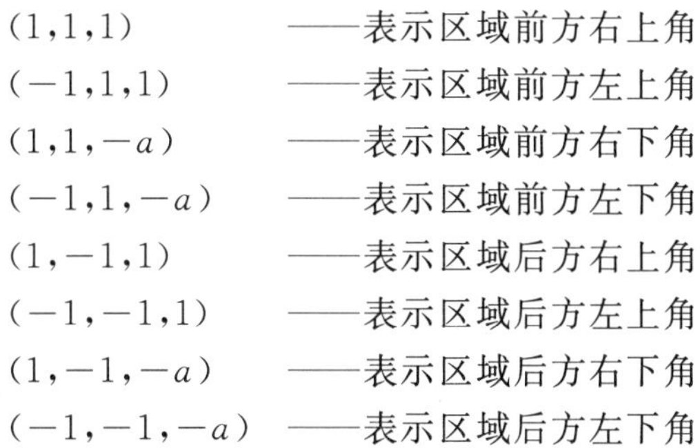

(1,1,1) ——表示区域前方右上角

(−1,1,1) ——表示区域前方左上角

(1,1,−a) ——表示区域前方右下角

(−1,1,−a) ——表示区域前方左下角

(1,−1,1) ——表示区域后方右上角

(−1,−1,1) ——表示区域后方左上角

(1,−1,−a) ——表示区域后方右下角

(−1,−1,−a) ——表示区域后方左下角

声音对象的编码方法为：

声音对象的位置轨迹编码以帧为单位划分，每帧进一步分为若干块。为和压缩编码兼容，1 024 个样本为一帧；48 kHz 采样频率时，每个块为 256 个样本，时间间隔为 5.3 ms；96 kHz 采样频率时，每个块为 512 个样本，时间间隔为 5.3 ms。第 i 块的某一声音对象的位置坐标表示为($x(i)$,$y(i)$,$z(i)$)，$i=1,2,3,4$。声音对象的位置坐标(x,y,z)可以映射为用四个量(pID,Ax,Ay,Az)来描述，即象限标识符 pID 和位置坐标的绝对值 Ax、Ay、Az(取值范围为[0,1])。

象限标识符 pID 是对坐标(x,y,z)的象限位置的描述,与(x,y,z)的符号位信息(signb(x),signb(y),signb(z))相对应,计算公式见式(67):

$$\begin{cases} \mathrm{signb}(x)=0, x \geqslant 0 \\ \mathrm{signb}(x)=1, x < 0 \end{cases} \quad \cdots\cdots(67)$$

式中:

signb(x)——取符号位运算。

象限标识符可取如表 81 所示:

表 81 象限标识符 pID 对应的符号信息表

pID 索引	符号位
0	(0,0,0)
1	(0,0,1)
2	(0,1,0)
3	(0,1,1)
4	(1,0,0)
5	(1,0,1)
6	(1,1,0)
7	(1,1,1)

9.3 对象元数据解码

9.3.1 定义

3D_raw_data_stream()	音频对象元数据流
ob_raw_data_block()	音频对象数据块
ObjectNum	音频对象的个数
3D_ObjectDataGroupNum	音频对象元数据的分组数
3D_ObjectInfo()	音频对象的描述信息
3D_ObjectData()	音频对象 PCM 数据的压缩码流
Reserved	保留字段

9.3.2 解码过程

音频对象元数据的解码分为基本音频流的解码和音频对象的解码两部分。而音频对象的解码包括音频对象描述信息的解码和音频对象 PCM 数据压缩流的解码。

基本音频流可以是通用音频编码流或无损音频编码流,其解码过程与第 7 章和第 8 章中所述一致。对音频对象描述信息的解码,得到呈现音频对象所需要的对象位置、对象类型等信息;对音频对象 PCM 数据压缩流的解码,得到音频对象的 PCM 数据。

9.4 音频对象描述信息解码

9.4.1 定义

NumPanSubBlocks	一帧中子块的个数
Object_ID	音频对象的序号

PanInfoFlag	当前子块是否包含声音对象位置信息的标识符
pID[sb]	位置坐标的象限
positionx[sb]	第 sb 个子块中声音对象的 x 轴坐标的编码信息
positiony[sb]	第 sb 个子块中声音对象的 y 轴坐标的编码信息
positionz[sb]	第 sb 个子块中声音对象的 z 轴坐标的编码信息
ObjectAreaGamma[sb]	音频对象呈现分区信息
ObjectType[sb]	音频对象类型
ObjectEnvelope[sb]	音频对象包络信息

9.4.2 解码过程

对音频对象描述信息的解码，得到呈现音频对象所需要的对象位置、对象类型等信息。Object_ID是某一音频对象的序号，用以区分不同的音频对象，音频对象编码最多支持128个音频对象。每一帧数据被分为NumPanSubBlocks个子块，每个子块可以包含有一组位置信息。

对于每一个子块，首先解码分配信息标志位PanInfoFlag，如果PanInfoFlag等于1，表示该子块包含分配信息；如果PanInfoFlag等于0，则表示该子块不包含分配信息，该子块采用上一子块的分配信息。

当PanInfoFlag等于0时，采用上一子块的音频对象分配信息作为本子块的的音频对象分配信息；如果PanInfoFlag等于1时，则继续解码本子块的音频对象分配信息，包括声音对象坐标信息、对象类型、声场区域信息等。

其声音对象坐标信息的解码过程如下：对于一帧数据中的第一个子块，首先由pID[sb]，即 sb 等于0时，解码得到位置信息的象限信息，并根据表81得到坐标值的符号信息sign$x$、signy和sign$z$；然后解码positionx[sb]、positiony[sb]、positionz[sb]得到无符号坐标信息值 Ax、Ay 和 Az，计算公式见式(68)、式(69)和式(70)：

$$Ax = \text{positionx}[0]/(2^{10}-1),\ 0 \leqslant \text{positionx}[0] \leqslant (2^{10}-1) \quad \cdots\cdots(68)$$

$$Ay = \text{positiony}[0]/(2^{10}-1),\ 0 \leqslant \text{positiony}[0] \leqslant (2^{10}-1) \quad \cdots\cdots(69)$$

$$Az = \text{positionz}[0]/(2^{10}-1),\ 0 \leqslant \text{positionz}[0] \leqslant (2^{10}-1) \quad \cdots\cdots(70)$$

最后计算得到坐标值 $x(0)$、$y(0)$ 和 $z(0)$，计算公式见式(71)～式(73)：

$$x(0) = Ax \times (\text{sign}x \times 2 - 1) \quad \cdots\cdots(71)$$

$$y(0) = Ay \times (\text{sign}y \times 2 - 1) \quad \cdots\cdots(72)$$

$$z(0) = Az \times (\text{sign}z \times 2 - 1) \quad \cdots\cdots(73)$$

对于一帧数据中的其他子块，首先由pID[sb]解码得到位置信息差分值的象限信息，根据表81得到坐标值的符号信息sign$x$、signy和sign$z$；然后解码positionx[sb]、positiony[sb]、positionz[sb]，由式(68)、式(69)和式(70)分别计算得到无符号的坐标差分信息值 Ax、Ay 和 Az。

最后计算得到坐标值 $x(sb)$、$y(sb)$ 和 $z(sb)$，计算公式见式(74)～式(76)：

$$x(sb) = x(sb-1) + Ax \times (\text{sign}x \times 2 - 1) \quad \cdots\cdots(74)$$

$$y(sb) = y(sb-1) + Ay \times (\text{sign}y \times 2 - 1) \quad \cdots\cdots(75)$$

$$z(sb) = z(sb-1) + Az \times (\text{sign}z \times 2 - 1) \quad \cdots\cdots(76)$$

对于ObjectAreaGamma[sb]的解码，首先需要了解到区域划分的方法在一个三维区域内，对于声音对象的重构，有一些区域内的扬声器作用显著，而另一些扬声器可能毫无作用。从这个角度来看，对于某一特定的声音对象，对扬声器区域进行划分，只使用区域内一部分扬声器，从而可以使得计算模型和混音操作更简单。

划分方法见图 21，当声音对象的方位确定时，以原点和声音对象连线为轴，展开一个圆椎，原点是圆锥的顶点。此时圆锥所笼罩的扬声器便是有效扬声器。

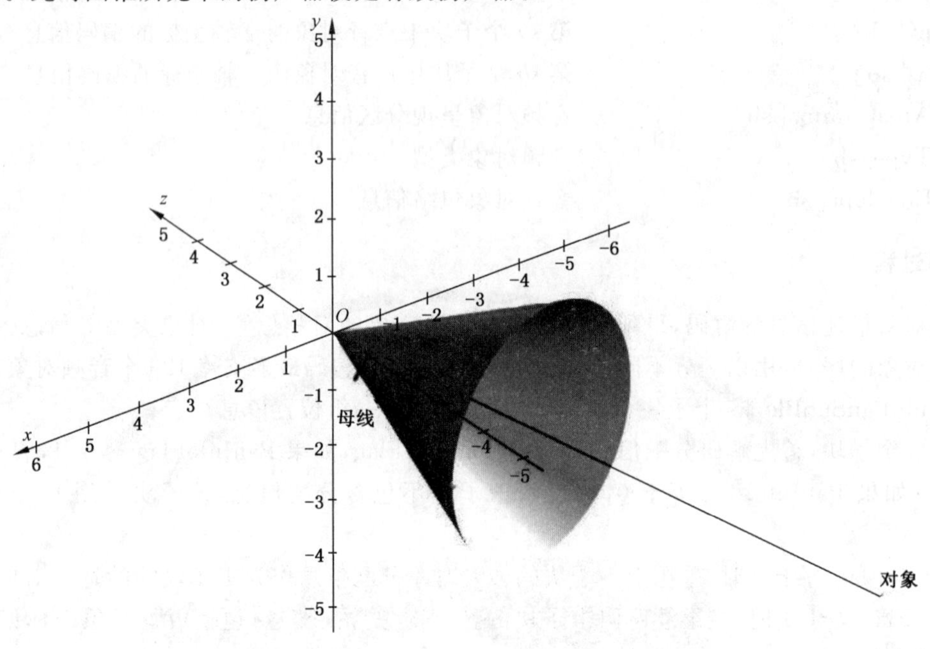

图 21　分区原理示意图

对于这种划分，为了方便表达，采用极坐标的形式，用三个参数来表示这个划分，(ϕ,θ,γ)。其中(ϕ,θ)组成了声音对象的方位角，ϕ 为对象和原点连线在 xoy 平面上的投影与 x 轴的夹角，范围$[0,2\pi)$，θ 为对象和原点连线与 z 轴的夹角。而第三个参数 γ 是用来描述锥面张开大小的，定义为锥面母线和中轴线的夹角，范围$[0,\pi/2]$。由此，整个锥面就被确定下来，随之三维空间的区域划分就完成了。

对于(ϕ,θ)，前面已经定义了对象的位置，声音对象的位置坐标能够被解码出来，表示为(x,y,z)，于是很容易由下面的公式求得，见式(77)和式(78)。

$$\phi=\begin{cases}\arccos(\dfrac{x}{\sqrt{x^2+y^2}}),y\geqslant 0;\\2\pi-\arccos(\dfrac{x}{\sqrt{x^2+y^2}}),y<0;\\0,x=y=0;\end{cases}\qquad\cdots\cdots(77)$$

$$\theta=\begin{cases}0,x=y=z=0;\\\arccos(\dfrac{z}{\sqrt{x^2+y^2+z^2}}),x^2+y^2+z^2\neq 0;\end{cases}\qquad\cdots\cdots(78)$$

对于圆锥的张角的解码过程，首先解码 ObjectAreaGamma[sb]得到圆锥的张角角度信息 B，计算公式见式(79)：

$$\mathrm{B}=\mathrm{ObjectAreaGamma[sb]}/(2^4-1),\ 0\leqslant \mathrm{ObjectAreaGamma[sb]}\leqslant(2^4-1)\qquad\cdots\cdots(79)$$

最终由式(80)解出圆锥的张角信息：

$$\gamma=\pi/2\times\mathrm{B}\qquad\cdots\cdots(80)$$

对于音频对象类型 ObjectType[sb]的解码，见表 82。

表 82 音频对象类型

音频对象类型索引 ObjectTypeID	音频对象类型 ObjectType
0	点声源
1	面声源
2	扩散声源
3～7	保留

解码 ObjectEnvelope[sb]得到音频对象的包络 r,过程如下：

$$r = \mathrm{ObjectEnvelope}[sb]/(2^7 - 1),\ 0 \leqslant \mathrm{ObjectEnvelope}[sb] \leqslant (2^7 - 1) \quad \cdots\cdots (81)$$

9.5 音频对象原始数据解码

9.5.1 定义

3D_Object_codec_id　　2 比特,音频对象 PCM 码流的编码类型

9.5.2 解码过程

首先确定音频对象码流所采用的编码方法 3D_Object_codec_id,可以是通用音频编码或无损音频编码,如果是通用音频编码,则接着解码 channel_number_index、bitrate_index、bitstream_type,进而得到码流中所包含的声道数 channel_number,如果是无损音频编码,则直接解码得到声道数 channel_number。

依次对码流中 channel_number 个声道的 PCM 数据压缩流进行解码,得到对应的音频对象的 PCM 数据。ga_raw_data_block ()、ll_raw_data_block()的解码过程与前述内容一致,见第 7 章和第 8 章。

10 AVS2-P3 在传输流中的复用规范建议

本部分规定了如何将音频基本流 ES(Elementary Stream)复用成 17975.1 或 MPEG 传输流 TS(Transport Stream)。

本部分的音频 ES 流在 GB/T 17975.1—2010 或 MPEG-2 TS 流中的打包方式和 MPEG-2 音频流的打包方式相同。通过打包成 PES(Packetized Elementary Stream),形成 TS 流。复用本部分 ES 流的必要参数包括:流标识符(stream_id),流类型(stream_type),AVS 注册描述符(AVS_registration_descriptor)和 AVS 音频流描述符(AVS_audio_stream_descriptor)。stream_id 被包含在 PES 头中,stream_type、AVS_registration_descriptor 和 AVS_audio_stream_descriptor 都被包含在节目映射表 PMT(Program Map Table)中,其中 AVS_registration_descriptor 应紧跟随 ES_info_length 字段,AVS_audio_stream_descriptor 在 AVS_registration_descriptor 之后。

附录 C 规定了在 GB/T 17975.1—2010 或 MPEG-2 TS 中复用本部分音频 ES 流的具体方法,以及各必要项的定义。

附　录　A
（规范性附录）
AASF 和 AATF 语法及语义

A.1　AASF 和 AATF 语法

A.1.1　概述

AASF 包含音频序列的头信息及随后的原始数据块。AASF 仅适用于定义了起始点而无需从音频数据流中间开始解码的系统。AASF 包含所有解码和播放音频数据必需信息，是一种交换存储格式。

AATF 包含同步字和解码必需的信息，是一种流传输格式。同步字使得解码器无需确定的起始点即可进行解码。

A.1.2　AASF 语法

AASF 包含音频序列的头信息及随后的原始数据块，其语法见表 A.1。

表 A.1　aasf_sequence()语法

语法	比特数	助记符
aasf_sequence()		
{		
aasf_header()		
if(coding_profile ==0){		
if(audio_codec_id==0)		
ga_raw_data_stream()		
if(audio_codec_id==1)		
ll_raw_data_stream()		
}		
if(coding_profile ==1)		
3D_raw_data_stream()		
}		

AASF 头描述了音频存储格式的头信息，包括 AASF 头数据存储格式标识、大小等。aasf_header()语法见表 A.2。

表 A.2　aasf_header()语法

语法	比特数	助记符
aasf_header()		
{		
aasf_id	32	**bslbf**

表 A.2（续）

语法	比特数	助记符
header_size	24	**bslbf**
raw_stream_length	32	**bslbf**
audio_codec_id	2	**bslbf**
resolution	2	**bslbf**
coding_profile	2	**bslbf**
if(audio_codec_id==0)		
channel_number_index	3	**bslbf**
if(audio_codec_id==1)		
channel_number	{4,8}	**bslbf**
sampling_frequency_index	4	**bslbf**
if(audio_codec_id==1){		
if(sampling_frequency_index==0xf){		
sampling_frequency	24	**uimsbf**
}		
}		
if(audio_codec_id==0){		
bitrate_index	6	**bslbf**
bitstream_type	1	**bslbf**
if(channel_number==2){		
supermode_flag	2	**bslbf**
couple_channel_config	8	**bslbf**
}		
if(channel_number>2){		
supermode_flag	2	**bslbf**
couple_channel_config	8	**bslbf**
PCAGroupmodeHeader	8	**bslbf**
}		
}		
if(coding_profile==1)		
3DVersion	4	**bslbf**
byte_alignment()		
}		

A.1.3 AATF 语法

AATF 包含同步字和解码必需的信息,其语法见表 A.3。

表 A.3 aatf_sequence()语法

语法	比特数	助记符
aatf_sequence()		
{		
while (nextbits() == syncword) {		
aatf_frame();		
}		
}		

AATF 帧描述了音频传输帧的位流序列,该序列由相应的解码头信息、信息头、错误校验和原始数据块组成。aatf_frame()语法见表 A.4。

表 A.4 aatf_frame()语法

语法	比特数	助记符
aatf_frame()		
{		
syncword	12	**bslbf**
audio_codec_id	2	**bslbf**
if(audio_codec_id < 2){		
aatf_frame_header()		
byte_alignment()		
aatf_error_check()		
if(audio_codec_id==0)		
ga_raw_data_block ()		
if(audio_codec_id==1)		
ll_raw_data_block()		
}		
if(coding_profile ==1){		
3DVersion	4	**bsmbf**
ob_raw_data_block()		
}		
}		

AATF 解码头描述了解码头信息,由同步字、采样率索引等组成。aatf_frame_header()语法见表 A.5。

表 A.5 aatf_frame_header()语法

语法	比特数	助记符
aatf_frame_header()		
{		
coding_profile	2	**uimsbf**
sampling_frequency_index	4	**uimsbf**
if(audio_codec_id==1){		
if (sampling_frequency_index==0xf){		
sampling_frequency	24	**uimsbf**
}		
}		
if(audio_codec_id==0)		
channel_number_index	3	**bslbf**
if(audio_codec_id==1)		
channel_number	{4；8}	**bslbf**
resolution	2	**uimsbf**
if(audio_codec_id==0){		
bitrate_index	6	**bslbf**
bitstream_type	1	**bslbf**
}		
}		

AATF 错误校验描述了 AATF 的 CRC 数据，帧头的全部位以及所有原始数据块的前 192 位是被保护的，并且根据其出现顺序进入 CRC 算法中。aatf_error_check()语法见表 A.6。

表 A.6 aatf_error_check()语法

语法	比特数	助记符
aatf_error_check()		
{		
crc_check	16	**rpchof**
}		

A.2 AASF 和 AATF 语义

aasf_sequence() 符合 AVS2_Audio_Storage_Format 格式的序列，见表 A.1

aasf_header() AVS2_Audio_Storage_Format 的字头，位于 aasf_sequence 的开始，见表 A.2

ga_raw_data_stream() ga_raw_data_block()的序列

ll_raw_data_stream()	ll_raw_data_block()的序列
3D_raw_data_stream()	音频对象元数据流
aasf_id	4 字节,标识该帧为数据存储格式,ASCII 码表示为"AASF"
header_size	24 比特,AASF 头的长度,包含 aasf_id、header_size 以及其他头信息,单位为字节
raw_stream_length	原始音频数据流的长度,单位为字节
audio_codec_id	2 比特, '0':通用音频编码数据 '1':无损音频编码数据 '2':保留 '3':保留
resolution	当 audio_codec_id 为 0 时,表明输入信号的量化比特数索引,2 比特 '0':8 比特/采样点 '1':16 比特/采样点 '2':24 比特/采样点 '3':保留
coding_profile	2 比特,目前定义了两种 '0':基本框架 '1':对象元数据编码框架 '2''3':保留
channel_number_index	当 audio_codec_id 为 0 时,表明声道数索引,3 比特,见表 A.7,表 A.8 给出了表 A.7 中所列出的 5.1、7.1、10.2 和 22.2 几种声道对应扬声器的空间位置
channel_number	当 audio_codec_id 为 1 时,如果声道数小于 16,4 比特,其中 0xf 表示扩展,其他表示声道数;如果声道数不小于 16,8 比特,见表 67
sampling_frequency_index	输入信号采样频率索引,4 比特,当 audio_codec_id 为 0 时,见表 A.9;当 audio_codec_id 为 1 时,见表 A.10
sampling_frequency	当 audio_codec_id 为 0 时,表明扩展用采样频率值(Hz),24 比特的无符号整数: 0x000000:0 Hz 0x000001:1 Hz … 0xFFFFFE:16777214 Hz 0xFFFFFF:保留
bitstream_type	当 audio_codec_id 为 0 时,表明位流类型的标志,1 比特: '0',匀速位流,可通过信道匀速传输 '1',可变速位流,不适于匀速信道传输
bitrate_index	当 audio_codec_id 为 0 时,表明比特率的索引,6 比特,见表 A.11、表 A.12、表 A.13
supermode_flag	当 audio_codec_id 为 0 时,表明 MCR 立体声编码模块采用超帧模式的标志,2 比特,见表 A.14
couple_channel_config	当 audio_codec_id 为 0 时,表明 MCR 多声道配置方案,见表 A.15 和表 A.16

PCAGroupmodeHeader　当 audio_codec_id 为 0 时，表明 PCA 声道分组模式信息，见表 A.17 和表 A.18

ga_raw_data_block()　通用音频编码原始位流数据

ll_raw_data_block()　无损音频编码原始位流数据

3DVersion　对象元数据编码版本号，当前版本为 1.0

ob_raw_data_block()　音频对象编码原始位流数据

aatf_sequence()　符合 AVS2_Audio_Transport_Format 格式的序列，见表 A.3

aatf_frame()　AATF 帧，见表 A.4

aatf_frame_header()　AATF 的解码帧头，见表 A.5

aatf_error_check()　CRC 校验生成的数据。以下数据位是被保护的，并且根据其出现顺序进入 CRC 算法中：

——帧头的全部位；

——所有 ga_raw_data_block 或 ll_raw_data_block 的前 192 位。

CRC-16 的生成多项式为：

$$G_{16}(x)=x^{16}+x^{12}+x^{5}+1$$

syncword　同步字，比特串'1111 1111 1111'

crc_check　CRC 校验

表 A.7　channel_number 配置表(audio_codec_id 为 0)

channel_number_index	声道配置	channel_number
0x0	单声道	1
0x1	双声道立体声	2
0x2	5.1	6
0x3	7.1	8
0x4	10.2	12
0x5	22.2	24
0x6-0x7	保留	

表 A.8　扬声器的空间位置信息

AES 对	声道序号	标签	名称	立体声	5.1	7.1	10.2	22.2
1/1	1	FL	Front left	Yes	Yes	Yes	Yes	Yes
1/2	2	FR	Front right	Yes	Yes	Yes	Yes	Yes
2/1	3	FC	Front center		Yes	Yes	Yes	Yes
2/2	4	LFE1	LFE-1		Yes	Yes	Yes	Yes
3/1	5	BL	Back left		Yes	Yes	Yes	Yes
3/2	6	BR	Back right		Yes	Yes	Yes	Yes
4/1	7	FLc	Front left center			Yes	Yes	Yes
4/2	8	FRc	Front right center			Yes	Yes	Yes
5/1	9	BC	Back center				Yes	Yes

表 A.8(续)

AES 对	声道序号	标签	名称	立体声	5.1	7.1	10.2	22.2
5/2	10	LFE2	LFE-2				Yes	Yes
6/1	11	SiL	Side left				No	Yes
6/2	12	SiR	Side right				No	Yes
7/1	13	TpFL	Top front left				Yes	Yes
7/2	14	TpFR	Top front right				Yes	Yes
8/1	15	TpFC	Top front center					Yes
8/2	16	TpC	Top center					Yes
9/1	17	TpBL	Top back left					Yes
9/2	18	TpBR	Top back right					Yes
10/1	19	TpSiL	Top side left					Yes
10/2	20	TpSiR	Top side right					Yes
11/1	21	TpBC	Top back center					Yes
11/2	22	BtFC	Bottom front center					Yes
12/1	23	BtFL	Bottom front left					Yes
12/2	24	BtFR	Bottom front right					Yes

表 A.9　采样率映射表(audio_codec_id 为 0)

sampling_frequency_index	采样频率/Hz
0x0	192000
0x1	96000
0x2	48000
0x3	44100
0x4	32000
0x5	24000
0x6	22050
0x7	16000
0x8	8000
0x9～0xf	保留

表 A.10　采样率映射表(audio_codec_id 为 1)

sampling_frequency_index	采样频率/Hz
0x0	96000
0x1	88200

表 A.10（续）

sampling_frequency_index	采样频率/Hz
0x2	64000
0x3	48000
0x4	44100
0x5	32000
0x6	24000
0x7	22050
0x8	16000
0x9	12000
0xa	11025
0xb	8000
0xc	192000
0xd	176400
0xe	128000
0xf	扩展

表 A.11　单声道编码比特率索引表

bitrate_index	单声道比特率 /(kbit/s)
0x0	16
0x1	32
0x2	44
0x3	56
0x4	64
0x5	72
0x6	80
0x7	96
0x8	128
0x9	144
0xa	164
0xb	192
0xc～0xf	保留

表 A.12 双声道立体声编码比特率索引表

bitrate_index	双声道比特率 /(kbit/s)
0x10	24
0x11	32
0x12	48
0x13	64
0x14	80
0x15	96
0x16	128
0x17	144
0x18	192
0x19	256
0x1a	320
0x1b～0x1f	保留

表 A.13 5.1 立体声编码比特率索引表

bitrate_index	5.1 立体声比特率/(kbit/s)
0x20	192
0x21	256
0x22	320
0x23	384
0x24	448
0x25	512
0x26	640
0x27	720
0x28～0x3f	保留

表 A.14 supermode_flag 配置映射表

supermode_flag	超帧模式启用
0	否
1	是
2—3	保留

表 A.15 MCR 多声道配置映射表(AASF)

多声道配置 couple_channel_config	核心声道数 elenum	声道排列
0x00	1	前中(C)
0x01	2	前左(L),前右(R)
0x02	1	L-R
0x03	6	前左(L),前右(R),前中(C),低频增强声道(LFE),左环绕(Ls),右环绕(Rs)
0x04	4	L-R,C,LFE,Ls-Rs
0x05	3	L-R,C-LEF,Ls-Rs
0x06	3	L-Ls,C-LEF,R-Rs
0x07-0x0f		保留
0x10	8	前左(L),前右(R),前中(C),低频增强声道(LFE),左环绕(Ls),右环绕(Rs),后左环绕(Lb),后右环绕(Rb)
0x11	5	L-R,C,LFE,Ls-Rs,Lb-Rb
0x12	4	L-R,C-LEF,Ls-Rs,Lb-Rb
0x13-0xff		保留

表 A.16 MCR 多声道配置映射表(AATF)

声道数 channel_number	核心声道对数 elenum	输出声道排列顺序
1	1	前中(C)
2	1	前左(L),前右(R)
6	3	前左(L),前右(R),前中(C),低频增强声道(LFE),左环绕(Ls),右环绕(Rs)
8	4	前左(L),前右(R),前中(C),低频增强声道(LFE),左环绕(Ls),右环绕(Rs),后左环绕(Lb),后右环绕(Rb)
保留		

表 A.17 PCA 声道分组模式表(AASF)

PCAGroupmodeHeader	声道数	elenum	PCA 分析声道分组
0x00	1	1	单声道
0x01	2	1	1 个两声道 PCA 分组(含前左、前右)
0x02	6	2	PCA 分组(含前左、前右、前中、低频增强),PCA 分组(含左环绕、右环绕)

表 A.17(续)

PCAGroupmodeHeader	声道数	elenum	PCA 分析声道分组
0x03	6	3	PCA 分组(含前左、前右)、PCA 分组(含前中、低频增强),PCA 分组(含左环绕、右环绕)
0x04	6	3	PCA 分组(含前左、左环绕)、PCA 分组(含前中、低频增强)、PCA 分组(前右、右环绕)
0x05	6	2	PCA 分组(含前左、前右、左环绕、右环绕、前中)、LFE(低频增强)
0x06	6	3	PCA 分组(含前左、前右、左环绕、右环绕)、C(前中)、LFE(低频增强)
0x07	6	1	PCA 分组(含前左、前右、前中、低频增强、左环绕、右环绕)
0x08～0x0f			保留
0x10	8	3	PCA 分组(含前左、前右、前中、低频增强),PCA 分组(含左环绕、右环绕)、PCA 分组(含后左环绕、后右环绕)
0x11～0xfe			保留
0xff			每帧可选择不同的分组方式

表 A.18 PCA 声道分组模式表(AATF)

声道数 channel_number	elenum	输出声道排列顺序
1	1	前中(C)
2	1	前左(L),前右(R)
6	2	PCA 分组(含前左、前右、前中、低频增强),PCA 分组(含左环绕、右环绕)
8	3	PCA 分组(含前左、前右、前中、低频增强),PCA 分组(含左环绕、右环绕)、PCA 分组(含后左环绕、后右环绕)
保留		

附 录 B
（规范性附录）
通用音频编码表

表 B.1～表 B.158 给出了通用音频编解码所用到的码书。

表 B.1 MDCT 谱幅度调整曲线编码码书 huffmanDecodeBook

索引	长度	码字	索引	长度	码字
0	27	0	29	20	80000
1	27	4000000	30	19	40000
2	27	2000000	31	19	20000
3	27	6000000	32	16	c000
4	27	1000000	33	14	2000
5	27	5000000	34	16	1000
6	27	3000000	35	14	3000
7	27	7000000	36	14	800
8	27	800000	37	13	1800
9	27	4800000	38	15	5000
10	27	2800000	39	12	400
11	27	6800000	40	12	c00
12	27	1800000	41	12	200
13	27	5800000	42	12	a00
14	27	3800000	43	11	600
15	27	7800000	44	10	100
16	27	400000	45	10	300
17	27	4400000	46	9	80
18	27	2400000	47	9	180
19	27	6400000	48	8	40
20	27	1400000	49	8	c0
21	27	5400000	50	7	20
22	26	3400000	51	7	60
23	26	c00000	52	6	10
24	26	2c00000	53	6	30
25	16	8000	54	6	8
26	22	200000	55	5	18
27	16	4000	56	5	4
28	21	100000	57	5	14

表 B.1（续）

索引	长度	码字	索引	长度	码字
58	4	c	90	17	9000
59	3	2	91	19	60000
60	2	1	92	19	30000
61	3	6	93	19	70000
62	4	3	94	20	19000
63	4	b	95	16	7fff
64	5	7	96	20	99000
65	5	17	97	20	59000
66	6	28	98	20	d9000
67	6	f	99	20	39000
68	6	2f	100	20	b9000
69	7	1f	101	20	79000
70	7	5f	102	20	f9000
71	8	3f	103	20	ffff
72	8	bf	104	20	8ffff
73	9	7f	105	20	4ffff
74	9	17f	106	20	cffff
75	10	ff	107	20	2ffff
76	11	2ff	108	20	affff
77	10	1ff	109	20	6ffff
78	11	6ff	110	20	effff
79	12	3ff	111	20	1ffff
80	12	bff	112	20	9ffff
81	13	7ff	113	20	5ffff
82	14	2800	114	20	dffff
83	13	17ff	115	20	3ffff
84	14	fff	116	20	bffff
85	14	2fff	117	20	7ffff
86	18	10000	118	20	fffff
87	15	1fff	119	26	1c00000
88	15	5fff	120	26	3c00000
89	15	3fff			

表 B.2 MDCT 调整谱编码码书 residuebook __44un1__short

索引	长度	码字	索引	长度	码字	索引	长度	码字
0	12	0	22	11	540	44	8	91
1	12	800	23	14	1200	45	8	51
2	14	400	24	13	940	46	10	334
3	12	c00	25	6	14	47	14	2f40
4	14	2400	26	5	c	48	12	934
5	14	1400	27	7	64	49	6	31
6	14	3400	28	8	c0	50	3	5
7	14	200	29	9	34	51	4	9
8	12	a00	30	11	340	52	4	3
9	6	20	31	14	3200	53	4	b
10	6	10	32	13	1940	54	7	7
11	8	80	33	8	b4	55	14	1f40
12	9	100	34	5	1c	56	11	534
13	9	40	35	8	74	57	7	47
14	11	600	36	6	1	58	4	f
15	14	2200	37	8	f4	59	6	27
16	12	140	38	12	740	60	6	17
17	4	8	39	14	f40	61	6	37
18	2	2	40	12	134	62	8	d1
19	6	30	41	7	21	63	14	3f40
20	6	4	42	7	61			
21	7	24	43	8	11			

表 B.3 MDCT 调整谱编码码书 residuebook __44un1__p1_0

索引	长度	码字	索引	长度	码字	索引	长度	码字
0	1	0	8	8	95	16	10	183
1	4	1	9	5	1d	17	11	683
2	4	9	10	8	75	18	5	13
3	5	5	11	8	f5	19	8	c3
4	8	15	12	8	3	20	8	23
5	7	55	13	10	83	21	8	a3
6	5	d	14	11	283	22	11	383
7	7	35	15	8	43	23	10	63

表 B.3（续）

索引	长度	码字	索引	长度	码字	索引	长度	码字
24	8	e3	43	13	1127	62	12	9a7
25	11	783	44	13	927	63	7	37
26	10	263	45	7	67	64	11	107
27	4	b	46	11	327	65	11	597
28	9	163	47	11	727	66	11	397
29	9	7	48	10	a7	67	14	11a7
30	8	87	49	13	1927	68	13	797
31	11	107	50	11	2a7	69	10	77
32	11	507	51	11	6a7	70	11	277
33	8	47	52	13	1a7	71	13	1797
34	11	307	53	14	2127	72	8	f7
35	11	707	54	4	f	73	11	677
36	8	c7	55	8	17	74	12	f97
37	12	27	56	9	97	75	11	177
38	11	427	57	8	57	76	13	577
39	10	227	58	11	5a7	77	13	1577
40	12	827	59	11	3a7	78	10	377
41	14	127	60	8	d7	79	14	31a7
42	11	527	61	11	7a7	80	12	d77

表 B.4　MDCT 调整谱编码码书 residuebook __44un1__p2_0

索引	长度	码字	索引	长度	码字	索引	长度	码字
0	2	0	11	7	51	22	8	e9
1	4	2	12	7	31	23	7	15
2	4	a	13	8	71	24	7	55
3	5	6	14	8	f1	25	9	169
4	6	16	15	6	9	26	8	35
5	6	36	16	7	29	27	4	d
6	5	e	17	9	69	28	7	75
7	6	1e	18	5	19	29	7	3
8	6	3e	19	7	5	30	7	43
9	5	1	20	7	45	31	9	b5
10	7	11	21	6	25	32	8	23

表 B.4（续）

索引	长度	码字	索引	长度	码字	索引	长度	码字
33	7	63	49	10	2f3	65	8	77
34	8	a3	50	8	1b	66	9	f7
35	8	13	51	9	1f3	67	10	1f7
36	7	53	52	10	9b	68	10	3f7
37	9	1b5	53	10	29b	69	7	2f
38	8	93	54	5	7	70	8	6f
39	8	33	55	7	5b	71	10	ef
40	8	b3	56	7	3b	72	6	1f
41	10	73	57	7	7b	73	8	3f
42	9	173	58	8	17	74	9	1ef
43	10	273	59	8	97	75	9	bf
44	10	f3	60	7	57	76	10	2ef
45	6	b	61	8	37	77	10	1bf
46	8	2b	62	9	19b	78	8	7f
47	8	ab	63	6	f	79	10	3bf
48	7	6b	64	8	b7	80	8	ff

表 B.5　MDCT 调整谱编码码书 residuebook __44un1__p3_0

索引	长度	码字	索引	长度	码字	索引	长度	码字
0	1	0	14	9	195	28	10	f5
1	5	1	15	9	55	29	10	2f5
2	5	11	16	10	155	30	8	2d
3	8	9	17	9	d5	31	10	1f5
4	8	89	18	12	355	32	10	3f5
5	5	19	19	12	b55	33	11	735
6	8	49	20	9	1d5	34	11	ad
7	7	29	21	9	35	35	8	6d
8	9	c9	22	10	135	36	9	1ad
9	9	1c9	23	11	755	37	10	2ad
10	5	5	24	12	335	38	11	4ad
11	7	69	25	6	d	39	11	ed
12	8	15	26	8	b5	40	10	2ed
13	9	95	27	8	75	41	11	4ed

表 B.5（续）

索引	长度	码字	索引	长度	码字	索引	长度	码字
42	11	1ed	76	11	3c3	110	10	e3
43	13	b35	77	11	7c3	111	11	2e3
44	13	1b35	78	16	18c3	112	12	6e3
45	10	3ed	79	13	dc3	113	14	2f63
46	11	5ed	80	10	123	114	15	1f63
47	11	1d	81	12	323	115	12	ee3
48	12	41d	82	11	723	116	13	1e3
49	13	c1d	83	15	58c3	117	13	11e3
50	6	3d	84	13	1dc3	118	15	5f63
51	8	9d	85	10	a3	119	16	c9a3
52	8	5d	86	11	2a3	120	12	9e3
53	10	21d	87	11	6a3	121	13	5e3
54	10	11d	88	15	38c3	122	13	15e3
55	8	dd	89	14	b23	123	16	3f63
56	10	31d	90	12	1a3	124	16	bf63
57	9	3	91	14	2b23	125	5	13
58	11	103	92	13	1b23	126	8	b
59	11	503	93	16	78c3	127	8	8b
60	8	83	94	15	9a3	128	11	3e3
61	10	303	95	12	5a3	129	11	7e3
62	10	43	96	13	19a3	130	8	4b
63	11	243	97	13	da3	131	10	cb
64	11	643	98	17	f8c3	132	10	2cb
65	10	143	99	16	49a3	133	12	de3
66	11	343	100	9	63	134	12	1cb
67	11	743	101	11	3a3	135	8	2b
68	13	1c1d	102	11	7a3	136	10	3cb
69	12	c3	103	13	1da3	137	10	ab
70	10	2c3	104	15	29a3	138	12	9cb
71	11	4c3	105	10	163	139	12	5cb
72	11	1c3	106	11	363	140	11	2ab
73	13	8c3	107	12	763	141	12	dcb
74	12	5c3	108	14	f63	142	12	6ab
75	9	23	109	15	69a3	143	14	eab

表 B.5（续）

索引	长度	码字	索引	长度	码字	索引	长度	码字
144	14	2eab	178	12	51b	212	12	3bb
145	11	1ab	179	12	d1b	213	17	1f8c3
146	12	5ab	180	9	19b	214	16	573b
147	12	dab	181	12	29b	215	13	19bb
148	14	1eab	182	11	69b	216	13	bbb
149	14	3eab	183	13	a9b	217	15	373b
150	8	6b	184	12	3b	218	15	773b
151	11	3ab	185	10	23b	219	17	d73b
152	10	eb	186	12	83b	220	13	1bbb
153	13	7ab	187	12	43b	221	15	7bb
154	12	fab	188	13	1a9b	222	15	47bb
155	10	2eb	189	14	c3b	223	20	1d73b
156	11	1eb	190	12	13b	224	17	27bb
157	12	5eb	191	13	1c3b	225	10	7b
158	12	deb	192	12	93b	226	12	fbb
159	13	17ab	193	15	591b	227	12	27b
160	10	3eb	194	13	53b	228	14	17bb
161	12	1b	195	11	33b	229	16	a7bb
162	12	81b	196	13	153b	230	11	67b
163	13	41b	197	12	d3b	231	12	a7b
164	13	141b	198	14	2c3b	232	12	17b
165	12	c1b	199	15	73b	233	15	67bb
166	12	21b	200	10	bb	234	15	37bb
167	13	a1b	201	12	f3b	235	11	57b
168	13	1a1b	202	12	2bb	236	13	97b
169	15	7f63	203	16	473b	237	13	197b
170	11	61b	204	14	273b	238	15	77bb
171	12	11b	205	11	6bb	239	18	3d73b
172	13	91b	206	12	abb	240	13	37b
173	15	191b	207	12	1bb	241	14	137b
174	14	391b	208	16	c73b	242	13	b7b
175	7	5b	209	15	173b	243	15	337b
176	10	31b	210	11	5bb	244	15	737b
177	10	9b	211	13	9bb	245	13	1b7b

表 B.5（续）

索引	长度	码字	索引	长度	码字	索引	长度	码字
246	15	77b	280	10	3b7	314	13	1ecf
247	14	277b	281	12	9b7	315	11	7cf
248	16	477b	282	12	5b7	316	13	2f
249	16	c77b	283	14	db7	317	12	82f
250	5	7	284	13	1db7	318	15	102f
251	8	fb	285	9	f	319	15	502f
252	8	17	286	10	10f	320	12	42f
253	11	97	287	12	30f	321	13	c2f
254	11	497	288	12	b0f	322	12	22f
255	8	57	289	13	70f	323	15	302f
256	10	297	290	11	8f	324	13	1c2f
257	10	197	291	13	170f	325	10	12f
258	12	f7b	292	13	f0f	326	12	a2f
259	12	397	293	15	6f37	327	12	62f
260	8	d7	294	15	2db7	328	16	702f
261	10	37	295	11	48f	329	14	e2f
262	10	237	296	12	28f	330	11	32f
263	12	b97	297	13	1f0f	331	12	72f
264	12	797	298	13	a8f	332	12	f2f
265	11	137	299	15	6db7	333	16	f02f
266	12	f97	300	8	4f	334	15	2e2f
267	12	537	301	10	18f	335	10	af
268	14	177b	302	10	38f	336	12	2af
269	14	377b	303	12	8f	337	12	aaf
270	11	337	304	13	1a8f	338	16	6e2f
271	12	d37	305	10	cf	339	14	1e2f
272	12	737	306	12	e8f	340	14	3e2f
273	14	f37	307	12	2cf	341	15	6af
274	15	2f37	308	13	acf	342	14	26af
275	7	77	309	13	1acf	343	18	127bb
276	10	b7	310	10	1cf	344	16	ee2f
277	10	2b7	311	12	6cf	345	13	16af
278	13	1f37	312	11	3cf	346	13	eaf
279	12	1b7	313	13	ecf	347	14	1eaf

表 B.5（续）

索引	长度	码字	索引	长度	码字	索引	长度	码字
348	15	46af	382	13	1f	416	15	119f
349	16	3eaf	383	17	18a6f	417	19	5d73b
350	10	1af	384	16	ce6f	418	18	28a6f
351	12	3af	385	10	21f	419	0	0
352	12	baf	386	12	81f	420	14	319f
353	14	7af	387	12	41f	421	15	519f
354	16	beaf	388	16	101f	422	15	99f
355	11	6f	389	15	501f	423	18	ad1f
356	13	17af	390	14	301f	424	18	2ad1f
357	13	faf	391	16	901f	425	9	5f
358	16	7eaf	392	15	c1f	426	12	59f
359	16	feaf	393	20	9d73b	427	12	d9f
360	11	46f	394	17	4c1f	428	17	1ad1f
361	13	1faf	395	13	1c1f	429	16	499f
362	12	26f	396	14	2c1f	430	11	39f
363	14	27af	397	14	11f	431	13	199f
364	16	a6f	398	17	14c1f	432	12	79f
365	13	1a6f	399	17	cc1f	433	17	c99f
366	15	4a6f	400	9	9f	434	16	299f
367	15	2a6f	401	12	91f	435	11	15f
368	18	327bb	402	12	51f	436	12	f9f
369	18	8a6f	403	16	211f	437	13	55f
370	13	66f	404	16	a11f	438	15	699f
371	15	6a6f	405	11	31f	439	17	1c99f
372	13	166f	406	13	111f	440	15	155f
373	16	e6f	407	14	d1f	441	16	a99f
374	14	2e6f	408	16	611f	442	15	555f
375	8	ef	409	17	1cc1f	443	0	0
376	11	16f	410	11	71f	444	19	355f
377	11	56f	411	13	1d1f	445	14	d5f
378	16	8e6f	412	13	19f	446	15	755f
379	16	4e6f	413	16	e11f	447	14	2d5f
380	10	36f	414	16	2d1f	448	19	4355f
381	13	1e6f	415	15	6d1f	449	18	2355f

表 B.5（续）

索引	长度	码字	索引	长度	码字	索引	长度	码字
450	12	35f	484	18	88df	518	17	67df
451	14	1d5f	485	13	14df	519	17	167df
452	14	3d5f	486	15	28df	520	14	22bf
453	0	0	487	14	cdf	521	15	12bf
454	16	b55f	488	17	188df	522	17	e7df
455	13	b5f	489	18	288df	523	17	1e7df
456	14	1b5f	490	15	68df	524	18	32cdf
457	14	3b5f	491	18	2cdf	525	9	1bf
458	19	1355f	492	14	1cdf	526	12	abf
459	18	3355f	493	18	22cdf	527	12	6bf
460	13	75f	494	18	12cdf	528	16	52bf
461	15	175f	495	16	acdf	529	15	32bf
462	16	575f	496	17	6cdf	530	11	7f
463	17	d75f	497	16	ecdf	531	13	ebf
464	16	375f	498	0	0	532	13	1ebf
465	15	775f	499	17	16cdf	533	16	d2bf
466	15	f5f	500	8	3f	534	16	72bf
467	17	1d75f	501	11	2df	535	11	47f
468	18	b75f	502	11	6df	536	12	27f
469	0	0	503	15	3cdf	537	13	a7f
470	14	2f5f	504	15	7cdf	538	17	f2bf
471	16	4f5f	505	10	1df	539	17	1f2bf
472	16	cf5f	506	12	3df	540	14	1a7f
473	19	5355f	507	12	bdf	541	14	3a7f
474	0	0	508	16	7df	542	15	67f
475	12	df	509	16	87df	543	17	467f
476	14	1f5f	510	10	bf	544	17	1467f
477	14	3f5f	511	13	17df	545	14	267f
478	16	8df	512	13	fdf	546	15	167f
479	18	2b75f	513	16	47df	547	16	c67f
480	13	18df	514	16	c7df	548	0	0
481	15	48df	515	13	1fdf	549	18	567f
482	13	4df	516	15	27df	550	9	17f
483	17	1b75f	517	14	2bf	551	12	e7f

表 B.5（续）

索引	长度	码字	索引	长度	码字	索引	长度	码字
552	12	ff	577	14	3eff	602	14	2bff
553	16	d67f	578	0	0	603	17	1bff
554	17	1567f	579	16	9ff	604	0	0
555	11	4ff	580	13	19ff	605	13	7ff
556	13	8ff	581	15	49ff	606	14	3bff
557	13	18ff	582	15	29ff	607	14	17ff
558	16	367f	583	19	1eeff	608	17	11bff
559	17	b67f	584	0	0	609	0	0
560	11	2ff	585	12	5ff	610	13	fff
561	14	6ff	586	13	dff	611	15	5bff
562	13	16ff	587	15	69ff	612	14	37ff
563	18	2567f	588	0	0	613	0	0
564	17	1b67f	589	0	0	614	18	389ff
565	14	26ff	590	14	1dff	615	15	1fff
566	16	767f	591	17	89ff	616	16	9bff
567	14	eff	592	16	3dff	617	16	5fff
568	17	f67f	593	19	5eeff	618	0	0
569	17	1f67f	594	0	0	619	18	dfff
570	15	2eff	595	16	bdff	620	15	3fff
571	17	6eff	596	15	7dff	621	18	2dfff
572	17	16eff	597	18	3eeff	622	15	7fff
573	18	eeff	598	18	189ff	623	0	0
574	18	2eeff	599	0	0	624	17	1dfff
575	12	1ff	600	12	3ff			
576	14	1eff	601	14	bff			

表 B.6　MDCT 调整谱编码码书 residuebook __44un1__p4_0

索引	长度	码字	索引	长度	码字	索引	长度	码字
0	3	0	5	5	1c	10	5	12
1	5	4	6	6	2c	11	6	22
2	5	14	7	6	2	12	6	a
3	9	c	8	10	8c	13	9	4c
4	9	10c	9	9	18c	14	10	28c

表 B.6（续）

索引	长度	码字	索引	长度	码字	索引	长度	码字
15	10	14c	49	13	192a	83	14	2cfe
16	10	34c	50	6	e	84	13	7c1
17	10	cc	51	7	76	85	10	21
18	12	2cc	52	7	2e	86	10	221
19	11	6cc	53	10	1b6	87	11	121
20	9	1cc	54	10	3b6	88	13	17c1
21	10	2a	55	7	6e	89	14	fc1
22	10	22a	56	8	1e	90	12	521
23	12	acc	57	7	5e	91	12	d21
24	12	12a	58	11	6b6	92	13	1fc1
25	5	1a	59	10	9e	93	15	2fc1
26	7	6a	60	7	3e	94	15	6fc1
27	7	6	61	8	7e	95	12	321
28	10	32a	62	7	1	96	12	b21
29	10	aa	63	10	29e	97	13	721
30	7	46	64	10	19e	98	13	1721
31	7	26	65	10	39e	99	14	f21
32	8	66	66	11	fe	100	10	a1
33	10	2aa	67	9	1fe	101	10	2a1
34	11	52a	68	13	4fe	102	10	1a1
35	7	16	69	11	2fe	103	12	3a1
36	7	56	70	10	41	104	13	1f21
37	8	e6	71	11	6fe	105	10	61
38	10	1aa	72	10	241	106	11	7a1
39	11	3aa	73	13	14fe	107	10	261
40	10	36	74	11	141	108	13	ba1
41	10	236	75	10	341	109	13	1ba1
42	11	7aa	76	10	c1	110	10	161
43	11	136	77	10	2c1	111	11	361
44	13	92a	78	14	cfe	112	11	761
45	10	336	79	13	1cfe	113	13	e1
46	10	b6	80	10	1c1	114	13	10e1
47	11	536	81	11	541	115	12	8e1
48	11	2b6	82	11	3c1	116	13	4e1

表 B.6（续）

索引	长度	码字	索引	长度	码字	索引	长度	码字
117	12	ce1	151	8	5	185	8	ad
118	14	2f21	152	8	85	186	9	12d
119	13	14e1	153	11	7b9	187	10	6d
120	12	2e1	154	11	45	188	11	42d
121	13	ae1	155	7	25	189	12	82d
122	13	1ae1	156	8	c5	190	10	26d
123	14	6e1	157	9	145	191	12	16d
124	13	16e1	158	10	245	192	10	36d
125	5	11	159	12	445	193	14	96d
126	7	9	160	8	65	194	11	56d
127	7	49	161	9	e5	195	11	ed
128	10	1e1	162	9	1e5	196	12	4ed
129	10	3e1	163	11	15	197	11	2ed
130	7	29	164	11	415	198	13	196d
131	8	69	165	11	215	199	13	ced
132	8	e9	166	10	115	200	10	1ed
133	11	19	167	12	c45	201	11	6ed
134	10	219	168	11	615	202	11	3ed
135	7	59	169	14	26e1	203	14	296d
136	8	99	170	11	315	204	14	1ced
137	8	39	171	11	715	205	10	1d
138	10	119	172	12	95	206	10	21d
139	10	319	173	13	895	207	11	7ed
140	11	419	174	13	1895	208	13	11d
141	11	b9	175	6	35	209	14	3ced
142	11	4b9	176	8	55	210	11	51d
143	13	ee1	177	8	d5	211	12	91d
144	13	1ee1	178	10	295	212	12	31d
145	10	2b9	179	11	495	213	15	111d
146	11	1b9	180	7	d	214	13	b1d
147	11	5b9	181	9	195	215	12	71d
148	12	3b9	182	7	4d	216	11	9d
149	12	bb9	183	12	2d	217	14	311d
150	7	79	184	10	22d	218	12	f1d

表 B.6（续）

索引	长度	码字	索引	长度	码字	索引	长度	码字
219	16	511d	253	10	2dd	287	9	15b
220	12	49d	254	10	1dd	288	10	db
221	13	1b1d	255	7	13	289	12	a1b
222	14	c9d	256	8	53	290	11	2db
223	15	2c9d	257	8	d3	291	11	6db
224	16	d11d	258	10	3dd	292	11	1db
225	10	29d	259	10	33	293	12	5db
226	10	19d	260	7	73	294	13	1f8b
227	11	39d	261	8	b3	295	11	3db
228	13	1c9d	262	8	b	296	10	7
229	14	79d	263	10	233	297	12	ddb
230	10	5d	264	11	133	298	11	7db
231	11	25d	265	10	333	299	15	3cdd
232	10	15d	266	11	533	300	7	47
233	14	279d	267	10	8b	301	8	87
234	12	f9d	268	12	28b	302	8	27
235	11	65d	269	12	a8b	303	11	207
236	12	35d	270	10	18b	304	11	607
237	12	b5d	271	11	68b	305	8	a7
238	13	179d	272	11	38b	306	9	107
239	14	75d	273	12	78b	307	9	67
240	12	f5d	274	13	f8b	308	11	167
241	13	175d	275	6	2b	309	11	567
242	11	dd	276	8	4b	310	7	17
243	15	6c9d	277	8	cb	311	9	e7
244	12	4dd	278	11	1b	312	8	57
245	14	275d	279	11	41b	313	12	367
246	14	cdd	280	8	9b	314	10	1e7
247	14	2cdd	281	9	11b	315	11	767
248	15	1cdd	282	9	5b	316	12	b67
249	15	5cdd	283	12	21b	317	11	3e7
250	5	3	284	11	61b	318	13	7e7
251	7	3d	285	7	3b	319	12	fe7
252	7	7d	286	7	7b	320	11	d7

表 B.6（续）

索引	长度	码字	索引	长度	码字	索引	长度	码字
321	12	4d7	355	11	677	389	13	78f
322	10	2d7	356	12	177	390	13	178f
323	15	7cdd	357	12	977	391	14	2df7
324	11	1d7	358	14	2db7	392	14	f8f
325	10	3d7	359	14	1db7	393	16	eeb7
326	11	5d7	360	10	377	394	15	2f8f
327	10	37	361	11	577	395	12	4f
328	14	17e7	362	10	f7	396	13	1f8f
329	12	cd7	363	14	3db7	397	13	84f
330	11	237	364	13	2f7	398	14	184f
331	12	637	365	13	12f7	399	14	384f
332	11	137	366	14	af7	400	9	14f
333	14	37e7	367	13	1af7	401	11	44f
334	13	e37	368	16	a2b7	402	10	24f
335	10	337	369	17	122b7	403	14	cf
336	10	b7	370	12	6f7	404	13	10cf
337	11	537	371	14	2af7	405	10	2cf
338	13	1e37	372	11	1f7	406	10	1cf
339	14	2b7	373	16	6eb7	407	12	8cf
340	13	12b7	374	12	ef7	408	13	4cf
341	13	ab7	375	9	f	409	14	20cf
342	13	1ab7	376	10	3f7	410	11	3cf
343	17	22b7	377	10	10f	411	12	ccf
344	15	62b7	378	14	5f7	412	11	7cf
345	12	6b7	379	13	15f7	413	14	14cf
346	11	1b7	380	10	30f	414	13	2f
347	14	eb7	381	11	8f	415	13	102f
348	12	5b7	382	10	28f	416	14	34cf
349	15	2eb7	383	14	25f7	417	14	82f
350	10	3b7	384	14	df7	418	14	282f
351	10	77	385	10	18f	419	15	6f8f
352	11	277	386	11	48f	420	13	182f
353	13	1eb7	387	11	38f	421	14	42f
354	14	db7	388	13	1df7	422	14	242f

表 B.6（续）

索引	长度	码字	索引	长度	码字	索引	长度	码字
423	15	142f	457	12	96f	491	14	23ef
424	15	542f	458	15	5e6f	492	12	bef
425	9	12f	459	14	76f	493	0	0
426	10	22f	460	13	176f	494	13	7ef
427	11	af	461	15	276f	495	14	17ef
428	13	c2f	462	13	f6f	496	15	43ef
429	14	342f	463	16	9e6f	497	14	37ef
430	10	2af	464	14	1f6f	498	15	fef
431	11	4af	465	13	ef	499	0	0
432	10	1af	466	12	8ef	500	9	1f
433	15	1c2f	467	15	676f	501	10	11f
434	13	3af	468	12	4ef	502	10	31f
435	11	7af	469	17	3f6f	503	13	1fef
436	11	6f	470	15	7f6f	504	13	9f
437	12	baf	471	16	bf6f	505	10	29f
438	12	46f	472	15	10ef	506	11	49f
439	15	5c2f	473	16	50ef	507	11	19f
440	13	13af	474	16	d0ef	508	13	109f
441	14	3c2f	475	12	cef	509	13	89f
442	12	c6f	476	12	2ef	510	10	39f
443	15	26f	477	13	aef	511	11	59f
444	14	226f	478	13	1aef	512	11	5f
445	13	126f	479	15	30ef	513	13	189f
446	13	a6f	480	11	6ef	514	13	45f
447	14	1a6f	481	13	1ef	515	12	c5f
448	14	3a6f	482	11	5ef	516	13	145f
449	15	426f	483	15	70ef	517	12	25f
450	12	66f	484	14	11ef	518	14	2fef
451	13	e6f	485	13	9ef	519	14	a5f
452	12	16f	486	13	19ef	520	13	1a5f
453	16	1e6f	487	14	31ef	521	14	2a5f
454	14	3e6f	488	15	3ef	522	14	65f
455	11	56f	489	17	13f6f	523	15	4fef
456	11	36f	490	13	13ef	524	17	265f

表 B.6（续）

索引	长度	码字	索引	长度	码字	索引	长度	码字
525	9	15f	559	14	1dbf	593	15	10ff
526	10	df	560	10	3bf	594	17	1265f
527	10	2df	561	12	7f	595	13	8ff
528	13	165f	562	11	47f	596	12	4ff
529	13	e5f	563	14	3dbf	597	14	30ff
530	11	1df	564	14	87f	598	13	18ff
531	12	5df	565	13	187f	599	17	50ff
532	11	3df	566	13	27f	600	12	cff
533	15	665f	567	13	127f	601	12	2ff
534	12	ddf	568	14	287f	602	14	aff
535	10	3f	569	15	4d3f	603	14	2aff
536	10	23f	570	13	a7f	604	15	1aff
537	11	7df	571	15	1a7f	605	13	6ff
538	13	1e5f	572	13	67f	606	13	16ff
539	16	a65f	573	16	8d3f	607	14	3aff
540	13	13f	574	15	5a7f	608	14	eff
541	14	113f	575	12	e7f	609	16	d0ff
542	13	93f	576	13	167f	610	11	1ff
543	15	313f	577	12	17f	611	13	1eff
544	14	193f	578	15	3a7f	612	11	5ff
545	13	53f	579	13	97f	613	16	5aff
546	13	153f	580	12	57f	614	15	2eff
547	14	393f	581	15	7a7f	615	14	3ff
548	15	713f	582	13	197f	616	16	daff
549	16	d3f	583	15	d7f	617	16	6eff
550	10	33f	584	15	4d7f	618	17	150ff
551	10	bf	585	11	37f	619	0	0
552	11	2bf	586	11	77f	620	14	23ff
553	13	1d3f	587	13	1d7f	621	13	13ff
554	14	2d3f	588	14	2d7f	622	11	7ff
555	11	6bf	589	15	ff	623	16	eeff
556	11	1bf	590	15	40ff	624	12	bff
557	12	5bf	591	15	20ff			
558	13	dbf	592	15	60ff			

表 B.7 MDCT 调整谱编码码书 residuebook __44un1__p5_0

索引	长度	码字	索引	长度	码字	索引	长度	码字
0	1	0	27	7	67	54	8	1f
1	4	1	28	8	17	55	8	9f
2	4	9	29	7	57	56	8	5f
3	7	5	30	9	1a7	57	9	df
4	7	45	31	9	97	58	9	1df
5	8	25	32	9	197	59	10	3ef
6	8	a5	33	9	37	60	10	3f
7	9	65	34	11	2a7	61	11	23f
8	9	165	35	10	137	62	11	63f
9	4	d	36	7	77	63	9	13f
10	6	15	37	8	b7	64	10	bf
11	5	3	38	8	f	65	10	2bf
12	8	e5	39	9	8f	66	11	1bf
13	7	35	40	9	18f	67	10	3bf
14	8	75	41	9	4f	68	11	5bf
15	8	f5	42	9	14f	69	11	7f
16	10	13	43	10	337	70	12	47f
17	9	113	44	11	6a7	71	12	c7f
18	4	b	45	8	cf	72	9	17f
19	6	33	46	8	2f	73	10	27f
20	6	7	47	8	af	74	10	ff
21	8	93	48	9	6f	75	10	2ff
22	8	53	49	9	16f	76	11	1ff
23	8	d3	50	10	ef	77	11	5ff
24	8	27	51	10	2ef	78	11	3ff
25	10	213	52	11	1ef	79	12	7ff
26	10	a7	53	11	5ef	80	12	fff

表 B.8 MDCT 调整谱编码码书 residuebook __44un1__p6_0

索引	长度	码字	索引	长度	码字	索引	长度	码字
0	1	0	3	6	5	6	8	95
1	4	1	4	6	25	7	10	55
2	4	9	5	8	15	8	10	255

表 B.8（续）

索引	长度	码字	索引	长度	码字	索引	长度	码字
9	11	155	43	9	14f	77	16	709f
10	11	555	44	10	3b7	78	9	df
11	15	355	45	10	cf	79	9	1df
12	15	4355	46	11	5b7	80	9	3f
13	4	d	47	12	9b7	81	10	13f
14	5	3	48	13	2cf	82	10	33f
15	5	13	49	13	12cf	83	11	bf
16	8	d5	50	16	6355	84	11	4bf
17	8	35	51	17	e355	85	13	2bf
18	9	b5	52	7	2f	86	12	abf
19	9	1b5	53	8	6f	87	13	12bf
20	11	755	54	8	ef	88	13	6bf
21	11	75	55	9	1cf	89	17	1e355
22	12	b55	56	9	1f	90	17	f09f
23	12	475	57	10	11f	91	10	1bf
24	16	2355	58	10	31f	92	11	3bf
25	16	a355	59	12	acf	93	11	7bf
26	4	b	60	12	6cf	94	11	7f
27	5	7	61	12	ecf	95	12	ebf
28	6	17	62	13	9f	96	12	47f
29	8	f5	63	15	109f	97	12	c7f
30	8	37	64	15	509f	98	13	16bf
31	9	175	65	9	19f	99	13	27f
32	9	b7	66	10	29f	100	14	127f
33	11	275	67	10	5f	101	15	327f
34	11	675	68	10	25f	102	0	0
35	12	c75	69	10	15f	103	18	1f09f
36	12	1b7	70	11	49f	104	10	17f
37	14	1355	71	11	35f	105	11	67f
38	14	3355	72	12	89f	106	11	37f
39	7	77	73	12	75f	107	12	a7f
40	8	f	74	13	f5f	108	12	77f
41	8	8f	75	13	1f5f	109	12	f7f
42	9	4f	76	15	309f	110	13	ff

表 B.8（续）

索引	长度	码字	索引	长度	码字	索引	长度	码字
111	14	10ff	131	12	5ff	151	16	8fff
112	13	8ff	132	12	dff	152	0	0
113	14	30ff	133	13	3ff	153	17	4fff
114	14	18ff	134	13	13ff	154	0	0
115	17	727f	135	14	bff	155	18	3f09f
116	16	f27f	136	14	2bff	156	14	2fff
117	11	4ff	137	14	1bff	157	15	1fff
118	12	2ff	138	14	3bff	158	15	5fff
119	12	aff	139	15	7ff	159	16	cfff
120	13	6ff	140	15	47ff	160	16	3fff
121	13	16ff	141	17	27ff	161	0	0
122	14	38ff	142	17	127ff	162	15	7fff
123	14	eff	143	14	17ff	163	18	14fff
124	14	2eff	144	15	67ff	164	18	34fff
125	14	1eff	145	15	37ff	165	0	0
126	15	3eff	146	16	a7ff	166	16	bfff
127	16	7eff	147	16	77ff	167	0	0
128	17	1727f	148	16	f7ff	168	0	0
129	16	feff	149	17	fff			
130	11	1ff	150	17	10fff			

表 B.9 MDCT 调整谱编码码书 residuebook __44un1__p6_1

索引	长度	码字	索引	长度	码字	索引	长度	码字
0	2	0	9	5	19	18	6	7
1	4	2	10	4	5	19	6	27
2	4	a	11	5	d	20	5	17
3	5	6	12	5	1d	21	6	f
4	5	16	13	6	3	22	6	2f
5	4	e	14	5	13	23	6	1f
6	5	1	15	5	b	24	6	3f
7	5	11	16	6	23			
8	5	9	17	5	1b			

表 B.10 MDCT 调整谱编码码书 residuebook __44un1__p7_0

索引	长度	码字	索引	长度	码字	索引	长度	码字
0	1	0	34	11	731	68	11	289
1	5	1	35	11	b1	69	11	689
2	3	5	36	11	4b1	70	11	189
3	11	11	37	11	2b1	71	11	589
4	11	411	38	11	6b1	72	11	389
5	11	211	39	11	1b1	73	11	789
6	11	611	40	11	5b1	74	11	49
7	11	111	41	11	3b1	75	11	449
8	11	511	42	11	7b1	76	11	249
9	11	311	43	11	71	77	11	649
10	8	91	44	11	471	78	11	149
11	11	711	45	11	271	79	11	549
12	11	51	46	11	671	80	11	349
13	11	451	47	11	171	81	11	749
14	11	251	48	11	571	82	11	c9
15	11	651	49	11	371	83	11	4c9
16	11	151	50	10	f1	84	11	2c9
17	11	551	51	11	771	85	11	6c9
18	11	351	52	11	2f1	86	11	1c9
19	11	751	53	11	6f1	87	11	5c9
20	11	d1	54	11	1f1	88	11	3c9
21	11	4d1	55	11	5f1	89	11	7c9
22	11	2d1	56	11	3f1	90	11	29
23	11	6d1	57	11	7f1	91	11	429
24	11	1d1	58	11	9	92	11	229
25	10	3d1	59	11	409	93	11	629
26	11	5d1	60	11	209	94	11	129
27	11	31	61	11	609	95	11	529
28	11	431	62	11	109	96	11	329
29	11	231	63	11	509	97	11	729
30	11	631	64	11	309	98	11	a9
31	11	131	65	11	709	99	11	4a9
32	11	531	66	11	89	100	11	2a9
33	11	331	67	11	489	101	11	6a9

表 B.10（续）

索引	长度	码字	索引	长度	码字	索引	长度	码字
102	11	1a9	136	11	559	170	11	779
103	11	5a9	137	11	359	171	11	f9
104	11	3a9	138	11	759	172	11	4f9
105	11	7a9	139	11	d9	173	11	2f9
106	11	69	140	11	4d9	174	11	6f9
107	11	469	141	11	2d9	175	10	1f9
108	11	269	142	11	6d9	176	11	3f9
109	11	669	143	11	1d9	177	11	7f9
110	11	169	144	11	5d9	178	11	3
111	11	569	145	11	3d9	179	11	403
112	11	369	146	11	7d9	180	11	203
113	11	769	147	11	39	181	11	603
114	11	e9	148	11	439	182	11	103
115	11	4e9	149	11,	239	183	11	503
116	11	2e9	150	11	639	184	11	303
117	11	6e9	151	11	139	185	11	703
118	11	1e9	152	11	539	186	11	83
119	11	5e9	153	11	339	187	11	483
120	11	3e9	154	11	739	188	11	283
121	11	7e9	155	11	b9	189	11	683
122	11	19	156	11	4b9	190	11	183
123	11	419	157	11	2b9	191	11	583
124	11	219	158	11	6b9	192	11	383
125	8	99	159	11	1b9	193	11	783
126	11	619	160	11	5b9	194	11	43
127	11	119	161	11	3b9	195	11	443
128	11	519	162	11	7b9	196	11	243
129	11	319	163	11	79	197	11	643
130	11	719	164	11	479	198	11	143
131	11	59	165	11	279	199	11	543
132	11	459	166	11	679	200	11	343
133	11	259	167	11	179	201	11	743
134	11	659	168	11	579	202	11	c3
135	11	159	169	11	379	203	11	4c3

表 B.10（续）

索引	长度	码字	索引	长度	码字	索引	长度	码字
204	11	2c3	238	11	1e3	272	11	5b3
205	11	6c3	239	11	5e3	273	11	3b3
206	11	1c3	240	11	3e3	274	11	7b3
207	11	5c3	241	11	7e3	275	10	73
208	11	3c3	242	11	13	276	11	273
209	11	7c3	243	11	413	277	11	673
210	11	23	244	11	213	278	11	173
211	11	423	245	11	613	279	11	573
212	11	223	246	11	113	280	11	373
213	11	623	247	11	513	281	11	773
214	11	123	248	11	313	282	11	f3
215	11	523	249	11	713	283	11	4f3
216	11	323	250	7	53	284	11	2f3
217	11	723	251	11	93	285	11	6f3
218	11	a3	252	11	493	286	11	1f3
219	11	4a3	253	11	293	287	11	5f3
220	11	2a3	254	11	693	288	11	3f3
221	11	6a3	255	11	193	289	11	7f3
222	11	1a3	256	11	593	290	11	b
223	11	5a3	257	11	393	291	11	40b
224	11	3a3	258	11	793	292	11	20b
225	11	7a3	259	11	33	293	11	60b
226	11	63	260	11	433	294	11	10b
227	11	463	261	11	233	295	11	50b
228	11	263	262	11	633	296	11	30b
229	11	663	263	11	133	297	11	70b
230	11	163	264	11	533	298	11	8b
231	11	563	265	11	333	299	11	48b
232	11	363	266	11	733	300	11	28b
233	11	763	267	11	b3	301	11	68b
234	11	e3	268	11	4b3	302	11	18b
235	11	4e3	269	11	2b3	303	11	58b
236	11	2e3	270	11	6b3	304	11	38b
237	11	6e3	271	11	1b3	305	11	78b

表 B.10（续）

索引	长度	码字	索引	长度	码字	索引	长度	码字
306	11	4b	340	11	26b	374	11	15b
307	11	44b	341	11	66b	375	11	55b
308	11	24b	342	11	16b	376	11	35b
309	11	64b	343	11	56b	377	11	75b
310	11	14b	344	11	36b	378	11	db
311	11	54b	345	11	76b	379	11	4db
312	11	34b	346	11	eb	380	11	2db
313	11	74b	347	11	4eb	381	11	6db
314	11	cb	348	11	2eb	382	11	1db
315	11	4cb	349	11	6eb	383	11	5db
316	11	2cb	350	11	1eb	384	11	3db
317	11	6cb	351	11	5eb	385	11	7db
318	11	1cb	352	11	3eb	386	11	3b
319	11	5cb	353	11	7eb	387	11	43b
320	11	3cb	354	11	1b	388	11	23b
321	11	7cb	355	11	41b	389	11	63b
322	11	2b	356	11	21b	390	11	13b
323	11	42b	357	11	61b	391	11	53b
324	11	22b	358	11	11b	392	11	33b
325	11	62b	359	11	51b	393	11	73b
326	11	12b	360	11	31b	394	11	bb
327	11	52b	361	11	71b	395	11	4bb
328	11	32b	362	11	9b	396	11	2bb
329	11	72b	363	11	49b	397	11	6bb
330	11	ab	364	11	29b	398	11	1bb
331	11	4ab	365	11	69b	399	11	5bb
332	11	2ab	366	11	19b	400	11	3bb
333	11	6ab	367	11	59b	401	11	7bb
334	11	1ab	368	11	39b	402	11	7b
335	11	5ab	369	11	79b	403	11	47b
336	11	3ab	370	11	5b	404	11	27b
337	11	7ab	371	11	45b	405	11	67b
338	11	6b	372	11	25b	406	11	17b
339	11	46b	373	11	65b	407	11	57b

表 B.10（续）

索引	长度	码字	索引	长度	码字	索引	长度	码字
408	11	37b	442	11	c7	476	11	2e7
409	11	77b	443	11	4c7	477	11	6e7
410	11	fb	444	11	2c7	478	11	1e7
411	11	4fb	445	11	6c7	479	11	5e7
412	11	2fb	446	11	1c7	480	11	3e7
413	11	6fb	447	11	5c7	481	11	7e7
414	11	1fb	448	11	3c7	482	11	17
415	11	5fb	449	11	7c7	483	11	417
416	11	3fb	450	11	27	484	11	217
417	11	7fb	451	11	427	485	11	617
418	11	7	452	11	227	486	11	117
419	11	407	453	11	627	487	11	517
420	11	207	454	11	127	488	11	317
421	11	607	455	11	527	489	11	717
422	11	107	456	11	327	490	11	97
423	11	507	457	11	727	491	11	497
424	11	307	458	11	a7	492	11	297
425	11	707	459	11	4a7	493	11	697
426	11	87	460	11	2a7	494	11	197
427	11	487	461	11	6a7	495	11	597
428	11	287	462	11	1a7	496	11	397
429	11	687	463	11	5a7	497	11	797
430	11	187	464	11	3a7	498	11	57
431	11	587	465	11	7a7	499	11	457
432	11	387	466	11	67	500	11	257
433	11	787	467	11	467	501	11	657
434	11	47	468	11	267	502	11	157
435	11	447	469	11	667	503	11	557
436	11	247	470	11	167	504	11	357
437	11	647	471	11	567	505	11	757
438	11	147	472	11	367	506	11	d7
439	11	547	473	11	767	507	11	4d7
440	11	347	474	11	e7	508	11	2d7
441	11	747	475	11	4e7	509	11	6d7

表 B.10（续）

索引	长度	码字	索引	长度	码字	索引	长度	码字
510	11	1d7	544	11	3f7	578	10	22f
511	11	5d7	545	11	7f7	579	10	12f
512	11	3d7	546	11	f	580	10	32f
513	11	7d7	547	11	40f	581	10	af
514	11	37	548	11	20f	582	10	2af
515	11	437	549	11	60f	583	10	1af
516	11	237	550	11	10f	584	10	3af
517	11	637	551	11	50f	585	10	6f
518	11	137	552	11	30f	586	10	26f
519	11	537	553	11	70f	587	10	16f
520	11	337	554	11	8f	588	10	36f
521	11	737	555	11	48f	589	10	ef
522	11	b7	556	11	28f	590	10	2ef
523	11	4b7	557	11	68f	591	10	1ef
524	11	2b7	558	11	18f	592	10	3ef
525	11	6b7	559	11	58f	593	10	1f
526	11	1b7	560	11	38f	594	10	21f
527	11	5b7	561	11	78f	595	10	11f
528	11	3b7	562	11	4f	596	10	31f
529	11	7b7	563	11	44f	597	10	9f
530	11	77	564	11	24f	598	10	29f
531	11	477	565	11	64f	599	10	19f
532	11	277	566	11	14f	600	10	39f
533	11	677	567	11	54f	601	10	5f
534	11	177	568	11	34f	602	10	25f
535	11	577	569	11	74f	603	10	15f
536	11	377	570	11	cf	604	10	35f
537	11	777	571	11	4cf	605	10	df
538	11	f7	572	11	2cf	606	10	2df
539	11	4f7	573	11	6cf	607	10	1df
540	11	2f7	574	11	1cf	608	10	3df
541	11	6f7	575	11	5cf	609	10	3f
542	11	1f7	576	10	3cf	610	10	23f
543	11	5f7	577	10	2f	611	10	13f

表 B.10（续）

索引	长度	码字	索引	长度	码字	索引	长度	码字
612	10	33f	617	10	7f	622	10	2ff
613	10	bf	618	10	27f	623	10	1ff
614	10	2bf	619	10	17f	624	10	3ff
615	10	1bf	620	10	37f			
616	10	3bf	621	10	ff			

表 B.11 **MDCT 调整谱编码码书 residuebook __44un1__p7_1**

索引	长度	码字	索引	长度	码字	索引	长度	码字
0	1	0	25	9	113	50	11	627
1	4	1	26	5	b	51	11	127
2	4	9	27	7	33	52	7	67
3	6	5	28	7	73	53	8	a7
4	6	25	29	8	d3	54	8	17
5	6	15	30	7	1b	55	8	97
6	6	35	31	7	5b	56	9	57
7	9	d	32	8	3b	57	9	157
8	8	8d	33	10	bb	58	9	d7
9	9	10d	34	10	2bb	59	10	327
10	8	4d	35	11	1bb	60	10	1d7
11	8	cd	36	10	3bb	61	10	3d7
12	8	2d	37	12	5bb	62	11	527
13	5	1d	38	11	7b	63	11	37
14	7	6d	39	7	7	64	12	dbb
15	7	3	40	8	fb	65	7	77
16	7	43	41	8	47	66	8	b7
17	7	23	42	9	17b	67	8	f
18	8	ad	43	9	c7	68	9	137
19	8	63	44	9	1c7	69	9	8f
20	8	e3	45	10	27b	70	10	237
21	10	13	46	11	47b	71	11	437
22	8	93	47	11	27	72	11	18f
23	10	213	48	11	427	73	12	58f
24	8	53	49	11	227	74	11	38f

表 B.11（续）

索引	长度	码字	索引	长度	码字	索引	长度	码字
75	12	d8f	107	10	3f	139	14	37f
76	11	78f	108	10	23f	140	14	237f
77	11	4f	109	12	75f	141	13	137f
78	7	2f	110	11	13f	142	14	b7f
79	8	cf	111	14	215f	143	12	77f
80	8	6f	112	11	53f	144	11	ff
81	9	14f	113	14	f5f	145	12	f7f
82	9	ef	114	11	33f	146	12	4ff
83	10	24f	115	12	73f	147	12	cff
84	10	1ef	116	13	1f5f	148	12	2ff
85	11	44f	117	10	bf	149	13	1b7f
86	11	3ef	118	11	2bf	150	13	aff
87	11	7ef	119	11	6bf	151	13	1aff
88	12	1f	120	11	1bf	152	14	2b7f
89	12	81f	121	11	5bf	153	13	6ff
90	11	41f	122	13	f3f	154	14	16ff
91	8	9f	123	11	3bf	155	14	36ff
92	10	21f	124	14	2f5f	156	11	1ff
93	10	11f	125	14	1f3f	157	12	eff
94	10	31f	126	13	7bf	158	12	5ff
95	10	5f	127	13	17bf	159	14	dff
96	11	25f	128	13	fbf	160	12	3ff
97	11	65f	129	14	3f3f	161	13	1dff
98	14	15f	130	11	7f	162	13	bff
99	11	55f	131	11	47f	163	12	7ff
100	12	95f	132	11	27f	164	13	1bff
101	12	35f	133	12	67f	165	13	fff
102	12	b5f	134	11	17f	166	14	2dff
103	13	115f	135	12	e7f	167	14	1fff
104	9	df	136	12	57f	168	14	3fff
105	10	1df	137	12	d7f			
106	10	3df	138	13	1fbf			

表 B.12　MDCT 调整谱编码码书 residuebook __44un1__p7_2

索引	长度	码字	索引	长度	码字	索引	长度	码字
0	3	0	34	8	e5	68	8	b
1	4	4	35	9	15	69	8	8b
2	4	c	36	8	95	70	9	4b
3	6	2	37	9	115	71	8	cb
4	6	22	38	8	55	72	9	14b
5	7	12	39	6	35	73	9	2b
6	7	52	40	7	d	74	10	12b
7	8	32	41	7	4d	75	9	ab
8	8	b2	42	7	2d	76	9	1ab
9	9	72	43	8	d5	77	10	32b
10	9	172	44	8	6d	78	7	6b
11	9	f2	45	8	ed	79	8	1b
12	8	a	46	9	1d	80	8	9b
13	4	6	47	9	11d	81	8	5b
14	5	1a	48	9	9d	82	8	db
15	5	e	49	9	19d	83	9	3b
16	6	2a	50	9	5d	84	9	13b
17	6	1e	51	9	15d	85	9	bb
18	8	8a	52	6	3d	86	9	1bb
19	8	4a	53	7	3	87	9	7b
20	9	1f2	54	7	43	88	9	17b
21	8	ca	55	7	23	89	10	fb
22	9	3e	56	7	63	90	10	2fb
23	9	13e	57	8	dd	91	8	7
24	9	be	58	8	13	92	9	1fb
25	9	1be	59	9	93	93	9	87
26	4	1	60	9	193	94	9	187
27	5	9	61	9	53	95	9	47
28	5	19	62	9	153	96	9	147
29	7	7e	63	9	d3	97	9	c7
30	6	5	64	9	1d3	98	9	1c7
31	8	25	65	7	33	99	9	27
32	8	a5	66	8	73	100	10	127
33	8	65	67	8	f3	101	10	327

表 B.12（续）

索引	长度	码字	索引	长度	码字	索引	长度	码字
102	9	a7	125	9	f	148	9	9f
103	10	1a7	126	10	2f7	149	10	21f
104	8	67	127	10	10f	150	10	19f
105	9	e7	128	10	30f	151	9	5f
106	9	1e7	129	10	8f	152	10	39f
107	9	17	130	9	18f	153	10	15f
108	9	117	131	9	4f	154	10	35f
109	9	97	132	9	14f	155	10	df
110	9	197	133	9	cf	156	9	1df
111	9	57	134	9	1cf	157	9	3f
112	9	157	135	9	2f	158	9	13f
113	9	d7	136	9	12f	159	10	2df
114	9	1d7	137	10	28f	160	9	bf
115	10	3a7	138	9	af	161	9	1bf
116	10	37	139	10	1af	162	9	7f
117	9	137	140	10	3af	163	10	17f
118	9	b7	141	10	6f	164	10	37f
119	9	1b7	142	10	26f	165	10	ff
120	10	237	143	9	16f	166	10	2ff
121	9	77	144	9	ef	167	10	1ff
122	9	177	145	9	1ef	168	10	3ff
123	10	f7	146	10	1f			
124	9	1f7	147	9	11f			

表 B.13　residue 编码所用码书 residuebook __44un1__long

索引	长度	码字	索引	长度	码字	索引	长度	码字
0	5	0	7	19	2830	14	9	f0
1	6	10	8	6	8	15	19	42830
2	12	30	9	1	1	16	12	430
3	9	130	10	5	18	17	4	c
4	14	830	11	5	4	18	4	2
5	9	b0	12	8	70	19	7	68
6	9	1b0	13	7	28	20	7	14

表 B.13（续）

索引	长度	码字	索引	长度	码字	索引	长度	码字
21	9	1f0	36	8	c6	51	8	ae
22	11	230	37	10	154	52	11	354
23	18	22830	38	12	c30	53	7	6e
24	9	54	39	18	a830	54	5	1e
25	5	a	40	9	26	55	15	6830
26	6	34	41	6	16	56	16	3830
27	6	1a	42	8	a6	57	18	1a830
28	8	d4	43	6	36	58	18	3a830
29	7	3a	44	8	66	59	18	b830
30	8	7a	45	6	e	60	17	1b830
31	17	12830	46	8	e6	61	15	7830
32	14	1830	47	18	2a830	62	11	754
33	8	fa	48	9	126	63	18	2b830
34	7	6	49	8	2e			
35	8	46	50	11	630			

表 B.14　MDCT 调整谱编码码书 residuebook __44u0__short

索引	长度	码字	索引	长度	码字	索引	长度	码字
0	12	0	15	16	b800	30	12	1c
1	13	800	16	4	4	31	16	d400
2	14	1800	17	3	2	32	6	3c
3	13	400	18	3	6	33	5	1
4	17	3800	19	7	40	34	5	11
5	12	c00	20	5	18	35	9	11c
6	15	7800	21	7	c	36	5	9
7	17	13800	22	10	80	37	6	19
8	5	10	23	16	5400	38	10	21c
9	5	8	24	7	4c	39	16	3400
10	6	20	25	7	2c	40	8	9c
11	10	200	26	7	6c	41	7	5c
12	10	100	27	10	280	42	7	39
13	11	300	28	9	180	43	9	79
14	15	1400	29	11	700	44	6	5

表 B.14（续）

索引	长度	码字	索引	长度	码字	索引	长度	码字
45	7	25	52	4	d	59	8	b5
46	9	179	53	5	7	60	5	17
47	16	b400	54	8	f9	61	7	75
48	11	41c	55	16	7400	62	9	135
49	7	65	56	12	81c	63	16	f400
50	3	3	57	9	35			
51	6	15	58	4	f			

表 B.15　MDCT 调整谱编码码书 residuebook __44u0__p1_0

索引	长度	码字	索引	长度	码字	索引	长度	码字
0	1	0	23	10	63	46	11	1a7
1	4	1	24	8	e3	47	11	5a7
2	4	9	25	11	783	48	10	3a7
3	5	5	26	11	263	49	13	ea7
4	8	15	27	4	b	50	12	17
5	7	55	28	8	7	51	11	417
6	5	d	29	8	87	52	13	1ea7
7	7	35	30	8	47	53	14	36a7
8	8	95	31	11	663	54	4	f
9	5	1d	32	11	163	55	8	97
10	8	75	33	8	c7	56	8	57
11	8	f5	34	11	563	57	8	d7
12	8	3	35	11	363	58	11	217
13	11	83	36	8	27	59	11	617
14	11	483	37	12	763	60	8	37
15	8	43	38	11	a7	61	11	117
16	10	283	39	11	4a7	62	12	817
17	10	183	40	13	f63	63	8	b7
18	5	13	41	13	1f63	64	11	517
19	8	c3	42	11	2a7	65	11	317
20	8	23	43	13	6a7	66	11	717
21	8	a3	44	14	16a7	67	13	77
22	11	383	45	7	67	68	13	1077

表 B.15（续）

索引	长度	码字	索引	长度	码字	索引	长度	码字
69	10	277	73	11	177	77	13	c77
70	12	877	74	11	577	78	11	777
71	13	477	75	11	377	79	14	3477
72	8	f7	76	14	1477	80	13	1c77

表 B.16　MDCT 调整谱编码码书 residuebook __44u0__p2_0

索引	长度	码字	索引	长度	码字	索引	长度	码字
0	2	0	27	4	d	54	5	7
1	4	2	28	7	35	55	7	5b
2	4	a	29	7	75	56	7	3b
3	5	6	30	7	3	57	7	7b
4	6	16	31	8	43	58	8	9b
5	6	36	32	8	c3	59	8	17
6	5	e	33	7	23	60	7	57
7	6	1e	34	8	63	61	8	97
8	6	3e	35	8	e3	62	8	37
9	5	1	36	7	13	63	6	f
10	7	11	37	8	53	64	8	b7
11	7	51	38	8	d3	65	8	77
12	7	31	39	8	33	66	8	f7
13	8	71	40	9	b3	67	10	2f
14	8	f1	41	10	1b3	68	10	22f
15	6	9	42	8	73	69	8	af
16	8	29	43	10	3b3	70	8	6f
17	8	a9	44	10	f3	71	10	12f
18	5	19	45	6	b	72	6	1f
19	7	69	46	8	2b	73	8	ef
20	7	5	47	8	ab	74	8	3f
21	6	25	48	8	6b	75	8	bf
22	8	45	49	10	2f3	76	10	32f
23	8	c5	50	8	eb	77	10	7f
24	7	15	51	8	1b	78	8	ff
25	8	55	52	10	1f3	79	10	27f
26	8	d5	53	10	3f3	80	9	17f

表 B.17 MDCT 调整谱编码码书 residuebook __44u0__p3_0

索引	长度	码字	索引	长度	码字	索引	长度	码字
0	1	0	34	11	3f5	68	13	163
1	5	1	35	8	ad	69	13	1163
2	5	11	36	9	6d	70	10	363
3	8	9	37	10	16d	71	11	563
4	8	89	38	11	7f5	72	11	e3
5	5	19	39	11	36d	73	13	963
6	8	49	40	10	ed	74	13	1963
7	7	29	41	11	76d	75	9	1e3
8	9	c9	42	11	2ed	76	11	4e3
9	9	1c9	43	14	6ed	77	11	2e3
10	5	5	44	13	16ed	78	15	26ed
11	7	69	45	10	1ed	79	14	6e3
12	8	15	46	11	3ed	80	10	13
13	9	95	47	11	7ed	81	12	ee3
14	9	195	48	13	eed	82	12	213
15	9	55	49	13	1eed	83	15	66ed
16	10	155	50	5	1d	84	14	26e3
17	9	d5	51	8	3	85	10	113
18	12	355	52	8	83	86	12	a13
19	12	b55	53	10	43	87	11	613
20	9	1d5	54	10	243	88	15	16e3
21	9	35	55	8	c3	89	14	36e3
22	10	135	56	10	143	90	13	313
23	12	755	57	10	343	91	14	1313
24	12	f55	58	11	23	92	14	3313
25	6	d	59	11	423	93	16	56e3
26	8	b5	60	8	a3	94	16	d6e3
27	8	75	61	10	223	95	12	b13
28	11	335	62	10	123	96	14	713
29	10	f5	63	11	323	97	13	1713
30	8	2d	64	11	723	98	17	2713
31	10	2f5	65	10	63	99	15	6713
32	10	1f5	66	11	263	100	9	93
33	11	735	67	11	663	101	11	193

表 B.17（续）

索引	长度	码字	索引	长度	码字	索引	长度	码字
102	11	593	136	10	3b3	170	12	edb
103	14	f13	137	10	1b	171	13	16db
104	15	2f13	138	12	21b	172	13	1db
105	10	393	139	13	1b53	173	16	bd53
106	11	53	140	11	61b	174	16	46db
107	12	453	141	12	a1b	175	7	3b
108	14	1f13	142	12	11b	176	10	3db
109	16	a713	143	14	2b53	177	10	7b
110	10	253	144	14	91b	178	12	9db
111	11	153	145	11	51b	179	12	5db
112	12	c53	146	12	31b	180	10	27b
113	14	3f13	147	12	b1b	181	12	ddb
114	16	6f13	148	15	4b53	182	11	17b
115	12	553	149	15	291b	183	13	11db
116	13	d53	150	8	9b	184	13	57b
117	14	1d53	151	10	5b	185	10	37b
118	16	ef13	152	10	25b	186	12	d7b
119	16	3d53	153	13	191b	187	12	fb
120	13	353	154	13	71b	188	13	157b
121	13	1353	155	10	15b	189	14	26db
122	15	7d53	156	12	f1b	190	12	8fb
123	15	b53	157	12	35b	191	13	4fb
124	18	12713	158	13	171b	192	12	cfb
125	5	b	159	13	b5b	193	15	14fb
126	8	d3	160	10	db	194	14	34fb
127	8	33	161	12	75b	195	12	2fb
128	11	753	162	12	f5b	196	13	afb
129	11	b3	163	14	1b5b	197	13	1afb
130	8	73	164	14	3b5b	198	16	c6db
131	10	2b3	165	12	2db	199	16	54fb
132	10	1b3	166	13	adb	200	10	1fb
133	12	4b3	167	13	1adb	201	12	6fb
134	12	cb3	168	15	691b	202	12	efb
135	8	f3	169	15	6db	203	17	d4fb

表 B.17（续）

索引	长度	码字	索引	长度	码字	索引	长度	码字
204	16	3fb	238	16	4307	272	12	e7
205	12	bfb	239	16	c307	273	14	1087
206	13	13fb	240	14	2307	274	15	3087
207	13	7fb	241	15	1b07	275	7	f
208	16	83fb	242	15	5b07	276	10	2e7
209	15	43fb	243	17	1e407	277	10	1e7
210	11	7	244	17	3b07	278	13	8e7
211	13	17fb	245	14	87	279	13	18e7
212	13	ffb	246	15	7b07	280	10	3e7
213	17	1d4fb	247	15	2087	281	12	4e7
214	17	23fb	248	17	13b07	282	12	ce7
215	15	63fb	249	19	2e407	283	14	4f
216	15	1ffb	250	5	17	284	13	104f
217	15	5ffb	251	8	47	285	10	24f
218	16	a3fb	252	8	c7	286	11	44f
219	17	123fb	253	11	487	287	12	84f
220	14	3ffb	254	11	287	288	13	14f
221	15	407	255	8	27	289	13	114f
222	15	4407	256	10	187	290	12	94f
223	19	32713	257	10	387	291	13	54f
224	19	72713	258	12	887	292	13	154f
225	10	207	259	12	687	293	16	7087
226	12	c07	260	8	a7	294	16	f087
227	12	107	261	10	67	295	12	d4f
228	15	2407	262	10	267	296	12	34f
229	16	6407	263	12	e87	297	13	b4f
230	11	507	264	12	167	298	15	204f
231	13	1407	265	11	567	299	15	604f
232	12	907	266	12	967	300	8	cf
233	15	307	267	12	367	301	10	2f
234	18	e407	268	16	bb07	302	10	22f
235	11	707	269	15	6087	303	13	1b4f
236	13	1307	270	11	767	304	13	74f
237	13	b07	271	12	b67	305	10	12f

表 B.17（续）

索引	长度	码字	索引	长度	码字	索引	长度	码字
306	12	f4f	340	13	1a6f	374	17	b4ef
307	12	32f	341	15	71af	375	8	1f
308	14	174f	342	15	66f	376	11	2ef
309	14	374f	343	19	6e407	377	11	6ef
310	10	af	344	17	1e6af	378	16	6cef
311	12	b2f	345	14	266f	379	16	ecef
312	12	72f	346	15	466f	380	10	1ef
313	13	f2f	347	14	166f	381	13	1cef
314	13	1f2f	348	17	366f	382	12	3ef
315	12	2af	349	16	b66f	383	17	1b4ef
316	13	aaf	350	10	16f	384	17	bef
317	13	1aaf	351	12	e6f	385	10	9f
318	16	6af	352	12	36f	386	12	7ef
319	16	86af	353	16	766f	387	13	1bef
320	12	eaf	354	16	f66f	388	16	8bef
321	13	16af	355	11	76f	389	16	4bef
322	13	1af	356	13	b6f	390	15	2bef
323	15	46af	357	13	1b6f	391	17	10bef
324	15	26af	358	16	ef	392	16	cbef
325	10	3af	359	17	1366f	393	20	434ef
326	12	9af	360	12	8ef	394	19	234ef
327	12	5af	361	13	10ef	395	14	fef
328	16	66af	362	13	4ef	396	15	6bef
329	15	11af	363	15	40ef	397	17	2fef
330	11	6f	364	17	80ef	398	18	12fef
331	13	daf	365	14	20ef	399	19	634ef
332	13	1daf	366	15	14ef	400	9	19f
333	17	e6af	367	15	54ef	401	12	29f
334	16	51af	368	17	180ef	402	12	a9f
335	11	46f	369	19	34ef	403	16	afef
336	12	26f	370	14	cef	404	17	6fef
337	13	a6f	371	15	74ef	405	11	69f
338	16	d1af	372	15	2cef	406	13	1fef
339	15	31af	373	17	134ef	407	14	5f

表 B.17（续）

索引	长度	码字	索引	长度	码字	索引	长度	码字
408	17	16fef	442	16	d8df	476	15	76df
409	18	32fef	443	20	c34ef	477	14	1df
410	11	45f	444	19	5a05f	478	18	306df
411	13	105f	445	14	38df	479	19	21df
412	13	85f	446	16	2df	480	13	11df
413	19	efef	447	16	82df	481	16	a1df
414	18	2efef	448	18	158df	482	15	61df
415	16	205f	449	18	358df	483	20	421df
416	17	1efef	450	12	adf	484	19	221df
417	18	a05f	451	15	42df	485	13	9df
418	19	4efef	452	15	22df	486	16	19df
419	19	2a05f	453	19	62df	487	15	59df
420	15	605f	454	17	162df	488	20	c21df
421	16	185f	455	14	12df	489	18	121df
422	16	985f	456	15	32df	490	17	99df
423	19	6a05f	457	16	e2df	491	18	321df
424	19	1a05f	458	0	0	492	17	199df
425	9	15f	459	20	462df	493	0	0
426	12	25f	460	13	6df	494	20	621df
427	12	a5f	461	15	72df	495	16	39df
428	16	585f	462	16	16df	496	17	b9df
429	17	d85f	463	20	c62df	497	16	79df
430	11	65f	464	17	96df	498	0	0
431	14	385f	465	18	262df	499	0	0
432	13	df	466	16	56df	500	8	3f
433	18	3a05f	467	20	196df	501	11	5df
434	17	1d85f	468	0	0	502	11	3df
435	11	4df	469	0	0	503	16	f9df
436	13	10df	470	15	36df	504	15	7df
437	13	8df	471	16	d6df	505	10	bf
438	17	18df	472	19	596df	506	12	fdf
439	17	118df	473	20	996df	507	12	2bf
440	16	98df	474	0	0	508	17	1b9df
441	17	58df	475	12	edf	509	17	47df

表 B.17（续）

索引	长度	码字	索引	长度	码字	索引	长度	码字
510	10	1bf	544	20	bc3bf	578	19	605ff
511	13	17df	545	16	a57f	579	18	105ff
512	13	abf	546	16	657f	580	13	15ff
513	17	147df	547	17	e57f	581	15	3ff
514	16	c7df	548	19	7c3bf	582	16	85ff
515	14	27df	549	19	1e57f	583	18	305ff
516	16	1abf	550	9	ff	584	0	0
517	15	5abf	551	13	157f	585	13	13ff
518	18	9abf	552	12	d7f	586	14	23ff
519	20	e21df	553	16	37f	587	15	43ff
520	15	3abf	554	17	837f	588	0	0
521	16	7abf	555	11	77f	589	0	0
522	16	fabf	556	14	237f	590	16	bff
523	19	29abf	557	13	137f	591	16	8bff
524	19	69abf	558	17	1837f	592	17	4bff
525	9	7f	559	17	437f	593	20	14bff
526	12	6bf	560	11	1ff	594	0	0
527	12	ebf	561	14	b7f	595	17	cbff
528	16	3bf	562	14	2b7f	596	17	1cbff
529	16	83bf	563	18	3e57f	597	20	94bff
530	11	7bf	564	17	1437f	598	20	54bff
531	13	13bf	565	14	1b7f	599	0	0
532	13	bbf	566	16	c37f	600	12	7ff
533	17	19abf	567	15	3b7f	601	15	2bff
534	16	43bf	568	18	7b7f	602	15	6bff
535	11	17f	569	19	5e57f	603	19	34bff
536	13	1bbf	570	16	fb7f	604	20	d4bff
537	14	23bf	571	17	17b7f	605	13	1bff
538	17	c3bf	572	18	27b7f	606	15	fff
539	18	1c3bf	573	18	5ff	607	15	4fff
540	15	57f	574	19	205ff	608	0	0
541	15	457f	575	12	dff	609	0	0
542	16	257f	576	14	25ff	610	14	2fff
543	20	3c3bf	577	15	45ff	611	16	1fff

表 B.17（续）

索引	长度	码字	索引	长度	码字	索引	长度	码字
612	15	5fff	617	16	7fff	622	16	ffff
613	0	0	618	0	0	623	0	0
614	0	0	619	0	0	624	10	71bff
615	15	3fff	620	17	19fff			
616	18	9fff	621	18	29fff			

表 B.18　MDCT 调整谱编码码书 residuebook__44u0__p4_0

索引	长度	码字	索引	长度	码字	索引	长度	码字
0	4	0	25	5	12	50	5	16
1	5	8	26	7	62	51	7	46
2	5	18	27	7	a	52	7	26
3	9	4	28	10	3a2	53	10	286
4	9	104	29	10	4a	54	10	186
5	5	14	30	7	2a	55	6	e
6	6	24	31	7	6a	56	8	66
7	6	c	32	8	ca	57	7	2e
8	9	84	33	10	24a	58	10	386
9	9	184	34	10	14a	59	10	e6
10	5	1c	35	6	1a	60	7	6e
11	6	2c	36	7	3a	61	8	1e
12	6	2	37	8	7a	62	7	5e
13	9	44	38	10	34a	63	10	2e6
14	9	144	39	10	fa	64	10	1e6
15	9	c4	40	10	2fa	65	9	9e
16	10	1c4	41	10	1fa	66	10	3e6
17	9	22	42	10	3fa	67	10	19e
18	12	3c4	43	11	6	68	12	39e
19	12	bc4	44	13	406	69	12	b9e
20	9	122	45	10	206	70	10	3e
21	9	a2	46	9	106	71	10	23e
22	10	1a2	47	10	86	72	10	13e
23	12	7c4	48	12	c06	73	13	79e
24	12	fc4	49	13	1406	74	11	33e

表 B.18（续）

索引	长度	码字	索引	长度	码字	索引	长度	码字
75	9	be	109	13	b01	143	13	1341
76	10	1be	110	10	381	144	13	b41
77	10	3be	111	10	41	145	10	d9
78	13	179e	112	10	241	146	10	2d9
79	13	f9e	113	13	1b01	147	10	1d9
80	10	7e	114	13	701	148	12	3d9
81	11	73e	115	12	f01	149	12	bd9
82	10	27e	116	13	1701	150	7	39
83	13	1f9e	117	12	141	151	8	79
84	13	17e	118	15	941	152	8	f9
85	10	37e	119	14	2941	153	11	7d9
86	10	fe	120	12	541	154	10	5
87	10	2fe	121	13	1941	155	8	85
88	13	117e	122	12	d41	156	8	45
89	13	97e	123	15	4941	157	9	105
90	12	57e	124	15	341	158	10	205
91	12	d7e	125	5	11	159	11	c5
92	13	197e	126	7	21	160	8	25
93	14	1fe	127	6	9	161	9	1c5
94	14	21fe	128	10	c1	162	9	a5
95	12	9fe	129	10	2c1	163	11	4c5
96	12	5fe	130	7	61	164	11	2c5
97	13	11fe	131	8	29	165	11	6c5
98	14	dfe	132	8	a9	166	10	1a5
99	14	2dfe	133	10	1c1	167	11	3a5
100	9	1	134	10	3c1	168	11	7a5
101	10	3fe	135	7	69	169	14	2341
102	10	101	136	8	19	170	11	65
103	13	1dfe	137	8	99	171	11	465
104	13	301	138	10	59	172	11	265
105	10	81	139	10	259	173	13	1b41
106	10	281	140	10	159	174	13	665
107	10	181	141	11	741	175	6	15
108	13	1301	142	10	359	176	8	e5

表 B.18（续）

索引	长度	码字	索引	长度	码字	索引	长度	码字
177	8	35	211	11	5ad	245	13	91d
178	10	165	212	11	6d	246	13	191d
179	10	365	213	14	372d	247	14	211d
180	7	75	214	14	1f2d	248	15	411d
181	9	b5	215	12	46d	249	16	c341
182	8	d	216	11	26d	250	5	3
183	11	1b5	217	13	c6d	251	7	5d
184	10	3b5	218	12	66d	252	7	3d
185	8	8d	219	16	4341	253	10	31d
186	9	4d	220	13	1c6d	254	10	9d
187	9	14d	221	14	3f2d	255	7	7d
188	11	5b5	222	14	e6d	256	8	13
189	11	cd	223	15	2e6d	257	8	93
190	10	2cd	224	15	6e6d	258	10	29d
191	11	4cd	225	10	16d	259	10	19d
192	10	1cd	226	10	36d	260	7	53
193	14	1665	227	11	ed	261	8	33
194	11	3cd	228	13	1e6d	262	8	b3
195	10	2d	229	14	4ed	263	10	39d
196	11	7cd	230	10	2ed	264	10	73
197	11	22d	231	11	1ed	265	10	273
198	13	e65	232	10	3ed	266	10	173
199	13	1e65	233	14	24ed	267	10	373
200	10	12d	234	13	14ed	268	13	51d
201	11	62d	235	10	1d	269	13	151d
202	11	32d	236	11	5ed	270	10	f3
203	14	3665	237	11	21d	271	10	2f3
204	13	72d	238	14	ced	272	11	1f3
205	10	ad	239	14	2ced	273	12	d1d
206	10	2ad	240	12	61d	274	13	5f3
207	11	1ad	241	13	1ced	275	6	b
208	14	172d	242	12	e1d	276	8	2b
209	13	f2d	243	15	11d	277	8	ab
210	10	3ad	244	13	111d	278	11	3f3

表 B.18（续）

索引	长度	码字	索引	长度	码字	索引	长度	码字
279	10	6b	313	12	467	347	13	1637
280	8	eb	314	10	267	348	13	937
281	9	16b	315	10	97	349	15	6637
282	9	1b	316	11	297	350	10	337
283	11	7f3	317	11	697	351	11	537
284	11	26b	318	13	c67	352	11	b7
285	7	5b	319	13	1c67	353	13	1937
286	8	9b	320	10	197	354	14	4b7
287	9	11b	321	11	397	355	10	2b7
288	10	3b	322	10	57	356	11	1b7
289	11	66b	323	14	797	357	11	5b7
290	10	23b	324	11	257	358	14	24b7
291	11	13b	325	10	157	359	15	14b7
292	11	53b	326	10	357	360	10	3b7
293	13	15f3	327	10	d7	361	11	77
294	13	df3	328	14	2797	362	10	277
295	10	33b	329	13	1797	363	13	cb7
296	10	bb	330	10	2d7	364	13	1cb7
297	11	2bb	331	11	657	365	13	477
298	11	6bb	332	11	1d7	366	14	34b7
299	13	1df3	333	14	f97	367	13	1477
300	6	7	334	13	1f97	368	16	54b7
301	8	7b	335	10	3d7	369	16	d4b7
302	8	fb	336	10	37	370	12	c77
303	10	1bb	337	11	5d7	371	13	177
304	11	3bb	338	13	237	372	11	577
305	8	27	339	13	1237	373	15	1177
306	9	a7	340	12	a37	374	12	977
307	9	1a7	341	14	2f97	375	9	f7
308	11	7bb	342	14	637	376	10	377
309	11	67	343	16	2637	377	10	1f7
310	8	e7	344	16	a637	378	13	3f7
311	9	167	345	12	e37	379	13	13f7
312	8	17	346	12	137	380	10	f

表 B.18（续）

索引	长度	码字	索引	长度	码字	索引	长度	码字
381	11	7f7	415	13	1cf	449	16	586f
382	11	20f	416	13	11cf	450	12	46f
383	14	3177	417	14	2a4f	451	13	c6f
384	13	bf7	418	14	9cf	452	12	26f
385	10	10f	419	18	cc8f	453	16	d86f
386	10	30f	420	13	19cf	454	14	386f
387	11	60f	421	13	5cf	455	11	66f
388	13	1bf7	422	14	29cf	456	11	16f
389	14	8f	423	16	4a4f	457	13	1c6f
390	13	108f	424	15	15cf	458	15	a6f
391	14	208f	425	9	2f	459	15	4a6f
392	13	88f	426	10	3cf	460	13	1a6f
393	16	5177	427	10	12f	461	14	2a6f
394	16	d177	428	13	dcf	462	13	56f
395	13	188f	429	14	35cf	463	16	156f
396	13	48f	430	10	32f	464	15	556f
397	13	148f	431	11	af	465	15	356f
398	15	c8f	432	10	2af	466	12	d6f
399	16	4c8f	433	14	1dcf	467	16	956f
400	9	18f	434	13	4af	468	12	36f
401	10	28f	435	10	1af	469	17	1cc8f
402	10	4f	436	11	3af	470	14	b6f
403	13	1c8f	437	11	7af	471	15	756f
404	13	24f	438	13	14af	472	15	2b6f
405	10	14f	439	14	3dcf	473	17	6b6f
406	10	34f	440	13	caf	474	17	16b6f
407	11	64f	441	14	1caf	475	12	76f
408	13	124f	442	13	6f	476	13	1b6f
409	14	2c8f	443	16	ca4f	477	13	f6f
410	10	cf	444	15	55cf	478	14	1f6f
411	11	2cf	445	13	106f	479	16	eb6f
412	11	6cf	446	13	86f	480	11	ef
413	15	a4f	447	14	3caf	481	13	4ef
414	13	1a4f	448	15	186f	482	11	2ef

表 B.18（续）

索引	长度	码字	索引	长度	码字	索引	长度	码字
483	16	3f6f	517	13	79f	551	10	bf
484	15	7f6f	518	14	179f	552	10	2bf
485	12	cef	519	16	7eef	553	13	a3f
486	13	14ef	520	13	f9f	554	14	323f
487	14	6ef	521	14	379f	555	10	1bf
488	15	26ef	522	14	1f9f	556	11	63f
489	16	bf6f	523	16	feef	557	11	3bf
490	14	16ef	524	16	3f9f	558	13	1a3f
491	15	66ef	525	9	5f	559	15	7bf
492	13	eef	526	10	15f	560	10	7f
493	0	0	527	10	35f	561	11	27f
494	14	36ef	528	14	df	562	10	17f
495	14	1eef	529	14	20df	563	14	27bf
496	16	3eef	530	11	4df	564	14	17bf
497	16	beef	531	11	2df	565	13	fbf
498	0	0	532	11	6df	566	13	1fbf
499	0	0	533	14	10df	567	13	67f
500	9	1ef	534	13	8df	568	14	37bf
501	10	1f	535	10	1df	569	17	1ff9f
502	10	21f	536	10	3df	570	13	167f
503	13	11f	537	11	3f	571	14	e7f
504	13	111f	538	14	30df	572	13	1e7f
505	10	31f	539	14	18df	573	17	47bf
506	11	51f	540	13	43f	574	14	2e7f
507	10	9f	541	13	143f	575	12	37f
508	14	91f	542	13	c3f	576	13	b7f
509	14	291f	543	16	bf9f	577	13	1b7f
510	10	29f	544	16	7f9f	578	16	c7bf
511	11	19f	545	13	1c3f	579	14	77f
512	11	59f	546	13	23f	580	13	177f
513	13	191f	547	14	38df	581	14	277f
514	13	39f	548	14	123f	582	13	f7f
515	12	b9f	549	17	ff9f	583	16	1f7f
516	13	139f	550	9	13f	584	15	5f7f

表 B.18（续）

索引	长度	码字	索引	长度	码字	索引	长度	码字
585	12	ff	599	0	0	613	16	dff
586	12	8ff	600	12	2ff	614	14	2dff
587	13	4ff	601	12	aff	615	15	1dff
588	15	3f7f	602	13	6ff	616	16	8dff
589	16	9f7f	603	14	3cff	617	16	1dff
590	15	7f7f	604	16	16ff	618	17	147bf
591	15	14ff	605	13	eff	619	17	9dff
592	16	54ff	606	13	1eff	620	14	3dff
593	18	2cc8f	607	14	36ff	621	15	5dff
594	16	d4ff	608	15	56ff	622	12	7ff
595	15	34ff	609	16	96ff	623	17	19dff
596	13	cff	610	11	1ff	624	12	fff
597	15	74ff	611	12	5ff			
598	14	1cff	612	11	3ff			

表 B.19　MDCT 调整谱编码码书 residuebook __44u0__p5_0

索引	长度	码字	索引	长度	码字	索引	长度	码字
0	1	0	16	9	a3	32	9	17
1	4	1	17	9	1a3	33	9	117
2	4	9	18	4	b	34	11	97
3	7	5	19	6	13	35	10	297
4	7	45	20	6	33	36	7	57
5	7	25	21	8	63	37	8	37
6	7	65	22	8	e3	38	8	b7
7	9	15	23	8	7	39	9	197
8	9	115	24	8	87	40	9	77
9	4	d	25	9	47	41	9	177
10	6	35	26	9	147	42	9	f7
11	6	3	27	7	27	43	10	1f7
12	8	95	28	8	c7	44	10	3f7
13	8	55	29	8	67	45	7	f
14	8	d5	30	9	e7	46	8	4f
15	8	23	31	9	1e7	47	8	cf

表 B.19（续）

索引	长度	码字	索引	长度	码字	索引	长度	码字
48	9	2f	59	10	3af	70	12	5bf
49	9	12f	60	10	df	71	12	dbf
50	10	af	61	11	5af	72	9	7f
51	10	2af	62	11	2df	73	9	17f
52	11	497	63	9	1df	74	9	ff
53	11	1af	64	9	3f	75	10	3bf
54	7	6f	65	9	13f	76	11	1ff
55	8	1f	66	10	bf	77	11	5ff
56	8	9f	67	10	2bf	78	11	3ff
57	9	5f	68	11	6df	79	12	7ff
58	9	15f	69	11	1bf	80	12	fff

表 B.20 MDCT 调整谱编码码书 residuebook __44u0__p6_0

索引	长度	码字	索引	长度	码字	索引	长度	码字
0	1	0	19	9	53	38	14	1e55
1	4	1	20	11	2d5	39	6	37
2	4	9	21	10	153	40	8	d7
3	6	5	22	11	6d5	41	8	f
4	6	25	23	11	353	42	9	8f
5	8	15	24	14	2655	43	9	18f
6	8	95	25	14	e55	44	10	357
7	10	55	26	4	b	45	10	4f
8	9	155	27	5	7	46	11	557
9	11	255	28	6	33	47	11	24f
10	10	d5	29	8	d3	48	12	64f
11	14	655	30	8	17	49	12	e4f
12	13	1655	31	9	97	50	16	3e55
13	4	d	32	9	197	51	15	7e55
14	6	35	33	10	57	52	7	2f
15	5	3	34	10	257	53	8	cf
16	8	13	35	11	753	54	8	6f
17	8	93	36	11	157	55	9	14f
18	9	1d5	37	14	2e55	56	9	ef

表 B.20（续）

索引	长度	码字	索引	长度	码字	索引	长度	码字
57	10	1ef	91	10	33f	125	14	2ff
58	10	3ef	92	10	bf	126	14	22ff
59	11	1f	93	11	53f	127	15	12ff
60	11	41f	94	11	2bf	128	17	1e13f
61	12	21f	95	11	6bf	129	17	52ff
62	12	a1f	96	12	93f	130	11	6ff
63	15	61f	97	12	1bf	131	11	1ff
64	15	461f	98	13	113f	132	12	aff
65	9	11f	99	12	9bf	133	12	5ff
66	10	9f	100	13	5bf	134	12	dff
67	10	29f	101	13	15bf	135	13	3ff
68	10	19f	102	16	be55	136	13	13ff
69	10	39f	103	15	213f	137	13	bff
70	11	5f	104	10	3bf	138	14	32ff
71	11	45f	105	11	7f	139	14	1bff
72	12	e1f	106	11	47f	140	14	3bff
73	12	25f	107	11	27f	141	16	d2ff
74	12	a5f	108	11	67f	142	18	152ff
75	12	65f	109	12	dbf	143	14	7ff
76	15	261f	110	12	17f	144	15	27ff
77	15	661f	111	13	97f	145	15	67ff
78	9	15f	112	12	57f	146	15	17ff
79	10	df	113	13	197f	147	15	57ff
80	9	1df	114	13	d7f	148	16	37ff
81	10	2df	115	16	613f	149	16	b7ff
82	11	3f	116	17	e13f	150	16	77ff
83	11	43f	117	11	37f	151	16	f7ff
84	11	23f	118	11	77f	152	17	fff
85	12	e5f	119	12	ff	153	18	352ff
86	12	63f	120	12	8ff	154	0	0
87	12	e3f	121	12	4ff	155	0	0
88	13	161f	122	13	1d7f	156	14	2fff
89	15	13f	123	13	cff	157	15	4fff
90	15	413f	124	13	1cff	158	15	1fff

表 B.20（续）

索引	长度	码字	索引	长度	码字	索引	长度	码字
159	15	5fff	163	17	7fff	167	18	37fff
160	15	3fff	164	18	17fff	168	0	0
161	17	10fff	165	17	ffff			
162	16	8fff	166	17	1ffff			

表 B.21　MDCT 调整谱编码码书 residuebook __44u0__p6_1

索引	长度	码字	索引	长度	码字	索引	长度	码字
0	2	0	9	5	19	18	6	7
1	4	2	10	4	5	19	6	27
2	4	a	11	5	d	20	5	17
3	5	6	12	5	1d	21	6	f
4	5	16	13	5	3	22	6	2f
5	4	e	14	5	13	23	6	1f
6	5	1	15	5	b	24	6	3f
7	5	11	16	6	1b			
8	5	9	17	6	3b			

表 B.22　MDCT 调整谱编码码书 residuebook __44u0__p7_0

索引	长度	码字	索引	长度	码字	索引	长度	码字
0	1	0	14	11	385	28	11	1c5
1	4	1	15	11	785	29	11	5c5
2	4	9	16	11	45	30	11	3c5
3	11	5	17	11	445	31	11	7c5
4	11	405	18	11	245	32	11	25
5	9	105	19	11	645	33	11	425
6	11	205	20	11	145	34	11	225
7	11	605	21	11	545	35	11	625
8	11	85	22	11	345	36	11	125
9	11	485	23	11	745	37	11	525
10	11	285	24	11	c5	38	11	325
11	11	685	25	11	4c5	39	11	725
12	11	185	26	11	2c5	40	11	a5
13	11	585	27	11	6c5	41	11	4a5

表 B.22（续）

索引	长度	码字	索引	长度	码字	索引	长度	码字
42	11	2a5	76	11	795	110	11	475
43	11	6a5	77	11	55	111	11	275
44	11	1a5	78	11	455	112	11	675
45	11	5a5	79	11	255	113	11	175
46	11	3a5	80	11	655	114	11	575
47	11	7a5	81	11	155	115	11	375
48	11	65	82	11	555	116	11	775
49	11	465	83	11	355	117	11	f5
50	9	165	84	11	755	118	11	4f5
51	11	265	85	11	d5	119	11	2f5
52	11	665	86	11	4d5	120	11	6f5
53	11	e5	87	11	2d5	121	11	1f5
54	11	4e5	88	11	6d5	122	11	5f5
55	11	2e5	89	11	1d5	123	11	3f5
56	11	6e5	90	11	5d5	124	11	7f5
57	11	1e5	91	11	3d5	125	10	d
58	11	5e5	92	11	7d5	126	11	20d
59	11	3e5	93	11	35	127	11	60d
60	11	7e5	94	11	435	128	11	10d
61	11	15	95	11	235	129	11	50d
62	11	415	96	11	635	130	11	30d
63	11	215	97	11	135	131	11	70d
64	11	615	98	11	535	132	11	8d
65	11	115	99	11	335	133	11	48d
66	11	515	100	11	735	134	11	28d
67	11	315	101	11	b5	135	11	68d
68	11	715	102	11	4b5	136	11	18d
69	11	95	103	11	2b5	137	11	58d
70	11	495	104	11	6b5	138	11	38d
71	11	295	105	11	1b5	139	11	78d
72	11	695	106	11	5b5	140	11	4d
73	11	195	107	11	3b5	141	11	44d
74	11	595	108	11	7b5	142	11	24d
75	11	395	109	11	75	143	11	64d

表 B.22（续）

索引	长度	码字	索引	长度	码字	索引	长度	码字
144	11	14d	178	11	36d	212	11	dd
145	11	54d	179	11	76d	213	11	4dd
146	11	34d	180	11	ed	214	11	2dd
147	11	74d	181	11	4ed	215	11	6dd
148	11	cd	182	11	2ed	216	11	1dd
149	11	4cd	183	11	6ed	217	11	5dd
150	11	2cd	184	11	1ed	218	11	3dd
151	11	6cd	185	11	5ed	219	11	7dd
152	11	1cd	186	11	3ed	220	11	3d
153	11	5cd	187	11	7ed	221	11	43d
154	11	3cd	188	11	1d	222	11	23d
155	11	7cd	189	11	41d	223	11	63d
156	11	2d	190	11	21d	224	11	13d
157	11	42d	191	11	61d	225	11	53d
158	11	22d	192	11	11d	226	11	33d
159	11	62d	193	11	51d	227	11	73d
160	11	12d	194	11	31d	228	11	bd
161	11	52d	195	11	71d	229	11	4bd
162	11	32d	196	11	9d	230	11	2bd
163	11	72d	197	11	49d	231	11	6bd
164	11	ad	198	11	29d	232	11	1bd
165	11	4ad	199	11	69d	233	11	5bd
166	11	2ad	200	11	19d	234	11	3bd
167	11	6ad	201	11	59d	235	11	7bd
168	11	1ad	202	11	39d	236	11	7d
169	11	5ad	203	11	79d	237	11	47d
170	11	3ad	204	11	5d	238	11	27d
171	11	7ad	205	11	45d	239	11	67d
172	11	6d	206	11	25d	240	11	17d
173	11	46d	207	11	65d	241	11	57d
174	11	26d	208	11	15d	242	11	37d
175	11	66d	209	11	55d	243	11	77d
176	11	16d	210	11	35d	244	11	fd
177	11	56d	211	11	75d	245	11	4fd

表 B.22（续）

索引	长度	码字	索引	长度	码字	索引	长度	码字
246	11	2fd	280	11	1c3	314	11	3e3
247	11	6fd	281	11	5c3	315	11	7e3
248	11	1fd	282	11	3c3	316	11	13
249	11	5fd	283	11	7c3	317	11	413
250	11	3fd	284	11	23	318	11	213
251	11	7fd	285	11	423	319	11	613
252	11	3	286	11	223	320	11	113
253	11	403	287	11	623	321	11	513
254	11	203	288	11	123	322	11	313
255	11	603	289	11	523	323	11	713
256	11	103	290	11	323	324	11	93
257	11	503	291	11	723	325	11	493
258	11	303	292	11	a3	326	11	293
259	11	703	293	11	4a3	327	11	693
260	11	83	294	11	2a3	328	11	193
261	11	483	295	11	6a3	329	11	593
262	11	283	296	11	1a3	330	11	393
263	11	683	297	11	5a3	331	11	793
264	11	183	298	11	3a3	332	11	53
265	11	583	299	11	7a3	333	11	453
266	11	383	300	11	63	334	11	253
267	11	783	301	11	463	335	11	653
268	11	43	302	11	263	336	11	153
269	11	443	303	11	663	337	11	553
270	11	243	304	11	163	338	11	353
271	11	643	305	11	563	339	11	753
272	11	143	306	11	363	340	11	d3
273	11	543	307	11	763	341	11	4d3
274	11	343	308	11	e3	342	11	2d3
275	11	743	309	11	4e3	343	11	6d3
276	11	c3	310	11	2e3	344	11	1d3
277	11	4c3	311	11	6e3	345	11	5d3
278	11	2c3	312	11	1e3	346	11	3d3
279	11	6c3	313	11	5e3	347	11	7d3

表 B.22（续）

索引	长度	码字	索引	长度	码字	索引	长度	码字
348	11	33	382	11	20b	416	11	12b
349	11	433	383	11	60b	417	11	52b
350	11	233	384	11	10b	418	11	32b
351	11	633	385	11	50b	419	11	72b
352	11	133	386	11	30b	420	11	ab
353	11	533	387	11	70b	421	11	4ab
354	11	333	388	11	8b	422	11	2ab
355	11	733	389	11	48b	423	11	6ab
356	11	b3	390	11	28b	424	11	1ab
357	11	4b3	391	11	68b	425	11	5ab
358	11	2b3	392	11	18b	426	11	3ab
359	11	6b3	393	11	58b	427	11	7ab
360	11	1b3	394	11	38b	428	11	6b
361	11	5b3	395	11	78b	429	11	46b
362	11	3b3	396	11	4b	430	11	26b
363	11	7b3	397	11	44b	431	11	66b
364	11	73	398	11	24b	432	11	16b
365	11	473	399	11	64b	433	11	56b
366	11	273	400	11	14b	434	11	36b
367	11	673	401	11	54b	435	11	76b
368	11	173	402	11	34b	436	11	eb
369	11	573	403	11	74b	437	11	4eb
370	11	373	404	11	cb	438	11	2eb
371	11	773	405	11	4cb	439	11	6eb
372	11	f3	406	11	2cb	440	11	1eb
373	11	4f3	407	11	6cb	441	11	5eb
374	11	2f3	408	11	1cb	442	11	3eb
375	11	6f3	409	11	5cb	443	11	7eb
376	11	1f3	410	11	3cb	444	11	1b
377	11	5f3	411	11	7cb	445	11	41b
378	11	3f3	412	11	2b	446	11	21b
379	11	7f3	413	11	42b	447	11	61b
380	11	b	414	11	22b	448	11	11b
381	11	40b	415	11	62b	449	11	51b

表 B.22（续）

索引	长度	码字	索引	长度	码字	索引	长度	码字
450	11	31b	484	11	bb	518	10	2a7
451	11	71b	485	11	4bb	519	10	1a7
452	11	9b	486	10	2bb	520	10	3a7
453	11	49b	487	10	1bb	521	10	67
454	11	29b	488	10	3bb	522	10	267
455	11	69b	489	10	7b	523	10	167
456	11	19b	490	10	27b	524	10	367
457	11	59b	491	10	17b	525	10	e7
458	11	39b	492	10	37b	526	10	2e7
459	11	79b	493	10	fb	527	10	1e7
460	11	5b	494	10	2fb	528	10	3e7
461	11	45b	495	10	1fb	529	10	17
462	11	25b	496	10	3fb	530	10	217
463	11	65b	497	10	7	531	10	117
464	11	15b	498	10	207	532	10	317
465	11	55b	499	10	107	533	10	97
466	11	35b	500	10	307	534	10	297
467	11	75b	501	10	87	535	10	197
468	11	db	502	10	287	536	10	397
469	11	4db	503	10	187	537	10	57
470	11	2db	504	10	387	538	10	257
471	11	6db	505	10	47	539	10	157
472	11	1db	506	10	247	540	10	357
473	11	5db	507	10	147	541	10	d7
474	11	3db	508	10	347	542	10	2d7
475	11	7db	509	10	c7	543	10	1d7
476	11	3b	510	10	2c7	544	10	3d7
477	11	43b	511	10	1c7	545	10	37
478	11	23b	512	10	3c7	546	10	237
479	11	63b	513	10	27	547	10	137
480	11	13b	514	10	227	548	10	337
481	11	53b	515	10	127	549	10	b7
482	11	33b	516	10	327	550	10	2b7
483	11	73b	517	10	a7	551	10	1b7

表 B.22（续）

索引	长度	码字	索引	长度	码字	索引	长度	码字
552	10	3b7	577	10	2f	602	10	25f
553	10	77	578	10	22f	603	10	15f
554	10	277	579	10	12f	604	10	35f
555	10	177	580	10	32f	605	10	df
556	10	377	581	10	af	606	10	2df
557	10	f7	582	10	2af	607	10	1df
558	10	2f7	583	10	1af	608	10	3df
559	10	1f7	584	10	3af	609	10	3f
560	10	3f7	585	10	6f	610	10	23f
561	10	f	586	10	26f	611	10	13f
562	10	20f	587	10	16f	612	10	33f
563	10	10f	588	10	36f	613	10	bf
564	10	30f	589	10	ef	614	10	2bf
565	10	8f	590	10	2ef	615	10	1bf
566	10	28f	591	10	1ef	616	10	3bf
567	10	18f	592	10	3ef	617	10	7f
568	10	38f	593	10	1f	618	10	27f
569	10	4f	594	10	21f	619	10	17f
570	10	24f	595	10	11f	620	10	37f
571	10	14f	596	10	31f	621	10	ff
572	10	34f	597	10	9f	622	10	2ff
573	10	cf	598	10	29f	623	10	1ff
574	10	2cf	599	10	19f	624	10	3ff
575	10	1cf	600	10	39f			
576	10	3cf	601	10	5f			

表 B.23 MDCT 调整谱编码码书 residuebook __44u0__p7_1

索引	长度	码字	索引	长度	码字	索引	长度	码字
0	1	0	5	6	15	10	8	ad
1	4	1	6	6	35	11	9	6d
2	4	9	7	7	d	12	9	16d
3	6	5	8	7	4d	13	5	1d
4	6	25	9	8	2d	14	7	3

表 B.23（续）

索引	长度	码字	索引	长度	码字	索引	长度	码字
15	7	43	49	12	a97	83	11	2df
16	8	ed	50	15	697	84	11	6df
17	7	23	51	12	e97	85	13	1df
18	7	63	52	6	37	86	12	9df
19	7	13	53	8	57	87	14	11df
20	9	53	54	8	d7	88	15	31df
21	8	d3	55	9	197	89	15	71df
22	10	153	56	9	f	90	15	5df
23	9	33	57	9	10f	91	9	3f
24	10	353	58	9	8f	92	10	3df
25	11	133	59	11	18f	93	10	13f
26	5	b	60	11	58f	94	11	33f
27	7	73	61	12	38f	95	12	ddf
28	7	1b	62	11	78f	96	13	15df
29	8	b3	63	14	2697	97	13	73f
30	8	5b	64	12	b8f	98	14	25df
31	7	3b	65	7	4f	99	15	45df
32	7	7b	66	8	2f	100	14	173f
33	8	db	67	8	af	101	15	373f
34	9	7	68	10	6f	102	14	f3f
35	10	333	69	10	26f	103	15	773f
36	10	107	70	12	16f	104	8	bf
37	11	533	71	12	96f	105	10	7f
38	11	307	72	13	1697	106	10	27f
39	6	27	73	13	56f	107	12	17f
40	8	87	74	13	156f	108	12	97f
41	8	47	75	15	4697	109	14	2f3f
42	9	c7	76	13	d6f	110	14	1f3f
43	9	1c7	77	13	1d6f	111	15	3f3f
44	9	17	78	7	1f	112	14	57f
45	9	117	79	8	ef	113	14	257f
46	11	707	80	8	5f	114	15	7f3f
47	10	97	81	10	36f	115	15	157f
48	12	297	82	10	df	116	14	357f

表 B.23（续）

索引	长度	码字	索引	长度	码字	索引	长度	码字
117	10	37f	135	15	54ff	153	15	2bff
118	12	d7f	136	14	19ff	154	15	6bff
119	12	ff	137	15	39ff	155	15	1bff
120	14	8ff	138	15	79ff	156	13	7ff
121	14	28ff	139	14	5ff	157	13	17ff
122	15	557f	140	15	25ff	158	15	5bff
123	14	18ff	141	15	65ff	159	15	3bff
124	15	38ff	142	15	15ff	160	15	7bff
125	15	78ff	143	12	dff	161	15	fff
126	15	4ff	144	15	55ff	162	15	4fff
127	14	24ff	145	13	3ff	163	15	2fff
128	15	44ff	146	15	35ff	164	15	6fff
129	15	14ff	147	14	13ff	165	15	1fff
130	10	2ff	148	15	75ff	166	15	5fff
131	12	cff	149	15	33ff	167	15	3fff
132	12	1ff	150	15	73ff	168	15	7fff
133	13	9ff	151	15	bff			
134	14	34ff	152	15	4bff			

表 B.24　MDCT 调整谱编码码书 residuebook __44u0__p7_2

索引	长度	码字	索引	长度	码字	索引	长度	码字
0	2	0	12	8	96	24	9	161
1	5	2	13	5	e	25	9	e1
2	4	a	14	5	1e	26	5	11
3	6	12	15	6	36	27	6	9
4	6	32	16	7	56	28	5	19
5	7	6	17	7	1	29	7	29
6	7	46	18	8	41	30	7	69
7	8	26	19	8	c1	31	8	5
8	8	a6	20	8	21	32	8	85
9	8	66	21	8	a1	33	8	45
10	8	e6	22	9	116	34	8	c5
11	9	16	23	9	61	35	9	1e1

表 B.24（续）

索引	长度	码字	索引	长度	码字	索引	长度	码字
36	9	25	70	9	d3	104	8	7
37	9	125	71	9	1d3	105	8	87
38	9	a5	72	9	33	106	9	47
39	6	15	73	9	133	107	9	147
40	7	65	74	9	b3	108	9	c7
41	7	35	75	9	1b3	109	9	1c7
42	8	75	76	9	73	110	9	27
43	8	f5	77	9	173	111	9	127
44	8	d	78	7	b	112	9	a7
45	8	8d	79	8	f3	113	9	1a7
46	9	1a5	80	8	4b	114	10	67
47	8	4d	81	9	cb	115	9	167
48	9	cd	82	8	2b	116	10	267
49	9	1cd	83	9	1cb	117	9	e7
50	9	2d	84	8	ab	118	9	1e7
51	9	12d	85	9	6b	119	9	17
52	6	1d	86	9	16b	120	9	117
53	7	6d	87	9	eb	121	9	97
54	7	3d	88	9	1eb	122	9	197
55	8	ad	89	9	1b	123	9	57
56	7	7d	90	9	11b	124	9	157
57	8	3	91	8	9b	125	9	d7
58	8	83	92	9	5b	126	9	1d7
59	9	43	93	8	db	127	9	37
60	9	143	94	9	15b	128	9	137
61	9	c3	95	9	3b	129	9	b7
62	9	1c3	96	9	13b	130	8	77
63	9	23	97	9	bb	131	9	1b7
64	9	123	98	9	1bb	132	9	f7
65	7	63	99	9	7b	133	9	1f7
66	8	a3	100	9	17b	134	9	f
67	8	13	101	9	fb	135	9	10f
68	8	93	102	10	1fb	136	9	8f
69	8	53	103	10	3fb	137	9	18f

表 B.24（续）

索引	长度	码字	索引	长度	码字	索引	长度	码字
138	9	4f	149	9	1ef	160	9	13f
139	9	14f	150	9	1f	161	9	bf
140	9	cf	151	9	11f	162	9	1bf
141	9	1cf	152	10	9f	163	10	39f
142	9	2f	153	10	29f	164	9	7f
143	9	12f	154	10	19f	165	9	17f
144	9	af	155	9	5f	166	10	ff
145	9	1af	156	9	15f	167	10	2ff
146	9	6f	157	9	df	168	9	1ff
147	9	16f	158	9	1df			
148	9	ef	159	9	3f			

表 B.25 residue 编码所用码书 residuebook__44u0__long

索引	长度	码字	索引	长度	码字	索引	长度	码字
0	5	0	19	5	14	38	14	1890
1	8	10	20	6	5	39	20	91090
2	13	90	21	8	25	40	10	3b0
3	10	290	22	11	590	41	6	1b
4	17	1090	23	20	11090	42	7	6b
5	11	490	24	10	390	43	6	3b
6	11	190	25	4	d	44	9	ab
7	15	5090	26	5	15	45	7	7
8	7	50	27	5	3	46	8	47
9	2	2	28	7	65	47	17	7090
10	4	8	29	6	13	48	9	1ab
11	5	4	30	8	a5	49	8	c7
12	8	30	31	18	31090	50	10	27
13	7	70	32	15	3090	51	8	a7
14	9	b0	33	7	33	52	10	227
15	16	9090	34	6	b	53	5	17
16	13	890	35	7	73	54	4	f
17	4	c	36	8	2b	55	11	127
18	3	1	37	10	1b0	56	12	527

表 B.25(续)

索引	长度	码字	索引	长度	码字	索引	长度	码字
57	17	17090	60	16	f090	63	12	d27
58	19	51090	61	10	327			
59	14	3090	62	7	07			

表 B.26 MDCT 编码所用码书 residuebook __44u1__short

索引	长度	码字	索引	长度	码字	索引	长度	码字
0	12	0	22	10	80	44	6	5
1	13	800	23	16	5400	45	7	25
2	14	1800	24	7	4c	46	9	179
3	13	400	25	7	2c	47	16	b400
4	17	3800	26	7	6c	48	11	41c
5	12	c00	27	10	280	49	7	65
6	15	7800	28	9	180	50	3	3
7	17	13800	29	11	700	51	6	15
8	5	10	30	12	1c	52	4	d
9	5	8	31	16	d400	53	5	7
10	6	20	32	6	3c	54	8	f9
11	10	200	33	5	1	55	16	7400
12	10	100	34	5	11	56	12	81c
13	11	300	35	9	11c	57	9	35
14	15	1400	36	5	9	58	4	f
15	16	b800	37	6	19	59	8	b5
16	4	4	38	10	21c	60	5	17
17	3	2	39	16	3400	61	7	75
18	3	6	40	8	9c	62	9	135
19	7	40	41	7	5c	63	16	f400
20	5	18	42	7	39			
21	7	c	43	9	79			

表 B.27 MDCT 调整谱编码码书 residuebook __44u1__p1_0

索引	长度	码字	索引	长度	码字	索引	长度	码字
0	1	0	2	4	9	4	8	15
1	4	1	3	5	5	5	7	55

表 B.27（续）

索引	长度	码字	索引	长度	码字	索引	长度	码字
6	5	d	31	11	663	56	8	57
7	7	35	32	11	163	57	8	d7
8	8	95	33	8	c7	58	11	217
9	5	1d	34	11	563	59	11	617
10	8	75	35	11	363	60	8	37
11	8	f5	36	8	27	61	11	117
12	8	3	37	12	763	62	12	817
13	11	83	38	11	a7	63	8	b7
14	11	483	39	11	4a7	64	11	517
15	8	43	40	13	f63	65	11	317
16	10	283	41	13	1f63	66	11	717
17	10	183	42	11	2a7	67	13	77
18	5	13	43	13	6a7	68	13	1077
19	8	c3	44	14	16a7	69	10	277
20	8	23	45	7	67	70	12	877
21	8	a3	46	11	1a7	71	13	477
22	11	383	47	11	5a7	72	8	f7
23	10	63	48	10	3a7	73	11	177
24	8	e3	49	13	ea7	74	11	577
25	11	783	50	12	17	75	11	377
26	11	263	51	11	417	76	14	1477
27	4	b	52	13	1ea7	77	13	c77
28	8	7	53	14	36a7	78	11	777
29	8	87	54	4	f	79	14	3477
30	8	47	55	8	97	80	13	1c77

表 B.28 MDCT 调整谱编码码书 residuebook __44u1__p2_0

索引	长度	码字	索引	长度	码字	索引	长度	码字
0	2	0	5	6	36	10	7	11
1	4	2	6	5	e	11	7	51
2	4	a	7	6	1e	12	7	31
3	5	6	8	6	3e	13	8	71
4	6	16	9	5	1	14	8	f1

表 B.28（续）

索引	长度	码字	索引	长度	码字	索引	长度	码字
15	6	9	37	8	53	59	8	17
16	8	29	38	8	d3	60	7	57
17	8	a9	39	8	33	61	8	97
18	5	19	40	9	b3	62	8	37
19	7	69	41	10	1b3	63	6	f
20	7	5	42	8	73	64	8	b7
21	6	25	43	10	3b3	65	8	77
22	8	45	44	10	f3	66	8	f7
23	8	c5	45	6	b	67	10	2f
24	7	15	46	8	2b	68	10	22f
25	8	55	47	8	ab	69	8	af
26	8	d5	48	8	6b	70	8	6f
27	4	d	49	10	2f3	71	10	12f
28	7	35	50	8	eb	72	6	1f
29	7	75	51	8	1b	73	8	ef
30	7	3	52	10	1f3	74	8	3f
31	8	43	53	10	3f3	75	8	bf
32	8	c3	54	5	7	76	10	32f
33	7	23	55	7	5b	77	10	7f
34	8	63	56	7	3b	78	8	ff
35	8	e3	57	7	7b	79	10	27f
36	7	13	58	8	9b	80	9	17f

表 B.29　MDCT 调整谱编码码书 residuebook __44u1__p3_0

索引	长度	码字	索引	长度	码字	索引	长度	码字
0	1	0	8	9	c9	16	10	155
1	5	1	9	9	1c9	17	9	d5
2	5	11	10	5	5	18	12	355
3	8	9	11	7	69	19	12	b55
4	8	89	12	8	15	20	9	1d5
5	5	19	13	9	95	21	9	35
6	8	49	14	9	195	22	10	135
7	7	29	15	9	55	23	12	755

表 B.29（续）

索引	长度	码字	索引	长度	码字	索引	长度	码字
24	12	f55	58	11	23	92	14	3313
25	6	d	59	11	423	93	16	56e3
26	8	b5	60	8	a3	94	16	d6e3
27	8	75	61	10	223	95	12	b13
28	11	335	62	10	123	96	14	713
29	10	f5	63	11	323	97	13	1713
30	8	2d	64	11	723	98	17	2713
31	10	2f5	65	10	63	99	15	6713
32	10	1f5	66	11	263	100	9	93
33	11	735	67	11	663	101	11	193
34	11	3f5	68	13	163	102	11	593
35	8	ad	69	13	1163	103	14	f13
36	9	6d	70	10	363	104	15	2f13
37	10	16d	71	11	563	105	10	393
38	11	7f5	72	11	e3	106	11	53
39	11	36d	73	13	963	107	12	453
40	10	ed	74	13	1963	108	14	1f13
41	11	76d	75	9	1e3	109	16	a713
42	11	2ed	76	11	4e3	110	10	253
43	14	6ed	77	11	2e3	111	11	153
44	13	16ed	78	15	26ed	112	12	c53
45	10	1ed	79	14	6e3	113	14	3f13
46	11	3ed	80	10	13	114	16	6f13
47	11	7ed	81	12	ee3	115	12	553
48	13	eed	82	12	213	116	13	d53
49	13	1eed	83	15	66ed	117	14	1d53
50	5	1d	84	14	26e3	118	16	ef13
51	8	3	85	10	113	119	16	3d53
52	8	83	86	12	a13	120	13	353
53	10	43	87	11	613	121	13	1353
54	10	243	88	15	16e3	122	15	7d53
55	8	c3	89	14	36e3	123	15	b53
56	10	143	90	13	313	124	18	12713
57	10	343	91	14	1313	125	5	b

表 B.29（续）

索引	长度	码字	索引	长度	码字	索引	长度	码字
126	8	d3	160	10	db	194	14	34fb
127	8	33	161	12	75b	195	12	2fb
128	11	753	162	13	f5b	196	13	afb
129	11	b3	163	14	1b5b	197	13	1afb
130	8	73	164	14	3b5b	198	16	c6db
131	10	2b3	165	12	2db	199	16	54fb
132	10	1b3	166	13	adb	200	10	1fb
133	12	4b3	167	13	1adb	201	12	6fb
134	12	cb3	168	15	691b	202	12	efb
135	8	f3	169	15	6db	203	17	d4fb
136	10	3b3	170	12	edb	204	16	3fb
137	10	1b	171	13	16db	205	12	bfb
138	12	21b	172	13	1db	206	13	13fb
139	13	1b53	173	16	bd53	207	13	7fb
140	11	61b	174	16	46db	208	16	83fb
141	12	a1b	175	7	3b	209	15	43fb
142	12	11b	176	10	3db	210	11	7
143	14	2b53	177	10	7b	211	13	17fb
144	14	91b	178	12	9db	212	13	ffb
145	11	51b	179	12	5db	213	17	1d4fb
146	12	31b	180	10	27b	214	17	23fb
147	12	b1b	181	12	ddb	215	15	63fb
148	15	4b53	182	11	17b	216	15	1ffb
149	15	291b	183	13	11db	217	15	5ffb
150	8	9b	184	13	57b	218	16	a3fb
151	10	5b	185	10	37b	219	17	123fb
152	10	25b	186	12	d7b	220	14	3ffb
153	13	191b	187	12	fb	221	15	407
154	13	71b	188	13	157b	222	15	4407
155	10	15b	189	14	26db	223	19	32713
156	12	f1b	190	12	8fb	224	19	72713
157	12	35b	191	13	4fb	225	10	207
158	13	171b	192	12	cfb	226	12	c07
159	13	b5b	193	15	14fb	227	12	107

表 B.29（续）

索引	长度	码字	索引	长度	码字	索引	长度	码字
228	15	2407	262	10	267	296	12	34f
229	16	6407	263	12	e87	297	13	b4f
230	11	507	264	12	167	298	15	204f
231	13	1407	265	11	567	299	15	604f
232	12	907	266	12	967	300	8	cf
233	15	307	267	12	367	301	10	2f
234	18	e407	268	16	bb07	302	10	22f
235	11	707	269	15	6087	303	13	1b4f
236	13	1307	270	11	767	304	13	74f
237	13	b07	271	12	b67	305	10	12f
238	16	4307	272	12	e7	306	12	f4f
239	16	c307	273	14	1087	307	12	32f
240	14	2307	274	15	3087	308	14	174f
241	15	1b07	275	7	f	309	14	374f
242	15	5b07	276	10	2e7	310	10	af
243	17	1e407	277	10	1e7	311	12	b2f
244	17	3b07	278	13	8e7	312	12	72f
245	14	87	279	13	18e7	313	13	f2f
246	15	7b07	280	10	3e7	314	13	1f2f
247	15	2087	281	12	4e7	315	12	2af
248	17	13b07	282	12	ce7	316	13	aaf
249	19	2e407	283	14	4f	317	13	1aaf
250	5	17	284	13	104f	318	16	6af
251	8	47	285	10	24f	319	16	86af
252	8	c7	286	11	44f	320	12	eaf
253	11	487	287	12	84f	321	13	16af
254	11	287	288	13	14f	322	13	1af
255	8	27	289	13	114f	323	15	46af
256	10	187	290	12	94f	324	15	26af
257	10	387	291	13	54f	325	10	3af
258	12	887	292	13	154f	326	12	9af
259	12	687	293	16	7087	327	12	5af
260	8	a7	294	16	f087	328	16	66af
261	10	67	295	12	d4f	329	15	11af

表 B.29（续）

索引	长度	码字	索引	长度	码字	索引	长度	码字
330	11	6f	364	17	80ef	398	18	12fef
331	13	daf	365	14	20ef	399	19	634ef
332	13	1daf	366	15	14ef	400	9	19f
333	17	e6af	367	15	54ef	401	12	29f
334	16	51af	368	17	180ef	402	12	a9f
335	11	46f	369	19	34ef	403	16	afef
336	12	26f	370	14	cef	404	17	6fef
337	13	a6f	371	15	74ef	405	11	69f
338	16	d1af	372	15	2cef	406	13	1fef
339	15	31af	373	17	134ef	407	14	5f
340	13	1a6f	374	17	b4ef	408	17	16fef
341	15	71af	375	8	1f	409	18	32fef
342	15	66f	376	11	2ef	410	11	45f
343	19	6e407	377	11	6ef	411	13	105f
344	17	1e6af	378	16	6cef	412	13	85f
345	14	266f	379	16	ecef	413	19	efef
346	15	466f	380	10	1ef	414	18	2efef
347	14	166f	381	13	1cef	415	16	205f
348	17	366f	382	12	3ef	416	17	1efef
349	16	b66f	383	17	1b4ef	417	18	a05f
350	10	16f	384	17	bef	418	19	4efef
351	12	e6f	385	10	9f	419	19	2a05f
352	12	36f	386	12	7ef	420	15	605f
353	16	766f	387	13	1bef	421	16	185f
354	16	f66f	388	16	8bef	422	16	985f
355	11	76f	389	16	4bef	423	19	6a05f
356	13	b6f	390	15	2bef	424	19	1a05f
357	13	1b6f	391	17	10bef	425	9	15f
358	16	ef	392	16	cbef	426	12	25f
359	17	1366f	393	20	434ef	427	12	a5f
360	12	8ef	394	19	234ef	428	16	585f
361	13	10ef	395	14	fef	429	17	d85f
362	13	4ef	396	15	6bef	430	11	65f
363	15	40ef	397	17	2fef	431	14	385f

表 B.29（续）

索引	长度	码字	索引	长度	码字	索引	长度	码字
432	13	df	466	16	56df	500	8	3f
433	18	3a05f	467	20	196df	501	11	5df
434	17	1d85f	468	0	0	502	11	3df
435	11	4df	469	0	0	503	16	f9df
436	13	10df	470	15	36df	504	15	7df
437	13	8df	471	16	d6df	505	10	bf
438	17	18df	472	19	596df	506	12	fdf
439	17	118df	473	20	996df	507	12	2bf
440	16	98df	474	0	0	508	17	1b9df
441	17	58df	475	12	edf	509	17	47df
442	16	d8df	476	15	76df	510	10	1bf
443	20	e34ef	477	14	1df	511	13	17df
444	19	5a05f	478	18	396df	512	13	abf
445	14	38df	479	19	21df	513	17	147df
446	16	2df	480	13	11df	514	16	c7df
447	16	82df	481	16	a1df	515	14	27df
448	18	158df	482	15	61df	516	16	1abf
449	18	358df	483	20	421df	517	15	5abf
450	12	adf	484	19	221df	518	18	9abf
451	15	42df	485	13	9df	519	20	e21df
452	15	22df	486	16	19df	520	15	3abf
453	19	62df	487	15	59df	521	16	7abf
454	17	162df	488	20	c21df	522	16	fabf
455	14	12df	489	18	121df	523	19	29abf
456	15	32df	490	17	99df	524	19	69abf
457	16	e2df	491	18	321df	525	9	7f
458	0	0	492	17	199df	526	12	6bf
459	20	462df	493	0	0	527	12	ebf
460	13	6df	494	20	621df	528	16	3bf
461	15	72df	495	16	39df	529	16	83bf
462	16	16df	496	17	b9df	530	11	7bf
463	20	c62df	497	16	79df	531	13	13bf
464	17	96df	498	0	0	532	13	bbf
465	18	262df	499	0	0	533	17	19abf

表 B.29（续）

索引	长度	码字	索引	长度	码字	索引	长度	码字
534	16	43bf	565	14	1b7f	596	17	1cbff
535	11	17f	566	16	c37f	597	20	94bff
536	13	1bbf	567	15	3b7f	598	20	54bff
537	14	23bf	568	18	7b7f	599	0	0
538	17	c3bf	569	19	5e57f	600	12	7ff
539	18	1c3bf	570	16	fb7f	601	15	2bff
540	15	57f	571	17	17b7f	602	15	6bff
541	15	457f	572	18	27b7f	603	19	34bff
542	16	257f	573	18	5ff	604	20	d4bff
543	20	3c3bf	574	19	205ff	605	13	1bff
544	20	bc3bf	575	12	dff	606	15	fff
545	16	a57f	576	14	25ff	607	15	4fff
546	16	657f	577	15	45ff	608	0	0
547	17	e57f	578	19	605ff	609	0	0
548	19	7c3bf	579	18	105ff	610	14	2fff
549	19	1e57f	580	13	15ff	611	16	1fff
550	9	ff	581	15	3ff	612	15	5fff
551	13	157f	582	16	85ff	613	0	0
552	12	d7f	583	18	305ff	614	0	0
553	16	37f	584	0	0	615	15	3fff
554	17	837f	585	13	13ff	616	18	9fff
555	11	77f	586	14	23ff	617	16	7fff
556	14	237f	587	15	43ff	618	0	0
557	13	137f	588	0	0	619	0	0
558	17	1837f	589	0	0	620	17	19fff
559	17	437f	590	16	bff	621	18	29fff
560	11	1ff	591	16	8bff	622	16	ffff
561	14	b7f	592	17	4bff	623	0	0
562	14	2b7f	593	20	14bff	624	19	74bff
563	18	3e57f	594	0	0			
564	17	1437f	595	17	cbff			

表 B.30 MDCT 调整谱编码码书 residuebook __44u1__p4_0

索引	长度	码字	索引	长度	码字	索引	长度	码字
0	4	0	34	10	14a	68	12	39e
1	5	8	35	6	1a	69	12	b9e
2	5	18	36	7	3a	70	10	3e
3	9	4	37	8	7a	71	10	23e
4	9	104	38	10	34a	72	10	13e
5	5	14	39	10	fa	73	13	79e
6	6	24	40	10	2fa	74	11	33e
7	6	c	41	10	1fa	75	9	be
8	9	84	42	10	3fa	76	10	1be
9	9	184	43	11	6	77	10	3be
10	5	1c	44	13	406	78	13	179e
11	6	2c	45	10	206	79	13	f9e
12	6	2	46	9	106	80	10	7e
13	9	44	47	10	86	81	11	73e
14	9	144	48	12	c06	82	10	27e
15	9	c4	49	13	1406	83	13	1f9e
16	10	1c4	50	5	16	84	13	17e
17	9	22	51	7	46	85	10	37e
18	12	3c4	52	7	26	86	10	fe
19	12	bc4	53	10	286	87	10	2fe
20	9	122	54	10	186	88	13	117e
21	9	a2	55	6	e	89	13	97e
22	10	1a2	56	8	66	90	12	57e
23	12	7c4	57	7	2e	91	12	d7e
24	12	fc4	58	10	386	92	13	197e
25	5	12	59	10	e6	93	14	1fe
26	7	62	60	7	6e	94	14	21fe
27	7	a	61	8	1e	95	12	9fe
28	10	3a2	62	7	5e	96	12	5fe
29	10	4a	63	10	2e6	97	13	11fe
30	7	2a	64	10	1e6	98	14	dfe
31	7	6a	65	9	9e	99	14	2dfe
32	8	ca	66	10	3e6	100	9	1
33	10	24a	67	10	19e	101	10	3fe

表 B.30（续）

索引	长度	码字	索引	长度	码字	索引	长度	码字
102	10	101	136	8	19	170	11	65
103	13	1dfe	137	8	99	171	11	465
104	13	301	138	10	59	172	11	265
105	10	81	139	10	259	173	13	1b41
106	10	281	140	10	159	174	13	665
107	10	181	141	11	741	175	6	15
108	13	1301	142	10	359	176	8	e5
109	13	b01	143	13	1341	177	8	35
110	10	381	144	13	b41	178	10	165
111	10	41	145	10	d9	179	10	365
112	10	241	146	10	2d9	180	7	75
113	13	1b01	147	10	1d9	181	9	b5
114	13	701	148	12	3d9	182	8	d
115	12	f01	149	12	bd9	183	11	1b5
116	13	1701	150	7	39	184	10	3b5
117	12	141	151	8	79	185	8	8d
118	15	941	152	8	f9	186	9	4d
119	14	2941	153	11	7d9	187	9	14d
120	12	541	154	10	5	188	11	5b5
121	13	1941	155	8	85	189	11	cd
122	12	d41	156	8	45	190	10	2cd
123	15	4941	157	9	105	191	11	4cd
124	15	341	158	10	205	192	10	1cd
125	5	11	159	11	c5	193	14	1665
126	7	21	160	8	25	194	11	3cd
127	6	9	161	9	1c5	195	10	2d
128	10	c1	162	9	a5	196	11	7cd
129	10	2c1	163	11	4c5	197	11	22d
130	7	61	164	11	2c5	198	13	e65
131	8	29	165	11	6c5	199	13	1e65
132	8	a9	166	10	1a5	200	10	12d
133	10	1c1	167	11	3a5	201	11	62d
134	10	3c1	168	11	7a5	202	11	32d
135	7	69	169	14	2 341	203	14	3665

表 B.30（续）

索引	长度	码字	索引	长度	码字	索引	长度	码字
204	13	72d	238	14	ced	272	11	1f3
205	10	ad	239	14	2ced	273	12	d1d
206	10	2ad	240	12	61d	274	13	5f3
207	11	1ad	241	13	1ced	275	6	b
208	14	172d	242	12	e1d	276	8	2b
209	13	f2d	243	15	11d	277	8	ab
210	10	3ad	244	13	111d	278	11	3f3
211	11	5ad	245	13	91d	279	10	6b
212	11	6d	246	13	191d	280	8	eb
213	14	372d	247	14	211d	281	9	16b
214	14	1f2d	248	15	411d	282	9	1b
215	12	46d	249	16	c341	283	11	7f3
216	11	26d	250	5	3	284	11	26b
217	13	c6d	251	7	5d	285	7	5b
218	12	66d	252	7	3d	286	8	9b
219	16	4341	253	10	31d	287	9	11b
220	13	1c6d	254	10	9d	288	10	3b
221	14	3f2d	255	7	7d	289	11	66b
222	14	e6d	256	8	13	290	10	23b
223	15	2e6d	257	8	93	291	11	13b
224	15	6e6d	258	10	29d	292	11	53b
225	10	16d	259	10	19d	293	13	15f3
226	10	36d	260	7	53	294	13	df3
227	11	ed	261	8	33	295	10	33b
228	13	1e6d	262	8	b3	296	10	bb
229	14	4ed	263	10	39d	297	11	2bb
230	10	2ed	264	10	73	298	11	6bb
231	11	1ed	265	10	273	299	13	1df3
232	10	3ed	266	10	173	300	6	7
233	14	24ed	267	10	373	301	8	7b
234	13	14ed	268	13	51d	302	8	fb
235	10	1d	269	13	151d	303	10	1bb
236	11	5ed	270	10	f3	304	11	3bb
237	11	21d	271	10	2f3	305	8	27

表 B.30（续）

索引	长度	码字	索引	长度	码字	索引	长度	码字
306	9	a7	340	12	a37	374	12	977
307	9	1a7	341	14	2f97	375	9	f7
308	11	7bb	342	11	637	376	10	377
309	11	67	343	16	2637	377	10	1f7
310	8	e7	344	16	a637	378	13	3f7
311	9	167	345	12	e37	379	13	13f7
312	8	17	346	12	137	380	10	f
313	12	467	347	13	1637	381	11	7f7
314	10	267	348	13	937	382	11	20f
315	10	97	349	15	6637	383	14	3177
316	11	297	350	10	337	384	13	bf7
317	11	697	351	11	537	385	10	10f
318	13	c67	352	11	b7	386	10	30f
319	13	1c67	353	13	1937	387	11	60f
320	10	197	354	14	4b7	388	13	1bf7
321	11	397	355	10	2b7	389	14	8f
322	10	57	356	11	1b7	390	13	108f
323	14	797	357	11	5b7	391	14	208f
324	11	257	358	14	24b7	392	13	88f
325	10	157	359	15	14b7	393	16	5177
326	10	357	360	10	3b7	394	16	d177
327	10	d7	361	11	77	395	13	188f
328	14	2797	362	10	277	396	13	48f
329	13	1797	363	13	cb7	397	13	148f
330	10	2d7	364	13	1cb7	398	15	c8f
331	11	657	365	13	477	399	16	4c8f
332	11	1d7	366	14	34b7	400	9	18f
333	14	f97	367	13	1477	401	10	28f
334	13	1f97	368	16	54b7	402	10	4f
335	10	3d7	369	16	d4b7	403	13	1c8f
336	10	37	370	12	c77	404	13	24f
337	11	5d7	371	13	177	405	10	14f
338	13	237	372	11	577	406	10	34f
339	13	1237	373	15	1177	407	11	64f

表 B.30（续）

索引	长度	码字	索引	长度	码字	索引	长度	码字
408	13	124f	442	13	6f	476	13	1b6f
409	14	2c8f	443	16	ca4f	477	13	f6f
410	10	cf	444	15	55cf	478	14	1f6f
411	11	2cf	445	13	106f	479	16	eb6f
412	11	6cf	446	13	86f	480	11	ef
413	15	a4f	447	14	3caf	481	13	4ef
414	13	1a4f	448	15	186f	482	11	2ef
415	13	1cf	449	16	586f	483	16	3f6f
416	13	11cf	450	12	46f	484	15	7f6f
417	14	2a4f	451	13	c6f	485	12	cef
418	14	9cf	452	12	26f	486	13	14ef
419	18	cc8f	453	16	d86f	487	14	6ef
420	13	19cf	454	14	386f	488	15	26ef
421	13	5cf	455	11	66f	489	16	bf6f
422	14	29cf	456	11	16f	490	14	16ef
423	16	4a4f	457	13	1c6f	491	15	66ef
424	15	15cf	458	15	a6f	492	13	eef
425	9	2f	459	15	4a6f	493	0	0
426	10	3cf	460	13	1a6f	494	14	36ef
427	10	12f	461	14	2a6f	495	14	1eef
428	13	dcf	462	13	56f	496	16	3eef
429	14	35cf	463	16	156f	497	16	beef
430	10	32f	464	15	556f	498	0	0
431	11	af	465	15	356f	499	0	0
432	10	2af	466	12	d6f	500	9	1ef
433	14	1dcf	467	16	956f	501	10	1f
434	13	4af	468	12	36f	502	10	21f
435	10	1af	469	17	1cc8f	503	13	11f
436	11	3af	470	14	b6f	504	13	111f
437	11	7af	471	15	756f	505	10	31f
438	13	14af	472	15	2b6f	506	11	51f
439	14	3dcf	473	17	6b6f	507	10	9f
440	13	caf	474	17	16b6f	508	14	91f
441	14	1caf	475	12	76f	509	14	291f

表 B.30(续)

索引	长度	码字	索引	长度	码字	索引	长度	码字
510	10	29f	544	16	7f9f	578	16	c7bf
511	11	19f	545	13	1c3f	579	14	77f
512	11	59f	546	13	23f	580	13	177f
513	13	191f	547	14	38df	581	14	277f
514	13	39f	548	14	123f	582	13	f7f
515	12	b9f	549	17	ff9f	583	16	1f7f
516	13	139f	550	9	13f	584	15	5f7f
517	13	79f	551	10	bf	585	12	ff
518	14	179f	552	10	2bf	586	12	8ff
519	16	7eef	553	13	a3f	587	13	4ff
520	13	f9f	554	14	323f	588	15	3f7f
521	14	379f	555	10	1bf	589	16	9f7f
522	14	1f9f	556	11	63f	590	15	7f7f
523	16	feef	557	11	3bf	591	15	14ff
524	16	3f9f	558	13	1a3f	592	16	54ff
525	9	5f	559	15	7bf	593	18	2cc8f
526	10	15f	560	10	7f	594	16	d4ff
527	10	35f	561	11	27f	595	15	34ff
528	14	df	562	10	17f	596	13	cff
529	14	20df	563	14	27bf	597	15	74ff
530	11	4df	564	14	17bf	598	14	1cff
531	11	2df	565	13	fbf	599	0	0
532	11	6df	566	13	1fbf	600	12	2ff
533	14	10df	567	13	67f	601	12	aff
534	13	8df	568	14	37bf	602	13	6ff
535	10	1df	569	17	1ff9f	603	14	3cff
536	10	3df	570	13	167f	604	16	16ff
537	11	3f	571	14	e7f	605	13	eff
538	14	30df	572	13	1e7f	606	13	1eff
539	14	18df	573	17	47bf	607	14	36ff
540	13	43f	574	14	2e7f	608	15	56ff
541	13	143f	575	12	37f	609	16	96ff
542	13	c3f	576	13	b7f	610	11	1ff
543	16	bf9f	577	13	1b7f	611	12	5ff

表 B.30（续）

索引	长度	码字	索引	长度	码字	索引	长度	码字
612	11	3ff	617	16	1dff	622	12	7ff
613	16	dff	618	17	147bf	623	17	19dff
614	14	2dff	619	17	9dff	624	12	fff
615	15	4dff	620	14	3dff			
616	16	8dff	621	15	5dff			

表 B.31　MDCT 调整谱编码码书 residuebook __44u1__p5_0

索引	长度	码字	索引	长度	码字	索引	长度	码字
0	1	0	25	9	47	50	10	af
1	4	1	26	9	147	51	10	2af
2	4	9	27	7	27	52	11	497
3	7	5	28	8	c7	53	11	1af
4	7	45	29	8	67	54	7	6f
5	7	25	30	9	e7	55	8	1f
6	7	65	31	9	1e7	56	8	9f
7	9	15	32	9	17	57	9	5f
8	9	115	33	9	117	58	9	15f
9	4	d	34	11	97	59	10	3af
10	6	35	35	10	297	60	10	df
11	6	3	36	7	57	61	11	5af
12	8	95	37	8	37	62	11	2df
13	8	55	38	8	b7	63	9	1df
14	8	d5	39	9	197	64	9	3f
15	8	23	40	9	77	65	9	13f
16	9	a3	41	9	177	66	10	bf
17	9	1a3	42	9	f7	67	10	2bf
18	4	b	43	10	1f7	68	11	6df
19	6	13	44	10	3f7	69	11	1bf
20	6	33	45	7	f	70	12	5bf
21	8	63	46	8	4f	71	12	dbf
22	8	e3	47	8	cf	72	9	7f
23	8	7	48	9	2f	73	9	17f
24	8	87	49	9	12f	74	9	ff

表 B.31（续）

索引	长度	码字	索引	长度	码字	索引	长度	码字
75	10	3bf	77	11	5ff	79	12	7ff
76	11	1ff	78	11	3ff	80	12	fff

表 B.32 MDCT 调整谱编码码书 residuebook __44u1__p6_0

索引	长度	码字	索引	长度	码字	索引	长度	码字
0	1	0	28	6	33	56	9	ef
1	4	1	29	8	d3	57	10	1ef
2	4	9	30	8	17	58	10	3ef
3	6	5	31	9	97	59	11	1f
4	6	25	32	9	197	60	11	41f
5	8	15	33	10	57	61	12	21f
6	8	95	34	10	257	62	12	a1f
7	10	55	35	11	753	63	15	61f
8	9	155	36	11	157	64	15	461f
9	11	255	37	14	2e55	65	9	11f
10	10	d5	38	14	1e55	66	10	9f
11	14	655	39	6	37	67	10	29f
12	13	1655	40	8	d7	68	10	19f
13	4	d	41	8	f	69	10	39f
14	6	35	42	9	8f	70	11	5f
15	5	3	43	9	18f	71	11	45f
16	8	13	44	10	357	72	12	e1f
17	8	93	45	10	4f	73	12	25f
18	9	1d5	46	11	557	74	12	a5f
19	9	53	47	11	24f	75	12	65f
20	11	2d5	48	12	64f	76	15	261f
21	10	153	49	12	e4f	77	15	661f
22	11	6d5	50	16	3e55	78	9	15f
23	11	353	51	15	7e55	79	10	df
24	14	2655	52	7	2f	80	9	1df
25	14	e55	53	8	cf	81	10	2df
26	4	b	54	8	6f	82	11	3f
27	5	7	55	9	14f	83	11	43f

表 B.32(续)

索引	长度	码字	索引	长度	码字	索引	长度	码字
84	11	23f	113	13	197f	142	18	152ff
85	12	e5f	114	13	d7f	143	14	7ff
86	12	63f	115	16	613f	144	15	27ff
87	12	e3f	116	17	e13f	145	15	67ff
88	13	161f	117	11	37f	146	15	17ff
89	15	13f	118	11	77f	147	15	57ff
90	15	413f	119	12	ff	148	16	37ff
91	10	33f	120	12	8ff	149	16	b7ff
92	10	bf	121	12	4ff	150	16	77ff
93	11	53f	122	13	1d7f	151	16	f7ff
94	11	2bf	123	13	cff	152	17	fff
95	11	6bf	124	13	1cff	153	18	352ff
96	12	93f	125	14	2ff	154	0	0
97	12	1bf	126	14	22ff	155	0	0
98	13	113f	127	15	12ff	156	14	2fff
99	12	9bf	128	17	1e13f	157	15	4fff
100	13	5bf	129	17	52ff	158	15	1fff
101	13	15bf	130	11	6ff	159	15	5fff
102	16	be55	131	11	1ff	160	15	3fff
103	15	213f	132	12	aff	161	17	10fff
104	10	3bf	133	12	5ff	162	16	8fff
105	11	7f	134	12	dff	163	17	7fff
106	11	47f	135	13	3ff	164	18	17fff
107	11	27f	136	13	13ff	165	17	ffff
108	11	67f	137	13	bff	166	17	1ffff
109	12	dbf	138	14	32ff	167	18	37fff
110	12	17f	139	14	1bff	168	0	0
111	13	97f	140	14	3bff			
112	12	57f	141	16	d2ff			

表 B.33 MDCT 调整谱编码码书 residuebook __44u1__p6_1

索引	长度	码字	索引	长度	码字	索引	长度	码字
0	2	0	9	5	19	18	6	7
1	4	2	10	4	5	19	6	27
2	4	a	11	5	d	20	5	17
3	5	6	12	5	1d	21	6	f
4	5	16	13	5	3	22	6	2f
5	4	e	14	5	13	23	6	1f
6	5	1	15	5	b	24	6	3f
7	5	11	16	6	1b			
8	5	9	17	6	3b			

表 B.34 MDCT 调整谱编码码书 residuebook __44u1__p7_0

索引	长度	码字	索引	长度	码字	索引	长度	码字
0	1	0	17	9	115	34	8	8d
1	3	1	18	9	95	35	8	4d
2	2	3	19	9	195	36	8	cd
3	9	5	20	9	55	37	8	2d
4	9	105	21	9	155	38	8	ad
5	7	45	22	9	d5	39	8	6d
6	9	85	23	9	1d5	40	8	ed
7	9	185	24	9	35	41	8	1d
8	9	25	25	9	135	42	8	9d
9	9	125	26	9	b5	43	8	5d
10	9	a5	27	9	1b5	44	8	dd
11	9	1a5	28	9	75	45	8	3d
12	9	65	29	9	175	46	8	bd
13	9	165	30	9	f5	47	8	7d
14	9	e5	31	9	1f5	48	8	fd
15	9	1e5	32	9	d			
16	9	15	33	9	10d			

表 B.35 MDCT 调整谱编码码书 residuebook __44u1__p7_1

索引	长度	码字	索引	长度	码字	索引	长度	码字
0	1	0	34	9	7	68	10	6f
1	4	1	35	10	333	69	10	26f
2	4	9	36	10	107	70	12	16f
3	6	5	37	11	533	71	12	96f
4	6	25	38	11	307	72	13	1697
5	6	15	39	6	27	73	13	56f
6	6	35	40	8	87	74	13	156f
7	7	d	41	8	47	75	15	4697
8	7	4d	42	9	c7	76	13	d6f
9	8	2d	43	9	1c7	77	13	1d6f
10	8	ad	44	9	17	78	7	1f
11	9	6d	45	9	117	79	8	ef
12	9	16d	46	11	707	80	8	5f
13	5	1d	47	10	97	81	10	36f
14	7	3	48	12	297	82	10	df
15	7	43	49	12	a97	83	11	2df
16	8	ed	50	15	697	84	11	6df
17	7	23	51	12	e97	85	13	1df
18	7	63	52	6	37	86	12	9df
19	7	13	53	8	57	87	14	11df
20	9	53	54	8	d7	88	15	31df
21	8	d3	55	9	197	89	15	71df
22	10	153	56	9	f	90	15	5df
23	9	33	57	9	10f	91	9	3f
24	10	353	58	9	8f	92	10	3df
25	11	133	59	11	18f	93	10	13f
26	5	b	60	11	58f	94	11	33f
27	7	73	61	12	38f	95	12	ddf
28	7	1b	62	11	78f	96	13	15df
29	8	b3	63	14	2697	97	13	73f
30	8	5b	64	12	b8f	98	14	25df
31	7	3b	65	7	4f	99	15	45df
32	7	7b	66	8	2f	100	14	173f
33	8	db	67	8	af	101	15	373f

表 B.35（续）

索引	长度	码字	索引	长度	码字	索引	长度	码字
102	14	f3f	125	15	78ff	148	15	75ff
103	15	773f	126	15	4ff	149	15	33ff
104	8	bf	127	14	24ff	150	15	73ff
105	10	7f	128	15	44ff	151	15	bff
106	10	27f	129	15	14ff	152	15	4bff
107	12	17f	130	10	2ff	153	15	2bff
108	12	97f	131	12	cff	154	15	6bff
109	14	2f3f	132	12	1ff	155	15	1bff
110	14	1f3f	133	13	9ff	156	13	7ff
111	15	3f3f	134	14	34ff	157	13	17ff
112	14	57f	135	15	54ff	158	15	5bff
113	14	257f	136	14	19ff	159	15	3bff
114	15	7f3f	137	15	39ff	160	15	7bff
115	15	157f	138	15	79ff	161	15	fff
116	14	357f	139	14	5ff	162	15	4fff
117	10	37f	140	15	25ff	163	15	2fff
118	12	d7f	141	15	65ff	164	15	6fff
119	12	ff	142	15	15ff	165	15	1fff
120	14	8ff	143	12	dff	166	15	5fff
121	14	28ff	144	15	55ff	167	15	3fff
122	15	557f	145	13	3ff	168	15	7fff
123	14	18ff	146	15	35ff			
124	15	38ff	147	14	13ff			

表 B.36 MDCT 调整谱编码码书 residuebook __44u1__p7_2

索引	长度	码字	索引	长度	码字	索引	长度	码字
0	2	0	7	8	26	14	5	1e
1	5	2	8	8	a6	15	6	36
2	4	a	9	8	66	16	7	56
3	6	12	10	8	e6	17	7	1
4	6	32	11	9	16	18	8	41
5	7	6	12	8	96	19	8	c1
6	7	46	13	5	e	20	8	21

表 B.36（续）

索引	长度	码字	索引	长度	码字	索引	长度	码字
21	8	a1	55	8	ad	89	9	1b
22	9	116	56	7	7d	90	9	11b
23	9	61	57	8	3	91	8	9b
24	9	161	58	8	83	92	9	5b
25	9	e1	59	9	43	93	8	db
26	5	11	60	9	143	94	9	15b
27	6	9	61	9	c3	95	9	3b
28	5	19	62	9	1c3	96	9	13b
29	7	29	63	9	23	97	9	bb
30	7	69	64	9	123	98	9	1bb
31	8	5	65	7	63	99	9	7b
32	8	85	66	8	a3	100	9	17b
33	8	45	67	8	13	101	9	fb
34	8	c5	68	8	93	102	10	1fb
35	9	1e1	69	8	53	103	10	3fb
36	9	25	70	9	d3	104	8	7
37	9	125	71	9	1d3	105	8	87
38	9	a5	72	9	33	106	9	47
39	6	15	73	9	133	107	9	147
40	7	65	74	9	b3	108	9	c7
41	7	35	75	9	1b3	109	9	1c7
42	8	75	76	9	73	110	9	27
43	8	f5	77	9	173	111	9	127
44	8	d	78	7	b	112	9	a7
45	8	8d	79	8	f3	113	9	1a7
46	9	1a5	80	8	4b	114	10	67
47	8	4d	81	9	cb	115	9	167
48	9	cd	82	8	2b	116	10	267
49	9	1cd	83	9	1cb	117	9	e7
50	9	2d	84	8	ab	118	9	1e7
51	9	12d	85	9	6b	119	9	17
52	6	1d	86	9	16b	120	9	117
53	7	6d	87	9	eb	121	9	97
54	7	3d	88	9	1eb	122	9	197

表 B.36（续）

索引	长度	码字	索引	长度	码字	索引	长度	码字
123	9	57	139	9	14f	155	9	5f
124	9	157	140	9	cf	156	9	15f
125	9	d7	141	9	1cf	157	9	df
126	9	1d7	142	9	2f	158	9	1df
127	9	37	143	9	12f	159	9	3f
128	9	137	144	9	af	160	9	13f
129	9	b7	145	9	1af	161	9	bf
130	8	77	146	9	f	162	9	1bf
131	9	1b7	147	9	16f	163	10	39f
132	9	f7	148	9	ef	164	9	7f
133	9	1f7	149	9	1ef	165	9	17f
134	9	f	150	9	1f	166	10	ff
135	9	10f	151	9	11f	167	10	2ff
136	9	8f	152	10	9f	168	9	1ff
137	9	18f	153	10	29f			
138	9	4f	154	10	19f			

表 B.37 MDCT 调整谱编码码书 residuebook __44u1__long

索引	长度	码字	索引	长度	码字	索引	长度	码字
0	5	0	14	9	b0	28	7	65
1	8	10	15	16	9090	29	6	13
2	13	90	16	13	890	30	8	a5
3	10	290	17	4	c	31	18	31090
4	17	1090	18	3	1	32	15	3090
5	11	490	19	5	14	33	7	33
6	11	190	20	6	5	34	6	b
7	15	5090	21	8	25	35	7	73
8	7	50	22	11	590	36	8	2b
9	2	2	23	20	11090	37	10	1b0
10	4	8	24	10	390	38	14	1890
11	5	4	25	4	d	39	20	91090
12	8	30	26	5	15	40	10	3b0
13	7	70	27	5	3	41	6	1b

表 B.37（续）

索引	长度	码字	索引	长度	码字	索引	长度	码字
42	7	6b	50	10	27	58	19	51090
43	6	3b	51	8	a7	59	14	3890
44	9	ab	52	10	227	60	16	f090
45	7	7	53	5	17	61	10	327
46	8	47	54	4	f	62	7	67
47	17	7090	55	11	127	63	12	d27
48	9	1ab	56	12	527			
49	8	c7	57	17	17090			

表 B.38　MDCT 调整谱编码码书 residuebook __44u2__short

索引	长度	码字	索引	长度	码字	索引	长度	码字
0	13	0	22	10	220	44	4	9
1	15	1000	23	17	a80	45	5	11
2	17	5000	24	15	4a80	46	8	5a
3	17	15000	25	10	120	47	16	ca80
4	15	3000	26	6	18	48	13	1a80
5	15	7000	27	9	a0	49	11	11a
6	12	800	28	8	38	50	5	5
7	17	d000	29	9	1a0	51	8	da
8	11	400	30	11	680	52	3	3
9	9	100	31	17	10a80	53	3	7
10	7	40	32	15	2a80	54	5	15
11	10	200	33	8	b8	55	14	51a
12	10	80	34	4	2	56	13	151a
13	9	180	35	7	78	57	12	d1a
14	12	280	36	3	6	58	7	3a
15	17	1d000	37	5	a	59	10	31a
16	10	20	38	9	1a	60	5	d
17	6	10	39	16	8a80	61	5	1d
18	3	4	40	16	6a80	62	7	7a
19	6	30	41	10	320	63	14	251a
20	5	8	42	5	1			
21	7	60	43	8	9a			

表 B.39 MDCT 调整谱编码码书 residuebook __44u2__p1_0

索引	长度	码字	索引	长度	码字	索引	长度	码字
0	1	0	27	4	b	54	4	f
1	4	1	28	8	7	55	8	97
2	4	9	29	8	87	56	8	57
3	5	5	30	8	47	57	8	d7
4	8	15	31	11	2e3	58	11	417
5	7	55	32	11	6e3	59	11	217
6	5	d	33	8	c7	60	8	37
7	7	35	34	11	1e3	61	11	617
8	8	95	35	11	5e3	62	11	117
9	5	1d	36	8	27	63	8	b7
10	8	75	37	11	3e3	64	11	517
11	8	f5	38	11	7e3	65	11	317
12	8	3	39	11	a7	66	11	717
13	11	83	40	13	4a7	67	14	35a7
14	11	483	41	14	14a7	68	13	77
15	8	43	42	11	2a7	69	10	277
16	10	283	43	13	ca7	70	12	877
17	11	183	44	13	1ca7	71	13	1077
18	5	13	45	7	67	72	8	f7
19	8	c3	46	11	6a7	73	11	477
20	8	23	47	11	1a7	74	11	177
21	8	a3	48	10	3a7	75	11	577
22	11	583	49	13	5a7	76	13	377
23	10	383	50	12	da7	77	13	1377
24	8	63	51	11	17	78	11	777
25	11	e3	52	14	34a7	79	13	b77
26	11	4e3	53	14	15a7	80	13	1b77

表 B.40 MDCT 调整谱编码码书 residuebook __44u2__p2_0

索引	长度	码字	索引	长度	码字	索引	长度	码字
0	2	0	3	5	a	6	5	6
1	5	2	4	6	1a	7	6	16
2	5	12	5	6	3a	8	6	36

表 B.40（续）

索引	长度	码字	索引	长度	码字	索引	长度	码字
9	5	e	33	6	3d	57	6	27
10	6	1e	34	8	9d	58	8	cb
11	6	3e	35	8	5d	59	8	17
12	7	1	36	6	3	60	7	57
13	8	41	37	8	dd	61	8	97
14	8	c1	38	8	23	62	8	37
15	6	21	39	8	a3	63	6	f
16	8	11	40	9	63	64	8	b7
17	8	91	41	10	163	65	8	77
18	5	9	42	8	e3	66	8	f7
19	6	31	43	10	363	67	10	2f
20	6	19	44	10	13	68	10	22f
21	6	39	45	6	33	69	8	af
22	8	51	46	8	93	70	8	6f
23	7	5	47	8	53	71	10	12f
24	7	45	48	7	b	72	6	1f
25	8	d1	49	10	213	73	8	ef
26	8	25	50	8	d3	74	8	3f
27	5	15	51	8	4b	75	8	bf
28	6	d	52	10	113	76	10	32f
29	6	2d	53	10	313	77	10	7f
30	7	65	54	5	1b	78	8	ff
31	8	a5	55	6	2b	79	10	27f
32	8	1d	56	6	7	80	9	17f

表 B.41 MDCT 调整谱编码码书 residuebook __44u2__p3_0

索引	长度	码字	索引	长度	码字	索引	长度	码字
0	2	0	6	7	26	12	7	5e
1	4	2	7	7	66	13	9	3e
2	4	a	8	9	c6	14	9	13e
3	7	6	9	9	1c6	15	8	be
4	8	46	10	5	e	16	9	7e
5	5	16	11	7	1e	17	9	17e

表 B.41（续）

索引	长度	码字	索引	长度	码字	索引	长度	码字
18	12	fe	52	7	45	86	11	335
19	11	4fe	53	10	269	87	11	735
20	8	1	54	10	169	88	15	7555
21	9	1fe	55	7	25	89	14	3d55
22	9	81	56	9	e9	90	13	1b5
23	11	2fe	57	9	1e9	91	14	11b5
24	12	8fe	58	11	469	92	13	9b5
25	5	11	59	10	369	93	16	31b5
26	7	41	60	7	65	94	14	19b5
27	7	21	61	9	15	95	12	5b5
28	10	181	62	9	115	96	13	db5
29	10	381	63	11	95	97	13	1db5
30	7	61	64	11	495	98	15	71b5
31	9	9	65	9	195	99	16	b1b5
32	9	109	66	11	295	100	8	75
33	11	6fe	67	10	55	101	10	3b5
34	11	89	68	13	1069	102	10	f5
35	7	49	69	13	869	103	13	2f5
36	9	189	70	10	255	104	14	39b5
37	9	29	71	11	695	105	9	1f5
38	10	289	72	11	155	106	11	6f5
39	11	489	73	13	1869	107	11	d
40	10	129	74	13	555	108	14	12f5
41	11	329	75	8	d5	109	15	32f5
42	11	729	76	10	355	110	10	20d
43	13	a9	77	10	35	111	11	40d
44	13	10a9	78	14	1555	112	11	10d
45	9	1a9	79	13	d55	113	14	af5
46	10	2a9	80	10	235	114	15	72f5
47	11	4a9	81	11	135	115	12	50d
48	12	8a9	82	11	535	116	13	1af5
49	13	69	83	15	3555	117	13	d0d
50	5	19	84	14	1d55	118	15	2af5
51	7	5	85	9	b5	119	15	6af5

表 B.41（续）

索引	长度	码字	索引	长度	码字	索引	长度	码字
120	12	30d	154	12	f23	188	13	7d3
121	13	1d0d	155	9	13	189	13	17d3
122	14	b0d	156	11	113	190	11	1f3
123	15	2b0d	157	11	513	191	13	fd3
124	16	6b0d	158	13	313	192	12	5f3
125	5	1d	159	13	1313	193	15	1fd3
126	7	4d	160	9	93	194	13	df3
127	7	2d	161	11	713	195	11	3f3
128	10	8d	162	11	193	196	13	1df3
129	10	28d	163	13	b13	197	13	7f3
130	7	6d	164	13	1b13	198	15	5fd3
131	9	18d	165	12	593	199	16	eb0d
132	9	3	166	13	d93	200	9	b
133	11	70d	167	12	393	201	12	ff3
134	11	103	168	14	3b03	202	11	10b
135	7	43	169	14	1d93	203	15	3fd3
136	9	83	170	11	793	204	15	7fd3
137	9	183	171	12	b93	205	11	50b
138	11	503	172	13	53	206	12	30b
139	12	303	173	15	3d93	207	12	b0b
140	10	23	174	15	7d93	208	16	17f3
141	11	703	175	7	33	209	15	57f3
142	11	223	176	9	153	210	11	70b
143	14	1b0d	177	9	d3	211	12	8b
144	13	b03	178	12	853	212	13	88b
145	10	123	179	12	453	213	16	97f3
146	11	623	180	8	73	214	16	37f3
147	11	323	181	11	253	215	13	188b
148	14	3b0d	182	10	1d3	216	14	48b
149	14	1b03	183	13	1053	217	15	77f3
150	7	63	184	12	c53	218	16	b7f3
151	9	a3	185	9	f3	219	15	248b
152	9	1a3	186	11	653	220	13	148b
153	12	723	187	11	3d3	221	15	648b

表 B.41（续）

索引	长度	码字	索引	长度	码字	索引	长度	码字
222	15	c8b	256	9	1cb	290	11	3d7
223	17	4c8b	257	9	47	291	13	15d7
224	17	14c8b	258	12	2cb	292	12	dd7
225	9	18b	259	11	6cb	293	16	ad4b
226	11	28b	260	7	27	294	15	6d4b
227	11	68b	261	9	147	295	11	7d7
228	14	2c8b	262	9	c7	296	12	37
229	15	1c8b	263	11	1c7	297	12	837
230	10	4b	264	11	5c7	298	14	3acb
231	12	24b	265	10	3c7	299	15	437
232	12	a4b	266	11	67	300	7	77
233	15	5c8b	267	11	467	301	9	137
234	15	3c8b	268	14	1d4b	302	9	b7
235	11	64b	269	14	3d4b	303	12	c37
236	13	14b	270	10	267	304	12	237
237	12	94b	271	11	167	305	9	1b7
238	15	7c8b	272	11	567	306	11	637
239	16	cc8b	273	13	acb	307	11	f
240	13	114b	274	14	1acb	308	13	1437
241	15	54b	275	7	17	309	13	a37
242	14	254b	276	9	e7	310	9	10f
243	16	454b	277	9	1e7	311	11	40f
244	16	c54b	278	12	367	312	11	20f
245	13	154b	279	12	b67	313	13	1a37
246	15	d4b	280	9	57	314	12	60f
247	15	4d4b	281	11	767	315	11	8f
248	17	2d4b	282	11	157	316	13	e0f
249	19	12d4b	283	13	557	317	12	48f
250	5	1b	284	13	1557	318	15	4437
251	7	2b	285	9	d7	319	16	2437
252	7	6b	286	10	357	320	12	c8f
253	10	34b	287	11	1d7	321	13	1e0f
254	10	cb	288	12	d57	322	13	28f
255	7	7	289	13	5d7	323	15	6437

表 B.41（续）

索引	长度	码字	索引	长度	码字	索引	长度	码字
324	14	128f	358	15	574f	392	15	776f
325	9	18f	359	17	8b4f	393	18	1f74f
326	11	68f	360	11	3cf	394	17	efcf
327	11	4f	361	13	1f4f	395	13	aef
328	15	328f	362	12	dcf	396	15	1aef
329	14	a8f	363	15	374f	397	15	5aef
330	11	44f	364	16	774f	398	16	3aef
331	13	1a8f	365	13	7cf	399	16	baef
332	12	24f	366	15	17cf	400	9	1ef
333	16	a437	367	14	37cf	401	11	6ef
334	15	728f	368	18	18b4f	402	11	1f
335	10	14f	369	17	f74f	403	16	7aef
336	11	64f	370	14	fcf	404	15	41f
337	12	a4f	371	15	57cf	405	11	21f
338	15	2a8f	372	15	2fcf	406	13	141f
339	15	6a8f	373	16	6fcf	407	13	c1f
340	13	34f	374	18	38b4f	408	16	faef
341	14	134f	375	7	2f	409	18	3f74f
342	14	334f	376	10	6f	410	11	61f
343	18	32d4b	377	10	26f	411	13	1c1f
344	17	b4f	378	14	1fcf	412	13	11f
345	13	1b4f	379	14	3fcf	413	16	441f
346	14	2b4f	380	10	16f	414	16	c41f
347	14	74f	381	12	36f	415	15	241f
348	15	4b4f	382	12	b6f	416	16	641f
349	17	10b4f	383	15	76f	417	16	e41f
350	10	cf	384	15	476f	418	0	0
351	11	2cf	385	10	ef	419	0	0
352	11	6cf	386	12	f6f	420	14	111f
353	14	274f	387	12	2ef	421	15	311f
354	15	174f	388	15	276f	422	16	711f
355	11	1cf	389	15	676f	423	18	1efcf
356	13	f4f	390	14	176f	424	17	f11f
357	12	5cf	391	15	376f	425	9	9f

表 B.41（续）

索引	长度	码字	索引	长度	码字	索引	长度	码字
426	11	51f	460	13	45f	494	19	3d45f
427	11	31f	461	15	385f	495	15	3e5f
428	16	01f	462	16	ef9f	496	17	11e5f
429	15	491f	463	20	fefcf	497	16	9e5f
430	10	19f	464	17	785f	498	19	7d45f
431	13	191f	465	16	f85f	499	0	0
432	12	71f	466	18	1785f	500	8	df
433	17	1f11f	467	0	0	501	10	15f
434	16	291f	468	0	0	502	10	35f
435	11	39f	469	0	0	503	14	3f
436	12	f1f	470	15	145f	504	15	7e5f
437	13	79f	471	16	545f	505	10	23f
438	16	a91f	472	17	d45f	506	12	83f
439	17	691f	473	18	3785f	507	11	43f
440	14	179f	474	19	5691f	508	15	203f
441	15	379f	475	11	25f	509	15	603f
442	16	e91f	476	14	345f	510	10	13f
443	19	52d4b	477	14	c5f	511	11	33f
444	19	3efcf	478	0	0	512	12	73f
445	14	f9f	479	19	1d45f	513	16	103f
446	15	779f	480	12	65f	514	15	503f
447	15	2f9f	481	15	2c5f	515	13	f3f
448	0	0	482	14	1c5f	516	14	303f
449	20	7efcf	483	17	6c5f	517	14	1f3f
450	12	5f	484	17	16c5f	518	19	903f
451	14	1f9f	485	13	e5f	519	17	1903f
452	14	3f9f	486	15	3c5f	520	14	3f3f
453	0	0	487	15	7c5f	521	15	bf
454	0	0	488	0	0	522	15	40bf
455	13	85f	489	0	0	523	0	0
456	14	185f	490	16	ec5f	524	0	0
457	16	6f9f	491	17	1e5f	525	9	1bf
458	19	1691f	492	15	5e5f	526	11	4bf
459	18	3691f	493	20	5d45f	527	11	2bf

表 B.41（续）

索引	长度	码字	索引	长度	码字	索引	长度	码字
528	16	20bf	561	13	18ff	594	19	38eff
529	15	60bf	562	13	6ff	595	15	43ff
530	11	6bf	563	19	25a7f	596	16	83ff
531	13	10bf	564	17	a67f	597	19	78eff
532	13	8bf	565	14	16ff	598	19	23ff
533	17	a0bf	566	16	667f	599	17	123ff
534	16	18bf	567	16	e67f	600	12	bff
535	10	7f	568	18	1a67f	601	14	13ff
536	12	27f	569	17	36ff	602	14	33ff
537	13	a7f	570	15	76ff	603	16	a3ff
538	16	98bf	571	16	b6ff	604	19	423ff
539	17	1a0bf	572	16	eff	605	13	7ff
540	14	38bf	573	17	136ff	606	15	63ff
541	15	58bf	574	19	65a7f	607	15	17ff
542	15	1a7f	575	11	1ff	608	0	0
543	18	2903f	576	14	2eff	609	17	57ff
544	18	5a7f	577	14	1eff	610	13	fff
545	14	3a7f	578	18	3a67f	611	15	37ff
546	15	67f	579	18	8eff	612	14	1fff
547	16	da7f	580	13	5ff	613	18	223ff
548	20	dd45f	581	14	3eff	614	18	157ff
549	19	4903f	582	15	4eff	615	15	77ff
550	9	17f	583	0	0	616	16	d7ff
551	12	e7f	584	0	0	617	15	3fff
552	12	ff	585	12	dff	618	0	0
553	0	0	586	14	15ff	619	18	357ff
554	15	467f	587	15	35ff	620	16	7fff
555	11	4ff	588	19	28eff	621	17	ffff
556	13	167f	589	18	18eff	622	17	1ffff
557	13	8ff	590	15	75ff	623	0	0
558	16	267f	591	16	3ff	624	0	0
559	17	15a7f	592	19	68eff			
560	11	2ff	593	0	0			

表 B.42　MDCT 调整谱编码码书 residuebook __44u2__p4_0

索引	长度	码字	索引	长度	码字	索引	长度	码字
0	4	0	34	10	30a	68	12	53a
1	5	8	35	7	6a	69	11	36e
2	5	18	36	7	1a	70	9	ee
3	8	4	37	8	aa	71	10	1ee
4	8	84	38	10	5a	72	10	3ee
5	5	14	39	10	25a	73	12	d3a
6	7	44	40	10	15a	74	11	76e
7	6	24	41	10	35a	75	9	1e
8	9	c	42	10	da	76	10	11e
9	9	10c	43	11	2da	77	10	31e
10	5	1c	44	12	6da	78	12	9e
11	6	2c	45	9	1da	79	12	89e
12	7	4c	46	10	3a	80	10	29e
13	9	8c	47	10	23a	81	10	19e
14	9	18c	48	11	13a	82	10	39e
15	9	2	49	12	eda	83	13	49e
16	9	102	50	5	6	84	12	c9e
17	9	82	51	7	7a	85	9	5e
18	11	182	52	7	16	86	10	15e
19	11	582	53	9	ba	87	10	35e
20	9	42	54	9	1ba	88	12	de
21	9	142	55	6	36	89	13	149e
22	9	c2	56	8	56	90	12	8de
23	11	382	57	7	e	91	12	4de
24	11	782	58	10	33a	92	12	cde
25	5	12	59	10	d6	93	14	2de
26	7	22	60	7	4e	94	14	22de
27	7	62	61	8	2e	95	11	6de
28	9	1c2	62	8	ae	96	12	ade
29	9	a	63	10	2d6	97	12	1de
30	7	4a	64	10	1d6	98	13	12de
31	8	8a	65	9	6e	99	14	9de
32	8	2a	66	10	3d6	100	9	3e
33	10	10a	67	10	16e	101	10	3de

表 B.42（续）

索引	长度	码字	索引	长度	码字	索引	长度	码字
102	10	13e	136	8	89	170	10	305
103	12	5de	137	8	29	171	11	85
104	12	dde	138	10	109	172	11	485
105	9	be	139	10	309	173	13	1505
106	10	33e	140	10	a9	174	13	d05
107	10	1be	141	10	2a9	175	6	25
108	12	3be	142	10	1a9	176	8	45
109	13	19de	143	12	cfe	177	8	c5
110	10	7e	144	12	3a9	178	10	285
111	10	27e	145	10	69	179	10	185
112	10	17e	146	10	269	180	7	15
113	12	bbe	147	10	169	181	9	55
114	13	7be	148	12	ba9	182	8	d5
115	11	37e	149	12	7a9	183	11	385
116	12	fbe	150	7	19	184	10	155
117	12	77e	151	8	e9	185	8	35
118	14	29de	152	8	59	186	9	b5
119	13	17be	153	11	369	187	9	1b5
120	12	f7e	154	10	d9	188	11	785
121	12	fe	155	8	39	189	11	355
122	12	8fe	156	8	b9	190	10	75
123	14	4fe	157	9	1d9	191	11	755
124	13	14fe	158	11	769	192	10	275
125	5	1	159	11	2d9	193	13	1d05
126	7	11	160	8	79	194	11	175
127	7	51	161	9	f9	195	10	375
128	10	2fe	162	9	1f9	196	11	575
129	9	1fe	163	11	6d9	197	11	f5
130	7	31	164	11	5	198	13	4f5
131	8	71	165	10	205	199	13	14f5
132	8	f1	166	11	405	200	9	1f5
133	10	9	167	11	105	201	10	2f5
134	10	209	168	12	fa9	202	10	d
135	7	49	169	13	505	203	13	cf5

表 B.42（续）

索引	长度	码字	索引	长度	码字	索引	长度	码字
204	13	1cf5	238	13	9cd	272	11	3d3
205	10	20d	239	13	19cd	273	12	d2d
206	11	10d	240	12	42d	274	12	7d3
207	11	50d	241	13	c2d	275	6	33
208	13	30d	242	11	22d	276	8	b
209	13	130d	243	15	658d	277	8	8b
210	10	8d	244	13	1c2d	278	10	4b
211	11	70d	245	12	62d	279	10	24b
212	11	28d	246	13	e2d	280	8	cb
213	14	24fe	247	13	1e2d	281	9	14b
214	13	b0d	248	15	12d	282	9	2b
215	12	68d	249	15	412d	283	11	12b
216	11	18d	250	5	1d	284	11	52b
217	13	1b0d	251	7	6d	285	7	6b
218	12	e8d	252	7	3	286	8	ab
219	15	58d	253	9	ad	287	9	1b
220	12	d8d	254	10	32d	288	10	32b
221	13	158d	255	7	43	289	11	11b
222	13	38d	256	8	23	290	10	31b
223	15	458d	257	8	a3	291	11	51b
224	15	258d	258	10	1ad	292	11	9b
225	9	4d	259	10	3ad	293	13	112d
226	10	14d	260	7	63	294	13	fd3
227	10	34d	261	8	13	295	10	29b
228	12	b8d	262	8	93	296	10	19b
229	13	138d	263	10	53	297	11	49b
230	10	cd	264	10	253	298	11	39b
231	11	78d	265	10	153	299	13	1fd3
232	10	2cd	266	10	353	300	7	5b
233	13	1cd	267	10	d3	301	8	3b
234	13	11cd	268	12	92d	302	8	bb
235	10	3cd	269	12	52d	303	10	7b
236	11	5cd	270	10	2d3	304	11	79b
237	11	2d	271	10	1d3	305	8	fb

表 B.42（续）

索引	长度	码字	索引	长度	码字	索引	长度	码字
306	9	17b	340	12	367	374	12	d97
307	9	7	341	13	1867	375	8	57
308	11	27b	342	13	b67	376	9	d7
309	11	67b	343	15	1b67	377	9	1d7
310	8	87	344	15	5b67	378	12	397
311	9	107	345	12	767	379	12	b97
312	8	47	346	11	e7	380	9	37
313	11	c7	347	13	f67	381	11	797
314	11	4c7	348	12	4e7	382	10	137
315	10	2c7	349	14	3b67	383	13	337
316	11	1c7	350	9	1e7	384	13	1337
317	11	5c7	351	10	2e7	385	9	b7
318	13	3c7	352	10	17	386	10	1b7
319	13	13c7	353	12	ce7	387	10	3b7
320	10	27	354	13	1f67	388	13	b37
321	11	7c7	355	10	217	389	13	1b37
322	11	227	356	11	117	390	12	737
323	13	bc7	357	11	517	391	13	f37
324	12	627	358	13	317	392	13	1f37
325	9	127	359	14	1317	393	15	5997
326	10	a7	360	10	97	394	15	3997
327	10	2a7	361	11	717	395	12	77
328	13	1bc7	362	11	297	396	12	877
329	12	e27	363	13	b17	397	12	477
330	10	1a7	364	13	1b17	398	14	c77
331	11	3a7	365	12	697	399	14	2c77
332	11	7a7	366	13	e97	400	9	177
333	14	212d	367	13	1e97	401	10	277
334	13	67	368	15	3317	402	10	f7
335	10	267	369	15	7317	403	13	1c77
336	10	167	370	12	197	404	13	2f7
337	11	467	371	13	997	405	10	1f7
338	13	1067	372	12	597	406	11	6f7
339	13	867	373	15	1997	407	11	3f7

表 B.42（续）

索引	长度	码字	索引	长度	码字	索引	长度	码字
408	13	12f7	442	13	10cf	476	12	42f
409	14	af7	443	16	f997	477	12	c2f
410	10	f	444	14	20cf	478	14	37cf
411	11	7f7	445	13	8cf	479	15	22f
412	11	20f	446	13	18cf	480	11	62f
413	14	2af7	447	13	4cf	481	13	122f
414	12	60f	448	14	14cf	482	11	12f
415	13	1af7	449	15	450f	483	15	422f
416	13	e0f	450	11	2cf	484	14	222f
417	14	1e0f	451	13	ccf	485	12	a2f
418	14	3e0f	452	12	6cf	486	13	52f
419	16	7997	453	15	34cf	487	13	152f
420	12	10f	454	14	1ccf	488	15	d2f
421	13	90f	455	11	1cf	489	16	4d2f
422	13	190f	456	12	ecf	490	13	1d2f
423	15	50f	457	13	5cf	491	15	2d2f
424	14	250f	458	14	3ccf	492	12	32f
425	9	8f	459	15	74cf	493	17	157cf
426	10	30f	460	12	dcf	494	13	b2f
427	10	18f	461	13	15cf	495	14	1b2f
428	13	150f	462	13	3cf	496	15	6d2f
429	13	d0f	463	16	13cf	497	15	3b2f
430	10	38f	464	15	53cf	498	16	cd2f
431	11	4f	465	14	33cf	499	16	7b2f
432	10	24f	466	12	bcf	500	8	af
433	14	1d0f	467	15	7cf	501	9	6f
434	13	44f	468	12	fcf	502	9	16f
435	10	14f	469	16	93cf	503	12	72f
436	11	34f	470	14	27cf	504	12	f2f
437	11	74f	471	15	47cf	505	9	ef
438	13	144f	472	15	17cf	506	10	1ef
439	14	3d0f	473	17	57cf	507	10	3ef
440	12	c4f	474	16	d7cf	508	13	1f
441	14	cf	475	11	2f	509	13	101f

表 B.42（续）

索引	长度	码字	索引	长度	码字	索引	长度	码字
510	9	11f	544	14	7df	578	14	167f
511	10	21f	545	12	fdf	579	14	367f
512	10	9f	546	12	3f	580	12	d7f
513	13	81f	547	14	27df	581	13	37f
514	13	181f	548	14	17df	582	13	137f
515	12	41f	549	16	fb2f	583	16	f5bf
516	13	c1f	550	9	13f	584	15	b7f
517	12	29f	551	10	23f	585	11	77f
518	14	1c1f	552	10	bf	586	12	ff
519	14	3c1f	553	13	83f	587	13	1b7f
520	12	a9f	554	13	183f	588	14	2b7f
521	13	69f	555	10	2bf	589	15	4b7f
522	13	169f	556	11	43f	590	14	8ff
523	15	e9f	557	11	1bf	591	15	28ff
524	15	4e9f	558	13	5bf	592	15	68ff
525	9	19f	559	14	37df	593	16	18ff
526	10	5f	560	10	3bf	594	16	98ff
527	10	25f	561	11	7f	595	14	38ff
528	13	1e9f	562	11	47f	596	13	4ff
529	13	15f	563	14	15bf	597	15	58ff
530	10	35f	564	13	dbf	598	13	14ff
531	11	55f	565	13	1dbf	599	17	cff
532	11	df	566	13	27f	600	11	2ff
533	14	2e9f	567	13	127f	601	12	6ff
534	13	115f	568	15	795f	602	12	eff
535	10	2df	569	15	35bf	603	14	2cff
536	10	1df	570	13	a7f	604	15	4cff
537	11	4df	571	14	1a7f	605	12	1ff
538	13	95f	572	13	67f	606	13	1cff
539	14	195f	573	16	75bf	607	13	9ff
540	12	3df	574	14	3a7f	608	15	19ff
541	13	bdf	575	11	17f	609	16	8cff
542	13	1bdf	576	12	e7f	610	11	5ff
543	15	395f	577	12	57f	611	13	3ff

表 B.42（续）

索引	长度	码字	索引	长度	码字	索引	长度	码字
612	12	bff	617	14	33ff	622	12	fff
613	15	59ff	618	16	7ff	623	17	10cff
614	15	39ff	619	16	87ff	624	13	17ff
615	14	13ff	620	14	27ff			
616	15	79ff	621	15	47ff			

表 B.43　MDCT 调整谱编码码书 residuebook __44u2__p5_0

索引	长度	码字	索引	长度	码字	索引	长度	码字
0	1	0	25	10	1f5	50	10	11f
1	4	1	26	10	3f5	51	11	31f
2	4	9	27	7	17	52	12	71f
3	7	5	28	8	57	53	12	f1f
4	7	45	29	8	d7	54	8	9f
5	8	25	30	9	37	55	8	5f
6	8	a5	31	9	137	56	8	df
7	9	65	32	9	b7	57	9	3f
8	9	165	33	9	1b7	58	9	13f
9	4	d	34	11	77	59	10	bf
10	6	15	35	11	477	60	10	2bf
11	5	3	36	7	f	61	12	1bf
12	8	e5	37	8	f7	62	12	9bf
13	8	35	38	8	4f	63	10	3bf
14	8	b5	39	9	177	64	10	7f
15	8	75	40	9	cf	65	10	27f
16	10	f5	41	9	1cf	66	11	5bf
17	10	2f5	42	9	2f	67	11	17f
18	4	b	43	11	277	68	12	57f
19	5	13	44	11	677	69	12	d7f
20	6	7	45	8	af	70	13	37f
21	8	27	46	8	6f	71	13	137f
22	8	a7	47	8	ef	72	10	ff
23	8	67	48	9	12f	73	10	2ff
24	8	e7	49	9	1f	74	10	1ff

表 B.43（续）

索引	长度	码字	索引	长度	码字	索引	长度	码字
75	11	77f	77	12	b7f	79	13	fff
76	11	3ff	78	12	7ff	80	13	1fff

表 B.44 MDCT 调整谱编码码书 residuebook __44u2__p6_0

索引	长度	码字	索引	长度	码字	索引	长度	码字
0	1	0	28	6	33	56	9	1f
1	4	1	29	8	d3	57	11	68f
2	4	9	30	8	17	58	11	11f
3	6	5	31	9	153	59	11	51f
4	6	25	32	9	97	60	12	a8f
5	8	15	33	11	197	61	12	31f
6	8	95	34	11	597	62	12	b1f
7	10	55	35	11	397	63	15	7653
8	10	255	36	11	797	64	15	71f
9	11	155	37	14	2653	65	8	9f
10	11	555	38	14	1653	66	10	5f
11	14	355	39	6	37	67	10	25f
12	13	1355	40	8	57	68	11	15f
13	4	d	41	8	d7	69	11	55f
14	6	35	42	10	f	70	11	35f
15	5	3	43	9	10f	71	11	75f
16	8	d5	44	11	20f	72	12	f1f
17	8	13	45	11	60f	73	12	df
18	9	93	46	11	8f	74	13	171f
19	9	193	47	11	48f	75	13	8df
20	11	755	48	12	e53	76	15	471f
21	10	53	49	12	28f	77	16	271f
22	12	b55	50	15	6355	78	8	3f
23	11	253	51	15	3653	79	10	2df
24	15	2355	52	6	2f	80	10	1df
25	14	653	53	8	4f	81	11	4df
26	4	b	54	8	cf	82	11	3df
27	5	7	55	9	18f	83	11	7df

表 B.44（续）

索引	长度	码字	索引	长度	码字	索引	长度	码字
84	11	bf	113	13	ff	142	18	aeff
85	12	4bf	114	14	347f	143	14	27ff
86	12	cbf	115	16	947f	144	16	17ff
87	13	18df	116	17	1e71f	145	15	57ff
88	13	2bf	117	11	4ff	146	15	37ff
89	16	a71f	118	12	8ff	147	15	77ff
90	16	671f	119	12	2ff	148	16	fff
91	10	1bf	120	13	10ff	149	16	8fff
92	11	6bf	121	13	aff	150	18	2aeff
93	11	3bf	122	13	1aff	151	19	62eff
94	12	abf	123	13	6ff	152	18	1aeff
95	12	7bf	124	14	16ff	153	18	3aeff
96	12	fbf	125	14	36ff	154	0	0
97	12	7f	126	15	547f	155	0	0
98	13	12bf	127	14	eff	156	14	2fff
99	13	87f	128	18	2eff	157	15	4fff
100	13	187f	129	17	12eff	158	15	1fff
101	13	47f	130	11	1ff	159	16	5fff
102	17	e71f	131	12	5ff	160	15	3fff
103	16	147f	132	12	dff	161	17	dfff
104	10	27f	133	13	1eff	162	17	1dfff
105	11	17f	134	13	3ff	163	16	7fff
106	11	57f	135	13	13ff	164	18	ffff
107	12	c7f	136	13	bff	165	17	1ffff
108	12	37f	137	14	1bff	166	18	2ffff
109	12	b7f	138	14	3bff	167	0	0
110	12	77f	139	14	7ff	168	0	0
111	13	f7f	140	15	6eff			
112	13	1f7f	141	19	22eff			

表 B.45　MDCT 调整谱编码码书 residuebook __44u2__p6_1

索引	长度	码字	索引	长度	码字	索引	长度	码字
0	2	0	2	4	a	4	5	16
1	4	2	3	5	6	5	4	e

表 B.45（续）

索引	长度	码字	索引	长度	码字	索引	长度	码字
6	5	1	13	5	3	20	5	17
7	5	11	14	6	29	21	5	f
8	6	9	15	5	13	22	6	27
9	5	19	16	6	b	23	6	1f
10	4	5	17	5	1b	24	6	3f
11	5	d	18	6	2b			
12	5	1d	19	6	7			

表 B.46 MDCT 调整谱编码码书 residuebook __44u2__p7_0

索引	长度	码字	索引	长度	码字	索引	长度	码字
0	1	0	23	12	485	46	11	5c5
1	3	1	24	12	c85	47	11	3c5
2	2	3	25	12	285	48	11	7c5
3	12	5	26	12	a85	49	11	25
4	12	805	27	12	685	50	11	425
5	12	405	28	12	e85	51	11	225
6	12	c05	29	11	185	52	11	625
7	12	205	30	11	585	53	11	125
8	12	a05	31	11	385	54	11	525
9	4	d	32	11	785	55	11	325
10	12	605	33	11	45	56	11	725
11	12	e05	34	11	445	57	11	a5
12	12	105	35	11	245	58	11	4a5
13	12	905	36	11	645	59	11	2a5
14	12	505	37	11	145	60	11	6a5
15	12	d05	38	11	545	61	11	1a5
16	12	305	39	11	345	62	11	5a5
17	12	b05	40	11	745	63	11	3a5
18	5	15	41	11	c5	64	11	7a5
19	12	705	42	11	4c5	65	11	65
20	12	f05	43	11	2c5	66	11	465
21	12	85	44	11	6c5	67	11	265
22	12	885	45	11	1c5	68	11	665

表 B.46（续）

索引	长度	码字	索引	长度	码字	索引	长度	码字
69	11	165	73	11	e5	77	11	1e5
70	11	565	74	11	4e5	78	11	5e5
71	11	365	75	11	2e5	79	11	3e5
72	11	765	76	11	6e5	80	11	7e5

表 B.47　MDCT 调整谱编码码书 residuebook __44u2__p7_1

索引	长度	码字	索引	长度	码字	索引	长度	码字
0	1	0	26	4	b	52	7	f
1	4	1	27	7	7d	53	8	f7
2	4	9	28	7	7	54	8	4f
3	7	5	29	8	47	55	10	377
4	6	25	30	8	c7	56	10	cf
5	7	45	31	8	27	57	10	2cf
6	6	15	32	8	a7	58	10	1cf
7	8	35	33	9	67	59	11	3cf
8	7	75	34	10	167	60	11	7cf
9	9	b5	35	11	367	61	12	2f
10	7	d	36	11	767	62	12	82f
11	9	1b5	37	11	e7	63	13	42f
12	8	4d	38	11	4e7	64	13	142f
13	4	3	39	6	17	65	7	6f
14	7	2d	40	8	37	66	9	12f
15	6	1d	41	8	b7	67	9	af
16	8	cd	42	10	2e7	68	11	22f
17	8	6d	43	10	1e7	69	10	1af
18	9	ed	44	10	3e7	70	12	c2f
19	8	3d	45	10	77	71	12	62f
20	10	1ed	46	11	277	72	13	e2f
21	9	bd	47	11	677	73	13	1e2f
22	10	3ed	48	12	177	74	14	3af
23	10	1bd	49	12	977	75	13	13af
24	11	3bd	50	12	577	76	14	23af
25	11	7bd	51	12	d77	77	14	baf

表 B.47（续）

索引	长度	码字	索引	长度	码字	索引	长度	码字
78	7	1f	109	12	f3f	140	17	cff
79	9	5f	110	13	133f	141	15	4cff
80	9	15f	111	14	7f	142	17	10cff
81	10	df	112	14	207f	143	11	2ff
82	11	7af	113	14	107f	144	12	6ff
83	11	2df	114	15	307f	145	12	eff
84	12	6df	115	16	e33f	146	14	2cff
85	13	1baf	116	15	707f	147	14	1cff
86	13	edf	117	10	27f	148	14	3cff
87	13	1edf	118	12	87f	149	15	1ff
88	13	1df	119	12	47f	150	15	41ff
89	16	2baf	120	13	c7f	151	15	21ff
90	14	11df	121	13	1c7f	152	17	8cff
91	9	3f	122	15	17f	153	16	61ff
92	10	3df	123	13	117f	154	17	18cff
93	10	13f	124	16	417f	155	17	e1ff
94	12	9df	125	16	c17f	156	10	3ff
95	12	5df	126	15	217f	157	12	9ff
96	13	ddf	127	17	617f	158	12	5ff
97	13	1ddf	128	17	1617f	159	13	11ff
98	14	31df	129	17	e17f	160	14	dff
99	14	33f	130	10	37f	161	14	2dff
100	15	6baf	131	11	57f	162	14	1dff
101	16	abaf	132	11	ff	163	17	1e1ff
102	15	233f	133	12	97f	164	15	3dff
103	16	633f	134	14	4ff	165	17	7dff
104	9	bf	135	14	24ff	166	17	17dff
105	10	1bf	136	14	14ff	167	17	fdff
106	10	3bf	137	15	34ff	168	17	1fdff
107	12	b3f	138	15	74ff			
108	12	73f	139	17	1e17f			

表 B.48 MDCT 调整谱编码码书 residuebook __44u2__p7_2

索引	长度	码字	索引	长度	码字	索引	长度	码字
0	2	0	57	8	1d	114	9	47
1	5	2	58	8	9d	115	9	147
43	8	65	100	9	19b	157	9	5f
44	8	e5	101	9	5b	158	9	15f
45	8	15	102	9	15b	159	9	df
46	8	95	103	9	db	160	9	1df
47	8	55	104	8	3b	161	9	3f
48	9	d5	105	8	bb	162	9	13f
49	9	1d5	106	8	7b	163	9	bf
50	9	35	107	9	1db	164	9	1bf
51	9	135	108	9	fb	165	9	7f
52	6	d	109	9	1fb	166	9	17f
53	7	75	110	9	7	167	9	ff
54	7	2d	111	9	107	168	9	1ff
55	8	b5	112	9	87			
56	7	6d	113	9	187			

表 B.49 residue 编码所用码书 residuebook __44u2__long

索引	长度	码字	索引	长度	码字	索引	长度	码字
0	5	0	14	8	54	28	6	1
1	9	10	15	12	d10	29	6	21
2	14	110	16	13	1510	30	7	11
3	12	910	17	4	c	31	14	9d4
4	15	2110	18	3	2	32	14	29d4
5	13	1110	19	5	6	33	7	51
6	10	310	20	5	16	34	4	9
7	13	510	21	6	34	35	6	31
8	7	50	22	9	d4	36	4	5
9	4	8	23	15	6110	37	6	d
10	5	4	24	12	1d4	38	8	2d
11	6	30	25	6	e	39	15	19d4
12	8	90	26	5	1e	40	12	5d4
13	7	14	27	6	2e	41	6	1d

表 B.49（续）

索引	长度	码字	索引	长度	码字	索引	长度	码字
42	6	3d	50	8	3b	58	14	1dd4
43	5	3	51	6	7	59	14	3dd4
44	5	13	52	7	7b	60	15	59d4
45	5	b	53	5	17	61	10	3ad
46	6	1b	54	4	f	62	6	27
47	14	39d4	55	10	3d4	63	8	bb
48	9	ad	56	10	1ad			
49	7	6d	57	13	dd4			

表 B.50　residue 编码所用码书 residuebook __44u3__short

索引	长度	码字	索引	长度	码字	索引	长度	码字
0	14	0	22	9	60	44	4	9
1	14	2000	23	16	5800	45	4	5
2	14	1000	24	14	3800	46	7	41
3	15	3000	25	8	e0	47	16	a160
4	13	800	26	6	c	48	13	1160
5	15	7000	27	8	2c	49	10	360
6	12	400	28	7	6c	50	6	21
7	16	1800	29	8	ac	51	7	11
8	10	200	30	10	320	52	4	d
9	8	80	31	16	d800	53	3	3
10	7	40	32	14	160	54	4	7
11	9	100	33	7	1c	55	13	960
12	9	20	34	4	2	56	13	1960
13	8	a0	35	6	3c	57	12	560
14	12	c00	36	3	6	58	7	51
15	16	9800	37	5	a	59	9	1dc
16	10	120	38	8	5c	60	5	f
17	5	10	39	16	2160	61	5	1f
18	4	8	40	15	6160	62	6	31
19	6	4	41	9	dc	63	12	d60
20	5	14	42	5	1a			
21	6	24	43	7	1			

表 B.51 residue 编码所用码书 residuebook __44u3__p1_0

索引	长度	码字	索引	长度	码字	索引	长度	码字
0	1	0	27	4	b	54	4	f
1	4	1	28	8	7	55	8	17
2	4	9	29	8	87	56	8	97
3	5	5	30	8	47	57	8	57
4	8	15	31	11	663	58	11	2e7
5	7	55	32	11	163	59	11	6e7
6	5	d	33	8	c7	60	8	d7
7	7	35	34	11	563	61	11	1e7
8	8	95	35	11	363	62	11	5e7
9	5	1d	36	8	27	63	7	37
10	8	75	37	11	763	64	11	3e7
11	8	f5	38	11	a7	65	11	7e7
12	8	3	39	11	4a7	66	11	77
13	10	83	40	13	2a7	67	14	8e7
14	11	283	41	14	12a7	68	14	28e7
15	8	43	42	11	6a7	69	10	277
16	10	183	43	14	32a7	70	12	477
17	11	683	44	14	aa7	71	14	18e7
18	5	13	45	8	67	72	8	f7
19	8	c3	46	11	1a7	73	11	177
20	8	23	47	11	5a7	74	11	577
21	8	a3	48	10	3a7	75	11	377
22	11	383	49	14	2aa7	76	14	38e7
23	10	63	50	12	e7	77	14	c77
24	8	e3	51	11	4e7	78	11	777
25	11	783	52	14	1aa7	79	14	2c77
26	11	263	53	14	3aa7	80	13	1c77

表 B.52 residue 编码所用码书 residuebook __44u3__p2_0

索引	长度	码字	索引	长度	码字	索引	长度	码字
0	2	0	3	5	12	6	5	16
1	5	2	4	6	6	7	6	e
2	4	a	5	6	26	8	6	2e

表 B.52（续）

索引	长度	码字	索引	长度	码字	索引	长度	码字
9	5	1e	33	6	3	57	6	17
10	6	1	34	8	7d	58	8	ab
11	6	21	35	8	fd	59	8	6b
12	7	11	36	7	23	60	7	37
13	8	51	37	8	63	61	8	eb
14	8	d1	38	8	e3	62	8	77
15	6	31	39	8	13	63	6	f
16	8	9	40	9	93	64	8	f7
17	8	89	41	10	193	65	8	2f
18	5	19	42	8	53	66	8	af
19	6	29	43	10	393	67	10	6f
20	6	5	44	10	d3	68	10	26f
21	6	25	45	6	33	69	8	ef
22	8	49	46	8	b	70	8	1f
23	8	c9	47	8	8b	71	10	16f
24	7	15	48	8	4b	72	7	5f
25	8	55	49	10	2d3	73	8	9f
26	8	d5	50	8	cb	74	8	3f
27	5	d	51	8	2b	75	8	bf
28	7	35	52	10	1d3	76	10	36f
29	6	1d	53	10	3d3	77	10	7f
30	7	75	54	5	1b	78	8	ff
31	8	3d	55	6	7	79	10	27f
32	8	bd	56	6	27	80	9	17f

表 B.53　residue 编码所用码书 residuebook __44u3__p3_0

索引	长度	码字	索引	长度	码字	索引	长度	码字
0	2	0	6	7	26	12	7	2e
1	4	2	7	7	66	13	9	8e
2	4	a	8	9	e	14	9	18e
3	7	6	9	9	10e	15	8	6e
4	7	46	10	5	1e	16	9	ee
5	5	16	11	7	4e	17	9	1ee

表 B.53（续）

索引	长度	码字	索引	长度	码字	索引	长度	码字
18	12	1	52	7	45	86	11	5b5
19	12	801	53	10	e9	87	11	3b5
20	8	81	54	10	2e9	88	14	7b5
21	9	101	55	7	25	89	14	27b5
22	9	41	56	9	1e9	90	13	17b5
23	11	401	57	9	65	91	14	fb5
24	12	201	58	11	165	92	13	1fb5
25	5	11	59	10	365	93	16	59d5
26	7	21	60	7	15	94	16	d9d5
27	7	61	61	9	e5	95	12	175
28	10	141	62	9	1e5	96	13	975
29	10	341	63	11	565	97	13	1975
30	7	9	64	11	55	98	15	2fb5
31	9	c1	65	9	155	99	15	6fb5
32	9	1c1	66	11	455	100	8	f5
33	11	601	67	10	255	101	10	375
34	11	49	68	13	f69	102	10	d
35	7	29	69	13	1f69	103	13	575
36	9	149	70	10	d5	104	14	1575
37	9	c9	71	11	2d5	105	9	10d
38	10	249	72	11	6d5	106	11	20d
39	11	449	73	14	1d5	107	11	60d
40	10	1c9	74	13	11d5	108	14	3575
41	11	3c9	75	8	35	109	14	d75
42	11	7c9	76	10	3d5	110	10	8d
43	13	a01	77	10	b5	111	11	28d
44	13	1a01	78	14	21d5	112	11	68d
45	9	69	79	13	9d5	113	14	2d75
46	10	169	80	10	2b5	114	15	1d75
47	11	369	81	11	5d5	115	12	18d
48	13	769	82	11	1b5	116	13	98d
49	13	1769	83	15	19d5	117	13	198d
50	5	19	84	14	39d5	118	15	5d75
51	7	5	85	9	75	119	15	3d75

表 B.53（续）

索引	长度	码字	索引	长度	码字	索引	长度	码字
120	13	58d	154	12	ba3	188	13	973
121	14	158d	155	9	93	189	13	1973
122	14	358d	156	11	7a3	190	11	773
123	15	7d75	157	11	193	191	13	10b
124	16	d8d	158	13	1d23	192	12	90b
125	5	1d	159	13	593	193	15	110b
126	7	4d	160	9	53	194	13	50b
127	7	2d	161	11	393	195	11	30b
128	10	38d	162	11	793	196	13	150b
129	10	6d	163	13	1593	197	13	d0b
130	7	3	164	13	d93	198	15	510b
131	9	16d	165	12	153	199	16	310b
132	9	ed	166	12	953	200	9	8b
133	11	26d	167	13	1d93	201	12	70b
134	11	66d	168	15	4d8d	202	11	18b
135	7	43	169	15	2d23	203	15	710b
136	9	1ed	170	11	553	204	14	1d0b
137	9	23	171	12	353	205	11	58b
138	11	123	172	13	b53	206	12	f0b
139	12	523	173	15	6d23	207	13	38b
140	10	323	174	16	8d8d	208	16	b10b
141	11	a3	175	7	33	209	15	3d0b
142	11	4a3	176	9	d3	210	11	78b
143	14	2d8d	177	9	1d3	211	13	138b
144	14	1d8d	178	11	753	212	13	b8b
145	10	2a3	179	11	73	213	15	7d0b
146	11	1a3	180	8	f3	214	16	1b8b
147	11	5a3	181	11	473	215	14	3b8b
148	14	3d8d	182	10	273	216	14	4b
149	14	d23	183	13	1b53	217	15	5b8b
150	7	63	184	12	173	218	17	9b8b
151	9	13	185	9	b	219	16	204b
152	9	113	186	11	573	220	13	104b
153	12	3a3	187	11	373	221	15	604b

表 B.53（续）

索引	长度	码字	索引	长度	码字	索引	长度	码字
222	16	a04b	256	9	47	290	11	637
223	0	0	257	9	147	291	13	1a37
224	17	10b8b	258	11	c7	292	13	137
225	9	14b	259	11	4c7	293	16	2957
226	11	44b	260	7	27	294	16	a957
227	11	24b	261	9	1c7	295	11	537
228	15	84b	262	9	67	296	12	937
229	15	484b	263	11	2c7	297	13	1137
230	10	cb	264	11	6c7	298	13	337
231	13	184b	265	10	167	299	16	6957
232	12	64b	266	12	367	300	7	77
233	15	284b	267	11	767	301	9	b7
234	15	684b	268	14	b67	302	9	1b7
235	11	2cb	269	14	2b67	303	12	b37
236	13	e4b	270	10	e7	304	12	737
237	13	1e4b	271	11	2e7	305	9	f
238	15	6cb	272	12	6e7	306	11	10f
239	16	46cb	273	14	1b67	307	11	50f
240	13	16cb	274	14	3b67	308	13	1337
241	15	26cb	275	7	17	309	13	f37
242	13	ecb	276	9	1e7	310	9	8f
243	16	c6cb	277	9	57	311	11	30f
244	15	66cb	278	12	ee7	312	11	70f
245	14	1ecb	279	12	157	313	13	1f37
246	16	3ecb	280	9	d7	314	13	18f
247	15	7ecb	281	11	557	315	11	58f
248	0	0	282	11	357	316	13	118f
249	19	becb	283	14	957	317	13	98f
250	5	1b	284	13	1957	318	15	198f
251	7	2b	285	9	1d7	319	15	598f
252	7	6b	286	10	37	320	12	38f
253	10	1cb	287	11	757	321	13	b8f
254	10	3cb	288	12	237	322	12	78f
255	7	7	289	13	a37	323	15	398f

表 B.53（续）

索引	长度	码字	索引	长度	码字	索引	长度	码字
324	14	1b8f	358	16	96cf	392	15	7e2f
325	9	4f	359	16	76cf	393	19	2becb
326	11	14f	360	11	2f	394	20	6becb
327	11	54f	361	13	42f	395	13	96f
328	15	798f	362	13	142f	396	14	196f
329	14	3b8f	363	15	c2f	397	14	396f
330	11	34f	364	16	f6cf	398	18	116cf
331	13	f8f	365	13	1c2f	399	16	ee2f
332	12	74f	366	15	4c2f	400	9	ef
333	16	e957	367	15	2c2f	401	11	36f
334	16	1f8f	368	0	0	402	11	76f
335	10	cf	369	0	0	403	15	1ef
336	12	f4f	370	14	22f	404	15	41ef
337	12	2cf	371	15	6c2f	405	11	5ef
338	15	5f8f	372	15	222f	406	13	11ef
339	15	3f8f	373	16	622f	407	13	9ef
340	13	acf	374	16	e22f	408	17	21ef
341	15	7f8f	375	8	af	409	16	a1ef
342	15	1acf	376	10	12f	410	11	3ef
343	17	1becb	377	10	32f	411	13	19ef
344	19	4becb	378	14	122f	412	13	7ef
345	13	6cf	379	14	322f	413	16	61ef
346	14	3acf	380	10	6f	414	16	e1ef
347	15	5acf	381	12	a2f	415	15	17ef
348	16	9f8f	382	12	62f	416	17	121ef
349	17	16cf	383	15	e2f	417	17	57ef
350	10	1cf	384	15	4e2f	418	20	ebecb
351	12	ecf	385	10	26f	419	20	316cf
352	12	3cf	386	12	16f	420	14	37ef
353	15	56cf	387	11	56f	421	15	fef
354	15	36cf	388	15	2e2f	422	16	d7ef
355	11	7cf	389	16	6e2f	423	17	157ef
356	13	bcf	390	14	1e2f	424	20	b16cf
357	13	1bcf	391	15	3e2f	425	9	1f

表 B.53（续）

索引	长度	码字	索引	长度	码字	索引	长度	码字
426	11	11f	460	13	1e9f	494	17	bd9f
427	11	51f	461	16	ca9f	495	16	7d9f
428	16	1fcf	462	15	2c0f	496	18	23d0f
429	15	2fef	463	0	0	497	17	1bd9f
430	10	31f	464	0	0	498	0	0
431	13	1fef	465	17	6e9f	499	0	0
432	12	9f	466	17	16e9f	500	7	5f
433	16	6fef	467	18	ee9f	501	10	39f
434	15	89f	468	0	0	502	10	3f
435	11	49f	469	0	0	503	14	23f
436	13	189f	470	16	19f	504	14	223f
437	13	29f	471	17	1ee9f	505	10	13f
438	15	489f	472	19	2ee9f	506	12	a3f
439	17	efef	473	19	6ee9f	507	11	63f
440	14	289f	474	0	0	508	15	123f
441	16	129f	475	12	99f	509	15	523f
442	15	529f	476	14	219f	510	10	33f
443	18	1efef	477	14	119f	511	12	bf
444	0	0	478	18	819f	512	12	8bf
445	14	329f	479	0	0	513	16	fd9f
446	16	929f	480	12	59f	514	15	323f
447	15	a9f	481	16	419f	515	13	4bf
448	18	3efef	482	14	319f	516	15	723f
449	20	716cf	483	0	0	517	15	14bf
450	12	69f	484	17	1819f	518	18	54bf
451	14	2a9f	485	13	d9f	519	0	0
452	14	1a9f	486	15	1d9f	520	14	34bf
453	0	0	487	15	5d9f	521	15	cbf
454	0	0	488	18	2819f	522	15	4cbf
455	14	3a9f	489	0	0	523	17	154bf
456	14	e9f	490	16	c19f	524	0	0
457	16	4a9f	491	18	3d9f	525	9	1bf
458	0	0	492	17	13d9f	526	11	2bf
459	0	0	493	0	0	527	11	6bf

表 B.53（续）

索引	长度	码字	索引	长度	码字	索引	长度	码字
528	15	2cbf	561	14	1cff	594	20	bae7f
529	15	6cbf	562	13	1ff	595	16	bff
530	11	7f	563	20	f16cf	596	16	8bff
531	13	1cbf	564	17	ae7f	597	19	2f3ff
532	13	47f	565	15	6e7f	598	17	1f3ff
533	16	d4bf	566	16	3cff	599	0	0
534	16	147f	567	16	bcff	600	12	7ff
535	11	27f	568	19	1ae7f	601	15	4bff
536	12	c7f	569	0	0	602	14	2bff
537	13	67f	570	15	7cff	603	17	1bff
538	16	947f	571	16	11ff	604	0	0
539	16	547f	572	17	91ff	605	14	3bff
540	14	347f	573	0	0	606	15	5bff
541	15	167f	574	19	5ae7f	607	15	fff
542	16	d47f	575	11	5ff	608	18	11bff
543	17	567f	576	13	9ff	609	19	6f3ff
544	17	1567f	577	14	31ff	610	13	1fff
545	14	367f	578	17	191ff	611	16	9bff
546	16	d67f	579	16	51ff	612	15	4fff
547	16	e7f	580	14	19ff	613	19	31bff
548	16	8e7f	581	15	39ff	614	20	71bff
549	18	254bf	582	15	79ff	615	15	2fff
550	9	17f	583	20	3ae7f	616	18	6fff
551	11	ff	584	18	d1ff	617	18	26fff
552	12	4ff	585	13	3ff	618	0	0
553	16	4e7f	586	14	13ff	619	20	f1bff
554	16	ce7f	587	15	33ff	620	17	16fff
555	11	2ff	588	17	1d1ff	621	0	0
556	13	1e7f	589	19	7ae7f	622	16	efff
557	13	cff	590	16	73ff	623	0	0
558	17	2e7f	591	18	2d1ff	624	0	0
559	17	12e7f	592	18	f3ff			
560	11	6ff	593	0	0			

表 B.54 residue 编码所用码书 residuebook __44u3__p4_0

索引	长度	码字	索引	长度	码字	索引	长度	码字
0	4	0	34	10	30a	68	12	73a
1	5	8	35	7	6a	69	11	32e
2	5	18	36	7	1a	70	0	1ac
3	8	4	37	8	aa	71	10	6e
4	8	84	38	10	5a	72	10	26e
5	5	14	39	10	25a	73	12	f3a
6	7	44	40	9	15a	74	11	72e
7	6	24	41	10	da	75	9	16e
8	9	c	42	10	2da	76	10	ee
9	9	10c	43	11	1da	77	9	1ee
10	5	1c	44	12	5da	78	12	2ee
11	6	2c	45	9	3a	79	12	aee
12	7	4c	46	10	3da	80	9	1e
13	9	8c	47	10	13a	81	10	11e
14	9	18c	48	11	33a	82	10	31e
15	9	2	49	12	dda	83	13	6ee
16	9	102	50	5	6	84	12	eee
17	9	82	51	7	7a	85	9	9e
18	11	182	52	7	16	86	10	19e
19	11	582	53	9	ba	87	10	39e
20	9	42	54	9	1ba	88	12	5e
21	9	142	55	7	56	89	13	16ee
22	9	c2	56	8	36	90	12	85e
23	11	382	57	7	76	91	12	45e
24	11	782	58	10	b6	92	12	c5e
25	5	12	59	10	2b6	93	14	25e
26	7	22	60	7	e	94	14	225e
27	7	62	61	8	4e	95	11	65e
28	9	1c2	62	8	ce	96	12	a5e
29	9	a	63	10	1b6	97	12	15e
30	7	4a	64	10	3b6	98	13	125e
31	8	8a	65	9	2e	99	14	95e
32	8	2a	66	10	12e	100	9	de
33	10	10a	67	9	ae	101	9	1de

表 B.54（续）

索引	长度	码字	索引	长度	码字	索引	长度	码字
102	10	35e	136	8	89	170	10	305
103	12	55e	137	8	29	171	11	505
104	12	d5e	138	10	109	172	11	85
105	9	3e	139	10	309	173	13	485
106	10	13e	140	10	a9	174	13	1485
107	10	33e	141	10	2a9	175	6	25
108	12	be	142	10	1a9	176	8	45
109	12	8be	143	12	b7e	177	8	c5
110	9	1be	144	12	77e	178	10	285
111	10	2be	145	9	69	179	10	185
112	10	7e	146	10	3a9	180	7	15
113	12	4be	147	10	169	181	9	55
114	13	195e	148	12	f7e	182	8	d5
115	11	27e	149	12	369	183	11	385
116	12	cbe	150	7	19	184	10	155
117	11	67e	151	8	e9	185	8	35
118	14	295e	152	8	59	186	9	b5
119	13	17e	153	11	769	187	9	1b5
120	12	97e	154	10	d9	188	11	785
121	12	57e	155	8	39	189	11	355
122	12	d7e	156	8	b9	190	10	75
123	14	117e	157	9	1d9	191	11	755
124	13	37e	158	11	2d9	192	10	275
125	5	1	159	11	6d9	193	13	c85
126	7	11	160	8	79	194	11	175
127	7	51	161	9	f9	195	10	375
128	9	fe	162	9	1f9	196	11	575
129	9	1fe	163	11	5	197	11	f5
130	7	31	164	11	405	198	13	1c85
131	8	71	165	11	205	199	13	4f5
132	8	f1	166	11	605	200	9	1f5
133	10	9	167	11	105	201	11	2f5
134	10	209	168	12	b69	202	10	d
135	7	49	169	13	137e	203	13	14f5

表 B.54（续）

索引	长度	码字	索引	长度	码字	索引	长度	码字
204	12	cf5	238	13	ccd	272	11	33
205	10	20d	239	14	398d	273	12	433
206	11	6f5	240	12	2d	274	12	e33
207	11	10d	241	13	1ccd	275	6	b
208	13	50d	242	11	42d	276	8	b3
209	13	150d	243	15	598d	277	8	73
210	10	30d	244	13	82d	278	10	233
211	11	8d	245	12	22d	279	10	133
212	11	48d	246	13	182d	280	8	f3
213	13	d0d	247	13	a2d	281	9	2b
214	13	1d0d	248	15	1a2d	282	9	12b
215	12	28d	249	15	5a2d	283	11	333
216	12	a8d	250	5	1d	284	11	733
217	13	68d	251	7	6d	285	7	6b
218	12	e8d	252	7	3	286	8	ab
219	15	317e	253	9	12d	287	9	1b
220	12	18d	254	9	ad	288	10	11b
221	13	168d	255	7	43	289	11	31b
222	13	98d	256	8	23	290	10	9b
223	15	717e	257	8	a3	291	11	71b
224	15	198d	258	10	1ad	292	11	29b
225	9	4d	259	10	3ad	293	13	69b
226	10	38d	260	7	63	294	13	169b
227	10	14d	261	8	13	295	10	19b
228	12	58d	262	8	93	296	10	39b
229	13	d8d	263	10	53	297	11	5b
230	10	34d	264	10	253	298	11	45b
231	11	cd	265	9	153	299	13	e9b
232	10	2cd	266	10	d3	300	7	3b
233	13	1d8d	267	10	2d3	301	8	db
234	12	4cd	268	12	62d	302	8	7b
235	10	1cd	269	12	e2d	303	10	25b
236	11	3cd	270	10	1d3	304	10	15b
237	11	7cd	271	10	3d3	305	8	fb

表 B.54（续）

索引	长度	码字	索引	长度	码字	索引	长度	码字
306	9	7	340	12	567	374	12	e97
307	9	107	341	13	1967	375	8	57
308	11	35b	342	13	d67	376	9	197
309	11	75b	343	15	1d67	377	9	d7
310	8	87	344	15	5d67	378	12	1d7
311	9	47	345	12	367	379	12	9d7
312	9	147	346	11	767	380	9	37
313	11	c7	347	13	b67	381	11	5d7
314	11	4c7	348	13	1b67	382	10	3d7
315	10	2c7	349	14	3d67	383	13	1a97
316	11	1c7	350	9	e7	384	13	137
317	11	5c7	351	10	1e7	385	9	b7
318	13	1e9b	352	11	3e7	386	10	337
319	13	3c7	353	12	7e7	387	10	1b7
320	11	7c7	354	13	fe7	388	13	1137
321	11	27	355	10	17	389	13	937
322	11	427	356	11	217	390	12	537
323	13	13c7	357	11	617	391	13	1937
324	12	bc7	358	13	1fe7	392	13	d37
325	9	127	359	13	117	393	15	7c97
326	10	227	360	10	317	394	14	1d37
327	10	a7	361	11	517	395	12	3b7
328	13	2a7	362	11	97	396	12	bb7
329	12	aa7	363	13	1117	397	12	7b7
330	10	1a7	364	13	917	398	14	3d37
331	11	6a7	365	12	497	399	13	fb7
332	11	3a7	366	13	1917	400	9	77
333	14	3a2d	367	13	c97	401	10	177
334	13	12a7	368	15	1c97	402	10	377
335	10	67	369	15	5c97	403	13	1fb7
336	10	267	370	12	297	404	12	f7
337	11	7a7	371	13	a97	405	10	2f7
338	12	167	372	12	697	406	11	4f7
339	13	967	373	15	3c97	407	11	1f7

表 B.54（续）

索引	长度	码字	索引	长度	码字	索引	长度	码字
408	13	8f7	442	13	b4f	476	12	bcf
409	13	18f7	443	15	4e0f	477	12	2f
410	10	3f7	444	14	1b4f	478	14	33cf
411	11	5f7	445	13	74f	479	14	82f
412	11	f	446	13	174f	480	11	42f
413	14	40f	447	13	f4f	481	13	182f
414	12	c0f	448	15	3b4f	482	11	22f
415	13	140f	449	15	7b4f	483	15	53cf
416	13	20f	450	11	cf	484	14	282f
417	14	240f	451	13	1f4f	485	12	62f
418	14	120f	452	12	4cf	486	13	e2f
419	16	320f	453	15	ccf	487	13	1e2f
420	12	a0f	454	14	2ccf	488	15	12f
421	13	60f	455	11	2cf	489	15	412f
422	13	160f	456	12	6cf	490	13	112f
423	15	720f	457	13	1ccf	491	15	212f
424	15	e0f	458	14	ecf	492	12	92f
425	9	10f	459	15	4ccf	493	17	1f9cf
426	10	8f	460	12	1cf	494	13	52f
427	10	28f	461	13	1ecf	495	14	152f
428	13	1e0f	462	13	9cf	496	15	612f
429	13	18f	463	16	b20f	497	15	352f
430	10	38f	464	14	2ecf	498	16	752f
431	11	58f	465	14	19cf	499	16	f52f
432	10	4f	466	12	5cf	500	8	af
433	14	2e0f	467	15	39cf	501	9	6f
434	13	118f	468	12	dcf	502	9	16f
435	10	24f	469	16	79cf	503	12	d2f
436	11	14f	470	14	3cf	504	12	32f
437	11	54f	471	15	23cf	505	9	ef
438	13	98f	472	15	63cf	506	10	1ef
439	14	198f	473	17	f9cf	507	10	3ef
440	12	34f	474	15	13cf	508	12	b2f
441	14	398f	475	11	7cf	509	13	72f

表 B.54（续）

索引	长度	码字	索引	长度	码字	索引	长度	码字
510	9	1f	544	15	65df	578	14	3a7f
511	10	11f	545	12	bdf	579	14	57f
512	10	31f	546	12	7df	580	12	d7f
513	13	172f	547	13	13df	581	13	157f
514	13	f2f	548	14	fdf	582	13	37f
515	12	9f	549	16	2fdf	583	15	257f
516	12	89f	550	9	3f	584	14	137f
517	12	49f	551	10	13f	585	11	77f
518	14	1f2f	552	10	33f	586	12	b7f
519	14	3f2f	553	13	1fdf	587	13	ff
520	12	c9f	554	13	bf	588	14	337f
521	13	29f	555	10	2bf	589	15	657f
522	13	129f	556	11	4bf	590	14	10ff
523	15	a9f	557	11	1bf	591	15	30ff
524	15	4a9f	558	13	10bf	592	15	70ff
525	9	19f	559	14	8bf	593	16	8ff
526	10	5f	560	10	3bf	594	16	88ff
527	10	25f	561	11	5bf	595	13	18ff
528	13	1a9f	562	11	7f	596	13	4ff
529	12	69f	563	14	28bf	597	15	48ff
530	10	15f	564	13	18bf	598	13	14ff
531	11	35f	565	12	47f	599	16	28ff
532	11	75f	566	13	c7f	600	11	2ff
533	14	2a9f	567	13	1c7f	601	12	cff
534	13	e9f	568	14	27f	602	12	6ff
535	10	df	569	15	6fdf	603	14	eff
536	10	2df	570	13	127f	604	15	68ff
537	11	1df	571	14	227f	605	12	1ff
538	13	1e9f	572	13	a7f	606	13	1eff
539	14	5df	573	16	afdf	607	13	9ff
540	12	ddf	574	14	1a7f	608	14	2eff
541	13	15df	575	11	67f	609	15	19ff
542	13	3df	576	12	17f	610	11	5ff
543	15	25df	577	12	97f	611	13	3ff

表 B.54（续）

索引	长度	码字	索引	长度	码字	索引	长度	码字
612	12	bff	617	15	73ff	622	12	fff
613	15	59ff	618	16	a8ff	623	16	87ff
614	14	39ff	619	16	7ff	624	13	17ff
615	14	13ff	620	14	27ff			
616	15	33ff	621	15	47ff			

表 B.55　residue 编码所用码书 residuebook __44u3__p5_0

索引	长度	码字	索引	长度	码字	索引	长度	码字
0	2	0	25	10	1cd	50	10	6f
1	3	2	26	10	3cd	51	10	26f
2	3	6	27	6	3b	52	11	4a7
3	6	1	28	7	5b	53	11	16f
4	6	21	29	7	7	54	7	1f
5	7	11	30	8	47	55	8	ef
6	7	51	31	8	c7	56	8	5f
7	9	31	32	9	27	57	9	df
8	9	131	33	9	127	58	9	1df
9	4	9	34	11	a7	59	10	36f
10	5	5	35	10	2a7	60	10	3f
11	5	15	36	6	17	61	11	56f
12	7	71	37	7	67	62	11	23f
13	7	d	38	7	37	63	9	13f
14	8	b1	39	8	77	64	10	bf
15	8	4d	40	8	f7	65	10	2bf
16	10	cd	41	9	1a7	66	11	63f
17	10	2cd	42	9	f	67	10	1bf
18	4	3	43	10	10f	68	11	3bf
19	5	1d	44	10	30f	69	11	7bf
20	5	b	45	7	4f	70	12	7f
21	7	2d	46	8	8f	71	12	87f
22	7	6d	47	8	2f	72	9	17f
23	8	1b	48	9	af	73	10	27f
24	8	9b	49	9	1af	74	10	ff

表 B.55（续）

索引	长度	码字	索引	长度	码字	索引	长度	码字
75	10	2ff	77	11	47f	79	12	7ff
76	10	1ff	78	11	3ff	80	12	fff

表 B.56 residue 编码所用码书 residuebook __44u3__p6_0

索引	长度	码字	索引	长度	码字	索引	长度	码字
0	1	0	28	6	7	56	9	1af
1	4	1	29	8	27	57	10	6f
2	4	9	30	8	a7	58	11	777
3	6	5	31	9	1d3	59	11	26f
4	6	25	32	9	67	60	11	66f
5	8	15	33	10	2d3	61	12	16f
6	8	95	34	10	167	62	12	96f
7	9	55	35	11	367	63	15	56f
8	9	155	36	11	767	64	15	456f
9	10	d5	37	14	2ed5	65	8	ef
10	11	2d5	38	14	1ed5	66	9	1f
11	13	6d5	39	6	17	67	9	11f
12	14	16d5	40	8	e7	68	11	36f
13	4	d	41	8	37	69	10	9f
14	6	35	42	9	b7	70	11	76f
15	5	3	43	9	1b7	71	11	29f
16	8	13	44	10	77	72	12	d6f
17	8	93	45	10	277	73	12	69f
18	9	1d5	46	11	177	74	13	156f
19	9	53	47	11	577	75	13	e9f
20	10	153	48	12	377	76	15	256f
21	10	353	49	12	b77	77	16	656f
22	11	d3	50	15	3ed5	78	8	5f
23	11	4d3	51	15	7ed5	79	9	19f
24	14	36d5	52	6	f	80	9	df
25	14	ed5	53	8	f7	81	10	1df
26	4	b	54	8	2f	82	11	3df
27	6	33	55	9	af	83	11	7df

表 B.56（续）

索引	长度	码字	索引	长度	码字	索引	长度	码字
84	11	3f	113	13	157f	142	17	e2ff
85	12	43f	114	13	d7f	143	14	7ff
86	12	c3f	115	16	d23f	144	15	7bff
87	13	1e9f	116	18	1923f	145	15	27ff
88	13	23f	117	11	37f	146	15	67ff
89	16	e56f	118	12	77f	147	15	17ff
90	16	123f	119	11	ff	148	16	57ff
91	10	13f	120	12	f7f	149	16	d7ff
92	10	33f	121	12	4ff	150	17	1e2ff
93	11	63f	122	13	1d7f	151	17	37ff
94	11	bf	123	13	cff	152	19	137ff
95	11	4bf	124	13	1cff	153	18	337ff
96	12	a3f	125	14	2ff	154	0	0
97	12	2bf	126	15	22ff	155	20	537ff
98	13	abf	127	14	12ff	156	14	fff
99	13	1abf	128	17	62ff	157	15	77ff
100	13	6bf	129	17	162ff	158	14	2fff
101	14	323f	130	11	6ff	159	15	1fff
102	17	923f	131	11	1ff	160	15	5fff
103	16	523f	132	12	aff	161	16	b7ff
104	9	1bf	133	12	5ff	162	16	3fff
105	10	7f	134	12	dff	163	16	bfff
106	11	27f	135	13	3ff	164	17	7fff
107	12	ebf	136	13	13ff	165	18	17fff
108	11	67f	137	13	bff	166	16	ffff
109	12	17f	138	14	32ff	167	20	d37ff
110	12	97f	139	14	1bff	168	18	37fff
111	13	16bf	140	15	3bff			
112	13	57f	141	18	3923f			

表 B.57　residue 编码所用码书 residuebook__44u3__p6_1

索引	长度	码字	索引	长度	码字	索引	长度	码字
0	2	0	9	5	19	18	6	2b
1	4	2	10	4	5	19	6	7
2	4	a	11	5	d	20	5	17
3	5	6	12	5	1d	21	5	f
4	5	16	13	5	3	22	6	27
5	4	e	14	6	29	23	6	1f
6	5	1	15	5	13	24	6	3f
7	5	11	16	6	b			
8	6	9	17	5	1b			

表 B.58　residue 编码所用码书 residuebook__44u3__p7_0

索引	长度	码字	索引	长度	码字	索引	长度	码字
0	1	0	21	10	23	42	9	133
1	3	1	22	10	223	43	9	b3
2	3	5	23	10	123	44	9	1b3
3	10	3	24	10	323	45	9	73
4	10	203	25	10	a3	46	9	173
5	10	103	26	10	2a3	47	9	f3
6	10	303	27	10	1a3	48	9	1f3
7	10	83	28	10	3a3	49	9	f
8	10	283	29	9	63	50	9	10f
9	4	b	30	9	163	51	9	8f
10	10	183	31	9	e3	52	9	18f
11	10	383	32	9	1e3	53	9	4f
12	10	43	33	9	13	54	9	14f
13	10	243	34	9	113	55	9	cf
14	10	143	35	9	93	56	9	1cf
15	10	343	36	9	193	57	9	2f
16	10	c3	37	9	53	58	9	12f
17	10	2c3	38	9	153	59	9	af
18	4	7	39	9	d3	60	9	1af
19	10	1c3	40	9	1d3	61	9	6f
20	10	3c3	41	9	33	62	9	16f

表 B.58（续）

索引	长度	码字	索引	长度	码字	索引	长度	码字
63	9	ef	69	9	5f	75	9	bf
64	9	1ef	70	9	15f	76	9	1bf
65	9	1f	71	9	df	77	9	7f
66	9	11f	72	9	1df	78	9	17f
67	9	9f	73	9	3f	79	9	ff
68	9	19f	74	9	13f	80	9	1ff

表 B.59 residue 编码所用码书 residuebook __44u3__p7_1

索引	长度	码字	索引	长度	码字	索引	长度	码字
0	1	0	24	11	3d	48	9	b7
1	4	1	25	11	43d	49	9	1b7
2	4	9	26	11	23d	50	10	367
3	6	5	27	11	63d	51	10	77
4	6	25	28	12	13d	52	11	277
5	7	15	29	12	93d	53	11	677
6	6	35	30	4	b	54	12	967
7	8	55	31	7	7d	55	12	177
8	7	d	32	7	7	56	13	977
9	9	d5	33	7	47	57	12	577
10	8	4d	34	7	27	58	13	1977
11	10	1d5	35	9	bd	59	13	d77
12	9	cd	36	9	1bd	60	6	f
13	11	3d5	37	10	33d	61	8	f7
14	11	7d5	38	10	67	62	8	2f
15	4	3	39	11	53d	63	9	af
16	7	2d	40	11	267	64	9	1af
17	7	6d	41	12	667	65	10	377
18	8	1d	42	12	e67	66	11	6f
19	7	5d	43	12	167	67	11	46f
20	9	1cd	44	11	567	68	11	26f
21	9	9d	45	6	17	69	12	66f
22	10	19d	46	8	e7	70	12	e6f
23	10	39d	47	8	37	71	13	1d77

表 B.59（续）

索引	长度	码字	索引	长度	码字	索引	长度	码字
72	14	16f	106	10	3df	140	14	e7f
73	13	116f	107	10	13f	141	14	2e7f
74	13	96f	108	12	33f	142	15	7fbf
75	8	ef	109	12	b3f	143	15	1e7f
76	9	1f	110	13	1ddf	144	15	5e7f
77	9	11f	111	13	73f	145	16	3e7f
78	11	56f	112	13	173f	146	17	10ddf
79	11	36f	113	14	f3f	147	17	be7f
80	12	76f	114	15	2f3f	148	17	1be7f
81	12	f6f	115	15	6f3f	149	17	7e7f
82	12	9f	116	15	1f3f	150	10	17f
83	13	196f	117	16	8ddf	151	12	37f
84	14	216f	118	16	5f3f	152	11	77f
85	13	89f	119	16	df3f	153	13	b7f
86	14	189f	120	9	bf	154	13	1b7f
87	14	389f	121	11	1bf	155	15	ff
88	14	49f	122	11	5bf	156	14	20ff
89	15	249f	123	12	3bf	157	15	40ff
90	8	5f	124	12	bbf	158	14	10ff
91	9	19f	125	13	7bf	159	16	fe7f
92	9	df	126	13	17bf	160	17	17e7f
93	11	29f	127	14	3f3f	161	16	30ff
94	11	69f	128	14	fbf	162	16	b0ff
95	11	1df	129	14	2fbf	163	16	70ff
96	12	c9f	130	15	1fbf	164	16	f0ff
97	13	149f	131	16	5fbf	165	11	4ff
98	14	5df	132	16	dfbf	166	13	8ff
99	13	15df	133	16	3fbf	167	12	2ff
100	14	25df	134	16	bfbf	168	14	18ff
101	15	649f	135	10	7f	169	14	38ff
102	17	ddf	136	12	27f	170	14	aff
103	14	2ddf	137	12	a7f	171	14	2aff
104	15	4ddf	138	13	67f	172	15	1aff
105	9	3f	139	13	167f	173	16	5aff

表 B.59（续）

索引	长度	码字	索引	长度	码字	索引	长度	码字
174	17	daff	191	17	e5ff	208	17	cbff
175	16	3aff	192	17	1e5ff	209	17	1cbff
176	17	1daff	193	17	15ff	210	12	7ff
177	17	baff	194	17	115ff	211	13	1bff
178	17	1baff	195	12	dff	212	13	fff
179	17	7aff	196	13	3ff	213	15	2bff
180	11	6ff	197	13	13ff	214	15	6bff
181	13	1ff	198	15	55ff	215	15	1fff
182	12	9ff	199	16	95ff	216	16	5fff
183	14	11ff	200	15	35ff	217	17	dfff
184	14	31ff	201	16	75ff	218	17	1dfff
185	14	5ff	202	17	f5ff	219	17	3fff
186	15	25ff	203	17	1f5ff	220	16	bfff
187	17	17aff	204	16	bff	221	17	13fff
188	16	faff	205	16	8bff	222	16	7fff
189	17	65ff	206	17	4bff	223	17	ffff
190	17	165ff	207	17	14bff	224	17	1ffff

表 B.60 residue 编码所用码书 residuebook __44u3__p7_2

索引	长度	码字	索引	长度	码字	索引	长度	码字
0	2	0	13	9	fa	26	9	9e
1	5	2	14	9	1fa	27	9	19e
2	5	12	15	9	6	28	9	5e
3	7	a	16	9	106	29	9	15e
4	6	2a	17	5	16	30	9	de
5	7	4a	18	6	26	31	9	1de
6	7	1a	19	6	e	32	10	3e
7	8	5a	20	7	46	33	10	23e
8	8	da	21	7	2e	34	5	1
9	8	3a	22	8	86	35	6	11
10	8	ba	23	8	6e	36	6	31
11	9	7a	24	8	ee	37	7	7e
12	9	17a	25	8	1e	38	7	9

表 B.60（续）

索引	长度	码字	索引	长度	码字	索引	长度	码字
39	8	be	73	8	f5	107	9	1c3
40	8	49	74	8	d	108	9	a3
41	8	c9	75	9	8d	109	9	1a3
42	8	29	76	9	18d	110	9	63
43	9	13e	77	9	4d	111	10	163
44	8	a9	78	9	14d	112	9	e3
45	9	69	79	10	365	113	10	363
46	9	169	80	9	cd	114	10	1e3
47	9	e9	81	10	1cd	115	10	3e3
48	9	1e9	82	10	3cd	116	10	13
49	10	19	83	10	2d	117	10	213
50	9	119	84	10	22d	118	10	113
51	7	59	85	7	6d	119	8	93
52	7	39	86	8	ad	120	8	53
53	7	79	87	8	1d	121	8	d3
54	8	99	88	8	9d	122	9	33
55	8	5	89	8	5d	123	9	133
56	8	85	90	9	12d	124	9	b3
57	8	45	91	9	dd	125	9	1b3
58	9	c5	92	9	1dd	126	9	73
59	9	1c5	93	9	3d	127	9	173
60	9	25	94	9	13d	128	9	f3
61	9	125	95	9	bd	129	10	313
62	9	a5	96	10	1bd	130	10	1f3
63	9	1a5	97	10	3bd	131	10	3f3
64	10	219	98	10	7d	132	10	b
65	10	65	99	10	27d	133	10	20b
66	10	265	100	10	17d	134	10	10b
67	10	165	101	10	37d	135	10	30b
68	7	15	102	7	3	136	8	8b
69	7	55	103	8	fd	137	9	4b
70	7	35	104	8	43	138	8	cb
71	8	e5	105	9	c3	139	9	14b
72	8	75	106	8	23	140	9	2b

表 B.60（续）

索引	长度	码字	索引	长度	码字	索引	长度	码字
141	9	12b	175	10	27b	209	10	2d7
142	9	ab	176	9	87	210	10	1d7
143	10	1ab	177	10	187	211	10	3d7
144	9	6b	178	10	387	212	10	37
145	10	3ab	179	10	47	213	10	237
146	10	16b	180	10	247	214	10	137
147	10	36b	181	10	147	215	10	337
148	10	eb	182	10	347	216	10	b7
149	10	2eb	183	10	c7	217	10	2b7
150	10	1eb	184	10	2c7	218	10	1b7
151	10	3eb	185	10	1c7	219	10	3b7
152	10	1b	186	10	3c7	220	10	77
153	9	11b	187	9	27	221	9	177
154	9	9b	188	9	127	222	9	f7
155	9	19b	189	9	a7	223	9	1f7
156	9	5b	190	10	1a7	224	10	277
157	9	15b	191	9	67	225	10	f
158	9	db	192	10	3a7	226	10	20f
159	10	21b	193	10	167	227	10	10f
160	9	1db	194	10	367	228	10	30f
161	10	3b	195	10	e7	229	10	8f
162	10	23b	196	10	2e7	230	10	28f
163	10	13b	197	10	1e7	231	10	18f
164	10	33b	198	10	3e7	232	10	38f
165	10	bb	199	10	17	233	10	4f
166	10	2bb	200	10	217	234	10	24f
167	10	1bb	201	10	117	235	10	14f
168	10	3bb	202	10	317	236	10	34f
169	10	7b	203	10	97	237	11	cf
170	9	17b	204	9	197	238	9	1cf
171	9	fb	205	9	57	239	10	2cf
172	9	1fb	206	9	157	240	10	2f
173	9	7	207	10	297	241	10	22f
174	9	107	208	10	d7	242	10	12f

表 B.60（续）

索引	长度	码字	索引	长度	码字	索引	长度	码字
243	10	32f	259	10	31f	275	10	bf
244	10	af	260	10	9f	276	10	2bf
245	10	2af	261	10	29f	277	10	1bf
246	10	1af	262	10	19f	278	10	3bf
247	10	3af	263	10	39f	279	10	7f
248	10	6f	264	10	5f	280	10	27f
249	10	26f	265	10	25f	281	10	17f
250	10	16f	266	10	15f	282	10	37f
251	10	36f	267	10	35f	283	10	ff
252	10	ef	268	10	df	284	11	2ff
253	10	2ef	269	10	2df	285	11	6ff
254	11	4cf	270	10	1df	286	11	1ff
255	9	1ef	271	10	3df	287	10	3ff
256	10	1f	272	9	3f	288	11	5ff
257	10	21f	273	10	13f			
258	10	11f	274	10	33f			

表 B.61 residue 编码所用码书 residuebook __44u3__long

索引	长度	码字	索引	长度	码字	索引	长度	码字
0	6	0	14	8	24	28	6	1e
1	9	20	15	12	8a0	29	6	3e
2	13	120	16	11	4a0	30	7	1
3	12	920	17	4	c	31	13	10a0
4	14	1120	18	3	2	32	13	6a0
5	11	520	19	5	14	33	7	41
6	10	320	20	5	6	34	5	11
7	13	a0	21	7	64	35	6	21
8	8	60	22	9	1a0	36	4	9
9	4	8	23	14	3120	37	5	5
10	5	10	24	11	2a0	38	7	15
11	7	4	25	6	16	39	14	16a0
12	8	e0	26	5	e	40	11	a4
13	7	44	27	6	36	41	7	55

表 B.61（续）

索引	长度	码字	索引	长度	码字	索引	长度	码字
42	6	35	50	8	53	58	13	1ea0
43	6	d	51	6	33	59	12	ca4
44	5	1d	52	7	b	60	14	36a0
45	5	3	53	5	1b	61	10	2a4
46	6	2d	54	3	7	62	6	2b
47	13	ea0	55	9	d3	63	7	4b
48	9	1a4	56	9	1d3			
49	7	13	57	12	4a4			

表 B.62 residue 编码所用码书 residuebook __44u4__short

索引	长度	码字	索引	长度	码字	索引	长度	码字
0	14	0	22	9	180	44	4	9
1	17	2000	23	16	400	45	5	11
2	15	6000	24	12	c00	46	7	6a
3	17	12000	25	8	30	47	16	45c
4	16	a000	26	7	70	48	12	c5c
5	14	1000	27	8	b0	49	9	15c
6	13	800	28	8	1c	50	6	5
7	16	3000	29	8	9c	51	8	fc
8	10	200	30	11	5c	52	3	3
9	7	40	31	16	8400	53	3	7
10	7	20	32	14	2400	54	5	15
11	10	100	33	7	3c	55	16	845c
12	13	1800	34	4	2	56	14	245c
13	10	300	35	6	a	57	13	145c
14	15	7000	36	3	6	58	7	25
15	16	b000	37	5	1a	59	10	25c
16	9	80	38	8	dc	60	5	d
17	4	8	39	15	4400	61	5	1d
18	4	4	40	13	1400	62	7	65
19	6	10	41	8	7c	63	15	445c
20	5	c	42	5	1			
21	7	60	43	7	2a			

表 B.63　residue 编码所用码书 residuebook __44u4__p1_0

索引	长度	码字	索引	长度	码字	索引	长度	码字
0	1	0	27	4	b	54	4	f
1	4	1	28	8	7	55	8	17
2	4	9	29	8	87	56	8	97
3	5	5	30	8	47	57	8	57
4	8	15	31	11	663	58	11	2e7
5	7	55	32	11	163	59	11	6e7
6	5	d	33	8	c7	60	8	d7
7	7	35	34	11	563	61	11	1e7
8	8	95	35	11	363	62	11	5e7
9	5	1d	36	8	27	63	7	37
10	8	75	37	11	763	64	11	3e7
11	8	f5	38	11	a7	65	11	7e7
12	8	3	39	11	4a7	66	11	77
13	10	83	40	13	2a7	67	15	72a7
14	11	283	41	14	12a7	68	14	28e7
15	8	43	42	11	6a7	69	10	277
16	10	183	43	15	32a7	70	12	477
17	11	683	44	14	aa7	71	14	18e7
18	5	13	45	8	67	72	8	f7
19	8	c3	46	11	1a7	73	11	177
20	8	23	47	11	5a7	74	11	577
21	8	a3	48	10	3a7	75	11	377
22	11	383	49	13	1aa7	76	14	38e7
23	10	63	50	12	e7	77	14	c77
24	8	e3	51	11	4e7	78	11	777
25	11	783	52	14	2aa7	79	14	2c77
26	11	263	53	14	8e7	80	13	1c77

表 B.64　residue 编码所用码书 residuebook __44u4__p2_0

索引	长度	码字	索引	长度	码字	索引	长度	码字
0	2	0	3	5	a	6	5	6
1	5	2	4	6	1a	7	6	16
2	5	12	5	6	3a	8	6	36

表 B.64（续）

索引	长度	码字	索引	长度	码字	索引	长度	码字
9	5	e	33	6	1d	57	6	27
10	6	1e	34	8	3d	58	8	8b
11	6	3e	35	8	bd	59	8	4b
12	7	1	36	6	3	60	6	17
13	8	41	37	8	7d	61	8	cb
14	8	c1	38	8	fd	62	8	37
15	6	21	39	8	23	63	6	f
16	8	11	40	9	a3	64	8	b7
17	8	91	41	10	1a3	65	8	77
18	5	9	42	8	63	66	8	f7
19	6	31	43	10	3a3	67	10	2f
20	6	19	44	10	e3	68	10	22f
21	6	39	45	6	13	69	8	af
22	8	51	46	8	33	70	8	6f
23	8	d1	47	8	b3	71	10	12f
24	7	5	48	8	73	72	6	1f
25	8	45	49	10	2e3	73	8	ef
26	8	c5	50	8	f3	74	8	3f
27	5	15	51	8	b	75	8	bf
28	7	25	52	10	1e3	76	10	32f
29	6	d	53	10	3e3	77	10	7f
30	6	2d	54	5	1b	78	8	ff
31	8	65	55	6	2b	79	10	27f
32	8	e5	56	6	7	80	9	17f

表 B.65 residue 编码所用码书 residuebook __44u4__p3_0

索引	长度	码字	索引	长度	码字	索引	长度	码字
0	2	0	6	7	46	12	7	5e
1	4	2	7	7	26	13	9	e6
2	4	a	8	9	66	14	9	1e6
3	8	6	9	9	166	15	8	3e
4	8	86	10	5	e	16	10	be
5	5	16	11	7	1e	17	9	1be

表 B.65（续）

索引	长度	码字	索引	长度	码字	索引	长度	码字
18	12	2be	52	7	5	86	11	555
19	12	abe	53	10	229	87	11	355
20	8	7e	54	10	129	88	15	7c29
21	9	fe	55	7	45	89	14	3515
22	10	1fe	56	9	a9	90	13	955
23	12	6be	57	9	1a9	91	14	1955
24	12	ebe	58	11	329	92	14	3955
25	5	1	59	11	729	93	17	755
26	7	11	60	7	25	94	17	10755
27	7	51	61	9	65	95	12	f55
28	10	3fe	62	9	165	96	14	2755
29	10	31	63	11	e5	97	14	1755
30	7	71	64	11	4e5	98	16	8755
31	9	131	65	9	1e5	99	16	4755
32	9	b1	66	11	2e5	100	8	35
33	11	231	67	10	15	101	10	1d5
34	11	631	68	14	2429	102	10	3d5
35	7	9	69	13	1429	103	14	3755
36	9	1b1	70	10	215	104	14	b5
37	9	49	71	11	6e5	105	9	1b5
38	11	149	72	11	115	106	11	4b5
39	11	549	73	14	c29	107	11	2b5
40	10	349	74	14	2c29	108	14	20b5
41	12	c9	75	8	95	109	15	10b5
42	11	4c9	76	10	315	110	10	75
43	14	8c9	77	10	55	111	12	8b5
44	14	28c9	78	14	1c29	112	12	6b5
45	9	1c9	79	13	515	113	14	30b5
46	10	2c9	80	10	255	114	15	50b5
47	11	29	81	12	d15	115	12	eb5
48	13	18c9	82	12	155	116	14	275
49	14	429	83	15	3c29	117	13	1275
50	5	19	84	14	1515	118	16	c755
51	7	69	85	9	d5	119	16	2275

表 B.65（续）

索引	长度	码字	索引	长度	码字	索引	长度	码字
120	13	a75	154	12	253	226	11	2ab
121	14	1a75	155	9	1d3	227	11	6ab
122	15	6275	156	11	653	228	15	54ab
123	15	3a75	157	12	a53	229	16	94ab
124	18	a275	158	13	73	230	11	6b
125	4	d	197	13	a2b	231	13	cab
126	7	3	198	15	6ecb	232	12	46b
127	7	43	199	16	aecb	233	16	34ab
128	10	175	200	10	12b	234	16	b4ab
129	10	375	201	12	62b	235	11	26b
130	7	23	202	12	e2b	236	13	1cab
131	9	f5	203	16	2c2b	237	13	c6b
132	9	1f5	204	15	6c2b	238	16	74ab
133	12	675	205	11	32b	239	17	f4ab
134	11	63	206	13	1a2b	240	14	1c6b
135	7	13	207	13	72b	241	15	3c6b
136	9	163	208	17	1a275	242	14	66b
137	9	e3	209	16	ac2b	243	18	344ab
138	11	463	210	11	ab	244	16	7c6b
139	12	e75	211	13	172b	245	14	266b
140	10	263	212	13	f2b	246	16	fc6b
141	12	1e3	213	17	1f2b	247	16	166b
142	11	5e3	214	16	9f2b	248	17	1f4ab
143	15	7a75	215	14	3f2b	249	20	944ab
144	14	9e3	216	15	5f2b	250	5	1b
145	10	3e3	217	15	4ab	251	7	7
146	11	53	218	17	11f2b	252	7	47
147	12	453	219	17	44ab	253	10	16b
148	14	29e3	220	14	24ab	254	10	36b
149	15	19e3	221	16	c4ab	255	7	27
150	7	33	222	16	14ab	256	9	eb
151	9	153	223	18	2a275	257	9	1eb
152	9	d3	224	20	144ab	258	12	e6b
153	12	c53	225	9	1ab	259	11	67

表 B.65（续）

索引	长度	码字	索引	长度	码字	索引	长度	码字
260	7	17	294	16	766b	328	16	e8f7
261	9	167	295	11	777	329	14	302f
262	10	267	296	12	f7	330	11	62f
263	11	467	297	13	1b77	331	13	82f
264	12	e7	298	14	8f7	332	13	182f
265	10	2e7	299	16	f66b	333	16	502f
266	12	8e7	300	7	f	334	16	d02f
267	11	4e7	301	9	1f7	335	11	af
268	15	566b	302	9	4f	336	12	4af
269	15	366b	303	12	4f7	337	13	caf
270	10	1e7	304	12	cf7	338	16	1caf
271	12	3e7	305	9	14f	339	16	9caf
272	12	be7	306	12	2f7	340	14	3caf
273	14	7e7	307	11	6f7	341	16	5caf
274	14	27e7	308	13	18f7	342	16	dcaf
275	7	57	309	13	af7	343	17	2af
276	9	37	310	9	cf	344	17	102af
277	9	137	311	12	1cf	345	13	12af
278	12	fe7	312	11	5cf	346	14	22af
279	12	b7	313	13	1af7	347	15	42af
280	9	1b7	314	13	9cf	348	16	82af
281	12	8b7	315	11	3cf	349	17	aaf
282	11	4b7	316	13	19cf	350	10	1af
283	14	17e7	317	13	7cf	351	12	6af
284	13	2b7	318	16	28f7	352	12	eaf
285	9	77	319	16	a8f7	353	15	4aaf
286	10	177	320	12	fcf	354	15	2aaf
287	11	6b7	321	13	17cf	355	11	3af
288	12	ab7	322	13	2f	356	13	1aaf
289	13	12b7	323	16	68f7	357	13	7af
290	12	377	324	15	102f	358	16	8aaf
291	13	b77	325	9	12f	359	17	10aaf
292	14	37e7	326	11	42f	360	11	6f
293	16	966b	327	11	22f	361	13	17af

表 B.65（续）

索引	长度	码字	索引	长度	码字	索引	长度	码字
362	13	faf	434	16	699f	468	0	0
363	16	6aaf	435	11	55f	469	20	9799f
364	16	eaaf	436	13	95f	470	16	a75f
365	14	1faf	437	13	195f	471	18	675f
366	16	3faf	438	17	e99f	472	18	2675f
367	15	7faf	439	17	1e99f	473	0	0
406	13	d1f	440	15	399f	474	0	0
407	13	1d1f	441	17	799f	475	12	f5f
408	16	b11f	442	15	35f	476	14	175f
409	18	2e81f	443	20	ce81f	477	14	375f
410	11	71f	444	20	1799f	478	17	1675f
411	14	19f	445	14	235f	479	18	e75f
412	13	119f	446	16	f99f	480	13	df
413	16	711f	447	16	435f	481	15	10df
414	17	f11f	448	17	c35f	482	14	30df
415	16	219f	449	0	0	483	20	5799f
416	17	1f11f	450	13	135f	484	18	2e75f
417	16	a19f	451	15	b5f	485	14	8df
418	20	cbfaf	452	14	2b5f	486	16	50df
419	0	0	453	18	3799f	487	15	28df
420	15	619f	454	16	4b5f	488	19	1e75f
421	16	99f	455	14	1b5f	489	19	5e75f
422	18	899f	456	15	3b5f	490	16	d0df
423	18	2899f	457	16	cb5f	491	20	d799f
424	20	4e81f	458	0	0	492	16	68df
425	9	5f	459	18	1c35f	493	0	0
426	11	59f	460	14	75f	494	18	3e75f
427	11	39f	461	16	7b5f	495	16	e8df
428	15	499f	462	16	fb5f	496	19	18df
429	15	299f	463	0	0	497	17	118df
430	11	79f	464	0	0	498	19	418df
431	14	199f	465	18	3c35f	499	0	0
432	12	15f	466	16	275f	500	8	3f
433	17	1899f	467	0	0	501	10	2df

表 B.65（续）

索引	长度	码字	索引	长度	码字	索引	长度	码字
502	10	1df	531	14	3cbf	560	11	1ff
503	14	38df	532	13	67f	561	14	5ff
504	14	4df	533	18	34cbf	562	13	15ff
505	10	3df	534	17	167f	563	17	1d57f
506	12	cdf	535	11	17f	564	17	f57f
507	12	bf	536	12	e7f	565	15	25ff
508	16	98df	537	13	57f	566	16	65ff
509	15	58df	538	17	1167f	567	16	e5ff
510	10	2bf	539	18	967f	568	18	1f57f
511	12	8bf	540	14	367f	569	20	54cbf
512	12	4bf	541	17	1967f	570	16	dff
513	16	24df	542	16	567f	571	17	8dff
514	16	a4df	543	18	2967f	572	17	18dff
515	13	14df	544	18	d67f	573	20	d4cbf
516	15	64df	545	15	157f	574	20	3f57f
517	15	cbf	546	16	557f	575	12	3ff
518	18	218df	547	17	1d67f	576	14	2dff
519	17	4cbf	548	18	2d67f	615	16	7fff
520	14	2cbf	549	18	d57f	616	20	947ff
521	16	ccbf	550	9	ff	617	18	347ff
522	16	1cbf	551	12	d7f	618	0	0
523	19	14cbf	552	12	37f	619	20	547ff
524	0	0	553	16	357f	620	17	ffff
525	9	1bf	554	16	b57f	621	20	d47ff
526	11	7f	555	11	77f	622	17	1ffff
527	11	47f	556	13	b7f	623	0	0
528	16	9cbf	557	13	1b7f	624	0	0
529	15	5cbf	558	16	757f			
530	11	27f	559	18	2d57f			

表 B.66 residue 编码所用码书 residuebook __44u4__p4_0

索引	长度	码字	索引	长度	码字	索引	长度	码字
0	4	0	34	10	2aa	68	12	6ba
1	5	8	35	7	6a	69	11	1ae
2	5	18	36	7	1a	70	9	6e
3	8	4	37	8	5a	71	10	3ae
4	8	84	38	10	1aa	72	10	16e
5	5	14	39	10	3aa	73	12	eba
6	7	44	40	9	da	74	11	5ae
7	6	24	41	10	1da	75	9	ee
8	9	c	42	10	3da	76	10	36e
9	9	10c	43	11	3a	77	9	1ee
10	5	1c	44	12	43a	78	12	1e
11	6	2c	45	9	13a	79	12	81e
12	7	4c	46	10	23a	80	9	11e
13	9	8c	47	10	ba	81	10	21e
14	9	18c	48	11	2ba	82	10	9e
15	9	2	49	12	c3a	83	13	41e
16	9	102	50	5	6	84	12	c1e
17	9	82	51	7	7a	85	9	19e
18	11	182	52	7	16	86	10	29e
19	11	582	53	9	1ba	87	10	5e
20	8	42	54	9	56	88	12	25e
21	9	c2	55	7	36	89	12	a5e
22	9	1c2	56	8	d6	90	12	65e
23	11	382	57	7	76	91	12	e5e
24	11	782	58	10	156	92	12	15e
25	5	12	59	10	356	93	14	141e
26	7	22	60	7	e	94	14	341e
27	7	62	61	8	4e	95	11	55e
28	9	a	62	8	ce	96	12	95e
29	9	10a	63	10	2e	97	12	35e
30	7	4a	64	10	22e	98	13	b5e
31	8	8a	65	9	12e	99	14	1b5e
32	8	2a	66	10	ae	100	9	de
33	10	aa	67	10	2ae	101	9	1de

表 B.66（续）

索引	长度	码字	索引	长度	码字	索引	长度	码字
102	10	3e	136	8	89	170	10	85
103	12	75e	137	8	29	171	11	705
104	12	f5e	138	10	109	172	11	285
105	9	13e	139	10	309	173	13	b05
106	10	23e	140	10	a9	174	13	1b05
107	10	be	141	10	2a9	175	6	25
108	13	2be	142	10	1a9	176	8	45
109	13	12be	143	12	3a9	177	8	c5
110	9	1be	144	12	ba9	178	10	185
111	10	7e	145	9	69	179	10	385
112	10	27e	146	10	169	180	7	15
113	12	abe	147	10	369	181	9	55
114	13	6be	148	12	7a9	182	8	d5
115	11	17e	149	12	fa9	183	11	685
116	12	ebe	150	7	19	184	10	155
117	12	57e	151	8	e9	185	8	35
118	14	3b5e	152	8	59	186	9	b5
119	13	16be	153	11	d9	187	9	1b5
120	11	37e	154	10	2d9	188	11	355
121	12	d7e	155	8	39	189	11	755
122	12	77e	156	8	b9	190	10	75
123	14	f7e	157	9	1d9	191	11	275
124	14	2f7e	158	11	4d9	192	10	175
125	5	1	159	11	79	193	13	675
126	7	11	160	8	f9	194	11	375
127	7	51	161	9	179	195	10	f5
128	9	fe	162	9	5	196	11	775
129	9	1fe	163	11	479	197	11	2f5
130	7	31	164	11	279	198	13	1675
131	8	71	165	11	679	199	13	e75
132	8	f1	166	11	105	200	9	1f5
133	10	9	167	11	505	201	11	6f5
134	10	209	168	12	305	202	10	d
135	7	49	169	13	1f7e	203	13	1e75

表 B.66（续）

索引	长度	码字	索引	长度	码字	索引	长度	码字
204	12	20d	238	13	11cd	272	11	5d3
205	10	10d	239	14	42d	273	12	233
206	11	60d	240	12	c2d	274	13	a33
207	11	30d	241	13	142d	275	6	b
208	13	a0d	242	11	22d	276	8	b3
209	14	1a0d	243	15	658d	277	8	73
210	10	8d	244	13	62d	278	10	133
211	11	70d	245	13	162d	279	10	333
212	11	28d	246	13	e2d	280	8	f3
213	14	3a0d	247	13	1e2d	281	9	2b
214	13	68d	248	15	242d	282	9	12b
215	12	e8d	249	15	642d	283	11	633
216	12	18d	250	5	1d	284	11	ab
217	13	168d	251	7	6d	285	7	6b
218	12	98d	252	7	3	286	8	1b
219	15	58d	253	9	12d	287	9	1ab
220	12	d8d	254	9	ad	288	10	2ab
221	13	158d	255	7	43	289	11	4ab
222	13	38d	256	8	23	290	10	9b
223	15	458d	257	8	a3	291	11	29b
224	15	258d	258	10	1ad	292	11	69b
225	9	4d	259	10	3ad	293	13	1a33
226	10	14d	260	7	63	294	13	19b
227	10	34d	261	8	13	295	10	39b
228	12	b8d	262	8	93	296	10	5b
229	13	138d	263	10	53	297	11	59b
230	10	cd	264	10	253	298	11	25b
231	11	78d	265	9	153	299	13	119b
232	10	2cd	266	10	d3	300	7	3b
233	13	1cd	267	10	2d3	301	8	db
234	12	9cd	268	12	1d3	302	8	7b
235	10	3cd	269	12	9d3	303	10	15b
236	11	5cd	270	10	3d3	304	11	65b
237	11	2d	271	10	33	305	8	fb

表 B.66（续）

索引	长度	码字	索引	长度	码字	索引	长度	码字
306	9	7	340	12	8e7	374	12	b97
307	9	107	341	13	10e7	375	8	57
308	11	35b	342	13	4e7	376	9	d7
309	11	75b	343	15	2267	377	9	1d7
310	8	87	344	15	6267	378	12	797
311	9	47	345	12	ce7	379	12	f97
312	8	c7	346	11	2e7	380	9	37
313	11	147	347	13	14e8	381	11	137
314	11	547	348	13	6e7	382	10	337
315	10	347	349	14	16e8	383	13	537
316	11	27	350	9	1e7	384	13	1537
317	11	427	351	10	17	385	9	b7
318	13	99b	352	11	217	386	10	1b7
319	13	199b	353	12	ee7	387	10	3b7
320	11	227	354	13	617	388	13	d37
321	12	627	355	10	117	389	13	1d37
322	11	127	356	11	317	390	12	77
323	13	e27	357	11	717	391	13	877
324	12	527	358	13	1617	392	13	1877
325	9	a7	359	14	36e7	393	15	6597
326	10	327	360	10	97	394	15	477
327	10	1a7	361	11	297	395	12	c77
328	13	1e27	362	11	697	396	12	277
329	12	d27	363	13	e17	397	12	a77
330	10	3a7	364	13	1e17	398	14	2477
331	11	67	365	12	197	399	14	1477
332	11	467	366	13	997	400	9	177
333	14	267	367	13	1997	401	10	f7
334	13	1267	368	15	597	402	10	2f7
335	10	167	369	15	4597	403	13	677
336	10	367	370	12	d97	404	13	1677
337	11	667	371	13	1597	405	10	1f7
338	12	a67	372	12	397	406	11	3f7
339	13	e7	373	15	2597	407	11	7f7

表 B.66（续）

索引	长度	码字	索引	长度	码字	索引	长度	码字
408	13	e77	442	13	18cf	476	12	22f
409	14	3477	443	16	c477	477	12	a2f
410	10	f	444	14	28cf	478	14	62f
411	11	20f	445	12	4cf	479	14	262f
412	11	60f	446	13	ccf	480	11	12f
413	14	1e77	447	13	1ccf	481	13	162f
414	13	10f	448	14	2cf	482	12	e2f
415	13	110f	449	15	22cf	483	15	7fcf
416	13	90f	450	11	6cf	484	14	52f
417	14	3e77	451	12	acf	485	12	d2f
418	14	190f	452	12	1cf	486	13	152f
419	16	4477	453	15	62cf	487	13	32f
420	13	50f	454	14	12cf	488	15	252f
421	13	150f	455	11	5cf	489	16	652f
422	13	d0f	456	12	9cf	490	13	132f
423	15	390f	457	13	3cf	491	15	b2f
424	15	790f	458	14	32cf	492	13	1b2f
425	9	8f	459	15	13cf	493	17	e52f
426	10	30f	460	12	bcf	494	13	72f
427	10	18f	461	13	7cf	495	14	2b2f
428	13	1d0f	462	13	17cf	496	15	4b2f
429	13	38f	463	16	53cf	497	15	172f
430	10	4f	464	15	33cf	498	16	572f
431	11	78f	465	14	fcf	499	17	1e52f
432	10	24f	466	12	2f	500	8	af
433	14	138f	467	15	73cf	501	9	6f
434	13	b8f	468	12	82f	502	9	16f
435	10	14f	469	16	d3cf	503	12	f2f
436	11	34f	470	14	2fcf	504	12	ef
437	11	74f	471	15	1fcf	505	9	1ef
438	13	1b8f	472	15	5fcf	506	10	2ef
439	14	338f	473	16	3fcf	507	10	1f
440	12	cf	474	16	bfcf	508	12	8ef
441	14	8cf	475	11	42f	509	13	4ef

表 B.66（续）

索引	长度	码字	索引	长度	码字	索引	长度	码字
510	9	11f	544	15	5fdf	578	15	4e7f
511	10	21f	545	12	3f	579	14	1e7f
512	10	9f	546	13	83f	580	12	37f
513	13	14ef	547	14	3fdf	581	13	b7f
514	13	cef	548	14	183f	582	13	1b7f
515	12	29f	549	16	d72f	583	16	8e7f
516	12	a9f	550	9	13f	584	15	3e7f
517	12	69f	551	10	23f	585	11	77f
518	14	372f	552	10	bf	586	12	ff
519	14	1cef	553	13	43f	587	13	8ff
520	12	e9f	554	13	143f	588	14	18ff
521	13	19f	555	10	2bf	589	15	7e7f
522	13	119f	556	11	1bf	590	14	38ff
523	15	3cef	557	11	5bf	591	15	4ff
524	15	7cef	558	13	c3f	592	15	44ff
525	9	5f	559	14	383f	593	17	24ff
526	10	39f	560	10	3bf	594	16	a4ff
527	10	15f	561	11	7f	595	13	14ff
528	13	99f	562	11	47f	596	13	cff
529	12	59f	563	14	1c3f	597	15	64ff
530	10	35f	564	14	3c3f	598	13	1cff
531	11	df	565	13	27f	599	16	2ff
532	11	4df	566	13	127f	600	11	6ff
533	14	199f	567	13	a7f	601	12	aff
534	13	d9f	568	15	1a7f	602	13	12ff
535	10	2df	569	15	5a7f	603	14	22ff
536	10	1df	570	13	67f	604	15	42ff
537	11	3df	571	14	3a7f	605	13	1ff
538	13	1d9f	572	13	167f	606	13	11ff
539	14	399f	573	16	e7f	607	13	9ff
540	13	7df	574	14	2e7f	608	15	19ff
541	13	17df	575	11	17f	609	16	82ff
542	13	fdf	576	12	57f	610	11	5ff
543	15	1fdf	577	12	d7f	611	13	3ff

表 B.66（续）

索引	长度	码字	索引	长度	码字	索引	长度	码字
612	12	bff	617	15	73ff	622	12	fff
613	15	59ff	618	16	7ff	623	17	124ff
614	14	30ff	619	16	87ff	624	13	17ff
615	14	13ff	620	14	27ff			
616	15	33ff	621	15	47ff			

表 B.67　residue 编码所用码书 residuebook __44u4__p5_0

索引	长度	码字	索引	长度	码字	索引	长度	码字
0	2	0	25	10	2cd	50	10	6f
1	3	2	26	10	5b	51	10	26f
2	3	6	27	6	3b	52	11	16f
3	6	1	28	7	7	53	11	56f
4	6	21	29	7	47	54	7	1f
5	7	11	30	8	db	55	8	ef
6	7	51	31	8	27	56	8	5f
7	9	31	32	9	15b	57	9	df
8	9	131	33	9	a7	58	9	1df
9	4	9	34	11	25b	59	10	36f
10	5	5	35	10	1a7	60	10	3f
11	5	15	36	6	17	61	11	23f
12	7	71	37	7	67	62	11	63f
13	7	d	38	7	37	63	9	13f
14	8	b1	39	8	77	64	10	bf
15	8	4d	40	8	f7	65	10	2bf
16	10	cd	41	9	f	66	11	1bf
17	9	1cd	42	9	10f	67	10	3bf
18	4	3	43	10	3a7	68	11	5bf
19	5	1d	44	11	65b	69	11	7f
20	5	b	45	7	4f	70	12	47f
21	7	2d	46	8	8f	71	12	c7f
22	7	6d	47	8	2f	72	9	17f
23	8	1b	48	9	af	73	10	27f
24	8	9b	49	9	1af	74	10	ff

表 B.67（续）

索引	长度	码字	索引	长度	码字	索引	长度	码字
75	10	2ff	77	11	5ff	79	12	7ff
76	11	1ff	78	11	3ff	80	12	fff

表 B.68 residue 编码所用码书 residuebook __44u4__p6_0

索引	长度	码字	索引	长度	码字	索引	长度	码字
0	1	0	28	6	7	56	9	1af
1	4	1	29	8	27	57	10	6f
2	4	9	30	8	a7	58	11	26f
3	6	5	31	9	1d3	59	11	66f
4	6	25	32	9	67	60	11	16f
5	8	15	33	10	2d3	61	12	f77
6	8	95	34	10	167	62	12	56f
7	9	55	35	11	367	63	15	2777
8	9	155	36	11	767	64	15	6777
9	11	d5	37	14	1cd5	65	8	ef
10	10	2d5	38	14	3cd5	66	9	1f
11	13	4d5	39	6	17	67	9	11f
12	13	14d5	40	8	e7	68	11	36f
13	4	d	41	8	37	69	10	9f
14	6	35	42	9	b7	70	11	76f
15	5	3	43	9	1b7	71	11	29f
16	8	13	44	10	77	72	12	d6f
17	8	93	45	10	277	73	12	69f
18	9	1d5	46	11	177	74	13	1777
19	9	53	47	11	577	75	13	e9f
20	10	153	48	12	377	76	16	1e9f
21	10	353	49	12	b77	77	16	9e9f
22	11	d3	50	15	777	78	8	5f
23	11	4d3	51	15	4777	79	9	19f
24	14	cd5	52	6	f	80	9	df
25	14	2cd5	53	8	f7	81	10	1df
26	4	b	54	8	2f	82	10	3df
27	6	33	55	9	af	83	11	3f

表 B.68（续）

索引	长度	码字	索引	长度	码字	索引	长度	码字
84	11	43f	113	13	1d7f	142	18	172ff
85	12	23f	114	14	37f	143	14	27ff
86	12	a3f	115	16	60bf	144	15	47ff
87	13	63f	116	17	e9bf	145	14	17ff
88	13	163f	117	11	77f	146	15	37ff
89	16	5e9f	118	12	b7f	147	15	77ff
90	16	de9f	119	11	ff	148	17	f2ff
91	10	13f	120	12	4ff	149	16	fff
92	10	33f	121	12	cff	150	17	1f2ff
93	10	bf	122	13	137f	151	17	8fff
94	12	e3f	123	13	2ff	152	17	18fff
95	11	2bf	124	14	237f	153	17	4fff
96	12	6bf	125	14	12ff	154	21	7e9bf
97	12	ebf	126	15	32ff	155	0	0
98	13	1bf	127	14	aff	156	14	2fff
99	13	11bf	128	18	1e9bf	157	15	1fff
100	14	3e9f	129	17	72ff	158	15	5fff
101	14	9bf	130	11	6ff	159	16	cfff
102	16	29bf	131	11	1ff	160	16	3fff
103	16	a9bf	132	12	5ff	161	16	bfff
104	10	3bf	133	12	dff	162	16	7fff
105	10	7f	134	12	3ff	163	17	14fff
106	10	27f	135	13	1aff	164	17	ffff
107	11	5bf	136	13	bff	165	18	372ff
108	12	17f	137	14	2aff	166	17	1ffff
109	12	97f	138	14	1bff	167	20	fe9bf
110	12	57f	139	14	3bff	168	21	17e9bf
111	13	19bf	140	15	7ff			
112	13	d7f	141	19	3e9bf			

表 B.69 residue 编码所用码书 residuebook __44u4__p6_1

索引	长度	码字	索引	长度	码字	索引	长度	码字
0	2	0	2	4	a	4	5	16
1	4	2	3	5	6	5	4	e

表 B.69（续）

索引	长度	码字	索引	长度	码字	索引	长度	码字
6	5	1	13	5	3	20	5	17
7	5	11	14	6	29	21	5	f
8	6	9	15	5	13	22	6	27
9	5	19	16	6	b	23	6	1f
10	4	5	17	5	1b	24	6	3f
11	5	d	18	6	2b			
12	5	1d	19	6	7			

表 B.70　residue 编码所用码书 residuebook __44u4__p7_0

索引	长度	码字	索引	长度	码字	索引	长度	码字
0	1	0	23	12	283	46	12	743
1	3	1	24	12	a83	47	12	f43
2	3	5	25	12	683	48	12	c3
3	12	3	26	4	b	49	12	8c3
4	12	803	27	11	183	50	12	4c3
5	12	403	28	10	383	51	12	cc3
6	12	c03	29	12	e83	52	12	2c3
7	12	203	30	12	583	53	12	ac3
8	12	a03	31	12	d83	54	12	6c3
9	12	603	32	12	43	55	12	ec3
10	12	e03	33	12	843	56	12	1c3
11	12	103	34	12	443	57	12	9c3
12	12	903	35	12	c43	58	12	5c3
13	3	7	36	12	243	59	12	dc3
14	12	503	37	12	a43	60	12	3c3
15	11	303	38	12	643	61	12	bc3
16	12	d03	39	12	e43	62	12	7c3
17	12	703	40	12	143	63	12	fc3
18	12	f03	41	12	943	64	12	23
19	12	83	42	12	543	65	12	823
20	12	883	43	12	d43	66	12	423
21	12	483	44	12	343	67	12	c23
22	12	c83	45	12	b43	68	12	223

表 B.70（续）

索引	长度	码字	索引	长度	码字	索引	长度	码字
69	12	a23	103	11	3e3	137	11	33
70	12	623	104	11	7e3	138	11	433
71	12	e23	105	11	13	139	11	233
72	12	123	106	11	413	140	11	633
73	12	923	107	11	213	141	11	133
74	12	523	108	11	613	142	11	533
75	12	d23	109	11	113	143	11	333
76	12	323	110	11	513	144	11	733
77	12	b23	111	11	313	145	11	b3
78	12	723	112	11	713	146	11	4b3
79	12	f23	113	11	93	147	11	2b3
80	12	a3	114	11	493	148	11	6b3
81	12	8a3	115	11	293	149	11	1b3
82	11	4a3	116	11	693	150	11	5b3
83	11	2a3	117	11	193	151	11	3b3
84	11	6a3	118	11	593	152	11	7b3
85	11	1a3	119	11	393	153	11	73
86	11	5a3	120	11	793	154	11	473
87	11	3a3	121	11	53	155	11	273
88	11	7a3	122	11	453	156	11	673
89	11	63	123	11	253	157	11	173
90	11	463	124	11	653	158	11	573
91	11	263	125	11	153	159	11	373
92	11	663	126	11	553	160	11	773
93	11	163	127	11	353	161	11	f3
94	11	563	128	11	753	162	11	4f3
95	11	363	129	11	d3	163	11	2f3
96	11	763	130	11	4d3	164	11	6f3
97	11	e3	131	11	2d3	165	11	1f3
98	11	4e3	132	11	6d3	166	11	5f3
99	11	2e3	133	11	1d3	167	11	3f3
100	11	6e3	134	11	5d3	168	11	7f3
101	11	1e3	135	11	3d3			
102	11	5e3	136	11	7d3			

表 B.71 residue 编码所用码书 residuebook __44u4__p7_1

索引	长度	码字	索引	长度	码字	索引	长度	码字
0	1	0	34	8	c7	68	11	42f
1	4	1	35	9	1d3	69	12	8b7
2	4	9	36	9	27	70	12	22f
3	6	5	37	10	127	71	13	a2f
4	6	25	38	10	327	72	12	62f
5	7	15	39	11	4d3	73	13	1a2f
6	7	55	40	11	a7	74	13	e2f
7	9	35	41	11	4a7	75	8	af
8	8	b5	42	11	2a7	76	9	12f
9	10	135	43	12	8d3	77	9	6f
10	8	75	44	12	6a7	78	11	16f
11	10	335	45	6	17	79	11	56f
12	9	f5	46	8	67	80	12	36f
13	11	1f5	47	8	e7	81	11	76f
14	11	5f5	48	10	1a7	82	12	b6f
15	4	d	49	9	37	83	12	ef
16	7	3	50	11	3a7	84	13	1e2f
17	6	23	51	10	137	85	13	8ef
18	8	43	52	12	ea7	86	13	18ef
19	7	13	53	11	7a7	87	13	4ef
20	9	c3	54	12	337	88	13	14ef
21	9	1c3	55	12	b37	89	13	cef
22	10	3f5	56	12	737	90	8	1f
23	10	53	57	12	f37	91	9	1ef
24	11	253	58	13	b7	92	9	9f
25	10	153	59	13	10b7	93	11	2ef
26	11	653	60	6	f	94	11	6ef
27	10	353	61	8	77	95	11	19f
28	12	d3	62	8	f7	96	12	59f
29	10	2d3	63	10	2b7	97	12	d9f
30	4	b	64	10	1b7	98	12	39f
31	6	33	65	10	3b7	99	13	1cef
32	7	7	66	11	4b7	100	13	b9f
33	8	47	67	11	2f	101	13	1b9f

表 B.71（续）

索引	长度	码字	索引	长度	码字	索引	长度	码字
102	13	79f	136	11	bf	170	14	1e7f
103	13	179f	137	11	4bf	171	14	3e7f
104	13	f0f	138	12	3bf	172	14	37f
105	9	5f	139	12	abf	173	15	627f
106	10	15f	140	13	6bf	174	15	237f
107	10	35f	141	13	16bf	175	15	637f
108	12	df	142	14	ebf	176	15	137f
109	11	4df	143	14	2ebf	177	15	537f
110	13	1f9f	144	14	1ebf	178	15	337f
111	13	8df	145	14	3ebf	179	16	737f
112	13	18df	146	14	1bf	180	11	77f
113	13	2df	147	15	6d3f	181	12	b7f
114	14	12df	148	16	21bf	182	12	ff
115	13	adf	149	16	a1bf	183	13	8ff
116	13	1adf	150	10	3bf	184	13	18ff
117	14	32df	151	11	5bf	185	14	4ff
118	14	6df	152	11	7f	186	14	24ff
119	14	26df	153	12	9bf	187	14	14ff
120	9	1df	154	13	11bf	188	15	34ff
121	10	3f	155	13	47f	189	15	74ff
122	11	23f	156	13	147f	190	15	cff
123	11	63f	157	13	c7f	191	16	f37f
124	12	edf	158	15	61bf	192	15	4cff
125	12	13f	159	14	1c7f	193	17	2cff
126	13	16df	160	14	3c7f	194	16	acff
127	13	93f	161	15	27f	195	11	2ff
128	13	193f	162	16	427f	196	12	6ff
129	13	53f	163	15	227f	197	12	eff
130	13	153f	164	16	c27f	198	13	1cff
131	14	d3f	165	10	17f	199	13	1ff
132	15	2d3f	166	12	a7f	200	13	11ff
133	14	1d3f	167	12	67f	201	15	6cff
134	14	3d3f	168	13	127f	202	15	9ff
135	10	33f	169	13	e7f	203	14	29ff

表 B.71（续）

索引	长度	码字	索引	长度	码字	索引	长度	码字
204	16	49ff	211	12	3ff	218	14	1fff
205	16	c9ff	212	12	bff	219	15	6fff
206	16	19ff	213	13	7ff	220	15	3fff
207	16	99ff	214	13	17ff	221	17	d9ff
208	16	59ff	215	14	39ff	222	17	1d9ff
209	17	12cff	216	14	fff	223	16	7fff
210	11	5ff	217	15	2fff	224	16	ffff

表 B.72　residue 编码所用码书 residuebook __44u4__p7_2

索引	长度	码字	索引	长度	码字	索引	长度	码字
0	2	0	23	8	2e	46	9	129
1	5	2	24	8	ae	47	9	a9
2	5	12	25	8	6e	48	9	1a9
3	7	a	26	9	ee	49	9	69
4	7	4a	27	9	1cc	50	9	169
5	7	2a	28	9	1e	51	7	19
6	7	6a	29	9	11e	52	7	59
7	8	1a	30	9	9e	53	7	39
8	8	9a	31	9	19e	54	8	e9
9	8	5a	32	9	5e	55	8	79
10	8	da	33	9	15e	56	8	f9
11	9	3a	34	5	1	57	8	5
12	9	13a	35	6	3e	58	9	85
13	9	ba	36	6	11	59	9	185
14	9	1ba	37	7	31	60	9	45
15	9	7a	38	7	71	61	9	145
16	9	17a	39	8	de	62	9	c5
17	5	6	40	8	9	63	9	1c5
18	6	16	41	8	89	64	10	25
19	6	36	42	8	49	65	10	225
20	7	e	43	9	c9	66	10	125
21	7	4e	44	9	1c9	67	10	325
22	8	fa	45	9	29	68	7	65

表 B.72（续）

索引	长度	码字	索引	长度	码字	索引	长度	码字
69	7	15	103	8	3	137	8	8b
70	7	55	104	8	83	138	8	4b
71	8	a5	105	8	43	139	9	1f3
72	8	35	106	8	c3	140	9	cb
73	8	b5	107	9	1bd	141	9	1cb
74	8	75	108	9	23	142	9	2b
75	9	f5	109	9	123	143	9	12b
76	9	1f5	110	9	a3	144	10	ab
77	9	d	111	9	1a3	145	10	2ab
78	9	10d	112	9	63	146	10	1ab
79	10	8d	113	10	163	147	10	3ab
80	9	18d	114	10	363	148	10	6b
81	10	28d	115	10	e3	149	10	26b
82	9	4d	116	10	2e3	150	10	16b
83	10	14d	117	10	1e3	151	10	36b
84	10	34d	118	10	3e3	152	10	eb
85	7	2d	119	8	13	153	9	1eb
86	8	cd	120	9	93	154	9	1b
87	8	6d	121	8	53	155	9	11b
88	8	ed	122	9	193	156	9	9b
89	8	1d	123	9	d3	157	9	19b
90	9	9d	124	9	1d3	158	10	2eb
91	9	19d	125	9	33	159	10	5b
92	9	5d	126	9	133	160	10	25b
93	9	15d	127	9	b3	161	10	15b
94	9	dd	128	10	1b3	162	10	35b
95	9	1dd	129	10	3b3	163	10	db
96	10	3d	130	10	73	164	10	2db
97	10	23d	131	10	273	165	10	1db
98	10	13d	132	10	173	166	10	3db
99	10	33d	133	10	373	167	10	3b
100	10	bd	134	10	f3	168	10	23b
101	10	2bd	135	10	2f3	169	10	13b
102	7	7d	136	8	b	170	9	bb

表 B.72（续）

索引	长度	码字	索引	长度	码字	索引	长度	码字
171	9	1bb	205	9	17	239	9	14f
172	9	7b	206	9	117	240	9	cf
173	9	17b	207	9	97	241	10	38f
174	9	fb	208	10	197	242	10	1cf
175	10	33b	209	10	397	243	10	3cf
176	10	1fb	210	10	57	244	10	2f
177	10	3fb	211	10	257	245	10	22f
178	10	7	212	10	157	246	10	12f
179	10	207	213	10	357	247	10	32f
180	10	107	214	10	d7	248	10	af
181	10	307	215	10	2d7	249	10	2af
182	10	87	216	10	1d7	250	10	1af
183	10	287	217	11	3d7	251	10	3af
184	10	187	218	10	37	252	10	6f
185	10	387	219	10	237	253	10	26f
186	10	47	220	10	137	254	10	16f
187	9	147	221	9	b7	255	9	ef
188	9	c7	222	9	1b7	256	10	36f
189	9	1c7	223	9	77	257	9	1ef
190	9	27	224	10	337	258	10	1f
191	10	247	225	10	177	259	10	21f
192	10	127	226	10	377	260	10	11f
193	10	327	227	10	f7	261	10	31f
194	10	a7	228	10	2f7	262	10	9f
195	10	2a7	229	10	1f7	263	10	29f
196	10	1a7	230	10	3f7	264	10	19f
197	10	3a7	231	10	f	265	10	39f
198	10	67	232	10	20f	266	10	5f
199	10	267	233	10	10f	267	10	25f
200	10	167	234	10	30f	268	10	15f
201	10	367	235	10	8f	269	10	35f
202	10	e7	236	10	28f	270	10	df
203	10	2e7	237	10	18f	271	10	2df
204	9	1e7	238	9	4f	272	9	1df

表 B.72（续）

索引	长度	码字	索引	长度	码字	索引	长度	码字
273	10	3f	279	10	3bf	285	11	7d7
274	9	13f	280	10	7f	286	10	2ff
275	10	23f	281	10	27f	287	10	1ff
276	10	bf	282	10	17f	288	10	3ff
277	10	2bf	283	10	37f			
278	10	1bf	284	10	ff			

表 B.73　residue 编码所用码书 residuebook __44u4__long

索引	长度	码字	索引	长度	码字	索引	长度	码字
0	3	0	22	9	142	44	5	1d
1	8	4	23	13	1684	45	5	3
2	12	84	24	9	c2	46	6	13
3	12	884	25	6	e	47	12	3c2
4	13	484	26	5	1e	48	10	69
5	12	c84	27	6	2e	49	8	e9
6	11	284	28	6	1	50	8	33
7	13	1484	29	7	62	51	7	73
8	5	14	30	8	21	52	7	b
9	4	c	31	12	e84	53	5	1b
10	6	24	32	12	1c2	54	3	7
11	7	44	33	7	61	55	8	b3
12	8	2	34	5	11	56	10	269
13	8	82	35	6	9	57	12	bc2
14	9	184	36	4	5	58	13	19c2
15	13	684	37	5	19	59	12	7c2
16	9	42	38	8	a1	60	12	fc2
17	5	12	39	13	9c2	61	9	169
18	4	a	40	11	5c2	62	6	2b
19	5	6	41	7	29	63	7	4b
20	5	16	42	6	d			
21	7	22	43	6	2d			

表 B.74 residue 编码所用码书 residuebook __44u5__short

索引	长度	码字	索引	长度	码字	索引	长度	码字
0	4	0	34	9	1ca	68	16	d948
1	10	8	35	10	6a	69	17	15948
2	17	208	36	13	1a08	70	12	9c1
3	13	1208	37	13	948	71	11	5c1
4	17	10208	38	17	1e208	72	9	71
5	13	a08	39	17	1948	73	10	171
6	17	8208	40	8	ea	74	6	d
7	17	18208	41	6	1a	75	9	f1
8	17	4208	42	5	6	76	5	1d
9	17	14208	43	7	3a	77	7	2d
10	3	4	44	4	e	78	14	371
11	6	28	45	7	7a	79	17	2371
12	8	88	46	5	16	80	14	1371
13	9	108	47	8	1	81	13	b71
14	11	608	48	14	3948	82	10	1f1
15	9	48	49	17	11948	83	15	6371
16	15	2208	50	9	16a	84	4	3
17	12	148	51	9	81	85	8	6d
18	16	c208	52	8	41	86	3	7
19	17	6208	53	9	181	87	5	b
20	6	18	54	7	21	88	14	3371
21	5	2	55	9	c1	89	17	12371
22	5	12	56	8	61	90	17	a371
23	7	38	57	10	26a	91	14	1b71
24	7	78	58	16	9948	92	11	771
25	8	c8	59	17	5948	93	15	3b71
26	10	348	60	12	1c1	94	6	1b
27	11	548	61	10	3c1	95	10	3f1
28	17	16208	62	7	11	96	6	3b
29	17	e208	63	8	e1	97	8	ed
30	7	a	64	4	9	98	15	7b71
31	8	4a	65	7	51	99	17	1a371
32	7	2a	66	4	5			
33	9	ca	67	7	31			

表 B.75 residue 编码所用码书 residuebook __44u5__p1_0

索引	长度	码字	索引	长度	码字	索引	长度	码字
0	1	0	27	5	1b	54	4	f
1	4	1	28	8	2b	55	8	67
2	4	9	29	8	ab	56	8	c7
3	5	5	30	8	6b	57	8	17
4	8	15	31	10	1cb	58	11	5c7
5	7	55	32	10	3cb	59	10	97
6	5	d	33	8	eb	60	8	57
7	7	35	34	10	7	61	10	297
8	7	75	35	10	207	62	10	197
9	5	1d	36	8	87	63	7	37
10	8	95	37	10	107	64	10	397
11	8	3	38	10	307	65	10	d7
12	8	83	39	10	47	66	10	2d7
13	10	43	40	12	247	67	13	1d7
14	10	243	41	13	a47	68	13	11d7
15	7	23	42	10	147	69	10	3d7
16	9	143	43	13	1a47	70	11	5d7
17	10	c3	44	13	647	71	13	9d7
18	5	13	45	7	27	72	8	77
19	8	63	46	10	347	73	10	f7
20	8	e3	47	10	c7	74	11	2f7
21	7	b	48	10	2c7	75	10	1f7
22	10	2c3	49	13	1647	76	13	19d7
23	9	1c3	50	11	1c7	77	13	6f7
24	8	4b	51	10	3c7	78	10	3f7
25	10	cb	52	13	e47	79	13	16f7
26	10	2cb	53	13	1e47	80	12	ef7

表 B.76 residue 编码所用码书 residuebook __44u5__p2_0

索引	长度	码字	索引	长度	码字	索引	长度	码字
0	3	0	3	5	2	6	5	a
1	4	4	4	6	12	7	6	1a
2	4	c	5	6	32	8	6	3a

表 B.76(续)

索引	长度	码字	索引	长度	码字	索引	长度	码字
9	5	6	33	6	d	57	6	7
10	6	16	34	8	2d	58	8	b3
11	6	36	35	8	ad	59	7	73
12	6	e	36	6	1d	60	6	27
13	8	2e	37	8	6d	61	8	17
14	8	ae	38	8	ed	62	8	97
15	6	1e	39	8	3d	63	6	37
16	7	6e	40	9	bd	64	8	57
17	8	3e	41	9	1bd	65	7	f
18	5	1	42	8	7d	66	8	d7
19	6	11	43	9	fd	67	9	133
20	6	31	44	9	1fd	68	9	4f
21	6	9	45	6	3	69	7	2f
22	8	be	46	8	23	70	8	cf
23	7	7e	47	7	63	71	9	14f
24	6	29	48	7	13	72	6	1f
25	8	19	49	9	a3	73	8	6f
26	8	99	50	8	53	74	8	ef
27	5	5	51	8	d3	75	8	3f
28	6	39	52	9	1a3	76	9	bf
29	6	15	53	9	33	77	9	1bf
30	6	35	54	5	b	78	8	7f
31	8	59	55	6	1b	79	9	ff
32	8	d9	56	6	3b	80	9	1ff

表 B.77 residue 编码所用码书 residuebook __44u5__p3_0

索引	长度	码字	索引	长度	码字	索引	长度	码字
0	2	0	6	7	5a	12	7	56
1	4	2	7	6	3a	13	9	96
2	5	a	8	9	16	14	9	196
3	8	1a	9	9	116	15	8	1e
4	8	9a	10	5	e	16	10	9e
5	5	6	11	6	36	17	9	19e

表 B.77（续）

索引	长度	码字	索引	长度	码字	索引	长度	码字
18	13	29e	52	7	69	86	11	155
19	12	a9e	53	9	c9	87	11	555
20	8	5e	54	10	310	88	14	1fe5
21	9	de	55	7	5	89	14	3fe5
22	10	1de	56	9	1c9	90	13	355
23	12	69e	57	8	45	91	14	1355
24	12	e9e	58	11	c5	92	14	3355
25	5	1	59	11	4c5	93	17	4fe5
26	7	3e	60	7	25	94	16	cfe5
27	7	7e	61	9	1c5	95	12	b55
28	10	3de	62	9	65	96	13	755
29	10	11	63	11	2c5	97	13	1755
30	7	51	64	11	6c5	98	15	f55
31	9	111	65	9	165	99	16	4f55
32	9	91	66	11	e5	100	8	d5
33	11	211	67	10	2e5	101	10	35
34	11	611	68	14	3549	102	10	235
35	6	31	69	13	d49	103	13	1f55
36	8	9	70	10	1e5	104	13	135
37	9	191	71	11	4e5	105	9	b5
38	11	89	72	11	3e5	106	11	535
39	11	489	73	14	1d49	107	11	335
40	10	289	74	14	3d49	108	14	2f55
41	11	189	75	8	15	109	15	1135
42	11	589	76	10	95	110	10	1b5
43	14	129e	77	10	295	111	11	735
44	14	329e	78	13	7e5	112	11	3b5
45	9	49	79	13	17e5	113	14	3135
46	10	389	80	10	195	114	15	5135
47	11	149	81	11	395	115	12	935
48	13	549	82	11	795	116	14	7b5
49	14	1549	83	15	fe5	117	13	17b5
50	5	19	84	14	2fe5	118	16	cf55
51	7	29	85	9	55	119	16	27b5

表 B.77（续）

索引	长度	码字	索引	长度	码字	索引	长度	码字
120	13	fb5	154	11	4a3	188	13	1ce3
121	15	67b5	155	9	1a3	189	14	34e3
122	14	1fb5	156	11	2a3	190	11	373
123	15	3fb5	157	11	6a3	191	13	d33
124	17	14fe5	158	13	8a3	192	12	773
125	5	d	159	13	18a3	193	16	d4e3
126	7	75	160	9	63	194	14	1d33
127	7	1d	161	11	163	195	11	f3
128	10	5d	162	11	563	196	13	f73
129	10	25d	163	13	363	197	13	1f73
130	7	3d	164	13	1363	198	16	3d33
131	9	15d	165	12	b63	199	17	bd33
132	9	dd	166	13	763	200	10	2f3
133	11	1dd	167	13	1763	201	12	4f3
134	11	5dd	168	15	7fb5	202	11	1f3
135	7	7d	169	16	a7b5	203	15	7d33
136	9	3	170	11	e3	204	15	cf3
137	9	103	171	12	f63	205	11	5f3
138	11	3dd	172	13	4e3	206	13	1cf3
139	11	7dd	173	15	14e3	207	13	3f3
140	10	83	174	16	54e3	208	16	4cf3
141	11	283	175	6	13	209	16	ccf3
142	11	683	176	9	1e3	210	11	7f3
143	14	183	177	9	33	211	13	13f3
144	14	2183	178	11	2e3	212	13	bf3
145	10	383	179	11	6e3	213	17	1bd33
146	11	583	180	8	b3	214	16	2cf3
147	12	983	181	11	133	215	14	1bf3
148	14	1183	182	10	333	216	15	6cf3
149	14	3183	183	13	ce3	217	15	3bf3
150	7	43	184	12	533	218	17	acf3
151	9	23	185	9	73	219	17	1acf3
152	9	123	186	11	173	220	14	b
153	12	a3	187	11	573	221	16	7bf3

表 B.77（续）

索引	长度	码字	索引	长度	码字	索引	长度	码字
222	16	fbf3	256	9	7	290	11	b7
223	17	200b	257	9	107	291	13	1fe7
224	18	1200b	258	11	87	292	13	4b7
225	9	10b	259	11	487	293	16	50a7
226	11	40b	260	7	47	294	15	30a7
227	11	20b	261	9	187	295	11	2b7
228	14	100b	262	9	27	296	12	cb7
229	15	600b	263	11	287	297	13	14b7
230	10	8b	264	11	687	298	14	6b7
231	12	80b	265	10	127	299	15	70a7
232	12	60b	266	11	327	300	7	77
233	15	300b	267	11	727	301	9	1b7
234	15	700b	268	14	3e8b	302	9	f
235	11	28b	269	14	a7	303	11	10f
236	13	e0b	270	10	2a7	304	12	eb7
237	13	1e0b	271	11	4a7	305	9	8f
238	16	a00b	272	12	8a7	306	11	50f
239	17	68b	273	14	20a7	307	11	30f
240	13	168b	274	15	10a7	308	13	16b7
241	15	468b	275	6	17	309	13	70f
242	13	e8b	276	9	1a7	310	9	18f
243	17	1068b	277	9	67	311	11	4f
244	15	268b	278	12	167	312	11	44f
245	14	1e8b	279	11	567	313	13	170f
246	15	668b	280	9	e7	314	13	f0f
247	16	868b	281	11	367	315	11	24f
248	18	3200b	282	11	767	316	13	1f0f
249	0	0	283	13	967	317	13	64f
250	5	1b	284	13	1967	318	15	26b7
251	7	4b	285	8	37	319	16	d0a7
252	7	2b	286	10	1e7	320	11	14f
253	10	18b	287	11	3e7	321	13	164f
254	10	38b	288	12	7e7	322	13	e4f
255	7	6b	289	13	fe7	323	15	66b7

表 B.77（续）

索引	长度	码字	索引	长度	码字	索引	长度	码字
324	14	1e4f	358	16	192f	392	15	70ef
325	9	cf	359	16	992f	393	18	1ef2f
326	11	54f	360	11	32f	394	18	3ef2f
327	11	34f	361	13	72f	395	13	1ef
328	15	3e4f	362	13	172f	396	14	11ef
329	14	74f	363	15	592f	397	14	31ef
330	11	1cf	364	15	392f	398	18	9ef
331	13	174f	365	14	f2f	399	18	209ef
332	13	f4f	366	15	792f	400	9	1f
333	17	7e4f	367	15	2f2f	401	11	5ef
334	15	274f	368	18	6f2f	402	11	3ef
335	10	3cf	369	18	26f2f	403	15	49ef
336	12	5cf	370	14	1f2f	404	16	89ef
337	12	dcf	371	15	3f2f	405	11	7ef
338	15	674f	372	15	7f2f	406	13	19ef
339	15	1f4f	373	17	16f2f	407	13	11f
340	14	3f4f	374	17	ef2f	408	17	109ef
341	16	fe4f	375	8	af	409	17	29ef
342	16	5f4f	376	10	6f	410	11	51f
343	17	17e4f	377	10	26f	411	13	111f
344	17	df4f	378	13	16f	412	13	91f
345	13	2f	379	13	116f	413	16	a9ef
346	13	102f	380	10	36f	414	16	69ef
347	15	82f	381	12	96f	415	15	191f
348	15	482f	382	11	56f	416	15	591f
349	17	1df4f	383	15	ef	417	16	e9ef
350	10	22f	384	15	40ef	418	17	129ef
351	11	42f	385	10	2ef	419	0	0
352	12	12f	386	11	4ef	420	14	391f
353	15	282f	387	12	8ef	421	15	31f
354	15	682f	388	15	20ef	422	17	431f
355	11	52f	389	15	60ef	423	0	0
356	13	182f	390	14	10ef	424	0	0
357	13	92f	391	15	30ef	425	9	9f

表 B.77（续）

索引	长度	码字	索引	长度	码字	索引	长度	码字
426	11	71f	460	14	3c5f	494	17	6e5f
427	11	19f	461	15	5c5f	495	17	16e5f
428	15	231f	462	15	25f	496	18	ee5f
429	15	631f	463	19	5845f	497	18	2ee5f
430	10	39f	464	0	0	498	19	1ee5f
431	13	131f	465	18	425f	499	0	0
432	12	b1f	466	16	c25f	500	8	df
433	18	1431f	467	0	0	501	10	15f
434	16	c31f	468	20	f431f	502	10	35f
435	11	59f	469	20	2425f	503	14	1e5f
436	13	5f	470	16	225f	504	14	3e5f
437	13	105f	471	18	1425f	505	10	3f
438	15	85f	472	18	3425f	506	11	23f
439	16	485f	473	0	0	507	11	63f
440	14	285f	474	0	0	508	14	13f
441	16	c85f	475	12	a5f	509	15	213f
442	15	185f	476	14	125f	510	10	33f
443	20	3431f	477	14	325f	511	11	53f
444	20	b431f	478	18	a25f	512	12	93f
445	14	385f	479	18	2a25f	513	15	613f
446	15	585f	480	13	65f	514	15	113f
447	16	45f	481	15	625f	515	13	bf
448	17	845f	482	14	165f	516	15	513f
449	0	0	483	18	1a25f	517	14	313f
450	13	145f	484	16	365f	518	19	5ee5f
451	14	245f	485	14	e5f	519	17	10bf
452	14	c5f	486	15	765f	520	13	8bf
453	20	7431f	487	16	b65f	521	15	50bf
454	16	445f	488	18	3a25f	522	15	30bf
455	14	2c5f	489	20	a425f	523	17	110bf
456	15	1c5f	490	16	2e5f	524	0	0
457	16	c45f	491	19	6425f	525	9	1bf
458	19	1845f	492	16	ae5f	526	11	4bf
459	18	3845f	493	0	0	527	11	2bf

表 B.77（续）

索引	长度	码字	索引	长度	码字	索引	长度	码字
528	16	90bf	561	13	eff	594	0	0
529	15	70bf	562	13	1eff	595	16	2bff
530	11	6bf	563	18	116ff	596	16	abff
531	13	18bf	564	17	96ff	597	0	0
532	13	7f	565	14	36ff	598	17	1cbff
533	16	107f	566	18	316ff	599	20	b45ff
534	16	907f	567	16	56ff	600	12	7ff
535	10	27f	568	18	196ff	601	14	1bff
536	12	87f	569	18	396ff	602	14	3bff
537	13	47f	570	15	5ff	603	18	3c5ff
538	15	507f	571	17	d6ff	604	18	6bff
539	17	307f	572	17	1d6ff	605	14	fff
540	14	147f	573	18	45ff	606	16	ebff
541	16	b07f	574	0	0	607	15	2fff
542	16	707f	575	12	dff	608	0	0
543	18	3ee5f	576	14	25ff	609	18	26bff
544	18	1307f	577	14	15ff	610	14	1fff
545	14	347f	578	18	245ff	611	16	6fff
546	15	c7f	579	18	145ff	612	15	3fff
547	15	4c7f	580	14	35ff	613	18	16bff
548	18	3307f	581	15	3ff	614	0	0
549	0	0	582	15	43ff	615	16	efff
550	9	17f	583	20	345ff	616	19	745ff
551	11	ff	584	0	0	617	17	7fff
552	11	4ff	585	13	13ff	618	0	0
553	15	2c7f	586	14	23ff	619	0	0
554	15	6c7f	587	15	bff	620	17	17fff
555	11	2ff	588	17	c5ff	621	18	36bff
556	13	1c7f	589	0	0	622	16	ffff
557	13	6ff	590	16	4bff	623	0	0
558	16	f07f	591	18	1c5ff	624	0	0
559	17	16ff	592	17	cbff			
560	11	1ff	593	0	0			

表 B.78 residue 编码所用码书 residuebook __44u5__p4_0

索引	长度	码字	索引	长度	码字	索引	长度	码字
0	4	0	34	10	3bc	68	12	62a
1	5	8	35	6	32	69	11	d6
2	5	18	36	7	62	70	9	1d6
3	8	4	37	8	a	71	10	2d6
4	8	84	38	9	8a	72	10	36
5	6	24	39	10	18a	73	12	e2a
6	7	44	40	9	4a	74	11	4d6
7	6	14	41	10	38a	75	8	b6
8	9	34	42	10	14a	76	9	136
9	9	134	43	11	34a	77	9	76
10	6	c	44	12	74a	78	12	236
11	6	2c	45	9	ca	79	11	636
12	7	74	46	9	1ca	80	9	176
13	9	b4	47	10	2a	81	10	f6
14	9	1b4	48	11	22a	82	10	2f6
15	8	1c	49	12	f4a	83	12	a36
16	9	9c	50	6	1a	84	12	1f6
17	9	19c	51	7	6a	85	9	e
18	11	5c	52	7	3a	86	10	3f6
19	11	45c	53	9	12a	87	10	10e
20	8	dc	54	9	aa	88	12	9f6
21	9	15c	55	6	6	89	12	5f6
22	9	3c	56	8	7a	90	11	30e
23	11	25c	57	7	26	91	12	df6
24	11	65c	58	10	1aa	92	12	70e
25	6	2	59	9	fa	93	13	f0e
26	7	7c	60	7	66	94	14	1f0e
27	7	22	61	8	16	95	11	8e
28	9	13c	62	8	96	96	11	48e
29	9	bc	63	10	3aa	97	12	28e
30	7	62	64	10	1fa	98	13	a8e
31	8	12	65	9	56	99	14	3f0e
32	8	92	66	10	3fa	100	8	4e
33	10	1bc	67	9	156	101	9	18e

表 B.78（续）

索引	长度	码字	索引	长度	码字	索引	长度	码字
102	9	ce	136	8	51	170	10	299
103	11	68e	137	8	d1	171	11	499
104	12	1ce	138	10	31	172	11	199
105	9	2e	139	10	231	173	12	599
106	10	3ce	140	9	131	174	13	d99
107	10	12e	141	10	b1	175	6	39
108	12	9ce	142	10	2b1	176	7	59
109	12	5ce	143	12	1b1	177	8	5
110	9	ae	144	12	9b1	178	10	399
111	10	32e	145	9	71	179	10	85
112	10	1ae	146	10	3b1	180	7	45
113	12	dce	147	10	171	181	9	185
114	12	3ae	148	12	5b1	182	8	25
115	11	7ae	149	12	db1	183	11	285
116	12	bae	150	7	9	184	10	a5
117	11	6e	151	8	f1	185	8	65
118	14	1a8e	152	8	49	186	9	1a5
119	13	46e	153	10	371	187	9	e5
120	11	26e	154	10	c9	188	11	685
121	12	c6e	155	8	29	189	11	2a5
122	12	66e	156	8	a9	190	10	1e5
123	13	146e	157	9	1c9	191	11	6a5
124	13	e6e	158	10	2c9	192	10	3e5
125	5	1e	159	11	69	193	13	1d99
126	7	1	160	8	e9	194	11	15
127	7	41	161	9	169	195	10	215
128	9	16e	162	9	19	196	11	415
129	9	ee	163	11	469	197	11	115
130	7	21	164	11	269	198	12	515
131	8	61	165	10	119	199	12	d15
132	8	e1	166	10	319	200	9	95
133	10	1ee	167	11	669	201	10	315
134	10	3ee	168	11	99	202	10	195
135	7	11	169	13	1e6e	203	12	395

表 B.78（续）

索引	长度	码字	索引	长度	码字	索引	长度	码字
204	12	b95	238	13	f35	272	10	363
205	10	55	239	13	1f35	273	12	7a3
206	10	255	240	11	275	274	12	fa3
207	11	795	241	13	675	275	6	13
208	12	155	242	11	175	276	8	e3
209	13	955	243	14	29d5	277	7	33
210	10	355	244	12	e75	278	10	73
211	11	555	245	12	575	279	10	273
212	11	d5	246	13	1675	280	8	f3
213	13	1955	247	13	d75	281	9	173
214	13	4d5	248	14	1d75	282	9	b
215	12	cd5	249	15	3d75	283	11	10b
216	11	2d5	250	5	d	284	11	50b
217	13	14d5	251	7	1d	285	7	4b
218	12	6d5	252	7	5d	286	8	8b
219	15	3a8e	253	9	f5	287	9	2b
220	12	ed5	254	9	1f5	288	10	30b
221	13	1d5	255	7	3d	289	11	12b
222	13	11d5	256	8	7d	290	10	32b
223	14	9d5	257	8	fd	291	11	52b
224	15	7a8e	258	10	375	292	11	ab
225	9	35	259	10	3	293	12	4ab
226	10	3d5	260	7	43	294	12	cab
227	10	135	261	8	83	295	10	2ab
228	12	5d5	262	8	23	296	10	1ab
229	12	dd5	263	10	203	297	11	3ab
230	9	b5	264	10	103	298	11	7ab
231	11	335	265	9	a3	299	13	6b
232	10	1b5	266	10	303	300	7	1b
233	13	19d5	267	10	1a3	301	8	eb
234	12	735	268	12	3a3	302	8	5b
235	10	3b5	269	12	ba3	303	10	26b
236	11	75	270	9	63	304	10	16b
237	11	475	271	10	163	305	8	db

表 B.78（续）

索引	长度	码字	索引	长度	码字	索引	长度	码字
306	9	3b	340	12	7c7	374	12	ce7
307	9	13b	341	13	1bc7	375	8	17
308	11	46b	342	13	fc7	376	9	1e7
309	11	36b	343	14	1fc7	377	9	97
310	8	bb	344	15	7d75	378	12	2e7
311	9	7b	345	11	27	379	12	ae7
312	8	fb	346	11	427	380	9	197
313	11	76b	347	13	227	381	10	57
314	10	17b	348	12	a27	382	10	257
315	10	37b	349	14	3fc7	383	12	6e7
316	11	7	350	9	127	384	12	ee7
317	11	407	351	10	a7	385	9	157
318	13	106b	352	10	2a7	386	10	d7
319	12	86b	353	12	627	387	10	2d7
320	10	207	354	12	e27	388	12	1d7
321	11	107	355	10	1a7	389	12	9d7
322	10	307	356	11	3a7	390	12	5d7
323	13	507	357	11	7a7	391	12	dd7
324	11	87	358	13	1227	392	12	3d7
325	9	187	359	13	67	393	14	24e7
326	10	287	360	10	267	394	14	14e7
327	10	47	361	11	467	395	11	7d7
328	12	d07	362	10	167	396	12	bd7
329	12	487	363	13	1067	397	12	37
330	10	247	364	12	867	398	14	34e7
331	11	147	365	12	367	399	13	837
332	11	547	366	13	b67	400	9	137
333	13	1507	367	13	1b67	401	10	237
334	12	c87	368	14	767	402	10	b7
335	9	c7	369	14	2767	403	12	437
336	10	347	370	12	f67	404	12	c37
337	10	1c7	371	13	1767	405	10	2b7
338	12	3c7	372	11	e7	406	11	1b7
339	13	bc7	373	14	4e7	407	11	5b7

表 B.78（续）

索引	长度	码字	索引	长度	码字	索引	长度	码字
408	13	1837	442	12	28f	476	11	54f
409	13	3b7	443	15	2d77	477	12	34f
410	10	77	444	13	a8f	478	14	1c4f
411	11	7b7	445	12	68f	479	14	3e4f
412	11	277	446	13	1a8f	480	11	74f
413	13	13b7	447	13	e8f	481	12	b4f
414	12	bb7	448	14	1e8f	482	11	cf
415	12	677	449	15	6d77	483	14	4cf
416	12	e77	450	11	18f	484	13	14cf
417	13	177	451	12	58f	485	12	ccf
418	14	1177	452	12	d8f	486	13	2cf
419	15	3177	453	14	3e8f	487	13	12cf
420	12	977	454	13	38f	488	14	24cf
421	13	577	455	11	78f	489	15	6e4f
422	13	1577	456	12	b8f	490	13	acf
423	15	7177	457	12	4f	491	14	1acf
424	14	d77	458	14	138f	492	12	6cf
425	9	f7	459	15	338f	493	16	864f
426	10	377	460	12	84f	494	12	ecf
427	10	1f7	461	13	44f	495	14	3acf
428	12	3f7	462	13	144f	496	14	1cf
429	12	bf7	463	15	738f	497	15	21cf
430	10	f	464	14	c4f	498	16	61cf
431	11	7f7	465	13	1c4f	499	16	e1cf
432	10	20f	466	12	24f	500	8	2f
433	13	1d77	467	14	2c4f	501	9	af
434	12	10f	468	12	a4f	502	9	1af
435	10	30f	469	16	64f	503	11	5cf
436	11	50f	470	13	164f	504	12	9cf
437	11	8f	471	14	264f	505	9	6f
438	12	90f	472	14	e4f	506	10	3cf
439	13	48f	473	15	464f	507	10	16f
440	12	c8f	474	15	2e4f	508	12	36f
441	13	148f	475	11	14f	509	12	b6f

表 B.78（续）

索引	长度	码字	索引	长度	码字	索引	长度	码字
510	9	ef	544	14	24df	578	14	3bbf
511	10	1ef	545	12	cdf	579	13	27f
512	10	3ef	546	12	2df	580	12	a7f
513	12	76f	547	13	14df	581	13	127f
514	13	11cf	548	13	adf	582	13	67f
515	11	1f	549	15	44df	583	15	167f
516	12	f6f	550	9	1df	584	14	367f
517	12	41f	551	10	3f	585	11	17f
518	13	c1f	552	10	23f	586	11	57f
519	13	1c1f	553	12	6df	587	12	e7f
520	12	21f	554	13	1adf	588	13	37f
521	12	a1f	555	10	13f	589	14	137f
522	13	61f	556	11	33f	590	14	337f
523	14	161f	557	11	73f	591	15	567f
524	14	361f	558	12	edf	592	14	b7f
525	9	11f	559	13	bf	593	16	2b7f
526	10	9f	560	10	2bf	594	15	6b7f
527	10	29f	561	11	4bf	595	13	1b7f
528	12	e1f	562	11	1bf	596	12	77f
529	12	19f	563	13	10bf	597	14	f7f
530	10	39f	564	13	8bf	598	13	1f7f
531	11	59f	565	12	5bf	599	16	ab7f
532	10	5f	566	13	18bf	600	11	ff
533	13	99f	567	13	dbf	601	12	4ff
534	12	25f	568	14	1dbf	602	12	cff
535	10	15f	569	15	3dbf	603	13	2ff
536	10	35f	570	12	3bf	604	14	2f7f
537	11	65f	571	13	bbf	605	12	aff
538	12	a5f	572	12	7bf	606	13	12ff
539	13	199f	573	15	7dbf	607	13	6ff
540	12	df	574	14	1bbf	608	14	16ff
541	13	8df	575	11	7f	609	15	36ff
542	13	18df	576	12	fbf	610	11	1ff
543	15	4df	577	11	47f	611	12	eff

表 B.78（续）

索引	长度	码字	索引	长度	码字	索引	长度	码字
612	11	5ff	617	14	bff	622	12	7ff
613	14	3ff	618	15	76ff	623	16	abff
614	14	23ff	619	16	2bff	624	12	fff
615	14	13ff	620	13	1bff			
616	14	33ff	621	15	6bff			

表 B.79 residue 编码所用码书 residuebook __44u5__p5_0

索引	长度	码字	索引	长度	码字	索引	长度	码字
0	2	0	25	10	a7	50	11	25f
1	3	2	26	11	551	51	11	65f
2	3	6	27	6	17	52	13	d6f
3	6	1	28	8	67	53	12	15f
4	6	21	29	7	37	54	8	df
5	8	11	30	10	2a7	55	8	3f
6	8	91	31	9	1a7	56	9	bf
7	10	51	32	10	e7	57	9	1bf
8	10	251	33	10	2e7	58	10	35f
9	4	9	34	11	1e7	59	11	55f
10	5	5	35	11	5e7	60	11	7f
11	5	15	36	6	f	61	12	95f
12	8	d1	37	7	77	62	13	1d6f
13	7	31	38	8	2f	63	10	27f
14	8	71	39	9	af	64	11	47f
15	8	f1	40	9	1af	65	10	17f
16	11	151	41	9	6f	66	12	37f
17	10	351	42	10	3e7	67	11	77f
18	3	3	43	11	16f	68	13	b7f
19	5	d	44	12	56f	69	12	ff
20	5	1d	45	8	ef	70	14	1b7f
21	7	7	46	8	1f	71	14	3b7f
22	8	47	47	8	9f	72	10	2ff
23	8	c7	48	10	36f	73	10	1ff
24	8	27	49	10	5f	74	11	4ff

表 B.79（续）

索引	长度	码字	索引	长度	码字	索引	长度	码字
75	11	3ff	77	12	7ff	79	14	1fff
76	12	8ff	78	13	fff	80	14	3fff

表 B.80　residue 编码所用码书 residuebook __44u5__p6_0

索引	长度	码字	索引	长度	码字	索引	长度	码字
0	3	0	27	5	3	54	7	4f
1	4	4	28	6	13	55	7	2f
2	4	c	29	6	33	56	7	6f
3	5	2	30	7	b	57	8	1f
4	5	12	31	7	4b	58	8	9f
5	7	a	32	8	fd	59	9	18f
6	7	4a	33	8	2b	60	9	5f
7	9	2a	34	10	ab	61	10	15f
8	9	12a	35	10	2ab	62	11	48f
9	4	6	36	6	1b	63	9	df
10	5	1a	37	6	3b	64	9	1df
11	4	e	38	6	7	65	9	3f
12	6	1	39	7	6b	66	10	35f
13	6	21	40	7	27	67	10	13f
14	7	6a	41	8	67	68	11	33f
15	7	11	42	8	e7	69	10	bf
16	9	aa	43	10	1ab	70	11	73f
17	9	1aa	44	10	3ab	71	11	2bf
18	4	9	45	7	17	72	9	1bf
19	4	5	46	7	57	73	9	7f
20	5	d	47	7	37	74	9	17f
21	6	31	48	8	77	75	10	ff
22	6	1d	49	8	f7	76	10	2ff
23	7	51	50	9	f	77	11	6bf
24	7	3d	51	9	10f	78	10	1ff
25	9	7d	52	11	8f	79	11	3ff
26	9	17d	53	10	28f	80	11	7ff

表 B.81 residue 编码所用码书 residuebook __44u5__p7_0

索引	长度	码字	索引	长度	码字	索引	长度	码字
0	1	0	27	4	7	54	4	f
1	4	1	28	9	4b	55	9	11b
2	4	9	29	9	14b	56	9	9b
3	5	5	30	9	cb	57	9	19b
4	7	15	31	12	50b	58	12	a1b
5	7	55	32	12	d0b	59	12	61b
6	5	d	33	9	1cb	60	9	5b
7	7	35	34	12	30b	61	12	e1b
8	7	75	35	12	b0b	62	12	15b
9	5	1d	36	8	2b	63	7	3b
10	9	3	37	12	70b	64	12	95b
11	9	103	38	12	f0b	65	11	55b
12	8	83	39	11	ab	66	10	35b
13	11	43	40	12	4ab	67	13	db
14	10	243	41	12	cab	68	13	10db
15	7	23	42	10	2ab	69	11	4db
16	11	443	43	12	1ab	70	12	8db
17	10	143	44	13	9ab	71	12	2db
18	5	13	45	7	6b	72	7	7b
19	9	c3	46	12	5ab	73	12	adb
20	9	1c3	47	12	dab	74	12	6db
21	7	63	48	11	3ab	75	10	1db
22	10	343	49	12	7ab	76	13	edb
23	10	b	50	12	fab	77	13	1edb
24	8	8b	51	10	1b	78	11	3db
25	10	20b	52	12	21b	79	12	7db
26	11	10b	53	13	19ab	80	12	fdb

表 B.82 residue 编码所用码书 residuebook __44u5__p7_1

索引	长度	码字	索引	长度	码字	索引	长度	码字
0	2	0	3	6	6	6	7	56
1	4	2	4	6	26	7	8	36
2	4	a	5	7	16	8	8	b6

表 B.82（续）

索引	长度	码字	索引	长度	码字	索引	长度	码字
9	8	76	43	9	173	77	8	37
10	8	f6	44	6	b	78	9	b7
11	4	e	45	7	2b	79	9	1b7
12	5	1	46	7	6b	80	9	77
13	5	11	47	8	f3	81	9	177
14	7	9	48	8	1b	82	9	f7
15	7	49	49	9	9b	83	9	1f7
16	8	29	50	9	19b	84	10	f
17	8	a9	51	9	5b	85	10	20f
18	9	69	52	9	15b	86	10	10f
19	8	e9	53	9	db	87	10	30f
20	8	19	54	9	1db	88	8	8f
21	9	169	55	7	3b	89	9	4f
22	4	5	56	8	7b	90	9	14f
23	5	d	57	8	fb	91	9	cf
24	5	1d	58	9	7	92	9	1cf
25	7	59	59	9	107	93	9	2f
26	7	39	60	9	87	94	9	12f
27	8	99	61	9	187	95	10	af
28	8	79	62	9	47	96	10	2af
29	9	f9	63	9	147	97	10	1af
30	9	1f9	64	9	c7	98	10	3af
31	8	3	65	9	1c7	99	8	6f
32	9	83	66	7	27	100	9	ef
33	6	23	67	8	67	101	9	1ef
34	7	43	68	8	e7	102	9	1f
35	7	13	69	9	17	103	9	11f
36	8	53	70	9	117	104	9	9f
37	8	d3	71	9	97	105	9	19f
38	9	183	72	9	197	106	10	5f
39	8	33	73	9	57	107	10	25f
40	9	b3	74	9	157	108	10	15f
41	9	1b3	75	9	d7	109	10	35f
42	9	73	76	9	1d7	110	8	df

表 B.82（续）

索引	长度	码字	索引	长度	码字	索引	长度	码字
111	9	3f	115	9	7f	119	10	1ff
112	9	13f	116	9	17f	120	10	3ff
113	9	bf	117	10	ff			
114	9	1bf	118	10	2ff			

表 B.83　residue 编码所用码书 residuebook __44u5__p8_0

索引	长度	码字	索引	长度	码字	索引	长度	码字
0	1	0	26	7	27	52	11	1ef
1	4	1	27	9	193	53	12	5ef
2	4	9	28	9	67	54	13	13f7
3	6	5	29	10	293	55	8	1f
4	6	25	30	10	167	56	9	9f
5	8	15	31	11	367	57	9	19f
6	8	95	32	11	767	58	10	3ef
7	9	55	33	6	17	59	10	5f
8	9	155	34	8	e7	60	12	def
9	10	d5	35	7	37	61	12	25f
10	10	2d5	36	9	77	62	13	a5f
11	4	d	37	9	177	63	12	65f
12	6	35	38	10	f7	64	14	1a5f
13	6	3	39	10	2f7	65	13	e5f
14	7	23	40	11	1f7	66	8	df
15	7	63	41	11	5f7	67	9	15f
16	9	1d5	42	13	3f7	68	9	3f
17	9	13	43	12	bf7	69	10	13f
18	10	113	44	6	f	70	10	33f
19	10	313	45	8	2f	71	12	bf
20	11	93	46	8	af	72	12	8bf
21	11	493	47	9	6f	73	13	1e5f
22	4	b	48	9	16f	74	13	4bf
23	6	33	49	10	ef	75	14	3a5f
24	6	7	50	10	2ef	76	14	14bf
25	7	53	51	11	7f7	77	9	1bf

表 B.83（续）

索引	长度	码字	索引	长度	码字	索引	长度	码字
78	11	2bf	93	13	8ff	108	15	41ff
79	11	6bf	94	13	18ff	109	14	11ff
80	12	cbf	95	14	347f	110	11	5ff
81	12	7f	96	14	4ff	111	11	3ff
82	13	87f	97	15	647f	112	12	9ff
83	13	187f	98	14	24ff	113	13	7ff
84	14	34bf	99	11	2ff	114	13	17ff
85	14	47f	100	12	cff	115	14	31ff
86	15	247f	101	12	6ff	116	14	fff
87	14	147f	102	13	14ff	117	14	2fff
88	9	17f	103	13	eff	118	14	1fff
89	11	27f	104	14	1eff	119	15	3fff
90	11	67f	105	14	3eff	120	15	7fff
91	12	c7f	106	15	1ff			
92	12	ff	107	14	21ff			

表 B.84　residue 编码所用码书 residuebook __44u5__p8_1

索引	长度	码字	索引	长度	码字	索引	长度	码字
0	3	0	15	6	3a	30	8	d1
1	5	4	16	7	5a	31	8	31
2	5	14	17	7	6	32	8	b1
3	6	c	18	8	46	33	6	9
4	6	2c	19	8	c6	34	7	71
5	7	1c	20	8	26	35	6	29
6	7	5c	21	8	a6	36	7	19
7	7	3c	22	5	16	37	7	59
8	7	7c	23	5	e	38	8	39
9	7	2	24	5	1e	39	8	b9
10	7	42	25	6	1	40	8	79
11	5	12	26	6	21	41	8	f9
12	6	22	27	7	66	42	8	5
13	5	a	28	7	11	43	8	85
14	7	1a	29	8	51	44	6	25

表 B.84（续）

索引	长度	码字	索引	长度	码字	索引	长度	码字
45	6	15	71	8	33	97	8	17
46	7	45	72	8	b3	98	8	97
47	7	35	73	8	73	99	8	57
48	7	75	74	8	f3	100	8	d7
49	8	d	75	8	b	101	8	37
50	8	8d	76	8	8b	102	8	b7
51	8	4d	77	7	4b	103	8	77
52	8	cd	78	8	2b	104	8	f7
53	8	2d	79	8	ab	105	8	f
54	8	ad	80	8	6b	106	8	8f
55	7	6d	81	8	eb	107	8	4f
56	7	1d	82	8	1b	108	8	cf
57	7	5d	83	8	9b	109	8	2f
58	8	3d	84	8	5b	110	8	af
59	8	bd	85	8	db	111	8	6f
60	8	7d	86	8	3b	112	8	ef
61	8	fd	87	8	bb	113	8	1f
62	8	3	88	7	7b	114	8	9f
63	8	83	89	8	7	115	8	5f
64	8	43	90	8	87	116	8	df
65	8	c3	91	8	47	117	8	3f
66	7	23	92	8	c7	118	8	bf
67	7	63	93	8	27	119	8	7f
68	7	13	94	8	a7	120	8	ff
69	8	53	95	8	67			
70	8	d3	96	8	e7			

表 B.85　residue 编码所用码书 residuebook __44u5__p9_0

索引	长度	码字	索引	长度	码字	索引	长度	码字
0	1	0	4	10	205	8	13	1 405
1	3	1	5	13	805	9	13	c05
2	2	3	6	13	1805	10	13	1c05
3	12	5	7	13	405	11	13	105

表 B.85（续）

索引	长度	码字	索引	长度	码字	索引	长度	码字
12	13	1105	46	13	cc5	80	13	1a25
13	4	d	47	13	1cc5	81	13	625
14	9	85	48	13	2c5	82	13	1625
15	9	185	49	13	12c5	83	13	e25
16	13	905	50	13	ac5	84	13	1e25
17	13	1905	51	13	1ac5	85	13	125
18	13	505	52	11	6c5	86	13	1125
19	13	1505	53	13	1c5	87	13	925
20	13	d05	54	13	11c5	88	13	1925
21	13	1d05	55	13	9c5	89	13	525
22	13	305	56	13	19c5	90	13	1525
23	13	1305	57	13	5c5	91	13	d25
24	13	b05	58	13	15c5	92	13	1d25
25	13	1b05	59	13	dc5	93	13	325
26	5	15	60	13	1dc5	94	13	1325
27	10	45	61	13	3c5	95	13	b25
28	9	145	62	13	13c5	96	13	1b25
29	13	705	63	13	bc5	97	13	725
30	13	1705	64	13	1bc5	98	13	1725
31	13	f05	65	13	7c5	99	13	f25
32	13	1f05	66	13	17c5	100	13	1f25
33	13	245	67	13	fc5	101	13	a5
34	13	1245	68	13	1fc5	102	13	10a5
35	13	a45	69	13	25	103	13	8a5
36	13	1a45	70	13	1025	104	13	18a5
37	13	645	71	13	825	105	13	4a5
38	13	1645	72	13	1825	106	13	14a5
39	12	e45	73	13	425	107	13	ca5
40	13	c5	74	13	1425	108	13	1ca5
41	13	10c5	75	13	c25	109	13	2a5
42	13	8c5	76	13	1c25	110	13	12a5
43	13	18c5	77	13	225	111	13	aa5
44	13	4c5	78	13	1225	112	13	1aa5
45	13	14c5	79	13	a25	113	13	6a5

表 B.85（续）

索引	长度	码字	索引	长度	码字	索引	长度	码字
114	13	16a5	133	13	65	152	12	f65
115	13	ea5	134	13	1065	153	12	e5
116	13	1ea5	135	13	865	154	12	8e5
117	13	1a5	136	13	1865	155	12	4e5
118	13	11a5	137	13	465	156	12	ce5
119	13	9a5	138	13	1465	157	12	2e5
120	13	19a5	139	13	c65	158	12	ae5
121	13	5a5	140	13	1c65	159	12	6e5
122	13	15a5	141	12	265	160	12	ee5
123	13	da5	142	12	a65	161	12	1e5
124	13	1da5	143	12	665	162	12	9e5
125	13	3a5	144	12	e65	163	12	5e5
126	13	13a5	145	12	165	164	12	de5
127	13	ba5	146	12	965	165	12	3e5
128	13	1ba5	147	12	565	166	12	be5
129	13	7a5	148	12	d65	167	12	7e5
130	13	17a5	149	12	365	168	12	fe5
131	13	fa5	150	12	b65			
132	13	1fa5	151	12	765			

表 B.86 residue 编码所用码书 residuebook __44u5__p9_1

索引	长度	码字	索引	长度	码字	索引	长度	码字
0	1	0	11	9	35	22	9	143
1	4	1	12	8	b5	23	8	c3
2	4	9	13	9	135	24	9	13
3	7	5	14	9	75	25	9	113
4	7	45	15	4	d	26	9	93
5	8	25	16	7	3	27	9	193
6	8	a5	17	6	23	28	9	53
7	8	65	18	9	175	29	8	d3
8	7	15	19	8	f5	30	5	b
9	8	e5	20	10	43	31	6	33
10	7	55	21	10	243	32	6	1b

表 B.86（续）

索引	长度	码字	索引	长度	码字	索引	长度	码字
33	8	3b	67	10	d7	101	12	98f
34	9	153	68	10	2d7	102	12	58f
35	10	bb	69	11	767	103	12	d8f
36	10	2bb	70	11	1d7	104	12	38f
37	9	1bb	71	12	ba7	105	8	4f
38	9	7b	72	11	5d7	106	9	cf
39	9	17b	73	11	3d7	107	9	1cf
40	10	fb	74	11	7d7	108	10	2f
41	10	2fb	75	8	37	109	10	22f
42	10	1fb	76	9	b7	110	12	b8f
43	10	3fb	77	9	1b7	111	11	78f
44	11	7	78	11	77	112	12	12f
45	7	47	79	11	477	113	12	92f
46	8	87	80	12	277	114	12	52f
47	8	27	81	12	a77	115	12	d2f
48	10	207	82	11	677	116	12	32f
49	10	107	83	11	177	117	12	b2f
50	11	407	84	12	577	118	12	72f
51	11	307	85	11	377	119	13	f2f
52	10	a7	86	12	d77	120	8	af
53	10	2a7	87	12	777	121	9	6f
54	11	707	88	12	f77	122	9	16f
55	11	1a7	89	12	f7	123	11	ef
56	11	5a7	90	8	f	124	11	4ef
57	12	3a7	91	9	1f7	125	11	2ef
58	11	7a7	92	10	2f7	126	11	6ef
59	11	67	93	11	4f7	127	12	1ef
60	7	17	94	11	8f	128	12	9ef
61	8	e7	95	12	8f7	129	12	5ef
62	8	57	96	12	48f	130	12	def
63	10	267	97	11	28f	131	13	1f2f
64	10	167	98	11	68f	132	12	3ef
65	11	467	99	12	c8f	133	13	bef
66	11	367	100	12	18f	134	13	1bef

表 B.86（续）

索引	长度	码字	索引	长度	码字	索引	长度	码字
135	9	1f	165	9	1df	195	10	27f
136	10	11f	166	11	2df	196	11	17f
137	10	31f	167	10	3f	197	11	57f
138	11	7ef	168	12	6df	198	12	c7f
139	11	9f	169	11	23f	199	12	37f
140	12	49f	170	13	1cdf	200	12	b7f
141	12	c9f	171	12	edf	201	13	147f
142	12	29f	172	12	63f	202	13	77f
143	13	a9f	173	13	e3f	203	13	177f
144	12	69f	174	13	1e3f	204	14	247f
145	13	1a9f	175	13	13f	205	14	f7f
146	13	e9f	176	13	113f	206	13	1f7f
147	13	1e9f	177	13	93f	207	14	2f7f
148	14	19f	178	13	193f	208	14	ff
149	13	119f	179	14	53f	209	14	20ff
150	9	5f	180	9	bf	210	10	2ff
151	10	39f	181	10	33f	211	11	4ff
152	10	15f	182	10	1bf	212	11	1ff
153	11	59f	183	12	d3f	213	12	8ff
154	11	35f	184	12	3bf	214	12	5ff
155	12	99f	185	12	bbf	215	12	dff
156	12	75f	186	12	7bf	216	12	3ff
157	12	f5f	187	12	fbf	217	13	10ff
158	13	df	188	13	153f	218	12	bff
159	13	10df	189	13	7f	219	13	7ff
160	12	8df	190	13	107f	220	14	17ff
161	13	4df	191	13	87f	221	13	fff
162	13	14df	192	13	187f	222	14	37ff
163	14	219f	193	14	253f	223	14	1fff
164	13	cdf	194	14	47f	224	14	3fff

表 B.87 residue 编码所用码书 residuebook __44u5__p9_2

索引	长度	码字	索引	长度	码字	索引	长度	码字
0	2	0	34	5	1	68	7	25
1	5	2	35	6	3e	69	7	65
2	5	12	36	6	11	70	7	15
3	7	a	37	7	5e	71	8	c5
4	7	4a	38	7	31	72	8	55
5	8	2a	39	8	9e	73	9	145
6	8	aa	40	8	71	74	8	d5
7	8	6a	41	9	11e	75	9	35
8	8	ea	42	8	f1	76	9	135
9	8	1a	43	9	9	77	9	b5
10	8	9a	44	9	109	78	9	1b5
11	9	5a	45	9	89	79	9	75
12	9	15a	46	9	189	80	9	175
13	9	da	47	9	49	81	9	f5
14	9	1da	48	9	149	82	9	1f5
15	9	3a	49	9	c9	83	9	d
16	9	13a	50	9	1c9	84	9	10d
17	5	6	51	7	29	85	8	8d
18	6	16	52	7	69	86	8	4d
19	6	36	53	7	19	87	8	cd
20	7	7a	54	8	59	88	8	2d
21	7	e	55	8	d9	89	9	ad
22	8	ba	56	9	39	90	9	1ad
23	8	4e	57	8	b9	91	9	6d
24	9	ce	58	9	139	92	9	16d
25	8	2e	59	9	79	93	9	ed
26	9	1ce	60	9	179	94	9	1ed
27	9	ae	61	9	f9	95	9	1d
28	9	1ae	62	9	1f9	96	9	11d
29	9	6e	63	9	5	97	10	9d
30	9	16e	64	9	105	98	9	19d
31	9	ee	65	9	85	99	10	29d
32	9	1ee	66	9	185	100	10	5d
33	9	1e	67	9	45	101	10	25d

表 B.87(续)

索引	长度	码字	索引	长度	码字	索引	长度	码字
102	8	dd	136	8	33	170	9	11b
103	8	3d	137	9	b3	171	9	9b
104	8	bd	138	9	1b3	172	9	19b
105	9	15d	139	9	73	173	9	5b
106	8	7d	140	9	173	174	9	15b
107	9	fd	141	9	f3	175	9	db
108	9	1fd	142	9	1f3	176	9	1db
109	9	3	143	10	3d3	177	10	3b
110	9	103	144	9	b	178	9	13b
111	9	83	145	10	10b	179	10	23b
112	9	183	146	9	8b	180	9	bb
113	9	43	147	10	30b	181	10	1bb
114	10	143	148	10	18b	182	10	3bb
115	9	c3	149	10	38b	183	10	7b
116	10	343	150	10	4b	184	10	27b
117	9	1c3	151	10	24b	185	10	17b
118	10	23	152	10	14b	186	10	37b
119	8	a3	153	9	cb	187	9	fb
120	9	123	154	9	1cb	188	9	1fb
121	9	63	155	9	2b	189	9	7
122	9	163	156	9	12b	190	9	107
123	9	e3	157	9	ab	191	9	87
124	9	1e3	158	10	34b	192	10	187
125	9	13	159	9	1ab	193	10	387
126	9	113	160	10	6b	194	10	47
127	9	93	161	10	26b	195	10	247
128	9	193	162	10	16b	196	10	147
129	10	223	163	10	36b	197	10	347
130	9	53	164	10	eb	198	10	c7
131	10	153	165	10	2eb	199	10	2c7
132	10	353	166	10	1eb	200	10	1c7
133	10	d3	167	10	3eb	201	10	3c7
134	10	2d3	168	10	1b	202	10	27
135	10	1d3	169	10	21b	203	10	227

表 B.87（续）

索引	长度	码字	索引	长度	码字	索引	长度	码字
204	9	127	233	10	177	262	10	21f
205	9	a7	234	10	377	263	10	11f
206	9	1a7	235	10	f7	264	10	31f
207	9	67	236	10	2f7	265	10	9f
208	9	167	237	10	1f7	266	10	29f
209	9	e7	238	9	f	267	10	19f
210	10	1e7	239	9	10f	268	10	39f
211	10	3e7	240	9	8f	269	10	5f
212	10	17	241	9	18f	270	10	25f
213	10	217	242	9	4f	271	10	15f
214	10	117	243	10	3f7	272	9	df
215	10	317	244	10	14f	273	9	1df
216	10	97	245	10	34f	274	9	3f
217	10	297	246	10	cf	275	10	35f
218	10	197	247	10	2cf	276	9	13f
219	10	397	248	10	1cf	277	10	bf
220	10	57	249	10	3cf	278	10	2bf
221	9	157	250	10	2f	279	10	1bf
222	9	d7	251	10	22f	280	10	3bf
223	9	1d7	252	10	12f	281	10	7f
224	9	37	253	10	32f	282	10	27f
225	10	257	254	10	af	283	10	17f
226	10	137	255	9	1af	284	10	37f
227	9	b7	256	9	6f	285	10	ff
228	10	337	257	9	16f	286	10	2ff
229	10	1b7	258	9	ef	287	10	1ff
230	10	3b7	259	9	1ef	288	10	3ff
231	10	77	260	10	2af			
232	10	277	261	10	1f			

表 B.88 residue 编码所用码书 residuebook __44u5__long

索引	长度	码字	索引	长度	码字	索引	长度	码字
0	3	0	2	13	84	4	14	1084
1	8	4	3	12	884	5	12	484

表 B.88（续）

索引	长度	码字	索引	长度	码字	索引	长度	码字
6	16	3084	38	11	3d2	70	11	4fd
7	11	284	39	13	1e84	71	8	73
8	13	c84	40	12	7d2	72	8	f3
9	14	1c84	41	7	21	73	7	b
10	5	14	42	5	11	74	6	2b
11	4	c	43	6	9	75	6	1b
12	5	2	44	4	5	76	7	4b
13	6	24	45	6	29	77	4	7
14	7	44	46	7	61	78	7	3b
15	8	12	47	7	19	79	12	2fd
16	10	184	48	11	59	80	10	1fd
17	9	92	49	14	fd2	81	10	3fd
18	12	684	50	11	459	82	12	afd
19	15	7084	51	7	39	83	10	7b
20	10	384	52	7	79	84	10	27b
21	5	a	53	6	d	85	9	17b
22	5	1a	54	6	2d	86	10	fb
23	5	6	55	6	1d	87	5	f
24	6	32	56	7	3d	88	6	1f
25	8	52	57	6	3	89	9	1fb
26	9	192	58	10	259	90	10	2fb
27	9	d2	59	14	2fd2	91	12	6fd
28	13	e84	60	14	1fd2	92	15	7c84
29	15	3c84	61	9	159	93	13	efd
30	10	1d2	62	8	d9	94	14	3fd2
31	5	16	63	8	7d	95	14	1efd
32	5	e	64	6	23	96	14	3efd
33	6	1e	65	7	13	97	8	3f
34	6	3e	66	7	53	98	7	7f
35	7	1	67	7	33	99	8	bf
36	8	41	68	11	fd			
37	8	c1	69	16	b084			

表 B.89 residue 编码所用码书 residuebook __44u6__short

索引	长度	码字	索引	长度	码字	索引	长度	码字
0	4	0	34	10	388	68	15	5d88
1	11	8	35	10	13c	69	17	ed88
2	16	408	36	15	d88	70	8	e
3	13	1408	37	15	4d88	71	7	4e
4	17	8408	38	17	2d88	72	9	8e
5	13	c08	39	17	12d88	73	9	18e
6	17	18408	40	6	2	74	7	2e
7	16	4408	41	7	7c	75	8	6e
8	17	c408	42	5	12	76	7	1e
9	17	1c408	43	7	22	77	2	1
10	4	4	44	5	a	78	7	5e
11	7	48	45	7	62	79	15	3d88
12	9	108	46	7	1a	80	14	ee
13	9	88	47	10	33c	81	13	10ee
14	13	1c08	48	16	ad88	82	13	8ee
15	10	208	49	17	6d88	83	15	7d88
16	16	2408	50	7	5a	84	5	3
17	12	188	51	9	bc	85	10	2ee
18	16	a408	52	8	3a	86	4	b
19	17	6408	53	9	1bc	87	3	7
20	7	28	54	8	ba	88	6	3e
21	6	18	55	10	7a	89	17	1ed88
22	5	c	56	11	27a	90	17	20ee
23	7	68	57	11	67a	91	15	60ee
24	8	38	58	15	1d88	92	13	18ee
25	9	b8	59	17	16d88	93	17	120ee
26	12	988	60	7	6	94	7	13
27	12	588	61	7	46	95	11	4ee
28	16	e408	62	7	26	96	7	53
29	17	16408	63	8	fa	97	6	33
30	6	1c	64	5	16	98	9	1ee
31	9	1b8	65	8	66	99	16	a0ee
32	7	78	66	8	e6			
33	9	3c	67	9	17a			

表 B.90 residue 编码所用码书 residuebook __44u6__p1_0

索引	长度	码字	索引	长度	码字	索引	长度	码字
0	1	0	27	5	7	54	5	f
1	4	1	28	8	3b	55	8	77
2	4	9	29	8	bb	56	8	f7
3	4	5	30	8	7b	57	8	1f
4	8	d	31	10	1db	58	11	5d7
5	7	4d	32	10	3db	59	10	9f
6	5	1d	33	8	fb	60	8	5f
7	7	2d	34	10	17	61	10	29f
8	7	6d	35	10	217	62	10	19f
9	5	3	36	8	97	63	7	3f
10	8	8d	37	10	117	64	10	39f
11	8	13	38	10	317	65	10	df
12	8	93	39	10	57	66	10	2df
13	10	53	40	12	257	67	13	1df
14	10	253	41	13	a57	68	13	11df
15	7	33	42	10	157	69	10	3df
16	9	153	43	13	1a57	70	11	5df
17	10	d3	44	13	657	71	13	9df
18	5	b	45	7	37	72	8	7f
19	8	73	46	10	357	73	10	ff
20	8	f3	47	10	d7	74	11	2ff
21	7	1b	48	10	2d7	75	10	1ff
22	10	2d3	49	13	1657	76	13	19df
23	9	1d3	50	11	1d7	77	13	6ff
24	8	5b	51	10	3d7	78	10	3ff
25	10	db	52	13	e57	79	13	16ff
26	10	2db	53	13	1e57	80	12	eff

表 B.91 residue 编码所用码书 residuebook __44u6__p2_0

索引	长度	码字	索引	长度	码字	索引	长度	码字
0	3	0	3	5	2	6	5	a
1	4	4	4	6	12	7	6	1a
2	4	c	5	6	32	8	6	3a

表 B.91（续）

索引	长度	码字	索引	长度	码字	索引	长度	码字
9	5	6	33	6	d	57	6	7
10	6	16	34	8	2d	58	8	73
11	6	36	35	8	ad	59	7	27
12	6	e	36	6	1d	60	6	17
13	8	2e	37	8	6d	61	8	f3
14	8	ae	38	8	ed	62	8	67
15	6	1e	39	8	3d	63	6	37
16	7	6e	40	9	bd	64	8	e7
17	8	3e	41	9	1bd	65	8	f
18	5	1	42	8	7d	66	8	8f
19	6	11	43	9	fd	67	9	1b3
20	6	31	44	9	1fd	68	9	4f
21	6	9	45	6	3	69	7	2f
22	8	be	46	7	23	70	8	cf
23	7	7e	47	7	63	71	9	14f
24	6	29	48	7	13	72	6	1f
25	8	19	49	9	53	73	8	6f
26	8	99	50	8	d3	74	8	ef
27	5	5	51	8	33	75	8	3f
28	6	39	52	9	153	76	9	bf
29	6	15	53	9	b3	77	9	1bf
30	6	35	54	5	b	78	8	7f
31	8	59	55	6	1b	79	9	ff
32	8	d9	56	6	3b	80	9	1ff

表 B.92　residue 编码所用码书 residuebook __44u6__p3_0

索引	长度	码字	索引	长度	码字	索引	长度	码字
0	2	0	6	7	52	12	7	56
1	5	2	7	6	32	13	9	96
2	4	a	8	9	16	14	9	196
3	8	12	9	9	116	15	8	1e
4	8	92	10	5	e	16	9	9e
5	5	6	11	6	36	17	9	19e

表 B.92（续）

索引	长度	码字	索引	长度	码字	索引	长度	码字
18	13	5e	52	7	29	86	11	d5
19	12	85e	53	9	189	87	11	4d5
20	8	dc	54	10	289	88	14	e15
21	9	15e	55	6	5	89	14	2e15
22	10	25e	56	9	69	90	13	1e15
23	12	45e	57	8	e9	91	14	2d5
24	13	105e	58	11	169	92	14	22d5
25	5	1	59	11	569	93	17	12d5
26	7	3e	60	7	25	94	16	92d5
27	7	7e	61	9	65	95	12	ad5
28	10	11	62	9	165	96	13	6d5
29	9	111	63	11	369	97	14	32d5
30	7	51	64	11	769	98	16	52d5
31	9	91	65	9	e5	99	16	d2d5
32	9	191	66	11	1e5	100	8	35
33	11	211	67	10	3e5	101	10	1d5
34	11	611	68	14	2489	102	10	3d5
35	7	31	69	13	1489	103	13	16d5
36	8	71	70	10	15	104	14	ed5
37	9	f1	71	11	5e5	105	9	b5
38	11	1f1	72	11	215	106	11	1b5
39	11	5f1	73	14	c89	107	11	5b5
40	10	3f1	74	13	1c89	108	14	2ed5
41	11	9	75	8	95	109	15	1ed5
42	11	409	76	10	115	110	10	3b5
43	14	c5e	77	10	315	111	11	75
44	14	2c5e	78	13	615	112	12	475
45	9	109	79	13	1615	113	14	3ed5
46	10	209	80	10	55	114	15	5ed5
47	11	89	81	11	255	115	12	c75
48	13	1c5e	82	11	655	116	14	275
49	14	489	83	15	2c89	117	13	1275
50	5	19	84	15	6c89	118	16	2275
51	7	49	85	9	155	119	15	6275

表 B.92（续）

索引	长度	码字	索引	长度	码字	索引	长度	码字
120	13	a75	154	11	1c3	188	13	a73
121	14	1a75	155	9	63	189	14	25e3
122	14	3a75	156	11	5c3	190	11	4f3
123	15	675	157	11	3c3	191	13	1a73
124	17	112d5	158	13	1643	192	12	2f3
125	5	d	159	13	7c3	193	16	45e3
126	7	1d	160	9	163	194	14	af3
127	7	5d	161	11	e3	195	11	6f3
128	10	175	162	11	4e3	196	13	1af3
129	10	375	163	13	17c3	197	13	1f3
130	7	3d	164	13	fc3	198	15	2af3
131	9	f5	165	11	2e3	199	16	c5e3
132	9	1f5	166	13	1fc3	200	10	3f3
133	11	7d	167	13	6e3	201	12	9f3
134	11	47d	168	14	2643	202	11	5f3
135	7	3	169	15	4675	203	14	11f3
136	9	17d	170	11	1e3	204	15	6af3
137	9	fd	171	12	ee3	205	11	b
138	11	27d	172	13	16e3	206	13	40b
139	11	67d	173	15	5e3	207	13	140b
140	10	1fd	174	16	a275	208	15	31f3
141	12	e75	175	6	13	209	17	71f3
142	11	3fd	176	9	33	210	11	20b
143	14	2675	177	9	133	211	13	c0b
144	14	1675	178	11	3e3	212	13	1c0b
145	10	43	179	12	de3	213	17	171f3
146	11	7fd	180	8	b3	214	16	f1f3
147	11	243	181	11	7e3	215	15	60b
148	14	3675	182	10	73	216	15	460b
149	14	643	183	13	15e3	217	16	260b
150	7	23	184	12	273	218	17	a60b
151	9	143	185	9	173	219	16	660b
152	9	c3	186	11	673	220	14	160b
153	12	e43	187	11	f3	221	15	360b

表 B.92（续）

索引	长度	码字	索引	长度	码字	索引	长度	码字
222	16	e60b	256	9	16b	290	11	1b7
223	18	1a60b	257	9	eb	291	13	16b7
224	0	0	258	11	78b	292	13	eb7
225	9	10b	259	11	1eb	293	16	db8b
226	11	8b	260	7	47	294	15	1eb7
227	11	48b	261	9	27	295	11	5b7
228	14	e0b	262	9	127	296	12	3b7
229	15	760b	263	11	5eb	297	13	bb7
230	10	28b	264	11	3eb	298	14	3eb7
231	12	18b	265	10	a7	299	16	5eb7
232	12	98b	266	11	7eb	300	7	77
233	16	2e0b	267	11	2a7	301	9	f
234	15	6e0b	268	14	6a7	302	9	10f
235	11	58b	269	14	26a7	303	11	7b7
236	13	1e0b	270	10	1a7	304	12	8f
237	13	38b	271	11	3a7	305	9	18f
238	16	ae0b	272	12	ea7	306	11	48f
239	16	138b	273	14	16a7	307	11	28f
240	13	b8b	274	14	36a7	308	13	1bb7
241	15	538b	275	6	17	309	13	88f
242	14	338b	276	9	67	310	9	4f
243	18	3a60b	277	9	167	311	11	68f
244	15	1b8b	278	11	7a7	312	11	14f
245	14	3b8b	279	11	e7	313	13	188f
246	16	938b	280	9	1e7	314	13	54f
247	16	5b8b	281	11	4e7	315	11	34f
248	0	0	282	11	2e7	316	13	154f
249	0	0	283	13	6e7	317	13	d4f
250	5	1b	284	13	16e7	318	16	deb7
251	7	4b	285	8	37	319	15	1d4f
252	7	2b	286	10	b7	320	11	74f
253	10	6b	287	11	2b7	321	13	cf
254	10	26b	288	12	ee7	322	12	8cf
255	7	7	289	13	6b7	323	15	5d4f

表 B.92（续）

索引	长度	码字	索引	长度	码字	索引	长度	码字
324	15	3d4f	358	16	4af	392	15	1bef
325	9	1cf	359	16	84af	393	18	5bef
326	11	4cf	360	11	2af	394	20	730cf
327	11	2cf	361	13	14af	395	13	7ef
328	15	7d4f	362	13	caf	396	14	3bef
329	14	10cf	363	16	44af	397	16	dbef
330	11	6cf	364	16	c4af	398	17	15bef
331	13	2f	365	14	24af	399	18	25bef
332	13	102f	366	16	1caf	400	9	1f
333	17	30cf	367	16	9caf	401	11	11f
334	16	b0cf	368	19	330cf	402	11	51f
335	10	22f	369	17	1d42f	403	15	17ef
336	12	82f	370	14	3caf	404	16	57ef
337	13	42f	371	15	5caf	405	11	31f
338	15	70cf	372	15	6af	406	13	fef
339	16	142f	373	17	46af	407	13	1fef
340	14	342f	374	17	146af	408	17	d7ef
341	16	942f	375	8	6f	409	17	1d7ef
342	16	542f	376	10	1af	410	11	71f
343	0	0	377	10	3af	411	13	9f
344	18	130cf	378	14	26af	412	13	109f
345	14	c2f	379	14	16af	413	17	37ef
346	14	2c2f	380	10	ef	414	16	b7ef
347	15	1c2f	381	12	eaf	415	15	77ef
348	15	5c2f	382	11	2ef	416	16	89f
349	17	d42f	383	15	36af	417	16	889f
350	10	12f	384	15	76af	418	0	0
351	11	32f	385	10	1ef	419	0	0
352	12	72f	386	11	6ef	420	15	489f
353	15	3c2f	387	12	3ef	421	16	289f
354	15	7c2f	388	16	c6af	422	16	a89f
355	11	af	389	15	bef	423	0	0
356	13	f2f	390	14	2bef	424	0	0
357	13	1f2f	391	15	4bef	425	9	19f

表 B.92（续）

索引	长度	码字	索引	长度	码字	索引	长度	码字
426	11	49f	460	15	215f	494	19	5d15f
427	11	29f	461	16	615f	495	19	dd5f
428	15	689f	462	16	e15f	496	20	a565f
429	15	189f	463	0	0	497	17	1dd5f
430	10	5f	464	19	6565f	498	20	4dd5f
431	13	69f	465	17	115f	499	0	0
432	12	e9f	466	18	1115f	500	8	df
433	17	137ef	467	0	0	501	10	35f
434	15	589f	468	0	0	502	10	3f
435	11	25f	469	0	0	503	13	23f
436	13	169f	470	16	915f	504	14	3d5f
437	13	65f	471	17	515f	505	10	13f
438	17	389f	472	18	3115f	506	11	63f
439	16	b89f	473	0	0	507	11	33f
440	15	789f	474	0	0	508	15	123f
441	17	1389f	475	12	95f	509	15	523f
442	15	165f	476	14	315f	510	10	bf
443	20	f30cf	477	14	55f	511	12	a3f
444	19	565f	478	19	1515f	512	12	73f
445	15	365f	479	18	3515f	513	15	323f
446	16	d65f	480	13	155f	514	16	723f
447	16	765f	481	15	255f	515	14	f3f
448	19	4565f	482	14	d5f	516	15	2f3f
449	0	0	483	0	0	517	14	1f3f
450	13	e5f	484	17	d15f	518	19	2dd5f
451	15	1e5f	485	14	2d5f	519	16	f23f
452	14	3e5f	486	15	655f	520	14	3f3f
453	0	0	487	16	1d5f	521	15	6f3f
454	17	1565f	488	19	5515f	522	15	2bf
455	14	15f	489	19	1d15f	523	0	0
456	15	5e5f	490	16	9d5f	524	18	42bf
457	16	f65f	491	18	3d15f	525	9	1bf
458	0	0	492	16	5d5f	526	11	6bf
459	20	2565f	493	0	0	527	11	7f

表 B.92（续）

索引	长度	码字	索引	长度	码字	索引	长度	码字
528	16	c2bf	561	14	eff	594	0	0
529	15	22bf	562	13	1eff	595	16	4bff
530	11	47f	563	18	1ae7f	596	16	cbff
531	13	12bf	564	17	fe7f	597	18	3c5ff
532	13	abf	565	15	2eff	598	18	2bff
533	0	0	566	16	6eff	599	0	0
534	16	62bf	567	16	eeff	600	12	7ff
535	11	27f	568	18	3ae7f	601	14	1bff
536	12	67f	569	20	cdd5f	602	14	3bff
537	13	1abf	570	15	5ff	603	17	12bff
538	16	e2bf	571	17	1fe7f	604	20	9c5ff
539	17	142bf	572	19	45ff	605	14	fff
540	14	e7f	573	0	0	606	16	abff
541	16	2e7f	574	0	0	607	16	6bff
542	17	ae7f	575	12	dff	608	19	5c5ff
543	0	0	576	14	25ff	609	0	0
544	19	6dd5f	577	14	15ff	610	14	2fff
545	15	6e7f	578	17	145ff	611	16	ebff
546	16	1e7f	579	17	c5ff	612	14	1fff
547	16	9e7f	580	14	35ff	613	0	0
548	18	242bf	581	16	3ff	614	20	22bff
549	0	0	582	15	43ff	615	16	3fff
550	9	17f	583	0	0	616	20	a2bff
551	11	ff	584	0	0	617	17	bfff
552	11	4ff	585	13	13ff	618	0	0
553	15	5e7f	586	14	23ff	619	0	0
554	16	3e7f	587	15	bff	620	17	1bfff
555	11	2ff	588	19	445ff	621	0	0
556	13	6ff	589	0	0	622	15	7fff
557	13	16ff	590	16	83ff	623	0	0
558	16	be7f	591	18	245ff	624	19	62bff
559	16	7e7f	592	20	1c5ff			
560	11	1ff	593	0	0			

表 B.93 residue 编码所用码书 residuebook__44u6__p4_0

索引	长度	码字	索引	长度	码字	索引	长度	码字
0	4	0	34	10	3bc	68	12	e4a
1	5	8	35	7	52	69	11	e6
2	5	18	36	7	32	70	9	1eb
3	8	4	37	8	72	71	10	2e6
4	8	84	38	9	f2	72	10	16
5	6	24	39	10	1f2	73	12	4e6
6	7	44	40	9	a	74	11	216
7	6	14	41	10	3f2	75	8	96
8	9	34	42	10	10a	76	9	116
9	9	134	43	11	30a	77	9	56
10	6	c	44	11	70a	78	11	616
11	6	2c	45	9	8a	79	11	156
12	7	74	46	9	18a	80	9	d6
13	9	b4	47	10	4a	81	10	356
14	9	1b4	48	11	24a	82	10	1d6
15	8	1c	49	12	64a	83	12	ce6
16	9	9c	50	6	2a	84	12	556
17	9	19c	51	7	1a	85	9	36
18	11	5c	52	7	5a	86	10	3d6
19	11	45c	53	9	14a	87	10	136
20	8	dc	54	9	ca	88	12	d56
21	9	15c	55	7	3a	89	12	336
22	9	3c	56	8	7a	90	11	736
23	11	25c	57	7	6	91	12	b36
24	11	65c	58	10	1ca	92	12	b6
25	6	2	59	9	fa	93	14	8b6
26	7	7c	60	7	46	94	13	18b6
27	7	22	61	8	26	95	11	4b6
28	9	13c	62	8	a6	96	11	2b6
29	9	bc	63	10	3ca	97	12	6b6
30	7	62	64	10	1fa	98	13	eb6
31	8	12	65	9	66	99	13	1eb6
32	8	92	66	10	3fa	100	8	76
33	10	1bc	67	9	166	101	9	1b6

表 B.93（续）

索引	长度	码字	索引	长度	码字	索引	长度	码字
102	9	f6	136	7	11	170	10	1e9
103	11	1f6	137	8	51	171	10	3e9
104	11	5f6	138	10	2c1	172	11	6e9
105	9	e	139	10	1c1	173	12	ae9
106	10	3f6	140	9	d1	174	12	19
107	10	10e	141	10	3c1	175	6	39
108	12	30e	142	10	1d1	176	7	59
109	12	b0e	143	12	3d1	177	7	5
110	9	8e	144	11	7d1	178	10	219
111	10	18e	145	9	31	179	10	119
112	10	38e	146	10	131	180	7	45
113	12	70e	147	10	331	181	9	99
114	12	f0e	148	11	b1	182	8	25
115	11	4e	149	12	bd1	183	11	419
116	12	44e	150	7	71	184	10	319
117	11	24e	151	8	9	185	8	a5
118	13	c4e	152	8	89	186	8	65
119	12	64e	153	10	2b1	187	9	199
120	11	14e	154	10	1b1	188	10	e5
121	12	e4e	155	8	49	189	11	2e5
122	12	54e	156	8	c9	190	10	1e5
123	13	1c4e	157	9	29	191	11	6e5
124	13	d4e	158	11	4b1	192	10	3e5
125	5	1e	159	11	3b1	193	13	819
126	7	2e	160	8	a9	194	11	15
127	7	6e	161	9	129	195	10	215
128	9	ce	162	9	69	196	11	415
129	9	1ce	163	11	7b1	197	11	115
130	7	1	164	11	169	198	12	515
131	8	41	165	10	369	199	12	d15
132	7	21	166	10	e9	200	9	95
133	10	34e	167	11	569	201	10	315
134	10	c1	168	12	2e9	202	10	195
135	7	61	169	13	1d4e	203	12	395

表 B.93（续）

索引	长度	码字	索引	长度	码字	索引	长度	码字
204	12	b95	238	13	275	272	10	23
205	10	55	239	13	1275	273	11	4c3
206	10	255	240	11	675	274	12	f75
207	11	795	241	12	a75	275	6	13
208	13	1819	242	11	175	276	7	63
209	13	155	243	14	575	277	7	33
210	10	355	244	12	d75	278	10	223
211	11	555	245	12	375	279	10	123
212	11	d5	246	13	1575	280	8	a3
213	12	955	247	13	b75	281	9	73
214	13	1155	248	14	2575	282	8	f3
215	12	4d5	249	14	1b75	283	11	323
216	12	cd5	250	6	d	284	10	173
217	12	2d5	251	7	2d	285	7	b
218	13	ad5	252	7	6d	286	8	4b
219	14	28b6	253	9	f5	287	9	cb
220	12	6d5	254	9	1f5	288	10	373
221	12	ed5	255	7	1d	289	11	723
222	13	1ad5	256	8	5d	290	10	1cb
223	14	1d5	257	7	3d	291	11	3cb
224	14	21d5	258	10	dd	292	11	7cb
225	9	35	259	10	2dd	293	12	2b
226	10	3d5	260	7	7d	294	12	82b
227	10	135	261	8	3	295	10	22b
228	12	9d5	262	8	83	296	10	12b
229	12	5d5	263	10	1dd	297	11	42b
230	9	b5	264	10	3dd	298	11	32b
231	10	335	265	9	43	299	13	72b
232	10	1b5	266	10	143	300	7	6b
233	13	11d5	267	10	343	301	8	ab
234	12	dd5	268	12	775	302	8	1b
235	10	3b5	269	11	c3	303	10	9b
236	11	75	270	9	1c3	304	10	29b
237	11	475	271	10	2c3	305	8	5b

表 B.93（续）

索引	长度	码字	索引	长度	码字	索引	长度	码字
306	9	19b	340	12	947	374	13	17a7
307	9	db	341	13	1147	375	8	67
308	11	1db	342	12	547	376	9	e7
309	11	5db	343	14	3b75	377	9	1e7
310	8	3b	344	14	d47	378	11	17
311	9	bb	345	11	347	379	11	417
312	8	7b	346	11	747	380	9	117
313	11	3db	347	12	c7	381	10	217
314	11	7db	348	12	8c7	382	10	97
315	10	1bb	349	14	2d47	383	12	fa7
316	11	3bb	350	9	1c7	384	12	297
317	10	fb	351	10	2c7	385	9	197
318	13	172b	352	10	27	386	10	57
319	12	f2b	353	12	4c7	387	10	257
320	10	2fb	354	12	cc7	388	12	a97
321	11	7bb	355	10	227	389	12	697
322	11	1fb	356	11	127	390	11	157
323	13	5fb	357	11	527	391	12	e97
324	12	dfb	358	13	1d47	392	12	557
325	9	7	359	13	327	393	14	27a7
326	10	3fb	360	10	a7	394	13	d57
327	10	107	361	11	727	395	11	357
328	12	307	362	10	2a7	396	12	757
329	12	b07	363	13	1327	397	12	f57
330	10	87	364	12	b27	398	13	1d57
331	11	707	365	12	1a7	399	14	d7
332	11	287	366	12	9a7	400	9	1d7
333	13	15fb	367	12	5a7	401	10	2d7
334	12	687	368	14	da7	402	10	37
335	9	187	369	14	2da7	403	12	8d7
336	10	47	370	12	3a7	404	12	4d7
337	10	247	371	13	1da7	405	10	237
338	12	e87	372	12	ba7	406	11	137
339	13	147	373	14	7a7	407	11	537

表 B.93（续）

索引	长度	码字	索引	长度	码字	索引	长度	码字
408	13	10d7	442	12	90f	476	12	78f
409	13	cd7	443	14	25b7	477	11	4f
410	10	337	444	13	50f	478	13	f8f
411	11	b7	445	12	d0f	479	13	1f8f
412	11	4b7	446	12	30f	480	11	44f
413	13	1cd7	447	13	150f	481	12	24f
414	13	2b7	448	14	b0f	482	11	64f
415	12	ab7	449	15	4eb7	483	14	a4f
416	12	6b7	450	11	70f	484	13	1a4f
417	13	12b7	451	12	8f	485	12	14f
418	14	20d7	452	12	88f	486	12	94f
419	15	eb7	453	14	2b0f	487	13	54f
420	12	1b7	454	13	1b0f	488	14	2a4f
421	12	9b7	455	11	48f	489	15	7d8f
422	13	1eb7	456	12	28f	490	12	d4f
423	14	2eb7	457	12	a8f	491	14	154f
424	14	5b7	458	14	68f	492	12	34f
425	9	77	459	14	268f	493	15	354f
426	10	3b7	460	12	e8f	494	12	b4f
427	10	177	461	13	168f	495	13	74f
428	12	db7	462	13	18f	496	14	174f
429	12	377	463	14	118f	497	15	754f
430	9	f7	464	14	318f	498	15	374f
431	11	777	465	13	98f	499	16	958f
432	10	1f7	466	13	198f	500	8	cf
433	13	15b7	467	14	58f	501	9	2f
434	12	b77	468	14	258f	502	9	12f
435	10	3f7	469	16	158f	503	11	af
436	10	f	470	13	d8f	504	11	4af
437	11	20f	471	14	358f	505	9	1af
438	12	60f	472	14	1d8f	506	10	2af
439	13	e0f	473	15	558f	507	10	6f
440	12	10f	474	15	3d8f	508	12	f4f
441	13	1e0f	475	11	38f	509	12	26f

表 B.93（续）

索引	长度	码字	索引	长度	码字	索引	长度	码字
510	9	16f	544	14	1f5f	578	13	1bbf
511	10	ef	545	12	8df	579	13	27f
512	10	2ef	546	12	4df	580	12	a7f
513	12	a6f	547	13	cdf	581	13	127f
514	12	66f	548	13	1cdf	582	12	67f
515	11	1ef	549	14	3f5f	583	14	e7f
516	12	e6f	550	9	1df	584	14	2e7f
517	12	5ef	551	10	2df	585	11	17f
518	14	def	552	10	3f	586	11	57f
519	13	1def	553	12	23f	587	12	37f
520	11	3ef	554	12	a3f	588	13	1e7f
521	12	7ef	555	10	13f	589	14	b7f
522	12	fef	556	11	63f	590	14	2b7f
523	13	1f	557	11	33f	591	14	1b7f
524	13	101f	558	13	73f	592	14	3b7f
525	9	11f	559	13	173f	593	16	774f
526	10	21f	560	10	bf	594	15	77f
527	10	9f	561	11	2bf	595	12	f7f
528	12	81f	562	11	6bf	596	12	ff
529	12	41f	563	13	f3f	597	14	277f
530	10	29f	564	13	1f3f	598	12	8ff
531	11	19f	565	12	1bf	599	15	477f
532	10	39f	566	13	9bf	600	11	4ff
533	13	c1f	567	12	5bf	601	12	2ff
534	12	59f	568	14	19bf	602	12	aff
535	9	5f	569	14	39bf	603	13	177f
536	10	15f	570	12	dbf	604	14	6ff
537	11	35f	571	13	3bf	605	12	eff
538	12	d9f	572	13	13bf	606	13	16ff
539	13	1c1f	573	14	bbf	607	13	1ff
540	12	75f	574	14	2bbf	608	14	26ff
541	13	f5f	575	11	7bf	609	15	11ff
542	12	df	576	11	7f	610	11	5ff
543	14	2def	577	11	47f	611	12	9ff

表 B.93（续）

索引	长度	码字	索引	长度	码字	索引	长度	码字
612	12	3ff	617	14	7ff	622	13	fff
613	14	31ff	618	16	f74f	623	16	d1ff
614	14	bff	619	16	51ff	624	13	1fff
615	13	1bff	620	13	17ff			
616	14	2bff	621	14	27ff			

表 B.94 residue 编码所用码书 residuebook__44u6__p5_0

索引	长度	码字	索引	长度	码字	索引	长度	码字
0	2	0	27	6	17	54	8	df
1	3	2	28	8	a7	55	8	3f
2	3	6	29	7	67	56	9	bf
3	6	1	30	9	37	57	9	1bf
4	6	21	31	9	137	58	10	7f
5	8	11	32	10	b7	59	11	65f
6	8	91	33	9	1b7	60	12	27f
7	10	51	34	12	2b7	61	13	a7f
8	10	251	35	11	6b7	62	13	1a7f
9	4	9	36	6	f	63	10	17f
10	5	5	37	7	77	64	11	67f
11	5	15	38	8	2f	65	11	37f
12	8	d1	39	9	af	66	12	77f
13	7	31	40	9	1af	67	12	f7f
14	8	71	41	9	6f	68	13	ff
15	8	f1	42	10	16f	69	13	10ff
16	11	151	43	11	36f	70	14	8ff
17	11	551	44	12	ab7	71	14	28ff
18	3	3	45	8	ef	72	10	2ff
19	5	d	46	8	1f	73	10	1ff
20	5	1d	47	8	9f	74	11	4ff
21	7	7	48	10	5f	75	11	3ff
22	8	47	49	9	15f	76	12	7ff
23	8	c7	50	12	76f	77	13	18ff
24	8	27	51	11	25f	78	13	fff
25	11	351	52	13	f6f	79	14	1fff
26	11	751	53	13	1f6f	80	14	3fff

表 B.95 residue 编码所用码书 residuebook__44u6__p6_0

索引	长度	码字	索引	长度	码字	索引	长度	码字
0	3	0	27	5	3	54	7	2f
1	4	4	28	6	13	55	7	6f
2	4	c	29	6	33	56	8	cf
3	5	2	30	7	7d	57	8	1f
4	5	12	31	7	b	58	8	9f
5	7	a	32	8	4b	59	9	5f
6	7	4a	33	8	cb	60	10	15f
7	9	2a	34	10	2b	61	10	35f
8	9	12a	35	10	22b	62	11	df
9	4	6	36	5	1b	63	9	1df
10	5	1a	37	6	7	64	9	3f
11	4	e	38	6	27	65	9	13f
12	6	1	39	7	6b	66	10	2df
13	6	21	40	7	17	67	10	bf
14	7	6a	41	8	ab	68	11	4df
15	7	11	42	8	57	69	11	2bf
16	9	aa	43	10	12b	70	12	6bf
17	9	1aa	44	10	32b	71	11	1bf
18	4	9	45	7	37	72	9	7f
19	4	5	46	8	d7	73	9	17f
20	5	d	47	7	77	74	9	ff
21	6	31	48	8	f	75	10	3bf
22	6	1d	49	8	8f	76	10	1ff
23	7	51	50	10	4f	77	11	5bf
24	8	3d	51	9	14f	78	11	3ff
25	9	bd	52	11	24f	79	11	7ff
26	9	1bd	53	11	64f	80	12	ebf

表 B.96 residue 编码所用码书 residuebook__44u6__p7_0

索引	长度	码字	索引	长度	码字	索引	长度	码字
0	1	0	3	5	5	6	5	d
1	4	1	4	7	15	7	7	35
2	4	9	5	7	55	8	7	75

表 B.96（续）

索引	长度	码字	索引	长度	码字	索引	长度	码字
9	5	1d	33	8	eb	57	8	1f
10	9	3	34	11	1b	58	11	27b
11	8	83	35	11	41b	59	11	67b
12	7	43	36	7	5b	60	9	9f
13	10	103	37	11	21b	61	11	19f
14	10	303	38	11	61b	62	11	59f
15	8	23	39	10	11b	63	7	5f
16	10	a3	40	10	31b	64	11	39f
17	10	2a3	41	13	9b	65	11	79f
18	5	13	42	10	29b	66	10	3f
19	8	63	43	13	109b	67	13	23f
20	9	1a3	44	13	89b	68	13	123f
21	7	b	45	7	3b	69	10	13f
22	10	e3	46	11	49b	70	12	a3f
23	10	2e3	47	11	19b	71	13	63f
24	7	4b	48	10	39b	72	7	7f
25	10	1e3	49	13	189b	73	11	33f
26	9	2b	50	12	59b	74	11	73f
27	4	7	51	10	7b	75	10	bf
28	8	ab	52	13	d9b	76	13	163f
29	8	6b	53	13	1d9b	77	13	e3f
30	9	12b	54	5	f	78	9	1bf
31	11	3e3	55	9	17b	79	13	1e3f
32	11	7e3	56	8	fb	80	10	2bf

表 B.97 residue 编码所用码书 residuebook__44u6__p7_1

索引	长度	码字	索引	长度	码字	索引	长度	码字
0	3	0	6	7	52	12	5	6
1	4	4	7	8	32	13	5	16
2	4	c	8	8	b2	14	7	e
3	6	2	9	8	72	15	6	2e
4	6	22	10	8	f2	16	8	4e
5	7	12	11	4	a	17	8	ce

表 B.97（续）

索引	长度	码字	索引	长度	码字	索引	长度	码字
18	8	1e	53	8	53	88	8	17
19	8	9e	54	8	d3	89	8	97
20	8	5e	55	7	33	90	8	57
21	8	de	56	8	73	91	8	d7
22	4	1	57	8	f3	92	8	37
23	5	9	58	8	b	93	9	b7
24	5	19	59	8	8b	94	9	1b7
25	6	3e	60	8	4b	95	9	77
26	7	5	61	8	cb	96	9	177
27	8	45	62	9	2b	97	9	f7
28	8	c5	63	9	12b	98	9	1f7
29	8	25	64	9	ab	99	8	f
30	8	a5	65	9	1ab	100	8	8f
31	8	65	66	7	6b	101	8	4f
32	8	e5	67	8	1b	102	8	cf
33	6	15	68	8	9b	103	8	2f
34	7	35	69	8	5b	104	9	af
35	7	75	70	8	db	105	9	1af
36	7	d	71	8	3b	106	9	6f
37	7	4d	72	8	bb	107	9	16f
38	8	2d	73	9	7b	108	9	ef
39	8	ad	74	9	17b	109	9	1ef
40	8	6d	75	9	fb	110	8	1f
41	8	ed	76	9	1fb	111	8	9f
42	8	1d	77	8	7	112	8	5f
43	8	9d	78	8	87	113	8	df
44	6	3d	79	8	47	114	8	3f
45	7	5d	80	8	c7	115	9	bf
46	7	3	81	8	27	116	9	1bf
47	7	43	82	9	a7	117	9	7f
48	7	23	83	9	1a7	118	9	17f
49	8	63	84	9	67	119	9	ff
50	8	e3	85	9	167	120	9	1ff
51	8	13	86	9	e7			
52	8	93	87	9	1e7			

表 B.98 residue 编码所用码书 residuebook__44u6__p8_0

索引	长度	码字	索引	长度	码字	索引	长度	码字
0	1	0	34	8	e7	68	9	1df
1	4	1	35	8	37	69	10	39f
2	4	9	36	9	b7	70	10	3f
3	6	5	37	9	1b7	71	11	23f
4	6	25	38	10	77	72	11	63f
5	8	15	39	10	277	73	12	d9f
6	8	95	40	11	177	74	12	13f
7	9	55	41	11	577	75	13	93f
8	9	155	42	12	377	76	13	193f
9	10	d5	43	12	b77	77	10	33f
10	10	2d5	44	6	f	78	10	bf
11	4	d	45	8	f7	79	10	2bf
12	6	35	46	8	2f	80	11	53f
13	6	3	47	9	af	81	11	1bf
14	7	23	48	9	1af	82	13	5bf
15	7	63	49	10	6f	83	13	15bf
16	9	1d5	50	10	26f	84	13	dbf
17	9	13	51	11	777	85	13	1dbf
18	10	113	52	11	16f	86	15	3bf
19	10	313	53	12	56f	87	14	23bf
20	11	93	54	12	d6f	88	9	7f
21	11	493	55	8	ef	89	10	17f
22	4	b	56	9	1f	90	10	37f
23	6	33	57	9	11f	91	12	bbf
24	6	7	58	10	36f	92	11	7bf
25	7	53	59	10	9f	93	12	ff
26	7	27	60	11	29f	94	13	13bf
27	9	193	61	11	69f	95	13	8ff
28	9	67	62	12	19f	96	13	18ff
29	10	293	63	12	99f	97	14	4ff
30	10	167	64	13	59f	98	15	43bf
31	11	367	65	13	159f	99	11	2ff
32	11	767	66	8	5f	100	12	cff
33	6	17	67	9	df	101	12	6ff

表 B.98（续）

索引	长度	码字	索引	长度	码字	索引	长度	码字
102	13	14ff	109	15	31ff	116	14	2fff
103	13	eff	110	11	5ff	117	14	1fff
104	13	1eff	111	11	3ff	118	15	71ff
105	13	1ff	112	12	9ff	119	15	3fff
106	15	24ff	113	13	7ff	120	15	7fff
107	14	11ff	114	13	17ff			
108	15	64ff	115	14	fff			

表 B.99 residue 编码所用码书 residuebook__44u6__p8_1

索引	长度	码字	索引	长度	码字	索引	长度	码字
0	3	0	23	5	e	46	7	25
1	5	4	24	6	1e	47	7	65
2	5	14	25	6	3e	48	7	15
3	6	c	26	7	66	49	7	55
4	6	2c	27	7	1	50	8	35
5	7	1c	28	7	41	51	8	b5
6	7	5c	29	7	21	52	8	75
7	7	3c	30	7	61	53	8	f5
8	7	7c	31	8	a6	54	8	d
9	7	2	32	8	11	55	7	4d
10	7	42	33	6	31	56	7	2d
11	5	12	34	7	51	57	7	6d
12	6	22	35	7	9	58	8	8d
13	5	a	36	7	49	59	8	1d
14	7	1a	37	7	29	60	8	9d
15	7	5a	38	8	91	61	8	5d
16	7	3a	39	7	69	62	8	dd
17	7	7a	40	8	19	63	8	3d
18	8	6	41	8	99	64	8	bd
19	7	46	42	8	59	65	8	7d
20	8	86	43	8	d9	66	7	3
21	8	26	44	6	39	67	7	43
22	5	16	45	6	5	68	7	23

表 B.99（续）

索引	长度	码字	索引	长度	码字	索引	长度	码字
69	7	63	87	8	db	105	8	f7
70	8	fd	88	7	3b	106	8	f
71	8	13	89	8	7b	107	8	8f
72	8	93	90	8	fb	108	8	4f
73	8	53	91	8	7	109	8	cf
74	8	d3	92	8	87	110	7	2f
75	8	33	93	8	47	111	8	6f
76	8	b3	94	8	c7	112	8	ef
77	7	73	95	8	27	113	8	1f
78	7	b	96	8	a7	114	8	9f
79	7	4b	97	8	67	115	8	5f
80	8	2b	98	8	e7	116	8	df
81	8	ab	99	7	17	117	8	3f
82	8	6b	100	8	57	118	8	bf
83	8	eb	101	8	d7	119	8	7f
84	8	1b	102	8	37	120	8	ff
85	8	9b	103	8	b7			
86	8	5b	104	8	77			

表 B.100 residue 编码所用码书 residuebook__44u6__p9_0

索引	长度	码字	索引	长度	码字	索引	长度	码字
0	1	0	12	15	7105	24	14	d05
1	3	1	13	15	905	25	14	2d05
2	2	3	14	15	4905	26	14	1d05
3	9	5	15	4	d	27	14	3d05
4	8	85	16	8	45	28	14	305
5	15	105	17	9	c5	29	14	2305
6	15	4105	18	13	1905	30	5	15
7	15	2105	19	14	2905	31	8	25
8	15	6105	20	14	505	32	9	1c5
9	15	1105	21	14	2505	33	14	1305
10	15	5105	22	14	1505	34	14	3305
11	15	3105	23	14	3505	35	14	b05

表 B.100（续）

索引	长度	码字	索引	长度	码字	索引	长度	码字
36	14	2b05	70	14	29a5	104	14	3865
37	14	1b05	71	14	19a5	105	14	465
38	14	3b05	72	14	39a5	106	14	2465
39	14	705	73	14	5a5	107	14	1465
40	14	2705	74	14	25a5	108	14	3465
41	14	1705	75	14	15a5	109	14	c65
42	14	3705	76	14	35a5	110	14	2c65
43	14	f05	77	14	da5	111	14	1c65
44	14	2f05	78	14	2da5	112	14	3c65
45	11	a5	79	14	1da5	113	14	265
46	14	1f05	80	14	3da5	114	14	2265
47	14	3f05	81	14	3a5	115	14	1265
48	14	4a5	82	14	23a5	116	14	3265
49	14	24a5	83	14	13a5	117	14	a65
50	14	14a5	84	14	33a5	118	14	2a65
51	14	34a5	85	14	ba5	119	14	1a65
52	14	ca5	86	14	2ba5	120	14	3a65
53	14	2ca5	87	14	1ba5	121	14	665
54	14	1ca5	88	14	3ba5	122	14	2665
55	14	3ca5	89	14	7a5	123	14	1665
56	14	2a5	90	14	27a5	124	14	3665
57	14	22a5	91	14	17a5	125	14	e65
58	14	12a5	92	14	37a5	126	14	2e65
59	14	32a5	93	14	fa5	127	14	1e65
60	11	6a5	94	14	2fa5	128	14	3e65
61	14	aa5	95	14	1fa5	129	14	165
62	14	2aa5	96	14	3fa5	130	14	2165
63	14	1aa5	97	14	65	131	14	1165
64	14	3aa5	98	14	2065	132	14	3165
65	14	1a5	99	14	1065	133	14	965
66	14	21a5	100	14	3065	134	14	2965
67	14	11a5	101	14	865	135	14	1965
68	14	31a5	102	14	2865	136	14	3965
69	14	9a5	103	14	1865	137	14	565

表 B.100(续)

索引	长度	码字	索引	长度	码字	索引	长度	码字
138	14	2565	167	14	18e5	196	14	31e5
139	14	1565	168	14	38e5	197	14	9e5
140	14	3565	169	14	4e5	198	14	29e5
141	14	d65	170	14	24e5	199	14	19e5
142	14	2d65	171	14	14e5	200	14	39e5
143	14	1d65	172	14	34e5	201	14	5e5
144	14	3d65	173	14	ce5	202	14	25e5
145	14	365	174	14	2ce5	203	14	15e5
146	14	2365	175	14	1ce5	204	14	35e5
147	14	1365	176	14	3ce5	205	14	de5
148	14	3365	177	14	2e5	206	14	2de5
149	14	b65	178	14	22e5	207	14	1de5
150	14	2b65	179	14	12e5	208	14	3de5
151	14	1b65	180	14	32e5	209	14	3e5
152	14	3b65	181	14	ae5	210	14	23e5
153	14	765	182	14	2ae5	211	14	13e5
154	14	2765	183	14	1ae5	212	14	33e5
155	14	1765	184	14	3ae5	213	14	be5
156	14	3765	185	14	6e5	214	14	2be5
157	14	f65	186	14	26e5	215	14	1be5
158	14	2f65	187	14	16e5	216	14	3be5
159	14	1f65	188	14	36e5	217	14	7e5
160	14	3f65	189	14	ee5	218	14	27e5
161	14	e5	190	14	2ee5	219	14	17e5
162	14	20e5	191	14	1ee5	220	14	37e5
163	14	10e5	192	14	3ee5	221	14	fe5
164	14	30e5	193	14	1e5	222	14	2fe5
165	14	8e5	194	14	21e5	223	14	1fe5
166	14	28e5	195	14	11e5	224	14	3fe5

表 B.101 residue 编码所用码书 residuebook__44u6__p9_1

索引	长度	码字	索引	长度	码字	索引	长度	码字
0	1	0	2	4	9	4	7	45
1	4	1	3	7	5	5	8	25

表 B.101（续）

索引	长度	码字	索引	长度	码字	索引	长度	码字
6	9	a5	40	10	287	74	12	4b7
7	8	65	41	10	187	75	8	77
8	8	e5	42	10	387	76	10	2b7
9	9	1a5	43	11	47	77	10	1b7
10	8	15	44	11	447	78	11	3b7
11	9	95	45	7	27	79	11	7b7
12	8	55	46	9	147	80	12	cb7
13	9	195	47	8	c7	81	12	f7
14	9	d5	48	10	247	82	11	4f7
15	4	d	49	10	67	83	11	2f7
16	7	35	50	11	267	84	12	8f7
17	6	3	51	11	667	85	12	6f7
18	8	75	52	10	167	86	12	ef7
19	8	f5	53	10	367	87	12	1f7
20	9	1d5	54	11	e7	88	13	9f7
21	9	23	55	11	4e7	89	12	5f7
22	9	123	56	11	2e7	90	8	f
23	9	a3	57	11	6e7	91	10	3f7
24	9	1a3	58	11	1e7	92	10	8f
25	9	63	59	11	5e7	93	11	28f
26	9	163	60	7	17	94	11	68f
27	9	e3	61	8	57	95	12	df7
28	9	1e3	62	9	d7	96	11	18f
29	9	13	63	10	3e7	97	11	58f
30	4	b	64	10	1d7	98	11	38f
31	7	53	65	11	3d7	99	11	78f
32	6	33	66	11	7d7	100	12	4f
33	9	113	67	10	37	101	12	84f
34	9	93	68	10	237	102	12	44f
35	10	193	69	11	137	103	12	c4f
36	10	393	70	11	537	104	13	19f7
37	9	7	71	11	337	105	8	cf
38	9	107	72	11	737	106	9	14f
39	10	87	73	11	b7	107	9	2f

表 B.101（续）

索引	长度	码字	索引	长度	码字	索引	长度	码字
108	11	24f	142	12	99f	176	13	1d3f
109	10	12f	143	12	59f	177	13	33f
110	11	64f	144	13	1c1f	178	13	133f
111	11	32f	145	13	d9f	179	13	b3f
112	12	72f	146	13	1d9f	180	10	bf
113	12	f2f	147	13	39f	181	10	2bf
114	12	af	148	13	139f	182	11	73f
115	12	8af	149	13	b9f	183	11	1bf
116	13	4af	150	9	5f	184	11	5bf
117	12	caf	151	10	15f	185	12	3bf
118	13	14af	152	10	35f	186	12	bbf
119	12	2af	153	11	79f	187	13	1b3f
120	8	6f	154	11	df	188	13	7bf
121	9	1af	155	12	4df	189	13	17bf
122	9	ef	156	12	cdf	190	13	fbf
123	11	6af	157	12	2df	191	13	1fbf
124	11	1ef	158	12	adf	192	13	7f
125	11	5ef	159	13	1b9f	193	13	107f
126	11	3ef	160	13	6df	194	13	87f
127	12	aaf	161	13	16df	195	10	27f
128	12	7ef	162	13	edf	196	11	47f
129	12	fef	163	14	1edf	197	11	17f
130	12	1f	164	13	1df	198	12	57f
131	12	81f	165	10	3df	199	12	d7f
132	13	41f	166	10	3f	200	13	187f
133	13	141f	167	10	23f	201	12	37f
134	13	c1f	168	12	9df	202	12	b7f
135	9	11f	169	11	5df	203	13	77f
136	10	21f	170	12	13f	204	13	177f
137	10	9f	171	12	93f	205	13	f7f
138	11	29f	172	13	11df	206	13	1f7f
139	12	69f	173	13	53f	207	13	ff
140	12	e9f	174	13	153f	208	13	10ff
141	12	19f	175	13	d3f	209	14	3edf

表 B.101（续）

索引	长度	码字	索引	长度	码字	索引	长度	码字
210	10	2ff	215	13	dff	220	14	7ff
211	11	4ff	216	12	3ff	221	13	17ff
212	11	1ff	217	13	1dff	222	13	fff
213	12	8ff	218	13	bff	223	14	27ff
214	12	5ff	219	13	1bff	224	13	1fff

表 B.102 residue 编码所用码书 residuebook__44u6__p9_2

索引	长度	码字	索引	长度	码字	索引	长度	码字
0	3	0	25	8	aa	50	9	1ee
1	5	4	26	8	6a	51	7	1e
2	5	14	27	8	ea	52	7	5e
3	7	c	28	9	1a	53	7	3e
4	7	4c	29	9	11a	54	8	7e
5	8	2c	30	9	9a	55	8	fe
6	8	ac	31	9	19a	56	8	1
7	8	6c	32	9	5a	57	8	81
8	8	ec	33	9	15a	58	9	41
9	8	1c	34	5	6	59	9	141
10	8	9c	35	6	3a	60	9	c1
11	9	5c	36	6	16	61	9	1c1
12	8	dc	37	7	36	62	9	21
13	8	3c	38	7	76	63	9	121
14	9	15c	39	8	da	64	9	a1
15	9	bc	40	8	e	65	9	1a1
16	9	1bc	41	8	8e	66	9	61
17	5	2	42	8	4e	67	9	161
18	6	12	43	8	ce	68	7	11
19	6	32	44	8	2e	69	7	51
20	7	7c	45	9	ae	70	7	31
21	7	a	46	9	1ae	71	8	e1
22	8	4a	47	9	6e	72	8	71
23	8	ca	48	9	16e	73	8	f1
24	8	2a	49	9	ee	74	8	9

表 B.102（续）

索引	长度	码字	索引	长度	码字	索引	长度	码字
75	9	89	109	9	e5	143	9	dd
76	9	189	110	9	1e5	144	9	1dd
77	9	49	111	9	15	145	9	3d
78	9	149	112	9	115	146	9	13d
79	9	c9	113	9	95	147	9	bd
80	9	1c9	114	9	195	148	9	1bd
81	9	29	115	9	55	149	9	7d
82	9	129	116	9	155	150	9	17d
83	9	a9	117	9	d5	151	9	fd
84	9	1a9	118	9	1d5	152	9	1fd
85	8	69	119	8	35	153	8	3
86	8	e9	120	8	b5	154	9	83
87	8	19	121	8	75	155	9	183
88	8	99	122	9	f5	156	9	43
89	8	59	123	9	1f5	157	9	143
90	9	d9	124	9	d	158	9	c3
91	9	1d9	125	9	10d	159	9	1c3
92	9	39	126	9	8d	160	9	23
93	9	139	127	9	18d	161	9	123
94	9	b9	128	9	4d	162	9	a3
95	9	1b9	129	9	14d	163	9	1a3
96	9	79	130	9	cd	164	9	63
97	9	179	131	9	1cd	165	9	163
98	9	f9	132	9	2d	166	9	e3
99	9	1f9	133	9	12d	167	9	1e3
100	9	5	134	9	ad	168	10	13
101	9	105	135	9	1ad	169	9	113
102	8	85	136	8	6d	170	8	93
103	8	45	137	8	ed	171	9	53
104	8	c5	138	8	1d	172	9	153
105	8	25	139	9	9d	173	9	d3
106	8	a5	140	9	19d	174	9	1d3
107	9	65	141	9	5d	175	9	33
108	9	165	142	9	15d	176	9	133

表 B.102（续）

索引	长度	码字	索引	长度	码字	索引	长度	码字
177	9	b3	211	9	1bb	245	9	1b7
178	9	1b3	212	9	7b	246	9	77
179	9	73	213	9	17b	247	10	177
180	9	173	214	9	fb	248	9	f7
181	9	f3	215	9	1fb	249	9	1f7
182	9	1f3	216	9	7	250	9	f
183	9	b	217	9	107	251	10	377
184	9	10b	218	9	87	252	9	10f
185	9	8b	219	9	187	253	9	8f
186	9	18b	220	10	29b	254	10	18f
187	9	4b	221	9	47	255	9	4f
188	9	14b	222	9	147	256	9	14f
189	9	cb	223	9	c7	257	9	cf
190	9	1cb	224	9	1c7	258	9	1cf
191	9	2b	225	9	27	259	9	2f
192	9	12b	226	9	127	260	9	12f
193	9	ab	227	9	a7	261	9	af
194	9	1ab	228	9	1a7	262	9	1af
195	9	6b	229	9	67	263	9	6f
196	9	16b	230	9	167	264	10	38f
197	9	eb	231	9	e7	265	10	16f
198	9	1eb	232	10	1e7	266	10	36f
199	9	1b	233	9	17	267	9	ef
200	9	11b	234	9	117	268	10	1ef
201	10	213	235	9	97	269	9	1f
202	10	9b	236	10	3e7	270	10	3ef
203	9	19b	237	9	197	271	10	11f
204	9	5b	238	9	57	272	9	9f
205	9	15b	239	9	157	273	9	19f
206	9	db	240	9	d7	274	9	5f
207	9	1db	241	9	1d7	275	9	15f
208	9	3b	242	9	37	276	9	df
209	9	13b	243	9	137	277	9	1df
210	9	bb	244	9	b7	278	9	3f

表 B.102（续）

索引	长度	码字	索引	长度	码字	索引	长度	码字
279	9	13f	283	9	7f	287	9	1ff
280	9	bf	284	10	3bf	288	10	37f
281	10	31f	285	10	17f			
282	10	1bf	286	9	ff			

表 B.103 residue 编码所用码书 residuebook__44u6__long

索引	长度	码字	索引	长度	码字	索引	长度	码字
0	3	0	26	10	3a	52	7	69
1	9	4	27	10	23a	53	7	19
2	14	104	28	13	1d04	54	6	39
3	13	1104	29	16	9904	55	6	5
4	14	2104	30	10	13a	56	6	25
5	13	904	31	6	6	57	7	59
6	16	1904	32	6	26	58	10	2fa
7	12	504	33	6	16	59	13	b3a
8	13	d04	34	6	36	60	15	1b3a
9	14	3904	35	8	ba	61	10	1fa
10	5	14	36	9	7a	62	9	15
11	4	c	37	9	17a	63	8	95
12	6	24	38	12	f04	64	5	d
13	6	2	39	14	33a	65	6	35
14	8	84	40	13	133a	66	5	1d
15	9	44	41	7	e	67	6	3
16	11	304	42	6	2e	68	10	3fa
17	10	144	43	6	1e	69	14	3b3a
18	12	704	44	4	1	70	10	115
19	15	5904	45	6	3e	71	9	55
20	10	344	46	6	9	72	8	d5
21	5	12	47	7	4e	73	8	23
22	5	a	48	11	73a	74	6	13
23	6	22	49	14	233a	75	6	33
24	6	1a	50	10	fa	76	5	b
25	8	c4	51	7	29	77	4	7

表 B.103（续）

索引	长度	码字	索引	长度	码字	索引	长度	码字
78	6	1b	86	9	63	94	13	1755
79	11	315	87	5	f	95	13	f55
80	11	715	88	5	1f	96	13	1f55
81	11	155	89	9	163	97	8	e3
82	12	555	90	10	2a3	98	7	3b
83	11	355	91	12	d55	99	7	7b
84	10	a3	92	15	5b3a			
85	9	1a3	93	13	755			

表 B.104 residue 编码所用码书 residuebook__44u7__short

索引	长度	码字	索引	长度	码字	索引	长度	码字
0	5	0	22	8	4	44	4	2
1	12	10	23	9	190	45	7	34
2	17	810	24	7	44	46	7	74
3	16	8810	25	9	84	47	8	1c
4	16	4810	26	11	290	48	16	d810
5	17	10810	27	10	184	49	16	b64
6	17	c810	28	15	1810	50	6	3c
7	17	1c810	29	17	16810	51	10	9c
8	17	2810	30	7	24	52	9	19c
9	17	12810	31	9	64	53	10	29c
10	4	8	32	10	384	54	7	5c
11	7	50	33	11	690	55	10	a
12	11	410	34	10	164	56	11	764
13	11	210	35	12	e10	57	11	20a
14	12	610	36	14	3810	58	16	8b64
15	9	110	37	12	364	59	17	15810
16	17	a810	38	16	e810	60	6	2a
17	10	90	39	17	5810	61	8	8a
18	17	1a810	40	7	14	62	8	4a
19	17	6810	41	8	e4	63	9	10a
20	7	30	42	5	c	64	5	1a
21	7	70	43	7	54	65	7	6

表 B.104（续）

索引	长度	码字	索引	长度	码字	索引	长度	码字
66	5	16	78	6	31	90	17	1cb64
67	8	ca	79	14	2b64	91	15	1b64
68	16	4b64	80	12	60a	92	15	5b64
69	17	cb64	81	10	c6	93	15	3b64
70	5	e	82	12	e0a	94	8	4d
71	5	1e	83	11	2c6	95	15	7b64
72	8	46	84	7	61	96	6	2d
73	7	26	85	11	6c6	97	8	cd
74	6	1	86	4	9	98	5	1d
75	7	66	87	4	5	99	9	1c6
76	7	21	88	2	3			
77	6	11	89	7	d			

表 B.105　residue 编码所用码书 residuebook__44u7__p1_0

索引	长度	码字	索引	长度	码字	索引	长度	码字
0	1	0	18	5	b	36	8	97
1	4	1	19	8	73	37	10	57
2	4	9	20	8	f3	38	10	257
3	4	5	21	7	1b	39	10	157
4	7	d	22	10	5b	40	12	4fb
5	7	4d	23	10	25b	41	13	cfb
6	5	1d	24	8	db	42	10	357
7	7	2d	25	10	15b	43	13	1cfb
8	7	6d	26	10	35b	44	13	d7
9	5	3	27	5	7	45	7	37
10	8	13	28	8	3b	46	10	2d7
11	8	93	29	8	bb	47	10	1d7
12	8	53	30	8	7b	48	10	3d7
13	10	d3	31	11	fb	49	13	10d7
14	10	2d3	32	10	2fb	50	12	8d7
15	7	33	33	8	17	51	10	77
16	10	1d3	34	10	1fb	52	13	4d7
17	10	3d3	35	10	3fb	53	13	14d7

表 B.105（续）

索引	长度	码字	索引	长度	码字	索引	长度	码字
54	5	f	63	7	3f	72	8	ff
55	8	f7	64	10	df	73	11	47f
56	8	1f	65	10	2df	74	11	27f
57	8	9f	66	10	1df	75	10	17f
58	11	277	67	13	cd7	76	13	187f
59	10	177	68	13	1cd7	77	13	67f
60	8	5f	69	10	3df	78	10	37f
61	10	377	70	12	7f	79	13	167f
62	11	677	71	13	87f	80	12	e7f

表 B.106 residue 编码所用码书 residuebook__44u7__p2_0

索引	长度	码字	索引	长度	码字	索引	长度	码字
0	3	0	21	6	9	42	8	fd
1	4	4	22	8	be	43	9	3
2	4	c	23	7	7e	44	9	103
3	5	2	24	6	29	45	6	23
4	6	12	25	8	19	46	8	83
5	6	32	26	8	99	47	7	43
6	5	a	27	5	5	48	7	13
7	6	1a	28	6	39	49	9	53
8	6	3a	29	6	15	50	8	d3
9	5	6	30	6	35	51	8	33
10	6	16	31	8	59	52	9	153
11	6	36	32	7	d	53	9	b3
12	6	e	33	6	2d	54	5	b
13	8	2e	34	8	d9	55	6	1b
14	8	ae	35	8	4d	56	6	3b
15	6	1e	36	6	1d	57	6	7
16	7	6e	37	8	cd	58	8	73
17	8	3e	38	8	3d	59	7	27
18	5	1	39	8	bd	60	6	17
19	6	11	40	9	7d	61	8	f3
20	6	31	41	9	17d	62	8	67

表 B.106（续）

索引	长度	码字	索引	长度	码字	索引	长度	码字
63	6	37	69	7	2f	75	8	3f
64	8	e7	70	8	cf	76	9	bf
65	8	f	71	9	14f	77	9	1bf
66	8	8f	72	6	1f	78	8	7f
67	9	1b3	73	8	6f	79	9	ff
68	9	4f	74	8	ef	80	9	1ff

表 B.107　residue 编码所用码书 residuebook__44u7__p3_0

索引	长度	码字	索引	长度	码字	索引	长度	码字
0	2	0	24	13	105e	48	13	1c5e
1	5	2	25	5	1	49	14	4c9
2	4	a	26	7	3e	50	5	19
3	8	12	27	7	7e	51	7	29
4	8	92	28	10	11	52	7	69
5	5	6	29	9	111	53	9	1c9
6	7	52	30	7	51	54	9	5
7	6	32	31	9	91	55	7	45
8	9	16	32	9	191	56	9	105
9	9	116	33	11	211	57	8	85
10	5	e	34	11	611	58	11	2c9
11	6	36	35	6	31	59	11	6c9
12	7	56	36	8	9	60	7	25
13	9	96	37	9	89	61	9	65
14	9	196	38	11	189	62	9	165
15	8	1e	39	11	589	63	11	e5
16	9	9e	40	10	389	64	11	4e5
17	9	19e	41	11	49	65	9	1e5
18	13	5e	42	11	449	66	11	2e5
19	12	85e	43	14	c5e	67	10	15
20	8	de	44	14	2c5e	68	14	24c9
21	9	15e	45	9	149	69	13	14c9
22	10	25e	46	10	249	70	10	215
23	12	45e	47	11	c9	71	11	6e5

表 B.107（续）

索引	长度	码字	索引	长度	码字	索引	长度	码字
72	11	115	106	11	5d5	140	10	3fd
73	14	cc9	107	11	2b5	141	12	975
74	14	2cc9	108	14	6b5	142	11	5fd
75	8	95	109	15	26b5	143	15	5175
76	10	315	110	10	75	144	14	3175
77	10	55	111	11	275	145	10	43
78	14	1cc9	112	12	eb5	146	11	243
79	13	515	113	14	16b5	147	12	643
80	10	255	114	15	66b5	148	14	e43
81	11	155	115	12	675	149	14	2e43
82	12	d15	116	14	36b5	150	7	23
83	15	3cc9	117	13	e75	151	9	143
84	14	1515	118	16	1e75	152	9	c3
85	9	d5	119	16	9e75	153	12	1c3
86	11	555	120	13	175	154	12	9c3
87	11	355	121	14	3e75	155	9	63
88	15	7cc9	122	15	5e75	156	11	5c3
89	14	3515	123	15	1175	157	11	3c3
90	13	755	124	17	14f55	158	13	1e43
91	14	1755	125	5	d	159	13	7c3
92	14	3755	126	7	1d	160	9	163
93	16	f55	127	7	5d	161	11	e3
94	16	8f55	128	10	375	162	11	4e3
95	12	1d5	129	10	f5	163	13	17c3
96	13	1f55	130	7	3d	164	13	fc3
97	14	2f55	131	9	1f5	165	11	2e3
98	17	4f55	132	9	7d	166	13	1fc3
99	16	cf55	133	11	575	167	13	6e3
100	8	35	134	11	2f5	168	14	16e3
101	10	3d5	135	7	3	169	17	36e3
102	10	b5	136	9	17d	170	11	1e3
103	13	9d5	137	9	fd	171	13	ee3
104	13	19d5	138	11	6f5	172	13	1ee3
105	9	1b5	139	11	1fd	173	15	76e3

表 B.107（续）

索引	长度	码字	索引	长度	码字	索引	长度	码字
174	16	b6e3	208	16	c6f3	242	14	138b
175	6	13	209	16	3ef3	243	0	0
176	9	33	210	11	20b	244	16	ee0b
177	9	133	211	13	c0b	245	14	338b
178	11	5e3	212	13	1c0b	246	16	638b
179	11	3e3	213	16	bef3	247	16	e38b
180	8	b3	214	15	7ef3	248	18	b8b
181	11	7e3	215	14	60b	249	0	0
182	10	73	216	16	260b	250	5	1b
183	13	273	217	17	136e3	251	7	4b
184	12	a73	218	17	a60b	252	7	2b
185	9	173	219	19	1a60b	253	10	6b
186	11	673	220	14	160b	254	10	26b
187	11	f3	221	16	660b	255	7	7
188	13	1273	222	16	e60b	256	9	16b
189	13	4f3	223	18	3a60b	257	9	eb
190	11	2f3	224	0	0	258	12	78b
191	13	14f3	225	9	10b	259	11	1eb
192	12	cf3	226	11	8b	260	7	47
193	16	6f3	227	11	48b	261	9	27
194	14	26f3	228	14	360b	262	9	127
195	11	1f3	229	15	e0b	263	11	5eb
196	13	16f3	230	10	28b	264	12	f8b
197	13	ef3	231	13	1e0b	265	10	3eb
198	16	86f3	232	12	18b	266	11	a7
199	16	46f3	233	16	4e0b	267	11	4a7
200	10	3f3	234	15	2e0b	268	15	4b8b
201	12	5f3	235	11	58b	269	14	2b8b
202	12	df3	236	13	98b	270	10	2a7
203	15	1ef3	237	13	198b	271	11	1a7
204	15	5ef3	238	16	ce0b	272	12	5a7
205	11	b	239	16	6e0b	273	14	1b8b
206	13	40b	240	14	38b	274	14	3b8b
207	13	140b	241	15	238b	275	6	17

表 B.107（续）

索引	长度	码字	索引	长度	码字	索引	长度	码字
276	9	67	310	9	4f	344	0	0
277	9	167	311	11	38f	345	14	22f
278	11	3a7	312	11	78f	346	13	122f
279	11	7a7	313	13	158f	347	15	7fcf
280	9	e7	314	13	d8f	348	16	222f
281	11	1e7	315	11	14f	349	18	20b8b
282	11	5e7	316	13	1d8f	350	10	12f
283	13	da7	317	12	54f	351	11	62f
284	13	1da7	318	16	8b8b	352	11	32f
285	8	37	319	16	d4f	353	15	622f
286	10	3e7	320	11	34f	354	15	a2f
287	11	b7	321	13	1d4f	355	11	72f
288	12	4b7	322	13	74f	356	13	1a2f
289	13	cb7	323	15	4d4f	357	14	2a2f
290	11	2b7	324	14	2d4f	358	16	a22f
291	13	1cb7	325	9	cf	359	18	4a2f
292	13	6b7	326	11	1cf	360	11	af
293	17	10b8b	327	11	5cf	361	13	4af
294	15	16b7	328	14	174f	362	13	14af
295	11	1b7	329	15	374f	363	16	ca2f
296	12	eb7	330	11	3cf	364	15	caf
297	13	5b7	331	13	f4f	365	15	4caf
298	14	36b7	332	13	1f4f	366	16	2caf
299	15	56b7	333	16	8d4f	367	16	acaf
300	7	77	334	15	774f	368	19	5a60b
301	9	f	335	10	2f	369	0	0
302	9	10f	336	12	7cf	370	14	1caf
303	11	3b7	337	13	fcf	371	15	6caf
304	12	db7	338	16	1fcf	372	15	3caf
305	9	8f	339	16	9fcf	373	16	7caf
306	11	7b7	340	15	5fcf	374	16	fcaf
307	11	18f	341	16	3fcf	375	8	6f
308	13	15b7	342	16	bfcf	376	10	2af
309	13	58f	343	0	0	377	10	1af

表 B.107（续）

索引	长度	码字	索引	长度	码字	索引	长度	码字
378	13	3af	412	13	9f	446	16	b85f
379	13	13af	413	16	a51f	447	16	425f
380	10	ef	414	17	651f	448	18	2385f
381	12	baf	415	15	109f	449	19	c25f
382	11	7af	416	16	e51f	450	13	125f
383	16	2ef	417	16	509f	451	15	225f
384	15	42ef	418	0	0	452	14	a5f
385	10	1ef	419	0	0	453	0	0
386	11	6ef	420	15	309f	454	18	2c25f
387	11	3ef	421	18	38aef	455	14	2a5f
388	16	82ef	422	16	d09f	456	16	625f
389	15	22ef	423	0	0	457	16	e25f
390	13	12ef	424	17	1651f	458	19	4c25f
391	15	62ef	425	9	19f	459	18	1c25f
392	16	aef	426	11	49f	460	14	1a5f
393	18	24a2f	427	11	29f	461	16	3a5f
394	0	0	428	15	709f	462	15	7a5f
395	13	1aef	429	15	89f	463	19	3c25f
396	14	2aef	430	11	69f	464	19	7c25f
397	15	4aef	431	13	189f	465	16	ba5f
398	17	14a2f	432	12	5f	466	18	65f
399	17	8aef	433	17	489f	467	19	2065f
400	9	1f	434	15	289f	468	0	0
401	11	7ef	435	11	45f	469	0	0
402	11	11f	436	13	85f	470	16	865f
403	15	51f	437	14	185f	471	17	1065f
404	15	451f	438	16	c89f	472	0	0
405	11	31f	439	17	1489f	473	0	0
406	13	151f	440	15	689f	474	0	0
407	13	d1f	441	18	385f	475	12	e5f
408	16	251f	442	15	785f	476	14	265f
409	18	18aef	443	0	0	477	14	165f
410	11	71f	444	17	1385f	478	17	465f
411	13	1d1f	445	15	25f	479	17	1465f

表 B.107（续）

索引	长度	码字	索引	长度	码字	索引	长度	码字
480	13	15f	514	17	1c95f	548	18	26abf
481	16	c65f	515	13	12bf	549	17	1517f
482	14	365f	516	15	42bf	550	9	ff
483	0	0	517	15	22bf	551	12	97f
484	18	115f	518	18	3495f	552	11	57f
485	14	315f	519	16	62bf	553	15	37f
486	16	915f	520	14	abf	554	17	437f
487	15	515f	521	16	e2bf	555	11	77f
488	18	2115f	522	15	2abf	556	13	137f
489	0	0	523	18	6abf	557	13	b7f
490	16	95f	524	17	16abf	558	16	c37f
491	18	1115f	525	9	1bf	559	16	237f
492	16	895f	526	11	6bf	560	11	1ff
493	19	6065f	527	11	7f	561	14	1b7f
494	17	495f	528	16	eabf	562	13	5ff
495	18	3115f	529	15	1abf	563	16	a37f
496	19	1495f	530	11	47f	564	16	637f
497	17	c95f	531	13	27f	565	15	3b7f
498	0	0	532	13	127f	566	15	7b7f
499	0	0	533	0	0	567	16	e37f
500	8	df	534	16	5abf	568	18	1437f
501	10	35f	535	11	67f	569	19	5495f
502	10	3f	536	12	a7f	570	16	15ff
503	14	295f	537	13	17f	571	18	3437f
504	14	195f	538	16	dabf	572	16	95ff
505	9	13f	539	15	3abf	573	0	0
506	12	55f	540	15	7abf	574	0	0
507	11	23f	541	16	117f	575	12	dff
508	15	395f	542	16	917f	576	14	35ff
509	15	795f	543	0	0	577	14	3ff
510	10	bf	544	17	517f	578	0	0
511	11	63f	545	15	317f	579	16	55ff
512	12	d5f	546	15	717f	580	14	23ff
513	15	2bf	547	16	d17f	581	16	d5ff

表 B.107（续）

索引	长度	码字	索引	长度	码字	索引	长度	码字
582	16	13ff	597	17	3bff	612	15	5fff
583	0	0	598	19	13bff	613	18	33bff
584	18	93ff	599	0	0	614	19	fbff
585	13	bff	600	13	7ff	615	17	1fbff
586	14	33ff	601	14	17ff	616	16	3fff
587	15	53ff	602	14	37ff	617	18	2fbff
588	16	1bff	603	17	bbff	618	0	0
589	0	0	604	0	0	619	0	0
590	17	193ff	605	14	fff	620	15	7fff
591	16	9bff	606	17	1bbff	621	19	4fbff
592	18	293ff	607	16	7bff	622	16	bfff
593	0	0	608	0	0	623	0	0
594	0	0	609	19	53bff	624	0	0
595	16	5bff	610	14	2fff			
596	16	dbff	611	15	1fff			

表 B.108 residue 编码所用码书 residuebook__44u7__p4_0

索引	长度	码字	索引	长度	码字	索引	长度	码字
0	4	0	15	8	1c	30	7	62
1	5	8	16	9	9c	31	8	12
2	5	18	17	9	19c	32	8	92
3	8	4	18	11	5c	33	10	33c
4	8	84	19	11	45c	34	10	52
5	6	24	20	8	dc	35	6	32
6	7	44	21	9	15c	36	7	a
7	6	14	22	9	3c	37	8	d2
8	9	34	23	10	25c	38	9	152
9	9	134	24	11	13c	39	10	252
10	6	c	25	6	2	40	9	4a
11	6	2c	26	7	7c	41	10	14a
12	7	74	27	7	22	42	10	34a
13	9	b4	28	9	bc	43	12	53c
14	9	1b4	29	9	1bc	44	12	d3c

表 B.108（续）

索引	长度	码字	索引	长度	码字	索引	长度	码字
45	9	ca	79	11	176	113	12	b2e
46	9	1ca	80	9	f6	114	12	6e
47	10	2a	81	10	376	115	11	46e
48	11	22a	82	10	1f6	116	12	86e
49	12	62a	83	12	cd6	117	11	26e
50	6	1a	84	12	576	118	13	66e
51	7	6a	85	9	e	119	13	166e
52	7	3a	86	10	3f6	120	11	16e
53	9	12a	87	10	10e	121	12	e6e
54	9	aa	88	12	d76	122	12	56e
55	6	6	89	12	30e	123	13	d6e
56	8	7a	90	11	70e	124	13	1d6e
57	7	26	91	12	b0e	125	6	1e
58	10	1aa	92	12	8e	126	7	3e
59	9	fa	93	13	88e	127	7	7e
60	7	66	94	14	188e	128	9	ee
61	8	16	95	11	48e	129	9	1ee
62	8	96	96	11	28e	130	7	1
63	10	3aa	97	12	68e	131	8	41
64	10	1fa	98	13	e8e	132	7	21
65	9	56	99	13	1e8e	133	10	36e
66	10	3fa	100	8	4e	134	10	c1
67	9	156	101	9	18e	135	7	61
68	12	e2a	102	9	ce	136	7	11
69	11	d6	103	11	1ce	137	8	51
70	9	1d6	104	11	5ce	138	10	2c1
71	10	2d6	105	9	2e	139	10	1c1
72	10	36	106	10	3ce	140	9	d1
73	12	4d6	107	10	12e	141	10	3c1
74	11	236	108	12	32e	142	10	1d1
75	8	b6	109	11	72e	143	12	3d1
76	9	136	110	9	ae	144	11	7d1
77	9	76	111	10	1ae	145	9	31
78	11	636	112	10	3ae	146	10	131

表 B.108（续）

索引	长度	码字	索引	长度	码字	索引	长度	码字
147	10	331	181	9	105	215	12	d5
148	12	bd1	182	8	85	216	12	8d5
149	12	b1	183	11	25	217	13	1755
150	7	71	184	10	225	218	13	4d5
151	8	9	185	8	a5	219	14	388e
152	8	89	186	8	65	220	12	cd5
153	10	2b1	187	9	125	221	12	2d5
154	10	1b1	188	10	e5	222	13	14d5
155	8	49	189	11	425	223	14	ad5
156	8	c9	190	10	2e5	224	14	2ad5
157	9	29	191	11	1e5	225	9	1d5
158	11	4b1	192	10	3e5	226	10	35
159	11	3b1	193	13	17e9	227	10	235
160	8	a9	194	11	5e5	228	12	6d5
161	9	129	195	10	15	229	12	ed5
162	9	69	196	11	215	230	9	135
163	11	7b1	197	11	615	231	10	b5
164	11	169	198	12	fe9	232	10	2b5
165	10	369	199	12	115	233	12	1b5
166	11	569	200	9	95	234	12	9b5
167	11	e9	201	10	315	235	10	3b5
168	12	8b1	202	10	195	236	11	5b5
169	12	4e9	203	12	915	237	11	75
170	10	2e9	204	12	515	238	13	1ad5
171	10	1e9	205	10	395	239	13	475
172	11	3e9	206	10	55	240	11	275
173	12	ce9	207	11	255	241	12	c75
174	13	7e9	208	13	d15	242	11	675
175	6	19	209	13	1d15	243	14	1475
176	7	39	210	10	155	244	12	175
177	7	79	211	11	655	245	12	975
178	10	5	212	11	355	246	13	575
179	10	205	213	13	755	247	13	1575
180	7	45	214	12	f55	248	14	3475

表 B.108（续）

索引	长度	码字	索引	长度	码字	索引	长度	码字
249	14	d75	283	11	4a3	317	10	2fb
250	6	d	284	10	3a3	318	13	1f2b
251	7	2d	285	7	4b	319	12	4fb
252	7	6d	286	8	8b	320	10	1fb
253	9	f5	287	9	1f3	321	11	3fb
254	9	1f5	288	10	2b	322	11	7fb
255	7	1d	289	11	22b	323	12	cfb
256	8	5d	290	10	12b	324	12	7
257	7	3d	291	11	62b	325	9	107
258	10	375	292	11	32b	326	10	207
259	10	dd	293	13	1d75	327	10	87
260	7	7d	294	12	72b	328	12	807
261	7	3	295	10	ab	329	12	407
262	8	43	296	10	2ab	330	10	287
263	10	2dd	297	11	1ab	331	11	187
264	10	1dd	298	11	5ab	332	11	587
265	9	c3	299	13	f2b	333	13	c07
266	10	3dd	300	7	6b	334	12	387
267	10	1c3	301	8	1b	335	9	47
268	12	3c3	302	8	9b	336	10	147
269	11	7c3	303	10	3ab	337	10	347
270	9	23	304	10	5b	338	12	b87
271	10	123	305	8	db	339	13	1c07
272	10	323	306	9	15b	340	12	787
273	11	a3	307	9	3b	341	13	f87
274	12	bc3	308	11	25b	342	12	c7
275	6	13	309	11	65b	343	14	2d75
276	7	63	310	8	bb	344	14	1f87
277	7	33	311	9	13b	345	11	4c7
278	10	2a3	312	9	7b	346	11	2c7
279	10	1a3	313	11	17b	347	12	8c7
280	8	73	314	11	57b	348	12	6c7
281	9	f3	315	10	37b	349	14	3f87
282	8	b	316	11	fb	350	9	1c7

表 B.108(续)

索引	长度	码字	索引	长度	码字	索引	长度	码字
351	10	27	385	9	197	419	14	39b7
352	10	227	386	10	57	420	12	5b7
353	12	ec7	387	10	257	421	12	db7
354	12	127	388	12	157	422	13	3b7
355	10	327	389	12	957	423	14	13b7
356	11	527	390	11	557	424	14	33b7
357	11	a7	391	12	357	425	9	77
358	13	927	392	12	b57	426	10	177
359	13	1927	393	14	3fa7	427	10	377
360	10	2a7	394	13	1867	428	12	bb7
361	11	4a7	395	11	757	429	12	7b7
362	11	1a7	396	12	d7	430	9	f7
363	13	5a7	397	12	8d7	431	11	1f7
364	13	15a7	398	13	4d7	432	10	3f7
365	12	da7	399	13	14d7	433	13	fb7
366	13	3a7	400	9	1d7	434	12	5f7
367	12	ba7	401	10	2d7	435	10	f
368	14	13a7	402	10	37	436	10	20f
369	14	33a7	403	12	cd7	437	11	10f
370	12	7a7	404	12	237	438	12	df7
371	13	fa7	405	10	137	439	13	1fb7
372	12	67	406	11	637	440	11	50f
373	14	1fa7	407	11	337	441	13	30f
374	13	867	408	13	a37	442	12	b0f
375	8	e7	409	13	1a37	443	14	130f
376	9	167	410	10	b7	444	13	70f
377	9	17	411	11	737	445	12	f0f
378	11	467	412	11	2b7	446	12	8f
379	11	267	413	13	6b7	447	13	170f
380	9	117	414	12	eb7	448	14	330f
381	10	97	415	12	1b7	449	14	88f
382	10	297	416	13	16b7	450	11	48f
383	12	667	417	13	9b7	451	12	28f
384	12	e67	418	14	19b7	452	12	a8f

表 B.108（续）

索引	长度	码字	索引	长度	码字	索引	长度	码字
453	13	188f	487	13	134f	521	12	41f
454	13	68f	488	14	364f	522	12	c1f
455	11	18f	489	15	f4f	523	13	1fef
456	12	e8f	490	13	1f4f	524	14	34cf
457	13	168f	491	14	2f4f	525	9	11f
458	14	288f	492	12	cf	526	10	21f
459	14	58f	493	16	e78f	527	10	9f
460	12	d8f	494	13	8cf	528	12	29f
461	13	158f	495	14	18cf	529	12	a9f
462	13	38f	496	14	38cf	530	10	19f
463	14	258f	497	14	4cf	531	11	69f
464	14	138f	498	15	4f4f	532	10	39f
465	13	b8f	499	16	24cf	533	13	5f
466	13	1b8f	500	8	2f	534	12	85f
467	14	338f	501	9	1cf	535	9	15f
468	14	78f	502	9	af	536	10	25f
469	16	278f	503	11	2cf	537	11	45f
470	13	178f	504	11	6cf	538	12	df
471	14	f8f	505	9	1af	539	13	105f
472	14	2f8f	506	10	6f	540	12	8df
473	16	a78f	507	10	26f	541	13	4df
474	16	678f	508	12	ccf	542	12	cdf
475	11	4f	509	12	16f	543	14	14df
476	11	44f	510	9	ef	544	14	34df
477	11	24f	511	10	36f	545	12	2df
478	13	1f8f	512	10	1ef	546	12	adf
479	13	64f	513	12	96f	547	13	6df
480	11	14f	514	12	56f	548	13	16df
481	12	e4f	515	11	3ef	549	14	edf
482	11	54f	516	12	d6f	550	9	1df
483	14	164f	517	12	7ef	551	10	3f
484	13	34f	518	14	14cf	552	10	23f
485	12	b4f	519	13	fef	553	12	13f
486	12	74f	520	11	1f	554	12	93f

表 B.108（续）

索引	长度	码字	索引	长度	码字	索引	长度	码字
555	10	33f	579	13	67f	603	13	14ff
556	11	53f	580	12	e7f	604	13	eff
557	11	bf	581	13	167f	605	12	1ff
558	12	4bf	582	12	17f	606	13	1eff
559	13	1edf	583	14	287f	607	13	9ff
560	10	2bf	584	14	97f	608	14	30ff
561	11	1bf	585	11	57f	609	14	19ff
562	11	5bf	586	11	37f	610	12	5ff
563	13	cbf	587	12	77f	611	12	dff
564	13	1cbf	588	13	197f	612	12	3ff
565	12	3bf	589	14	297f	613	14	39ff
566	13	bbf	590	13	f7f	614	14	bff
567	12	7bf	591	15	64cf	615	13	1bff
568	14	2edf	592	14	1f7f	616	14	2bff
569	14	1bbf	593	16	a4cf	617	14	7ff
570	12	fbf	594	15	3f7f	618	15	27ff
571	13	7f	595	13	ff	619	15	67ff
572	13	107f	596	12	8ff	620	13	17ff
573	14	3bbf	597	14	10ff	621	14	fff
574	14	87f	598	13	4ff	622	13	1fff
575	11	47f	599	16	7f7f	623	16	ff7f
576	12	27f	600	11	2ff	624	14	2fff
577	12	a7f	601	12	cff			
578	13	187f	602	12	6ff			

表 B.109 residue 编码所用码书 residuebook__44u7__p5_0

索引	长度	码字	索引	长度	码字	索引	长度	码字
0	2	0	6	8	51	12	8	31
1	3	2	7	10	d1	13	7	71
2	3	6	8	10	2d1	14	8	b1
3	6	1	9	4	9	15	8	d
4	6	21	10	5	5	16	11	1d1
5	7	11	11	5	15	17	11	5d1

表 B.109（续）

索引	长度	码字	索引	长度	码字	索引	长度	码字
18	3	3	39	9	1f7	60	11	67f
19	5	1d	40	10	2f7	61	13	17f
20	5	7	41	10	ef	62	13	117f
21	7	4d	42	10	2ef	63	10	37f
22	7	2d	43	12	4f7	64	11	57f
23	8	8d	44	12	cf7	65	11	ff
24	9	6d	45	8	1f	66	12	97f
25	11	3d1	46	8	9f	67	12	4ff
26	11	7d1	47	8	5f	68	13	cff
27	6	17	48	10	1ef	69	13	1cff
28	8	ed	49	10	3ef	70	14	2ff
29	7	37	50	12	df	71	14	22ff
30	9	16d	51	11	4df	72	10	1ff
31	9	77	52	13	8df	73	11	6ff
32	10	177	53	13	18df	74	11	3ff
33	10	377	54	8	3f	75	12	aff
34	12	f7	55	8	bf	76	12	7ff
35	12	8f7	56	9	1df	77	13	12ff
36	6	f	57	10	2df	78	13	fff
37	7	2f	58	10	7f	79	14	1fff
38	8	6f	59	11	27f	80	14	3fff

表 B.110 residue 编码所用码书 residuebook_44u7_p6_0

索引	长度	码字	索引	长度	码字	索引	长度	码字
0	3	0	9	4	6	18	4	9
1	4	4	10	5	1a	19	4	5
2	4	c	11	4	e	20	5	d
3	5	2	12	6	1	21	6	31
4	5	12	13	6	21	22	6	1d
5	7	a	14	8	aa	23	7	51
6	7	4a	15	7	6a	24	7	3d
7	9	2a	16	9	11	25	9	91
8	9	12a	17	9	111	26	9	191

表 B.110（续）

索引	长度	码字	索引	长度	码字	索引	长度	码字
27	5	3	45	7	37	63	9	df
28	6	13	46	8	d7	64	9	1df
29	6	33	47	7	77	65	9	3f
30	7	7d	48	8	f	66	10	13f
31	7	b	49	8	8f	67	10	33f
32	8	4b	50	10	4f	68	11	bf
33	8	cb	51	9	14f	69	10	2bf
34	10	2b	52	11	24f	70	12	4bf
35	10	22b	53	11	64f	71	11	1bf
36	5	1b	54	7	2f	72	9	7f
37	6	7	55	7	6f	73	9	17f
38	6	27	56	8	cf	74	9	ff
39	7	6b	57	8	1f	75	10	3bf
40	7	17	58	8	9f	76	10	1ff
41	8	ab	59	9	5f	77	11	5bf
42	8	57	60	10	15f	78	11	3ff
43	10	12b	61	11	35f	79	11	7ff
44	10	32b	62	11	75f	80	12	cbf

表 B.111　residue 编码所用码书 residuebook__44u7__p7_0

索引	长度	码字	索引	长度	码字	索引	长度	码字
0	1	0	12	8	43	24	8	cb
1	4	1	13	9	103	25	9	14b
2	4	9	14	9	c3	26	9	2b
3	5	5	15	7	23	27	4	7
4	7	15	16	10	1c3	28	9	12b
5	7	55	17	10	3c3	29	9	ab
6	5	d	18	5	13	30	9	1ab
7	7	35	19	8	63	31	11	24b
8	7	75	20	9	e3	32	10	6b
9	5	1d	21	7	b	33	8	eb
10	9	3	22	9	1e3	34	10	26b
11	8	83	23	10	4b	35	10	16b

表 B.111（续）

索引	长度	码字	索引	长度	码字	索引	长度	码字
36	7	1b	51	10	7b	66	10	3f
37	11	64b	52	12	7db	67	12	59f
38	10	36b	53	12	fdb	68	12	d9f
39	10	5b	54	5	f	69	10	23f
40	10	25b	55	9	17b	70	11	13f
41	12	15b	56	9	fb	71	12	53f
42	10	35b	57	8	1f	72	7	7f
43	12	95b	58	10	27b	73	10	33f
44	12	55b	59	10	1fb	74	11	bf
45	7	3b	60	9	9f	75	10	2bf
46	10	db	61	11	3fb	76	12	d3f
47	10	2db	62	11	7fb	77	12	4bf
48	10	1db	63	7	5f	78	10	1bf
49	12	d5b	64	11	19f	79	12	cbf
50	11	3db	65	10	39f	80	10	3bf

表 B.112　residue 编码所用码书 residuebook__44u7__p7_1

索引	长度	码字	索引	长度	码字	索引	长度	码字
0	3	0	15	6	2e	30	8	d5
1	4	4	16	8	1e	31	8	35
2	4	c	17	7	5e	32	8	b5
3	6	2	18	8	9e	33	6	d
4	6	22	19	8	3e	34	7	75
5	7	12	20	8	be	35	6	2d
6	7	52	21	8	7e	36	7	1d
7	8	32	22	4	1	37	7	5d
8	8	b2	23	5	9	38	8	3d
9	8	72	24	5	19	39	8	bd
10	8	f2	25	6	5	40	9	7d
11	4	a	26	6	25	41	9	17d
12	5	6	27	7	15	42	9	fd
13	5	16	28	8	fe	43	9	1fd
14	6	e	29	8	55	44	6	3

表 B.112（续）

索引	长度	码字	索引	长度	码字	索引	长度	码字
45	6	23	71	9	c7	97	9	cf
46	7	13	72	9	1c7	98	10	2d7
47	7	53	73	9	27	99	8	2f
48	7	33	74	9	127	100	8	af
49	8	73	75	9	a7	101	8	6f
50	8	f3	76	9	1a7	102	9	1cf
51	9	b	77	8	67	103	9	ef
52	9	10b	78	8	e7	104	9	1ef
53	9	8b	79	8	17	105	9	1f
54	9	18b	80	9	97	106	10	11f
55	7	4b	81	9	197	107	9	9f
56	8	2b	82	9	57	108	10	31f
57	7	6b	83	9	157	109	10	19f
58	8	ab	84	10	d7	110	8	5f
59	8	1b	85	9	1d7	111	8	df
60	9	9b	86	9	37	112	8	3f
61	9	19b	87	9	137	113	9	bf
62	9	5b	88	8	b7	114	9	1bf
63	9	15b	89	8	77	115	9	7f
64	9	db	90	8	f7	116	9	17f
65	9	1db	91	9	f	117	9	ff
66	7	3b	92	9	10f	118	10	39f
67	7	7b	93	9	8f	119	10	1ff
68	8	7	94	9	18f	120	10	3ff
69	8	87	95	9	4f			
70	8	47	96	9	14f			

表 B.113　residue 编码所用码书 residuebook__44u7__p8_0

索引	长度	码字	索引	长度	码字	索引	长度	码字
0	1	0	4	6	25	8	10	255
1	4	1	5	8	15	9	11	155
2	4	9	6	8	95	10	11	555
3	6	5	7	10	55	11	4	d

表 B.113（续）

索引	长度	码字	索引	长度	码字	索引	长度	码字
12	6	35	46	7	2f	80	11	4bf
13	6	3	47	8	b7	81	11	7f
14	7	23	48	8	6f	82	13	47f
15	7	63	49	10	337	83	12	c7f
16	9	d5	50	10	ef	84	14	147f
17	9	1d5	51	11	537	85	14	347f
18	11	355	52	12	937	86	15	27f
19	10	13	53	13	2ef	87	15	427f
20	12	755	54	13	12ef	88	10	17f
21	12	f55	55	8	1f	89	10	37f
22	5	b	56	9	1ef	90	10	ff
23	6	33	57	9	9f	91	12	a7f
24	5	1b	58	10	19f	92	12	67f
25	7	53	59	10	39f	93	13	127f
26	7	7	60	11	6ef	94	13	e7f
27	9	113	61	11	5f	95	14	227f
28	9	93	62	12	aef	96	14	1e7f
29	10	213	63	12	45f	97	15	3e7f
30	11	193	64	14	c5f	98	15	7e7f
31	12	593	65	14	2c5f	99	11	2ff
32	12	d93	66	8	df	100	12	6ff
33	6	27	67	9	15f	101	12	eff
34	7	47	68	9	3f	102	13	1ff
35	7	17	69	10	25f	103	13	11ff
36	8	57	70	10	13f	104	14	9ff
37	8	d7	71	11	33f	105	14	29ff
38	10	393	72	11	73f	106	15	19ff
39	10	37	73	12	bf	107	14	39ff
40	11	237	74	12	8bf	108	16	59ff
41	11	637	75	14	1c5f	109	15	5ff
42	13	137	76	14	3c5f	110	11	3ff
43	13	1137	77	10	2bf	111	12	dff
44	6	f	78	10	1bf	112	12	7ff
45	7	77	79	10	3bf	113	13	15ff

表 B.113（续）

索引	长度	码字	索引	长度	码字	索引	长度	码字
114	13	fff	117	15	45ff	120	16	d9ff
115	14	25ff	118	15	3fff			
116	14	1fff	119	15	7fff			

表 B.114 residue 编码所用码书 residuebook__44u7__p8_1

索引	长度	码字	索引	长度	码字	索引	长度	码字
0	4	0	27	7	56	54	8	85
1	5	8	28	7	36	55	7	45
2	5	18	29	7	76	56	7	25
3	6	4	30	7	e	57	7	65
4	6	24	31	7	4e	58	7	15
5	7	14	32	7	2e	59	7	55
6	7	54	33	6	1e	60	8	35
7	7	34	34	7	6e	61	7	75
8	7	74	35	7	3e	62	8	b5
9	7	c	36	7	7e	63	8	d
10	7	4c	37	7	1	64	8	8d
11	5	1c	38	7	41	65	8	4d
12	6	2c	39	7	21	66	7	2d
13	6	2	40	7	61	67	7	6d
14	7	22	41	7	11	68	7	1d
15	7	62	42	8	51	69	7	5d
16	7	12	43	8	d1	70	7	3d
17	7	52	44	6	31	71	7	7d
18	7	32	45	7	9	72	8	cd
19	7	72	46	7	49	73	8	3
20	7	a	47	7	29	74	8	83
21	7	4a	48	7	69	75	8	43
22	5	1a	49	7	19	76	8	c3
23	6	2a	50	7	59	77	7	23
24	6	6	51	7	39	78	7	63
25	6	26	52	7	79	79	7	13
26	7	16	53	8	5	80	7	53

表 B.114（续）

索引	长度	码字	索引	长度	码字	索引	长度	码字
81	7	33	95	8	7	109	8	8f
82	8	73	96	8	87	110	7	4f
83	8	f3	97	8	47	111	7	2f
84	8	b	98	8	c7	112	7	6f
85	8	8b	99	7	27	113	8	1f
86	8	4b	100	7	67	114	8	9f
87	8	cb	101	7	17	115	8	5f
88	7	2b	102	8	57	116	8	df
89	7	6b	103	8	d7	117	8	3f
90	7	1b	104	8	37	118	8	bf
91	7	5b	105	8	b7	119	8	7f
92	7	3b	106	8	77	120	8	ff
93	8	7b	107	8	f7			
94	8	fb	108	8	f			

表 B.115 residue 编码所用码书 residuebook__44u7__p9_0

索引	长度	码字	索引	长度	码字	索引	长度	码字
0	1	0	16	10	c3	32	10	363
1	3	1	17	10	2c3	33	10	e3
2	3	5	18	10	1c3	34	10	2e3
3	10	3	19	10	3c3	35	10	1e3
4	10	203	20	10	23	36	10	3e3
5	10	103	21	10	223	37	10	13
6	10	303	22	4	7	38	10	213
7	10	83	23	10	123	39	10	113
8	10	283	24	10	323	40	10	313
9	10	183	25	10	a3	41	10	93
10	10	383	26	10	2a3	42	10	293
11	4	b	27	10	1a3	43	10	193
12	10	43	28	10	3a3	44	10	393
13	10	243	29	10	63	45	10	53
14	10	143	30	10	263	46	10	253
15	10	343	31	10	163	47	10	153

表 B.115（续）

索引	长度	码字	索引	长度	码字	索引	长度	码字
48	10	353	73	10	8f	98	10	2ef
49	10	d3	74	10	28f	99	10	1ef
50	10	2d3	75	10	18f	100	10	3ef
51	10	1d3	76	10	38f	101	10	1f
52	10	3d3	77	10	4f	102	10	21f
53	10	33	78	10	24f	103	10	11f
54	10	233	79	10	14f	104	10	31f
55	10	133	80	10	34f	105	10	9f
56	10	333	81	10	cf	106	10	29f
57	10	b3	82	10	2cf	107	10	19f
58	10	2b3	83	10	1cf	108	10	39f
59	10	1b3	84	10	3cf	109	9	5f
60	10	3b3	85	10	2f	110	9	15f
61	10	73	86	10	22f	111	9	df
62	10	273	87	10	12f	112	9	1df
63	10	173	88	10	32f	113	9	3f
64	10	373	89	10	af	114	9	13f
65	10	f3	90	10	2af	115	9	bf
66	10	2f3	91	10	1af	116	9	1bf
67	10	1f3	92	10	3af	117	9	7f
68	10	3f3	93	10	6f	118	9	17f
69	10	f	94	10	26f	119	9	ff
70	10	20f	95	10	16f	120	9	1ff
71	10	10f	96	10	36f			
72	10	30f	97	10	ef			

表 B.116 residue 编码所用码书 residuebook__44u7__p9_1

索引	长度	码字	索引	长度	码字	索引	长度	码字
0	1	0	5	8	25	10	9	e5
1	4	1	6	6	d	11	11	3a5
2	4	9	7	9	a5	12	10	1e5
3	6	5	8	8	65	13	4	3
4	5	15	9	10	1a5	14	6	2d

表 B.116（续）

索引	长度	码字	索引	长度	码字	索引	长度	码字
15	6	1d	49	12	78f	83	12	53f
16	8	3d	50	13	1b8f	84	13	175f
17	8	bd	51	13	f8f	85	13	d3f
18	9	7d	52	6	2f	86	14	1d3f
19	9	17d	53	8	4f	87	14	3d3f
20	11	7a5	54	8	cf	88	14	33f
21	10	3e5	55	10	1f	89	14	233f
22	11	fd	56	10	21f	90	15	133f
23	11	4fd	57	11	11f	91	9	bf
24	11	2fd	58	11	51f	92	11	73f
25	11	6fd	59	12	31f	93	11	1bf
26	4	b	60	12	b1f	94	13	b3f
27	6	7	61	12	71f	95	13	1b3f
28	6	27	62	13	1f8f	96	14	333f
29	8	17	63	14	f1f	97	14	5bf
30	8	97	64	13	1f1f	98	15	533f
31	10	1fd	65	8	9f	99	14	25bf
32	9	57	66	10	5f	100	16	15bf
33	11	3fd	67	10	25f	101	15	55bf
34	11	7fd	68	11	15f	102	17	95bf
35	11	157	69	11	55f	103	15	35bf
36	11	557	70	12	35f	104	9	7f
37	11	357	71	13	b5f	105	11	3bf
38	12	757	72	14	2f1f	106	11	7bf
39	6	37	73	14	1b5f	107	12	dbf
40	8	d7	74	14	3b5f	108	13	17f
41	8	f	75	14	75f	109	14	117f
42	10	8f	76	15	275f	110	14	317f
43	10	28f	77	15	675f	111	15	75bf
44	11	18f	78	8	df	112	14	97f
45	11	58f	79	10	3f	113	15	297f
46	12	f57	80	10	23f	114	15	697f
47	12	38f	81	11	13f	115	15	197f
48	13	b8f	82	12	f5f	116	16	597f

表 B.116(续)

索引	长度	码字	索引	长度	码字	索引	长度	码字
117	10	37f	135	14	1cff	153	17	f9ff
118	12	57f	136	16	48ff	154	17	1f9ff
119	12	d7f	137	16	c8ff	155	17	3ff
120	13	ff	138	16	3cff	156	11	7ff
121	14	397f	139	16	bcff	157	13	13ff
122	15	10ff	140	15	7cff	158	13	bff
123	15	50ff	141	16	1ff	159	14	23ff
124	15	30ff	142	17	188ff	160	15	43ff
125	15	70ff	143	11	5ff	161	15	1bff
126	16	d97f	144	13	11ff	162	15	5bff
127	17	195bf	145	13	9ff	163	15	3bff
128	16	8ff	146	14	21ff	164	17	103ff
129	17	88ff	147	15	41ff	165	17	83ff
130	10	2ff	148	14	19ff	166	16	7bff
131	13	18ff	149	17	81ff	167	17	183ff
132	12	4ff	150	15	39ff	168	16	fbff
133	13	cff	151	16	79ff			
134	14	28ff	152	17	181ff			

表 B.117 residue 编码所用码书 residuebook__44u7__p9_2

索引	长度	码字	索引	长度	码字	索引	长度	码字
0	2	0	12	6	35	24	7	4b
1	4	2	13	6	d	25	7	2b
2	4	a	14	6	2d	26	7	6b
3	4	6	15	6	1d	27	7	1b
4	4	e	16	6	3d	28	7	5b
5	5	1	17	6	3	29	7	3b
6	5	11	18	6	23	30	7	7b
7	5	9	19	7	13	31	7	7
8	5	19	20	7	53	32	7	47
9	6	5	21	7	33	33	7	27
10	6	25	22	7	73	34	7	67
11	6	15	23	7	b	35	7	17

表 B.117（续）

索引	长度	码字	索引	长度	码字	索引	长度	码字
36	7	57	41	7	2f	46	8	bf
37	7	37	42	7	6f	47	8	7f
38	7	77	43	7	1f	48	8	ff
39	7	f	44	7	5f			
40	7	4f	45	8	3f			

表 B.118 residue 编码所用码书 residuebook__44u7__long

索引	长度	码字	索引	长度	码字	索引	长度	码字
0	3	0	25	9	e4	50	10	172
1	9	4	26	10	1e4	51	8	46
2	14	104	27	10	3e4	52	7	3e
3	13	1104	28	13	704	53	7	7e
4	15	2104	29	16	e104	54	6	1
5	14	904	30	10	32	55	7	21
6	16	6104	31	6	a	56	7	61
7	13	1904	32	6	2a	57	7	11
8	13	504	33	6	1a	58	11	632
9	14	2904	34	6	3a	59	13	a32
10	5	14	35	8	b2	60	14	3704
11	5	c	36	9	132	61	10	372
12	7	44	37	9	72	62	9	c6
13	7	24	38	12	f04	63	8	51
14	8	84	39	15	5504	64	5	9
15	9	64	40	14	3504	65	6	31
16	11	304	41	7	6	66	4	5
17	10	164	42	6	26	67	5	19
18	12	d04	43	6	16	68	9	1c6
19	15	1504	44	5	e	69	12	d1
20	10	364	45	6	36	70	10	2d1
21	6	1c	46	6	1e	71	9	1d1
22	5	2	47	8	f2	72	9	d
23	6	3c	48	12	232	73	8	8d
24	6	12	49	15	1704	74	6	2d

表 B.118（续）

索引	长度	码字	索引	长度	码字	索引	长度	码字
75	6	1d	84	10	30d	93	13	1a32
76	5	3	85	9	4d	94	13	74d
77	3	7	86	8	cd	95	13	174d
78	6	3d	87	5	13	96	12	f4d
79	11	4d1	88	5	b	97	8	9b
80	12	8d1	89	8	1b	98	6	3b
81	11	10d	90	10	14d	99	7	5b
82	12	50d	91	11	34d			
83	12	d0d	92	15	5704			

表 B.119　residue 编码所用码书 residuebook__44u8__short

索引	长度	码字	索引	长度	码字	索引	长度	码字
0	6	0	21	7	30	42	6	3a
1	14	20	22	5	4	43	5	6
2	18	2020	23	6	14	44	7	74
3	18	22020	24	8	70	45	10	3a0
4	17	12020	25	11	420	46	13	f0
5	17	a020	26	16	c820	47	16	3820
6	17	1a020	27	17	2820	48	17	1e820
7	17	6020	28	16	a820	49	17	b820
8	17	16020	29	17	12820	50	7	16
9	17	e020	30	5	c	51	6	36
10	4	8	31	7	34	52	7	56
11	7	60	32	5	1c	53	7	e
12	9	120	33	4	2	54	7	4e
13	9	a0	34	6	a	55	8	2e
14	10	220	35	10	1a0	56	7	6e
15	13	1020	36	14	1820	57	10	2f0
16	15	820	37	17	6820	58	15	7820
17	17	1e020	38	17	16820	59	16	10f0
18	17	4820	39	17	e820	60	12	8f0
19	17	14820	40	6	2a	61	9	1f0
20	6	10	41	6	1a	62	9	ae

表 B.119（续）

索引	长度	码字	索引	长度	码字	索引	长度	码字
63	6	1e	76	3	7	89	15	61ae
64	6	3e	77	4	b	90	17	190f0
65	5	1	78	8	43	91	17	19ae
66	3	5	79	15	21ae	92	16	99ae
67	5	11	80	17	1b820	93	10	2c3
68	11	4f0	81	17	90f0	94	11	5ae
69	15	50f0	82	13	9ae	95	14	39ae
70	14	30f0	83	7	23	96	10	1c3
71	14	1ae	84	7	63	97	10	3c3
72	13	11ae	85	10	3ae	98	15	59ae
73	5	9	86	6	13	99	17	119ae
74	5	19	87	6	33			
75	7	3	88	10	c3			

表 B.120 residue 编码所用码书 residuebook_44u8_p1_0

索引	长度	码字	索引	长度	码字	索引	长度	码字
0	1	0	17	9	11d	34	9	9b
1	5	1	18	5	3	35	9	19b
2	5	11	19	7	5d	36	7	3b
3	5	9	20	7	3d	37	9	7b
4	7	19	21	7	7d	38	9	17b
5	7	59	22	9	9d	39	9	fb
6	5	5	23	9	19d	40	10	1fb
7	7	39	24	8	13	41	11	3fb
8	7	79	25	9	93	42	9	7
9	5	15	26	9	193	43	11	7fb
10	7	d	27	5	b	44	10	107
11	7	4d	28	7	53	45	7	47
12	8	2d	29	7	33	46	9	87
13	9	ad	30	7	73	47	9	187
14	9	1ad	31	9	1b	48	9	27
15	7	6d	32	9	11b	49	11	307
16	9	1d	33	7	5b	50	10	127

表 B.120（续）

索引	长度	码字	索引	长度	码字	索引	长度	码字
51	9	a7	61	9	12f	71	10	23f
52	10	327	62	9	af	72	8	bf
53	11	707	63	7	1f	73	9	13f
54	5	17	64	9	1af	74	9	7f
55	7	67	65	9	5f	75	9	17f
56	7	f	66	9	15f	76	11	4df
57	7	4f	67	11	df	77	11	ff
58	9	1a7	68	10	2df	78	9	1ff
59	9	2f	69	9	1df	79	11	4ff
60	7	6f	70	10	3f	80	10	2ff

表 B.121　residue 编码所用码书 residuebook__44u8__p2_0

索引	长度	码字	索引	长度	码字	索引	长度	码字
0	4	0	20	8	c2	40	9	15a
1	5	8	21	9	142	41	10	da
2	5	18	22	9	22	42	10	2da
3	8	4	23	11	242	43	12	1da
4	8	84	24	11	642	44	12	9da
5	5	14	25	5	12	45	9	3a
6	7	44	26	7	62	46	10	3da
7	6	24	27	7	a	47	10	13a
8	9	c	28	9	122	48	11	5da
9	9	10c	29	9	a2	49	12	33a
10	5	1c	30	7	4a	50	5	6
11	6	2c	31	8	2a	51	7	7a
12	7	4c	32	8	aa	52	7	16
13	9	8c	33	10	1a2	53	9	ba
14	9	18c	34	10	3a2	54	9	1ba
15	8	2	35	7	6a	55	7	56
16	9	82	36	8	1a	56	8	36
17	9	182	37	8	9a	57	7	76
18	11	42	38	10	5a	58	10	b6
19	11	442	39	10	25a	59	10	2b6

表 B.121（续）

索引	长度	码字	索引	长度	码字	索引	长度	码字
60	7	e	94	14	28de	128	9	81
61	8	4e	95	11	4de	129	9	181
62	8	ce	96	11	2de	130	7	61
63	10	1b6	97	12	6de	131	8	9
64	10	3b6	98	13	18de	132	8	89
65	9	2e	99	14	ede	133	10	301
66	10	12e	100	8	3e	134	10	49
67	9	ae	101	9	1de	135	7	29
68	12	b3a	102	9	be	136	8	c9
69	11	73a	103	11	1be	137	8	69
70	9	1ae	104	11	5be	138	10	249
71	10	32e	105	9	7e	139	10	149
72	10	6e	106	10	3be	140	9	e9
73	12	26e	107	10	17e	141	10	349
74	12	a6e	108	12	37e	142	10	1e9
75	8	ee	109	12	b7e	143	12	501
76	9	16e	110	9	fe	144	12	d01
77	9	1e	111	10	1fe	145	9	19
78	12	66e	112	10	3fe	146	10	3e9
79	11	11e	113	12	77e	147	10	119
80	9	9e	114	12	f7e	148	11	319
81	10	31e	115	11	1	149	12	719
82	10	19e	116	12	401	150	7	59
83	12	e6e	117	11	201	151	8	99
84	12	51e	118	13	1ede	152	8	39
85	9	5e	119	13	c01	153	10	b9
86	10	39e	120	11	601	154	10	2b9
87	10	15e	121	12	101	155	8	79
88	12	d1e	122	12	901	156	9	1b9
89	12	35e	123	14	2ede	157	9	f9
90	11	75e	124	14	1c01	158	11	1f9
91	12	b5e	125	5	11	159	11	5f9
92	12	de	126	7	41	160	8	5
93	14	8de	127	7	21	161	9	85

表 B.121（续）

索引	长度	码字	索引	长度	码字	索引	长度	码字
162	9	185	196	11	3f5	230	10	3cd
163	11	3f9	197	11	7f5	231	11	2d
164	11	7f9	198	13	14f5	232	10	22d
165	10	45	199	13	d	233	13	42d
166	11	245	200	9	10d	234	12	c2d
167	11	645	201	10	20d	235	10	12d
168	12	f19	202	10	8d	236	11	32d
169	13	145	203	12	80d	237	11	72d
170	10	345	204	12	40d	238	13	142d
171	11	545	205	10	28d	239	13	ad
172	11	c5	206	11	18d	240	11	4ad
173	12	945	207	11	58d	241	13	10ad
174	13	1145	208	13	100d	242	12	8ad
175	6	25	209	13	c0d	243	14	2ad
176	8	15	210	10	38d	244	13	12ad
177	8	95	211	11	4d	245	12	aad
178	10	2c5	212	11	44d	246	13	6ad
179	10	1c5	213	13	1c0d	247	13	16ad
180	8	55	214	13	24d	248	14	22ad
181	9	d5	215	12	a4d	249	14	ead
182	8	35	216	12	64d	250	5	1d
183	11	4c5	217	13	124d	251	7	6d
184	10	3c5	218	13	e4d	252	7	3
185	8	b5	219	14	3c01	253	9	1ad
186	9	1d5	220	12	14d	254	9	43
187	9	75	221	13	1e4d	255	7	23
188	11	175	222	13	94d	256	8	c3
189	11	575	223	14	194d	257	8	63
190	10	375	224	14	394d	258	10	143
191	11	f5	225	9	cd	259	10	343
192	10	2f5	226	10	34d	260	7	13
193	13	4f5	227	10	1cd	261	8	e3
194	12	cf5	228	12	54d	262	8	53
195	10	1f5	229	12	d4d	263	10	d3

表 B.121（续）

索引	长度	码字	索引	长度	码字	索引	长度	码字
264	10	2d3	298	12	feb	332	11	627
265	9	1d3	299	13	17eb	333	13	1c47
266	10	33	300	7	5b	334	13	f47
267	10	233	301	8	9b	335	10	127
268	12	133	302	8	3b	336	10	327
269	12	933	303	10	31b	337	11	a7
270	9	b3	304	10	bb	338	12	4a7
271	10	333	305	8	7b	339	13	1f47
272	10	1b3	306	9	1bb	340	12	ca7
273	12	533	307	9	fb	341	13	2a7
274	12	d33	308	11	51b	342	13	12a7
275	7	73	309	11	2bb	343	14	2ead
276	8	b	310	8	7	344	14	aa7
277	8	8b	311	9	1fb	345	12	6a7
278	10	3b3	312	9	87	346	12	ea7
279	10	4b	313	11	6bb	347	13	1aa7
280	8	cb	314	11	187	348	13	1a7
281	9	14b	315	10	387	349	14	2aa7
282	9	2b	316	11	587	350	9	67
283	11	24b	317	11	47	351	10	3a7
284	11	64b	318	13	447	352	10	167
285	8	ab	319	13	1447	353	12	9a7
286	8	6b	320	10	247	354	12	5a7
287	9	12b	321	11	147	355	10	367
288	10	eb	322	11	547	356	11	e7
289	11	2eb	323	13	c47	357	11	4e7
290	10	1eb	324	12	347	358	13	11a7
291	11	6eb	325	9	c7	359	13	da7
292	11	3eb	326	10	1c7	360	10	2e7
293	13	1ead	327	10	3c7	361	11	1e7
294	13	7eb	328	12	b47	362	11	5e7
295	10	1b	329	12	747	363	13	1da7
296	10	21b	330	10	27	364	13	3e7
297	11	11b	331	11	227	365	12	be7

表 B.121（续）

索引	长度	码字	索引	长度	码字	索引	长度	码字
366	13	13e7	400	9	1b7	434	12	18f
367	13	7e7	401	10	2b7	435	10	38f
368	15	17e7	402	10	77	436	11	58f
369	14	37e7	403	12	4b7	437	11	4f
370	12	fe7	404	12	cb7	438	13	1b0f
371	13	17	405	10	277	439	13	98f
372	13	1017	406	11	177	440	12	44f
373	14	817	407	11	577	441	13	198f
374	13	1817	408	13	377	442	12	c4f
375	8	97	409	13	1377	443	15	55f7
376	9	117	410	10	f7	444	14	35f7
377	9	57	411	11	777	445	12	24f
378	11	417	412	11	2f7	446	13	a4f
379	11	217	413	13	b77	447	13	1a4f
380	9	157	414	13	1b77	448	14	64f
381	10	d7	415	12	6f7	449	15	264f
382	10	2d7	416	13	ef7	450	11	14f
383	12	617	417	13	1ef7	451	12	e4f
384	12	e17	418	14	1f7	452	12	54f
385	9	1d7	419	15	57e7	453	14	164f
386	10	37	420	12	9f7	454	14	364f
387	10	237	421	13	11f7	455	12	d4f
388	12	137	422	13	5f7	456	13	34f
389	12	937	423	14	21f7	457	13	134f
390	12	537	424	15	15f7	458	14	b4f
391	12	d37	425	9	f	459	14	2b4f
392	12	337	426	10	3f7	460	12	74f
393	14	2817	427	10	10f	461	13	1b4f
394	13	b37	428	12	df7	462	13	f4f
395	11	737	429	12	30f	463	15	664f
396	12	b7	430	10	8f	464	14	1f4f
397	12	8b7	431	11	70f	465	14	3f4f
398	14	1b37	432	10	28f	466	14	cf
399	14	3b37	433	13	b0f	467	14	20cf

表 B.121（续）

索引	长度	码字	索引	长度	码字	索引	长度	码字
468	14	10cf	502	9	1af	536	10	df
469	16	30cf	503	11	6f	537	11	2df
470	14	8cf	504	11	46f	538	12	6df
471	14	28cf	505	9	16f	539	13	edf
472	15	70cf	506	10	26f	540	12	1df
473	16	b0cf	507	10	ef	541	13	1edf
474	16	18cf	508	12	2ef	542	13	9df
475	11	4cf	509	12	aef	543	15	6fcf
476	12	2cf	510	9	1ef	544	14	331f
477	12	acf	511	10	1f	545	12	5df
478	14	38cf	512	10	21f	546	12	ddf
479	14	6cf	513	12	6ef	547	13	19df
480	11	1cf	514	12	eef	548	13	3df
481	12	ecf	515	11	11f	549	14	13df
482	12	5cf	516	12	51f	550	9	3f
483	14	26cf	517	12	d1f	551	10	13f
484	14	16cf	518	14	1fcf	552	10	33f
485	12	dcf	519	13	31f	553	12	bdf
486	13	3cf	520	11	71f	554	12	7df
487	13	13cf	521	12	b1f	555	10	bf
488	14	36cf	522	12	9f	556	11	2bf
489	15	58cf	523	14	3fcf	557	11	6bf
490	13	bcf	524	14	131f	558	13	fdf
491	14	1bcf	525	9	19f	559	13	1fdf
492	13	7cf	526	10	29f	560	10	1bf
493	16	98cf	527	10	5f	561	11	3bf
494	14	3bcf	528	12	89f	562	11	7bf
495	14	17cf	529	12	49f	563	13	7f
496	14	37cf	530	10	25f	564	13	107f
497	14	fcf	531	11	15f	565	12	87f
498	16	2fcf	532	11	55f	566	13	47f
499	16	afcf	533	13	c9f	567	13	147f
500	8	2f	534	13	1c9f	568	14	33df
501	9	af	535	10	35f	569	14	c7f

表 B.121（续）

索引	长度	码字	索引	长度	码字	索引	长度	码字
570	12	27f	589	14	337f	608	14	32ff
571	13	1c7f	590	14	18ff	609	15	64ff
572	13	a7f	591	15	38ff	610	12	dff
573	15	2c7f	592	14	4ff	611	13	3ff
574	14	1a7f	593	16	78ff	612	12	bff
575	11	67f	594	15	24ff	613	15	13ff
576	12	17f	595	13	14ff	614	14	33ff
577	12	97f	596	13	cff	615	14	7ff
578	14	3a7f	597	14	1cff	616	14	27ff
579	13	57f	598	13	2ff	617	14	17ff
580	12	d7f	599	16	f8ff	618	16	53ff
581	13	157f	600	11	6ff	619	15	37ff
582	13	37f	601	12	aff	620	14	fff
583	15	6c7f	602	12	1ff	621	15	77ff
584	14	137f	603	14	3cff	622	13	1fff
585	11	77f	604	14	12ff	623	16	d3ff
586	12	b7f	605	12	9ff	624	14	2fff
587	12	ff	606	13	5ff			
588	13	8ff	607	13	15ff			

表 B.122 residue 编码所用码书 residuebook__44u8__p3_0

索引	长度	码字	索引	长度	码字	索引	长度	码字
0	3	0	11	4	e	22	6	1d
1	4	4	12	6	1	23	7	51
2	4	c	13	6	21	24	7	3d
3	5	2	14	7	6a	25	9	7d
4	5	12	15	7	11	26	9	17d
5	7	a	16	9	aa	27	5	3
6	7	4a	17	9	1aa	28	6	13
7	9	2a	18	4	9	29	6	33
8	9	12a	19	4	5	30	7	b
9	4	6	20	5	d	31	7	4b
10	5	1a	21	6	31	32	8	fd

表 B.122（续）

索引	长度	码字	索引	长度	码字	索引	长度	码字
33	8	2b	49	8	f7	65	9	3f
34	10	ab	50	9	f	66	10	35f
35	10	2ab	51	9	10f	67	10	13f
36	6	1b	52	11	8f	68	11	33f
37	6	3b	53	10	28f	69	10	bf
38	6	7	54	7	4f	70	12	73f
39	7	6b	55	7	2f	71	11	2bf
40	7	27	56	7	6f	72	9	1bf
41	8	67	57	8	1f	73	9	7f
42	8	e7	58	8	9f	74	9	17f
43	10	1ab	59	9	18f	75	9	ff
44	10	3ab	60	9	5f	76	10	1ff
45	7	17	61	10	15f	77	11	6bf
46	7	57	62	11	48f	78	11	3ff
47	7	37	63	9	df	79	11	7ff
48	8	77	64	9	1df	80	12	f3f

表 B.123　residue 编码所用码书 residuebook__44u8__p4_0

索引	长度	码字	索引	长度	码字	索引	长度	码字
0	4	0	14	11	502	28	10	e
1	4	8	15	11	302	29	10	20e
2	4	4	16	11	702	30	11	10e
3	6	c	17	4	a	31	11	50e
4	6	2c	18	5	12	32	12	30e
5	7	1c	19	5	6	33	12	b0e
6	7	5c	20	6	22	34	4	1
7	8	3c	21	6	16	35	5	1e
8	8	bc	22	7	42	36	5	9
9	8	7c	23	7	36	37	6	2e
10	8	fc	24	8	82	38	6	19
11	10	2	25	8	76	39	7	4e
12	10	202	26	9	f6	40	7	39
13	11	102	27	9	1f6	41	8	8e

表 B.123（续）

索引	长度	码字	索引	长度	码字	索引	长度	码字
42	8	79	76	9	113	110	10	26b
43	9	f9	77	9	93	111	9	107
44	9	1f9	78	9	193	112	10	87
45	10	5	79	10	3ad	113	10	287
46	10	205	80	10	53	114	11	187
47	11	70e	81	11	5ad	115	11	587
48	11	105	82	11	253	116	12	c6b
49	12	505	83	12	653	117	12	387
50	12	d05	84	12	e53	118	13	1dab
51	6	25	85	7	33	119	8	47
52	6	15	86	7	73	120	8	c7
53	6	35	87	7	b	121	8	27
54	7	45	88	8	d3	122	9	a7
55	7	d	89	8	4b	123	9	1a7
56	8	85	90	9	153	124	9	67
57	8	4d	91	8	cb	125	9	167
58	9	cd	92	10	2b	126	10	e7
59	9	1cd	93	9	12b	127	10	2e7
60	9	2d	94	10	22b	128	11	787
61	9	12d	95	9	ab	129	10	1e7
62	10	305	96	11	1ab	130	11	3e7
63	10	ad	97	10	3ab	131	11	7e7
64	11	2ad	98	12	5ab	132	12	b87
65	11	6ad	99	11	6b	133	12	17
66	12	1ad	100	13	dab	134	13	817
67	12	9ad	101	12	46b	135	13	1817
68	6	1d	102	7	1b	136	8	97
69	6	3d	103	7	5b	137	8	57
70	6	3	104	7	3b	138	8	d7
71	7	6d	105	8	eb	139	9	117
72	7	23	106	8	7b	140	9	37
73	8	63	107	8	fb	141	9	137
74	8	e3	108	9	16b	142	10	217
75	9	13	109	9	7	143	10	b7

表 B.123（续）

索引	长度	码字	索引	长度	码字	索引	长度	码字
144	10	2b7	178	11	ef	212	11	3df
145	10	1b7	179	11	4ef	213	11	7df
146	11	417	180	11	2ef	214	12	f9f
147	11	3b7	181	11	6ef	215	12	3f
148	11	7b7	182	12	f4f	216	13	83f
149	12	77	183	12	1ef	217	13	183f
150	12	877	184	13	9ef	218	13	43f
151	12	477	185	13	19ef	219	13	143f
152	13	c77	186	13	5ef	220	14	279f
153	8	f7	187	10	3ef	221	11	23f
154	9	177	188	10	1f	222	11	63f
155	9	f	189	10	21f	223	11	13f
156	9	10f	190	10	11f	224	11	53f
157	9	8f	191	10	31f	225	11	33f
158	10	277	192	11	9f	226	12	c3f
159	9	18f	193	10	29f	227	11	73f
160	11	4f	194	11	49f	228	12	bf
161	10	24f	195	11	19f	229	12	8bf
162	11	44f	196	12	def	230	13	4bf
163	11	14f	197	11	59f	231	12	cbf
164	12	54f	198	13	15ef	232	13	14bf
165	11	34f	199	12	39f	233	13	2bf
166	13	1c77	200	13	b9f	234	14	12bf
167	12	d4f	201	13	1b9f	235	13	abf
168	13	74f	202	14	79f	236	14	32bf
169	13	174f	203	13	179f	237	14	1abf
170	8	cf	204	10	5f	238	11	6bf
171	9	2f	205	10	25f	239	11	1bf
172	9	12f	206	10	15f	240	11	5bf
173	9	af	207	10	35f	241	11	3bf
174	9	1af	208	10	df	242	11	7bf
175	9	6f	209	10	2df	243	11	7f
176	10	16f	210	11	1df	244	12	47f
177	10	36f	211	11	5df	245	12	c7f

表 B.123（续）

索引	长度	码字	索引	长度	码字	索引	长度	码字
246	12	27f	261	12	f7f	276	12	5ff
247	12	a7f	262	13	ff	277	12	dff
248	13	67f	263	12	8ff	278	12	3ff
249	13	167f	264	13	10ff	279	13	12ff
250	13	e7f	265	13	4ff	280	13	bff
251	13	1e7f	266	14	14ff	281	13	1bff
252	14	3abf	267	13	cff	282	13	7ff
253	14	17f	268	14	34ff	283	13	17ff
254	14	217f	269	14	1cff	284	14	22ff
255	11	57f	270	14	3cff	285	14	fff
256	12	97f	271	14	2ff	286	14	2fff
257	12	37f	272	11	6ff	287	14	1fff
258	12	b7f	273	12	aff	288	14	3fff
259	12	77f	274	12	1ff			
260	13	117f	275	12	9ff			

表 B.124 residue 编码所用码书 residuebook__44u8__p5_0

索引	长度	码字	索引	长度	码字	索引	长度	码字
0	1	0	15	7	23	30	8	7
1	4	1	16	9	63	31	10	87
2	4	9	17	9	163	32	10	287
3	5	5	18	5	13	33	8	47
4	7	15	19	8	e3	34	10	187
5	7	55	20	8	b	35	10	387
6	5	d	21	7	4b	36	7	27
7	7	35	22	9	8b	37	10	c7
8	7	75	23	9	18b	38	10	2c7
9	5	1d	24	8	2b	39	9	1c7
10	8	3	25	9	ab	40	10	67
11	8	83	26	9	1ab	41	12	267
12	8	43	27	5	1b	42	9	167
13	9	c3	28	8	6b	43	12	a67
14	9	1c3	29	8	eb	44	11	667

表 B.124（续）

索引	长度	码字	索引	长度	码字	索引	长度	码字
45	7	17	57	8	77	69	9	19f
46	10	e7	58	10	2d7	70	10	3f
47	10	2e7	59	10	1d7	71	11	71f
48	9	1e7	60	8	f7	72	7	7f
49	11	57	61	10	3d7	73	10	23f
50	10	257	62	10	1f	74	10	13f
51	9	157	63	7	5f	75	9	bf
52	11	457	64	10	21f	76	11	33f
53	12	d7	65	10	11f	77	11	73f
54	5	f	66	9	9f	78	10	1bf
55	8	37	67	11	4d7	79	12	8d7
56	8	b7	68	11	31f	80	10	3bf

表 B.125　residue 编码所用码书 residuebook__44u8__p5_1

索引	长度	码字	索引	长度	码字	索引	长度	码字
0	4	0	18	8	6a	36	7	9
1	5	8	19	8	ea	37	7	49
2	5	18	20	8	1a	38	7	29
3	6	4	21	8	9a	39	7	69
4	6	24	22	5	6	40	8	c1
5	7	14	23	5	16	41	8	19
6	7	54	24	5	e	42	8	99
7	7	34	25	6	3a	43	8	59
8	7	74	26	6	1e	44	6	39
9	8	c	27	7	5a	45	6	5
10	8	8c	28	7	3e	46	6	25
11	5	1c	29	7	7e	47	7	15
12	5	2	30	8	1	48	7	55
13	5	12	31	8	81	49	7	35
14	6	2c	32	8	41	50	7	75
15	6	a	33	6	21	51	8	d9
16	7	4c	34	6	11	52	8	d
17	7	2a	35	6	31	53	8	8d

表 B.125（续）

索引	长度	码字	索引	长度	码字	索引	长度	码字
54	8	4d	77	7	2b	100	8	b7
55	7	2d	78	8	cb	101	8	77
56	7	6d	79	7	6b	102	8	f7
57	7	1d	80	8	1b	103	8	f
58	7	5d	81	8	9b	104	8	8f
59	7	3d	82	8	5b	105	8	4f
60	8	cd	83	8	db	106	8	cf
61	8	7d	84	8	3b	107	8	2f
62	8	fd	85	8	bb	108	9	af
63	8	3	86	8	7b	109	9	1af
64	8	83	87	8	fb	110	8	6f
65	8	43	88	7	7	111	8	ef
66	7	23	89	8	47	112	8	1f
67	7	63	90	8	c7	113	8	9f
68	7	13	91	8	27	114	8	5f
69	7	53	92	8	a7	115	8	df
70	7	33	93	8	67	116	8	3f
71	8	c3	94	8	e7	117	8	bf
72	8	73	95	8	17	118	8	7f
73	8	f3	96	8	97	119	9	ff
74	8	b	97	8	57	120	9	1ff
75	8	8b	98	8	d7			
76	8	4b	99	8	37			

表 B.126 residue 编码所用码书 residuebook__44u8__p6_0

索引	长度	码字	索引	长度	码字	索引	长度	码字
0	2	0	7	8	36	14	6	1
1	4	2	8	8	b6	15	5	11
2	4	a	9	9	76	16	7	21
3	6	6	10	9	176	17	7	61
4	6	26	11	10	f6	18	8	9
5	7	16	12	10	2f6	19	8	89
6	7	56	13	4	e	20	8	49

表 B.126（续）

索引	长度	码字	索引	长度	码字	索引	长度	码字
21	8	c9	55	8	e3	89	11	47b
22	9	1f6	56	8	b	90	11	2c7
23	9	29	57	8	8b	91	8	17
24	10	129	58	8	4b	92	8	97
25	10	329	59	9	163	93	8	57
26	4	5	60	8	cb	94	9	1e7
27	6	19	61	10	263	95	9	d7
28	6	39	62	9	2b	96	9	1d7
29	7	69	63	11	12b	97	9	37
30	7	d	64	10	32b	98	9	137
31	8	a9	65	7	6b	99	10	b7
32	8	4d	66	8	ab	100	10	2b7
33	8	cd	67	8	1b	101	10	1b7
34	8	2d	68	8	9b	102	11	6e7
35	9	ad	69	8	5b	103	11	3b7
36	9	1ad	70	8	db	104	8	77
37	10	6d	71	9	3b	105	8	f7
38	10	26d	72	9	13b	106	8	f
39	6	1d	73	9	bb	107	9	8f
40	7	3d	74	10	1bb	108	9	18f
41	7	7d	75	10	3bb	109	9	4f
42	7	3	76	11	52b	110	9	14f
43	8	ed	77	11	7b	111	10	cf
44	8	43	78	7	7	112	9	1cf
45	8	c3	79	8	fb	113	10	2cf
46	8	23	80	8	47	114	10	2f
47	9	16d	81	8	c7	115	11	7b7
48	9	a3	82	8	27	116	11	22f
49	10	1a3	83	9	17b	117	9	12f
50	10	3a3	84	8	a7	118	9	af
51	10	63	85	9	67	119	9	1af
52	6	13	86	9	167	120	9	6f
53	7	33	87	10	27b	121	10	16f
54	7	73	88	10	e7	122	10	36f

表 B.126（续）

索引	长度	码字	索引	长度	码字	索引	长度	码字
123	10	ef	139	11	1df	155	12	7f
124	10	2ef	140	10	3df	156	10	27f
125	10	1ef	141	12	c1f	157	10	17f
126	10	3ef	142	11	5df	158	10	37f
127	11	62f	143	10	3f	159	10	ff
128	11	1f	144	10	23f	160	11	47f
129	12	41f	145	10	13f	161	11	2ff
130	9	11f	146	10	33f	162	11	6ff
131	9	9f	147	10	bf	163	11	1ff
132	9	19f	148	11	2bf	164	11	5ff
133	10	21f	149	11	6bf	165	12	87f
134	9	5f	150	11	1bf	166	11	3ff
135	10	15f	151	11	5bf	167	12	7ff
136	10	35f	152	11	3bf	168	12	fff
137	10	df	153	12	7bf			
138	10	2df	154	12	fbf			

表 B.127 residue 编码所用码书 residuebook__44u8__p6_1

索引	长度	码字	索引	长度	码字	索引	长度	码字
0	3	0	9	5	1e	18	5	13
1	4	4	10	4	1	19	5	b
2	4	c	11	5	9	20	5	1b
3	5	2	12	5	19	21	5	7
4	5	12	13	5	5	22	5	17
5	4	a	14	5	15	23	5	f
6	5	6	15	5	d	24	5	1f
7	5	16	16	5	1d			
8	5	e	17	5	3			

表 B.128 residue 编码所用码书 residuebook__44u8__p7_0

索引	长度	码字	索引	长度	码字	索引	长度	码字
0	1	0	2	5	9	4	6	39
1	4	1	3	6	19	5	7	5

表 B.128（续）

索引	长度	码字	索引	长度	码字	索引	长度	码字
6	7	45	40	7	6b	74	12	9b7
7	8	25	41	7	3b	75	12	6cf
8	8	a5	42	8	7b	76	13	1eb7
9	10	65	43	8	fb	77	13	ecf
10	10	265	44	9	7	78	8	2f
11	11	165	45	9	107	79	8	af
12	11	565	46	10	87	80	8	6f
13	5	15	47	10	287	81	9	1cf
14	6	d	48	11	7ab	82	9	ef
15	6	2d	49	11	187	83	10	1ef
16	7	1d	50	12	587	84	10	3ef
17	7	5d	51	12	d87	85	11	1f
18	8	e5	52	6	27	86	11	41f
19	8	3d	53	7	47	87	12	21f
20	9	bd	54	7	17	88	12	a1f
21	9	1bd	55	8	57	89	13	1ecf
22	11	365	56	8	d7	90	13	61f
23	10	7d	57	9	37	91	9	11f
24	12	765	58	9	137	92	9	9f
25	11	27d	59	10	387	93	9	19f
26	5	3	60	10	b7	94	10	5f
27	6	13	61	11	2b7	95	10	25f
28	6	33	62	12	6b7	96	11	15f
29	7	b	63	13	eb7	97	11	55f
30	7	4b	64	12	1b7	98	12	e1f
31	8	fd	65	7	77	99	12	35f
32	8	2b	66	8	f	100	13	161f
33	9	17d	67	8	8f	101	13	b5f
34	9	ab	68	9	4f	102	14	1b5f
35	10	1ab	69	9	14f	103	14	3b5f
36	11	67d	70	10	3b7	104	9	df
37	11	3ab	71	10	cf	105	9	1df
38	12	f65	72	11	5b7	106	9	3f
39	6	1b	73	11	2cf	107	10	13f

表 B.128（续）

索引	长度	码字	索引	长度	码字	索引	长度	码字
108	10	33f	129	15	5c7f	150	15	1eff
109	11	75f	130	10	27f	151	14	3eff
110	11	bf	131	11	17f	152	15	5eff
111	12	4bf	132	11	57f	153	15	1ff
112	12	cbf	133	11	37f	154	16	41ff
113	13	2bf	134	12	77f	155	15	21ff
114	13	12bf	135	12	f7f	156	11	5ff
115	14	abf	136	13	ff	157	11	3ff
116	14	2abf	137	13	10ff	158	12	9ff
117	10	1bf	138	14	3c7f	159	13	11ff
118	11	6bf	139	14	8ff	160	13	7ff
119	11	3bf	140	14	28ff	161	13	17ff
120	12	7bf	141	15	18ff	162	14	fff
121	11	7f	142	15	58ff	163	14	2fff
122	13	1abf	143	11	4ff	164	14	1fff
123	12	fbf	144	12	2ff	165	15	61ff
124	13	47f	145	12	aff	166	15	3fff
125	13	147f	146	13	6ff	167	15	7fff
126	14	c7f	147	13	16ff	168	16	c1ff
127	14	2c7f	148	14	38ff			
128	15	1c7f	149	13	eff			

表 B.129　residue 编码所用码书 residuebook__44u8__p7_1

索引	长度	码字	索引	长度	码字	索引	长度	码字
0	4	0	9	7	c	18	7	32
1	5	8	10	7	4c	19	7	72
2	5	18	11	5	1c	20	7	a
3	6	4	12	6	2c	21	7	4a
4	6	24	13	6	2	22	5	1a
5	7	14	14	7	22	23	6	2a
6	7	54	15	7	62	24	6	6
7	7	34	16	7	12	25	7	26
8	7	74	17	7	52	26	7	66

表 B.129（续）

索引	长度	码字	索引	长度	码字	索引	长度	码字
27	7	16	59	7	55	91	7	5b
28	7	56	60	7	35	92	7	3b
29	7	36	61	7	75	93	8	7b
30	7	76	62	8	85	94	8	fb
31	7	e	63	8	d	95	8	7
32	7	4e	64	8	8d	96	8	87
33	6	2e	65	8	4d	97	8	47
34	7	1e	66	7	2d	98	8	c7
35	7	5e	67	7	6d	99	7	27
36	7	3e	68	7	1d	100	7	67
37	7	7e	69	7	5d	101	7	17
38	7	1	70	7	3d	102	8	57
39	7	41	71	7	7d	103	8	d7
40	7	21	72	7	3	104	8	37
41	7	61	73	8	cd	105	8	b7
42	8	11	74	8	43	106	8	77
43	8	91	75	8	c3	107	8	f7
44	6	31	76	8	23	108	8	f
45	7	51	77	7	63	109	8	8f
46	7	9	78	7	13	110	7	4f
47	7	49	79	7	53	111	7	2f
48	7	29	80	8	a3	112	7	6f
49	7	69	81	7	33	113	8	1f
50	7	19	82	8	73	114	8	9f
51	7	59	83	8	f3	115	8	5f
52	7	39	84	8	b	116	8	df
53	7	79	85	8	8b	117	8	3f
54	8	5	86	8	4b	118	8	bf
55	7	45	87	8	cb	119	8	7f
56	7	25	88	7	2b	120	8	ff
57	7	65	89	7	6b			
58	7	15	90	7	1b			

表 B.130 residue 编码所用码书 residuebook __44u8__p8_0

索引	长度	码字	索引	长度	码字	索引	长度	码字
0	1	0	34	8	53	68	10	3f7
1	4	1	35	10	313	69	11	6f7
2	4	9	36	10	d3	70	11	f
3	7	5	37	9	1d3	71	12	40f
4	7	45	38	9	27	72	12	c0f
5	8	25	39	10	2d3	73	13	1e57
6	8	a5	40	10	127	74	13	20f
7	8	65	41	11	613	75	8	8f
8	7	15	42	11	327	76	10	10f
9	9	e5	43	11	727	77	10	30f
10	8	55	44	12	a13	78	11	60f
11	10	1e5	45	7	67	79	11	4f
12	9	d5	46	8	a7	80	12	a0f
13	11	3e5	47	8	17	81	11	44f
14	10	1d5	48	10	97	82	12	24f
15	4	d	49	10	297	83	11	64f
16	6	35	50	11	197	84	13	120f
17	6	3	51	11	597	85	12	a4f
18	8	23	52	11	397	86	13	14f
19	8	a3	53	10	57	87	12	94f
20	10	3d5	54	12	797	88	14	114f
21	9	63	55	11	257	89	13	54f
22	9	163	56	12	f97	90	8	cf
23	9	e3	57	12	657	91	10	34f
24	10	1e3	58	13	e57	92	9	2f
25	10	3e3	59	11	157	93	11	12f
26	11	7e5	60	7	37	94	11	52f
27	10	13	61	8	d7	95	12	d4f
28	12	213	62	8	77	96	12	32f
29	10	113	63	10	357	97	12	b2f
30	4	b	64	10	f7	98	12	72f
31	6	33	65	11	557	99	12	f2f
32	6	7	66	11	2f7	100	12	af
33	8	93	67	10	1f7	101	13	154f

表 B.130（续）

索引	长度	码字	索引	长度	码字	索引	长度	码字
102	13	8af	136	10	35f	170	13	47f
103	14	314f	137	10	1df	171	12	c7f
104	13	18af	138	12	d5f	172	14	147f
105	8	6f	139	11	3df	173	14	347f
106	9	1af	140	13	7df	174	14	27f
107	9	ef	141	12	fdf	175	14	227f
108	11	4af	142	13	17df	176	14	127f
109	10	2af	143	13	3f	177	14	327f
110	12	1ef	144	14	103f	178	15	a7f
111	11	5ef	145	13	83f	179	15	4a7f
112	13	9ef	146	14	303f	180	10	17f
113	12	3ef	147	14	183f	181	11	67f
114	13	19ef	148	14	383f	182	11	37f
115	13	bef	149	14	43f	183	12	77f
116	14	1bef	150	9	13f	184	12	f7f
117	13	7ef	151	10	23f	185	13	1a7f
118	14	3bef	152	10	bf	186	13	ff
119	13	17ef	153	12	c3f	187	14	2a7f
120	8	1f	154	12	2bf	188	14	10ff
121	9	9f	155	12	abf	189	14	30ff
122	9	19f	156	12	6bf	190	15	8ff
123	10	5f	157	13	143f	191	15	48ff
124	11	25f	158	13	ebf	192	14	28ff
125	12	fef	159	14	243f	193	16	18ff
126	12	65f	160	14	1ebf	194	15	58ff
127	12	e5f	161	14	3ebf	195	11	4ff
128	12	15f	162	15	655f	196	12	2ff
129	13	95f	163	14	1bf	197	12	aff
130	13	195f	164	14	21bf	198	13	6ff
131	14	55f	165	10	3bf	199	12	eff
132	15	255f	166	11	5bf	200	14	38ff
133	14	155f	167	11	7f	201	14	16ff
134	14	355f	168	13	11bf	202	14	36ff
135	9	df	169	12	9bf	203	13	1ff

表 B.130（续）

索引	长度	码字	索引	长度	码字	索引	长度	码字
204	15	11ff	211	12	3ff	218	15	fff
205	14	31ff	212	12	bff	219	15	4fff
206	15	51ff	213	13	19ff	220	14	2fff
207	15	9ff	214	13	7ff	221	15	1fff
208	15	49ff	215	14	29ff	222	15	5fff
209	17	98ff	216	14	17ff	223	14	3fff
210	11	5ff	217	14	37ff	224	17	198ff

表 B.131　residue 编码所用码书 residuebook__44u8__p8_1

索引	长度	码字	索引	长度	码字	索引	长度	码字
0	4	0	23	6	c	46	7	4a
1	6	8	24	7	64	47	8	2a
2	6	28	25	7	2c	48	8	aa
3	7	18	26	8	6c	49	9	6a
4	7	58	27	8	ec	50	8	ea
5	8	38	28	8	1c	51	9	16a
6	8	b8	29	8	9c	52	9	1a
7	8	78	30	9	5c	53	9	11a
8	8	f8	31	9	15c	54	9	9a
9	9	4	32	9	dc	55	9	19a
10	9	104	33	9	1dc	56	9	5a
11	9	84	34	9	3c	57	9	15a
12	9	184	35	9	13c	58	9	da
13	9	44	36	9	bc	59	9	1da
14	9	144	37	9	1bc	60	9	3a
15	9	c4	38	9	7c	61	9	13a
16	9	1c4	39	9	17c	62	9	ba
17	9	24	40	9	fc	63	7	7a
18	9	124	41	9	1fc	64	7	6
19	9	a4	42	5	2	65	7	46
20	9	1a4	43	6	12	66	8	26
21	6	14	44	6	32	67	8	a6
22	6	34	45	7	a	68	8	66

表 B.131（续）

索引	长度	码字	索引	长度	码字	索引	长度	码字
69	8	e6	103	9	17e	137	9	29
70	9	1ba	104	9	fe	138	9	129
71	9	16	105	8	1	139	9	a9
72	9	116	106	8	81	140	9	1a9
73	9	96	107	8	41	141	10	3d1
74	9	196	108	8	c1	142	9	69
75	9	56	109	8	21	143	10	169
76	9	156	110	9	1fe	144	10	369
77	9	d6	111	9	a1	145	9	e9
78	9	1d6	112	9	1a1	146	10	1e9
79	9	36	113	9	61	147	8	19
80	9	136	114	9	161	148	9	99
81	9	b6	115	9	e1	149	8	59
82	9	1b6	116	9	1e1	150	9	199
83	9	76	117	9	11	151	9	d9
84	7	e	118	9	111	152	9	1d9
85	7	4e	119	9	91	153	9	39
86	7	2e	120	9	191	154	9	139
87	8	f6	121	9	51	155	9	b9
88	8	6e	122	10	151	156	9	1b9
89	8	ee	123	10	351	157	9	79
90	8	1e	124	9	d1	158	10	3e9
91	9	176	125	10	1d1	159	9	179
92	9	9e	126	8	31	160	10	f9
93	9	19e	127	8	b1	161	10	2f9
94	9	5e	128	8	71	162	10	1f9
95	9	15e	129	8	f1	163	10	3f9
96	9	de	130	8	9	164	10	5
97	9	1de	131	9	89	165	10	205
98	9	3e	132	9	189	166	10	105
99	9	13e	133	9	49	167	10	305
100	9	be	134	9	149	168	8	85
101	9	1be	135	9	c9	169	9	45
102	9	7e	136	9	1c9	170	8	c5

表 B.131（续）

索引	长度	码字	索引	长度	码字	索引	长度	码字
171	9	145	205	10	4d	239	9	1fd
172	9	25	206	10	24d	240	10	2fd
173	9	125	207	10	14d	241	10	3
174	9	a5	208	10	34d	242	10	203
175	9	1a5	209	10	cd	243	10	103
176	9	65	210	9	1cd	244	10	303
177	9	165	211	9	2d	245	10	83
178	9	e5	212	9	12d	246	10	283
179	9	1e5	213	9	ad	247	10	183
180	9	15	214	9	1ad	248	10	383
181	9	115	215	9	6d	249	10	43
182	10	95	216	9	16d	250	10	243
183	10	295	217	9	ed	251	10	143
184	10	195	218	9	1ed	252	9	c3
185	10	395	219	9	1d	253	9	1c3
186	9	55	220	9	11d	254	9	23
187	10	155	221	10	2cd	255	9	123
188	10	355	222	9	9d	256	9	a3
189	9	d5	223	10	19d	257	9	1a3
190	9	1d5	224	10	39d	258	9	63
191	9	35	225	10	5d	259	9	163
192	9	135	226	10	25d	260	9	e3
193	9	b5	227	10	15d	261	9	1e3
194	9	1b5	228	10	35d	262	10	343
195	9	75	229	10	dd	263	10	13
196	9	175	230	10	2dd	264	10	213
197	9	f5	231	9	1dd	265	10	113
198	9	1f5	232	9	3d	266	10	313
199	9	d	233	9	13d	267	10	93
200	10	10d	234	9	bd	268	10	293
201	9	8d	235	9	1bd	269	10	193
202	10	30d	236	9	7d	270	10	393
203	10	18d	237	9	17d	271	10	53
204	10	38d	238	10	fd	272	10	253

表 B.131（续）

索引	长度	码字	索引	长度	码字	索引	长度	码字
273	9	153	307	10	26b	341	10	2fb
274	9	d3	308	10	16b	342	10	47
275	9	1d3	309	10	36b	343	10	247
276	9	33	310	10	eb	344	10	147
277	9	133	311	10	2eb	345	10	347
278	9	b3	312	10	1eb	346	10	c7
279	10	1b3	313	10	3eb	347	10	2c7
280	10	3b3	314	10	1b	348	10	1c7
281	10	73	315	9	11b	349	10	3c7
282	10	273	316	9	9b	350	10	27
283	10	173	317	9	19b	351	10	227
284	10	373	318	9	5b	352	10	127
285	10	f3	319	9	15b	353	10	327
286	10	2f3	320	9	db	354	10	a7
287	10	1f3	321	9	1db	355	10	2a7
288	10	3f3	322	10	21b	356	10	1a7
289	10	b	323	10	3b	357	9	67
290	10	20b	324	10	23b	358	9	167
291	10	10b	325	10	13b	359	9	e7
292	10	30b	326	10	33b	360	10	3a7
293	10	8b	327	10	bb	361	9	1e7
294	9	18b	328	10	2bb	362	10	17
295	9	4b	329	10	1bb	363	10	217
296	9	14b	330	10	3bb	364	10	117
297	9	cb	331	10	7b	365	10	317
298	9	1cb	332	10	27b	366	10	97
299	9	2b	333	10	17b	367	10	297
300	9	12b	334	10	37b	368	10	197
301	10	28b	335	10	fb	369	10	397
302	10	ab	336	9	1fb	370	10	57
303	10	2ab	337	9	7	371	10	257
304	10	1ab	338	9	107	372	10	157
305	10	3ab	339	9	87	373	10	357
306	10	6b	340	9	187	374	10	d7

表 B.131（续）

索引	长度	码字	索引	长度	码字	索引	长度	码字
375	10	2d7	397	10	24f	419	10	29f
376	10	1d7	398	10	14f	420	9	19f
377	10	3d7	399	9	cf	421	9	5f
378	9	37	400	9	1cf	422	9	15f
379	9	137	401	9	2f	423	10	df
380	9	b7	402	9	12f	424	9	1df
381	9	1b7	403	9	af	425	10	2df
382	9	77	404	9	1af	426	9	3f
383	10	177	405	10	34f	427	10	13f
384	9	f7	406	10	6f	428	10	33f
385	10	377	407	10	26f	429	10	bf
386	10	1f7	408	10	16f	430	10	2bf
387	10	3f7	409	10	36f	431	10	1bf
388	10	f	410	10	ef	432	10	3bf
389	10	20f	411	10	2ef	433	10	7f
390	10	10f	412	10	1ef	434	10	27f
391	10	30f	413	10	3ef	435	10	17f
392	10	8f	414	10	1f	436	10	37f
393	10	28f	415	10	21f	437	10	ff
394	10	18f	416	10	11f	438	10	2ff
395	10	38f	417	10	31f	439	10	1ff
396	10	4f	418	10	9f	440	10	3ff

表 B.132　residue 编码所用码书 residuebook __44u8__p9_0

索引	长度	码字	索引	长度	码字	索引	长度	码字
0	1	0	8	9	143	16	9	63
1	3	1	9	4	b	17	9	163
2	3	5	10	9	c3	18	5	13
3	9	3	11	9	1c3	19	9	e3
4	9	103	12	9	23	20	9	1e3
5	9	83	13	9	123	21	9	7
6	9	183	14	9	a3	22	9	107
7	9	43	15	9	1a3	23	9	87

表 B.132（续）

索引	长度	码字	索引	长度	码字	索引	长度	码字
24	9	187	43	9	d7	62	9	12f
25	9	47	44	9	1d7	63	9	af
26	9	147	45	9	37	64	9	1af
27	9	c7	46	9	137	65	9	6f
28	9	1c7	47	9	b7	66	9	16f
29	9	27	48	9	1b7	67	9	ef
30	9	127	49	9	77	68	9	1ef
31	9	a7	50	9	177	69	9	1f
32	9	1a7	51	9	f7	70	9	11f
33	9	67	52	9	1f7	71	9	9f
34	9	167	53	9	f	72	9	19f
35	9	e7	54	9	10f	73	9	5f
36	9	1e7	55	9	8f	74	9	15f
37	9	17	56	9	18f	75	9	df
38	9	117	57	9	4f	76	9	1df
39	9	97	58	9	14f	77	8	3f
40	9	197	59	9	cf	78	8	bf
41	9	57	60	9	1cf	79	8	7f
42	9	157	61	9	2f	80	8	ff

表 B.133 residue 编码所用码书 residuebook __44u8__p9_1

索引	长度	码字	索引	长度	码字	索引	长度	码字
0	1	0	11	10	135	22	9	8d
1	4	1	12	8	b5	23	9	18d
2	4	9	13	11	335	24	10	30d
3	7	5	14	10	d	25	9	1d
4	7	45	15	11	735	26	9	11d
5	8	25	16	11	20d	27	9	9d
6	7	65	17	11	60d	28	10	19d
7	8	a5	18	11	10d	29	10	39d
8	6	15	19	4	3	30	11	50d
9	9	35	20	7	4d	31	10	5d
10	7	75	21	6	2d	32	11	25d

表 B.133（续）

索引	长度	码字	索引	长度	码字	索引	长度	码字
33	10	15d	67	11	217	101	11	10f
34	11	65d	68	12	9c7	102	11	50f
35	11	35d	69	12	617	103	11	30f
36	13	75d	70	12	e17	104	12	70f
37	11	dd	71	12	117	105	12	f0f
38	4	b	72	12	917	106	14	2877
39	7	3d	73	12	517	107	12	8f
40	7	7d	74	14	175d	108	15	1877
41	9	1dd	75	13	d17	109	14	3877
42	9	7	76	7	57	110	14	88f
43	9	107	77	8	97	111	14	288f
44	9	87	78	9	37	112	15	5877
45	9	187	79	10	317	113	14	188f
46	9	47	80	11	137	114	8	4f
47	10	2dd	81	11	537	115	9	18f
48	10	147	82	11	337	116	9	cf
49	11	4dd	83	10	b7	117	11	48f
50	10	347	84	10	2b7	118	11	28f
51	11	c7	85	11	737	119	11	68f
52	11	4c7	86	11	1b7	120	11	1cf
53	11	2c7	87	11	5b7	121	12	5cf
54	12	f5d	88	11	3b7	122	11	3cf
55	11	6c7	89	12	7b7	123	12	dcf
56	12	1c7	90	12	fb7	124	12	7cf
57	7	27	91	14	375d	125	13	fcf
58	9	67	92	12	77	126	13	1fcf
59	8	e7	93	13	1d17	127	13	2f
60	11	5c7	94	14	877	128	13	102f
61	11	3c7	95	8	f7	129	13	82f
62	11	7c7	96	9	177	130	13	182f
63	11	167	97	9	f	131	14	388f
64	10	367	98	11	477	132	14	42f
65	10	17	99	11	277	133	8	af
66	11	567	100	11	677	134	9	12f

表 B.133（续）

索引	长度	码字	索引	长度	码字	索引	长度	码字
135	9	6f	169	15	3b9f	203	15	5d3f
136	11	22f	170	15	7b9f	204	16	9d3f
137	10	16f	171	9	5f	205	16	33f
138	12	c2f	172	10	15f	206	16	833f
139	11	62f	173	10	35f	207	16	433f
140	12	36f	174	11	79f	208	15	233f
141	12	b6f	175	12	df	209	10	bf
142	13	142f	176	12	8df	210	11	73f
143	13	76f	177	13	4df	211	11	2bf
144	13	176f	178	13	14df	212	12	b3f
145	13	f6f	179	13	cdf	213	13	133f
146	15	242f	180	14	1cdf	214	13	6bf
147	14	1f6f	181	14	3cdf	215	14	16bf
148	14	3f6f	182	16	db9f	216	15	633f
149	14	ef	183	14	2df	217	15	36bf
150	16	642f	184	14	22df	218	15	76bf
151	16	e42f	185	16	12df	219	15	ebf
152	8	1f	186	16	92df	220	15	4ebf
153	9	1ef	187	16	52df	221	16	c33f
154	9	9f	188	16	d2df	222	15	2ebf
155	10	2ef	189	15	32df	223	16	6ebf
156	11	4ef	190	9	1df	224	15	1ebf
157	11	19f	191	10	3f	225	16	eebf
158	12	8ef	192	10	23f	226	15	5ebf
159	12	59f	193	11	6df	227	15	3ebf
160	12	d9f	194	11	13f	228	10	1bf
161	13	10ef	195	12	adf	229	11	3bf
162	13	39f	196	13	53f	230	11	7bf
163	13	139f	197	13	153f	231	13	7f
164	14	20ef	198	14	d3f	232	13	107f
165	14	b9f	199	15	72df	233	14	87f
166	14	2b9f	200	14	2d3f	234	13	187f
167	15	1b9f	201	16	1d3f	235	13	47f
168	16	5b9f	202	14	3d3f	236	15	7ebf

表 B.133（续）

索引	长度	码字	索引	长度	码字	索引	长度	码字
237	14	287f	271	14	20ff	305	13	eff
238	15	147f	272	14	10ff	306	13	1eff
239	15	547f	273	15	5d7f	307	14	3aff
240	16	347f	274	15	30ff	308	14	1ff
241	15	747f	275	16	9d7f	309	14	21ff
242	15	c7f	276	15	70ff	310	14	11ff
243	15	4c7f	277	16	8ff	311	15	5aff
244	16	b47f	278	15	48ff	312	16	31ff
245	15	2c7f	279	16	88ff	313	15	71ff
246	16	6c7f	280	15	28ff	314	16	b1ff
247	10	27f	281	16	68ff	315	16	9ff
248	12	17f	282	16	e8ff	316	16	89ff
249	12	97f	283	16	18ff	317	16	49ff
250	14	1c7f	284	16	98ff	318	16	c9ff
251	14	3c7f	285	12	4ff	319	16	29ff
252	14	57f	286	12	cff	320	16	a9ff
253	14	257f	287	13	2ff	321	16	69ff
254	14	157f	288	14	38ff	322	16	e9ff
255	16	ec7f	289	14	12ff	323	12	5ff
256	16	357f	290	15	58ff	324	13	19ff
257	15	757f	291	16	32ff	325	14	dff
258	15	d7f	292	16	b2ff	326	14	2dff
259	15	4d7f	293	16	72ff	327	14	1dff
260	16	b57f	294	16	f2ff	328	16	3dff
261	16	2d7f	295	16	aff	329	15	7dff
262	16	ad7f	296	16	8aff	330	16	bdff
263	16	6d7f	297	15	4aff	331	15	3ff
264	16	ed7f	298	16	2aff	332	16	43ff
265	16	1d7f	299	16	aaff	333	16	c3ff
266	11	37f	300	16	6aff	334	16	23ff
267	12	77f	301	16	eaff	335	16	a3ff
268	12	f7f	302	16	1aff	336	16	63ff
269	14	3d7f	303	16	9aff	337	16	e3ff
270	14	ff	304	12	6ff	338	16	13ff

表 B.133（续）

索引	长度	码字	索引	长度	码字	索引	长度	码字
339	16	93ff	347	15	77ff	355	16	5fff
340	16	53ff	348	15	fff	356	16	dfff
341	16	d3ff	349	16	4fff	357	16	3fff
342	12	bff	350	15	2fff	358	16	bfff
343	14	33ff	351	16	cfff	359	16	7fff
344	13	7ff	352	16	6fff	360	16	ffff
345	14	17ff	353	15	1fff			
346	15	37ff	354	16	efff			

表 B.134 residue 编码所用码书 residuebook __44u8__p9_2

索引	长度	码字	索引	长度	码字	索引	长度	码字
0	2	0	17	6	3d	34	7	47
1	3	2	18	6	3	35	7	27
2	4	6	19	7	23	36	7	67
3	5	e	20	7	63	37	7	17
4	5	1e	21	7	13	38	7	57
5	5	1	22	7	53	39	7	37
6	5	11	23	7	33	40	7	77
7	5	9	24	7	73	41	7	f
8	6	19	25	7	b	42	7	4f
9	6	39	26	7	4b	43	7	2f
10	6	5	27	7	2b	44	7	6f
11	6	25	28	7	6b	45	7	1f
12	6	15	29	7	1b	46	7	5f
13	6	35	30	7	5b	47	7	3f
14	6	d	31	7	3b	48	7	7f
15	6	2d	32	7	7b			
16	6	1d	33	7	7			

表 B.135 residue 编码所用码书 residuebook __44u8__long

索引	长度	码字	索引	长度	码字	索引	长度	码字
0	3	0	2	13	104	4	14	3104
1	9	4	3	14	1104	5	15	904

表 B.135（续）

索引	长度	码字	索引	长度	码字	索引	长度	码字
6	14	2904	38	13	844	70	13	6a3
7	14	1904	39	13	1844	71	11	1e3
8	15	4904	40	10	86	72	12	ea3
9	15	3904	41	9	186	73	10	3e3
10	5	14	42	7	66	74	8	87
11	4	c	43	4	5	75	7	77
12	6	24	44	4	d	76	6	f
13	8	84	45	6	3	77	6	2f
14	10	304	46	8	23	78	9	1f
15	12	504	47	10	286	79	13	16a3
16	12	d04	48	12	606	80	12	5e3
17	14	44	49	14	e06	81	11	11f
18	15	7904	50	13	1e06	82	14	3ca3
19	15	2044	51	11	a3	83	12	de3
20	9	144	52	9	1a3	84	11	51f
21	5	2	53	6	13	85	9	9f
22	4	a	54	5	b	86	8	5f
23	5	12	55	5	1b	87	7	3f
24	8	c4	56	6	33	88	9	19f
25	10	244	57	8	63	89	11	31f
26	11	444	58	12	4a3	90	11	71f
27	13	1044	59	14	2e06	91	12	df
28	16	6044	60	13	ca3	92	14	8df
29	16	e044	61	11	2a3	93	13	18df
30	10	6	62	10	e3	94	14	28df
31	7	46	63	8	7	95	11	4df
32	4	e	64	7	47	96	10	2df
33	3	1	65	6	27	97	8	7f
34	5	16	66	6	17	98	8	ff
35	7	26	67	7	37	99	9	1df
36	9	106	68	10	2e3			
37	11	206	69	14	1ca3			

表 B.136 residue 编码所用码书 residuebook __44u9__short

索引	长度	码字	索引	长度	码字	索引	长度	码字
0	9	0	34	6	c	68	10	17a
1	16	100	35	9	a8	69	15	2728
2	18	8100	36	13	f00	70	14	1728
3	18	28100	37	16	1f00	71	12	f28
4	17	18100	38	16	9f00	72	12	67a
5	17	4100	39	16	5f00	73	10	37a
6	17	14100	40	6	2c	74	5	1e
7	17	c100	41	6	1c	75	6	2e
8	17	1c100	42	7	78	76	3	3
9	17	2100	43	4	2	77	3	7
10	5	10	44	5	a	78	8	96
11	8	80	45	8	3c	79	13	e7a
12	11	500	46	11	328	80	15	6728
13	12	900	47	15	3f00	81	17	ff00
14	11	300	48	17	1a100	82	15	3728
15	12	700	49	16	df00	83	11	d
16	17	12100	50	7	7c	84	6	2d
17	17	a100	51	6	1a	85	8	8d
18	16	6100	52	7	3a	86	6	1d
19	16	e100	53	6	6	87	6	3d
20	6	20	54	6	26	88	9	10d
21	6	8	55	8	bc	89	14	1e7a
22	8	40	56	9	1a8	90	17	1ff00
23	8	c0	57	10	7a	91	15	7728
24	9	28	58	14	728	92	15	3e7a
25	10	128	59	16	7f00	93	12	40d
26	14	1100	60	11	27a	94	8	4d
27	15	3100	61	8	fa	95	10	20d
28	16	7100	62	8	16	96	9	cd
29	16	f100	63	7	56	97	9	1cd
30	6	18	64	6	36	98	12	c0d
31	7	68	65	6	e	99	15	7e7a
32	7	38	66	3	1			
33	4	4	67	4	5			

表 B.137 residue 编码所用码书 residuebook __44u9__p1_0

索引	长度	码字	索引	长度	码字	索引	长度	码字
0	1	0	27	5	b	54	5	17
1	5	1	28	7	33	55	7	f
2	5	11	29	7	73	56	7	4f
3	5	9	30	7	1b	57	7	2f
4	7	19	31	9	5b	58	9	167
5	7	59	32	9	15b	59	9	e7
6	5	5	33	7	3b	60	8	6f
7	7	39	34	9	db	61	9	1e7
8	7	79	35	9	1db	62	10	267
9	5	15	36	8	7b	63	7	1f
10	7	d	37	9	fb	64	9	ef
11	7	4d	38	9	1fb	65	9	1ef
12	7	2d	39	9	7	66	9	5f
13	9	6d	40	10	107	67	11	15f
14	9	16d	41	11	307	68	11	55f
15	7	1d	42	9	87	69	9	df
16	9	ed	43	11	707	70	10	35f
17	9	1ed	44	11	187	71	11	1df
18	5	3	45	7	47	72	7	3f
19	7	5d	46	9	27	73	9	7f
20	7	3d	47	9	127	74	10	3df
21	7	7d	48	9	a7	75	9	17f
22	9	13	49	11	587	76	11	5df
23	9	113	50	10	387	77	11	ff
24	7	53	51	9	1a7	78	9	1ff
25	9	93	52	11	67	79	11	4ff
26	9	193	53	11	467	80	10	2ff

表 B.138 residue 编码所用码书 residuebook __44u9__p2_0

索引	长度	码字	索引	长度	码字	索引	长度	码字
0	3	0	3	8	c	6	7	4c
1	5	4	4	8	8c	7	7	2c
2	5	14	5	5	1c	8	9	6c

表 B.138（续）

索引	长度	码字	索引	长度	码字	索引	长度	码字
9	9	16c	43	11	532	77	9	11e
10	6	2	44	11	6	78	11	56e
11	7	22	45	9	106	79	11	36e
12	7	62	46	9	86	80	9	9e
13	9	ec	47	10	206	81	10	19e
14	9	1ec	48	11	406	82	10	39e
15	8	12	49	11	186	83	12	76e
16	9	92	50	6	26	84	11	5e
17	9	192	51	7	46	85	9	15e
18	11	52	52	7	16	86	10	25e
19	10	252	53	9	56	87	10	de
20	8	d2	54	9	156	88	11	45e
21	9	152	55	7	36	89	12	f6e
22	9	32	56	8	d6	90	11	2de
23	11	452	57	8	76	91	11	6de
24	11	132	58	10	386	92	11	1de
25	6	a	59	9	f6	93	13	5de
26	7	72	60	7	e	94	13	15de
27	7	2a	61	8	4e	95	11	3de
28	9	b2	62	8	ce	96	11	7de
29	9	1b2	63	10	1f6	97	11	3e
30	7	6a	64	10	3f6	98	12	dde
31	8	1a	65	9	2e	99	13	43e
32	8	9a	66	10	12e	100	8	be
33	10	332	67	9	ae	101	9	13e
34	10	5a	68	11	586	102	9	7e
35	7	3a	69	11	32e	103	11	23e
36	8	da	70	9	1ae	104	11	63e
37	8	7a	71	10	6e	105	9	17e
38	9	15a	72	10	26e	106	10	fe
39	10	25a	73	11	72e	107	10	2fe
40	9	fa	74	11	16e	108	11	1fe
41	10	1fa	75	8	ee	109	11	5fe
42	10	3fa	76	9	1e	110	9	1

表 B.138（续）

索引	长度	码字	索引	长度	码字	索引	长度	码字
111	10	3fe	145	9	a9	179	10	a5
112	10	101	146	10	1a9	180	8	65
113	12	c3c	147	10	3a9	181	9	1a5
114	11	301	148	11	729	182	8	e5
115	11	701	149	12	d81	183	10	2a5
116	12	81	150	7	69	184	10	15
117	11	481	151	8	19	185	8	95
118	13	143e	152	8	99	186	9	115
119	12	881	153	10	59	187	9	55
120	11	281	154	10	259	188	10	215
121	11	681	155	8	d9	189	10	155
122	12	181	156	9	159	190	10	355
123	13	981	157	9	39	191	11	505
124	13	1981	158	11	139	192	10	d5
125	6	21	159	11	539	193	12	2d5
126	7	41	160	8	b9	194	11	6d5
127	7	11	161	9	79	195	10	1d5
128	9	51	162	9	179	196	10	3d5
129	9	151	163	10	339	197	11	35
130	7	31	164	10	f9	198	12	ad5
131	8	d1	165	10	2f9	199	12	435
132	8	71	166	11	1f9	200	9	135
133	10	381	167	11	5f9	201	10	235
134	10	f1	168	12	3f9	202	10	b5
135	7	9	169	12	bf9	203	11	2b5
136	8	49	170	10	5	204	12	c35
137	8	c9	171	10	205	205	10	1b5
138	10	2f1	172	11	7f9	206	11	6b5
139	10	1f1	173	12	105	207	11	3b5
140	9	29	174	12	905	208	12	7b5
141	10	3f1	175	7	45	209	12	fb5
142	10	129	176	8	85	210	10	75
143	12	581	177	8	25	211	11	275
144	11	329	178	10	305	212	10	175

表 B.138（续）

索引	长度	码字	索引	长度	码字	索引	长度	码字
213	12	675	247	12	b4d	281	9	b3
214	12	e75	248	13	74d	282	9	1b3
215	12	375	249	14	174d	283	11	6e3
216	12	b75	250	6	2d	284	10	73
217	12	775	251	7	1d	285	8	f3
218	13	f75	252	7	5d	286	8	b
219	13	1f75	253	9	cd	287	9	173
220	11	f5	254	9	1cd	288	10	273
221	12	4f5	255	7	3d	289	10	8b
222	12	cf5	256	8	7d	290	10	28b
223	13	2f5	257	8	fd	291	11	18b
224	13	12f5	258	10	3	292	10	38b
225	9	1f5	259	10	203	293	12	58b
226	10	d	260	7	43	294	12	d8b
227	10	20d	261	8	83	295	10	4b
228	11	6f5	262	8	23	296	10	24b
229	11	10d	263	10	103	297	11	14b
230	9	8d	264	10	303	298	11	54b
231	10	30d	265	9	a3	299	12	34b
232	10	18d	266	10	1a3	300	7	2b
233	12	af5	267	10	3a3	301	8	cb
234	12	50d	268	11	63	302	8	6b
235	10	38d	269	11	463	303	10	eb
236	11	4d	270	9	163	304	10	2eb
237	11	44d	271	10	263	305	8	1b
238	12	d0d	272	10	e3	306	9	1eb
239	13	24d	273	11	2e3	307	9	9b
240	11	64d	274	12	f4d	308	10	19b
241	12	a4d	275	7	13	309	10	39b
242	11	14d	276	8	53	310	8	5b
243	13	124d	277	8	d3	311	9	db
244	12	54d	278	10	1e3	312	9	1db
245	12	d4d	279	10	3e3	313	10	3b
246	12	34d	280	8	33	314	10	23b

表 B.138（续）

索引	长度	码字	索引	长度	码字	索引	长度	码字
315	10	13b	349	14	374d	383	12	567
316	11	74b	350	9	187	384	11	3e7
317	10	33b	351	10	47	385	9	17
318	12	b4b	352	10	247	386	10	117
319	12	bb	353	11	687	387	10	317
320	10	2bb	354	12	147	388	12	d67
321	11	4bb	355	10	347	389	12	7e7
322	10	1bb	356	11	547	390	11	97
323	12	8bb	357	11	c7	391	12	fe7
324	12	3bb	358	12	947	392	11	497
325	9	7b	359	12	4c7	393	13	1a27
326	10	17b	360	10	2c7	394	13	297
327	10	37b	361	11	1c7	395	11	697
328	12	bbb	362	11	5c7	396	11	197
329	11	7bb	363	12	cc7	397	12	a97
330	10	fb	364	12	3c7	398	13	1297
331	11	2fb	365	11	7c7	399	13	597
332	11	6fb	366	12	bc7	400	9	57
333	12	1fb	367	12	27	401	10	397
334	12	9fb	368	14	827	402	10	157
335	9	7	369	14	2827	403	12	d97
336	10	3fb	370	12	427	404	12	357
337	10	107	371	12	c27	405	10	d7
338	12	5fb	372	12	227	406	11	757
339	12	dfb	373	13	1827	407	11	2d7
340	12	307	374	13	a27	408	12	b57
341	12	b07	375	8	a7	409	12	6d7
342	12	707	376	9	127	410	10	1d7
343	13	f07	377	9	67	411	11	3d7
344	13	1f07	378	11	627	412	11	7d7
345	11	87	379	11	167	413	12	ed7
346	11	487	380	9	e7	414	12	37
347	12	287	381	10	367	415	12	837
348	12	a87	382	10	1e7	416	12	437

表 B.138（续）

索引	长度	码字	索引	长度	码字	索引	长度	码字
417	12	c37	451	12	3f7	485	11	58f
418	14	1597	452	11	7f7	486	12	98f
419	14	3597	453	13	19f7	487	12	38f
420	12	237	454	13	bf7	488	13	b8f
421	12	a37	455	11	f	489	13	1b8f
422	12	637	456	12	40f	490	12	78f
423	13	e37	457	12	c0f	491	13	f8f
424	13	1e37	458	13	1bf7	492	12	4f
425	9	137	459	13	20f	493	15	5d0f
426	10	b7	460	12	a0f	494	13	1f8f
427	10	2b7	461	12	60f	495	13	84f
428	12	1b7	462	12	e0f	496	13	184f
429	11	5b7	463	14	120f	497	14	3d0f
430	10	3b7	464	14	320f	498	14	44f
431	11	77	465	13	10f	499	15	244f
432	10	277	466	13	110f	500	8	cf
433	12	9b7	467	13	90f	501	9	14f
434	12	477	468	13	190f	502	9	2f
435	10	177	469	15	50f	503	11	24f
436	11	377	470	13	150f	504	11	64f
437	11	777	471	13	d0f	505	9	12f
438	12	c77	472	14	250f	506	10	af
439	12	f7	473	15	450f	507	10	2af
440	11	4f7	474	15	1d0f	508	11	1af
441	12	8f7	475	11	30f	509	12	c4f
442	12	2f7	476	11	70f	510	9	6f
443	14	af7	477	11	8f	511	10	3af
444	13	1af7	478	13	48f	512	10	16f
445	12	6f7	479	13	148f	513	11	5af
446	12	ef7	480	11	28f	514	12	36f
447	12	1f7	481	12	c8f	515	11	76f
448	13	9f7	482	11	68f	516	12	b6f
449	14	2af7	483	13	18f	517	11	ef
450	11	5f7	484	13	118f	518	13	144f

表 B.138（续）

索引	长度	码字	索引	长度	码字	索引	长度	码字
519	13	4ef	553	12	d5f	587	12	17f
520	11	2ef	554	12	3df	588	13	97f
521	12	ccf	555	10	3f	580	13	107f
522	12	6ef	556	11	7df	590	13	57f
523	13	14ef	557	11	23f	591	13	157f
524	13	eef	558	12	bdf	592	13	d7f
525	9	1ef	559	12	63f	593	15	644f
526	10	1f	560	10	13f	594	14	2c7f
527	10	21f	561	11	33f	595	12	37f
528	11	11f	562	11	73f	596	12	b7f
529	12	51f	563	12	e3f	597	13	1d7f
530	10	31f	564	12	bf	598	13	77f
531	11	9f	565	12	8bf	599	15	177f
532	10	29f	566	12	4bf	600	11	ff
533	12	d1f	567	12	cbf	601	12	f7f
534	12	49f	568	14	155f	602	12	4ff
535	10	19f	569	13	2bf	603	13	cff
536	10	39f	570	12	abf	604	13	1cff
537	11	5f	571	12	6bf	605	12	2ff
538	12	c9f	572	12	ebf	606	12	aff
539	13	1eef	573	14	355f	607	12	6ff
540	12	45f	574	13	12bf	608	13	eff
541	12	c5f	575	11	1bf	609	14	377f
542	12	25f	576	11	5bf	610	11	1ff
543	14	a5f	577	11	3bf	611	12	5ff
544	13	1a5f	578	13	7bf	612	12	dff
545	11	65f	579	13	17bf	613	13	1eff
546	12	15f	580	11	7f	614	13	3ff
547	12	95f	581	12	fbf	615	13	13ff
548	13	55f	582	12	47f	616	13	bff
549	14	2a5f	583	14	c7f	617	14	1bff
550	9	df	584	13	1c7f	618	14	3bff
551	10	35f	585	11	27f	619	15	577f
552	10	1df	586	11	67f	620	13	7ff

表 B.138（续）

索引	长度	码字	索引	长度	码字	索引	长度	码字
621	13	17ff	623	14	1fff			
622	13	fff	624	14	3fff			

表 B.139　residue 编码所用码书 residuebook __44u9__p3_0

索引	长度	码字	索引	长度	码字	索引	长度	码字
0	3	0	27	5	1d	54	7	f
1	4	4	28	6	3	55	7	4f
2	4	c	29	6	23	56	7	2f
3	5	2	30	7	13	57	8	6f
4	5	12	31	7	53	58	8	ef
5	7	a	32	8	33	59	9	1f7
6	7	4a	33	8	b3	60	9	1f
7	8	2a	34	9	73	61	10	11f
8	8	aa	35	9	173	62	10	31f
9	4	6	36	5	b	63	8	9f
10	5	1a	37	6	1b	64	9	5f
11	5	e	38	6	3b	65	9	15f
12	6	1e	39	7	7	66	10	df
13	6	3e	40	7	47	67	9	1df
14	7	6a	41	8	f3	68	10	2df
15	7	1	42	8	27	69	10	3f
16	9	41	43	9	a7	70	11	23f
17	9	141	44	9	1a7	71	11	63f
18	4	9	45	7	67	72	8	bf
19	4	5	46	7	17	73	9	13f
20	5	11	47	7	57	74	9	7f
21	6	21	48	8	37	75	9	17f
22	6	d	49	8	b7	76	10	ff
23	7	2d	50	9	77	77	10	2ff
24	7	6d	51	9	177	78	10	1ff
25	9	c1	52	10	f7	79	11	3ff
26	9	1c1	53	10	2f7	80	11	7ff

表 B.140 residue 编码所用码书 residuebook __44u9__p4_0

索引	长度	码字	索引	长度	码字	索引	长度	码字
0	4	0	34	5	6	68	6	5
1	5	8	35	5	16	69	6	25
2	5	18	36	5	e	70	6	15
3	6	4	37	6	3a	71	6	35
4	6	24	38	6	1e	72	7	d
5	7	14	39	7	3e	73	7	4d
6	7	54	40	7	7e	74	7	2d
7	8	34	41	8	1	75	8	6d
8	8	b4	42	8	81	76	8	ed
9	8	74	43	8	41	77	9	1f9
10	8	f4	44	8	c1	78	9	1d
11	9	c	45	9	1da	79	10	2f9
12	9	10c	46	9	21	80	10	11d
13	10	8c	47	10	121	81	11	31d
14	10	28c	48	10	321	82	11	71d
15	11	18c	49	11	a1	83	11	9d
16	11	58c	50	11	4a1	84	12	8f9
17	5	1c	51	6	11	85	7	5d
18	5	2	52	6	31	86	7	3d
19	5	12	53	6	9	87	7	7d
20	6	2c	54	7	61	88	7	3
21	6	a	55	6	29	89	7	43
22	7	4c	56	7	19	90	8	23
23	7	2a	57	7	59	91	8	a3
24	8	6a	58	8	39	92	9	19d
25	8	ea	59	8	b9	93	9	63
26	8	1a	60	9	1a1	94	9	163
27	8	9a	61	9	79	95	9	e3
28	9	5a	62	10	2a1	96	10	29d
29	9	15a	63	10	179	97	10	1e3
30	10	38c	64	11	379	98	11	49d
31	10	da	65	11	779	99	11	3e3
32	11	2da	66	12	f9	100	12	7e3
33	11	6da	67	11	4f9	101	12	fe3

表 B.140(续)

索引	长度	码字	索引	长度	码字	索引	长度	码字
102	7	13	136	8	7	170	8	77
103	7	53	137	8	87	171	8	f7
104	7	33	138	8	47	172	8	f
105	7	73	139	8	c7	173	9	1b7
106	7	b	140	8	27	174	9	8f
107	8	4b	141	9	1fb	175	9	18f
108	8	cb	142	9	a7	176	9	4f
109	9	2b	143	9	1a7	177	10	14f
110	9	12b	144	10	67	178	10	34f
111	9	ab	145	10	267	179	10	cf
112	9	1ab	146	10	167	180	11	2cf
113	10	6b	147	10	367	181	11	6cf
114	10	26b	148	11	6fb	182	11	1cf
115	11	16b	149	11	e7	183	12	5cf
116	11	56b	150	12	afb	184	12	dcf
117	12	36b	151	12	4e7	185	12	3cf
118	12	b6b	152	12	ce7	186	13	bcf
119	8	eb	153	8	17	187	9	2f
120	8	1b	154	8	97	188	9	12f
121	8	9b	155	8	57	189	9	af
122	8	5b	156	9	1e7	190	10	1af
123	8	db	157	9	d7	191	10	3af
124	9	3b	158	9	1d7	192	10	6f
125	8	bb	159	9	37	193	10	26f
126	10	13b	160	10	2e7	194	11	7cf
127	9	7b	161	10	137	195	10	16f
128	10	33b	162	11	337	196	11	36f
129	10	17b	163	10	b7	197	11	76f
130	11	76b	164	12	737	198	12	ef
131	10	37b	165	11	2b7	199	11	4ef
132	12	fb	166	12	f37	200	13	1bcf
133	11	4fb	167	12	6b7	201	12	8ef
134	13	8fb	168	13	18fb	202	13	2ef
135	12	2fb	169	12	eb7	203	13	12ef

表 B.140（续）

索引	长度	码字	索引	长度	码字	索引	长度	码字
204	9	1ef	233	12	3f	262	12	57f
205	9	1f	234	13	83f	263	12	d7f
206	10	11f	235	13	183f	264	13	37f
207	10	31f	236	14	43f	265	13	137f
208	10	9f	237	13	143f	266	13	b7f
209	10	29f	238	10	23f	267	13	1b7f
210	10	19f	239	10	13f	268	14	77f
211	10	39f	240	10	33f	269	13	177f
212	11	6ef	241	11	bf	270	14	277f
213	11	5f	242	11	4bf	271	14	f7f
214	11	45f	243	11	2bf	272	11	ff
215	11	25f	244	11	6bf	273	11	4ff
216	12	aef	245	11	1bf	274	11	2ff
217	12	65f	246	12	c3f	275	11	6ff
218	13	e5f	247	12	5bf	276	12	1ff
219	13	1e5f	248	12	dbf	277	12	9ff
220	13	15f	249	12	3bf	278	12	5ff
221	10	35f	250	13	bbf	279	12	dff
222	11	55f	251	13	1bbf	280	12	3ff
223	10	df	252	13	7bf	281	12	bff
224	11	2df	253	13	17bf	282	13	1f7f
225	11	6df	254	14	243f	283	13	7ff
226	11	1df	255	11	7f	284	13	17ff
227	11	5df	256	11	47f	285	13	fff
228	12	95f	257	11	27f	286	14	2f7f
229	11	3df	258	12	fbf	287	14	1fff
230	12	7df	259	11	67f	288	14	3fff
231	12	fdf	260	12	17f			
232	13	115f	261	12	97f			

表 B.141 residue 编码所用码书 residuebook __44u9__p5_0

索引	长度	码字	索引	长度	码字	索引	长度	码字
0	1	0	2	4	9	4	7	15
1	4	1	3	5	5	5	7	55

表 B.141（续）

索引	长度	码字	索引	长度	码字	索引	长度	码字
6	5	d	31	10	87	56	8	b7
7	7	35	32	10	287	57	8	77
8	7	75	33	8	47	58	10	2d7
9	5	1d	34	10	187	59	10	1d7
10	8	3	35	10	387	60	8	f7
11	8	83	36	7	27	61	10	3d7
12	8	43	37	10	c7	62	10	1f
13	9	c3	38	10	2c7	63	7	5f
14	9	1c3	39	9	1c7	64	10	21f
15	7	23	40	10	67	65	10	11f
16	9	63	41	12	267	66	9	9f
17	9	163	42	9	167	67	12	4d7
18	5	13	43	11	667	68	11	31f
19	8	e3	44	11	e7	69	9	19f
20	8	b	45	7	17	70	10	3f
21	7	4b	46	10	2e7	71	11	71f
22	9	8b	47	10	1e7	72	7	7f
23	9	18b	48	9	57	73	10	23f
24	8	2b	49	11	4e7	74	10	13f
25	9	ab	50	10	3e7	75	9	bf
26	9	1ab	51	9	157	76	11	33f
27	5	1b	52	11	d7	77	11	73f
28	8	6b	53	12	a67	78	10	1bf
29	8	eb	54	5	f	79	12	cd7
30	8	7	55	8	37	80	10	3bf

表 B.142　residue 编码所用码书 residuebook __44u9__p5_1

索引	长度	码字	索引	长度	码字	索引	长度	码字
0	5	0	5	7	4	10	7	54
1	5	10	6	7	44	11	5	c
2	5	8	7	7	24	12	6	34
3	6	18	8	7	64	13	6	1c
4	6	38	9	7	14	14	6	3c

表 B.142（续）

索引	长度	码字	索引	长度	码字	索引	长度	码字
15	6	2	49	7	79	83	8	cb
16	7	22	50	7	5	84	8	2b
17	7	62	51	7	45	85	8	ab
18	7	12	52	7	25	86	8	6b
19	7	52	53	8	b1	87	8	eb
20	8	32	54	8	65	88	7	1b
21	7	72	55	7	15	89	7	5b
22	5	a	56	7	55	90	7	3b
23	6	1a	57	7	35	91	7	7b
24	6	3a	58	7	75	92	8	7
25	6	6	59	7	d	93	8	87
26	6	26	60	8	e5	94	8	47
27	7	16	61	7	4d	95	8	c7
28	7	56	62	8	2d	96	8	27
29	7	36	63	8	ad	97	8	a7
30	7	76	64	8	6d	98	8	67
31	7	e	65	8	ed	99	7	17
32	7	4e	66	7	1d	100	8	e7
33	6	2e	67	7	5d	101	7	57
34	6	1e	68	7	3d	102	8	37
35	6	3e	69	7	7d	103	8	b7
36	7	1	70	7	3	104	8	77
37	7	41	71	7	43	105	8	f7
38	7	21	72	8	23	106	8	f
39	7	61	73	8	a3	107	8	8f
40	7	11	74	8	63	108	8	4f
41	7	51	75	8	e3	109	8	cf
42	8	b2	76	8	13	110	7	2f
43	8	31	77	7	53	111	8	6f
44	6	9	78	7	33	112	8	ef
45	6	29	79	7	73	113	8	1f
46	6	19	80	8	93	114	8	9f
47	7	71	81	7	b	115	8	5f
48	7	39	82	8	4b	116	8	df

表 B.142（续）

索引	长度	码字	索引	长度	码字	索引	长度	码字
117	8	3f	119	8	7f			
118	8	bf	120	8	ff			

表 B.143 residue 编码所用码书 residuebook __44u9__p6_0

索引	长度	码字	索引	长度	码字	索引	长度	码字
0	2	0	28	6	d	56	8	4b
1	4	2	29	7	69	57	8	cb
2	4	a	30	7	2d	58	8	2b
3	6	6	31	8	a9	59	9	113
4	6	26	32	8	6d	60	9	ab
5	7	16	33	8	ed	61	10	1ab
6	7	56	34	8	1d	62	10	3ab
7	8	36	35	9	9d	63	10	6b
8	8	b6	36	9	19d	64	10	26b
9	9	76	37	10	5d	65	7	1b
10	9	176	38	10	25d	66	8	eb
11	10	f6	39	6	3d	67	8	5b
12	10	2f6	40	7	3	68	8	db
13	4	e	41	7	43	69	8	3b
14	6	1	42	8	dd	70	9	16b
15	5	11	43	8	23	71	9	bb
16	7	21	44	8	a3	72	9	1bb
17	7	61	45	8	63	73	9	7b
18	8	9	46	9	15d	74	10	17b
19	8	89	47	9	e3	75	10	37b
20	8	49	48	10	1e3	76	11	fb
21	8	c9	49	10	3e3	77	11	4fb
22	9	1f6	50	10	13	78	7	7
23	9	29	51	10	213	79	8	47
24	10	129	52	6	33	80	8	c7
25	10	329	53	7	53	81	8	27
26	4	5	54	7	b	82	8	a7
27	5	19	55	8	93	83	9	1fb

表 B.143（续）

索引	长度	码字	索引	长度	码字	索引	长度	码字
84	9	67	113	10	3cf	142	11	3df
85	9	167	114	10	12f	143	10	3f
86	9	e7	115	11	32f	144	10	23f
87	10	2fb	116	11	72f	145	10	13f
88	10	1e7	117	9	af	146	10	33f
89	11	3e7	118	9	1af	147	10	bf
90	11	7e7	119	9	6f	148	11	7df
91	8	17	120	10	16f	149	11	2bf
92	8	97	121	10	36f	150	11	6bf
93	8	57	122	10	ef	151	11	1bf
94	9	d7	123	10	2ef	152	11	5bf
95	9	1d7	124	10	1ef	153	12	3bf
96	9	37	125	11	3ef	154	12	bbf
97	9	137	126	11	7ef	155	12	7bf
98	9	b7	127	11	1f	156	10	7f
99	10	1b7	128	11	41f	157	10	27f
100	10	3b7	129	12	21f	158	10	17f
101	10	77	130	9	11f	159	10	37f
102	11	277	131	9	9f	160	10	ff
103	11	677	132	9	19f	161	11	2ff
104	8	f7	133	10	5f	162	11	6ff
105	8	f	134	10	25f	163	11	1ff
106	8	8f	135	10	15f	164	11	5ff
107	9	177	136	10	35f	165	12	fbf
108	9	4f	137	10	df	166	11	3ff
109	9	14f	138	10	2df	167	12	7ff
110	9	cf	139	11	61f	168	12	fff
111	10	1cf	140	10	1df			
112	9	2f	141	12	a1f			

表 B.144 residue 编码所用码书 residuebook __44u9__p6_1

索引	长度	码字	索引	长度	码字	索引	长度	码字
0	4	0	2	4	4	4	5	1c
1	4	8	3	5	c	5	4	2

表 B.144（续）

索引	长度	码字	索引	长度	码字	索引	长度	码字
6	5	a	13	5	5	20	5	1b
7	4	6	14	5	15	21	5	7
8	5	1a	15	5	d	22	5	17
9	5	e	16	5	1d	23	5	f
10	4	1	17	5	3	24	5	1f
11	4	9	18	5	13			
12	5	1e	19	5	b			

表 B.145 residue 编码所用码书 residuebook__44u9__p7_0

索引	长度	码字	索引	长度	码字	索引	长度	码字
0	1	0	23	10	1bd	46	10	3ab
1	4	1	24	11	3bd	47	10	87
2	5	9	25	11	7bd	48	11	287
3	6	19	26	5	3	49	11	687
4	6	39	27	6	13	50	12	187
5	7	5	28	6	33	51	12	987
6	7	45	29	7	7d	52	6	27
7	8	25	30	7	b	53	7	47
8	9	a5	31	8	4b	54	7	17
9	10	1a5	32	8	cb	55	8	57
10	10	3a5	33	9	2b	56	8	d7
11	11	65	34	9	12b	57	9	37
12	11	465	35	10	ab	58	9	137
13	5	15	36	10	2ab	59	10	387
14	6	d	37	11	1ab	60	10	b7
15	6	2d	38	11	5ab	61	11	587
16	7	1d	39	6	1b	62	11	2b7
17	7	5d	40	7	6b	63	12	6b7
18	8	e5	41	7	3b	64	12	eb7
19	8	3d	42	8	7b	65	8	77
20	9	165	43	8	fb	66	8	f7
21	9	bd	44	9	7	67	8	f
22	10	265	45	9	107	68	9	1b7

表 B.145（续）

索引	长度	码字	索引	长度	码字	索引	长度	码字
69	9	8f	103	13	1b9f	137	13	37f
70	10	18f	104	9	5f	138	13	137f
71	10	38f	105	9	15f	139	14	39bf
72	11	4f	106	9	df	140	14	b7f
73	11	44f	107	10	1df	141	14	2b7f
74	12	24f	108	10	3df	142	14	1b7f
75	12	a4f	109	11	79f	143	11	77f
76	13	64f	110	11	3f	144	11	ff
77	13	164f	111	12	43f	145	12	4ff
78	8	cf	112	12	c3f	146	12	cff
79	8	2f	113	13	23f	147	12	2ff
80	8	af	114	13	123f	148	13	aff
81	9	14f	115	14	a3f	149	13	1aff
82	9	6f	116	14	2a3f	150	14	3b7f
83	10	16f	117	10	13f	151	14	6ff
84	10	36f	118	10	33f	152	14	26ff
85	11	ef	119	10	bf	153	14	16ff
86	11	4ef	120	11	63f	154	15	71bf
87	12	e4f	121	11	2bf	155	15	36ff
88	12	2ef	122	12	6bf	156	11	1ff
89	13	aef	123	12	ebf	157	11	5ff
90	13	1aef	124	13	1a3f	158	12	eff
91	9	1ef	125	13	1bf	159	12	3ff
92	9	1f	126	14	11bf	160	12	bff
93	9	11f	127	13	9bf	161	13	7ff
94	10	9f	128	15	31bf	162	13	17ff
95	10	29f	129	14	19bf	163	14	fff
96	11	6ef	130	10	3bf	164	14	2fff
97	11	19f	131	10	7f	165	14	1fff
98	12	59f	132	10	27f	166	15	76ff
99	12	d9f	133	11	5bf	167	15	3fff
100	13	39f	134	11	17f	168	15	7fff
101	13	139f	135	12	57f			
102	13	b9f	136	12	d7f			

表 B.146 residue 编码所用码书 residuebook __44u9__p7_1

索引	长度	码字	索引	长度	码字	索引	长度	码字
0	5	0	34	7	5a	68	7	5
1	6	10	35	7	3a	69	7	45
2	6	30	36	7	7a	70	7	25
3	7	8	37	7	6	71	7	65
4	7	48	38	7	46	72	7	15
5	7	28	39	7	26	73	7	55
6	7	68	40	7	66	74	7	35
7	7	18	41	7	16	75	7	75
8	7	58	42	7	56	76	7	d
9	7	38	43	7	36	77	7	4d
10	7	78	44	6	e	78	7	2d
11	6	4	45	7	76	79	7	6d
12	6	24	46	7	2e	80	7	1d
13	6	14	47	7	6e	81	7	5d
14	7	34	48	7	1e	82	7	3d
15	7	74	49	7	5e	83	7	7d
16	7	c	50	7	3e	84	8	3
17	7	4c	51	7	7e	85	7	43
18	7	2c	52	7	1	86	7	23
19	7	6c	53	7	41	87	7	63
20	7	1c	54	7	21	88	7	13
21	7	5c	55	7	61	89	7	53
22	6	3c	56	7	11	90	7	33
23	6	2	57	7	51	91	7	73
24	6	22	58	7	31	92	7	b
25	7	12	59	7	71	93	7	4b
26	7	52	60	7	9	94	7	2b
27	7	32	61	7	49	95	7	6b
28	7	72	62	7	29	96	7	1b
29	7	a	63	7	69	97	8	83
30	7	4a	64	7	19	98	8	5b
31	7	2a	65	7	59	99	7	3b
32	7	6a	66	7	39	100	7	7b
33	7	1a	67	7	79	101	7	7

表 B.146（续）

索引	长度	码字	索引	长度	码字	索引	长度	码字
102	7	47	109	8	b7	116	7	5f
103	7	27	110	7	77	117	8	3f
104	7	67	111	7	f	118	8	bf
105	7	17	112	7	4f	119	8	7f
106	8	db	113	7	2f	120	8	ff
107	7	57	114	7	6f			
108	8	37	115	7	1f			

表 B.147 residue 编码所用码书 residuebook __44u9__p8_0

索引	长度	码字	索引	长度	码字	索引	长度	码字
0	1	0	23	9	63	46	8	67
1	4	1	24	10	255	47	8	e7
2	4	9	25	10	163	48	10	17
3	7	5	26	11	695	49	10	217
4	7	45	27	10	363	50	11	117
5	8	25	28	12	e3	51	11	517
6	8	a5	29	10	2e3	52	10	317
7	8	65	30	4	b	53	10	97
8	8	e5	31	6	13	54	11	297
9	9	15	32	6	33	55	11	697
10	9	115	33	8	7	56	12	fc7
11	10	95	34	8	87	57	12	197
12	9	195	35	9	1e3	58	13	997
13	11	295	36	10	47	59	12	597
14	10	55	37	9	147	60	7	57
15	4	d	38	9	c7	61	8	37
16	6	35	39	10	247	62	8	b7
17	6	3	40	10	1c7	63	10	397
18	8	d5	41	11	4e3	64	10	77
19	8	23	42	11	3c7	65	11	277
20	9	155	43	12	8e3	66	11	677
21	9	a3	44	12	7c7	67	10	177
22	9	1a3	45	7	27	68	10	377

表 B.147（续）

索引	长度	码字	索引	长度	码字	索引	长度	码字
69	11	f7	103	14	2f8f	137	10	1df
70	11	4f7	104	13	32f	138	12	d5f
71	12	d97	105	8	af	139	11	3df
72	12	2f7	106	9	6f	140	13	155f
73	12	af7	107	9	16f	141	12	7df
74	13	1997	108	10	ef	142	13	fdf
75	8	f	109	10	2ef	143	13	1fdf
76	10	1f7	110	12	b2f	144	14	3f
77	9	8f	111	11	72f	145	13	103f
78	11	6f7	112	13	132f	146	14	203f
79	11	3f7	113	12	1ef	147	14	83f
80	12	7f7	114	13	9ef	148	14	283f
81	12	ff7	115	13	19ef	149	15	65ef
82	11	18f	116	14	5ef	150	9	13f
83	11	58f	117	13	15ef	151	10	23f
84	12	38f	118	15	25ef	152	10	bf
85	12	b8f	119	14	def	153	11	43f
86	13	78f	120	8	1f	154	12	2bf
87	13	178f	121	9	9f	155	12	abf
88	14	f8f	122	9	19f	156	12	6bf
89	13	1f8f	123	10	3ef	157	13	183f
90	8	4f	124	10	5f	158	13	ebf
91	9	cf	125	11	25f	159	14	1ebf
92	9	1cf	126	12	65f	160	14	3ebf
93	11	2f	127	12	e5f	161	14	1bf
94	11	42f	128	12	15f	162	15	21bf
95	12	22f	129	13	1def	163	15	61bf
96	12	a2f	130	13	95f	164	15	11bf
97	11	62f	131	13	195f	165	10	3bf
98	12	12f	132	14	2def	166	11	5bf
99	12	92f	133	14	55f	167	11	7f
100	12	52f	134	14	255f	168	12	9bf
101	13	d2f	135	9	df	169	12	47f
102	13	1d2f	136	10	35f	170	13	c7f

表 B.147（续）

索引	长度	码字	索引	长度	码字	索引	长度	码字
171	13	1c7f	189	14	8ff	207	16	71ff
172	14	31bf	190	14	28ff	208	16	f1ff
173	14	27f	191	14	10ff	209	16	9ff
174	14	227f	192	14	38ff	210	11	5ff
175	14	127f	193	15	4ff	211	12	3ff
176	15	51bf	194	16	8a7f	212	12	bff
177	14	327f	195	11	2ff	213	13	19ff
178	16	a7f	196	12	cff	214	13	7ff
179	15	4a7f	197	12	6ff	215	14	29ff
180	10	17f	198	13	14ff	216	13	17ff
181	11	67f	199	13	eff	217	14	fff
182	11	37f	200	14	24ff	218	14	2fff
183	12	77f	201	13	1eff	219	15	49ff
184	12	f7f	202	14	1ff	220	15	1fff
185	13	1a7f	203	14	21ff	221	15	5fff
186	13	ff	204	15	44ff	222	16	89ff
187	13	10ff	205	14	11ff	223	15	3fff
188	14	2a7f	206	15	31ff	224	15	7fff

表 B.148　residue 编码所用码书 residuebook __44u9__p8_1

索引	长度	码字	索引	长度	码字	索引	长度	码字
0	4	0	12	9	184	24	7	64
1	6	8	13	9	44	25	7	2c
2	6	28	14	9	144	26	8	6c
3	7	18	15	9	c4	27	8	ec
4	7	58	16	9	1c4	28	8	1c
5	8	38	17	9	24	29	8	9c
6	8	b8	18	9	124	30	9	5c
7	8	78	19	9	a4	31	9	15c
8	8	f8	20	9	1a4	32	9	dc
9	9	4	21	6	14	33	9	1dc
10	9	104	22	6	34	34	9	3c
11	9	84	23	6	c	35	9	13c

表 B.148（续）

索引	长度	码字	索引	长度	码字	索引	长度	码字
36	9	bc	70	9	26	104	9	3e
37	9	1bc	71	8	a6	105	8	be
38	9	7c	72	9	126	106	8	7e
39	9	17c	73	9	66	107	8	fe
40	9	fc	74	9	166	108	8	1
41	9	1fc	75	9	e6	109	8	81
42	6	2	76	9	1e6	110	9	13e
43	6	22	77	9	16	111	9	41
44	6	12	78	9	116	112	9	141
45	7	32	79	9	96	113	9	c1
46	7	72	80	9	196	114	9	1c1
47	8	a	81	9	56	115	9	21
48	8	8a	82	9	156	116	9	121
49	8	4a	83	9	d6	117	9	a1
50	8	ca	84	7	36	118	9	1a1
51	9	2a	85	7	76	119	9	61
52	9	12a	86	7	e	120	9	161
53	9	aa	87	8	4e	121	10	e1
54	9	1aa	88	8	ce	122	9	1e1
55	9	6a	89	8	2e	123	10	2e1
56	9	16a	90	8	ae	124	10	11
57	9	ea	91	9	1d6	125	10	211
58	9	1ea	92	9	6e	126	8	91
59	9	1a	93	9	16e	127	8	51
60	9	11a	94	9	ee	128	8	d1
61	9	9a	95	9	1ee	129	8	31
62	9	19a	96	9	1e	130	8	b1
63	7	5a	97	9	11e	131	8	71
64	7	3a	98	9	9e	132	9	111
65	7	7a	99	9	19e	133	9	f1
66	8	6	100	9	5e	134	9	1f1
67	8	86	101	9	15e	135	9	9
68	8	46	102	9	de	136	9	109
69	8	c6	103	9	1de	137	9	89

表 B.148（续）

索引	长度	码字	索引	长度	码字	索引	长度	码字
138	9	189	172	9	1c5	206	10	18d
139	9	49	173	9	25	207	10	38d
140	9	149	174	9	125	208	10	1d
141	9	c9	175	9	a5	209	10	24d
142	9	1c9	176	9	1a5	210	8	cd
143	9	29	177	9	65	211	9	14d
144	9	129	178	9	165	212	9	2d
145	10	a9	179	9	e5	213	9	12d
146	10	2a9	180	9	1e5	214	9	ad
147	8	69	181	10	15	215	9	1ad
148	8	e9	182	10	215	216	9	6d
149	8	19	183	9	115	217	9	16d
150	9	1a9	184	10	95	218	9	ed
151	9	99	185	10	295	219	9	1ed
152	9	199	186	10	195	220	9	1d
153	9	59	187	10	395	221	10	11d
154	9	159	188	10	55	222	10	31d
155	9	d9	189	9	155	223	10	9d
156	9	1d9	190	9	d5	224	10	29d
157	9	39	191	9	1d5	225	10	19d
158	9	139	192	9	35	226	10	39d
159	9	b9	193	9	135	227	10	5d
160	10	1b9	194	9	b5	228	10	25d
161	9	79	195	9	1b5	229	10	15d
162	10	3b9	196	9	75	230	10	35d
163	9	179	197	9	175	231	9	dd
164	10	f9	198	9	f5	232	9	1dd
165	10	2f9	199	9	1f5	233	9	3d
166	10	1f9	200	10	255	234	9	13d
167	10	3f9	201	9	d	235	9	bd
168	8	5	202	10	10d	236	9	1bd
169	8	85	203	10	30d	237	9	7d
170	8	45	204	10	8d	238	9	17d
171	9	c5	205	10	28d	239	9	fd

表 B.148（续）

索引	长度	码字	索引	长度	码字	索引	长度	码字
240	9	1fd	274	9	1d3	308	10	3eb
241	9	3	275	9	33	309	10	1b
242	10	103	276	9	133	310	10	21b
243	10	303	277	9	b3	311	10	11b
244	10	83	278	9	1b3	312	10	31b
245	10	283	279	9	73	313	10	9b
246	10	183	280	10	173	314	10	29b
247	10	383	281	9	f3	315	9	19b
248	10	43	282	10	373	316	9	5b
249	10	243	283	10	1f3	317	9	15b
250	10	143	284	10	3f3	318	9	db
251	10	343	285	10	b	319	9	1db
252	9	c3	286	10	20b	320	10	3b
253	9	1c3	287	10	10b	321	10	23b
254	9	23	288	10	30b	322	10	13b
255	9	123	289	10	8b	323	10	33b
256	9	a3	290	10	28b	324	10	bb
257	9	1a3	291	10	18b	325	10	2bb
258	9	63	292	10	38b	326	10	1bb
259	9	163	293	10	4b	327	10	3bb
260	9	e3	294	9	14b	328	10	7b
261	9	1e3	295	9	cb	329	10	27b
262	9	13	296	9	1cb	330	10	17b
263	10	113	297	9	2b	331	10	37b
264	10	313	298	9	12b	332	10	fb
265	10	93	299	9	ab	333	10	2fb
266	10	293	300	9	1ab	334	10	1fb
267	10	193	301	9	6b	335	10	3fb
268	10	393	302	10	24b	336	9	7
269	10	53	303	10	16b	337	9	107
270	10	253	304	10	36b	338	9	87
271	10	153	305	10	eb	339	9	187
272	10	353	306	10	2eb	340	10	47
273	9	d3	307	10	1eb	341	9	147

表 B.148（续）

索引	长度	码字	索引	长度	码字	索引	长度	码字
342	9	c7	375	10	137	408	10	ef
343	10	247	376	10	337	409	10	2ef
344	10	1c7	377	10	b7	410	10	1ef
345	10	3c7	378	9	1b7	411	10	3ef
346	10	27	379	9	77	412	10	1f
347	10	227	380	9	177	413	10	21f
348	10	127	381	10	2b7	414	10	11f
349	10	327	382	9	f7	415	10	31f
350	10	a7	383	10	1f7	416	10	9f
351	10	2a7	384	10	3f7	417	10	29f
352	10	1a7	385	10	f	418	10	19f
353	10	3a7	386	10	20f	419	10	39f
354	10	67	387	10	10f	420	9	5f
355	10	267	388	10	30f	421	9	15f
356	10	167	389	10	8f	422	9	df
357	9	e7	390	10	28f	423	10	1df
358	9	1e7	391	10	18f	424	10	3df
359	9	17	392	10	38f	425	10	3f
360	10	367	393	10	4f	426	10	23f
361	9	117	394	10	24f	427	10	13f
362	10	97	395	10	14f	428	10	33f
363	9	197	396	10	34f	429	10	bf
364	10	297	397	10	cf	430	10	2bf
365	10	57	398	10	2cf	431	10	1bf
366	10	257	399	9	1cf	432	10	3bf
367	10	157	400	9	2f	433	10	7f
368	10	357	401	9	12f	434	10	27f
369	10	d7	402	9	af	435	10	17f
370	10	2d7	403	9	1af	436	10	37f
371	10	1d7	404	10	6f	437	10	ff
372	10	3d7	405	10	26f	438	10	2ff
373	10	37	406	10	16f	439	10	1ff
374	10	237	407	10	36f	440	10	3ff

表 B.149 residue 编码所用码书 residuebook __44u9__p9_0

索引	长度	码字	索引	长度	码字	索引	长度	码字
0	1	0	34	11	23	68	11	213
1	3	1	35	11	423	69	11	613
2	3	5	36	11	223	70	11	113
3	11	3	37	11	623	71	11	513
4	11	403	38	11	123	72	11	313
5	11	203	39	11	523	73	11	713
6	11	603	40	11	323	74	11	93
7	11	103	41	11	723	75	11	493
8	11	503	42	11	a3	76	11	293
9	11	303	43	11	4a3	77	11	693
10	11	703	44	11	2a3	78	11	193
11	11	83	45	11	6a3	79	11	593
12	11	483	46	11	1a3	80	11	393
13	11	283	47	11	5a3	81	11	793
14	11	683	48	11	3a3	82	11	53
15	4	b	49	11	7a3	83	11	453
16	10	183	50	11	63	84	11	253
17	11	383	51	11	463	85	11	653
18	11	783	52	11	263	86	11	153
19	11	43	53	11	663	87	11	553
20	11	443	54	11	163	88	11	353
21	11	243	55	11	563	89	11	753
22	11	643	56	11	363	90	11	d3
23	11	143	57	11	763	91	11	4d3
24	11	543	58	11	e3	92	11	2d3
25	11	343	59	11	4e3	93	11	6d3
26	11	743	60	11	2e3	94	11	1d3
27	11	c3	61	11	6e3	95	11	5d3
28	11	4c3	62	11	1e3	96	11	3d3
29	11	2c3	63	11	5e3	97	11	7d3
30	4	7	64	11	3e3	98	11	33
31	10	1c3	65	11	7e3	99	11	433
32	10	3c3	66	11	13	100	11	233
33	11	6c3	67	11	413	101	11	633

表 B.149（续）

索引	长度	码字	索引	长度	码字	索引	长度	码字
102	11	133	136	11	30f	170	11	af
103	11	533	137	11	70f	171	11	4af
104	11	333	138	11	8f	172	11	2af
105	11	733	139	11	48f	173	11	6af
106	11	b3	140	11	28f	174	11	1af
107	11	4b3	141	11	68f	175	11	5af
108	11	2b3	142	11	18f	176	11	3af
109	11	6b3	143	11	58f	177	11	7af
110	11	1b3	144	11	38f	178	11	6f
111	11	5b3	145	11	78f	179	11	46f
112	11	3b3	146	11	4f	180	11	26f
113	11	7b3	147	11	44f	181	11	66f
114	11	73	148	11	24f	182	11	16f
115	11	473	149	11	64f	183	11	56f
116	11	273	150	11	14f	184	11	36f
117	11	673	151	11	54f	185	11	76f
118	11	173	152	11	34f	186	11	ef
119	11	573	153	11	74f	187	11	4ef
120	11	373	154	11	cf	188	11	2ef
121	11	773	155	11	4cf	189	11	6ef
122	11	f3	156	11	2cf	190	11	1ef
123	11	4f3	157	11	6cf	191	11	5ef
124	11	2f3	158	11	1cf	192	10	3ef
125	11	6f3	159	11	5cf	193	10	1f
126	11	1f3	160	11	3cf	194	10	21f
127	11	5f3	161	11	7cf	195	10	11f
128	11	3f3	162	11	2f	196	10	31f
129	11	7f3	163	11	42f	197	10	9f
130	11	f	164	11	22f	198	10	29f
131	11	40f	165	11	62f	199	10	19f
132	11	20f	166	11	12f	200	10	39f
133	11	60f	167	11	52f	201	10	5f
134	11	10f	168	11	32f	202	10	25f
135	11	50f	169	11	72f	203	10	15f

表 B.149（续）

索引	长度	码字	索引	长度	码字	索引	长度	码字
204	10	35f	211	10	13f	218	10	27f
205	10	df	212	10	33f	219	10	17f
206	10	2df	213	10	bf	220	10	37f
207	10	1df	214	10	2bf	221	10	ff
208	10	3df	215	10	1bf	222	10	2ff
209	10	3f	216	10	3bf	223	10	1ff
210	10	23f	217	10	7f	224	10	3ff

表 B.150 residue 编码所用码书 residuebook__44u9__p9_1

索引	长度	码字	索引	长度	码字	索引	长度	码字
0	1	0	23	9	23	46	9	147
1	4	1	24	10	2b5	47	10	3e3
2	4	9	25	9	123	48	10	c7
3	7	5	26	9	a3	49	11	2c7
4	7	45	27	8	63	50	11	6c7
5	8	25	28	10	1a3	51	11	1c7
6	7	65	29	10	3a3	52	12	5c7
7	8	a5	30	11	4b5	53	12	dc7
8	7	15	31	10	e3	54	12	3c7
9	9	55	32	12	2e3	55	12	bc7
10	8	d5	33	10	1e3	56	12	7c7
11	10	155	34	13	ae3	57	7	27
12	9	35	35	12	6e3	58	9	67
13	10	355	36	13	1ae3	59	8	e7
14	10	135	37	12	ee3	60	11	167
15	11	335	38	4	b	61	10	367
16	11	735	39	6	13	62	10	17
17	12	b5	40	6	33	63	10	217
18	12	8b5	41	9	7	64	11	567
19	4	d	42	9	107	65	10	117
20	7	75	43	9	87	66	11	317
21	6	3	44	9	187	67	11	717
22	9	1b5	45	9	47	68	12	fc7

表 B.150（续）

索引	长度	码字	索引	长度	码字	索引	长度	码字
69	12	97	103	12	48f	137	10	36f
70	13	897	104	13	c8f	138	12	56f
71	12	497	105	12	28f	139	12	d6f
72	13	1897	106	12	a8f	140	12	ef
73	13	c97	107	13	1c8f	141	12	8ef
74	13	1c97	108	13	68f	142	15	6e2f
75	13	297	109	14	168f	143	13	1e2f
76	7	57	110	15	368f	144	13	4ef
77	8	37	111	14	e8f	145	13	14ef
78	9	197	112	14	2e8f	146	17	ae2f
79	10	b7	113	14	1e8f	147	14	cef
80	10	2b7	114	8	4f	148	15	2cef
81	11	697	115	9	18f	149	15	6cef
82	11	1b7	116	9	cf	150	15	1cef
83	10	3b7	117	10	1cf	151	14	3cef
84	10	77	118	11	3cf	152	8	1f
85	11	5b7	119	11	7cf	153	9	1ef
86	11	277	120	11	2f	154	9	9f
87	11	677	121	12	42f	155	10	2ef
88	12	a97	122	12	c2f	156	11	19f
89	13	1297	123	13	22f	157	11	59f
90	13	177	124	12	a2f	158	12	39f
91	13	1177	125	13	122f	159	13	b9f
92	13	977	126	13	62f	160	12	79f
93	14	1977	127	14	3e8f	161	13	1b9f
94	14	3977	128	14	162f	162	13	f9f
95	8	f7	129	14	362f	163	13	1f9f
96	9	f	130	15	768f	164	14	5f
97	9	10f	131	14	e2f	165	15	5cef
98	11	577	132	16	2e2f	166	14	205f
99	11	377	133	8	af	167	14	105f
100	12	777	134	9	12f	168	14	305f
101	11	8f	135	9	6f	169	16	85f
102	12	f77	136	11	16f	170	15	485f

表 B.150（续）

索引	长度	码字	索引	长度	码字	索引	长度	码字
171	9	15f	205	15	7d3f	239	15	747f
172	11	45f	206	16	233f	240	15	c7f
173	10	25f	207	15	633f	241	16	b1bf
174	12	df	208	16	a33f	242	17	131bf
175	12	8df	209	10	bf	243	17	4c7f
176	13	185f	210	11	73f	244	15	2c7f
177	13	4df	211	11	2bf	245	17	14c7f
178	13	14df	212	12	b3f	246	16	cc7f
179	13	cdf	213	12	6bf	247	11	27f
180	14	285f	214	13	133f	248	12	67f
181	14	1cdf	215	14	ebf	249	12	e7f
182	16	885f	216	15	2ebf	250	14	1c7f
183	15	3cdf	217	14	1ebf	251	13	17f
184	14	2df	218	15	6ebf	252	15	6c7f
185	14	22df	219	14	3ebf	253	14	3c7f
186	14	12df	220	14	1bf	254	15	117f
187	15	7cdf	221	15	21bf	255	16	517f
188	15	32df	222	17	61bf	256	17	d17f
189	17	1ae2f	223	16	e1bf	257	15	317f
190	9	1df	224	15	11bf	258	17	1d17f
191	10	3f	225	15	51bf	259	15	717f
192	10	23f	226	17	161bf	260	17	97f
193	11	6df	227	17	31bf	261	15	497f
194	11	13f	228	10	3bf	262	15	297f
195	13	adf	229	12	9bf	263	16	897f
196	13	1adf	230	11	5bf	264	17	1097f
197	13	53f	231	13	7f	265	15	697f
198	14	153f	232	12	87f	266	11	57f
199	14	353f	233	14	107f	267	11	37f
200	13	d3f	234	14	307f	268	12	77f
201	15	72df	235	13	47f	269	14	197f
202	14	1d3f	236	14	147f	270	14	397f
203	15	3d3f	237	15	71bf	271	14	f7f
204	14	33f	238	15	347f	272	14	2f7f

表 B.150（续）

索引	长度	码字	索引	长度	码字	索引	长度	码字
273	14	1f7f	303	16	72ff	333	16	23ff
274	15	3f7f	304	12	aff	334	17	1c9ff
275	15	7f7f	305	14	6ff	335	17	a3ff
276	16	ff	306	12	eff	336	17	1a3ff
277	15	40ff	307	14	26ff	337	16	63ff
278	17	80ff	308	14	16ff	338	17	e3ff
279	17	180ff	309	15	36ff	339	16	13ff
280	17	20ff	310	15	76ff	340	17	1e3ff
281	16	a0ff	311	15	1ff	341	17	93ff
282	17	120ff	312	14	21ff	342	12	bff
283	16	60ff	313	14	11ff	343	13	7ff
284	15	10ff	314	16	f2ff	344	13	17ff
285	12	8ff	315	16	41ff	345	14	33ff
286	12	4ff	316	16	c1ff	346	16	53ff
287	13	cff	317	15	31ff	347	15	fff
288	14	30ff	318	16	71ff	348	15	4fff
289	14	1cff	319	16	f1ff	349	15	2fff
290	14	3cff	320	15	9ff	350	16	d3ff
291	15	50ff	321	17	49ff	351	15	6fff
292	14	2ff	322	15	29ff	352	17	193ff
293	15	22ff	323	12	5ff	353	17	1fff
294	15	62ff	324	13	19ff	354	15	5fff
295	16	e0ff	325	13	dff	355	17	11fff
296	16	12ff	326	14	1dff	356	15	3fff
297	17	92ff	327	15	69ff	357	17	9fff
298	16	52ff	328	14	3dff	358	16	7fff
299	17	192ff	329	15	3ff	359	16	ffff
300	15	32ff	330	17	149ff	360	17	19fff
301	17	d2ff	331	15	43ff			
302	17	1d2ff	332	17	c9ff			

表 B.151 residue 编码所用码书 residuebook __44u9__p9_2

索引	长度	码字	索引	长度	码字	索引	长度	码字
0	2	0	17	6	1d	34	7	47
1	4	2	18	6	3d	35	7	27
2	4	a	19	7	3	36	7	67
3	5	6	20	6	23	37	7	17
4	4	e	21	7	43	38	7	57
5	5	16	22	6	13	39	7	37
6	5	1	23	7	33	40	7	77
7	5	11	24	7	73	41	7	f
8	5	9	25	7	b	42	7	4f
9	6	19	26	7	4b	43	7	2f
10	6	39	27	7	2b	44	7	6f
11	6	5	28	7	6b	45	7	1f
12	6	25	29	7	1b	46	7	5f
13	6	15	30	7	5b	47	7	3f
14	6	35	31	7	3b	48	7	7f
15	6	d	32	7	7b			
16	6	2d	33	7	7			

表 B.152 residue 编码所用码书 residuebook __44u9__long

索引	长度	码字	索引	长度	码字	索引	长度	码字
0	3	0	13	10	304	26	12	c4
1	9	4	14	12	d04	27	13	1984
2	13	104	15	12	184	28	16	c504
3	13	1104	16	13	1504	29	15	4984
4	14	904	17	14	2504	30	11	4c4
5	15	2904	18	16	4504	31	7	2
6	14	1904	19	15	984	32	5	12
7	14	3904	20	10	384	33	3	6
8	15	6904	21	6	24	34	5	a
9	15	504	22	6	1c	35	8	42
10	5	14	23	6	3c	36	10	2c4
11	5	c	24	8	44	37	12	8c4
12	9	84	25	11	584	38	15	2984

表 B.152（续）

索引	长度	码字	索引	长度	码字	索引	长度	码字
39	15	6984	60	13	1249	81	12	4cb
40	10	1c4	61	12	a49	82	14	29c9
41	10	3c4	62	11	649	83	13	ccb
42	7	22	63	9	149	84	10	2cb
43	4	1	64	7	b	85	8	6f
44	3	5	65	5	1b	86	7	1f
45	5	1a	66	5	7	87	7	5f
46	8	c2	67	6	2b	88	7	3f
47	10	62	68	9	c9	89	10	1cb
48	12	262	69	12	1c9	90	11	3cb
49	12	a62	70	14	9c9	91	11	7cb
50	12	662	71	12	5c9	92	12	ef
51	12	e62	72	12	dc9	93	13	1ccb
52	9	162	73	10	3c9	94	12	8ef
53	7	9	74	8	4b	95	11	4ef
54	5	19	75	6	17	96	10	2ef
55	4	3	76	6	37	97	8	7f
56	6	29	77	6	f	98	8	ff
57	8	e2	78	7	2f	99	9	1ef
58	10	49	79	11	cb			
59	13	249	80	13	19c9			

表 B.153　MCR 旋转角矢量量化码书 codebk_256_2

索引	码字	索引	码字
0	[−1.50069f,−0.96025f]	9	[−1.441882f,1.484384f]
1	[−1.4937f,0.049239f]	10	[−1.439837f,0.31362f]
2	[−1.483986f,−0.404595f]	11	[−1.412937f,1.311248f]
3	[−1.480624f,−1.471861f]	12	[−1.405737f,−0.187049f]
4	[−1.467003f,−1.255429f]	13	[−1.351389f,−1.094973f]
5	[−1.463534f,0.785979f]	14	[−1.346282f,−0.849226f]
6	[−1.462624f,1.049161f]	15	[−1.309608f,0.020867f]
7	[−1.458259f,−0.664413f]	16	[−1.301818f,−1.440969f]
8	[−1.449221f,0.54895f]	17	[−1.287175f,−0.402776f]

表 B.153(续)

索引	码字	索引	码字
18	[-1.263775f,1.156361f]	52	[-0.789428f,0.344405f]
19	[-1.246266f,0.227738f]	53	[-0.787529f,-0.708417f]
20	[-1.243657f,0.833169f]	54	[-0.78447f,-0.980279f]
21	[-1.221722f,-0.685452f]	55	[-0.784035f,-0.786027f]
22	[-1.204829f,-1.258373f]	56	[-0.7769f,-0.511327f]
23	[-1.199353f,0.508294f]	57	[-0.772319f,-0.319585f]
24	[-1.16921f,-1.037407f]	58	[-0.745151f,-0.004539f]
25	[-1.14443f,-0.088865f]	59	[-0.715484f,-1.480305f]
26	[-1.135115f,-0.861446f]	60	[-0.711267f,1.034837f]
27	[-1.133393f,1.437377f]	61	[-0.669775f,-1.149525f]
28	[-1.121261f,-0.521148f]	62	[-0.6681f,-0.178413f]
29	[-1.095368f,-1.479115f]	63	[-0.665782f,-0.663076f]
30	[-1.079514f,-0.28694f]	64	[-0.658841f,-0.801404f]
31	[-1.075355f,0.145084f]	65	[-0.657204f,0.831129f]
32	[-1.070122f,1.142565f]	66	[-0.627446f,0.387432f]
33	[-1.058448f,0.702341f]	67	[-0.622935f,1.449381f]
34	[-1.022971f,-1.162888f]	68	[-0.617216f,-0.956855f]
35	[-1.016815f,-0.726192f]	69	[-0.612715f,0.619162f]
36	[-1.01014f,0.366185f]	70	[-0.611454f,0.134582f]
37	[-0.978887f,0.954854f]	71	[-0.59554f,-0.376556f]
38	[-0.953425f,-0.006411f]	72	[-0.591126f,-0.531161f]
39	[-0.95235f,-0.840834f]	73	[-0.552389f,-1.375348f]
40	[-0.947867f,-1.004585f]	74	[-0.551752f,-0.060826f]
41	[-0.945025f,-0.44886f]	75	[-0.514007f,1.18102f]
42	[-0.943054f,-1.398576f]	76	[-0.496831f,-0.660384f]
43	[-0.895563f,-0.642984f]	77	[-0.488477f,0.289257f]
44	[-0.886789f,-0.18155f]	78	[-0.483759f,-0.263459f]
45	[-0.87404f,1.459086f]	79	[-0.483214f,-0.814461f]
46	[-0.849824f,0.565374f]	80	[-0.456704f,0.827522f]
47	[-0.848428f,0.786153f]	81	[-0.446515f,-1.17245f]
48	[-0.841425f,0.161582f]	82	[-0.434143f,-0.999695f]
49	[-0.832942f,-0.822722f]	83	[-0.429395f,0.512333f]
50	[-0.817908f,-1.248267f]	84	[-0.427523f,-0.433055f]
51	[-0.813321f,1.239498f]	85	[-0.423247f,0.052264f]

表 B.153（续）

索引	码字	索引	码字
86	[−0.40175f,1.420117f]	120	[−0.023101f,−0.529828f]
87	[−0.391446f,−0.157066f]	121	[−0.019535f,−0.121277f]
88	[−0.374712f,−0.576563f]	122	[0.014702f, 0.256861f]
89	[−0.361816f,1.017975f]	123	[−0.01371f,0.135421f]
90	[−0.357072f,0.225002f]	124	[−0.003392f,−0.00094f]
91	[−0.335662f,−0.359965f]	125	[0.000763f,0.60266f]
92	[−0.321095f,−1.315025f]	126	[0.017308f,1.182167f]
93	[−0.320681f,−1.49678f]	127	[0.02762f,−0.679614f]
94	[−0.317781f,0.68027f]	128	[0.031547f,−0.045676f]
95	[−0.310769f,−0.765881f]	129	[0.039536f,0.282345f]
96	[−0.308899f,−0.065411f]	130	[0.041797f,−1.094925f]
97	[−0.265575f,0.395204f]	131	[0.042061f,0.042635f]
98	[−0.253305f,−0.947215f]	132	[0.056168f,−0.360294f]
99	[−0.252127f,0.143348f]	133	[0.06202f,0.784694f]
100	[−0.244763f,−0.255994f]	134	[0.070269f,−1.488106f]
101	[−0.222524f,−0.003451f]	135	[0.072686f,1.40146f]
102	[−0.217114f,1.250928f]	136	[0.086113f,−0.839792f]
103	[−0.214195f,−0.549709f]	137	[0.086941f,−0.172495f]
104	[−0.182016f,0.867512f]	138	[0.105178f,−1.265291f]
105	[−0.179346f,−1.145404f]	139	[0.107796f,0.152524f]
106	[−0.149602f,1.478842f]	140	[0.10846f,0.951251f]
107	[−0.145076f,−0.191632f]	141	[0.125983f,0.065279f]
108	[−0.142862f,0.523349f]	142	[0.127743f,0.443041f]
109	[−0.134059f,0.075276f]	143	[0.139916f,−0.047971f]
110	[−0.133491f,0.711373f]	144	[0.164264f,0.611613f]
111	[−0.132877f,0.244679f]	145	[0.165507f,−0.446948f]
112	[−0.131528f,−0.744172f]	146	[0.180567f,0.21463f]
113	[−0.124899f,−0.08039f]	147	[0.187007f,−0.631428f]
114	[−0.121285f,−0.386035f]	148	[0.215188f,−0.224162f]
115	[−0.11049f,1.030424f]	149	[0.242555f,0.288676f]
116	[−0.101382f,−1.376979f]	150	[0.245184f,−0.00685f]
117	[−0.066562f,0.006573f]	151	[0.2514f,−1.049382f]
118	[−0.0581f,−0.937412f]	152	[0.253179f,1.104555f]
119	[−0.050358f,0.39373f]	153	[0.271509f,0.751072f]

表 B.153（续）

索引	码字	索引	码字
154	[0.280934f,−1.353009f]	188	[0.690822f,−0.19411f]
155	[0.281792f,1.476614f]	189	[0.70897f,0.924831f]
156	[0.287569f,−0.828348f]	190	[0.712825f,−1.239886f]
157	[0.300877f,0.117637f]	191	[0.720232f,0.574901f]
158	[0.314901f,0.357991f]	192	[0.722217f,−0.834547f]
159	[0.336839f,0.532473f]	193	[0.72515f,−1.03738f]
160	[0.342098f,−0.46587f]	194	[0.726971f,−1.476698f]
161	[0.347563f,0.911099f]	195	[0.739076f,0.40158f]
162	[0.353244f,1.263994f]	196	[0.74461f,−0.456449f]
163	[0.354698f,−0.080221f]	197	[0.747975f,1.46372f]
164	[0.360096f,−0.289985f]	198	[0.756061f,1.227684f]
165	[0.37039f,−0.643961f]	199	[0.769074f,−0.633673f]
166	[0.4262f,0.204906f]	200	[0.77415f,0.695332f]
167	[0.436196f,0.388348f]	201	[0.788376f,0.18376f]
168	[0.436286f,0.679628f]	202	[0.790958f,0.797568f]
169	[0.441036f,−1.489368f]	203	[0.799621f,1.009778f]
170	[0.466033f,−1.052894f]	204	[0.829898f,−0.000335f]
171	[0.478112f,−0.004231f]	205	[0.834642f,−0.278176f]
172	[0.490772f,−1.2698f]	206	[0.857133f,0.524835f]
173	[0.510559f,−0.848953f]	207	[0.901635f,0.297987f]
174	[0.513098f,−0.185512f]	208	[0.901845f,−0.737375f]
175	[0.524112f,0.817598f]	209	[0.90331f,0.84854f]
176	[0.532437f,0.992334f]	210	[0.90412f,−1.34628f]
177	[0.534573f,1.432705f]	211	[0.906013f,0.684214f]
178	[0.544806f,−0.40238f]	212	[0.924011f,1.087084f]
179	[0.550883f,0.551582f]	213	[0.92897f,1.428227f]
180	[0.555519f,0.10884f]	214	[0.959944f,−0.934153f]
181	[0.559278f,0.41544f]	215	[0.964452f,−1.148662f]
182	[0.560685f,1.161068f]	216	[0.964979f,−0.059138f]
183	[0.561952f,−0.637495f]	217	[0.992811f,−0.498108f]
184	[0.617817f,0.666f]	218	[1.008454f,0.425538f]
185	[0.625873f,0.245448f]	219	[1.020149f,1.235958f]
186	[0.671713f,−0.003073f]	220	[1.033887f,0.770906f]
187	[0.676889f,0.787463f]	221	[1.036193f,−0.27481f]

表 B.153（续）

索引	码字	索引	码字
222	[1.046838f,0.171812f]	239	[1.30442f,0.870907f]
223	[1.05512f,0.945611f]	240	[1.328622f,0.619873f]
224	[1.057451f,-1.493944f]	241	[1.330065f,1.308500f]
225	[1.08903f,0.59827f]	242	[1.356926f,0.0091f]
226	[1.098248f,-0.735259f]	243	[1.425636f,-1.49084f]
227	[1.146465f,1.455488f]	244	[1.442924f,-0.406083f]
228	[1.150975f,-0.031242f]	245	[1.443925f,0.991852f]
229	[1.179384f,1.068819f]	246	[1.450864f,-1.288712f]
230	[1.188944f,0.767645f]	247	[1.451558f,-0.642042f]
231	[1.200867f,-1.085085f]	248	[1.451929f,-1.076896f]
232	[1.209257f,-1.346668f]	249	[1.462137f,0.428124f]
233	[1.214437f,0.425065f]	250	[1.46474f,-0.853624f]
234	[1.228266f,-0.526826f]	251	[1.474268f,1.203415f]
235	[1.252211f,1.226086f]	252	[1.475885f,-0.160826f]
236	[1.252437f,-0.24371f]	253	[1.483642f,1.46889f]
237	[1.255185f,-0.848593f]	254	[1.484321f,0.741894f]
238	[1.26182f,0.224148f]	255	[1.486025f,0.158439f]

表 B.154　MCR 旋转角矢量量化码书 codebk_256_3

索引	码字	索引	码字
0	[-1.4093084f,-0.63708329f,-0.29445082f]	13	[-1.3408772f,-1.3669528f,-0.10510859f]
1	[-1.3812395f,-0.60921669f,-0.75046510f]	14	[-1.3408514f,-1.3098103f,0.64908111f]
2	[-1.3787111f,-0.065300100f,-0.028150363f]	15	[-1.3353732f,0.41166484f,-0.087452888f]
3	[-1.3707889f,1.3634565f,-1.3819035f]	16	[-1.3338064f,1.3292081f,-0.94203186f]
4	[-1.3697813f,-1.3382714f,1.3438513f]	17	[-1.3311769f,-0.76769084f,1.2933409f]
5	[-1.3627768f,-1.3685230f,-1.4058706f]	18	[-1.3274518f,-1.3536252f,-0.70463777f]
6	[-1.3618395f,0.74386382f,1.3251147f]	19	[-1.3267725f,0.85625088f,0.35861906f]
7	[-1.3614836f,0.71500796f,-0.62165952f]	20	[-1.3214012f,1.3654842f,1.3384778f]
8	[-1.3582555f,1.2894762f,0.73115563f]	21	[-1.3158278f,0.69805431f,0.83664066f]
9	[-1.3544949f,0.18141665f,0.63404292f]	22	[-1.3068916f,0.21015421f,-1.1194992f]
10	[-1.3543527f,-1.3005586f,-1.1263001f]	23	[-1.2917802f,-0.31134823f,-1.3283644f]
11	[-1.3484230f,-0.84381735f,-1.3260198f]	24	[-1.2900076f,-0.96299416f,-0.93356019f]
12	[-1.3478080f,-0.10288154f,-0.55079663f]	25	[-1.2892447f,1.3321211f,-0.42982265f]

表 B.154（续）

索引	码字	索引	码字
26	[−1.2862533f,−0.038376231f,1.2825412f]	60	[−0.81281948f,−0.90996319f,−0.37008119f]
27	[−1.2786605f,0.75422251f,−1.3191282f]	61	[−0.80909646f,1.3260618f,−0.80664235f]
28	[−1.2724674f,1.3533254f,0.10978709f]	62	[−0.80674434f,0.25116277f,−0.91679436f]
29	[−1.2644894f,−0.38377762f,0.32884017f]	63	[−0.79349440f,−1.3288175f,−0.99074018f]
30	[−1.2626234f,−0.47601208f,0.88463402f]	64	[−0.79122394f,−0.38684347f,−0.48274222f]
31	[−1.2461389f,−0.84431100f,0.49185577f]	65	[−0.78991210f,−0.84481019f,0.12483694f]
32	[−1.2347685f,−0.96697617f,0.023373827f]	66	[−0.78469819f,−0.78496015f,−0.78754759f]
33	[−1.1861826f,−1.0480462f,−0.51290661f]	67	[−0.75929034f,−0.68849301f,0.88006264f]
34	[−1.0954871f,−1.1294702f,−1.1277556f]	68	[−0.75628084f,−0.20838813f,1.3207655f]
35	[−1.0795262f,−0.47421467f,−0.26998100f]	69	[−0.74170375f,0.21812101f,−0.13608159f]
36	[−1.0603677f,−0.37179559f,−0.94386452f]	70	[−0.71703643f,0.95026308f,0.39831975f]
37	[−1.0323882f,0.93886006f,−0.11730619f]	71	[−0.71322709f,−0.52756619f,−1.3099197f]
38	[−1.0196066f,1.0506158f,1.1595281f]	72	[−0.70978642f,1.3825370f,1.3481426f]
39	[−1.0050646f,0.028895261f,0.25866660f]	73	[−0.70465314f,−0.42893803f,0.20641500f]
40	[−1.0026120f,−0.65785289f,−0.63497174f]	74	[−0.66120130f,0.74149317f,−1.3704683f]
41	[−0.95868582f,−1.3170669f,1.3803518f]	75	[−0.64304119f,−0.27280933f,−0.96016484f]
42	[−0.95476556f,−0.16796879f,−0.10960104f]	76	[−0.63077605f,1.3245671f,−0.35825676f]
43	[−0.95159507f,0.48769006f,0.30748156f]	77	[−0.60559213f,−0.61389548f,−0.64555162f]
44	[−0.93985015f,−0.94762188f,−0.95729774f]	78	[−0.59653038f,−0.62349087f,−0.26203889f]
45	[−0.93774951f,0.56668973f,−0.47195071f]	79	[−0.57797009f,0.077832997f,0.24236955f]
46	[−0.92573351f,0.067442633f,−0.52104139f]	80	[−0.57231259f,−0.16825981f,−0.20974512f]
47	[−0.92510748f,−1.2107382f,0.87756896f]	81	[−0.57046980f,1.3925270f,0.21188873f]
48	[−0.91874886f,0.82169586f,−0.93146056f]	82	[−0.53908581f,−0.36530951f,0.63194042f]
49	[−0.90602934f,0.45573205f,1.3289034f]	83	[−0.53293449f,0.54795712f,0.020110982f]
50	[−0.90257013f,−0.88795513f,−1.3551459f]	84	[−0.52918077f,−0.90382087f,−0.88418710f]
51	[−0.90038091f,−1.3537005f,−1.3829174f]	85	[−0.50339949f,−1.0208323f,−1.2715603f]
52	[−0.89964688f,1.3544419f,−1.3332906f]	86	[−0.49652630f,0.74100184f,−0.52109683f]
53	[−0.87344050f,0.019716695f,0.80243093f]	87	[−0.48636612f,−0.88963783f,0.50411040f]
54	[−0.86435735f,−0.80614883f,1.3549765f]	88	[−0.47851110f,0.95623988f,1.3256280f]
55	[−0.86224937f,−1.3582783f,−0.43500191f]	89	[−0.47327638f,−1.2429215f,1.3403074f]
56	[−0.85935229f,1.3212996f,0.74906152f]	90	[−0.45715952f,0.29261810f,0.65250641f]
57	[−0.84268534f,−1.3346757f,0.25100705f]	91	[−0.43330178f,−1.2640144f,−0.17130727f]
58	[−0.82569975f,0.039179292f,−1.3612522f]	92	[−0.43128055f,−0.43876383f,−0.45186543f]
59	[−0.82011646f,0.66148412f,0.80708528f]	93	[−0.41663808f,0.33494160f,1.2418598f]

表 B.154（续）

索引	码字	索引	码字
94	[−0.41390106f,0.17193978f,−0.64314830f]	128	[−0.023477895f,0.74390620f,−1.3207496f]
95	[−0.38857865f,1.3433057f,−1.2809259f]	129	[−0.018768383f,−0.13972217f,−0.86313736f]
96	[−0.38781479f,−0.64312798f,1.3460816f]	130	[−0.011739399f,−0.47420293f,0.52101910f]
97	[−0.38554451f,0.30874595f,−1.2222143f]	131	[−0.0097849835f,1.3196309f,−0.16315223f]
98	[−0.36140099f,−1.3449315f,0.79570132f]	132	[−0.0069456315f,−0.0026673714f,−0.0037995439f]
99	[−0.35814974f,−1.3376344f,−0.71728390f]	133	[0.0015486493f,0.0075830226f,−0.48374182f]
100	[−0.34524968f,−0.29597896f,−0.74008000f]	134	[0.0051408568f,0.50445896f,0.82793117f]
101	[−0.34046462f,0.95936221f,−0.025395399f]	135	[0.0096493354f,−0.19601174f,0.013086557f]
102	[−0.33328283f,0.85542029f,0.83784097f]	136	[0.017638275f,−0.46499723f,−0.42051926f]
103	[−0.32342958f,0.97717714f,−0.94671988f]	137	[0.022017371f,−0.061431870f,0.28867337f]
104	[−0.31754804f,−0.34424397f,−0.18759741f]	138	[0.028915813f,1.2643266f,0.30432463f]
105	[−0.31065437f,−0.28915468f,0.18037334f]	139	[0.036544770f,1.3590542f,1.3491744f]
106	[−0.30822885f,−0.50790244f,−1.0488966f]	140	[0.043145038f,0.092541866f,0.63057548f]
107	[−0.28770176f,−0.21602824f,0.95660388f]	141	[0.048812754f,0.15857305f,−1.0656556f]
108	[−0.28749943f,0.044076301f,0.0042253756f]	142	[0.058401410f,0.055848703f,−0.22159268f]
109	[−0.27906549f,1.3109853f,0.85303849f]	143	[0.063456260f,0.065993853f,0.060325038f]
110	[−0.25845096f,−1.3635930f,−1.3147706f]	144	[0.063739300f,0.82167274f,−0.37498373f]
111	[−0.25481319f,−0.66273546f,−0.67740643f]	145	[0.081291310f,−0.49897599f,0.041501701f]
112	[−0.24592800f,0.63250411f,0.42251039f]	146	[0.084761210f,0.72166610f,0.16080579f]
113	[−0.23627152f,−0.77038455f,0.049932469f]	147	[0.084903799f,−1.3323026f,1.3074764f]
114	[−0.23514819f,−0.063895762f,0.50457066f]	148	[0.088173069f,0.77438712f,1.3353938f]
115	[−0.21586779f,−0.18446724f,−0.46863922f]	149	[0.091834992f,0.34669036f,−0.047662463f]
116	[−0.21026294f,−0.60139549f,−1.3851634f]	150	[0.11763745f,0.067056589f,0.97541714f]
117	[−0.19669625f,−0.11853658f,−1.3262848f]	151	[0.12128358f,0.28720129f,1.3722235f]
118	[−0.17889804f,0.35163072f,−0.29446897f]	152	[0.16569394f,1.3243326f,−1.2901962f]
119	[−0.17741287f,−0.13421682f,1.3723115f]	153	[0.16989170f,−0.99469525f,−1.3171030f]
120	[−0.17446636f,−1.2997701f,0.25225037f]	154	[0.17962661f,0.89301062f,0.74564266f]
121	[−0.15046826f,−0.83963501f,0.91530710f]	155	[0.18232621f,−0.94513053f,−0.12031314f]
122	[−0.14531295f,0.26957130f,0.21970934f]	156	[0.18999323f,−0.74837959f,1.3728033f]
123	[−0.12216519f,−0.14559665f,−0.21847668f]	157	[0.19603951f,0.23373386f,−0.65028852f]
124	[−0.11041249f,−0.96910948f,−0.48685855f]	158	[0.19961685f,−1.3624152f,−0.22736958f]
125	[−0.097354531f,1.3404884f,−0.67012751f]	159	[0.19971056f,−1.3436798f,−0.83660495f]
126	[−0.065721005f,−0.97157598f,−0.98280710f]	160	[0.20251609f,0.20149653f,−1.3935848f]
127	[−0.034375299f,0.55382353f,−0.86535776f]	161	[0.22428770f,−1.3771688f,0.62148488f]

表 B.154（续）

索引	码字	索引	码字
162	[0.23062575f,−0.56407773f,−0.83877736f]	196	[0.71700621f,0.77609205f,1.3386910f]
163	[0.24334495f,1.3828781f,0.78409076f]	197	[0.72784233f,−0.064440355f,0.15306090f]
164	[0.24405043f,0.24408531f,0.25599962f]	198	[0.72952974f,−1.3125428f,0.15806429f]
165	[0.24734560f,−0.44564766f,0.90842319f]	199	[0.73064810f,−0.67637885f,−1.3093876f]
166	[0.26088601f,−0.39810014f,−1.3048693f]	200	[0.75820708f,−1.3589761f,−0.58310038f]
167	[0.30126780f,−0.92877078f,0.36490712f]	201	[0.77095163f,−0.90505463f,−0.24177973f]
168	[0.33648601f,1.0558159f,1.1235418f]	202	[0.77326995f,−0.59135783f,1.3017769f]
169	[0.34819072f,0.96989924f,−0.85597926f]	203	[0.77741045f,1.2502552f,0.83845472f]
170	[0.35509899f,−0.21324936f,−0.54636049f]	204	[0.78125221f,−0.078140743f,0.95217586f]
171	[0.35876027f,−0.16670081f,1.3507515f]	205	[0.79292035f,0.21696399f,1.3509684f]
172	[0.36017516f,0.40087989f,0.55039835f]	206	[0.82779926f,0.054919045f,−1.3496056f]
173	[0.37386054f,−0.052868020f,0.00081575592f]	207	[0.83043945f,−0.72784925f,0.66417342f]
174	[0.40319592f,−0.99586701f,0.92665601f]	208	[0.84028447f,0.91856390f,−0.55016047f]
175	[0.41813475f,−1.3401923f,−1.2897078f]	209	[0.84586644f,0.78118169f,0.87712699f]
176	[0.41868186f,−0.59714603f,−0.35592905f]	210	[0.84664971f,0.30192083f,0.66375566f]
177	[0.43593907f,−0.93292642f,−0.76427692f]	211	[0.85210055f,−1.3064605f,0.79940677f]
178	[0.46088019f,0.22662510f,−0.28144050f]	212	[0.85839355f,−0.47439006f,−0.74455345f]
179	[0.46807161f,−0.10114095f,0.57855380f]	213	[0.88676536f,0.91694665f,0.079568394f]
180	[0.47246033f,0.45805356f,1.0171379f]	214	[0.91007882f,−1.2940454f,−1.2807657f]
181	[0.47367796f,0.79530340f,−0.081578441f]	215	[0.91498435f,0.12510456f,−0.56594425f]
182	[0.49352887f,0.54315311f,−0.52384216f]	216	[0.91878003f,0.53576136f,−0.24041578f]
183	[0.54202956f,0.72552174f,−1.3916732f]	217	[0.92739815f,0.69432998f,0.44961199f]
184	[0.55232751f,−0.11955588f,−0.94997680f]	218	[0.93132931f,−0.93907189f,−0.87995231f]
185	[0.55416590f,0.72964859f,0.55435848f]	219	[0.96270835f,0.96848780f,−1.2004172f]
186	[0.56227994f,1.3166716f,−0.20980307f]	220	[1.0119917f,−0.39422551f,−0.23832163f]
187	[0.60262483f,−0.53355157f,0.22959727f]	221	[1.0165653f,0.14466207f,0.088158645f]
188	[0.60423100f,0.38860881f,0.14535806f]	222	[1.0968691f,1.1212885f,1.1696042f]
189	[0.61856598f,1.2767535f,0.34583536f]	223	[1.1648860f,1.1530975f,−0.18453673f]
190	[0.64062363f,0.44581148f,−0.98411310f]	224	[1.1721574f,1.0766976f,0.48542398f]
191	[0.64869040f,1.3795527f,−0.74384087f]	225	[1.2072219f,−0.20060952f,0.59045327f]
192	[0.65458053f,−0.23332535f,−0.29962897f]	226	[1.2545422f,−0.76386213f,0.19752766f]
193	[0.68048352f,1.3471637f,1.3598589f]	227	[1.2691382f,0.56939512f,−1.3113836f]
194	[0.68447554f,1.3554686f,−1.3255422f]	228	[1.2728904f,−0.90958673f,1.2723020f]
195	[0.69020069f,−1.2920198f,1.3371528f]	229	[1.2892880f,−0.29470125f,1.3109380f]

表 B.154（续）

索引	码字	索引	码字
230	[1.3018068f,0.24444859f,1.1395283f]	243	[1.3425349f,0.76303548f,0.82642508f]
231	[1.3033746f,0.21801975f,−0.86836702f]	244	[1.3427644f,−0.81080550f,−0.36291116f]
232	[1.3062525f,1.3187878f,−0.94590237f]	245	[1.3458326f,1.3373128f,0.14996235f]
233	[1.3142774f,−0.23222300f,−1.2623644f]	246	[1.3466734f,0.29827052f,0.48793185f]
234	[1.3143066f,−1.3317007f,−0.16190518f]	247	[1.3480949f,1.3539662f,−0.45544285f]
235	[1.3171308f,−1.3787632f,1.3203915f]	248	[1.3490150f,−0.65855914f,0.76600415f]
236	[1.3171502f,0.75387537f,1.3548042f]	249	[1.3495548f,0.69855344f,0.090070084f]
237	[1.3176877f,0.76102155f,−0.64623219f]	250	[1.3552991f,−0.21167542f,0.076511011f]
238	[1.3252195f,1.3425727f,−1.3888052f]	251	[1.3623463f,−0.29738784f,−0.52319789f]
239	[1.3278801f,−1.2957714f,0.53258890f]	252	[1.3642570f,1.3720534f,1.3592089f]
240	[1.3328323f,−0.91723090f,−1.2557368f]	253	[1.3668396f,−0.67750710f,−0.84107715f]
241	[1.3396866f,−1.2895600f,−0.75372630f]	254	[1.3752030f,0.20673573f,−0.23360960f]
242	[1.3402855f,1.3318856f,0.79763454f]	255	[1.3910052f,−1.3659421f,−1.3143870f]

表 B.155 MCR 旋转角矢量量化码书 codebk_512_3

索引	码字	索引	码字
0	[−1.4400883f,1.3180635f,−0.20580707f]	17	[−1.3937256f,−1.0192423f,−0.11798019f]
1	[−1.4356700f,−0.57885081f,0.55483288f]	18	[−1.3929390f,−1.3952106f,−1.3944285f]
2	[−1.4342753f,−0.091472648f,0.48320651f]	19	[−1.3887112f,0.44555160f,0.48170748f]
3	[−1.4278152f,−0.91362363f,−0.63573462f]	20	[−1.3878273f,1.4166517f,−1.3856636f]
4	[−1.4260329f,−0.13527827f,−0.91311598f]	21	[−1.3845687f,−0.58671463f,−0.48972332f]
5	[−1.4253780f,0.51770574f,−0.090050884f]	22	[−1.3835505f,1.3302583f,1.0673951f]
6	[−1.4191589f,−1.0896257f,−1.1515334f]	23	[−1.3813026f,0.62875342f,−1.1720586f]
7	[−1.4189844f,−0.35456854f,−1.3748356f]	24	[−1.3780494f,0.90205294f,0.17950052f]
8	[−1.4159174f,−0.44217518f,0.034351774f]	25	[−1.3721784f,0.91202205f,−0.79992741f]
9	[−1.4154663f,0.16886163f,−1.3500361f]	26	[−1.3688399f,−0.40557072f,1.4377340f]
10	[−1.4151683f,−0.00041518040f,0.017555458f]	27	[−1.3644811f,1.3225337f,0.56577516f]
11	[−1.4126588f,1.3588583f,−0.97476959f]	28	[−1.3641126f,0.42008492f,−0.65130454f]
12	[−1.4020607f,−0.43309686f,1.0550702f]	29	[−1.3608984f,−0.78115737f,0.073878162f]
13	[−1.4007260f,−1.3640832f,0.68763024f]	30	[−1.3592961f,0.91261232f,0.56344724f]
14	[−1.3971883f,0.60526609f,0.95224518f]	31	[−1.3566808f,−0.57204694f,−1.0073689f]
15	[−1.3971747f,−1.3907591f,−0.49562520f]	32	[−1.3513304f,0.073565625f,1.3813269f]
16	[−1.3964462f,0.14201191f,−0.30656254f]	33	[−1.3496841f,−0.93178779f,1.3180436f]

表 B.155（续）

索引	码字	索引	码字
34	[−1.3488214f,1.3777514f,1.4151870f]	68	[−1.0762067f,−0.97524649f,−0.70360583f]
35	[−1.3485893f,−1.3491904f,1.1112950f]	69	[−1.0749021f,0.070239820f,0.55926299f]
36	[−1.3464876f,0.99316615f,0.91421551f]	70	[−1.0674920f,−0.49108213f,−0.044069685f]
37	[−1.3405290f,0.83371955f,1.3894404f]	71	[−1.0615717f,−0.65594590f,−0.72749674f]
38	[−1.3384347f,0.85122091f,−0.39074111f]	72	[−1.0601835f,−0.31126177f,0.85054404f]
39	[−1.3329118f,0.12879662f,0.92123967f]	73	[−1.0566983f,0.46205759f,0.56931609f]
40	[−1.3328358f,−1.3173177f,−0.86292601f]	74	[−1.0472505f,−0.37826508f,−1.3783590f]
41	[−1.3291700f,1.3641635f,0.12990695f]	75	[−1.0429209f,−0.83886766f,0.95998347f]
42	[−1.3283881f,−1.3457277f,1.4296672f]	76	[−1.0419664f,1.3993117f,−0.19522223f]
43	[−1.3235695f,−1.3828837f,−1.1203737f]	77	[−1.0391026f,0.58498722f,0.11211069f]
44	[−1.3227525f,−1.4186015f,0.0029724124f]	78	[−1.0341046f,0.56362951f,−0.34984392f]
45	[−1.3145522f,1.0137129f,−1.3522438f]	79	[−1.0268669f,−0.99216563f,−1.0003103f]
46	[−1.2923472f,−0.28047335f,−0.32732475f]	80	[−1.0198346f,0.98289549f,−0.18932147f]
47	[−1.2907757f,−1.3106556f,0.36329153f]	81	[−1.0163224f,−1.3930190f,−1.3931437f]
48	[−1.2639199f,−1.0413105f,0.78497219f]	82	[−1.0085649f,0.44844326f,1.0218763f]
49	[−1.2635672f,1.3528514f,−0.59526867f]	83	[−1.0009197f,−0.59838402f,−0.37870973f]
50	[−1.2629095f,−1.1199740f,−1.4454833f]	84	[−0.99559313f,1.0719529f,1.2551913f]
51	[−1.2487111f,−0.35374033f,−0.67892027f]	85	[−0.99490982f,1.0137339f,−1.0216709f]
52	[−1.2458527f,−0.89427471f,−0.95964676f]	86	[−0.98485583f,−1.0642005f,0.059131555f]
53	[−1.2419939f,−0.79451936f,−1.3685310f]	87	[−0.97559768f,−0.38795859f,−0.95004463f]
54	[−1.2286240f,0.22629526f,0.21490686f]	88	[−0.97490096f,0.72658199f,−0.76612234f]
55	[−1.1932223f,−0.81409919f,0.42565575f]	89	[−0.96953231f,0.79389989f,0.79323381f]
56	[−1.1928260f,−0.83244443f,−0.30956218f]	90	[−0.93212306f,−1.4051991f,1.3516250f]
57	[−1.1529875f,0.011693430f,−0.92352033f]	91	[−0.92664778f,1.3668789f,0.86247158f]
58	[−1.1505314f,−1.2320000f,−0.46723244f]	92	[−0.92101324f,0.080123894f,−1.4158942f]
59	[−1.1281781f,0.46525460f,1.3940730f]	93	[−0.91968995f,−0.15298399f,−0.60428554f]
60	[−1.1199569f,0.060726788f,−0.41956508f]	94	[−0.91893476f,1.4111624f,0.31059211f]
61	[−1.1173466f,−0.37005788f,0.43833309f]	95	[−0.91197741f,−1.3539966f,−0.80402595f]
62	[−1.1109192f,1.4467642f,−1.1026793f]	96	[−0.91114992f,0.023803629f,1.0644789f]
63	[−1.1094134f,−0.088032544f,0.12471572f]	97	[−0.89197659f,1.0686698f,0.23549999f]
64	[−1.1038934f,−1.1577064f,−1.1779510f]	98	[−0.89134878f,−0.95910412f,−0.44841310f]
65	[−1.0997031f,0.33599204f,−0.93071944f]	99	[−0.88981301f,−0.13020124f,−0.052397024f]
66	[−1.0933812f,0.44843248f,−1.3100871f]	100	[−0.88586390f,1.3642052f,−1.4289737f]
67	[−1.0815840f,−0.61806381f,1.3008270f]	101	[−0.88481861f,−0.66987097f,−1.0977179f]

表 B.155（续）

索引	码字	索引	码字
102	[−0.87874633f,−1.3906440f,−0.14459111f]	136	[−0.69755810f,0.71749711f,1.3114309f]
103	[−0.87422687f,0.24576934f,−0.15435420f]	137	[−0.69520611f,1.4049437f,−1.0574710f]
104	[−0.87368083f,−0.92825431f,−0.92225212f]	138	[−0.68840285f,−0.73330735f,1.3626419f]
105	[−0.86423153f,−0.21843378f,1.4305915f]	139	[−0.68526500f,0.15038814f,0.64679044f]
106	[−0.86245990f,−1.0151973f,1.3495994f]	140	[−0.67723548f,−1.4028138f,−0.53079027f]
107	[−0.86245358f,−1.0338224f,0.52519125f]	141	[−0.67442489f,−0.87100750f,0.92618942f]
108	[−0.84415847f,−0.85724366f,−1.3910178f]	142	[−0.66276181f,−0.33473009f,−0.84559679f]
109	[−0.83940679f,0.74523050f,−1.4083352f]	143	[−0.65615189f,0.57923669f,−0.094811402f]
110	[−0.83521479f,−0.44106027f,−0.53530771f]	144	[−0.64904892f,0.40715757f,0.93557531f]
111	[−0.83217841f,0.27859947f,−0.58632648f]	145	[−0.64121646f,1.3787799f,−0.17196712f]
112	[−0.82942992f,−1.3502873f,0.87948161f]	146	[−0.63525850f,0.59558004f,−0.74333656f]
113	[−0.82584900f,0.051929042f,−0.98279667f]	147	[−0.63309872f,−1.1517293f,−1.3994412f]
114	[−0.82390946f,−0.59051824f,0.22189853f]	148	[−0.62532687f,−0.37774649f,−0.33148760f]
115	[−0.82257682f,1.4289694f,1.3564472f]	149	[−0.61939782f,−0.71288401f,−0.39356032f]
116	[−0.81783628f,−0.22703072f,0.45707360f]	150	[−0.61917996f,0.95769191f,−0.065230891f]
117	[−0.81455177f,−0.14957117f,−0.34871799f]	151	[−0.61023962f,0.56442267f,−1.1312191f]
118	[−0.80764943f,0.36207646f,0.26716614f]	152	[−0.60800976f,0.93776506f,−0.96729106f]
119	[−0.80591273f,−1.1259795f,−1.0861064f]	153	[−0.60754240f,−0.053896468f,−0.097639792f]
120	[−0.80093902f,0.99800861f,−0.55166483f]	154	[−0.60436475f,−0.61890513f,−1.4069533f]
121	[−0.79282409f,1.0419794f,0.62274754f]	155	[−0.60079104f,0.34003201f,−1.4318762f]
122	[−0.78525001f,−0.78537780f,−0.78588372f]	156	[−0.59793860f,1.1363311f,1.2372698f]
123	[−0.78284371f,−1.4074211f,0.43114123f]	157	[−0.58205754f,0.097458303f,−0.76336563f]
124	[−0.78248870f,1.3954036f,−0.50294220f]	158	[−0.58029962f,−1.0635581f,−0.30386788f]
125	[−0.78202200f,−0.79387647f,−0.089543834f]	159	[−0.56890827f,0.75205314f,−0.38783562f]
126	[−0.77810484f,0.053513855f,0.20587781f]	160	[−0.56611139f,−1.2790790f,0.15730540f]
127	[−0.75192428f,−1.4262314f,−1.2115661f]	161	[−0.56567246f,−0.57258207f,−1.0966749f]
128	[−0.74407178f,0.70801449f,0.39196724f]	162	[−0.56364369f,−1.0099305f,−0.72709846f]
129	[−0.73625880f,−0.66684276f,−0.65219498f]	163	[−0.55260825f,−0.56504762f,−0.55782366f]
130	[−0.73585820f,−0.76360637f,0.48415917f]	164	[−0.54387420f,−0.93992984f,−1.0742831f]
131	[−0.73300385f,0.19430782f,1.3981608f]	165	[−0.53541172f,0.070338473f,−0.36336744f]
132	[−0.72899199f,−0.41012138f,1.1894943f]	166	[−0.52869266f,−0.17593214f,0.23250669f]
133	[−0.72716320f,−0.44694024f,0.74410069f]	167	[−0.52774549f,0.23152968f,0.36623725f]
134	[−0.70874214f,−0.20563938f,−1.2736363f]	168	[−0.52494735f,1.3832766f,0.64266336f]
135	[−0.70471734f,−0.38245472f,0.035096757f]	169	[−0.52260995f,−0.67323315f,−0.82725281f]

表 B.155（续）

索引	码字	索引	码字
170	[−0.51205641f,−0.11992446f,1.0207212f]	204	[−0.30673525f,0.47448999f,−0.15611462f]
171	[−0.51098162f,0.17725377f,0.022759601f]	205	[−0.30263329f,−0.017775336f,0.14213979f]
172	[−0.50857323f,1.3129951f,−0.75936162f]	206	[−0.30255255f,−0.78331023f,1.4020973f]
173	[−0.50614506f,−0.91138953f,0.081756823f]	207	[−0.29925346f,0.018411072f,1.3742102f]
174	[−0.50012738f,0.88406390f,0.92145598f]	208	[−0.29636285f,−0.0077633723f,0.40943608f]
175	[−0.49782780f,1.0993366f,−1.3639368f]	209	[−0.28001899f,−0.72642213f,−0.61254799f]
176	[−0.48020893f,−0.29375708f,−0.65117818f]	210	[−0.27736014f,0.34804678f,0.69542444f]
177	[−0.47433805f,−0.58012164f,−0.038375273f]	211	[−0.27601442f,−0.50727522f,−0.89475280f]
178	[−0.46060285f,0.35741550f,−0.46387613f]	212	[−0.27398679f,0.040886909f,−0.52473712f]
179	[−0.45327285f,−0.56092703f,0.24010499f]	213	[−0.27291405f,−0.10796276f,−0.77998054f]
180	[−0.45081976f,−0.37682435f,0.57663989f]	214	[−0.27032331f,1.4381018f,−1.3955157f]
181	[−0.44429201f,0.161746351f,−1.1888292f]	215	[−0.26985666f,−0.14554110f,−1.4187219f]
182	[−0.43511939f,−1.3004433f,1.4192207f]	216	[−0.26803559f,−1.0433671f,1.0869431f]
183	[−0.43234617f,−1.1164914f,0.62494910f]	217	[−0.26606807f,0.65716738f,−0.77850050f]
184	[−0.41757900f,1.3642174f,0.10905296f]	218	[−0.26018977f,0.56947631f,1.1559467f]
185	[−0.40720260f,−1.4226040f,1.0063964f]	219	[−0.25886250f,−0.75223339f,−0.21389432f]
186	[−0.40610605f,−0.55423093f,1.0687888f]	220	[−0.25828055f,0.097216882f,−0.20740305f]
187	[−0.40220383f,−1.3716573f,−0.87599945f]	221	[−0.25444722f,1.2770638f,1.4164782f]
188	[−0.39792150f,−0.29554737f,−0.20506991f]	222	[−0.25145411f,0.30122244f,1.0262960f]
189	[−0.39353973f,0.64915472f,0.54002208f]	223	[−0.25090480f,−0.19399293f,−0.41485530f]
190	[−0.39153790f,−1.4447366f,−0.20437348f]	224	[−0.24577402f,−0.52981836f,−1.2873609f]
191	[−0.38742939f,0.41102460f,1.4304196f]	225	[−0.24312197f,0.84915560f,1.3878915f]
192	[−0.36546397f,−0.46773693f,−0.43107527f]	226	[−0.24150258f,0.27695692f,0.16274378f]
193	[−0.35315594f,0.53747684f,0.24512865f]	227	[−0.24013439f,−0.91320217f,−0.89532822f]
194	[−0.34965813f,−0.21399438f,−1.1165773f]	228	[−0.23293754f,−0.31165585f,0.26379585f]
195	[−0.34820783f,−0.010559862f,0.67040688f]	229	[−0.23136574f,−1.4114199f,0.55000836f]
196	[−0.34486026f,1.0199274f,0.44265461f]	230	[−0.22904225f,−1.1239504f,−0.19092698f]
197	[−0.34263557f,1.3626446f,1.0695939f]	231	[−0.22517721f,0.26221198f,−0.93552369f]
198	[−0.33717784f,−0.17692268f,0.0027328467f]	232	[−0.22308914f,−1.2464008f,−1.1599448f]
199	[−0.33590075f,0.80067044f,0.051951371f]	233	[−0.22057068f,1.4170178f,−0.47949353f]
200	[−0.33123666f,−0.31955147f,1.4126034f]	234	[−0.21872528f,1.1488417f,−0.18348083f]
201	[−0.32924521f,−1.4309163f,−1.4211754f]	235	[−0.21274270f,−0.91128701f,−1.3674811f]
202	[−0.32817203f,−0.67574203f,0.53462982f]	236	[−0.21051997f,−0.32549536f,0.86988753f]
203	[−0.32739857f,0.98129123f,−0.63868713f]	237	[−0.20963420f,0.78040874f,−1.3976300f]

表 B.155（续）

索引	码字	索引	码字
238	[−0.20531633f,−1.2452871f,−0.61678147f]	272	[−0.0024081024f,1.1179549f,−0.62770736f]
239	[−0.16761567f,−0.85695755f,0.27736303f]	273	[0.0068528764f,0.44882944f,0.13306324f]
240	[−0.16504635f,−0.48807991f,−0.094124801f]	274	[0.010105182f,−0.53760279f,0.15163004f]
241	[−0.15973504f,−0.20595990f,−0.18176548f]	275	[0.011525921f,−0.38296485f,1.2164767f]
242	[−0.15971613f,0.31945288f,0.40748140f]	276	[0.015683148f,−0.076504119f,−0.59639102f]
243	[−0.15339644f,0.28988570f,−0.67592663f]	277	[0.017927466f,0.012259044f,0.16323672f]
244	[−0.15249465f,0.38806033f,−1.3933979f]	278	[0.027674530f,−0.28497154f,−1.1248459f]
245	[−0.14843301f,−0.77970690f,0.78761280f]	279	[0.032766420f,0.055783339f,0.043029457f]
246	[−0.14449467f,0.21129850f,−0.010093558f]	280	[0.035100456f,0.70489424f,0.012523727f]
247	[−0.14152865f,0.029002661f,0.029362608f]	281	[0.044433430f,0.069084078f,−0.12205961f]
248	[−0.14095102f,0.76268446f,0.79888612f]	282	[0.048720822f,−0.20108269f,0.65491027f]
249	[−0.12709405f,1.3552003f,−1.0067986f]	283	[0.048889380f,1.4057205f,0.026346907f]
250	[−0.10874959f,0.34819460f,−0.34952804f]	284	[0.049101871f,0.21694839f,0.028498869f]
251	[−0.10278723f,0.14952321f,0.26383471f]	285	[0.052021954f,−1.4180281f,1.3885798f]
252	[−0.092048012f,−0.37975210f,−0.72888952f]	286	[0.055970680f,−0.011451564f,0.043863192f]
253	[−0.087198183f,1.4091209f,0.42652488f]	287	[0.056367051f,−1.3432359f,−0.29049540f]
254	[−0.080644675f,−1.3034797f,0.11594386f]	288	[0.057228494f,−0.18828318f,0.30983570f]
255	[−0.073308080f,0.88554454f,−1.0185139f]	289	[0.061368756f,−1.1467031f,0.63518196f]
256	[−0.069609314f,0.79154122f,−0.31188902f]	290	[0.061454602f,0.54072124f,−0.55214965f]
257	[−0.064768136f,−0.46416274f,−0.39907488f]	291	[0.064196482f,0.96897995f,1.0029477f]
258	[−0.047104828f,1.3207853f,0.81802642f]	292	[0.069591053f,−0.32318822f,−0.10086992f]
259	[−0.044592336f,−0.080921106f,−0.94905037f]	293	[0.071642585f,0.24329090f,0.61930382f]
260	[−0.042033892f,0.97545230f,0.14386812f]	294	[0.071834497f,0.12280567f,−0.32560882f]
261	[−0.037409805f,−0.19274229f,0.073041514f]	295	[0.073254257f,−0.62188351f,−1.4373064f]
262	[−0.034195662f,0.67882216f,0.46098265f]	296	[0.081583261f,−0.87513411f,−0.016424568f]
263	[−0.028303487f,−0.068915993f,−0.34557107f]	297	[0.081980236f,−0.084852062f,1.4376342f]
264	[−0.027150294f,0.095013939f,−1.2656416f]	298	[0.087285630f,−0.96992475f,−1.1541976f]
265	[−0.023773393f,0.029326092f,0.85379398f]	299	[0.087524794f,0.28116903f,1.3916914f]
266	[−0.019395230f,−0.91276145f,−0.41064662f]	300	[0.090387382f,0.12990800f,0.29718456f]
267	[−0.018340781f,−0.081045128f,−0.11599251f]	301	[0.093252279f,1.1031581f,−1.3448324f]
268	[−0.012243708f,−0.48281229f,0.45939285f]	302	[0.099549748f,0.064609617f,0.056978915f]
269	[−0.010528433f,−0.0060152328f,0.49935406f]	303	[0.10193023f,−0.62467587f,−0.92682326f]
270	[−0.0093507972f,0.017297238f,1.1130502f]	304	[0.10721681f,1.3865498f,1.3407658f]
271	[−0.0045926226f,−0.0043221605f,−0.0041797115f]	305	[0.11508547f,0.53791797f,−1.0181811f]

表 B.155（续）

索引	码字	索引	码字
306	[0.11765409f,0.14585006f,−0.88880765f]	340	[0.31276116f,−0.25424683f,0.13699274f]
307	[0.11796279f,0.37419221f,0.95144135f]	341	[0.31473383f,0.97382396f,−0.10372343f]
308	[0.11874667f,0.41311488f,−0.15636961f]	342	[0.31535950f,0.86884934f,−0.64762461f]
309	[0.12763597f,−1.0510480f,1.4239182f]	343	[0.34237874f,−1.1639509f,0.038234886f]
310	[0.13002475f,0.16249636f,−0.59957427f]	344	[0.34244007f,−0.052443866f,1.0717546f]
311	[0.13072230f,−0.65869546f,−0.56135160f]	345	[0.35387608f,0.020222262f,0.38183871f]
312	[0.14664498f,−1.1105283f,−0.75658864f]	346	[0.36608076f,0.0023123124f,−1.1273677f]
313	[0.14956900f,−0.56718272f,0.88668150f]	347	[0.37329125f,1.3630322f,0.60152286f]
314	[0.15503806f,−1.3896911f,−0.95419973f]	348	[0.37538132f,0.62752616f,−0.40854490f]
315	[0.15830562f,0.65689248f,1.3167371f]	349	[0.37596193f,−0.047428347f,0.70921159f]
316	[0.16340837f,−0.54787505f,−0.11382289f]	350	[0.38074622f,0.24011649f,−0.047233097f]
317	[0.17282243f,−0.17180355f,−0.22911328f]	351	[0.38252234f,−0.37519917f,0.53597277f]
318	[0.17408340f,0.95116198f,0.66283482f]	352	[0.38922691f,−0.073341653f,−0.35187683f]
319	[0.19242211f,−0.17796269f,−1.4407824f]	353	[0.39185300f,0.28226647f,−0.36079490f]
320	[0.19339144f,1.1370969f,0.35952485f]	354	[0.39203453f,0.54948771f,0.029164745f]
321	[0.19740868f,−0.70121443f,1.3558984f]	355	[0.39213920f,1.4087236f,0.95650101f]
322	[0.19770709f,−1.3399314f,−1.3780979f]	356	[0.39446196f,−1.4221199f,−0.28953424f]
323	[0.20202054f,1.4199086f,−1.3151195f]	357	[0.39709824f,−1.3551204f,0.66761506f]
324	[0.21168353f,−1.3864744f,1.0597354f]	358	[0.40111485f,1.2406849f,−0.99247265f]
325	[0.21242915f,−0.35429555f,−0.47123456f]	359	[0.40262049f,−0.59596717f,0.19203015f]
326	[0.21386878f,0.59605098f,0.72438318f]	360	[0.40988177f,−0.71740210f,−0.23734936f]
327	[0.22522116f,1.2756573f,−0.27042359f]	361	[0.41885179f,−0.28103167f,1.3793814f]
328	[0.23083800f,0.40217435f,0.35391223f]	362	[0.41958091f,0.26064861f,0.74038339f]
329	[0.23326464f,0.98764360f,1.4074887f]	363	[0.42364919f,−1.0332385f,−0.46251872f]
330	[0.24417499f,−0.00040250079f,0.029653506f]	364	[0.42677420f,0.53839177f,1.0406929f]
331	[0.25409642f,−0.28097671f,−0.82608157f]	365	[0.43188691f,−0.59829372f,−1.3043219f]
332	[0.25881982f,−0.84293741f,0.43536589f]	366	[0.44471401f,−0.028722750f,−0.66200030f]
333	[0.25901380f,0.23375727f,0.16499165f]	367	[0.45512572f,0.31971622f,−0.77964866f]
334	[0.26086411f,−1.4149516f,0.23599266f]	368	[0.47206566f,−0.61012948f,−0.68834746f]
335	[0.29213986f,1.4020587f,−0.63106734f]	369	[0.47728047f,−0.86586547f,−0.95088005f]
336	[0.29412889f,0.76882225f,0.31631452f]	370	[0.48475337f,0.36183169f,0.40830502f]
337	[0.29764417f,0.31056243f,−1.3860478f]	371	[0.48618951f,−0.96205938f,−1.3931414f]
338	[0.30026263f,−0.90521234f,0.96371895f]	372	[0.49457306f,0.23284635f,1.3219557f]
339	[0.30807197f,0.76150376f,−1.3502616f]	373	[0.49532962f,0.99781537f,0.79699713f]

表 B.155(续)

索引	码字	索引	码字
374	[0.49976075f,1.3881928f,0.074976370f]	408	[0.76907611f,−1.3957295f,0.23206612f]
375	[0.51231235f,1.0876158f,1.1346165f]	409	[0.77131027f,−0.58274764f,0.35557020f]
376	[0.51260483f, 0.36501819f, 0.13084863f]	410	[0.78404963f,0.072796024f, 1.2167495f]
377	[0.52083218f,1.3518680f,1.3915967f]	411	[0.78443986f,0.057574015f,−0.32477087f]
378	[0.52108884f,−0.0045752935f,0.00074157288f]	412	[0.78554934f,−0.73246866f,−0.37824890f]
379	[0.55279660f,−0.43867287f,0.88774532f]	413	[0.79882067f,0.51435393f,0.26783499f]
380	[0.55892771f,0.60657698f,0.53522491f]	414	[0.80103427f,1.2826197f,0.78481793f]
381	[0.57010949f,0.50934100f,−1.1161879f]	415	[0.81400818f,−1.3635002f,0.87678039f]
382	[0.57498503f,−0.99691129f,1.3063225f]	416	[0.84432334f,0.72366774f,0.51310325f]
383	[0.57843196f,1.0151829f,0.40312576f]	417	[0.84570724f,0.88729286f,−0.50974411f]
384	[0.58022940f,0.70242441f,1.3910269f]	418	[0.84717995f,−0.72844011f,−1.0484126f]
385	[0.58112562f,−0.36839518f,−0.96648198f]	419	[0.85154384f,−0.0015997913f,0.13083003f]
386	[0.59554249f,−0.93553621f,0.064939700f]	420	[0.85529608f,−0.078771129f,1.2582935f]
387	[0.59628844f,−1.3371408f,−1.0985873f]	421	[0.86074585f,−0.38655627f,−0.091175824f]
388	[0.60106856f,1.3779908f,−1.3353438f]	422	[0.86080551f,0.44810942f,−1.4116300f]
389	[0.60118222f,−1.3364908f,−0.67611438f]	423	[0.86421227f,0.81286043f,0.77684027f]
390	[0.62195379f,1.3035874f,−0.42786446f]	424	[0.86667424f,0.93156439f,0.14566763f]
391	[0.63504380f,−0.28967744f,0.26787502f]	425	[0.87114048f,1.3883071f,1.2325047f]
392	[0.64913923f,0.82039827f,−0.10995648f]	426	[0.87770593f,−0.23108622f,0.67457545f]
393	[0.64963734f,0.69331759f,0.74168521f]	427	[0.87833989f,−1.4114630f,−1.3073806f]
394	[0.65014279f,−1.0315297f,0.62927020f]	428	[0.87842584f,1.3776960f,−0.82979548f]
395	[0.65325916f,−0.32999730f,−0.46201527f]	429	[0.88319737f,0.40188333f,0.75249183f]
396	[0.65438801f,0.19308378f,0.17853388f]	430	[0.89850193f,−0.95733321f,−0.71644986f]
397	[0.66399014f,−1.3792955f,1.3993363f]	431	[0.91590035f,0.37519246f,1.3623590f]
398	[0.66848934f,0.87426424f,−0.95615393f]	432	[0.91652131f,−0.82551992f,0.90774447f]
399	[0.67952865f,−0.22322169f,−1.3906139f]	433	[0.91681576f,−0.49608380f,−0.69415694f]
400	[0.68728006f,0.19851369f,0.96839225f]	434	[0.92882639f,0.39868295f,−0.86077160f]
401	[0.68766916f,0.75044489f,1.0295192f]	435	[0.93707877f,1.2911482f,−0.15243101f]
402	[0.70905465f,−0.50974780f,1.3331844f]	436	[0.94141030f,0.91492993f,1.3674922f]
403	[0.73398077f,0.52656943f,−0.53437620f]	437	[0.94440204f,1.3595235f,0.36334875f]
404	[0.74973017f,0.40508279f,−0.090295322f]	438	[0.95513779f,−1.3396089f,−0.27263457f]
405	[0.75700021f,0.058730163f,0.48997116f]	439	[0.95817345f,0.59720343f,1.0079854f]
406	[0.76330954f,0.94609267f,−1.3971617f]	440	[0.96800923f,−0.99996221f,0.11524771f]
407	[0.76591998f,0.0077651725f,−0.76298165f]	441	[0.96870184f,1.0164391f,0.99436951f]

表 B.155（续）

索引	码字	索引	码字
442	[0.97334957f,−1.0240057f,−1.2557679f]	477	[1.3348885f,−1.4305394f,0.68539882f]
443	[0.98887497f,−0.50883442f,−1.3922683f]	478	[1.3365403f,0.14518517f,1.3869923f]
444	[1.0016401f,−0.82965428f,0.45194021f]	479	[1.3366330f,0.46751875f,−0.55732423f]
445	[1.0049911f,1.3781247f,−1.3606632f]	480	[1.3401244f,−1.3499901f,0.14316085f]
446	[1.0083910f,−0.84636068f,1.4118332f]	481	[1.3424226f,−0.71399838f,−0.81941897f]
447	[1.0214846f,−0.46294534f,1.0250154f]	482	[1.3428166f,1.1043009f,1.3144779f]
448	[1.0479033f,1.0218496f,0.58955878f]	483	[1.3556057f,−0.82652545f,−1.3866073f]
449	[1.0480572f,−0.19962166f,−1.0376743f]	484	[1.3594694f,−0.35333082f,0.62423903f]
450	[1.0583706f,0.36243525f,−0.19469285f]	485	[1.3657802f,−1.0721509f,−1.0891601f]
451	[1.0591562f,−1.3564174f,−0.81439346f]	486	[1.3688262f,−1.3688959f,−1.3965334f]
452	[1.0685892f,0.77250874f,−0.16018793f]	487	[1.3752595f,−1.0573173f,−0.15912682f]
453	[1.0715904f,−0.084562466f,−0.12857610f]	488	[1.3767130f,−1.0858297f,0.95215899f]
454	[1.0729251f,0.97229111f,−0.95837027f]	489	[1.3768374f,1.3799316f,−0.50904560f]
455	[1.0836333f,−1.3030455f,1.1858792f]	490	[1.3823633f,1.3583729f,−0.96085286f]
456	[1.0887735f,0.17348967f,0.60435671f]	491	[1.3889277f,−0.71833247f,0.77401084f]
457	[1.1199105f,1.1524906f,−0.52222437f]	492	[1.3898250f,1.3559030f,0.49845713f]
458	[1.1218131f,0.090183750f,−0.53954345f]	493	[1.3920531f,1.3663716f,−1.3739344f]
459	[1.1486447f,0.54301542f,0.27615163f]	494	[1.3923610f,0.88708717f,0.84005785f]
460	[1.1512771f,−0.76815122f,−0.44453949f]	495	[1.3930762f,−1.3842126f,−0.45024648f]
461	[1.1662215f,−0.33260939f,−0.51059264f]	496	[1.3956052f,1.3568044f,−0.084415674f]
462	[1.1773090f,−0.27628762f,0.29619974f]	497	[1.3959311f,−1.0415545f,−0.67776901f]
463	[1.1796287f,−0.61356372f,−0.013973412f]	498	[1.3979228f,0.78881651f,−0.79957843f]
464	[1.2509181f,0.51934093f,−1.2230215f]	499	[1.3981405f,−1.3759710f,1.3851763f]
465	[1.2608687f,0.17428038f,0.20204659f]	500	[1.4010274f,−0.85349810f,1.3071977f]
466	[1.2632874f,0.60493928f,0.71357960f]	501	[1.4010565f,−0.41487357f,−0.99095738f]
467	[1.2659740f,−0.047487147f,0.96087080f]	502	[1.4019911f,−1.4119751f,−1.0200670f]
468	[1.2711974f,−1.1580906f,0.50519264f]	503	[1.4076694f,0.74106544f,0.34333816f]
469	[1.2995591f,0.36637795f,1.0731094f]	504	[1.4171585f,0.11736790f,−1.0128124f]
470	[1.3014883f,−0.016859619f,−1.4164088f]	505	[1.4173287f,0.32981947f,−0.078150325f]
471	[1.3087119f,1.3657569f,0.93859786f]	506	[1.4209902f,−0.73518813f,0.31093445f]
472	[1.3142600f,1.0770515f,0.12096106f]	507	[1.4222261f,0.11711004f,0.58349836f]
473	[1.3200170f,−0.37399992f,1.3584285f]	508	[1.4222479f,−0.19480775f,−0.034660581f]
474	[1.3246061f,1.4198557f,1.4025842f]	509	[1.4285136f,−0.063464396f,−0.49523908f]
475	[1.3332019f,0.89131564f,−1.3505647f]	510	[1.4343183f,0.84232163f,−0.28210145f]
476	[1.3332667f,0.66177845f,1.3062588f]	511	[1.4643381f,−0.59911138f,−0.37539181f]

表 B.156 MCR 旋转角矢量量化码书 codebk_1024_3

索引	码字	索引	码字
0	[−1.5053649f,0.25751102f,0.51311249f]	34	[−1.4255778f,−0.38854450f,0.54722011f]
1	[−1.4903916f,−1.3902203f,−1.1588409f]	35	[−1.4254408f,0.41437238f,1.4814770f]
2	[−1.4793656f,0.077861488f,1.0000411f]	36	[−1.4248381f,0.78237367f,0.62650630f]
3	[−1.4789387f,0.061679583f,0.032751720f]	37	[−1.4220361f,−1.4399533f,1.1513472f]
4	[−1.4747163f,−1.4158487f,−0.85085481f]	38	[−1.4199203f,0.17196524f,−0.25100166f]
5	[−1.4671323f,1.4105653f,0.73518562f]	39	[−1.4186568f,1.4502988f,−1.1400152f]
6	[−1.4664502f,−1.1291001f,−1.2121741f]	40	[−1.4181105f,−1.1921564f,1.4731256f]
7	[−1.4637660f,1.4208577f,1.1413994f]	41	[−1.4179630f,−1.4292310f,−0.45364064f]
8	[−1.4636645f,1.4741256f,−1.4466962f]	42	[−1.4170883f,0.68063241f,1.1044056f]
9	[−1.4595954f,−0.44583803f,−1.4001428f]	43	[−1.4110985f,−1.4435889f,1.4630997f]
10	[−1.4595172f,−1.4573404f,−1.4551481f]	44	[−1.4102217f,−1.4559358f,0.27837339f]
11	[−1.4593934f,−1.4499476f,0.78878045f]	45	[−1.4063456f,−0.41137758f,−0.58191264f]
12	[−1.4584494f,−1.0481149f,−0.53064156f]	46	[−1.4063036f,1.1977826f,0.015297109f]
13	[−1.4572849f,−0.47031546f,−0.066062532f]	47	[−1.4059727f,0.12706454f,−1.2390356f]
14	[−1.4569836f,−0.86982477f,−0.90145147f]	48	[−1.4013981f,0.54631656f,−0.54437143f]
15	[−1.4546263f,−0.14265518f,1.3869063f]	49	[−1.4006435f,−0.52746820f,1.2822952f]
16	[−1.4524930f,1.4005530f,−0.82523268f]	50	[−1.4004998f,−0.034019768f,0.67480093f]
17	[−1.4509391f,0.54798919f,−0.17975108f]	51	[−1.3969842f,0.92429781f,−0.33350539f]
18	[−1.4499363f,−0.58921534f,−0.43047273f]	52	[−1.3965629f,0.54299808f,0.86476630f]
19	[−1.4499091f,−0.0067682164f,−0.94510221f]	53	[−1.3958796f,0.49927408f,−1.0266141f]
20	[−1.4445018f,1.4613693f,−0.37294477f]	54	[−1.3947600f,1.4182472f,0.34735581f]
21	[−1.4430145f,−0.81244391f,0.42446929f]	55	[−1.3939766f,1.4702067f,0.060029563f]
22	[−1.4419870f,−1.3889068f,−0.062374659f]	56	[−1.3916820f,−1.0258669f,−0.042942092f]
23	[−1.4345648f,1.0045111f,−1.0278274f]	57	[−1.3888611f,−0.86834353f,1.4108191f]
24	[−1.4344734f,1.0581443f,1.0385506f]	58	[−1.3885915f,0.91634572f,1.4190005f]
25	[−1.4324927f,0.43242383f,−1.4455984f]	59	[−1.3859268f,0.22157545f,−0.63417798f]
26	[−1.4311155f,0.99038076f,−1.3839934f]	60	[−1.3858095f,−1.1370916f,1.0010495f]
27	[−1.4303968f,−0.33527139f,−1.0233232f]	61	[−1.3828118f,−0.49185342f,0.83824450f]
28	[−1.4295077f,0.80064780f,0.25271603f]	62	[−1.3799484f,0.20467740f,1.2919395f]
29	[−1.4292123f,1.4472563f,1.4601660f]	63	[−1.3761078f,1.2068896f,1.3323084f]
30	[−1.4280673f,1.1484582f,0.50242114f]	64	[−1.3758025f,−0.20262340f,−0.36945778f]
31	[−1.4276364f,−0.78094411f,1.0420747f]	65	[−1.3729994f,−0.18841210f,−0.040153872f]
32	[−1.4268055f,−1.2647604f,0.49460205f]	66	[−1.3710315f,−1.0185122f,0.67323238f]
33	[−1.4263854f,0.78017712f,−0.69891441f]	67	[−1.3642502f,−0.13192134f,−0.69012302f]

表 B.156（续）

索引	码字	索引	码字
68	[−1.3624356f,−1.3602266f,−1.3332528f]	102	[−1.1898561f,0.98980099f,0.48938248f]
69	[−1.3563944f,−0.99398136f,−1.4497756f]	103	[−1.1847781f,−1.3184222f,1.2208216f]
70	[−1.3531368f,−0.66043591f,−0.77319539f]	104	[−1.1786057f,−1.3598934f,0.16208701f]
71	[−1.3513260f,−0.72584742f,−0.079036683f]	105	[−1.1781321f,−0.29492453f,1.4065118f]
72	[−1.3461622f,−0.17261732f,0.28905690f]	106	[−1.1758168f,−1.4155667f,0.79565877f]
73	[−1.3436660f,−0.73756850f,−1.4049449f]	107	[−1.1704394f,−0.32134384f,−1.0157712f]
74	[−1.3296961f,−1.3918194f,−1.0984802f]	108	[−1.1603045f,0.51466250f,−0.22131625f]
75	[−1.3271033f,−0.86677384f,−0.42147171f]	109	[−1.1554904f,0.87459147f,−0.76812178f]
76	[−1.3258468f,−1.0331291f,−1.1012697f]	110	[−1.1531485f,1.3128574f,−1.0513525f]
77	[−1.3248328f,−0.58731031f,0.22849998f]	111	[−1.1523025f,−0.37902811f,−0.65339053f]
78	[−1.3140483f,1.2709489f,−0.39396650f]	112	[−1.1506139f,0.78289580f,1.3111550f]
79	[−1.3104587f,0.45523289f,0.18199880f]	113	[−1.1470995f,−0.38912937f,0.064883098f]
80	[−1.2952598f,−0.10389184f,−1.4566777f]	114	[−1.1384038f,0.24354254f,0.70586717f]
81	[−1.2896492f,−1.0512413f,−0.77513850f]	115	[−1.1378248f,0.65855026f,−1.3760607f]
82	[−1.2889873f,−1.0212512f,0.25056657f]	116	[−1.1366634f,−0.96485043f,−0.98022616f]
83	[−1.2865936f,−0.082554601f,1.0230417f]	117	[−1.1328410f,−0.57247061f,0.45357499f]
84	[−1.2827606f,−1.3184733f,−0.67985576f]	118	[−1.1317058f,−0.42015514f,−1.3054802f]
85	[−1.2791476f,−0.63701546f,−1.0655415f]	119	[−1.1286800f,0.85296875f,−1.1579621f]
86	[−1.2787149f,1.1664510f,−0.66174066f]	120	[−1.1252180f,−0.89269942f,0.85606545f]
87	[−1.2728001f,0.83632451f,−0.063629247f]	121	[−1.1251963f,−1.0279925f,1.1285830f]
88	[−1.2634910f,−1.3263252f,−1.4452797f]	122	[−1.1245382f,−1.4853550f,−0.22414768f]
89	[−1.2599789f,0.95003396f,0.88026977f]	123	[−1.1224164f,−1.1714550f,0.48294860f]
90	[−1.2536844f,−1.2398850f,−0.16721360f]	124	[−1.1204752f,0.96188337f,0.17643432f]
91	[−1.2495872f,0.26991561f,0.42249554f]	125	[−1.1198183f,0.15095466f,−0.83590162f]
92	[−1.2406397f,0.53182185f,0.58278054f]	126	[−1.1174910f,−1.4481285f,1.4382994f]
93	[−1.2346859f,−1.2462168f,−0.93454951f]	127	[−1.1171657f,0.010760428f,1.3830516f]
94	[−1.2224253f,1.2745342f,−1.4425895f]	128	[−1.1131711f,1.1554565f,−0.23186941f]
95	[−1.2161638f,1.3991721f,0.77425450f]	129	[−1.1126629f,−1.0926161f,−1.1163511f]
96	[−1.2147008f,−1.1855674f,−0.42850149f]	130	[−1.1125097f,−0.89319944f,−0.17988314f]
97	[−1.2144420f,−1.2059414f,−1.2121842f]	131	[−1.1069210f,−0.0011457566f,0.33901837f]
98	[−1.2035062f,0.10587031f,0.055031054f]	132	[−1.0990113f,1.3939600f,0.39278063f]
99	[−1.2024481f,−0.096146964f,−0.21098158f]	133	[−1.0977749f,−0.80879140f,−0.80117613f]
100	[−1.1975337f,−0.61940587f,−0.50766265f]	134	[−1.0977472f,0.44618374f,1.0650755f]
101	[−1.1923605f,1.3564867f,1.1200649f]	135	[−1.0969737f,−1.4863526f,−1.4813118f]

表 B.156（续）

索引	码字	索引	码字
136	[−1.0944489f,−0.38701937f,−0.32249138f]	170	[−0.99362147f,0.24095444f,−0.26957250f]
137	[−1.0871284f,−1.1541557f,−1.4475777f]	171	[−0.99163222f,−1.0984137f,−1.0272115f]
138	[−1.0791916f,0.67909014f,0.39441767f]	172	[−0.99065540f,−0.17280618f,−0.40542912f]
139	[−1.0735989f,0.47962916f,−0.69646984f]	173	[−0.98696107f,−0.85755068f,1.4134247f]
140	[−1.0734512f,−0.28692967f,1.0373747f]	174	[−0.98519856f,0.029677061f,−0.10236053f]
141	[−1.0721911f,−0.74152511f,1.1323684f]	175	[−0.97871387f,−1.4193645f,−0.97663623f]
142	[−1.0714960f,−0.038621362f,0.72691101f]	176	[−0.97833276f,−0.97212684f,−0.99333990f]
143	[−1.0687095f,1.4576739f,−0.61999577f]	177	[−0.97830743f,1.4444762f,1.4549226f]
144	[−1.0632927f,−1.1706098f,1.4422871f]	178	[−0.97793698f,1.0642688f,1.1439718f]
145	[−1.0615592f,−0.61046088f,−0.17991044f]	179	[−0.97627026f,1.4417096f,−1.4020658f]
146	[−1.0606060f,0.22751315f,−1.1153058f]	180	[−0.97193259f,−0.040645059f,−1.4208161f]
147	[−1.0602746f,1.4032151f,−0.034622680f]	181	[−0.97168076f,−0.70594162f,−0.64402241f]
148	[−1.0576105f,−0.36468315f,0.62202066f]	182	[−0.96690720f,−0.92983615f,−0.87038946f]
149	[−1.0559642f,−0.60321945f,1.4510083f]	183	[−0.96262795f,−0.069436491f,0.11417899f]
150	[−1.0457475f,−0.95466220f,−0.47149956f]	184	[−0.95826638f,1.0591295f,−1.3878603f]
151	[−1.0446048f,0.38085598f,1.4107138f]	185	[−0.95143420f,−1.4453744f,0.47227642f]
152	[−1.0434312f,0.79013324f,0.85617608f]	186	[−0.94458830f,0.56374633f,0.80127567f]
153	[−1.0426745f,−0.87833399f,−1.4470385f]	187	[−0.94457710f,−1.4478309f,−0.69705260f]
154	[−1.0394795f,0.37582713f,−1.3450944f]	188	[−0.94115603f,0.076446757f,1.1344225f]
155	[−1.0376652f,1.1228840f,1.4416125f]	189	[−0.93983060f,0.69375372f,0.11502381f]
156	[−1.0375010f,−1.4131042f,−1.2932202f]	190	[−0.93777311f,−1.2963719f,−0.37099329f]
157	[−1.0277324f,−0.84985250f,0.63103837f]	191	[−0.92596084f,−0.41485479f,−0.86879587f]
158	[−1.0264624f,−1.1165816f,−0.69377160f]	192	[−0.92230344f,−0.51408303f,−0.48590025f]
159	[−1.0230147f,0.32230160f,0.25086632f]	193	[−0.92174900f,1.4425406f,1.0332174f]
160	[−1.0217412f,−1.0657952f,0.041324213f]	194	[−0.91647357f,−0.038521703f,−0.92127085f]
161	[−1.0124906f,−0.14789888f,−1.1111225f]	195	[−0.91255957f,1.1640711f,−0.47285265f]
162	[−1.0104281f,0.84349930f,−0.34231582f]	196	[−0.90565556f,1.4439348f,−0.96889848f]
163	[−1.0098816f,−1.3193820f,0.98216885f]	197	[−0.90455854f,0.63248104f,−1.0248163f]
164	[−1.0068868f,1.1839757f,0.82288074f]	198	[−0.90438390f,0.81004035f,−0.67832720f]
165	[−1.0064753f,−0.78184360f,−1.2389977f]	199	[−0.90229982f,−0.36134177f,−0.089575641f]
166	[−1.0045292f,−0.86600941f,0.23702052f]	200	[−0.89580280f,−0.47478586f,1.2732000f]
167	[−1.0007386f,0.10868176f,−0.50653285f]	201	[−0.89366817f,−0.46940225f,−1.4741632f]
168	[−1.0003415f,−0.71713704f,−1.0070063f]	202	[−0.88949186f,1.0446707f,−0.96514922f]
169	[−0.99906558f,−1.2043352f,−1.2103130f]	203	[−0.88222384f,−0.56384176f,0.23264468f]

表 B.156（续）

索引	码字	索引	码字
204	[−0.88215488f,−0.25718990f,0.42208996f]	238	[−0.78543687f,0.12315112f,−1.1185488f]
205	[−0.87326813f,−1.4384302f,−0.051877055f]	239	[−0.78529298f,−0.78555620f,−0.78513521f]
206	[−0.87157100f,1.0635452f,0.35053340f]	240	[−0.77955347f,1.4472610f,−0.052651111f]
207	[−0.86983848f,−0.48076972f,0.91378832f]	241	[−0.77925467f,0.23198350f,−0.76642627f]
208	[−0.86151403f,0.50045991f,−0.46247369f]	242	[−0.77344286f,0.26693815f,−1.4014033f]
209	[−0.85402048f,0.58389711f,1.3608890f]	243	[−0.77248812f,1.3789196f,1.2757629f]
210	[−0.85156673f,0.24289821f,0.93565530f]	244	[−0.76747668f,−0.35961923f,−0.40644729f]
211	[−0.84901756f,−0.20523408f,1.4348090f]	245	[−0.76502049f,−0.0025567596f,−0.33632049f]
212	[−0.84896433f,−0.96995860f,−0.96939969f]	246	[−0.76215625f,−0.036425442f,−0.050434049f]
213	[−0.84889466f,−0.78813535f,−0.0032705443f]	247	[−0.76021844f,−0.52485216f,−0.58880252f]
214	[−0.84868902f,−1.0814786f,−1.1786634f]	248	[−0.75763369f,−0.64986026f,−0.83535564f]
215	[−0.84337622f,0.21437843f,0.62522554f]	249	[−0.75415868f,−1.1864169f,0.59229249f]
216	[−0.83945525f,−0.87401527f,−0.86045426f]	250	[−0.74738204f,−1.3446621f,−1.0984427f]
217	[−0.83922076f,−0.48090819f,−1.1163783f]	251	[−0.73372495f,−0.34238622f,−1.2790395f]
218	[−0.83625478f,0.28894314f,0.010980739f]	252	[−0.73305637f,−1.4621241f,−0.43863055f]
219	[−0.83557892f,1.4079740f,0.68693763f]	253	[−0.73304385f,1.4353732f,0.36457476f]
220	[−0.83430856f,−0.99728197f,−0.27873173f]	254	[−0.73266524f,−1.3550171f,0.27265948f]
221	[−0.83343166f,−1.4088609f,1.3787225f]	255	[−0.73019922f,−1.0232074f,−1.4201593f]
222	[−0.83011746f,−0.91961563f,−0.61594307f]	256	[−0.72483301f,1.4212250f,−1.2268884f]
223	[−0.82386672f,0.98980683f,−0.14145419f]	257	[−0.72227740f,−0.73666638f,−1.3706862f]
224	[−0.82171535f,0.65425748f,−0.14692482f]	258	[−0.71805584f,1.0376976f,1.4717667f]
225	[−0.81371731f,0.64169520f,0.50374246f]	259	[−0.71662480f,0.34171447f,0.29896367f]
226	[−0.80829608f,−1.0623091f,1.3868887f]	260	[−0.71571183f,−1.4058396f,0.90492183f]
227	[−0.80638987f,−1.2821933f,−1.4336951f]	261	[−0.71176654f,−0.64734709f,0.47481507f]
228	[−0.80526227f,1.2706382f,−0.75230151f]	262	[−0.71108609f,−0.78024685f,1.0559138f]
229	[−0.80412519f,0.99241281f,0.71312582f]	263	[−0.70847917f,0.55164665f,−0.85770905f]
230	[−0.80170459f,1.1921804f,0.062762469f]	264	[−0.70712829f,−0.72659439f,−0.99017924f]
231	[−0.80145705f,−0.68857759f,−0.22612454f]	265	[−0.70627350f,−0.68942434f,−0.67460537f]
232	[−0.80105311f,−0.85750073f,−1.1468189f]	266	[−0.70618641f,−0.95560151f,0.42486423f]
233	[−0.79697984f,0.83816677f,1.1167206f]	267	[−0.70359057f,0.024781983f,1.4827179f]
234	[−0.79447138f,−0.27671468f,−0.72461671f]	268	[−0.70341802f,0.58351713f,−1.4386971f]
235	[−0.79144675f,−1.1424077f,−0.057091497f]	269	[−0.70239383f,−1.0743568f,0.97553545f]
236	[−0.78700286f,−0.76351416f,−0.46595395f]	270	[−0.70229769f,−1.1878129f,−0.84634525f]
237	[−0.78567809f,−0.018146543f,0.32054630f]	271	[−0.69594711f,−0.12334752f,0.75181687f]

表 B.156（续）

索引	码字	索引	码字
272	[−0.69232780f,−0.74161047f,1.4811524f]	306	[−0.58222371f,−0.23614517f,−1.0400875f]
273	[−0.68982011f,−0.51145595f,−0.18584917f]	307	[−0.57790715f,−0.19262144f,−0.50797415f]
274	[−0.68337464f,1.1218730f,1.1734278f]	308	[−0.57713068f,0.060461938f,0.038226355f]
275	[−0.68022007f,0.33845106f,−0.28106180f]	309	[−0.57272315f,1.4256539f,0.89971739f]
276	[−0.67821479f,−0.76355219f,0.72635001f]	310	[−0.57049948f,0.98532438f,−0.48282075f]
277	[−0.67226291f,1.4465442f,−0.32103068f]	311	[−0.56947428f,−0.76569086f,−0.80804747f]
278	[−0.67151886f,−0.59844702f,0.13549487f]	312	[−0.56902140f,−0.99264842f,−1.0449059f]
279	[−0.66998881f,−0.25742853f,−0.25464574f]	313	[−0.56669497f,−0.47790056f,0.70138454f]
280	[−0.66520017f,0.68050432f,−1.1430445f]	314	[−0.56512648f,0.69610250f,−0.27294597f]
281	[−0.66153777f,−1.2216314f,−0.57775486f]	315	[−0.56006783f,0.77846885f,1.4439443f]
282	[−0.65600532f,0.79554933f,0.16088553f]	316	[−0.55772066f,1.3597558f,−0.59584296f]
283	[−0.64981687f,−0.14383487f,−1.4564116f]	317	[−0.55086970f,1.3933767f,1.4665363f]
284	[−0.64885741f,−0.84206188f,−0.32354736f]	318	[−0.54580128f,−1.4501849f,−1.2463911f]
285	[−0.64598912f,1.0886774f,−1.3905896f]	319	[−0.52738178f,−0.066339292f,−0.81352979f]
286	[−0.64556086f,−0.17184010f,1.1684476f]	320	[−0.52382195f,−1.2432975f,−0.041028924f]
287	[−0.63953578f,−0.11511884f,0.51260930f]	321	[−0.52153182f,0.26237598f,1.0253761f]
288	[−0.63534683f,−1.4688781f,−1.4795154f]	322	[−0.52129561f,0.49244347f,0.71034461f]
289	[−0.63467151f,−0.95881569f,0.17178568f]	323	[−0.51975244f,−0.86346185f,1.3231106f]
290	[−0.62515634f,−0.20451798f,0.12810640f]	324	[−0.51852757f,−0.46556479f,−0.48843515f]
291	[−0.62418395f,0.53575230f,0.97259682f]	325	[−0.51407123f,0.63191086f,−0.64008003f]
292	[−0.62401038f,0.10885294f,−0.60626799f]	326	[−0.51332670f,0.28832579f,−0.95856845f]
293	[−0.62233406f,−0.58431220f,−0.42710924f]	327	[−0.51313382f,−1.0975831f,−1.2292699f]
294	[−0.61461699f,0.30007926f,0.65550625f]	328	[−0.51289958f,−0.29948598f,−0.13061023f]
295	[−0.61117733f,−0.53393286f,1.3499907f]	329	[−0.51191527f,−0.41633305f,0.12596489f]
296	[−0.60903966f,0.17998455f,1.2955911f]	330	[−0.51108122f,0.19133294f,−0.25621530f]
297	[−0.60559613f,−0.39555034f,0.38554844f]	331	[−0.51107663f,0.57357430f,1.2248566f]
298	[−0.60425168f,0.81623268f,0.79936087f]	332	[−0.50977623f,0.39418596f,1.4657078f]
299	[−0.60424793f,1.0131941f,−0.93022472f]	333	[−0.50896555f,−0.87523746f,−0.52246535f]
300	[−0.60261571f,1.1741635f,0.42979214f]	334	[−0.50856304f,−0.68705970f,−0.70055270f]
301	[−0.60160214f,−0.95500016f,−0.84018004f]	335	[−0.50027764f,0.64260328f,0.11136326f]
302	[−0.59883529f,−0.57623124f,−0.61587381f]	336	[−0.49840519f,−0.40595460f,1.0841868f]
303	[−0.59333873f,−0.49653471f,−0.87195158f]	337	[−0.49109691f,−1.4455171f,1.3943093f]
304	[−0.59313631f,0.40177709f,−0.0059818011f]	338	[−0.49069896f,1.4092642f,−1.3971218f]
305	[−0.58722407f,−1.1906452f,1.2125938f]	339	[−0.48524719f,−0.042331059f,0.95208585f]

表 B.156（续）

索引	码字	索引	码字
340	[−0.48435888f,−1.0814846f,−0.31174016f]	374	[−0.41240001f,−1.3809161f,−1.1013188f]
341	[−0.48282912f,0.83945519f,0.44738019f]	375	[−0.40981856f,−0.11634479f,−0.16244051f]
342	[−0.48178288f,−0.42376345f,−0.69317365f]	376	[−0.40884033f,1.1029840f,0.10918343f]
343	[−0.47771612f,−0.39759374f,−0.33745480f]	377	[−0.40578267f,−0.10595559f,0.60555226f]
344	[−0.47328502f,0.044045851f,−1.2163106f]	378	[−0.40196359f,1.2643569f,−0.24754794f]
345	[−0.47237170f,−0.69755417f,−1.1469198f]	379	[−0.40170673f,1.1228440f,−1.1166277f]
346	[−0.47185698f,−1.4982208f,0.033000551f]	380	[−0.39881492f,−1.4616572f,0.60590619f]
347	[−0.46587500f,0.21268378f,0.22019853f]	381	[−0.39145935f,−1.3893641f,0.97589612f]
348	[−0.46329349f,0.84191793f,−0.83911312f]	382	[−0.38387859f,0.018240770f,0.044086382f]
349	[−0.46206072f,−0.66513246f,−0.033265010f]	383	[−0.38166994f,−1.4538801f,−0.31801409f]
350	[−0.46016556f,1.3366627f,1.2163733f]	384	[−0.37939137f,−0.75259507f,−0.28244522f]
351	[−0.45956132f,−0.10627598f,0.28152251f]	385	[−0.37758866f,−1.2289062f,−0.59954536f]
352	[−0.45771185f,−0.47643784f,−1.3786181f]	386	[−0.37268975f,−1.1930271f,−1.4393889f]
353	[−0.45754740f,0.54506165f,0.41946355f]	387	[−0.37224656f,−0.037464719f,−0.55526084f]
354	[−0.45266068f,−0.50041080f,−0.14947818f]	388	[−0.36951983f,0.0025428459f,1.4331172f]
355	[−0.45254344f,0.19096552f,−1.4150748f]	389	[−0.36694539f,−0.39035058f,0.59222722f]
356	[−0.45241758f,−0.27374053f,1.4595320f]	390	[−0.36248443f,−0.74929065f,0.55115116f]
357	[−0.45208520f,−0.94081289f,−0.024692751f]	391	[−0.35590315f,−0.61750019f,1.1740886f]
358	[−0.44786122f,0.20667638f,0.53705412f]	392	[−0.35571209f,0.51495278f,−0.26946828f]
359	[−0.44653311f,0.35897788f,−0.51713419f]	393	[−0.34933370f,−1.3880461f,0.19061163f]
360	[−0.44087991f,−1.1105430f,1.4373007f]	394	[−0.34722266f,−0.35436010f,−0.48148137f]
361	[−0.44087932f,0.052884392f,−0.33830249f]	395	[−0.34320992f,−1.4528843f,−0.74296206f]
362	[−0.43910202f,−1.1047391f,0.67066681f]	396	[−0.34012982f,−0.41872346f,0.88536578f]
363	[−0.43909958f,0.95033288f,−0.12170268f]	397	[−0.33631185f,0.27189034f,−0.056162741f]
364	[−0.43869087f,1.1698216f,0.95054257f]	398	[−0.33554280f,0.51591057f,0.14330393f]
365	[−0.43806159f,−0.73563784f,0.27691147f]	399	[−0.33408523f,1.2034632f,0.65210241f]
366	[−0.43577269f,1.4293967f,−0.94920003f]	400	[−0.32858226f,−0.56925762f,−0.57818496f]
367	[−0.43533006f,1.4425806f,0.11307419f]	401	[−0.32610595f,−0.33162221f,−0.29940653f]
368	[−0.43062741f,−0.48783371f,−1.0396694f]	402	[−0.31993130f,1.3714349f,−0.63479745f]
369	[−0.42894244f,0.93489981f,1.0796366f]	403	[−0.31739181f,−0.32771081f,−0.053498626f]
370	[−0.42633182f,−0.78194898f,−1.4473180f]	404	[−0.31366509f,−1.1132302f,−0.89196646f]
371	[−0.42035186f,0.38721812f,−1.1692892f]	405	[−0.31035995f,−0.26373100f,−1.1315349f]
372	[−0.41355541f,0.74635142f,−1.3911833f]	406	[−0.30869454f,0.66959685f,0.81368232f]
373	[−0.41342306f,−0.61444449f,−0.44581318f]	407	[−0.30514672f,1.1009607f,1.3960435f]

表 B.156（续）

索引	码字	索引	码字
408	[−0.30159670f,−0.40104297f,0.16493367f]	442	[−0.20820741f,0.75137550f,0.30463457f]
409	[−0.30081072f,−0.64167154f,−0.80522180f]	443	[−0.20540482f,−0.95635802f,−1.4501374f]
410	[−0.29886270f,1.4266216f,0.44865212f]	444	[−0.20083809f,0.73695153f,1.0554386f]
411	[−0.29468730f,−0.87907547f,−0.90187824f]	445	[−0.20005931f,0.23751259f,−0.99247134f]
412	[−0.29363358f,0.87179112f,0.63944268f]	446	[−0.19940497f,0.39356476f,0.38425532f]
413	[−0.29043579f,0.81884897f,−0.36435834f]	447	[−0.19710225f,1.0282521f,−1.4308343f]
414	[−0.28802881f,−0.54164237f,0.32130837f]	448	[−0.19661559f,−0.90120637f,1.2903078f]
415	[−0.28510657f,0.021090033f,0.41248024f]	449	[−0.19463930f,0.019572334f,0.0062612575f]
416	[−0.28508973f,−0.18855993f,−0.90241241f]	450	[−0.19403851f,−1.2607073f,−0.23191082f]
417	[−0.28099120f,0.39438516f,1.0859333f]	451	[−0.19102712f,0.20894423f,0.28005916f]
418	[−0.28097448f,−0.22819085f,0.15535817f]	452	[−0.19054644f,−1.0334737f,−1.1398108f]
419	[−0.27999088f,−0.67540240f,1.4617705f]	453	[−0.18920238f,−0.64146233f,−1.1745448f]
420	[−0.27730596f,0.34070218f,−0.73605919f]	454	[−0.18503103f,0.79066437f,1.3521922f]
421	[−0.27309141f,−0.31489018f,−1.4327964f]	455	[−0.17949554f,−0.92413634f,−0.21605375f]
422	[−0.27243221f,−1.0017959f,0.96803939f]	456	[−0.17614459f,−1.3979220f,−1.1869067f]
423	[−0.27029946f,−1.2437824f,0.44421598f]	457	[−0.17584313f,0.49947664f,0.64551282f]
424	[−0.26970589f,−0.40211168f,1.3679696f]	458	[−0.17368060f,0.30021819f,1.4245367f]
425	[−0.26504466f,−0.18194067f,−0.70784295f]	459	[−0.17168356f,1.3963695f,−1.3481919f]
426	[−0.26410043f,0.061855171f,0.85972768f]	460	[−0.17015043f,0.91260701f,0.027703967f]
427	[−0.26064888f,0.29150152f,0.80759335f]	461	[−0.16863066f,−0.15567872f,0.015152141f]
428	[−0.25786334f,−0.92987722f,−0.59893322f]	462	[−0.16814138f,0.13773085f,0.13821532f]
429	[−0.25365853f,−0.97253996f,0.40111011f]	463	[−0.16753386f,−1.2938490f,1.2162844f]
430	[−0.24772897f,−1.1590835f,0.18401010f]	464	[−0.16507211f,0.28834081f,−0.43287870f]
431	[−0.24484873f,−0.70809710f,0.91807175f]	465	[−0.16424663f,0.026231265f,−1.1223856f]
432	[−0.24108490f,0.66199714f,−1.1070987f]	466	[−0.16136158f,0.13168220f,0.54109180f]
433	[−0.23659509f,−0.13999104f,1.1081268f]	467	[−0.15999870f,1.3139243f,−0.79520857f]
434	[−0.23252308f,−0.35839465f,−0.67699778f]	468	[−0.15600578f,−1.4340885f,−1.4511175f]
435	[−0.23103032f,−0.20873144f,−0.37557474f]	469	[−0.15500674f,−0.61601192f,−0.15293567f]
436	[−0.22796066f,−0.19838344f,0.77068263f]	470	[−0.15333770f,−1.4709922f,1.4653244f]
437	[−0.22284216f,−0.049843807f,0.22168322f]	471	[−0.15213625f,0.60624456f,−0.043122295f]
438	[−0.22277497f,0.087498471f,−0.21635003f]	472	[−0.15130095f,0.22392757f,−0.016855814f]
439	[−0.22065580f,−0.21614827f,−0.16778482f]	473	[−0.15080138f,0.085311607f,−0.45348054f]
440	[−0.21418262f,−0.24505712f,0.40812337f]	474	[−0.15050001f,−0.14840929f,−0.52327770f]
441	[−0.21397525f,0.079658739f,−0.77937508f]	475	[−0.14782129f,−1.3668706f,0.78994346f]

表 B.156（续）

索引	码字	索引	码字
476	[−0.14398317f,1.0965703f,0.39387247f]	510	[−0.048203118f,−0.24612184f,−1.1756077f]
477	[−0.14380316f,1.0561707f,−0.65029329f]	511	[−0.043370627f,−0.62145609f,−0.91794860f]
478	[−0.14220694f,−0.42371634f,−0.42210796f]	512	[−0.043052904f,0.56057030f,−0.26440263f]
479	[−0.13906309f,1.4077396f,−0.34476331f]	513	[−0.042991165f,0.26619831f,0.97682554f]
480	[−0.13806581f,0.030867333f,−1.4163312f]	514	[−0.042847782f,−0.0043654782f,−0.044136710f]
481	[−0.13716012f,1.4351364f,0.94141835f]	515	[−0.042388190f,1.4343859f,−0.040641844f]
482	[−0.13463512f,−0.63404334f,−0.49289450f]	516	[−0.041069906f,−0.39609641f,−0.91614509f]
483	[−0.13445732f,−0.075785115f,0.61167896f]	517	[−0.038047154f,0.12162336f,1.2606332f]
484	[−0.12748770f,0.69455522f,−0.78446323f]	518	[−0.034455080f,0.88911444f,0.59993720f]
485	[−0.12732886f,−0.76567525f,−0.72318035f]	519	[−0.030919429f,−0.13431299f,−0.76526278f]
486	[−0.12685126f,1.2389548f,0.10041965f]	520	[−0.027335839f,−0.071643949f,0.22495653f]
487	[−0.11926258f,−0.12432680f,−0.27687111f]	521	[−0.025653236f,−0.023858836f,−0.34839949f]
488	[−0.11733412f,1.0127975f,−1.0845848f]	522	[−0.017945517f,−0.49729523f,−0.70413983f]
489	[−0.11675777f,−0.11092013f,1.3911314f]	523	[−0.017485093f,−0.34566399f,0.51754922f]
490	[−0.11209916f,−0.74277925f,0.16149676f]	524	[−0.014376313f,0.51424289f,1.2027839f]
491	[−0.11042587f,0.38832170f,−1.4474291f]	525	[−0.012391908f,−0.25963002f,−0.10559126f]
492	[−0.10761331f,−0.65445167f,0.61606264f]	526	[−0.011353053f,−0.70341921f,−1.4272088f]
493	[−0.10057978f,0.35260397f,−0.19755210f]	527	[−0.0040015001f,−1.1802689f,−1.3737131f]
494	[−0.098083787f,−1.0670708f,1.4576564f]	528	[−0.0039769779f,0.342858855f,−0.75535345f]
495	[−0.086557373f,0.36636141f,0.10832991f]	529	[−0.0038700560f,−0.0042007561f,−0.0041368734f]
496	[−0.086136155f,−1.0006574f,0.11707678f]	530	[−0.0026724357f,0.081493974f,0.33778411f]
497	[−0.084002808f,−0.42992589f,0.0076730857f]	531	[−0.0020681394f,0.26977608f,0.62834740f]
498	[−0.081147231f,−0.26446214f,0.18193999f]	532	[0.0018396501f,−0.096734524f,0.019314071f]
499	[−0.080853499f,0.040949065f,0.052104961f]	533	[0.0041945595f,1.4076855f,1.4474970f]
500	[−0.079906590f,1.0847172f,0.94262195f]	534	[0.012442976f,0.12393080f,0.056318812f]
501	[−0.077695616f,−0.34759519f,−0.23725499f]	535	[0.014042445f,0.80384117f,−0.33318752f]
502	[−0.076405369f,−0.075272888f,−0.12482426f]	536	[0.015624269f,−0.10741116f,0.41269699f]
503	[−0.065837912f,1.0394241f,−0.37670237f]	537	[0.018868593f,0.010481647f,0.87135494f]
504	[−0.063326776f,−0.37500635f,0.84533262f]	538	[0.020737249f,−0.22480954f,−0.51646447f]
505	[−0.059822813f,1.3532492f,1.2271099f]	539	[0.021156264f,0.51619375f,−0.97367382f]
506	[−0.056132182f,−0.99939203f,0.70904976f]	540	[0.024944179f,−1.4258780f,−0.029703449f]
507	[−0.055768181f,0.54359901f,−0.53914422f]	541	[0.025973840f,1.4205513f,−0.93599206f]
508	[−0.049706534f,−1.4095312f,−0.68459713f]	542	[0.027761174f,0.026441608f,−0.18485257f]
509	[−0.049162202f,0.17966725f,−0.15008987f]	543	[0.028050069f,−0.11270819f,−0.97422099f]

表 B.156（续）

索引	码字	索引	码字
544	[0.029861663f,0.042240016f,0.031430736f]	578	[0.081678450f,−0.030510746f,−0.51558578f]
545	[0.030705558f,0.076280735f,−0.64715368f]	579	[0.083075233f,0.51721835f,1.4489661f]
546	[0.031731612f,−0.27628002f,1.3002113f]	580	[0.084050358f,1.4184825f,−1.1652154f]
547	[0.032234166f,0.077335380f,−0.050703149f]	581	[0.085502639f,0.13842696f,−0.43409517f]
548	[0.032357637f,0.050094828f,0.16342297f]	582	[0.086242147f,0.59834069f,0.34106004f]
549	[0.032531906f,−0.65483129f,0.012106873f]	583	[0.086478300f,0.52701390f,−1.2071711f]
550	[0.033272605f,−1.4632050f,0.33867887f]	584	[0.087396346f,−0.73135912f,−0.47070166f]
551	[0.036173165f,−1.3807105f,−1.0887952f]	585	[0.089679316f,−0.92665261f,1.0881042f]
552	[0.037130538f,0.24436691f,0.26592714f]	586	[0.091346964f,0.44522703f,0.088561557f]
553	[0.037386339f,−0.017719509f,0.078434996f]	587	[0.091951437f,−0.89024740f,−0.92134666f]
554	[0.037551265f,0.85822678f,0.93705970f]	588	[0.096488677f,1.2234185f,−1.4492460f]
555	[0.037751850f,0.69597811f,0.063995905f]	589	[0.097282976f,0.12569733f,−0.90769637f]
556	[0.040991705f,−0.47309902f,−1.4371783f]	590	[0.098036647f,0.13177197f,−0.27600881f]
557	[0.041401405f,−0.51011711f,1.0158781f]	591	[0.10030819f,0.0028453092f,0.0061194934f]
558	[0.042090062f,−1.2218798f,0.41393933f]	592	[0.10056525f,0.38251814f,−0.094322108f]
559	[0.042329915f,0.24121630f,0.036284003f]	593	[0.10074664f,−0.46246365f,−1.1947740f]
560	[0.043747034f,−0.41330311f,0.21236181f]	594	[0.10380574f,−0.22650230f,−1.4328818f]
561	[0.045696754f,0.23373304f,−1.1949064f]	595	[0.10667808f,−0.55664575f,−0.23308474f]
562	[0.046591457f,−0.20904852f,0.052392408f]	596	[0.10692101f,−0.83688509f,−0.12671395f]
563	[0.050225008f,0.57707697f,0.64321119f]	597	[0.10721008f,0.87886536f,0.28157803f]
564	[0.051094361f,−0.0051613888f,−1.2327110f]	598	[0.10744162f,−0.42763799f,−0.52435809f]
565	[0.052547410f,−0.63543326f,0.41017276f]	599	[0.10944607f,−0.67356807f,1.2191073f]
566	[0.056991197f,−0.18762697f,−0.32366991f]	600	[0.10966466f,0.39812514f,0.46907699f]
567	[0.060002431f,−1.1701876f,0.98184329f]	601	[0.11330674f,−1.4372305f,1.0708512f]
568	[0.061023567f,−1.0665672f,−0.40165773f]	602	[0.11359505f,0.073464975f,1.4950547f]
569	[0.061411880f,0.010945803f,1.0397458f]	603	[0.11662474f,0.36307812f,0.83171427f]
570	[0.061622497f,−1.4295020f,−0.40265426f]	604	[0.11821442f,0.88437402f,1.4136815f]
571	[0.064172000f,0.079031296f,0.70330638f]	605	[0.12041380f,1.4318726f,0.67362797f]
572	[0.065416791f,−1.1192513f,−0.74874818f]	606	[0.12174157f,1.4115090f,−0.61991882f]
573	[0.066129468f,0.056764796f,0.065950058f]	607	[0.12359253f,0.64370680f,0.85267782f]
574	[0.068839438f,0.92378956f,−0.10436241f]	608	[0.12676291f,0.72102785f,−1.4234544f]
575	[0.069423698f,−0.91710651f,0.41982087f]	609	[0.12918893f,−0.83542228f,−1.2027169f]
576	[0.070549421f,−0.53321081f,1.4608856f]	610	[0.12998648f,0.064173616f,0.52938920f]
577	[0.076679789f,−0.089320660f,−0.10932422f]	611	[0.13610636f,−1.0589250f,−0.037256509f]

表 B.156（续）

索引	码字	索引	码字
612	[0.13640387f,0.36761799f,—0.55280024f]	646	[0.25099647f,0.61896163f,—0.0093070874f]
613	[0.13973975f,—0.29157385f,1.0756019f]	647	[0.25367174f,—1.2313540f,—0.27595899f]
614	[0.14112604f,—0.72523987f,0.75468737f]	648	[0.25696775f,0.34558991f,0.24880560f]
615	[0.14559579f,0.088587187f,0.082539089f]	649	[0.25897598f,0.27470270f,—0.14671588f]
616	[0.15552773f,—0.36421221f,—0.022454340f]	650	[0.26402467f,0.81605846f,0.54387194f]
617	[0.15750615f,—1.2933167f,1.4068205f]	651	[0.26433092f,—1.3624998f,—1.3511598f]
618	[0.15758777f,—0.20083846f,0.75747460f]	652	[0.26868978f,—0.049491107f,1.3421572f]
619	[0.15914616f,1.1300737f,0.0083427336f]	653	[0.27688068f,0.11470497f,—1.1258044f]
620	[0.16671988f,—1.1169869f,—0.99903315f]	654	[0.27962527f,—0.10286080f,—0.19356744f]
621	[0.17249782f,0.046394520f,0.23249120f]	655	[0.28312066f,0.34101740f,—0.91559267f]
622	[0.17295119f,—0.20016366f,0.21937141f]	656	[0.28777117f,0.11567406f,—0.72983837f]
623	[0.17490773f,0.10498104f,—0.049820628f]	657	[0.29189932f,0.11538593f,—0.35888344f]
624	[0.17817864f,1.2113270f,1.0059328f]	658	[0.29239184f,—0.34613687f,0.49132726f]
625	[0.18044902f,0.088007569f,—1.4842227f]	659	[0.29772848f,1.4009485f,—0.020156028f]
626	[0.18102610f,0.61039728f,—0.30439410f]	660	[0.30154121f,0.32848796f,—1.4146123f]
627	[0.18485019f,1.0343047f,0.66288716f]	661	[0.30780384f,1.1570213f,1.4479606f]
628	[0.18625285f,0.86487961f,—1.0219812f]	662	[0.30812123f,0.24847564f,0.47878414f]
629	[0.19248702f,1.2389082f,0.41601112f]	663	[0.30832645f,—1.2668582f,—0.0038071191f]
630	[0.19477965f,0.76225668f,—0.55035979f]	664	[0.30961639f,—0.71290821f,—0.72445828f]
631	[0.19532371f,—0.16733122f,—0.72944927f]	665	[0.31101581f,—0.45611483f,0.81628364f]
632	[0.20198983f,0.64451963f,1.0740743f]	666	[0.31639481f,1.1306880f,—1.1657736f]
633	[0.20586909f,—0.46455538f,—0.87787718f]	667	[0.32085237f,1.4518791f,—1.3922923f]
634	[0.20816405f,—0.61764199f,0.17459446f]	668	[0.32102031f,1.4352634f,0.28723583f]
635	[0.20982577f,0.24215285f,1.1329278f]	669	[0.32142174f,0.96600771f,—0.28721005f]
636	[0.21066730f,1.2465023f,—0.38044262f]	670	[0.32246611f,—1.3638263f,—0.66605663f]
637	[0.21965957f,—0.93415648f,1.4037970f]	671	[0.32316977f,—0.68006182f,—0.38200846f]
638	[0.22314920f,0.24134474f,0.12435299f]	672	[0.32439321f,—0.17669716f,—0.38802624f]
639	[0.23198415f,—1.4494239f,—0.93061465f]	673	[0.32526651f,0.94284588f,—1.4559191f]
640	[0.23409386f,—0.98838270f,—1.4220539f]	674	[0.32674316f,—1.1015006f,0.47052032f]
641	[0.23847227f,—1.4326792f,0.73288226f]	675	[0.32721382f,0.62795997f,—0.80449820f]
642	[0.24286303f,1.0302279f,—0.73229134f]	676	[0.33154857f,—0.14382064f,0.96239567f]
643	[0.24399330f,—0.95261431f,—0.56110734f]	677	[0.33333760f,—0.95614398f,0.13287184f]
644	[0.24723606f,—0.055489488f,0.052839573f]	678	[0.33857265f,0.12556079f,0.91330069f]
645	[0.24775724f,—0.36126631f,—0.30996177f]	679	[0.34086797f,1.0427030f,1.1866415f]

表 B.156（续）

索引	码字	索引	码字
680	[0.34519354f,0.53819251f,0.60532451f]	714	[0.44469073f,0.50255585f,1.1642462f]
681	[0.34712091f,-0.32916275f,-0.019513935f]	715	[0.44478276f,0.66728193f,0.82593405f]
682	[0.34755176f,1.4027433f,1.0928115f]	716	[0.45199347f,0.19000684f,0.024023004f]
683	[0.35082102f,0.38181674f,0.90079153f]	717	[0.45880157f,-0.68478304f,-1.1600932f]
684	[0.35221949f,-0.11292525f,0.28929043f]	718	[0.45939556f,-0.81502753f,1.0783738f]
685	[0.35412994f,0.95414817f,0.87587005f]	719	[0.46614501f,1.4904513f,1.4021589f]
686	[0.35466915f,1.4234346f,-0.92678881f]	720	[0.46726954f,-0.022281608f,-0.55342877f]
687	[0.37018228f,0.32288489f,1.3950378f]	721	[0.46775079f,0.46492940f,-0.079564996f]
688	[0.37153375f,0.11482461f,0.20164581f]	722	[0.46859303f,-1.0779489f,-1.3078990f]
689	[0.37158775f,0.067298248f,0.73811054f]	723	[0.47522765f,-0.056973167f,0.45431760f]
690	[0.37438571f,0.50521702f,-0.36680433f]	724	[0.47625136f,-0.50350332f,1.0679178f]
691	[0.38336986f,-0.74439347f,0.51400310f]	725	[0.47884786f,-1.1835384f,1.4093335f]
692	[0.38650984f,-0.63664973f,-1.4317377f]	726	[0.48778477f,-1.4252228f,0.090574443f]
693	[0.38805181f,-0.96383905f,-0.89357644f]	727	[0.49215490f,0.18760182f,-0.26010552f]
694	[0.38937548f,0.76541048f,1.1289241f]	728	[0.49513286f,-0.32060286f,1.3841482f]
695	[0.38995704f,0.025110815f,-0.037327606f]	729	[0.49619445f,-1.4278187f,-0.30992556f]
696	[0.39040929f,-1.4628105f,1.3820693f]	730	[0.49792394f,0.63175869f,1.4234000f]
697	[0.39643651f,0.41713163f,0.33437666f]	731	[0.49831617f,1.3522751f,-0.70245343f]
698	[0.39661527f,0.29735515f,-0.54211992f]	732	[0.50340390f,-1.4456104f,0.47421125f]
699	[0.39817074f,-0.98689795f,0.79066688f]	733	[0.50659209f,-0.031268038f,0.0082760518f]
700	[0.40000945f,-0.65464288f,1.4384780f]	734	[0.51933354f,-0.31742710f,-1.4468333f]
701	[0.40006557f,-0.36621913f,-0.65754420f]	735	[0.52418840f,0.59352225f,-0.54760832f]
702	[0.40602586f,0.72638410f,0.27479881f]	736	[0.52903795f,-0.55885875f,-0.34985399f]
703	[0.40732664f,-0.25366491f,-1.2012300f]	737	[0.53051776f,-1.4062495f,-1.1928144f]
704	[0.40795344f,-0.12363093f,-0.99031937f]	738	[0.53105706f,1.4416283f,0.65415466f]
705	[0.41285786f,-0.49764714f,-1.0300083f]	739	[0.53272325f,-0.31486288f,-0.13194065f]
706	[0.41602430f,0.66878629f,-1.1777569f]	740	[0.53657240f,1.1327466f,-1.4531353f]
707	[0.41997364f,-0.97078449f,-0.22831976f]	741	[0.53668326f,0.29115349f,0.56796038f]
708	[0.42853537f,1.0420400f,0.21479534f]	742	[0.53682506f,-1.0156109f,-0.59761983f]
709	[0.42980081f,-1.1475588f,1.0850323f]	743	[0.54601765f,1.1202703f,-0.21786112f]
710	[0.43176147f,-0.37561396f,0.27962744f]	744	[0.54729003f,1.1368812f,0.72015470f]
711	[0.43540916f,-0.60831141f,-0.061346505f]	745	[0.55785549f,-0.56698942f,0.35474420f]
712	[0.44255471f,0.79325634f,-0.028814342f]	746	[0.56238174f,-0.14330696f,-0.71927261f]
713	[0.44428393f,1.4777499f,-0.33597574f]	747	[0.56826788f,0.24409792f,-1.1382229f]

表 B.156（续）

索引	码字	索引	码字
748	[0.56845540f,0.92556435f,−0.57772774f]	782	[0.66456902f,0.91318005f,1.4112769f]
749	[0.57075167f,−0.00048694914f,1.0645151f]	783	[0.66568720f,0.078709684f,1.4376092f]
750	[0.57370800f,0.92157882f,0.45837116f]	784	[0.66735971f,0.82523471f,0.89035887f]
751	[0.57934290f,0.15282489f,−0.88489377f]	785	[0.67354900f,−0.11087225f,−0.33343506f]
752	[0.58079237f,−0.98695588f,−1.0490253f]	786	[0.67518139f,0.80768591f,0.13663730f]
753	[0.58681411f,0.46204531f,−1.4617733f]	787	[0.67583436f,−0.18572272f,0.16242099f]
754	[0.59149784f,0.57374185f,0.53738487f]	788	[0.67703545f,−1.4590722f,−0.58439225f]
755	[0.59209865f,0.49924400f,0.31813610f]	789	[0.68756819f,−1.0908575f,0.46644148f]
756	[0.59840596f,−1.4055994f,1.0583423f]	790	[0.69119114f,−1.4232208f,−1.4374863f]
757	[0.60091794f,0.75702035f,−1.4674077f]	791	[0.69312990f,−0.078101300f,0.65238887f]
758	[0.60173452f,0.26482099f,1.1929196f]	792	[0.69677782f,−1.2009790f,−0.62643349f]
759	[0.60453898f,−1.1964669f,0.80576295f]	793	[0.69764054f,0.70201290f,−0.27792215f]
760	[0.60658807f,0.26899287f,0.013561313f]	794	[0.70303166f,0.022868235f,−0.042921908f]
761	[0.60850078f,0.77115780f,0.66242611f]	795	[0.71333480f,−1.0077765f,1.4413428f]
762	[0.61071002f,−0.51777929f,−0.72475427f]	796	[0.71557117f,0.77006102f,−0.99328071f]
763	[0.61378139f,−0.85209411f,0.17463937f]	797	[0.71961343f,0.46251163f,0.73433113f]
764	[0.61822534f,−0.37527317f,−0.48308933f]	798	[0.72031707f,−0.79711854f,−0.17515750f]
765	[0.61869717f,−1.3373686f,−0.91434819f]	799	[0.72450262f,−0.14894213f,−1.0144399f]
766	[0.62038344f,0.46155128f,0.94645250f]	800	[0.72494608f,−0.71916974f,−1.3980008f]
767	[0.62295669f,1.2344517f,1.3111953f]	801	[0.72596973f,0.32227781f,−0.58579814f]
768	[0.62577534f,1.0226315f,−0.89278471f]	802	[0.74141610f,0.18638462f,0.79764414f]
769	[0.63142169f,1.3917115f,−1.0626388f]	803	[0.74396908f,1.4580590f,−1.3717254f]
770	[0.63318729f,−0.045393616f,−1.3516045f]	804	[0.75068825f,0.64342862f,1.0981568f]
771	[0.63333160f,1.0299877f,1.0771750f]	805	[0.75230390f,−0.98366570f,1.0849394f]
772	[0.64108390f,−0.34843624f,0.63914090f]	806	[0.75498730f,1.2733363f,1.0163234f]
773	[0.64886254f,0.31416640f,−0.34233347f]	807	[0.75819552f,−0.75352484f,−0.89782262f]
774	[0.64968669f,0.12250593f,0.23574829f]	808	[0.76882792f,0.92216474f,−1.2700391f]
775	[0.65229416f,−0.75199890f,−0.54115963f]	809	[0.77036893f,1.2448492f,−0.47911122f]
776	[0.65356898f,0.49785194f,−0.91264117f]	810	[0.77046734f,−0.49536654f,0.093500309f]
777	[0.65439516f,−0.73150951f,1.4493010f]	811	[0.77290571f,1.0107170f,−0.010760417f]
778	[0.66059959f,−1.1415982f,−0.25881019f]	812	[0.77869785f,0.43521419f,0.13860893f]
779	[0.66099387f,1.3402478f,0.039865565f]	813	[0.78320539f,−0.10192040f,1.1390766f]
780	[0.66236472f,−0.67404449f,0.79318619f]	814	[0.78994811f,1.3978180f,1.3485802f]
781	[0.66312021f,1.1887940f,0.38504380f]	815	[0.79202700f,0.74981296f,0.75485200f]

表 B.156（续）

索引	码字	索引	码字
816	[0.79883516f,−1.2140859f,0.028054239f]	850	[0.90086544f,1.0097339f,−0.63996416f]
817	[0.80227846f,−0.42759481f,−0.21480682f]	851	[0.90269536f,−0.99458623f,−0.79476637f]
818	[0.80442172f,−1.0531341f,−1.4273953f]	852	[0.90474164f,−0.34746236f,0.98385113f]
819	[0.80662823f,0.32789910f,−0.16606508f]	853	[0.90554327f,−0.52659851f,−0.49917790f]
820	[0.80668676f,−1.3775615f,0.65940553f]	854	[0.91357607f,−0.17013535f,−0.096498512f]
821	[0.80794811f,0.49796769f,−1.2723897f]	855	[0.91634703f,0.039703257f,−0.73131591f]
822	[0.80795366f,−0.44513425f,−1.2709377f]	856	[0.92342186f,0.78892797f,0.52093095f]
823	[0.80830407f,−1.3865408f,1.3523624f]	857	[0.93051720f,1.0196499f,0.37865168f]
824	[0.81175923f,0.73267478f,0.32415125f]	858	[0.94615459f,0.065632373f,−0.34418651f]
825	[0.81261337f,−1.1320014f,−1.1364945f]	859	[0.95769870f,−0.55687398f,0.17628498f]
826	[0.81272042f,0.15075092f,−1.4667131f]	860	[0.95892942f,−0.18048602f,0.20950536f]
827	[0.81644744f,0.18954048f,0.38363531f]	861	[0.96112603f,0.72891647f,0.88353950f]
828	[0.84630537f,−1.4789526f,0.17995784f]	862	[0.96959305f,1.4409901f,−0.24857730f]
829	[0.84637386f,0.95851493f,0.73290801f]	863	[0.98280638f,0.066078082f,0.068279795f]
830	[0.84820598f,−0.50126934f,1.2495553f]	864	[0.98291957f,−0.86814350f,0.75275707f]
831	[0.85530144f,0.68626946f,−0.51748627f]	865	[0.98557556f,1.3374459f,0.81076849f]
832	[0.85772902f,1.4440478f,0.22207853f]	866	[0.98659450f,−0.042084761f,0.44971803f]
833	[0.86327255f,0.43644220f,−0.79125714f]	867	[0.98967201f,−1.4334177f,0.84916049f]
834	[0.86378133f,−0.18821572f,1.4487457f]	868	[0.99354541f,1.0485235f,1.4355382f]
835	[0.86614156f,0.50490975f,0.50044191f]	869	[0.99363953f,−0.62901556f,−0.94723129f]
836	[0.86948436f,−1.3820378f,−0.93275380f]	870	[0.99406511f,1.4507264f,−1.0706344f]
837	[0.87107956f,0.72092360f,1.3594956f]	871	[1.0107844f,1.4442636f,1.4584846f]
838	[0.87755108f,−0.71832275f,0.43389291f]	872	[1.0163258f,−0.88660693f,−0.084579244f]
839	[0.87909043f,0.29945797f,1.0389014f]	873	[1.0201670f,−0.38705158f,0.57941651f]
840	[0.88008815f,−0.33049256f,−0.80711418f]	874	[1.0237491f,−0.98765123f,0.40567961f]
841	[0.88814664f,0.63664603f,−0.0010820798f]	875	[1.0244788f,−1.4158723f,−1.1988481f]
842	[0.88847703f,0.92864400f,1.0964171f]	876	[1.0261236f,0.81446260f,−0.84399033f]
843	[0.88915080f,0.90286696f,−0.26870471f]	877	[1.0322348f,0.37578186f,−0.46739826f]
844	[0.88936538f,0.40946901f,1.4017848f]	878	[1.0340077f,1.1807882f,−1.1903756f]
845	[0.88986164f,1.1052216f,−1.4363934f]	879	[1.0355242f,−0.81065863f,−0.41289061f]
846	[0.89433324f,1.3111129f,0.56725001f]	880	[1.0433974f,−0.67841661f,1.4098974f]
847	[0.89793944f,1.4564459f,−0.64468873f]	881	[1.0444025f,0.20887081f,0.66408634f]
848	[0.90051764f,0.50700259f,0.81406480f]	882	[1.0444340f,−1.2565650f,−0.49965659f]
849	[0.90071708f,−0.22685230f,−0.47286853f]	883	[1.0454862f,0.12230719f,−1.0837858f]

表 B.156（续）

索引	码字	索引	码字
884	[1.0460480f,−1.4785336f,−0.23344605f]	918	[1.1608722f,−1.3901625f,0.45014539f]
885	[1.0462015f,0.74925435f,−1.4063085f]	919	[1.1651201f,0.50609219f,−1.0785328f]
886	[1.0564635f,0.32191706f,−0.061654978f]	920	[1.1661978f,−0.74545085f,0.24132505f]
887	[1.0570301f,0.97579956f,0.89120376f]	921	[1.1681651f,0.51592511f,0.62156701f]
888	[1.0578026f,−0.73598260f,−1.1836684f]	922	[1.1740018f,−0.14299601f,−1.4395952f]
889	[1.0633200f,1.3828032f,−1.4494935f]	923	[1.1766165f,1.4124231f,0.18956722f]
890	[1.0659149f,−0.64863616f,−0.64457548f]	924	[1.1779140f,0.49750286f,−0.72781074f]
891	[1.0706540f,−1.4422408f,−1.4484075f]	925	[1.1792756f,−1.2424498f,−1.0086249f]
892	[1.0709465f,−1.1882011f,1.0805237f]	926	[1.1824158f,1.1616228f,0.32658669f]
893	[1.0752577f,1.1942644f,−0.84178436f]	927	[1.1831921f,1.4193087f,1.1016877f]
894	[1.0791938f,0.56008530f,1.0414746f]	928	[1.1897393f,−0.23639147f,1.4230754f]
895	[1.0828207f,−1.1122347f,−1.3730640f]	929	[1.2014863f,−0.16034955f,−0.49478608f]
896	[1.0831430f,0.61532944f,0.20165153f]	930	[1.2035322f,−0.35238102f,−0.81913668f]
897	[1.0865320f,−0.26719311f,−1.1668983f]	931	[1.2065715f,−0.076431073f,−0.064143643f]
898	[1.0866997f,1.1818724f,0.026527015f]	932	[1.2103643f,−0.39133385f,−0.30761781f]
899	[1.0909251f,−0.73805100f,1.0059587f]	933	[1.2108948f,0.80625319f,0.32633677f]
900	[1.0952652f,1.1580441f,1.1206468f]	934	[1.2164533f,−0.98589212f,−0.72696877f]
901	[1.0999230f,0.89249414f,0.040552530f]	935	[1.2314917f,0.51087087f,−0.26575670f]
902	[1.1006058f,−1.0155404f,1.4106802f]	936	[1.2375070f,−0.33232117f,0.23693936f]
903	[1.1065862f,1.0177572f,0.61700106f]	937	[1.2395488f,0.17057779f,−0.49016774f]
904	[1.1177443f,−1.4073370f,1.3964570f]	938	[1.2433450f,1.3163315f,1.3650868f]
905	[1.1185218f,0.88435578f,−0.39887407f]	939	[1.2470686f,−1.1653758f,0.23088057f]
906	[1.1218694f,0.97280592f,−1.0834749f]	940	[1.2504145f,1.0053865f,1.1747738f]
907	[1.1270533f,0.10434847f,1.0255700f]	941	[1.2504762f,0.60334986f,1.2351007f]
908	[1.1273582f,−0.50847524f,−0.059055682f]	942	[1.2699182f,1.4150680f,−0.79051828f]
909	[1.1303085f,0.36404979f,−1.4171451f]	943	[1.2712103f,1.3983996f,0.59800899f]
910	[1.1319797f,−0.92648256f,−1.0113283f]	944	[1.2760893f,0.95304501f,−1.4404050f]
911	[1.1366640f,−0.76091886f,−1.4454255f]	945	[1.2799338f,1.4277579f,−1.3409129f]
912	[1.1383170f,0.19310543f,1.3803461f]	946	[1.2842746f,1.1631649f,0.88591617f]
913	[1.1383729f,0.28026506f,0.32142785f]	947	[1.2906094f,−1.3052809f,−1.3310056f]
914	[1.1434786f,−1.2176805f,−0.16409612f]	948	[1.3034488f,0.12705985f,−0.82953602f]
915	[1.1581519f,1.2054569f,−0.22386988f]	949	[1.3055855f,0.74947917f,1.4595577f]
916	[1.1586074f,−1.4649225f,−0.73545867f]	950	[1.3085318f,0.96567816f,−0.61855900f]
917	[1.1588228f,−0.24581315f,0.82953352f]	951	[1.3127347f,0.51309675f,0.0043515423f]

表 B.156（续）

索引	码字	索引	码字
952	[1.3217447f,0.77476376f,0.73806918f]	986	[1.4285623f,−0.98884612f,−1.1991341f]
953	[1.3312544f,−1.4343013f,0.67597568f]	987	[1.4315443f,0.39118493f,0.26365262f]
954	[1.3562666f,−0.68164605f,−0.24920148f]	988	[1.4318627f,−1.0368463f,−0.94273537f]
955	[1.3730106f,−0.97220814f,−0.30178776f]	989	[1.4347095f,1.0568566f,0.66104674f]
956	[1.3735873f,0.94361138f,0.41214183f]	990	[1.4350228f,−0.96962893f,1.0912445f]
957	[1.3790323f,1.2618842f,−0.37943703f]	991	[1.4352809f,−0.16649556f,−0.0041864486f]
958	[1.3801769f,0.44940367f,0.91138119f]	992	[1.4371713f,0.17893726f,0.74922603f]
959	[1.3819814f,−0.56607825f,0.64774692f]	993	[1.4397987f,1.4407897f,0.84174907f]
960	[1.3824764f,0.26054907f,−1.1671557f]	994	[1.4406641f,−1.4858428f,1.4249238f]
961	[1.3884847f,−0.83840239f,1.4673306f]	995	[1.4411131f,1.4610606f,−0.52894092f]
962	[1.3892241f,−1.0602847f,0.73026067f]	996	[1.4428172f,−0.047601629f,−1.0429103f]
963	[1.3893998f,0.85540771f,−0.25336158f]	997	[1.4432467f,−1.2052168f,1.4019369f]
964	[1.3900434f,0.041785188f,0.36753216f]	998	[1.4434999f,−0.32739401f,−0.77763981f]
965	[1.3906727f,−1.4209069f,1.0710385f]	999	[1.4451994f,1.4481986f,1.4618226f]
966	[1.3911620f,−1.4388088f,0.21962588f]	1000	[1.4458512f,−1.0963813f,−1.4242116f]
967	[1.3924936f,1.4279153f,−0.086084113f]	1001	[1.4476190f,1.0798643f,1.3500863f]
968	[1.4005091f,−0.084340826f,1.1571176f]	1002	[1.4478500f,0.55998278f,0.54978788f]
969	[1.4038615f,−0.79831970f,0.41962579f]	1003	[1.4491147f,1.2427863f,0.35560665f]
970	[1.4049879f,−0.58931810f,−0.61056715f]	1004	[1.4501985f,−0.49810645f,0.076331742f]
971	[1.4050173f,−0.51856345f,−1.4073731f]	1005	[1.4506086f,1.0631564f,−0.83470178f]
972	[1.4081553f,0.72337919f,−1.1407241f]	1006	[1.4514127f,0.29840913f,−0.17696957f]
973	[1.4103450f,1.4103271f,−1.0841736f]	1007	[1.4519355f,−1.3255888f,−0.14579304f]
974	[1.4112933f,0.63535655f,−0.52334827f]	1008	[1.4557127f,1.4011267f,1.1977361f]
975	[1.4130489f,−0.94341636f,0.039876584f]	1009	[1.4559264f,−1.4683313f,−1.4378448f]
976	[1.4164704f,−0.75119066f,−0.91352439f]	1010	[1.4581015f,0.37182784f,−1.4408224f]
977	[1.4168462f,1.1259756f,−0.011958229f]	1011	[1.4594812f,−1.4037349f,−1.1348956f]
978	[1.4179577f,−0.18734413f,0.56378806f]	1012	[1.4632709f,−0.060514994f,−0.32364386f]
979	[1.4214921f,0.83100200f,1.0257373f]	1013	[1.4656818f,0.69956690f,0.10757669f]
980	[1.4238138f,−1.1784414f,−0.58086598f]	1014	[1.4671454f,−0.41765541f,−0.41333699f]
981	[1.4245572f,−0.65708268f,1.1583591f]	1015	[1.4682199f,−0.35668528f,0.90842384f]
982	[1.4255382f,−1.4699081f,−0.44042316f]	1016	[1.4682775f,1.0397284f,−1.3199445f]
983	[1.4261528f,−0.43378311f,−1.1278032f]	1017	[1.4697163f,0.52399462f,−0.80079788f]
984	[1.4268897f,0.13613720f,0.040400762f]	1018	[1.4731354f,1.4704742f,0.27157426f]
985	[1.4278618f,−0.42453679f,1.3159778f]	1019	[1.4746960f,0.36379156f,1.3397325f]

表 B.156（续）

索引	码字	索引	码字
1020	[1.4780151f,0.11794922f,−0.57918394f]	1022	[1.4797114f,1.4224756f,−1.4491082f]
1021	[1.4781401f,−0.84693611f,−0.61675185f]	1023	[1.4890535f,−1.3925240f,−0.79160166f]

表 B.157 MCR 旋转角矢量量化码书 cb_mag_512_3

索引	码字	索引	码字
0	[−0.785398f,−0.785398f,−0.785398f]	28	[−0.514321f,0.152319f,0.539402f]
1	[−0.654022f,−0.616394f,−0.619314f]	29	[−0.508474f,0.610854f,0.1106f]
2	[−0.653093f,0.439338f,0.447391f]	30	[−0.508226f,0.258726f,0.239854f]
3	[−0.640206f,0.056794f,−0.194741f]	31	[−0.501877f,−0.533789f,−0.538833f]
4	[−0.634128f,−0.611549f,0.238043f]	32	[−0.500698f,−0.190727f,−0.254689f]
5	[−0.616258f,0.037494f,−0.589888f]	33	[−0.495451f,−0.206522f,−0.387968f]
6	[−0.608166f,−0.615325f,−0.616105f]	34	[−0.494204f,−0.36699f,0.077397f]
7	[−0.599959f,0.053706f,0.405344f]	35	[−0.488755f,0.216319f,0.674473f]
8	[−0.598671f,0.086778f,0.129316f]	36	[−0.486061f,0.167517f,0.043352f]
9	[−0.5974f,−0.211211f,0.497511f]	37	[−0.480383f,0.067961f,0.158342f]
10	[−0.584154f,−0.252435f,−0.381974f]	38	[−0.475811f,−0.401372f,−0.410692f]
11	[−0.581773f,−0.061895f,−0.478709f]	39	[−0.470619f,0.024128f,0.000946f]
12	[−0.58101f,0.314505f,0.474507f]	40	[−0.468719f,−0.124113f,0.050808f]
13	[−0.578014f,−0.137163f,0.25886f]	41	[−0.466215f,−0.060518f,0.262863f]
14	[−0.57244f,−0.177129f,−0.298676f]	42	[−0.465787f,0.464458f,0.458188f]
15	[−0.568681f,−0.644873f,−0.175998f]	43	[−0.460978f,−0.021164f,0.420734f]
16	[−0.564602f,−0.614393f,−0.611692f]	44	[−0.460764f,0.541141f,−0.317403f]
17	[−0.55987f,−0.33855f,−0.220928f]	45	[−0.460467f,−0.240365f,0.360513f]
18	[−0.537785f,0.190644f,0.400584f]	46	[−0.451422f,−0.533255f,0.010692f]
19	[−0.532283f,−0.156058f,−0.157913f]	47	[−0.447949f,−0.289685f,−0.304594f]
20	[−0.52958f,0.049604f,−0.102085f]	48	[−0.447527f,0.187582f,−0.148268f]
21	[−0.528845f,0.372906f,0.059363f]	49	[−0.44651f,−0.516214f,−0.257517f]
22	[−0.528738f,−0.052775f,0.623342f]	50	[−0.439034f,−0.012884f,−0.469686f]
23	[−0.5247f,0.03138f,0.270128f]	51	[−0.430365f,−0.511474f,−0.490312f]
24	[−0.523854f,−0.523871f,0.2049f]	52	[−0.429774f,−0.244563f,0.625653f]
25	[−0.523096f,−0.613046f,−0.607863f]	53	[−0.426698f,0.37155f,−0.205209f]
26	[−0.51889f,−0.168118f,−0.050345f]	54	[−0.420688f,−0.228256f,−0.124867f]
27	[−0.514551f,−0.008803f,−0.310028f]	55	[−0.419895f,−0.049743f,−0.194631f]

表 B.157（续）

索引	码字	索引	码字
56	[-0.413697f,0.053031f,0.28747f]	90	[-0.317294f,-0.676657f,0.18206f]
57	[-0.412863f,-0.089798f,-0.057758f]	91	[-0.316324f,-0.101017f,0.43663f]
58	[-0.406806f,-0.175567f,0.107760f]	92	[-0.315871f,-0.331008f,-0.370135f]
59	[-0.406632f,0.170134f,-0.3354f]	93	[-0.314324f,-0.301675f,-0.177281f]
60	[-0.403806f,-0.349548f,-0.188564f]	94	[-0.313509f,-0.152509f,-0.190322f]
61	[-0.403533f,-0.059758f,0.162072f]	95	[-0.312037f,-0.328812f,-0.47506f]
62	[-0.398989f,0.167237f,0.23693f]	96	[-0.312021f,-0.160944f,0.197159f]
63	[-0.396098f,-0.355343f,-0.323592f]	97	[-0.311333f,-0.28024f,-0.030942f]
64	[-0.396048f,0.354273f,0.466928f]	98	[-0.304828f,0.097686f,0.384096f]
65	[-0.386748f,0.056703f,0.113947f]	99	[-0.304505f,0.127374f,0.610845f]
66	[-0.385932f,0.161036f,0.382502f]	100	[-0.299535f,-0.553026f,-0.070102f]
67	[-0.381491f,-0.462687f,0.318576f]	101	[-0.299129f,0.09016f,0.121795f]
68	[-0.380299f,-0.192444f,-0.316469f]	102	[-0.298758f,0.023973f,-0.288483f]
69	[-0.37841f,0.516523f,0.022087f]	103	[-0.293752f,0.192428f,0.048296f]
70	[-0.377529f,-0.462041f,0.615173f]	104	[-0.292019f,-0.041059f,0.305104f]
71	[-0.376459f,0.3272f,0.133671f]	105	[-0.290444f,0.21249f,-0.201423f]
72	[-0.373078f,-0.576655f,-0.562483f]	106	[-0.288584f,0.047392f,0.221585f]
73	[-0.372287f,0.135904f,-0.588578f]	107	[-0.278607f,-0.314254f,-0.324175f]
74	[-0.372232f,-0.370442f,-0.036657f]	108	[-0.275561f,-0.432939f,-0.245466f]
75	[-0.37005f,-0.004430f,-0.024853f]	109	[-0.272488f,-0.022187f,-0.026371f]
76	[-0.343074f,-0.384804f,0.17099f]	110	[-0.271655f,0.080354f,0.052441f]
77	[-0.341139f,-0.302585f,-0.305585f]	111	[-0.271306f,0.287387f,-0.066474f]
78	[-0.340357f,-0.346298f,-0.535846f]	112	[-0.269634f,0.172446f,-0.091f]
79	[-0.338263f,0.09236f,-0.074811f]	113	[-0.263183f,0.181406f,-0.491138f]
80	[-0.331707f,-0.39545f,-0.417749f]	114	[-0.262791f,-0.084266f,0.161657f]
81	[-0.331434f,-0.489002f,-0.376539f]	115	[-0.261159f,0.221141f,0.287535f]
82	[-0.331265f,-0.360906f,0.296393f]	116	[-0.260886f,-0.237271f,0.35093f]
83	[-0.330429f,-0.26395f,0.091328f]	117	[-0.260225f,0.006996f,0.146612f]
84	[-0.325069f,-0.002337f,0.049092f]	118	[-0.259322f,0.008110f,-0.205759f]
85	[-0.324884f,-0.516139f,-0.500034f]	119	[-0.258275f,0.264658f,0.124809f]
86	[-0.324521f,0.392343f,0.536538f]	120	[-0.257755f,-0.249697f,-0.129182f]
87	[-0.320565f,-0.106108f,-0.091314f]	121	[-0.257693f,0.361159f,-0.320242f]
88	[-0.320328f,-0.075954f,-0.409932f]	122	[-0.253896f,-0.397795f,0.046131f]
89	[-0.317497f,-0.113819f,0.097897f]	123	[-0.252788f,-0.232763f,-0.579958f]

表 B.157（续）

索引	码字	索引	码字
124	[−0.252574f,0.413845f,0.455917f]	158	[−0.182493f,−0.025641f,−0.560455f]
125	[−0.252257f,−0.245109f,−0.283826f]	159	[−0.180182f,−0.145207f,−0.148129f]
126	[−0.252032f,0.366413f,0.250983f]	160	[−0.178522f,−0.301404f,0.245651f]
127	[−0.248324f,−0.246578f,−0.20238f]	161	[−0.178499f,−0.616642f,0.246349f]
128	[−0.246586f,−0.173455f,0.006531f]	162	[−0.178337f,−0.616515f,−0.457624f]
129	[−0.243819f,−0.229151f,0.191937f]	163	[−0.177809f,−0.375556f,0.351272f]
130	[−0.243423f,0.063257f,0.49394f]	164	[−0.177087f,−0.184888f,−0.433661f]
131	[−0.242133f,−0.590877f,−0.287874f]	165	[−0.175975f,−0.110958f,0.4821f]
132	[−0.240124f,−0.11416f,0.673596f]	166	[−0.175005f,−0.044665f,−0.04307f]
133	[−0.238194f,−0.239462f,−0.410759f]	167	[−0.173359f,0.098553f,0.150299f]
134	[−0.234273f,−0.383478f,−0.116358f]	168	[−0.171589f,0.496726f,−0.585492f]
135	[−0.231237f,−0.237841f,−0.07885f]	169	[−0.171116f,0.045012f,−0.061915f]
136	[−0.23076f,−0.085317f,−0.14415f]	170	[−0.163842f,−0.145089f,−0.335544f]
137	[−0.229583f,−0.056874f,−0.063997f]	171	[−0.162645f,0.023533f,0.034816f]
138	[−0.229274f,−0.423948f,0.53168f]	172	[−0.162569f,−0.097823f,0.293539f]
139	[−0.221561f,0.555592f,0.500155f]	173	[−0.160112f,0.395361f,0.549167f]
140	[−0.219953f,0.093165f,−0.12548f]	174	[−0.159179f,0.650699f,0.343914f]
141	[−0.218447f,0.388116f,−0.138424f]	175	[−0.159021f,−0.17584f,−0.031415f]
142	[−0.217437f,0.287033f,0.507919f]	176	[−0.158367f,0.097819f,−0.705738f]
143	[−0.21234f,0.110833f,0.33266f]	177	[−0.157714f,−0.075165f,0.177258f]
144	[−0.21224f,0.157608f,0.211267f]	178	[−0.156571f,−0.191056f,−0.242105f]
145	[−0.210539f,0.047471f,0.025268f]	179	[−0.153422f,0.114331f,−0.574169f]
146	[−0.209316f,−0.265552f,0.076166f]	180	[−0.148441f,0.258627f,−0.671089f]
147	[−0.205203f,0.077195f,−0.383008f]	181	[−0.145367f,0.022672f,0.377408f]
148	[−0.201675f,−0.335771f,−0.312005f]	182	[−0.139387f,−0.542861f,−0.086957f]
149	[−0.20073f,0.144065f,−0.280418f]	183	[−0.137545f,0.136398f,−0.033771f]
150	[−0.200364f,−0.472334f,−0.456308f]	184	[−0.137111f,0.235361f,0.389612f]
151	[−0.198932f,−0.009607f,−0.668198f]	185	[−0.134243f,0.062293f,0.060698f]
152	[−0.198499f,0.156043f,0.034792f]	186	[−0.132333f,−0.335894f,−0.069838f]
153	[−0.196131f,−0.071786f,0.05998f]	187	[−0.128231f,−0.432224f,0.08317f]
154	[−0.1935f,0.267044f,0.001946f]	188	[−0.128099f,−0.030173f,−0.109711f]
155	[−0.193151f,−0.101147f,−0.089307f]	189	[−0.127168f,0.292993f,0.1501f]
156	[−0.188632f,−0.005951f,0.120304f]	190	[−0.123558f,−0.193624f,−0.18031f]
157	[−0.183437f,−0.174482f,0.180896f]	191	[−0.122187f,−0.125427f,−0.418758f]

表 B.157（续）

索引	码字	索引	码字
192	[−0.121873f,0.403785f,0.070946f]	226	[−0.080668f,0.136378f,0.061627f]
193	[−0.119725f,−0.370073f,−0.371742f]	227	[−0.078893f,−0.049661f,0.008316f]
194	[−0.119452f,0.287261f,0.282936f]	228	[0.076842f, 0.118211f, 0.146117f]
195	[−0.119009f,0.272384f,−0.112776f]	229	[−0.070439f,−0.110859f,−0.047826f]
196	[−0.11733f,−0.134906f,−0.256303f]	230	[−0.06973f,0.369079f,−0.075658f]
197	[−0.11682f,−0.094383f,0.033374f]	231	[−0.068041f,−0.072386f,−0.119978f]
198	[−0.11676f,0.180398f,0.119257f]	232	[−0.06790f,0.089583f,0.56106f]
199	[−0.11645f,−0.263077f,−0.252456f]	233	[−0.065516f,0.101189f,−0.368858f]
200	[−0.115266f,0.080936f,−0.177267f]	234	[−0.064108f,−0.024549f,−0.074456f]
201	[−0.114488f,0.179833f,−0.124307f]	235	[−0.059343f,0.005870f,−0.012505f]
202	[−0.114383f,0.038207f,−0.257338f]	236	[−0.05858f,−0.222543f,−0.592493f]
203	[−0.112505f,0.025141f,0.254414f]	237	[−0.05023f,0.196809f,−0.459896f]
204	[−0.112208f,0.522442f,0.128916f]	238	[−0.049392f,0.118605f,0.378525f]
205	[−0.110644f,−0.271006f,0.370259f]	239	[−0.048324f,−0.35964f,0.22194f]
206	[−0.108027f,−0.445173f,−0.232372f]	240	[−0.047626f,0.39111f,0.217702f]
207	[−0.103309f,0.428485f,0.433894f]	241	[−0.047006f,−0.020985f,−0.171636f]
208	[−0.103234f,0.207434f,0.00538f]	242	[−0.042331f,−0.035776f,0.090989f]
209	[−0.1032f,−0.621661f,0.434676f]	243	[−0.042065f,0.041834f,0.037397f]
210	[−0.102394f,−0.328209f,−0.244169f]	244	[−0.041108f,−0.046884f,−0.413417f]
211	[−0.10215f,0.031502f,0.034355f]	245	[−0.040601f,0.327435f,0.507892f]
212	[−0.101713f,0.264714f,−0.296183f]	246	[−0.035753f,0.394954f,0.565241f]
213	[−0.100443f,−0.278395f,0.07667f]	247	[−0.034523f,−0.486891f,−0.455236f]
214	[−0.100251f,−0.191616f,0.23984f]	248	[−0.034165f,−0.263575f,−0.047428f]
215	[−0.098722f,0.150791f,0.249639f]	249	[−0.028029f,−0.264088f,−0.306318f]
216	[−0.096226f,0.069264f,−0.091465f]	250	[−0.026368f,0.162415f,−0.063353f]
217	[−0.095801f,−0.199549f,−0.255934f]	251	[−0.026122f,0.4966f,−0.074258f]
218	[−0.092275f,−0.067311f,−0.316676f]	252	[−0.025948f,0.231306f,−0.189269f]
219	[−0.087965f,0.273612f,0.077731f]	253	[−0.02438f,−0.001395f,0.172323f]
220	[−0.087896f,−0.068858f,0.141731f]	254	[−0.022872f,−0.588553f,0.105826f]
221	[−0.086639f,−0.184528f,−0.098164f]	255	[−0.022726f,0.568873f,0.386032f]
222	[−0.085723f,−0.165311f,0.084141f]	256	[−0.022136f,0.092362f,−0.018113f]
223	[−0.085174f,−0.072548f,−0.220307f]	257	[−0.020451f,−0.069464f,0.285597f]
224	[−0.083689f,0.051827f,0.146575f]	258	[−0.01952f,0.142093f,−0.235912f]
225	[−0.081539f,0.300832f,−0.016618f]	259	[−0.01923f,0.609212f,−0.174899f]

表 B.157（续）

索引	码字	索引	码字
260	[−0.018009f,0.071851f,0.092456f]	294	[0.018138f,0.054613f,0.237311f]
261	[−0.016286f,−0.03843f,−0.019581f]	295	[0.018602f,0.319206f,0.339995f]
262	[−0.015954f,−0.021641f,−0.267662f]	296	[0.020317f,−0.083764f,0.03193f]
263	[−0.014723f,0.001920f,−0.119544f]	297	[0.023102f,−0.152781f,−0.238532f]
264	[−0.013811f,0.278232f,0.190205f]	298	[0.027553f,−0.455303f,−0.133197f]
265	[−0.01378f,−0.196847f,−0.169989f]	299	[0.02804f,0.226525f,0.12389f]
266	[−0.010848f,−0.372623f,0.002721f]	300	[0.028212f,−0.072113f,−0.541576f]
267	[−0.010765f,−0.151725f,−0.002503f]	301	[0.031275f,0.004482f,−0.333803f]
268	[−0.010699f,−0.105708f,0.424005f]	302	[0.032285f,0.374657f,−0.643959f]
269	[−0.010294f,0.104616f,−0.157022f]	303	[0.033094f,0.081718f,0.038007f]
270	[−0.008701f,0.001856f,0.017396f]	304	[0.033199f,0.060664f,−0.247906f]
271	[−0.006360f,−0.006066f,−0.006251f]	305	[0.033897f,0.149102f,0.02756f]
272	[−0.003532f,−0.271748f,0.428306f]	306	[0.034819f,0.321483f,−0.003321f]
273	[−0.003216f,−0.003136f,−0.003469f]	307	[0.037262f,0.495908f,0.085185f]
274	[−0.001757f,0.584796f,0.683362f]	308	[0.037383f,0.033065f,0.094751f]
275	[−0.0003230f,0.024632f,−0.061135f]	309	[0.037858f,0.03299f,0.337371f]
276	[0.0005060f,−0.264479f,−0.411226f]	310	[0.037865f,0.116145f,0.082043f]
277	[0.0006940f,0.12944f,0.148231f]	311	[0.038408f,0.172895f,−0.057841f]
278	[0.002514f,−0.227518f,0.154928f]	312	[0.038475f,0.078151f,0.472932f]
279	[0.003591f,−0.398725f,−0.317963f]	313	[0.038721f,0.040978f,0.036964f]
280	[0.005120f,0.238223f,0.002696f]	314	[0.039611f,0.079359f,−0.079636f]
281	[0.006114f,0.508376f,−0.272756f]	315	[0.041424f,0.013978f,0.042154f]
282	[0.008376f,−0.024185f,0.048427f]	316	[0.041807f,−0.091732f,−0.303774f]
283	[0.008818f,0.042633f,0.045841f]	317	[0.04202f,0.194242f,0.056634f]
284	[0.009336f,0.197791f,0.327643f]	318	[0.044436f,0.024339f,−0.106574f]
285	[0.010485f,−0.061703f,−0.05703f]	319	[0.046959f,0.046818f,0.049692f]
286	[0.010986f,0.581538f,0.532211f]	320	[0.048639f,0.042469f,−0.020418f]
287	[0.012066f,0.163377f,0.207209f]	321	[0.049268f,0.324986f,−0.520664f]
288	[0.014231f,−0.10694f,−0.110694f]	322	[0.049482f,0.050015f,0.156887f]
289	[0.014485f,0.038101f,0.008926f]	323	[0.051873f,0.359027f,−0.22886f]
290	[0.016115f,−0.572993f,−0.588421f]	324	[0.05244f,−0.196951f,0.02136f]
291	[0.01623f,−0.003618f,−0.002876f]	325	[0.052859f,−0.163544f,0.23885f]
292	[0.016926f,−0.120759f,0.139104f]	326	[0.053136f,−0.007126f,−0.007872f]
293	[0.017675f,0.013752f,−0.188722f]	327	[0.053345f,0.443295f,0.401008f]

表 B.157（续）

索引	码字	索引	码字
328	[0.053399f,−0.043141f,0.09127f]	362	[0.123369f,0.026519f,0.264241f]
329	[0.056656f,0.046407f,−0.395107f]	363	[0.125413f,0.135981f,−0.020168f]
330	[0.061829f, 0.038329f,0.213407f]	364	[0.127203f,0.014369f,0.123429f]
331	[0.061881f,−0.284522f,0.284029f]	365	[0.131508f,−0.133601f,0.3382f]
332	[0.062404f,−0.066479f,−0.171803f]	366	[0.140247f,−0.155855f,−0.183637f]
333	[0.063449f,0.401973f,0.010385f]	367	[0.140861f,−0.215519f,−0.314721f]
334	[0.066045f,0.08774f,−0.00586f]	368	[0.142209f,−0.091086f,−0.404625f]
335	[0.067374f,−0.17824f,−0.081469f]	369	[0.146068f,−0.095673f,−0.077588f]
336	[0.075281f,0.044799f,0.047724f]	370	[0.146143f,0.14502f,0.407564f]
337	[0.075912f,−0.61263f,−0.199079f]	371	[0.146208f,0.041064f,−0.07505f]
338	[0.076474f,−0.294062f,−0.17812f]	372	[0.146901f,0.041748f,−0.229471f]
339	[0.076885f,0.233091f,−0.121321f]	373	[0.150835f,−0.047093f,−0.199091f]
340	[0.079265f,0.380257f,0.571324f]	374	[0.151236f,0.206945f,0.600483f]
341	[0.081521f,−0.432577f,0.257487f]	375	[0.155123f,−0.330988f,−0.372723f]
342	[0.081534f,−0.040246f,−0.077778f]	376	[0.16061f,−0.015287f,0.440984f]
343	[0.081819f,−0.547981f,−0.378048f]	377	[0.162688f,0.25495f,0.311822f]
344	[0.08493f,0.150783f,0.266945f]	378	[0.169027f,−0.120974f,0.191489f]
345	[0.086889f,0.351791f,0.476936f]	379	[0.174347f,0.325408f,0.2202f]
346	[0.089681f,−0.246488f,0.10878f]	380	[0.175789f,0.253162f,0.453517f]
347	[0.090461f,0.113747f,−0.160514f]	381	[0.178846f,0.551963f,0.166661f]
348	[0.094913f,0.056259f,−0.595018f]	382	[0.181842f,0.467501f,−0.407777f]
349	[0.095485f,0.411716f,0.192314f]	383	[0.182459f,−0.305863f,0.207191f]
350	[0.096404f,0.186627f,−0.27291f]	384	[0.182725f,0.074745f,0.062085f]
351	[0.096503f,0.089521f,0.075503f]	385	[0.182863f,−0.210854f,−0.065733f]
352	[0.098023f,−0.127136f,0.077838f]	386	[0.184065f,0.001309f,0.002457f]
353	[0.09968f,0.280502f,0.093168f]	387	[0.18876f,−0.419316f,−0.052666f]
354	[0.101906f,−0.370656f,0.108978f]	388	[0.188907f,0.186082f,−0.360701f]
355	[0.102911f,−0.030599f,0.011366f]	389	[0.191479f,0.153401f,−0.130849f]
356	[0.107132f,0.222008f,−0.016211f]	390	[0.191774f,0.134001f,0.14652f]
357	[0.107204f,0.134078f,0.135851f]	391	[0.19204f,−0.078068f,0.077528f]
358	[0.111945f,−0.398491f,0.47129f]	392	[0.192053f,0.357689f,0.560544f]
359	[0.115641f,−0.307817f,−0.037328f]	393	[0.198229f,−0.238091f,0.451289f]
360	[0.117253f,0.23677f,0.190679f]	394	[0.200055f,0.35578f,0.345139f]
361	[0.118777f,0.037025f,0.034716f]	395	[0.200463f,0.03492f,0.173158f]

表 B.157（续）

索引	码字	索引	码字
396	[0.201013f,0.052608f,−0.370176f]	430	[0.284923f,0.136023f,0.172802f]
397	[0.201244f,−0.091583f,−0.027801f]	431	[0.288553f,0.339292f,0.242228f]
398	[0.201401f,0.375715f,0.078488f]	432	[0.289775f,−0.086034f,0.191476f]
399	[0.203254f,0.53583f,−0.061482f]	433	[0.294949f,0.386123f,0.56772f]
400	[0.20354f,0.202163f,0.040467f]	434	[0.296019f,−0.274507f,−0.417154f]
401	[0.206576f,0.505142f,0.29205f]	435	[0.298255f,0.097677f,0.311574f]
402	[0.207544f,0.011562f,0.323999f]	436	[0.301499f,0.240243f,0.284466f]
403	[0.208654f,−0.271007f,−0.191053f]	437	[0.302483f,0.252316f,0.49991f]
404	[0.211752f,0.360928f,−0.153385f]	438	[0.305677f,0.172866f,−0.360389f]
405	[0.218256f,0.022992f,−0.160376f]	439	[0.306064f,0.029452f,−0.234377f]
406	[0.219291f,−0.419322f,−0.223979f]	440	[0.306884f,0.171979f,−0.560198f]
407	[0.22418f,0.403725f,0.466189f]	441	[0.312495f,−0.572732f,−0.574592f]
408	[0.224182f,0.284728f,−0.063629f]	442	[0.312708f,−0.269479f,−0.213568f]
409	[0.230063f,0.195297f,0.229174f]	443	[0.313889f,0.19713f,0.403452f]
410	[0.231765f,0.099813f,−0.037763f]	444	[0.320698f,−0.12976f,−0.235582f]
411	[0.231873f,−0.169033f,−0.183598f]	445	[0.320738f,−0.157959f,0.337724f]
412	[0.237729f,−0.032825f,0.549824f]	446	[0.323333f,0.353885f,0.331105f]
413	[0.243583f,−0.602568f,−0.314023f]	447	[0.324181f,0.060248f,−0.098947f]
414	[0.249191f,0.670571f,0.671638f]	448	[0.333024f,−0.009362f,−0.016142f]
415	[0.251252f,−0.467047f,0.246683f]	449	[0.333354f,0.350094f,−0.153437f]
416	[0.256215f,−0.466115f,0.442656f]	450	[0.33617f,0.545644f,0.045843f]
417	[0.257957f,−0.451563f,−0.467864f]	451	[0.33625f,0.364097f,0.057353f]
418	[0.258206f,0.568154f,0.55501f]	452	[0.338671f,0.177883f,−0.020174f]
419	[0.258402f,−0.210249f,0.075562f]	453	[0.34495f,0.05131f,0.450542f]
420	[0.260061f,0.253855f,0.110114f]	454	[0.352616f,0.460213f,−0.512961f]
421	[0.260733f,0.208523f,−0.199998f]	455	[0.353732f,0.575611f,0.336537f]
422	[0.264029f,0.077232f,0.053653f]	456	[0.354124f,−0.061024f,−0.471066f]
423	[0.268304f,−0.067339f,−0.209096f]	457	[0.354938f,0.483999f,0.455106f]
424	[0.268956f,−0.291122f,−0.05076f]	458	[0.369089f,0.075116f,0.076288f]
425	[0.270792f,0.352793f,−0.276296f]	459	[0.384388f,0.39765f,0.191444f]
426	[0.27649f,−0.014872f,0.011111f]	460	[0.384767f,0.41589f,0.367422f]
427	[0.27974f,0.023934f,0.238131f]	461	[0.388418f,−0.003507f,−0.000363f]
428	[0.282921f,−0.109056f,−0.064815f]	462	[0.388839f,0.153039f,0.170205f]
429	[0.283493f,0.543556f,−0.210378f]	463	[0.389619f,−0.128403f,−0.082678f]

表 B.157（续）

索引	码字	索引	码字
464	[0.390074f,−0.307685f,0.152215f]	488	[0.478438f,−0.082582f,−0.319187f]
465	[0.394726f,0.043986f,0.601109f]	489	[0.488078f,−0.366002f,−0.4366f]
466	[0.397194f,0.026595f,0.327446f]	490	[0.493463f,−0.504783f,−0.605186f]
467	[0.398821f,0.396794f,−0.326367f]	491	[0.493686f,0.121791f,0.066377f]
468	[0.40086f,−0.468492f,−0.073857f]	492	[0.49489f,0.055992f,−0.276427f]
469	[0.409374f,0.249201f,0.231851f]	493	[0.494927f,−0.1765f,0.383111f]
470	[0.414493f,0.168436f,−0.251468f]	494	[0.508271f,−0.113166f,−0.076424f]
471	[0.415266f,0.376526f,0.505369f]	495	[0.509656f,0.275203f,−0.367344f]
472	[0.42009f,−0.278308f,−0.059898f]	496	[0.512142f,−0.003875f,−0.010913f]
473	[0.421663f,0.392668f,−0.040872f]	497	[0.517105f,0.513322f,0.296492f]
474	[0.423063f,0.423914f,−0.176318f]	498	[0.523997f,0.113835f,0.348833f]
475	[0.431406f,0.340611f,0.610264f]	499	[0.525025f,0.572858f,0.501438f]
476	[0.436271f,−0.352277f,−0.306273f]	500	[0.525538f,0.469223f,−0.493311f]
477	[0.439177f,0.276724f,0.060828f]	501	[0.553446f,0.192694f,0.121139f]
478	[0.441225f,−0.07699f,0.144581f]	502	[0.562272f,0.301058f,−0.074216f]
479	[0.447962f,0.293831f,0.329848f]	503	[0.580631f,0.330897f,0.470861f]
480	[0.448801f,0.590694f,−0.090124f]	504	[0.581731f,0.580759f,0.056899f]
481	[0.450143f,−0.0009110f,0.003198f]	505	[0.581843f,0.322419f,0.259639f]
482	[0.451111f,0.100424f,−0.124753f]	506	[0.582678f,0.570397f,0.367068f]
483	[0.454614f,−0.59606f,0.414671f]	507	[0.583189f,0.617633f,−0.49495f]
484	[0.457128f,0.541472f,0.107485f]	508	[0.589467f,0.577015f,0.226847f]
485	[0.461637f,0.46172f,0.191542f]	509	[0.61674f,0.003772f,0.022881f]
486	[0.463175f,0.50301f,0.409459f]	510	[0.632388f,0.337711f,−0.344472f]
487	[0.473294f,−0.203491f,−0.2134f]	511	[0.695799f,0.675779f,0.219399f]

表 B.158 MCR 旋转角矢量量化码书 cb_mag_1024_3

索引	码字	索引	码字
0	[−0.785398f,−0.785398f,−0.785398f]	6	[−0.646248f,−0.143708f,0.59747f]
1	[−0.681884f,−0.615869f,−0.619399f]	7	[−0.645228f,0.466655f,0.476689f]
2	[−0.668414f,0.047655f,0.462347f]	8	[−0.636207f,0.057811f,−0.206331f]
3	[−0.655755f,0.378191f,0.442716f]	9	[−0.635422f,0.088399f,0.110687f]
4	[−0.65004f,−0.615404f,−0.618852f]	10	[−0.635003f,−0.405707f,−0.245481f]
5	[−0.646289f,−0.619846f,0.239325f]	11	[−0.632605f,−0.295941f,−0.414946f]

表 B.158（续）

索引	码字	索引	码字
12	[−0.632178f,−0.602279f,−0.603812f]	46	[−0.520146f,−0.367991f,−0.221775f]
13	[−0.621242f,0.237465f,0.229197f]	47	[−0.517475f,0.067549f,−0.434426f]
14	[−0.616258f,0.037494f,−0.589888f]	48	[−0.516864f,0.645385f,0.009426f]
15	[−0.605928f,−0.615468f,−0.616927f]	49	[−0.516095f,−0.518904f,−0.496579f]
16	[−0.602335f,−0.178905f,−0.328439f]	50	[−0.513867f,−0.196091f,−0.333419f]
17	[−0.592252f,−0.588138f,−0.594194f]	51	[−0.512783f,0.121008f,0.515461f]
18	[−0.585795f,−0.112149f,0.257966f]	52	[−0.511773f,−0.40154f,0.557114f]
19	[−0.578196f,0.478209f,0.168627f]	53	[−0.510902f,−0.09398f,−0.193218f]
20	[−0.571617f,0.296789f,0.426793f]	54	[−0.510731f,−0.546571f,−0.533699f]
21	[−0.566335f,−0.615807f,−0.611674f]	55	[−0.508798f,−0.196504f,0.104167f]
22	[−0.564776f,−0.079495f,−0.487301f]	56	[−0.50648f,−0.025312f,0.42513f]
23	[−0.563466f,−0.163788f,−0.067083f]	57	[−0.506128f,−0.479113f,0.021103f]
24	[−0.560854f,−0.661181f,−0.180851f]	58	[−0.505542f,0.215302f,−0.125563f]
25	[−0.560214f,0.071648f,0.365517f]	59	[−0.50541f,−0.41244f,−0.414049f]
26	[−0.559407f,−0.271702f,−0.331116f]	60	[−0.504146f,−0.127201f,−0.109134f]
27	[−0.557531f,−0.550829f,−0.547824f]	61	[−0.503158f,0.241177f,0.228355f]
28	[−0.554267f,−0.388126f,0.159791f]	62	[−0.502353f,−0.187648f,−0.199385f]
29	[−0.548895f,−0.229223f,−0.224744f]	63	[−0.502028f,−0.581205f,−0.579614f]
30	[−0.547781f,−0.588696f,−0.587063f]	64	[−0.500662f,−0.279761f,−0.127591f]
31	[−0.546194f,0.071684f,0.095895f]	65	[−0.494079f,−0.457458f,−0.626476f]
32	[−0.546181f,−0.119753f,−0.34361f]	66	[−0.493846f,−0.001323f,−0.304963f]
33	[−0.5457f,−0.134931f,−0.254178f]	67	[−0.493794f,0.201141f,0.70011f]
34	[−0.543911f,0.038466f,0.247536f]	68	[−0.491416f,0.463966f,0.48361f]
35	[−0.541581f,−0.195981f,−0.428983f]	69	[−0.488944f,−0.033175f,0.62752f]
36	[−0.54097f,−0.23657f,0.430936f]	70	[−0.488647f,−0.052195f,0.262701f]
37	[−0.540505f,−0.443304f,−0.44581f]	71	[−0.486101f,−0.349981f,−0.558391f]
38	[−0.537514f,0.018242f,−0.125147f]	72	[−0.483114f,−0.29776f,−0.301934f]
39	[−0.530579f,0.357015f,−0.2027f]	73	[−0.482291f,−0.314753f,−0.43593f]
40	[−0.529797f,−0.571912f,0.151283f]	74	[−0.481522f,−0.072726f,0.055217f]
41	[−0.5277f,−0.615198f,−0.608166f]	75	[−0.479389f,−0.213485f,0.304925f]
42	[−0.526438f,0.201827f,0.047226f]	76	[−0.478833f,−0.555655f,−0.553058f]
43	[−0.5261f,−0.543855f,0.250964f]	77	[−0.47726f,0.027692f,−0.022226f]
44	[−0.522171f,0.19838f,0.404403f]	78	[−0.476762f,0.075721f,0.160241f]
45	[−0.52044f,0.225381f,0.585967f]	79	[−0.476015f,0.614028f,−0.250568f]

表 B.158（续）

索引	码字	索引	码字
80	[-0.470154f,-0.443583f,-0.445177f]	114	[-0.403897f,0.36673f,-0.149887f]
81	[-0.461428f,-0.379527f,-0.332478f]	115	[-0.402862f,-0.44265f,-0.438388f]
82	[-0.460030f,-0.175067f,-0.296998f]	116	[-0.402236f,0.057999f,-0.417232f]
83	[-0.459917f,-0.525562f,-0.267598f]	117	[-0.400781f,-0.222927f,-0.211971f]
84	[-0.455199f,0.131003f,0.015302f]	118	[-0.400128f,0.162339f,0.505769f]
85	[-0.453743f,-0.507193f,-0.492952f]	119	[-0.39845f,0.006838f,-0.218502f]
86	[-0.449326f,0.486476f,-0.367528f]	120	[-0.397797f,-0.355621f,-0.320616f]
87	[-0.445516f,-0.250466f,-0.07885f]	121	[-0.397515f,0.119202f,-0.240867f]
88	[-0.445242f,-0.405907f,-0.407278f]	122	[-0.396846f,0.036585f,0.066152f]
89	[-0.444017f,-0.125087f,-0.020195f]	123	[-0.396786f,-0.041436f,0.026148f]
90	[-0.442665f,0.208805f,-0.297432f]	124	[-0.396525f,-0.083294f,-0.077771f]
91	[-0.440772f,0.060465f,0.286491f]	125	[-0.396311f,-0.428568f,-0.196358f]
92	[-0.438795f,0.415486f,-0.026337f]	126	[-0.395674f,-0.162308f,0.225016f]
93	[-0.434135f,-0.290324f,0.054702f]	127	[-0.393643f,-0.47968f,0.251643f]
94	[-0.433912f,-0.306244f,-0.331413f]	128	[-0.39319f,0.173723f,0.181663f]
95	[-0.4326f,-0.263261f,-0.271585f]	129	[-0.392813f,-0.548134f,-0.530955f]
96	[-0.430768f,-0.527462f,-0.544146f]	130	[-0.392275f,0.306178f,0.115523f]
97	[-0.428979f,-0.186723f,0.440138f]	131	[-0.390605f,0.07308f,0.166794f]
98	[-0.427929f,0.382632f,0.487392f]	132	[-0.389706f,-0.510691f,-0.487995f]
99	[-0.425805f,-0.177406f,-0.439395f]	133	[-0.388252f,-0.401572f,-0.40097f]
100	[-0.424271f,-0.017106f,0.387342f]	134	[-0.387736f,0.049369f,-0.582573f]
101	[-0.424148f,-0.578198f,-0.569902f]	135	[-0.386979f,0.215854f,-0.100272f]
102	[-0.422818f,-0.173392f,0.126985f]	136	[-0.384073f,-0.369472f,0.28253f]
103	[-0.422802f,0.31912f,0.304194f]	137	[-0.379852f,0.357514f,-0.301607f]
104	[-0.421965f,0.069184f,-0.109529f]	138	[-0.37899f,-0.369465f,0.153503f]
105	[-0.419541f,0.548444f,0.349729f]	139	[-0.375083f,0.181494f,-0.581779f]
106	[-0.41428f,0.170803f,0.288428f]	140	[-0.372313f,-0.420566f,0.396321f]
107	[-0.412897f,-0.062867f,0.179617f]	141	[-0.37059f,-0.313048f,-0.200155f]
108	[-0.412771f,0.564309f,0.029934f]	142	[-0.368313f,-0.266041f,-0.311107f]
109	[-0.41257f,-0.25421f,0.634826f]	143	[-0.367007f,0.002000f,-0.035348f]
110	[-0.411231f,-0.388775f,-0.074581f]	144	[-0.364207f,-0.170834f,0.024956f]
111	[-0.411176f,-0.116194f,-0.205345f]	145	[-0.359627f,-0.010433f,0.273008f]
112	[-0.41032f,-0.570225f,-0.418292f]	146	[-0.359276f,-0.37177f,-0.007891f]
113	[-0.405041f,0.139209f,0.384742f]	147	[-0.359139f,-0.44733f,-0.445645f]

表 B.158（续）

索引	码字	索引	码字
148	[−0.357285f,0.120875f,−0.027803f]	182	[−0.315092f,−0.331853f,−0.512985f]
149	[−0.356011f,0.388524f,0.210736f]	183	[−0.314243f,−0.281034f,0.058939f]
150	[−0.355608f,−0.561648f,−0.056961f]	184	[−0.313121f,0.256913f,0.277668f]
151	[−0.35437f,−0.225587f,−0.069489f]	185	[−0.311309f,−0.509454f,−0.498091f]
152	[−0.353766f,−0.06977f,0.117171f]	186	[−0.311055f,−0.309178f,−0.361008f]
153	[−0.352013f,−0.355111f,−0.343873f]	187	[−0.31053f,−0.178104f,−0.241826f]
154	[−0.351648f,−0.319841f,−0.315343f]	188	[−0.310208f,−0.073979f,−0.236535f]
155	[−0.345447f,−0.41459f,−0.402356f]	189	[−0.310152f,−0.005751f,0.185912f]
156	[−0.345426f,−0.67172f,−0.286328f]	190	[−0.309852f,0.047581f,0.340377f]
157	[−0.343181f,−0.131406f,−0.139192f]	191	[−0.309338f,0.404856f,0.464809f]
158	[−0.342996f,−0.365132f,−0.542269f]	192	[−0.309228f,0.07652f,−0.10654f]
159	[−0.340192f,−0.206418f,−0.182449f]	193	[−0.30831f,−0.682451f,0.18543f]
160	[−0.340173f,−0.077942f,−0.087736f]	194	[−0.306457f,0.198912f,−0.168429f]
161	[−0.338253f,−0.260348f,0.163477f]	195	[−0.30532f,−0.42723f,−0.428507f]
162	[−0.334961f,−0.085366f,−0.356935f]	196	[−0.303122f,−0.392252f,−0.211041f]
163	[−0.334805f,−0.332724f,−0.421098f]	197	[−0.301906f,0.03989f,−0.258073f]
164	[−0.333881f,−0.253339f,−0.608279f]	198	[−0.300427f,−0.037617f,−0.018469f]
165	[−0.333284f,−0.353761f,−0.472874f]	199	[−0.298477f,−0.158283f,−0.067982f]
166	[−0.332246f,−0.557148f,−0.557314f]	200	[−0.297677f,0.21662f,−0.317722f]
167	[−0.331983f,−0.48673f,−0.412903f]	201	[−0.297476f,−0.545986f,0.601946f]
168	[−0.330093f,−0.525232f,−0.3297f]	202	[−0.297079f,−0.243467f,0.326762f]
169	[−0.32945f,−0.311972f,−0.134817f]	203	[−0.296248f,0.110492f,0.022693f]
170	[−0.327726f,−0.304492f,−0.030811f]	204	[−0.292437f,−0.3957f,−0.388689f]
171	[−0.326081f,0.008890f,0.038093f]	205	[−0.292042f,−0.293705f,−0.207367f]
172	[−0.325488f,−0.192419f,−0.351152f]	206	[−0.290437f,−0.3409f,−0.323873f]
173	[−0.323243f,0.064021f,0.435618f]	207	[−0.289453f,0.299437f,0.03131f]
174	[−0.322493f,−0.478195f,0.050341f]	208	[−0.289384f,−0.120052f,0.085989f]
175	[−0.32216f,0.151784f,0.383994f]	209	[−0.28882f,0.051092f,0.599927f]
176	[−0.321337f,0.188344f,0.094003f]	210	[−0.288431f,−0.134179f,0.511954f]
177	[−0.32008f,−0.288414f,−0.270231f]	211	[−0.286521f,0.171223f,−0.516163f]
178	[−0.319972f,−0.157886f,0.189969f]	212	[−0.286302f,−0.067094f,−0.457188f]
179	[−0.319067f,0.066205f,0.116668f]	213	[−0.28584f,−0.091123f,0.251448f]
180	[−0.318584f,−0.065815f,0.442843f]	214	[−0.284721f,0.520338f,−0.62203f]
181	[−0.315681f,0.389349f,0.551226f]	215	[−0.284451f,0.27049f,0.139573f]

表 B.158（续）

索引	码字	索引	码字
216	[−0.284418f,−0.198563f,0.070872f]	250	[−0.251456f,−0.247995f,−0.19739f]
217	[−0.282324f,0.028052f,−0.168523f]	251	[−0.246616f,−0.001420f,0.123026f]
218	[−0.281293f,0.12095f,0.252781f]	252	[0.240217f, 0.200947f, 0.304618f]
219	[−0.280149f,−0.279939f,−0.307297f]	253	[−0.244544f,−0.424749f,−0.410528f]
220	[−0.279831f,0.456963f,0.095134f]	254	[−0.243588f,0.543376f,0.277077f]
221	[−0.279543f,−0.326621f,−0.45405f]	255	[−0.242477f,−0.275681f,−0.364248f]
222	[−0.278951f,−0.060482f,−0.090155f]	256	[−0.242172f,−0.225056f,−0.145373f]
223	[−0.276856f,−0.272354f,−0.415248f]	257	[−0.24082f,0.318324f,0.53846f]
224	[−0.276458f,0.183583f,0.618125f]	258	[−0.239728f,0.177408f,−0.225412f]
225	[−0.276355f,−0.089858f,0.352654f]	259	[−0.239631f,0.371182f,−0.343279f]
226	[−0.271417f,−0.04484f,0.05605f]	260	[−0.239546f,0.046838f,0.204132f]
227	[−0.270834f,−0.088699f,−0.174989f]	261	[−0.239134f,0.041924f,0.501209f]
228	[−0.26985f,−0.38006f,0.057851f]	262	[−0.237945f,0.205064f,0.200025f]
229	[−0.269159f,−0.095082f,0.163396f]	263	[−0.237739f,−0.407917f,−0.111272f]
230	[−0.268346f,−0.346295f,0.164602f]	264	[−0.236191f,0.034487f,0.031956f]
231	[−0.267774f,−0.215275f,0.19903f]	265	[−0.233899f,−0.523438f,−0.365351f]
232	[−0.266142f,0.290637f,−0.101599f]	266	[−0.231631f,0.370821f,0.367367f]
233	[−0.26552f,0.377043f,−0.195189f]	267	[−0.231489f,−0.25157f,−0.296372f]
234	[−0.26534f,−0.211474f,−0.545313f]	268	[−0.23144f,0.082834f,−0.377357f]
235	[−0.264699f,−0.698545f,−0.653459f]	269	[−0.230191f,−0.044322f,−0.051429f]
236	[−0.263427f,−0.167432f,−0.20784f]	270	[−0.229785f,−0.573248f,0.259028f]
237	[−0.262277f,−0.244349f,−0.008476f]	271	[−0.229338f,−0.225514f,−0.227527f]
238	[−0.262273f,0.17088f,−0.082897f]	272	[−0.227782f,0.009084f,−0.685858f]
239	[−0.260684f,−0.261089f,−0.091569f]	273	[−0.226727f,−0.247331f,0.269539f]
240	[−0.260594f,0.224951f,−0.002159f]	274	[−0.226482f,0.194341f,0.319708f]
241	[−0.260181f,−0.403106f,−0.32931f]	275	[−0.226191f,−0.218113f,−0.380287f]
242	[−0.259473f,−0.568906f,−0.256388f]	276	[−0.225856f,−0.101303f,−0.053741f]
243	[−0.257647f,−0.259832f,−0.151692f]	277	[−0.2252f,−0.090132f,−0.362536f]
244	[−0.256597f,−0.484442f,−0.209829f]	278	[−0.224025f,−0.12955f,−0.115769f]
245	[−0.256146f,−0.252747f,−0.247136f]	279	[−0.223017f,0.37394f,0.229733f]
246	[−0.255907f,−0.365226f,0.295964f]	280	[−0.222911f,−0.027152f,0.266673f]
247	[−0.255683f,0.08082f,0.100074f]	281	[−0.222825f,−0.225758f,−0.440907f]
248	[−0.252162f,0.044144f,−0.038041f]	282	[−0.222424f,0.259755f,0.474431f]
249	[−0.251992f,0.188282f,0.08259f]	283	[−0.220765f,−0.345757f,−0.243125f]

表 B.158（续）

索引	码字	索引	码字
284	[−0.220765f,0.136691f,0.41671f]	318	[−0.192977f,−0.324224f,−0.126246f]
285	[−0.220506f,0.55221f,0.508809f]	319	[−0.191562f,−0.194967f,−0.197709f]
286	[−0.220481f,−0.291212f,0.073349f]	320	[−0.191508f,−0.661923f,−0.433083f]
287	[−0.220115f,−0.21664f,−0.074305f]	321	[−0.191507f,−0.243005f,−0.252815f]
288	[−0.218857f,−0.334604f,−0.328233f]	322	[−0.191118f,0.127349f,−0.710465f]
289	[−0.218222f,−0.231996f,0.159891f]	323	[−0.191105f,−0.057755f,0.174098f]
290	[−0.215066f,−0.40251f,−0.469284f]	324	[−0.190532f,0.118928f,0.043894f]
291	[−0.214513f,−0.531636f,−0.085018f]	325	[−0.189801f,0.044343f,0.046317f]
292	[−0.213291f,0.117089f,−0.127332f]	326	[−0.188775f,0.428481f,0.48309f]
293	[−0.211969f,0.050139f,0.366907f]	327	[−0.1882f,−0.465543f,0.568265f]
294	[−0.21127f,−0.177454f,−0.002655f]	328	[−0.185466f,−0.192124f,−0.439626f]
295	[−0.211215f,−0.030934f,−0.282549f]	329	[−0.184463f,−0.316108f,−0.426194f]
296	[−0.211213f,0.093959f,0.298923f]	330	[−0.184324f,0.044458f,−0.233502f]
297	[−0.210771f,0.18308f,0.006093f]	331	[−0.183772f,0.081853f,−0.542053f]
298	[−0.210447f,−0.217424f,−0.203445f]	332	[−0.183691f,0.371574f,−0.062753f]
299	[−0.208998f,−0.275044f,−0.530354f]	333	[−0.182935f,0.283246f,−0.01033f]
300	[−0.208554f,−0.492227f,−0.473752f]	334	[−0.18201f,−0.04421f,−0.038939f]
301	[−0.207927f,−0.293804f,0.424635f]	335	[−0.181947f,−0.127266f,−0.138971f]
302	[−0.20725f,0.679161f,0.361277f]	336	[−0.179602f,0.049624f,−0.055406f]
303	[−0.206847f,0.199539f,−0.440276f]	337	[−0.179422f,0.268345f,−0.59625f]
304	[−0.206446f,−0.1023f,0.029635f]	338	[−0.179403f,−0.377905f,0.002012f]
305	[−0.206438f,−0.164253f,−0.252081f]	339	[−0.176736f,−0.500257f,0.460673f]
306	[−0.203916f,−0.063061f,0.087926f]	340	[−0.175894f,0.026336f,0.018447f]
307	[−0.203468f,−0.161869f,0.198382f]	341	[−0.173344f,−0.454851f,0.09411f]
308	[−0.201852f,0.123531f,0.139373f]	342	[−0.168262f,0.06272f,−0.120532f]
309	[−0.201817f,−0.057675f,−0.163541f]	343	[−0.168241f,−0.035313f,0.038718f]
310	[−0.20147f,−0.187486f,−0.14412f]	344	[−0.166585f,0.28455f,−0.697945f]
311	[−0.200937f,0.132375f,−0.60107f]	345	[−0.164094f,0.289063f,−0.301061f]
312	[−0.200751f,−0.028616f,−0.591652f]	346	[−0.162045f,0.146072f,−0.315811f]
313	[−0.199956f,−0.077426f,−0.088608f]	347	[−0.161569f,0.008195f,0.122257f]
314	[−0.197092f,−0.093809f,0.681256f]	348	[−0.161305f,−0.611954f,−0.209755f]
315	[−0.196046f,−0.564047f,−0.543179f]	349	[−0.159864f,−0.157532f,−0.356748f]
316	[−0.194864f,−0.147109f,0.097425f]	350	[−0.159827f,0.126216f,−0.01659f]
317	[−0.193251f,0.141231f,0.229153f]	351	[−0.159002f,−0.16591f,−0.171869f]

表 B.158（续）

索引	码字	索引	码字
352	[−0.158899f,0.262194f,0.080577f]	386	[−0.129792f,0.263323f,0.251325f]
353	[−0.157528f,−0.105367f,0.394633f]	387	[−0.129452f,−0.128111f,−0.421857f]
354	[−0.156968f,−0.108251f,−0.085785f]	388	[−0.12944f,−0.048072f,−0.242318f]
355	[−0.156897f,0.315271f,0.120844f]	389	[−0.128066f,−0.290005f,0.062207f]
356	[−0.155774f,−0.160491f,−0.430228f]	390	[−0.127733f,−0.10654f,0.038359f]
357	[−0.154053f,0.228247f,0.409581f]	391	[−0.127517f,−0.196297f,0.083221f]
358	[−0.15329f,−0.25751f,0.296795f]	392	[−0.126551f,0.30193f,0.349464f]
359	[−0.153081f,0.065977f,0.176227f]	393	[−0.126344f,0.198106f,0.019126f]
360	[−0.151932f,−0.396165f,0.384895f]	394	[−0.126324f,0.524899f,0.161778f]
361	[−0.151306f,−0.27437f,0.173571f]	395	[−0.125303f,0.112445f,−0.189975f]
362	[−0.150692f,0.23097f,−0.101562f]	396	[−0.124092f,−0.314828f,−0.042692f]
363	[−0.149946f,−0.28308f,−0.224748f]	397	[−0.123616f,0.085222f,−0.048424f]
364	[−0.149391f,0.038573f,0.03643f]	398	[−0.122429f,−0.434705f,−0.067901f]
365	[−0.149143f,0.169718f,−0.067679f]	399	[−0.122251f,−0.063028f,0.106077f]
366	[−0.14852f,0.398881f,0.573546f]	400	[−0.122129f,0.194309f,0.339756f]
367	[−0.148498f,−0.175116f,−0.011996f]	401	[−0.121976f,−0.024038f,0.537567f]
368	[−0.147725f,−0.101083f,0.279559f]	402	[−0.12192f,0.048701f,0.276666f]
369	[−0.147574f,0.474121f,−0.061156f]	403	[−0.121916f,−0.37164f,−0.346765f]
370	[−0.145868f,−0.231971f,−0.098866f]	404	[−0.119798f,0.478299f,−0.571601f]
371	[−0.143396f,−0.342183f,0.24309f]	405	[−0.119487f,0.036697f,0.036145f]
372	[−0.14013f,−0.157888f,0.175993f]	406	[−0.118539f,−0.007292f,0.208397f]
373	[−0.139398f,0.205986f,0.181606f]	407	[−0.117523f,−0.400608f,−0.431187f]
374	[−0.139007f,0.170726f,0.10015f]	408	[−0.117518f,−0.110073f,−0.043839f]
375	[−0.138763f,−0.146542f,−0.251561f]	409	[−0.116986f,0.059354f,−0.690238f]
376	[−0.138592f,−0.022007f,−0.126696f]	410	[−0.115784f,−0.419754f,−0.233874f]
377	[−0.138558f,0.273414f,−0.203423f]	411	[−0.114169f,0.485205f,0.050262f]
378	[−0.135521f,−0.143304f,−0.317323f]	412	[−0.113829f,−0.067624f,−0.532529f]
379	[−0.135408f,−0.029297f,−0.065706f]	413	[−0.113323f,−0.275754f,−0.307562f]
380	[−0.134511f,−0.205993f,−0.249546f]	414	[−0.112989f,−0.326369f,−0.260299f]
381	[−0.133092f,0.047351f,0.407226f]	415	[−0.112778f,0.344064f,0.501652f]
382	[−0.132745f,−0.1198f,−0.216978f]	416	[−0.112063f,−0.198383f,−0.203687f]
383	[−0.132636f,0.402403f,0.103685f]	417	[−0.111584f,−0.106782f,−0.303006f]
384	[−0.132218f,0.074806f,0.09286f]	418	[−0.111059f,−0.247733f,−0.251232f]
385	[−0.129821f,−0.182549f,−0.085975f]	419	[−0.110323f,0.62466f,0.349865f]

表 B.158（续）

索引	码字	索引	码字
420	[−0.107419f,0.005854f,−0.327334f]	454	[−0.081812f,0.175464f,−0.012006f]
421	[−0.105459f,0.403365f,0.42154f]	455	[−0.080703f,−0.104856f,0.100724f]
422	[−0.104985f,0.259919f,−0.02277f]	456	[−0.080378f,−0.239314f,−0.468136f]
423	[−0.1045f,0.597176f,−0.232667f]	457	[−0.080198f,−0.246282f,0.050392f]
424	[−0.10432f,0.020484f,−0.05658f]	458	[−0.08016f,0.322535f,0.016209f]
425	[−0.102872f,−0.097315f,−0.399022f]	459	[−0.079569f,0.02918f,0.129279f]
426	[−0.102595f,−0.006258f,0.019698f]	460	[−0.078818f,0.111947f,−0.373042f]
427	[−0.10257f,−0.062776f,0.010091f]	461	[−0.07874f,−0.209649f,−0.388769f]
428	[−0.102392f,−0.082007f,−0.155651f]	462	[−0.078143f,−0.266674f,−0.166894f]
429	[−0.100602f,−0.13311f,−0.167582f]	463	[−0.07615f,0.171897f,0.084806f]
430	[−0.099678f,0.104712f,0.039662f]	464	[−0.075385f,−0.112627f,−0.12831f]
431	[−0.099272f,−0.186255f,−0.673779f]	465	[−0.074126f,0.139107f,−0.55927f]
432	[−0.098454f,−0.686983f,0.333932f]	466	[−0.072479f,−0.279549f,−0.08695f]
433	[−0.097027f,0.190059f,−0.115345f]	467	[−0.072346f,−0.600412f,0.066246f]
434	[−0.096881f,−0.358638f,−0.18336f]	468	[−0.071875f,0.467279f,−0.293209f]
435	[−0.095818f,−0.075275f,0.182665f]	469	[−0.071355f,0.133624f,0.301131f]
436	[−0.095345f,0.041145f,−0.164678f]	470	[−0.071198f,−0.032825f,−0.188027f]
437	[−0.094854f,−0.468249f,−0.352851f]	471	[−0.071095f,−0.173743f,−0.124032f]
438	[−0.093802f,0.252737f,0.096394f]	472	[−0.070059f,−0.086972f,−0.09238f]
439	[−0.093788f,−0.193165f,−0.260901f]	473	[−0.069665f,0.298653f,−0.088409f]
440	[−0.093684f,0.021518f,0.327674f]	474	[−0.069532f,0.114981f,−0.122234f]
441	[−0.093502f,0.039119f,0.033112f]	475	[−0.069215f,−0.281588f,−0.243617f]
442	[−0.093212f,0.208066f,−0.702918f]	476	[−0.068707f,−0.087564f,−0.202423f]
443	[−0.093138f,0.362876f,0.224808f]	477	[−0.068081f,−0.056374f,−0.140052f]
444	[−0.090987f,0.36746f,−0.155525f]	478	[−0.06734f,−0.148705f,0.215426f]
445	[−0.090232f,−0.542851f,−0.194522f]	479	[−0.066594f,−0.044172f,−0.053968f]
446	[−0.090012f,0.116192f,0.187305f]	480	[−0.06524f,−0.070352f,−0.337845f]
447	[−0.089385f,0.037715f,−0.259705f]	481	[−0.065225f,0.3307f,0.583221f]
448	[−0.088275f,−0.093495f,−0.267017f]	482	[−0.06502f,0.178974f,0.573015f]
449	[−0.08749f,−0.410168f,0.104312f]	483	[−0.064611f,−0.595591f,−0.374397f]
450	[−0.085691f,−0.214324f,0.245076f]	484	[−0.06434f,−0.033808f,−0.105096f]
451	[−0.084526f,0.501864f,0.343972f]	485	[−0.063978f,0.031205f,0.048562f]
452	[−0.083444f,0.234941f,−0.289818f]	486	[−0.063107f,0.265266f,0.184056f]
453	[−0.082971f,−0.152506f,−0.245563f]	487	[−0.062598f,−0.151285f,−0.065635f]

表 B.158（续）

索引	码字	索引	码字
488	[−0.062463f,0.118711f,0.124428f]	522	[−0.032088f,−0.627235f,−0.638079f]
489	[−0.061446f,−0.162951f,0.074122f]	523	[−0.030438f,0.104931f,−0.230139f]
490	[−0.060235f,−0.049881f,0.050145f]	524	[−0.030071f,0.116281f,0.033079f]
491	[−0.057606f,−0.353712f,−0.022245f]	525	[−0.029723f,0.037162f,0.037349f]
492	[−0.057208f,−0.117547f,−0.023577f]	526	[−0.028705f,0.067648f,0.082919f]
493	[−0.056811f,−0.048095f,−0.467352f]	527	[−0.027386f,0.413419f,0.559582f]
494	[−0.055613f,−0.002873f,−0.001728f]	528	[−0.027122f,−0.015197f,−0.06268f]
495	[−0.053905f,−0.337116f,0.202289f]	529	[−0.026898f,−0.270788f,−0.587128f]
496	[−0.053266f,−0.487689f,−0.479919f]	530	[−0.026312f,−0.270368f,0.439923f]
497	[−0.052604f,−0.578282f,0.202212f]	531	[−0.025414f,−0.201879f,−0.034574f]
498	[−0.05229f,0.018533f,−0.111152f]	532	[−0.024498f,−0.093396f,−0.140081f]
499	[−0.051429f,0.189937f,−0.215481f]	533	[−0.02409f,−0.087159f,0.423543f]
500	[−0.050508f,0.257593f,0.449787f]	534	[−0.023428f,−0.044755f,−0.229724f]
501	[−0.048628f,−0.339637f,−0.369064f]	535	[−0.023393f,0.181838f,−0.076019f]
502	[−0.046547f,0.030498f,−0.429708f]	536	[−0.023236f,−0.561662f,−0.569342f]
503	[−0.045718f,0.014021f,0.222585f]	537	[−0.022807f,−0.214015f,0.146675f]
504	[−0.042238f,0.579355f,0.681455f]	538	[−0.022659f,−0.317256f,0.092967f]
505	[−0.042051f,0.352973f,0.122558f]	539	[−0.02119f,−0.012756f,−0.004126f]
506	[−0.041824f,0.092737f,−0.031027f]	540	[−0.019946f,0.112996f,0.41899f]
507	[−0.040891f,−0.227169f,−0.318614f]	541	[−0.018695f,−0.2739f,−0.017579f]
508	[−0.039134f,0.461852f,0.463951f]	542	[−0.01859f,0.534005f,0.01542f]
509	[−0.038486f,−0.063045f,0.294934f]	543	[−0.017647f,−0.318286f,−0.290278f]
510	[−0.037673f,−0.079961f,−0.002869f]	544	[−0.017608f,0.010436f,−0.239142f]
511	[−0.037411f,−0.403453f,0.264428f]	545	[−0.017552f,−0.428061f,−0.04022f]
512	[−0.036826f,−0.20935f,−0.210615f]	546	[−0.013245f,−0.286087f,0.348129f]
513	[−0.035094f,−0.147516f,0.349136f]	547	[−0.012648f,−0.174716f,−0.165042f]
514	[−0.034135f,−0.026383f,−0.290847f]	548	[−0.011931f,0.491475f,0.139256f]
515	[−0.033732f,−0.05402f,−0.391133f]	549	[−0.011393f,0.320037f,−0.662859f]
516	[−0.03371f,0.246434f,0.042282f]	550	[−0.010906f,−0.008125f,0.048999f]
517	[−0.033479f,−0.048529f,0.154688f]	551	[−0.01067f,−0.041599f,−0.033332f]
518	[−0.033247f,0.222918f,−0.40832f]	552	[−0.009864f,0.216919f,0.133706f]
519	[−0.033101f,0.061343f,0.540977f]	553	[−0.009349f,0.0004310f,−0.179838f]
520	[−0.033059f,−0.017826f,0.096054f]	554	[−0.008577f,−0.168433f,0.033316f]
521	[−0.032415f,0.042806f,−0.02226f]	555	[−0.007989f,0.389399f,0.253106f]

表 B.158（续）

索引	码字	索引	码字
556	[−0.007709f,0.255818f,−0.023409f]	590	[0.015646f,−0.132581f,−0.485572f]
557	[−0.005934f,−0.006151f,−0.006239f]	591	[0.015911f,0.16994f,0.262379f]
558	[−0.005773f,0.022155f,0.149667f]	592	[0.01633f,0.633572f,0.472157f]
559	[−0.005666f,0.010068f,0.004194f]	593	[0.017751f,0.062378f,0.058829f]
560	[−0.005213f,−0.074183f,−0.086326f]	594	[0.017788f,0.098465f,0.093443f]
561	[−0.003926f,0.063165f,−0.160992f]	595	[0.01890f,0.008257f,−0.101249f]
562	[−0.003844f,0.021705f,−0.062083f]	596	[0.018986f,−0.404996f,−0.186318f]
563	[−0.003763f,−0.003757f,−0.00365f]	597	[0.019669f,0.340433f,−0.260875f]
564	[−0.003386f,0.002491f,−0.008619f]	598	[0.020877f,0.313651f,0.324171f]
565	[−0.0007340f,0.07478f,0.01336f]	599	[0.022372f,0.404982f,0.034851f]
566	[−0.0007100f,−0.025095f,−0.134758f]	600	[0.022506f,−0.021673f,−0.018237f]
567	[−0.0002180f,0.342219f,−0.492728f]	601	[0.023176f,0.165574f,0.167884f]
568	[0.0003670f,−0.002871f,−0.000295f]	602	[0.023377f,0.032185f,0.087414f]
569	[0.0006360f,0.105756f,0.168689f]	603	[0.023822f,0.133936f,−0.197166f]
570	[0.002391f,0.124573f,−0.050182f]	604	[0.024525f,0.06502f,−0.085415f]
571	[0.003356f,0.197949f,0.347801f]	605	[0.024767f,0.164915f,−0.266004f]
572	[0.003540f,0.537993f,0.554663f]	606	[0.025069f,−0.057102f,−0.566556f]
573	[0.003732f,0.257801f,−0.156205f]	607	[0.025557f,−0.119755f,−0.008196f]
574	[0.003901f,0.476104f,−0.105331f]	608	[0.026724f,−0.065012f,−0.039651f]
575	[0.004896f,0.041777f,−0.358159f]	609	[0.027202f,0.427319f,0.407046f]
576	[0.005434f,−0.0007100f,0.020418f]	610	[0.028397f,0.279324f,0.210758f]
577	[0.005581f,0.359862f,0.514221f]	611	[0.028609f,−0.03120f,−0.31025f]
578	[0.006397f,−0.109114f,−0.190157f]	612	[0.029312f,0.027664f,0.341239f]
579	[0.007120f,0.033775f,0.006563f]	613	[0.030514f,−0.237879f,−0.089453f]
580	[0.007136f,−0.137518f,0.128734f]	614	[0.030597f,−0.501952f,−0.237945f]
581	[0.008311f,0.06163f,0.219892f]	615	[0.032103f,0.06225f,0.286349f]
582	[0.009299f,−0.044534f,0.033467f]	616	[0.032224f,−0.145669f,−0.076039f]
583	[0.01032f,0.191798f,0.046847f]	617	[0.032568f,0.067842f,−0.270062f]
584	[0.010721f,−0.091043f,0.062134f]	618	[0.032915f,0.170263f,−0.035629f]
585	[0.011319f,−0.458835f,−0.41726f]	619	[0.033903f,−0.079098f,0.193876f]
586	[0.012549f,−0.149502f,−0.308826f]	620	[0.034188f,−0.153705f,0.525488f]
587	[0.012852f,0.037057f,0.041013f]	621	[0.034511f,0.305081f,0.029243f]
588	[0.013549f,0.335049f,−0.054625f]	622	[0.035151f,−0.013771f,0.087093f]
589	[0.015461f,−0.0007640f,−0.00317f]	623	[0.035649f,0.043449f,−0.212199f]

表 B.158(续)

索引	码字	索引	码字
624	[0.035717f,0.07554f,0.029921f]	658	[0.051632f,0.044287f,0.100533f]
625	[0.035978f,0.043241f,-0.457545f]	659	[0.052037f,0.039031f,0.037989f]
626	[0.036175f,0.146181f,0.034507f]	660	[0.052661f,0.007018f,-0.361072f]
627	[0.036395f,0.040045f,0.041198f]	661	[0.053325f,-0.192163f,0.259648f]
628	[0.036613f,0.007368f,0.041023f]	662	[0.053841f,-0.641371f,-0.143554f]
629	[0.036891f,0.546045f,0.370893f]	663	[0.053946f,-0.524793f,0.011337f]
630	[0.036905f,0.155719f,-0.131443f]	664	[0.05526f,-0.010072f,-0.669014f]
631	[0.036932f,-0.142199f,-0.23705f]	665	[0.055663f,0.19888f,0.043986f]
632	[0.037971f,0.040588f,0.019456f]	666	[0.056087f,0.02001f,0.194027f]
633	[0.038034f,0.313681f,0.426889f]	667	[0.056655f,-0.158456f,0.192928f]
634	[0.038393f,0.255632f,0.102365f]	668	[0.057294f,0.067396f,0.06056f]
635	[0.039246f,0.146469f,0.089936f]	669	[0.057395f,0.076832f,0.494177f]
636	[0.040795f,0.045559f,-0.017969f]	670	[0.059091f,-0.303212f,-0.430294f]
637	[0.04122f,-0.235427f,-0.359653f]	671	[0.059696f,-0.347524f,-0.144565f]
638	[0.041552f,-0.177794f,0.037121f]	672	[0.065171f,0.024274f,0.056236f]
639	[0.041971f,0.001451f,-0.003553f]	673	[0.068112f,0.106808f,0.21666f]
640	[0.042393f,-0.052425f,0.116379f]	674	[0.069326f,0.129272f,-0.346014f]
641	[0.042612f,-0.402591f,-0.333982f]	675	[0.069709f,-0.358111f,0.037886f]
642	[0.04296f,-0.026358f,-0.178524f]	676	[0.06973f,-0.277126f,-0.235412f]
643	[0.044762f,0.051425f,0.045011f]	677	[0.070085f,0.439155f,-0.244176f]
644	[0.045659f,0.052306f,0.145304f]	678	[0.070632f,-0.157267f,-0.139682f]
645	[0.045749f,-0.040267f,0.265258f]	679	[0.071747f,-0.03211f,0.011689f]
646	[0.045817f,-0.064427f,0.03569f]	680	[0.073306f,0.328379f,-0.163274f]
647	[0.045833f,0.083298f,-0.04785f]	681	[0.073832f,0.602919f,-0.113335f]
648	[0.046425f,-0.229912f,-0.187406f]	682	[0.074824f,-0.035525f,-0.063165f]
649	[0.046573f,0.049748f,-0.125666f]	683	[0.075407f,-0.556526f,-0.153039f]
650	[0.04709f,0.042129f,0.053182f]	684	[0.075601f,-0.091372f,-0.418454f]
651	[0.047439f,0.107048f,0.035566f]	685	[0.078888f,0.052934f,0.034251f]
652	[0.04823f,0.223219f,-0.072451f]	686	[0.079417f,0.010425f,-0.004584f]
653	[0.048624f,0.334741f,0.138078f]	687	[0.080679f,0.588233f,-0.283432f]
654	[0.048788f,0.100337f,-0.572354f]	688	[0.080973f,-0.26941f,0.160847f]
655	[0.049046f,-0.091434f,-0.10768f]	689	[0.081226f,0.103107f,0.119935f]
656	[0.050539f,0.020078f,0.41623f]	690	[0.081777f,0.182374f,-0.009817f]
657	[0.050797f,0.01534f,-0.057772f]	691	[0.082302f,0.338189f,0.543791f]

表 B.158（续）

索引	码字
692	[0.082623f,−0.261309f,0.079623f]
693	[0.083842f,0.210124f,−0.308853f]
694	[0.085252f,0.469738f,−0.615914f]
695	[0.085553f,−0.309459f,−0.066109f]
696	[0.085749f,−0.041013f,−0.255227f]
697	[0.085815f,−0.210473f,0.001612f]
698	[0.086492f,−0.108044f,0.050957f]
699	[0.086539f,0.388942f,0.596948f]
700	[0.086827f,−0.299436f,0.234592f]
701	[0.087373f,−0.510557f,−0.350131f]
702	[0.089956f,0.087424f,−0.028195f]
703	[0.090124f,0.434551f,0.171375f]
704	[0.090202f,−0.460736f,0.231904f]
705	[0.091704f,−0.179669f,0.118369f]
706	[0.092336f,0.197309f,0.106225f]
707	[0.096733f,−0.126518f,0.31785f]
708	[0.099213f,0.126331f,0.160657f]
709	[0.100524f,0.058292f,0.083563f]
710	[0.100823f,0.11208f,0.07147f]
711	[0.10242f,0.21896f,−0.125281f]
712	[0.103578f,−0.018536f,0.085049f]
713	[0.103642f,−0.435844f,−0.127212f]
714	[0.105218f,0.212073f,−0.229938f]
715	[0.105434f,−0.102473f,−0.043232f]
716	[0.105836f,−0.113599f,0.099056f]
717	[0.106528f,0.419883f,0.338403f]
718	[0.107731f,0.155981f,0.275439f]
719	[0.108571f,−0.040997f,0.173179f]
720	[0.108889f,0.023722f,0.040382f]
721	[0.109693f,−0.302657f,−0.291582f]
722	[0.110383f,0.003212f,−0.091835f]
723	[0.111931f,0.042873f,−0.23084f]
724	[0.113164f,−0.198464f,−0.309905f]
725	[0.113453f,−0.062094f,−0.159014f]
726	[0.113839f,0.237824f,0.000225f]
727	[0.11405f,0.384267f,0.478107f]
728	[0.1141f,0.159481f,−0.06742f]
729	[0.114602f,0.222682f,0.186338f]
730	[0.115994f,0.231629f,0.464396f]
731	[0.116354f,−0.166875f,0.386052f]
732	[0.116471f,0.469041f,0.057621f]
733	[0.116561f,0.290584f,−0.570095f]
734	[0.117433f,0.238132f,0.28726f]
735	[0.11916f,−0.457809f,0.484208f]
736	[0.119564f,−0.337931f,0.293608f]
737	[0.120327f,0.093914f,−0.407431f]
738	[0.121697f,0.070589f,−0.15278f]
739	[0.121813f,−0.634048f,−0.357355f]
740	[0.121986f,0.009445f,−0.01623f]
741	[0.122677f,0.40133f,0.232959f]
742	[0.12374f,−0.509603f,−0.48933f]
743	[0.123918f,0.324782f,0.22201f]
744	[0.125289f,0.260493f,0.081472f]
745	[0.125966f,0.064266f,0.243656f]
746	[0.126777f,0.355666f,−0.006596f]
747	[0.130069f,−0.201489f,−0.087387f]
748	[0.132637f,0.023656f,0.140423f]
749	[0.133121f,−0.05695f,0.014297f]
750	[0.134155f,−0.159338f,−0.188911f]
751	[0.134789f,−0.030617f,0.252703f]
752	[0.134998f,0.053578f,0.035452f]
753	[0.145915f,0.032112f,0.312563f]
754	[0.147996f,−0.104018f,−0.315508f]
755	[0.148315f,0.153379f,0.038399f]
756	[0.148525f,0.158469f,−0.207096f]
757	[0.150684f,−0.309696f,0.430375f]
758	[0.151122f,−0.011768f,0.447929f]
759	[0.152441f,−0.412455f,0.03293f]

表 B.158（续）

索引	码字	索引	码字
760	[0.155295f,−0.536248f,0.273301f]	794	[0.190826f,0.373723f,0.575085f]
761	[0.157347f,0.151105f,0.142493f]	795	[0.190859f,0.337781f,0.344279f]
762	[0.157966f,0.543548f,0.167046f]	796	[0.191022f,0.007844f,−0.184197f]
763	[0.158619f,−0.18581f,0.05285f]	797	[0.191813f,0.012022f,−0.499165f]
764	[0.158672f,−0.001943f,−0.001313f]	798	[0.19186f,0.281379f,0.283977f]
765	[0.158843f,0.106546f,−0.023414f]	799	[0.194027f,0.055701f,0.050944f]
766	[0.162573f,0.429136f,−0.388394f]	800	[0.194922f,−0.242422f,−0.194489f]
767	[0.163147f,0.128842f,0.40079f]	801	[0.196091f,0.579087f,0.343783f]
768	[0.163219f,0.292637f,0.156099f]	802	[0.1966f,−0.234358f,0.159044f]
769	[0.16552f,−0.105941f,−0.066083f]	803	[0.196612f,0.019377f,0.128206f]
770	[0.165924f,−0.112596f,0.169935f]	804	[0.19748f,−0.562747f,−0.589131f]
771	[0.166899f,−0.045145f,−0.379792f]	805	[0.202725f,−0.003885f,−0.003089f]
772	[0.167514f,0.133889f,−0.107108f]	806	[0.202755f,0.501922f,0.287666f]
773	[0.169151f,−0.335444f,−0.354656f]	807	[0.203468f,0.54172f,0.520708f]
774	[0.171718f,−0.361361f,0.172468f]	808	[0.204348f,0.251608f,0.415481f]
775	[0.171882f,0.15585f,0.532646f]	809	[0.205518f,0.344409f,0.497653f]
776	[0.173295f,0.039057f,−0.311142f]	810	[0.205621f,−0.161117f,−0.202039f]
777	[0.173307f,0.009143f,0.561582f]	811	[0.20579f,0.192718f,−0.065108f]
778	[0.173726f,0.044116f,−0.091596f]	812	[0.205841f,−0.048693f,−0.09719f]
779	[0.17391f,−0.260879f,−0.066668f]	813	[0.208832f,0.126106f,0.145982f]
780	[0.173926f,0.093739f,0.110818f]	814	[0.212332f,−0.277048f,0.046931f]
781	[0.175461f,−0.270774f,−0.438772f]	815	[0.212703f,−0.378984f,−0.196244f]
782	[0.178469f,−0.147151f,−0.472187f]	816	[0.212713f,0.158391f,−0.582326f]
783	[0.178722f,−0.319315f,−0.145244f]	817	[0.21429f,0.381527f,0.200645f]
784	[0.179495f,−0.068653f,−0.195045f]	818	[0.217233f,0.027258f,0.200283f]
785	[0.181049f,−0.054723f,0.37694f]	819	[0.218308f,0.217046f,0.17011f]
786	[0.181532f,0.625733f,0.676976f]	820	[0.219087f,0.216078f,0.044114f]
787	[0.182345f,0.416405f,−0.140446f]	821	[0.220101f,0.071726f,−0.193787f]
788	[0.183819f,0.273221f,−0.382829f]	822	[0.221783f,−0.416137f,−0.288289f]
789	[0.184792f,0.289979f,−0.08412f]	823	[0.222305f,−0.185999f,−0.335669f]
790	[0.185055f,−0.121409f,0.269826f]	824	[0.223155f,0.213386f,−0.274734f]
791	[0.186848f,0.206947f,0.627149f]	825	[0.224278f,0.312495f,−0.182697f]
792	[0.188699f,−0.06858f,0.068685f]	826	[0.224448f,0.169141f,−0.399234f]
793	[0.189674f,−0.635461f,−0.23586f]	827	[0.228083f,−0.361366f,−0.045763f]

表 B.158（续）

索引	码字	索引	码字
828	[0.231115f,0.32182f,0.104877f]	862	[0.286579f,−0.009576f,0.004064f]
829	[0.232749f,0.4265f,0.436819f]	863	[0.286693f,0.223371f,0.235003f]
830	[0.233272f,−0.181408f,0.377085f]	864	[0.287851f,0.249054f,0.47476f]
831	[0.233672f,−0.159792f,−0.023455f]	865	[0.289465f,−0.387945f,0.348328f]
832	[0.234906f,0.478224f,−0.478276f]	866	[0.29175f,−0.166807f,−0.215317f]
833	[0.23589f,−0.405464f,−0.433618f]	867	[0.292624f,0.051566f,−0.105469f]
834	[0.237276f,−0.532434f,−0.411159f]	868	[0.293179f,0.555567f,0.100695f]
835	[0.240283f,0.140847f,0.280969f]	869	[0.294161f,−0.005394f,0.096957f]
836	[0.244076f,0.103928f,−0.042739f]	870	[0.294813f,0.356264f,0.016294f]
837	[0.245933f,0.075656f,−0.335057f]	871	[0.295566f,0.692135f,0.666985f]
838	[0.246067f,0.020366f,−0.001733f]	872	[0.296375f,0.597457f,0.59191f]
839	[0.248673f,0.421879f,0.293357f]	873	[0.29815f,0.172548f,0.395436f]
840	[0.249354f,−0.439305f,−0.082735f]	874	[0.299987f,0.206846f,−0.325917f]
841	[0.250106f,−0.019003f,0.492271f]	875	[0.300381f,0.31825f,0.208551f]
842	[0.250663f,0.161675f,−0.166685f]	876	[0.300833f,0.274363f,0.297486f]
843	[0.251806f,−0.198209f,0.565905f]	877	[0.302064f,0.341987f,0.352477f]
844	[0.252204f,−0.098811f,0.183192f]	878	[0.303614f,0.020209f,0.230422f]
845	[0.253984f,−0.12407f,0.075231f]	879	[0.303785f,−0.07790f,−0.217429f]
846	[0.254284f,−0.089615f,−0.18097f]	880	[0.306706f,−0.176673f,−0.549772f]
847	[0.257768f,0.10439f,0.067995f]	881	[0.306927f,0.411554f,0.557694f]
848	[0.261176f,0.123415f,0.181402f]	882	[0.307254f,0.245859f,0.074085f]
849	[0.262674f,0.347485f,−0.280536f]	883	[0.308807f,−0.254598f,−0.413788f]
850	[0.264405f,0.467298f,−0.069509f]	884	[0.310137f,−0.2305f,0.067904f]
851	[0.264785f,−0.295182f,−0.204156f]	885	[0.311653f,0.219735f,−0.165701f]
852	[0.265571f,−0.004797f,−0.245097f]	886	[0.314262f,−0.112169f,−0.383997f]
853	[0.266872f,0.032416f,0.307275f]	887	[0.315164f,0.034566f,0.432502f]
854	[0.267169f,−0.25004f,−0.054179f]	888	[0.315587f,0.357016f,0.11588f]
855	[0.268934f,−0.06796f,−0.063416f]	889	[0.316353f,−0.585876f,0.350337f]
856	[0.273998f,0.300922f,−0.072443f]	890	[0.318984f,0.148798f,−0.056561f]
857	[0.274452f,−0.174457f,−0.110185f]	891	[0.319069f,0.620072f,−0.019334f]
858	[0.276727f,0.36045f,0.57301f]	892	[0.320044f,−0.244113f,−0.203583f]
859	[0.276861f,−0.494018f,−0.238263f]	893	[0.320127f,0.170194f,0.168548f]
860	[0.277499f,0.519841f,−0.214317f]	894	[0.320716f,−0.025746f,0.334613f]
861	[0.285976f,−0.264936f,0.281642f]	895	[0.32177f,−0.281168f,−0.287993f]

表 B.158（续）

索引	码字
896	[0.322503f,−0.020716f,−0.501831f]
897	[0.323419f,−0.446399f,0.193224f]
898	[0.323842f, 0.330703f,0.18318f]
899	[0.326164f,−0.085758f,0.016009f]
900	[0.326574f,0.070243f,0.04053f]
901	[0.330775f,−0.012236f,−0.090228f]
902	[0.330975f,0.133462f,−0.241747f]
903	[0.33343f,−0.145851f,0.22842f]
904	[0.335944f,0.140807f,−0.41671f]
905	[0.337229f,0.011703f,−0.206843f]
906	[0.338808f,0.408676f,−0.186987f]
907	[0.339546f,0.177122f,0.034373f]
908	[0.340359f,−0.0001250f,−0.004811f]
909	[0.34231f,0.477148f,0.436248f]
910	[0.343769f,0.376825f,0.256423f]
911	[0.344594f,0.008882f,0.568103f]
912	[0.353108f,−0.440387f,−0.482115f]
913	[0.353217f,0.134634f,0.307127f]
914	[0.357901f,−0.09809f,−0.090171f]
915	[0.358071f,−0.131366f,−0.251126f]
916	[0.360798f,−0.308819f,−0.09119f]
917	[0.361197f,0.644301f,−0.190875f]
918	[0.362134f,−0.129006f,0.375185f]
919	[0.362567f,−0.578704f,−0.515005f]
920	[0.364267f,0.578962f,0.33956f]
921	[0.369125f,0.216441f,0.174556f]
922	[0.370303f,0.525358f,0.489378f]
923	[0.372295f,0.447205f,−0.436961f]
924	[0.376339f,0.40777f,0.387708f]
925	[0.37641f,0.328589f,−0.313799f]
926	[0.380012f,0.104461f,0.111966f]
927	[0.38192f,−0.381274f,−0.368652f]
928	[0.383101f,0.069555f,0.482583f]
929	[0.383579f,0.086163f,−0.090205f]
930	[0.384882f,0.307588f,−0.157408f]
931	[0.387387f,0.385093f,0.043261f]
932	[0.389375f,0.057946f,0.347023f]
933	[0.389716f,0.505867f,−0.592645f]
934	[0.390913f,0.499116f,0.188928f]
935	[0.392857f,0.328467f,0.606447f]
936	[0.393805f,−0.449684f,−0.074119f]
937	[0.395416f,0.23418f,0.426079f]
938	[0.398025f,0.016271f,0.067148f]
939	[0.398243f,−0.323051f,0.043677f]
940	[0.399616f,0.404487f,0.304047f]
941	[0.404814f,−0.346271f,−0.219849f]
942	[0.405324f,0.389164f,0.502013f]
943	[0.405359f,0.433059f,−0.289613f]
944	[0.405538f,−0.2151f,−0.057882f]
945	[0.407606f,−0.005663f,−0.009114f]
946	[0.407718f,−0.099391f,0.11149f]
947	[0.411374f,0.244975f,−0.031999f]
948	[0.411679f,0.385977f,0.160497f]
949	[0.413949f,0.360824f,−0.054862f]
950	[0.4149f,0.182239f,−0.339538f]
951	[0.418406f,−0.292892f,−0.362788f]
952	[0.420768f,0.248638f,0.235798f]
953	[0.422832f,0.511954f,−0.004797f]
954	[0.423335f,0.441364f,−0.108246f]
955	[0.426464f,−0.07290f,−0.322402f]
956	[0.427246f,−0.162291f,−0.155099f]
957	[0.427247f,−0.181728f,−0.326777f]
958	[0.428028f,−0.12124f,−0.049388f]
959	[0.430183f,0.126079f,0.198405f]
960	[0.435905f,−0.625665f,−0.048698f]
961	[0.436922f,0.317171f,−0.430096f]
962	[0.439569f,0.129439f,−0.611961f]
963	[0.44425f,−0.588712f,−0.665089f]

表 B.158（续）

索引	码字	索引	码字
964	[0.450039f,0.061781f,0.634452f]	994	[0.428028f,—0.12124f,—0.049388f]
965	[0.45297f,0.284622f,0.324128f]	995	[0.525298f,—0.115984f,0.247765f]
966	[0.453721f,0.013755f,—0.134002f]	996	[0.526296f,0.166594f,0.438946f]
967	[0.454269f,0.484957f,0.364445f]	997	[0.530349f,0.084078f,0.335638f]
968	[0.455434f,—0.021428f,0.252972f]	998	[0.53106f,—0.06042f,—0.08811f]
969	[0.457714f,—0.254772f,0.13646f]	999	[0.536098f,0.625554f,0.508529f]
970	[0.463825f,0.008650f,—0.006103f]	1000	[0.536146f,0.535366f,0.377014f]
971	[0.46544f,0.178399f,—0.122313f]	1001	[0.538341f,0.228389f,—0.527258f]
972	[0.465831f,—0.190194f,0.435655f]	1002	[0.539774f,0.519232f,0.225746f]
973	[0.468404f,0.442908f,0.198476f]	1003	[0.545315f,—0.270668f,—0.437529f]
974	[0.4694f,—0.439112f,—0.282875f]	1004	[0.551835f,0.588921f,—0.016629f]
975	[0.427247f,—0.181728f,—0.326777f]	1005	[0.554787f,—0.16242f,—0.126031f]
976	[0.428028f,—0.12124f,—0.049388f]	1006	[0.555922f,0.196184f,0.145433f]
977	[0.430183f,0.126079f,0.198405f]	1007	[0.558337f,0.439764f,—0.475547f]
978	[0.435905f,—0.625665f,—0.048698f]	1008	[0.568102f,0.110793f,0.069328f]
979	[0.436922f,0.317171f,—0.430096f]	1009	[0.573147f,0.291859f,—0.335906f]
980	[0.439569f,0.129439f,—0.611961f]	1010	[0.579371f,0.25203f,0.249197f]
981	[0.44425f,—0.588712f,—0.665089f]	1011	[0.582152f,0.36424f,0.275361f]
982	[0.450039f,0.061781f,0.634452f]	1012	[0.583541f,0.597418f,0.151496f]
983	[0.45297f,0.284622f,0.324128f]	1013	[0.584616f,0.28946f,0.024594f]
984	[0.453721f,0.013755f,—0.134002f]	1014	[0.585005f,—0.570959f,0.381833f]
985	[0.454269f,0.484957f,0.364445f]	1015	[0.586916f,0.133089f,—0.139237f]
986	[0.455434f,—0.021428f,0.252972f]	1016	[0.593084f,0.345793f,0.456574f]
987	[0.457714f,—0.254772f,0.13646f]	1017	[0.594993f,0.586253f,0.321528f]
988	[0.463825f,0.008650f,—0.006103f]	1018	[0.606246f,0.615731f,—0.502966f]
989	[0.46544f,0.178399f,—0.122313f]	1019	[0.60666f,—0.006683f,—0.005851f]
990	[0.465831f,—0.190194f,0.435655f]	1020	[0.633125f,—0.031862f,0.076542f]
991	[0.468404f,0.442908f,0.198476f]	1021	[0.63905f,0.365912f,—0.352076f]
992	[0.4694f,—0.439112f,—0.282875f]	1022	[0.663761f,—0.345619f,—0.124039f]
993	[0.427247f,—0.181728f,—0.326777f]	1023	[0.691877f,0.672328f,0.221416f]

表 B.159 随机噪声频谱系数表

索引	频谱系数	索引	频谱系数
0	−0.99948153278296f, −0.59483417516607f	34	0.62664209577999f, −0.74402970906471f
1	0.97113454393991f, −0.67528515225647f	35	0.77149701404973f, −0.33883658042801f
2	0.14130051758487f, −0.95090983575689f	36	0.91592244254432f, 0.03687901376713f
3	−0.47005496701697f, −0.37340549728647f	37	0.76285492357887f, −0.91371867919124f
4	0.80705063769351f, 0.29653668284408f	38	0.79788337195331f, −0.93180971199849f
5	−0.38981478896926f, 0.89572605717087f	39	0.54473080610200f, −0.11919206037186f
6	−0.01053049862020f, −0.66959058036166f	40	−0.85639281671058f, 0.42429854760451f
7	−0.91266367957293f, −0.11522938140034f	41	−0.92882402971423f, 0.27871809078609f
8	0.54840422910309f, 0.75221367176302f	42	−0.11708371046774f, −0.99800843444966f
9	0.40009252867955f, −0.98929400334421f	43	0.21356749817493f, −0.90716295627033f
10	−0.99867974711855f, −0.88147068645358f	44	−0.76191692573909f, 0.99768118356265f
11	−0.95531076805040f, 0.90908757154593f	45	0.98111043100884f, −0.95854459734407f
12	−0.45725933317144f, −0.56716323646760f	46	−0.85913269895572f, 0.95766566168880f
13	−0.72929675029275f, −0.98008272727324f	47	−0.93307242253692f, 0.49431757696466f
14	0.75622801399036f, 0.20950329995549f	48	0.30485754879632f, −0.70540034357529f
15	0.07069442601050f, −0.78247898470706f	49	0.85289650925190f, 0.46766131791044f
16	0.74496252926055f, −0.91169004445807f	50	0.91328082618125f, −0.99839597361769f
17	0.96440182703856f, −0.94739918296622f	51	−0.05890199924154f, 0.70741827819497f
18	0.30424629369539f, −0.49438267012479f	52	0.28398686150148f, 0.34633555702188f
19	0.66565033746925f, 0.64652935542491f	53	0.95258164539612f, −0.54893416026939f
20	0.91697008020594f, 0.17514097332009f	54	−0.78566324168507f, −0.75568541079691f
21	0.70774918760427f, 0.52548653416543f	55	−0.95789495447877f, −0.20423194696966f
22	0.70051415345560f, −0.45340028808763f	56	0.82411158711197f, 0.96654618432562f
23	0.99496513054797f, −0.90071908066973f	57	−0.65185446735885f, −0.88734990773289f
24	0.98164490790123f, −0.77463155528697f	58	−0.93643603134666f, 0.99870790442385f
25	0.54671580548181f, −0.02570928536004f	59	0.91427159529618f, −0.98290505544444f
26	0.01689629065389f, 0.00287506445732f	60	−0.70395684036886f, 0.58796798221039f
27	0.86110349531986f, 0.42548583726477f	61	0.00563771969365f, 0.61768196727244f
28	0.98892980586032f, −0.87881132267556f	62	0.89065051931895f, 0.52783352697585f
29	0.51756627678691f, 0.66926784710139f	63	−0.68683707712762f, 0.80806944710339f
30	0.99635026409640f, −0.58107730574765f	64	0.72165342518718f, −0.69259857349564f
31	0.99969370862163f, 0.98369989360250f	65	−0.62928247730667f, 0.13627037407335f
32	0.55266258627194f, 0.59449057465591f	66	0.29938434065514f, −0.46051329682246f
33	0.34581177741673f, 0.94879421061866f	67	−0.91781958879280f, −0.74012716684186f

表 B.159(续)

索引	频谱系数	索引	频谱系数
68	0.99298717043688f，0.40816610075661f	102	0.26559203620024f，0.73314307966524f
69	0.82368298622748f，—0.74036047190173f	103	0.28038443336943f，0.14537913654427f
70	—0.98512833386833f，—0.99972330709594f	104	—0.74138124825523f，0.99310339807762f
71	—0.95915368242257f，—0.99237800466040f	105	—0.01752795995444f，—0.82616635284178f
72	—0.21411126572790f，—0.93424819052545f	106	—0.55126773094930f，—0.98898543862153f
73	—0.68821476106884f，—0.26892306315457f	107	0.97960898850996f，—0.94021446752851f
74	0.91851997982317f，0.09358228901785f	108	—0.99196309146936f，0.67019017358456f
75	—0.96062769559127f，0.36099095133739f	109	—0.67684928085260f，0.12631491649378f
76	0.51646184922287f，—0.71373332873917f	110	0.09140039465500f，—0.20537731453108f
77	0.61130721139669f，0.46950141175917f	111	—0.71658965751996f，—0.97788200391224f
78	0.47336129371299f，—0.27333178296162f	112	0.81014640078925f，0.53722648362443f
79	0.90998308703519f，0.96715662938132f	113	0.40616991671205f，—0.26469008598449f
80	0.44844799194357f，0.99211574628306f	114	—0.67680188682972f，0.94502052337695f
81	0.66614891079092f，0.96590176169121f	115	0.86849774348749f，—0.18333598647899f
82	0.74922239129237f，—0.89879858826087f	116	—0.99500381284851f，—0.02634122068550f
83	—0.99571588506485f，0.52785521494349f	117	0.84329189340667f，0.10406957462213f
84	0.97401082477563f，—0.16855870075190f	118	—0.09215968531446f，0.69540012101253f
85	0.72683747733879f，—0.48060774432251f	119	0.99956173327206f，—0.12358542001404f
86	0.95432193457128f，0.68849603408441f	120	—0.79732779473535f，—0.91582524736159f
87	—0.72962208425191f，—0.76608443420917f	121	0.96349973642406f，0.96640458041000f
88	—0.85359479233537f，0.88738125901579f	122	—0.79942778496547f，0.64323902822857f
89	—0.81412430338535f，—0.97480768049637f	123	—0.11566039853896f，0.28587846253726f
90	—0.87930772356786f，0.74748307690436f	124	—0.39922954514662f，0.94129601616966f
91	—0.71573331064977f，—0.98570608178923f	125	0.99089197565987f，—0.92062625581587f
92	0.83524300028228f，0.83702537075163f	126	0.28631285179909f，—0.91035047143603f
93	—0.48086065601423f，—0.98848504923531f	127	—0.83302725605608f，—0.67330410892084f
94	0.97139128574778f，0.80093621198236f	128	0.95404443402072f，0.49162765398743f
95	0.51992825347895f，0.80247631400510f	129	—0.06449863579434f，0.03250560813135f
96	—0.00848591195325f，—0.76670128000486f	130	—0.99575054486311f，0.42389784469507f
97	—0.70294374303036f，0.55359910445577f	131	—0.65501142790847f，0.82546114655624f
98	—0.95894428168140f，—0.43265504344783f	132	—0.81254441908887f，—0.51627234660629f
99	0.97079252950321f，0.09325857238682f	133	—0.99646369485481f，0.84490533520752f
100	—0.92404293670797f，0.85507704027855f	134	0.00287840603348f，0.64768261158166f
101	—0.69506469500450f，0.98633412625459f	135	0.70176989408455f，—0.20453028573322f

表 B.159（续）

索引	频谱系数	索引	频谱系数
136	0.96361882270190f, 0.40706967140989f	170	−0.99925837363824f, 0.71084847864067f
137	−0.68883758192426f, 0.91338958840772f	171	−0.86875903507313f, −0.20291699203564f
138	−0.34875585502238f, 0.71472290693300f	172	−0.26240034795124f, −0.68264554369108f
139	0.91980081243087f, 0.66507455644919f	173	−0.24664412953388f, −0.87642273115183f
140	−0.99009048343881f, 0.85868021604848f	174	0.02416275806869f, 0.27192914288905f
141	0.68865791458395f, 0.55660316809678f	175	0.82068619590515f, −0.85087787994476f
142	−0.99484402129368f, −0.20052559254934f	176	0.88547373760759f, −0.89636802901469f
143	0.94214511408023f, −0.99696425367461f	177	−0.18173078152226f, −0.26152145156800f
144	−0.67414626793544f, 0.49548221180078f	178	0.09355476558534f, 0.54845123045604f
145	−0.47339353684664f, −0.85904328834047f	179	−0.54668414224090f, 0.95980774020221f
146	0.14323651387360f, −0.94145598222488f	180	0.37050990604091f, −0.59910140383171f
147	−0.29268293575672f, 0.05759224927952f	181	−0.70373594262891f, 0.91227665827081f
148	0.43793861458754f, −0.78904969892724f	182	−0.34600785879594f, −0.99441426144200f
149	−0.36345126374441f, 0.64874435357162f	183	−0.68774481731008f, −0.30238837956299f
150	−0.08750604656825f, 0.97686944362527f	184	−0.26843291251234f, 0.83115668004362f
151	−0.96495267812511f, −0.53960305946511f	185	0.49072334613242f, −0.45359708737775f
152	0.55526940659947f, 0.78891523734774f	186	0.38975993093975f, 0.95515358099121f
153	0.73538215752630f, 0.96452072373404f	187	−0.97757125224150f, 0.05305894580606f
154	−0.30889773919437f, −0.80664389776860f	188	−0.17325552859616f, −0.92770672250494f
155	0.03574995626194f, −0.97325616900959f	189	0.99948035025744f, 0.58285545563426f
156	0.98720684660488f, 0.48409133691962f	190	−0.64946246527458f, 0.68645507104960f
157	−0.81689296271203f, −0.90827703628298f	191	−0.12016920576437f, −0.57147322153312f
158	0.67866860118215f, 0.81284503870856f	192	−0.58947456517751f, −0.34847132454388f
159	−0.15808569732583f, 0.85279555024382f	193	−0.41815140454465f, 0.16276422358861f
160	0.80723395114371f, −0.24717418514605f	194	0.99885650204884f, 0.11136095490444f
161	0.47788757329038f, −0.46333147839295f	195	−0.56649614128386f, −0.90494866361587f
162	0.96367554763201f, 0.38486749303242f	196	0.94138021032330f, 0.35281916733018f
163	−0.99143875716818f, −0.24945277239809f	197	−0.75725076534641f, 0.53650549640587f
164	0.83081876925833f, −0.94780851414763f	198	0.20541973692630f, −0.94435144369918f
165	−0.58753191905341f, 0.01290772389163f	199	0.99980371023351f, 0.79835913565599f
166	0.95538108220960f, −0.85557052096538f	200	0.29078277605775f, 0.35393777921520f
167	−0.96490920476211f, −0.64020970923102f	201	−0.62858772103030f, 0.38765693387102f
168	−0.97327101028521f, 0.12378128133110f	202	0.43440904467688f, −0.98546330463232f
169	0.91400366022124f, 0.57972471346930f	203	−0.98298583762390f, 0.21021524625209f

表 B.159（续）

索引	频谱系数	索引	频谱系数
204	0.19513029146934f，−0.94239832251867f	238	0.95903308477986f，0.76744927173873f
205	−0.95476662400101f，0.98364554179143f	239	0.73504123909879f，−0.03747203173192f
206	0.93379635304810f，−0.70881994583682f	240	−0.31744434966056f，−0.36834111883652f
207	−0.85235410573336f，−0.08342347966410f	241	−0.34110827591623f，0.40211222807691f
208	−0.86425093011245f，−0.45795025029466f	242	0.47803883714199f，−0.39423219786288f
209	0.38879779059045f，0.97274429344593f	243	0.98299195879514f，0.01989791390047f
210	0.92045124735495f，−0.62433652524220f	244	−0.30963073129751f，−0.18076720599336f
211	0.89162532251878f，0.54950955570563f	245	0.99992588229018f，−0.26281872094289f
212	−0.36834336949252f，0.96458298020975f	246	−0.93149731080767f，−0.98313162570490f
213	0.93891760988045f，−0.89968353740388f	247	0.99923472302773f，−0.80142993767554f
214	0.99267657565094f，−0.03757034316958f	248	−0.26024169633417f，−0.75999759855752f
215	−0.94063471614176f，0.41332338538963f	249	−0.35712514743563f，0.19298963768574f
216	0.99740224117019f，−0.16830494996370f	250	−0.99899084509530f，0.74645156992493f
217	−0.35899413170555f，−0.46633226649613f	251	0.86557171579452f，0.55593866696299f
218	0.05237237274947f，−0.25640361602661f	252	0.33408042438752f，0.86185953874709f
219	0.36703583957424f，−0.38653265641875f	253	0.99010736374716f，0.04602397576623f
220	0.91653180367913f，−0.30587628726597f	254	−0.66694269691195f，−0.91643611810148f
221	0.69000803499316f，0.90952171386132f	255	0.64016792079480f，0.15649530836856f
222	−0.38658751133527f，0.99501571208985f	256	0.99570534804836f，0.45844586038111f
223	−0.29250814029851f，0.37444994344615f	257	−0.63431466947340f，0.21079116459234f
224	−0.60182204677608f，0.86779651036123f	258	−0.07706847005931f，−0.89581437101329f
225	−0.97418588163217f，0.96468523666475f	259	0.98590090577724f，0.88241721133981f
226	0.88461574003963f，0.57508405276414f	260	0.80099335254678f，−0.36851896710853f
227	0.05198933055162f，0.21269661669964f	261	0.78368131392666f，0.45506999802597f
228	−0.53499621979720f，0.97241553731237f	262	0.08707806671691f，0.80938994918745f
229	−0.49429560226497f，0.98183865291903f	263	−0.86811883080712f，0.39347308654705f
230	−0.98935142339139f，−0.40249159006933f	264	−0.39466529740375f，−0.66809432114456f
231	−0.98081380091130f，−0.72856895534041f	265	0.97875325649683f，−0.72467840967746f
232	−0.27338148835532f，0.99950922447209f	266	−0.95038560288864f，0.89563219587625f
233	0.06310802338302f，−0.54539587529618f	267	0.17005239424212f，0.54683053962658f
234	−0.20461677199539f，−0.14209977628489f	268	−0.76910792026848f，−0.96226617549298f
235	0.66223843141647f，0.72528579940326f	269	0.99743281016846f，0.42697157037567f
236	−0.84764345483665f，0.02372316801261f	270	0.95437383549973f，0.97002324109952f
237	−0.89039863483811f，0.88866581484602f	271	0.99578905365569f，−0.54106826257356f

表 B.159（续）

索引	频谱系数	索引	频谱系数
272	0.28058259829990f，−0.85361420634036f	306	−0.59174397685714f，−0.89405370422752f
273	0.85256524470573f，−0.64567607735589f	307	0.75087906691890f，−0.29612672982396f
274	−0.50608540105128f，−0.65846015480300f	308	−0.98607857336230f，0.25034911730023f
275	−0.97210735183243f，−0.23095213067791f	309	−0.40761056640505f，−0.90045573444695f
276	0.95424048234441f，−0.99240147091219f	310	0.66929266740477f，0.98629493401748f
277	−0.96926570524023f，0.73775654896574f	311	−0.97463695257310f，−0.00190223301301f
278	0.30872163214726f，0.41514960556126f	312	0.90145509409859f，0.99781390365446f
279	−0.24523839572639f，0.63206633394807f	313	−0.87259289048043f，0.99233587353666f
280	−0.33813265086024f，−0.38661779441897f	314	−0.91529461447692f，−0.15698707534206f
281	−0.05826828420146f，−0.06940774188029f	315	−0.03305738840705f，−0.37205262859764f
282	−0.22898461455054f，0.97054853316316f	316	0.07223051368337f，−0.88805001733626f
283	−0.18509915019881f，0.47565762892084f	317	0.99498012188353f，0.97094358113387f
284	−0.10488238045009f，−0.87769947402394f	318	−0.74904939500519f，0.99985483641521f
285	−0.71886586182037f，0.78030982480538f	319	0.04585228574211f，0.99812337444082f
286	0.99793873738654f，0.90041310491497f	320	−0.89054954257993f，−0.31791913188064f
287	0.57563307626120f，−0.91034337352097f	321	−0.83782144651251f，0.97637632547466f
288	0.28909646383717f，0.96307783970534f	322	0.33454804933804f，−0.86231516800408f
289	0.42188998312520f，0.48148651230437f	323	−0.99707579362824f，0.93237990079441f
290	0.93335049681047f，−0.43537023883588f	324	−0.22827527843994f，0.18874759397997f
291	−0.97087374418267f，0.86636445711364f	325	0.67248046289143f，−0.03646211390569f
292	0.36722871286923f，0.65291654172961f	326	−0.05146538187944f，−0.92599700120679f
293	−0.81093025665696f，0.08778370229363f	327	0.99947295749905f，0.93625229707912f
294	−0.26240603062237f，−0.92774095379098f	328	0.66951124390363f，0.98905825623893f
295	0.83996497984604f，0.55839849139647f	329	−0.99602956559179f，−0.44654715757688f
296	−0.99909615720225f，−0.96024605713970f	330	0.82104905483590f，0.99540741724928f
297	0.74649464155061f，0.12144893606462f	331	0.99186510988782f，0.72023001312947f
298	−0.74774595569805f，−0.26898062008959f	332	−0.65284592392918f，0.52186723253637f
299	0.95781667469567f，−0.79047927052628f	333	0.93885443798188f，−0.74895312615259f
300	0.95472308713099f，−0.08588776019550f	334	0.96735248738388f，0.90891816978629f
301	0.48708332746299f，0.99999041579432f	335	−0.22225968841114f，0.57124029781228f
302	0.46332038247497f，0.10964126185063f	336	−0.44132783753414f，−0.92688840659280f
303	−0.76497004940162f，0.89210929242238f	337	−0.85694974219574f，0.88844532719844f
304	0.57397389364339f，0.35289703373760f	338	0.91783042091762f，−0.46356892383970f
305	0.75374316974495f，0.96705214651335f	339	0.72556974415690f，−0.99899555770747f

表 B.159（续）

索引	频谱系数	索引	频谱系数
340	−0.99711581834508f，0.58211560180426f	374	0.52890520960295f，0.60048872455592f
341	0.77638976371966f，0.94321834873819f	375	0.74238552914587f，0.04491915291044f
342	0.07717324253925f，0.58638399856595f	376	0.99096131449250f，−0.19451182854402f
343	−0.56049829194163f，0.82522301569036f	377	−0.80412329643109f，−0.88513818199457f
344	0.98398893639988f，0.39467440420569f	378	−0.64612616129736f，0.72198674804544f
345	0.47546946844938f，0.68613044836811f	379	0.11657770663191f，−0.83662833815041f
346	0.65675089314631f，0.18331637134880f	380	−0.95053182488101f，−0.96939905138082f
347	0.03273375457980f，−0.74933109564108f	381	−0.62228872928622f，0.82767262846661f
348	−0.38684144784738f，0.51337349030406f	382	0.03004475787316f，−0.99738896333384f
349	−0.97346267944545f，−0.96549364384098f	383	−0.97987214341034f，0.36526129686425f
350	−0.53282156061942f，−0.91423265091354f	384	−0.99986980746200f，−0.36021610299715f
351	0.99817310731176f，0.61133572482148f	385	0.89110648599879f，−0.97894250343044f
352	−0.50254500772635f，−0.88829338134294f	386	0.10407960510582f，0.77357793811619f
353	0.01995873238855f，0.85223515096765f	387	0.95964737821728f，−0.35435818285502f
354	0.99930381973804f，0.94578896296649f	388	0.50843233159162f，0.96107691266205f
355	0.82907767600783f，−0.06323442598128f	389	0.17006334670615f，−0.76854025314829f
356	−0.58660709669728f，0.96840773806582f	390	0.25872675063360f，0.99893303933816f
357	−0.17573736667267f，−0.48166920859485f	391	−0.01115998681937f，0.98496019742444f
358	0.83434292401346f，−0.13023450646997f	392	−0.79598702973261f，0.97138411318894f
359	0.05946491307025f，0.20511047074866f	393	−0.99264708948101f，−0.99542822402536f
360	0.81505484574602f，−0.94685947861369f	394	−0.99829663752818f，0.01877138824311f
361	−0.44976380954860f，0.40894572671545f	395	−0.70801016548184f，0.33680685948117f
362	−0.89746474625671f，0.99846578838537f	396	−0.70467057786826f，0.93272777501857f
363	0.39677256130792f，−0.74854668609359f	397	0.99846021905254f，−0.98725746254433f
364	−0.07588948563079f，0.74096214084170f	398	−0.63364968534650f，−0.16473594423746f
365	0.76343198951445f，0.41746629422634f	399	−0.16258217500792f，−0.95939125400802f
366	−0.74490104699626f，0.94725911744610f	400	−0.43645594360633f，−0.94805030113284f
367	0.64880119792759f，0.41336660830571f	401	−0.99848471702976f，0.96245166923809f
368	0.62319537462542f，−0.93098313552599f	402	−0.16796458968998f，−0.98987511890470f
369	0.42215817594807f，−0.07712787385208f	403	−0.87979225745213f，−0.71725725041680f
370	0.02704554141885f，−0.05417518053666f	404	0.44183099021786f，−0.93568974498761f
371	0.80001773566818f，0.91542195141039f	405	0.93310180125532f，−0.99913308068246f
372	−0.79351832348816f，−0.36208897989136f	406	−0.93941931782002f，−0.56409379640356f
373	0.63872359151636f，0.08128252493444f	407	−0.88590003188677f，0.47624600491382f

表 B.159（续）

索引	频谱系数	索引	频谱系数
408	0.99971463703691f，−0.83889954253462f	442	0.87392477144549f，−0.12796173740361f
409	−0.75376385639978f，0.00814643438625f	443	0.19050361015753f，0.01602615387195f
410	0.93887085015875f，−0.11284528204636f	444	0.40550441212724f， 0.05249041539006f
411	0.85126435782309f，0.52349251543547f	445	−0.07064096339021f，−0.94479803205886f
412	0.39701421446381f，0.81779634174316f	446	−0.92444085484466f，−0.10457590187436f
413	−0.37024464187437f，−0.87071656222959f	447	−0.83822593578728f，−0.01695043208885f
414	−0.36024828242896f，0.34655735648287f	448	0.75214681811150f，−0.99955681042665f
415	−0.93388812549209f，−0.84476541096429f	449	−0.42102998829339f，0.99720941999394f
416	−0.65298804552119f，−0.18439575450921f	450	−0.72094786237696f，−0.35008961934255f
417	0.11960319006843f，0.99899346780168f	451	0.78843311019251f，0.52851398958271f
418	0.94292565553160f，0.83163906518293f	452	0.97394027897442f，−0.26695944086561f
419	0.75081145286948f，−0.35533223142265f	453	0.99206463477946f，−0.57010120849429f
420	0.56721979748394f，−0.24076836414499f	454	0.76789609461795f，−0.76519356730966f
421	0.46857766746029f，−0.30140233457198f	455	−0.82002421836409f，−0.73530179553767f
422	0.97312313923635f，−0.99548191630031f	456	0.81924990025724f，0.99698425250579f
423	−0.38299976567017f，0.98516909715427f	457	−0.26719850873357f，0.68903369776193f
424	0.41025800019463f，0.02116736935734f	458	−0.43311260380975f，0.85321815947490f
425	0.09638062008048f，0.04411984381457f	459	0.99194979673836f，0.91876249766422f
426	−0.85283249275397f，0.91475563922421f	460	−0.80692001248487f，−0.32627540663214f
427	0.88866808958124f，−0.99735267083226f	461	0.43080003649976f，−0.21919095636638f
428	−0.48202429536989f，−0.96805608884164f	462	0.67709491937357f，−0.95478075822906f
429	0.27572582416567f，0.58634753335832f	463	0.56151770568316f，−0.70693811747778f
430	−0.65889129659168f，0.58835634138583f	464	0.10831862810749f，−0.08628837174592f
431	0.98838086953732f，0.99994349600236f	465	0.91229417540436f，−0.65987351408410f
432	−0.20651349620689f，0.54593044066355f	466	−0.48972893932274f，0.56289246362686f
433	−0.62126416356920f，−0.59893681700392f	467	−0.89033658689697f，−0.71656563987082f
434	0.20320105410437f，−0.86879180355289f	468	0.65269447475094f，0.65916004833932f
435	−0.97790548600584f，0.96290806999242f	469	0.67439478141121f，−0.81684380846796f
436	0.11112534735126f，0.21484763313301f	470	−0.47770832416973f，−0.16789556203025f
437	−0.41368337314182f，0.28216837680365f	471	−0.99715979260878f，−0.93565784007648f
438	0.24133038992960f，0.51294362630238f	472	−0.90889593602546f，0.62034397054380f
439	−0.66393410674885f，−0.08249679629081f	473	−0.06618622548177f，−0.23812217221359f
440	−0.53697829178752f，−0.97649903936228f	474	0.99430266919728f，0.18812555317553f
441	−0.97224737889348f，0.22081333579837f	475	0.97686402381843f，−0.28664534366620f

表 B.159（续）

索引	频谱系数	索引	频谱系数
476	0.94813650221268f，−0.97506640027128f	494	−0.32070666698656f，0.50143421908753f
477	−0.95434497492853f，−0.79607978501983f	495	0.57593163224487f，−0.98966422921509f
478	−0.49104783137150f，0.32895214359663f	496	−0.36326018419965f，0.07440243123228f
479	0.99881175120751f，0.88993983831354f	497	0.99979044674350f，−0.14130287347405f
480	0.50449166760303f，−0.85995072408434f	498	−0.92366023326932f，−0.97979298068180f
481	0.47162891065108f，−0.18680204049569f	499	−0.44607178518598f，−0.54233252016394f
482	−0.62081581361840f，0.75000676218956f	500	0.44226800932956f，0.71326756742752f
483	−0.43867015250812f，0.99998069244322f	501	0.03671907158312f，0.63606389366675f
484	0.98630563232075f，−0.53578899600662f	502	0.52175424682195f，−0.85396826735705f
485	−0.61510362277374f，−0.89515019899997f	503	−0.94701139690956f，−0.01826348194255f
486	−0.03841517601843f，−0.69888815681179f	504	−0.98759606946049f，0.82288714303073f
487	−0.30102157304644f，−0.07667808922205f	505	0.87434794743625f，0.89399495655433f
488	0.41881284182683f，0.02188098922282f	506	−0.93412041758744f，0.41374052024363f
489	−0.86135454941237f，0.98947480909359f	507	0.96063943315511f，0.93116709541280f
490	0.67226861393788f，−0.13494389011014f	508	0.97534253457837f，0.86150930812689f
491	−0.70737398842068f，−0.76547349325992f	509	0.99642466504163f，0.70190043427512f
492	0.94044946687963f，0.09026201157416f	510	−0.94705089665984f，−0.29580042814306f
493	−0.82386352534327f，0.08924768823676f	511	0.91599807087376f，−0.98147830385781f

附 录 C
（规范性附录）
AVS2-P3 音频基本流在 GB/T 17975.1—2010 或 MPEG-2 TS 传输流中的复用定义

C.1 stream_id

stream_id 是位于 PES 头中 packet_start_code_prefix 之后的一个 8 位字段，其中 stream_id 为 0xD3

C.2 stream_type

stream_type 是 PMT 中的一个 8 位字段，指示携带在传输流分组包中的节目元素的类型。对于本部分的音频 ES 流，stream_type 的值应为 0x06。

C.3 AVS 注册描述子

为唯一识别 AVS 的音频流，PMT 中应使用注册描述子，见表 C.1。

表 C.1 注册描述子

语法	位数	助记符
registration_descriptor()		
{		
descriptor_tag	8	**uimsbf**
descriptor_length	8	**uimsbf**
format_identifier	32	**uimsbf**
for (i=0;i<N;i++) {		
additional_identification_info	8	**bslbf**
}		
}		

其中，descriptor_tag=0x05，format_identifier=0x41565341（“AVSA”）。

C.4 AVS 音频流描述子

AVS_audio_stream_descriptor 是为综合解码接收机（IRD，Integrated Receiver-Decoder）提供 AVS 音频解码配置信息。该描述子位于 PSI 的 PMT 中，其语法见表 C.2。

表 C.2　音频流描述子

语法	位数	助记符
AVS_audio_stream_descriptor()		
{		
descriptor_tag	8	**uimsbf**
descriptor_length	8	**uimsbf**
sample_rate_index	4	**uimsbf**
num_channels	8	**uimsbf**
avs_version_flag	1	**bslbf**
text_present_flag	1	**bslbf**
language_present_flag	1	**bslbf**
reserved	1	'0'
If (text_present_flag = = 1) {		
text_length	8	**uimsbf**
for (i=0; i<text_length; i++) {		
text[i]	16	**bslbf**
}		
}		
if (language_present_flag = = 1) {		
language	24	**bslbf**
}		
for (i=0; i<N; i++) {		
addition_info[i]	8	**bslbf**
}		
}		

descriptor_tag:8 位,对于 AVS 音频流描述子,descriptor_tag 取值 64。

descriptor_length:8 位,说明 AVS 音频流描述子长度。对于 AVS 音频流描述子,最小值是 2,即该字段后至少需要 2 字节的描述子内容。

sample_rate_index:4 位,说明 AVS 音频编码的采样率,如表 C.3 所示。

num_channels:8 位,说明 AVS 音频流声道数。

avs_version_flag:1 位,说明 AVS 版本号,通常设置为 0。

text_present_flag:1 位,说明 AVS 音频流描述子中是否包含描述性的文本。如果 text_present_flag=1,说明音频流中包含文本;如果 text_present_flag=0,则不包含。

language_present_flag:1 位,说明 AVS 音频流描述子中是否包含 3 字节的语言字段。如果 language_present_flag=1,说明后面包含语言字段;如果 language_present_flag=0,则不包含语言字段。

reserved_flag:预留 1 位。设置成"0"。

text_length:8 位,说明描述性文本字段长度。

text[i]:文本字段,AVS 音频流的文本描述。本部分使用 2 字节的 unicode 字符集编码。

language:3 字节。该字段编码规定见 GB/T4880.2—2000。

additional_info[i]:可选字段,附加信息。

表 C.3 sample_rate_index 对应的音频采样率

采样率索引	采样率/Hz
0	8 000
1	11 025
2	12 000
3	16 000
4	22 050
5	24 000
6	32 000
7	44 100
8	48 000
9	88 200
10	96 000
11	174 600
12	192 000
13	保留
14	保留
15	保留

C.5 STD 音频缓冲器大小

本部分的音频访问单元 AU(Access Unit)是一个音频帧。一个音频典型帧包含 1 024 个音频采样数据(见 7.3.3),其持续时间可根据采样频率计算得出:

$$持续时间=1\,024/采样率$$

对于一路 GB/T 17975.1—2010 或 MPEG-2 TS 传输流,主音频缓冲区 BS_n 大小定义为:

$$BS_n = BS_{mux} + BS_{dec} + BS_{oh}$$

式中:

BS_{mux}——等于 736 字节;

BS_{dec}——PES 头大小;

BS_{oh}——访问单元缓冲区。

为了防止缓冲区上溢,BS_{oh}应不小于最大的 PES 头大小,BS_{dec}应可支持 IRD 允许的最高比特率。由于 PES 头大小通常不大于 59 字节,因此选用 BS_{oh}= 64 字节。为了支持 IRD 允许的最高比特率,BS_{dec}应不小于相应的最大编码帧长度。比如,为了支持 48 kHz 音频采样下,256 s 的最高比特率,BS_{dec}应不小于 256 000/8×1 024/48 000=682.7 字节。如果 IRD 需要支持所有比特率,则 BS_{dec}应不小于

4 092 字节，即一个常规编码帧的最大帧长度。

C.6 字节对齐

音频 ES 流在 GB/T 17975.1—2010 或 MPEG-2 TS 传输流中应是字节对齐的，即编码帧的最初 8 bit应包含在 GB/T 17975.1—2010 或 MPEG-2 TS 传输流中的一个完整的独立字节中。

ICS 35.240.15
L 70

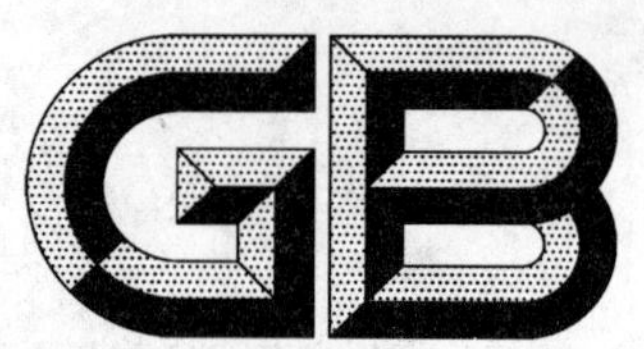

中华人民共和国国家标准

GB/T 33767.4—2018/ISO/IEC TR 29794-4:2010

信息技术　生物特征样本质量　第4部分:指纹图像数据

Information technology—Biometric sample quality—Part 4:Finger image data

(ISO/IEC TR 29794-4:2010,IDT)

2018-03-15 发布　　2018-10-01 实施

中华人民共和国国家质量监督检验检疫总局
中国国家标准化管理委员会　发布

前　言

GB/T 33767《信息技术　生物特征样本质量》拟分为如下部分：

——第1部分：框架；

——第4部分：指纹图像数据；

——第5部分：人脸图像数据；

——第6部分：虹膜图像数据。

本部分为GB/T 33767的第4部分。

本部分按照GB/T 1.1—2009给出的规则起草。

本部分使用翻译法等同采用ISO/IEC TR 29794-4:2010《信息技术　生物特征样本质量　第4部分：指纹图像数据》。

与本部分中规范性引用的国际文件有一致性对应关系的我国文件如下：

——GB/T 33767.1—2017　信息技术　生物特征样本质量　第1部分：框架(ISO/IEC 29794-1:2009,IDT)

请注意本文件的某些内容可能涉及专利。本文件的发布机构不承担识别这些专利的责任。

本部分由全国信息技术标准化技术委员会(SAC/TC 28)提出并归口。

本部分起草单位：广州广电运通金融电子股份有限公司、浙江蚂蚁小微金融服务集团有限公司、广州广电卓识智能科技有限公司、北京天诚盛业科技有限公司、广州广电运通信息科技有限公司、长春鸿达光电子与生物统计识别技术有限公司、中国电子技术标准化研究院、公安部第一研究所、北京旷视科技有限公司、厦门市数韬软件科技有限公司、广东霸菱科技有限公司、深圳市铭图创新科技有限公司、深圳市汇顶科技股份有限公司。

本部分主要起草人：罗攀峰、梁添才、胡静宜、骆红卫、柯文辉、林冠辰、彭程、王欣、张琳、刘旭东、聂芸芸、张鑫、刘军、高健、徐俊、翁展、蒋奇伟、金晓峰、郑城、秦目臻、郑琳。

引　言

指纹图像数据的质量被定义为匹配环境下对图像的预测行为。因此，在许多应用中质量信息至关重要。GB/T 30267.1—2013 与 GB/T 28826.1—2012 为质量分数分配了一个质量域并规定了允许的分数范围。根据这几项标准中的建议，质量分数将被细分为四类，每类对应一个定性解释。在 GB/T 26237.2、GB/T 26237.3、GB/T 26237.4、GB/T 26237.8 的标准化指纹数据交换格式中同样定义了图像质量域。虽然如此，目前还没有出台有助于解释和交换指纹图像分数的标准质量分数定义方法。

本部分为一份指导性方法的推荐性标准，旨在找出以客观、定量的形式表示和解释指纹图像质量分数的方法；同时，在开发参照性指纹图像数据样本库方面对 ISO/IEC 29794-1 进行了补充。此参照样本库基于公开指纹图像的可用性，后续可用于质量分数的正则化。

信息技术 生物特征样本质量 第4部分:指纹图像数据

1 范围

针对指纹图像模态的质量方面,GB/T 33767 的本部分:

——确立了有助于指纹图像质量度量的规范、使用和测试的术语和定义;

——定义了指纹图像质量分数;

——识别或定义了指纹图像样本库,为算法开发人员和用户提供信息;

——为描述质量度量特征,针对指纹图像样本库开发了专门的统计方法,有助于理解质量分数及其与匹配的性能之间的关系。

本部分不包括以下内容:

——质量算法的性能评估和标准化。

2 规范性引用文件

下列文件对于本文件的应用是必不可少的。凡是注日期的引用文件,仅注日期的版本适用于本文件。凡是不注日期的引用文件,其最新版本(包括所有的修改单)适用于本文件。

ISO/IEC 29794-1 信息技术 生物特征样本质量 第1部分:框架(Information technology—Biometric sample quality—Part 1:Framework)

3 术语和定义

ISO/IEC 29794-1 界定的以及下列术语和定义适用于本文件。

3.1

前景区域 foreground region

指纹图像中包含有效指纹图像特征的区域。

注:有效指纹图像最明显的结构特征是脊线和谷线的交叉。

3.2

局部区域 local region

指纹图像的前景区域中 $m \times n$ 个像素点大小的图像块,其中 m 与 n 都小于指纹图像的宽与高。

3.3

指纹图像质量评价算法 finger image quality assessment algorithm

用于计算出给定指纹图像样本质量分数的算法。

3.4

指纹图像数据库 finger image corpus

指纹图像样本集合。

3.5

指纹图像质量分类 finger image quality category

一组指纹图像的公共属性。对于一类指纹匹配器来说,具备相同公共属性的指纹图像其表现或行为很相似。

注：匹配器为匹配算法模块。

4 符号和缩略语

下列符号和缩略语适用于本文件。

DFT：离散傅里叶变换(discrete fourier transform)

FQAA：指纹图像质量评价算法(finger image quality assessment algorithm)

PPI：每英寸像素(pixel per inch)[类似于每英寸的点数(dpi)]

QAID：质量算法标识(quality algorithm identification)

QSN：质量分数正则化(quality score normalization)

5 指纹图像质量

5.1 指纹图像的缺陷因素

扫描仪采集的指纹图像有时可能存在缺陷，引起缺陷原因包括用户特征(如用户的皮肤状况)、成像(如扫描仪的缺陷)、用户的行为(如不恰当的手指摆放)、或环境(如在扫描仪表面上的杂质)。部分缺陷及成因如下所示：

a) 由用户特征引起的缺陷：
   1) 极端的皮肤状况如非常潮湿，非常干燥等；
   2) 疤痕；
   3) 皱纹；
   4) 水疱；
   5) 湿疹；
   6) 杂质如污垢，潜在印记等。
b) 由成像引起的缺陷：
   1) 采样误差；
   2) 低对比度和信噪比；
   3) 失真；
   4) 不正确的条纹线；
   5) 不均匀的背景纹理；
   6) 动态范围不足；
   7) 非线性或非均匀的灰度输出；
   8) 由于硬件故障导致像素点无效；
   9) 信号混叠问题。
c) 由用户行为引起的缺陷：
   1) 弹性形变；
   2) 不正确的手指摆放位置如太低，旋转等；
   3) 指纹图像的面积不够。
d) 由环境引起的缺陷：
   1) 潮湿；

2) 光照;

3) 扫描仪表面的杂质。

指纹图像中的缺陷的数量与严重程度将会影响到自动指纹识别系统的性能。因此,计算出指纹图像的质量分数极其必要。第6章提出了几种可行的指纹图像质量计算方法。质量分数可用于预测自动指纹识别系统的性能。此外,质量分数最好独立于扫描仪和源数据。

5.2 指纹图像质量交换的标准化方法

由于指纹图像质量关乎指纹识别系统的性能,可以根据指纹图像质量采用不同的方式来进行图像处理,目前也是根据图像质量进行图像处理,比如在特征提取前引入图像增强方法,基于质量引入不同的匹配器,或改变系统的阈值等。实际上,更多的是采用指纹图像质量来提高系统整体性能。因此,需要对质量分数的量化表达与解释进行规范化,从而得到质量分数的通用定义。根据ISO/IEC 29794-1中的建议,规范化可以通过质量算法标识(QAID)或者基于质量分数正则化(QSN)数据库标准化的质量分数百分等级。

6 指纹图像质量分析

6.1 介绍

完整的指纹图像质量分析应包括对指纹图像的局部和全局结构检查。指纹的局部结构为以脊线和谷线为主的纹理图案,而有效的全局结构指整个指纹中具有一定平滑流势的脊谷交替结构。指纹图像的质量由局部和全局结构共同决定。本章主要介绍当前在指纹图像的局部与全局结构中,与指纹识别系统性能相关的重要特征。这些算法部分将在6.2和6.3中进行介绍,也可查阅参考文献[5-8,10,11]进行了解。

此处假定指纹图像的分辨率是500 PPI。如选择其他分辨率,那么分辨率相关的参数应该进行相应调整。最初的指纹图像样本库可公开获取,如指纹验证大赛(FVC)2000、2002、2004和2006(见参考文献[4])样本库。

6.2 局部分析

6.2.1 局部分析的构成

指纹图像划分成块,每个块中包含足量的脊谷信息,最好至少有两条清晰的脊线,但并不一定要是高曲率脊线。对于分辨率为500 PPI的指纹图像,脊分离通常变化8个~12个像素点(参见参考文献[2])。一个脊分离包含一个脊和一个谷。为了覆盖两条清晰的脊线,一个块应大于24个像素点,因此建议每个块大小为32×32个像素点。当然也可以选择其他尺寸。采用沿脊线的曲线坐标代替笛卡尔坐标,然后进行分割处理,将每块标记为前景或背景块。分割方法有很多,比如参考文献[2]在每个块中采用梯度幅值分割方法等。在前景块中计算其局部质量度量,进行局部质量分析。

6.2.2 指纹图像局部分析方法

现有几种指纹图像局部质量分析方法如下。

6.2.2.1 方向确定性水平

一小块内的指纹图像(如图1所示)通常是由沿同一方向的黑色脊线与白色谷线交替出现形成。一致的脊线方向与恰当的脊谷结构构成了指纹块中可辨识的局部特征。

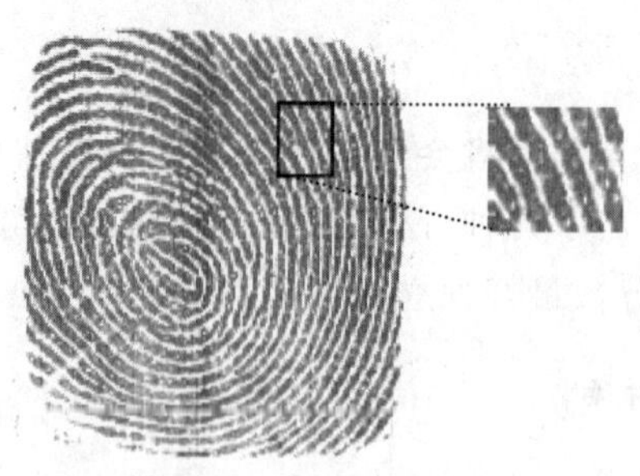

图 1 典型的脊块纹理结构

像素点的灰度级梯度($\mathrm{d}x$,$\mathrm{d}y$)描绘了像素级的方向与方向强度。比如,参考文献[7]介绍了一种测量方向确定性水平的方法。通过对图像块梯度进行主成分分析,找到图像块的特征值和特征向量就可形成一组正交基。主成分分析是一个多元过程。该过程中,通过旋转数据使投影到正交坐标轴上的变化量达到最大值。生成的第一主成分包含沿脊线正交方向最大梯度变化的最大方差。第一个特征向量给出方向,方差值对应第一个特征值 $\lambda_{\max}$。生成的第二主成分具有脊流方向最小的梯度变化量,对应第二个特征值 $\lambda_{\min}$。两个特征值的比值表示沿主方向上聚集的能量强度,主方向上的两个向量分别指向平均脊流的法线和切线方向。对于包含 N 个像素点的图像块,其梯度向量的协方差矩阵 C 为式(1):

$$C=\frac{1}{N}\sum_{N}\left(\begin{bmatrix}\mathrm{d}x\\ \mathrm{d}y\end{bmatrix}\begin{bmatrix}\mathrm{d}x & \mathrm{d}y\end{bmatrix}\right)=\begin{bmatrix}a & c\\ c & b\end{bmatrix} \qquad (1)$$

对于式(1)中的协方差矩阵,特征值 λ 见式(2)、式(3):

$$\lambda_{\max}=\frac{(a+b)+\sqrt{(a-b)^2+4c^2}}{2} \qquad (2)$$

$$\lambda_{\min}=\frac{(a+b)-\sqrt{(a-b)^2+4c^2}}{2} \qquad (3)$$

对于指纹图像块,方向确定性水平(ocl),$\lambda_{\min}$ 与 $\lambda_{\max}$ 之间的比值见式(4):

$$ocl=\frac{\lambda_{\min}}{\lambda_{\max}}=\frac{(a+b)-\sqrt{(a-b)^2+4c^2}}{(a+b)+\sqrt{(a-b)^2+4c^2}} \qquad (4)$$

当 a 和 b 均大于 0 时,ocl 值的范围在 0～1 之间。该值表示沿脊谷方向上聚集的能量强度。值越小,能量强度越高。因此 ocl 值可用于表示指纹图像块的质量。当方向强度较高的样本中存在标记或残差,比如之前用户隐约留下的指纹印,则不能利用方向确定性水平预测出匹配度。

6.2.2.2 脊谷结构

高质量的指纹图像会显示出清晰的脊谷结构。因此,脊谷结构的清晰度是指纹图像质量的一项有用指标。

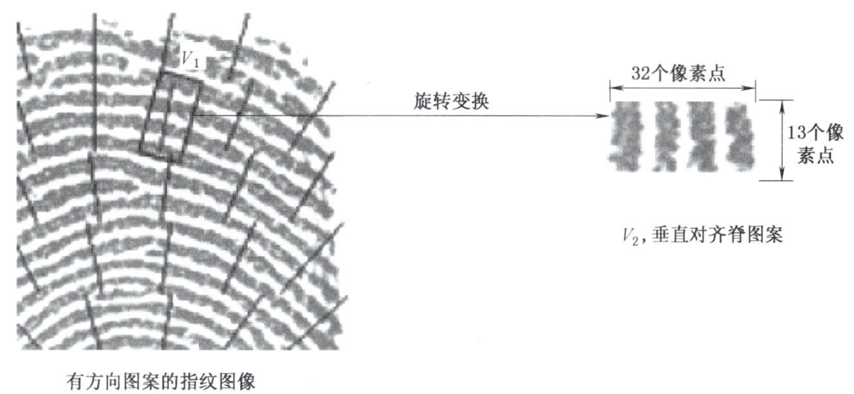

图 2　局部区域的提取以及向垂直对齐脊型的转换

6.2.2.2.1　脊谷结构分析

参考文献[7]介绍了脊谷清晰度的评价方法。为了分析脊谷的结构，把指纹图像划分为块，每个块大小最好是 32×32 个像素点。在每个块中，计算出垂直于脊线的方向线。在沿脊线方向块的中心提取出比块尺寸要小的二维矢量 V_1(图 2 中倾斜正方形)，如 32×16 个像素点，转换成一个垂直对齐的二维矢量 V_2。通过式(5)，可计算出一个一维矢量 V_3(即 V_2 的平均轮廓)。

$$V_3(i)=\frac{\sum_{j=1}^{m}V_2(i,j)}{m},i=1,\cdots,32 \qquad\qquad \cdots\cdots(5)$$

其中，m 是块的高度(16 个像素点)，i 是横向坐标。

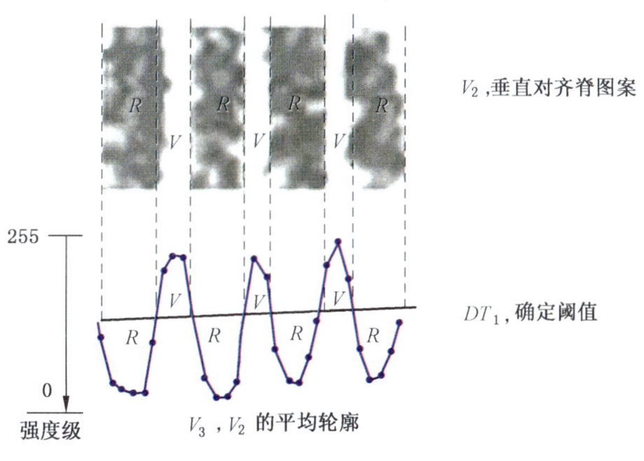

图 3　向量 $\mathbf{V}_2$ 的区域分割

当 V_3 计算出来后，通过线性回归(即最小二乘拟合)找到确定阈值(DT_1)参数。DT_1 为位于矢量 V_3 中心的一条线，用于将图像块分割为脊或谷区域。灰度级强度低于 DT_1 的区域为脊，其余为谷。DT_1 把指纹图像区域分割成脊和谷的过程如图 3 所示。图 3 的顶部为脊纹图案，底部为投影到一维累积强度剖面的脊纹图案灰度级分布图。Y 轴是强度水平，X 轴是脊纹图案的横截面。每个局部块均有 DT_1 值。

从图 3 的一维信号中可计算出几个有用的参数如谷和脊的厚度。对于高质量的指纹图像，脊与脊之间不能间隔太近或太远，因此标定的脊和谷厚度可用于衡量指纹图像的质量。同样，若脊太厚或太薄,则表明获取指纹图像的方式不恰当,如按压太重或太轻,或图像是残差采样。因此,指纹图像质量可通过将脊谷厚度与其标定范围进行对比来判定。任何值超出其标定范围都可能意味着脊纹图案的质量较差。脊谷的厚度值依赖于指纹扫描仪的分辨率。为对这些值进行正则化,以 125 PPI 除以扫描仪分辨率得到一个因数。为正则化厚度值范围,应使用预先设定的最大厚度。

当扫描仪分辨率为 500 PPI 时,高质量指纹图像的最大脊或谷厚度 (W_{max})估计有 20 个像素点,而当扫描仪分辨率为 125 PPI 时,正则化后的指纹图像估计有 5 个像素点。对于 500 PPI 的扫描仪分辨率,20 个像素点的预设值是借助 8～12 个像素点的典型脊间隔的中位线估算而来,并且假设任何脊间隔不超过中位值的两倍。这可以确保预设值为最大值,从而将正则化后的脊谷厚度值限制在 0 到 1 之间。脊厚度(W_r)和谷厚度(W_v)正则化过程表示见式(6)、式(7):

$$NW_r = W_r/((Sc/125) \times W_{max}),\text{其中 } W_{max} = 5 \quad \cdots\cdots(6)$$

$$NW_v = W_v/((Sc/125) \times W_{max}),\text{其中 } W_{max} = 5 \quad \cdots\cdots(7)$$

其中 NW_r 和 NW_v 分别为正则化后的脊谷厚度,Sc 为扫描仪的分辨率。

将脊和谷区域如上隔开,在每个分割后的二维矩形区域内进行清晰度测试。图 4 为分割后脊和谷的样本灰度级分布。重叠区域为潜在误分类区域,在这个区域内,利用 DT_1 无法准确地判定像素点是否属于脊或谷。因此,重叠区域的面积可作为脊谷清晰度的判定指标,但前提是脊谷的厚度应在可接受的范围内。

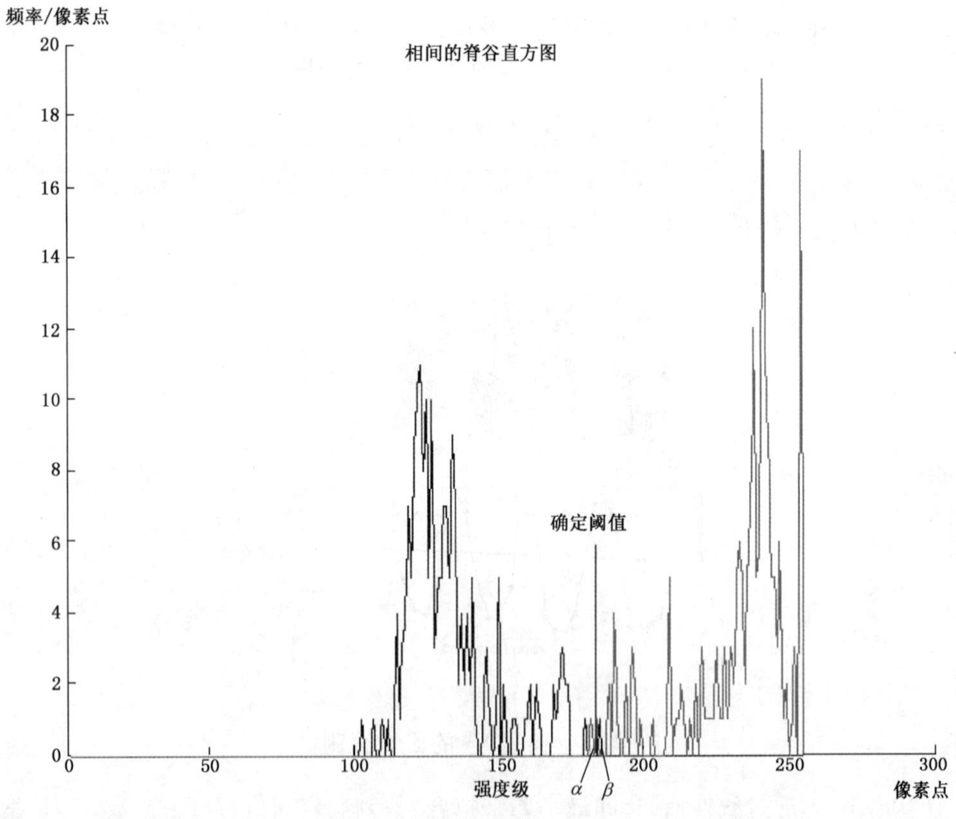

图 4　脊谷分布图

式(8)、式(9)及式(10)描述了清晰度得分的计算方法,其中 v_B 为在谷区域中强度低于 DT_1 的像素点个数(也称为谷的"坏像素点"),v_T 是谷区域中的像素点总数,$\Re_B$ 为在脊区域中强度高于 DT_1 的像素点个数(也称为脊的"坏像素点"),$\Re_T$ 是脊区域中的像素点总数。

$$\alpha = v_B/v_T \quad \cdots\cdots(8)$$

$$\beta = \Re_B/\Re_T \quad \cdots\cdots(9)$$

$$LCS = \begin{cases} (\alpha+\beta)/2 \ if((NW_{\mathrm{vmin}} < NW_{\mathrm{v}} < NW_{\mathrm{vmax}}) \wedge (NW_{\mathrm{rmin}} < NW_{\mathrm{r}} < NW_{\mathrm{rmax}})) \\ 1 \qquad otherwise \end{cases} \qquad \cdots\cdots(10)$$

其中，$\wedge$ 是逻辑与运算符；α 和 β 是脊谷区域中坏像素点部分，而(NW_{rmin}，NW_{rmax})和(NW_{vmin}，NW_{vmax})分别为正则化后脊(NW_{r})和谷(NW_{v})厚度的最小值和最大值。因此，局部清晰度得分(LCS)是 α 和 β(二者值范围为 0～1)的约束平均值。

对于高清晰度的脊区域，脊谷的重叠面积非常小，LCS 也小。影响总重叠面积大小的因素如下：

a) 脊谷上的噪声；

b) 由于手指湿，图像上有水渍斑块；

c) 由于定向噪声导致的错误方位角；

d) 脊纹图案上有疤痕；

e) 高度弯曲的脊线；

f) 脊线端点、分叉点、三角点和核心点；

g) 始端脊线、汗毛孔和点。

因素 a)～c)为图像中出现的物理噪声。因素 d)～g)为指纹的实际物理特性。因此，选择一个小窗口比如大小为 32×16，以降低在同一位置出现许多不同特征的可能性。

6.2.2.2.2 方向对比度

参考文献[8]介绍了一种通过测量方向对比度来衡量脊谷结构清晰度的方法。方向对比度 D 为脊流方向上脊谷区域灰度值之间的对比度。该方法的基本思想是质量好的区域具有较高的方向对比度，这意味着根据灰度值，指纹图像的脊谷能得到较好的分离。在参考文献[8]中描述了计算对比度 D 的整个过程。公式简化如式(11)所示。在式(11)中，$\sum k(i,j)$ 为同一方向 θ 上所有像素点的总数，(i,j) 表示指纹图像上块大小为 $N \times N$ 中像素的坐标。

$$D = |\theta_{\max} - \theta_{\mathrm{ortho}}| \qquad \cdots\cdots(11)$$

其中 $\theta_{\max} = \max\left\{\theta_k = \sum_{i=1}^{N}\sum_{j=1}^{N}\sum k(i,j), k=1,\cdots,8\right\}$，$\theta_{\mathrm{ortho}} \perp \theta_{\max}$，$k$ 为方向指数

6.2.2.3 频域分析

高质量样本信号是一个周期性信号，可由一个矩形波或正弦波近似得到。在频域中，一个理想的矩形波应为具有边频带分量的主频率(sinc 函数)。正弦波由一个主频率和非主频率的最小分量组成。因此，我们可以利用这些信息辨别质量块的好与坏。是否存在一个主频率和主分量的频率是决定样本质量好坏的两个主要因素。

对于每个块，沿着脊谷(x)方向的信号可计算出每个块的中心。如图 5 所示，信号会经过 x 轴方向上图像块的中心。

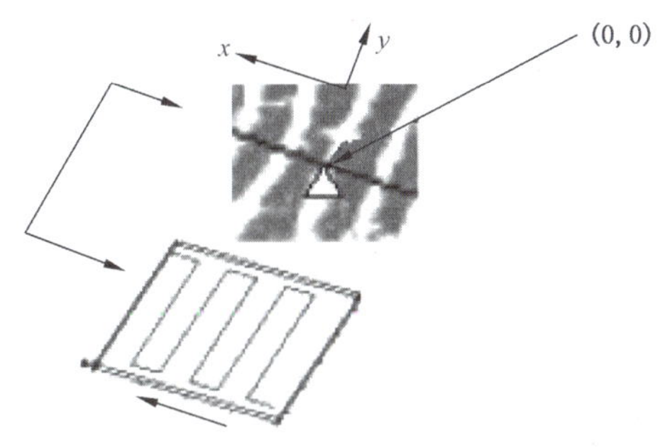

图 5 沿 x 轴方向的信号

(x,y)点的坐标系如上所示，信号的计算公式如式(12)：

$$T(x)=\frac{1}{2r+1}\sum_{k=-r}^{r}I(x,k) \qquad \cdots\cdots(12)$$

其中，$I(x,y)$是在坐标点(x,y)的灰度级；x 是沿 x 轴方向上的指数，值范围为 $-25\leqslant x\leqslant 26$，足以覆盖两条相间的脊线(参见参考文献[2])(只要它至少可以完全覆盖一个周期性循环，是否精确并不至关重要)；r 是沿 y 轴方向上的宽度，为了在 y 轴上获得足够的平均灰度级，一般 r 的值范围为 $-10< r<10$。为了确保脊线方向的一致性以及对噪声产生足够的鲁棒性，r 值是否精确并不重要但不应过大或过小。

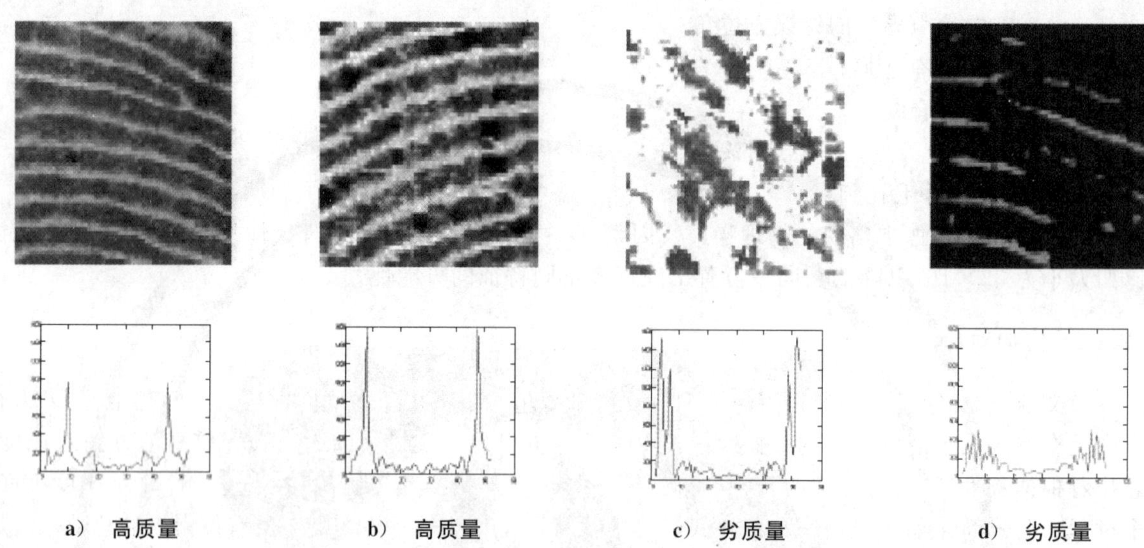

a) 高质量　b) 高质量　c) 劣质量　d) 劣质量

图 6　沿脊线方向各图像块信号的 DFTs

图 6 显示了四个不同质量的指纹图像块与其离散傅里叶变换（DFT）。曲线图的纵轴为 $T(x)$的 DFT 值，而水平轴是 x 轴的指数。低质量图像 c)可通过存在于超低频段(<5)的主频率就能很容易地辨识出来，该频率超出了脊的正常频率范围。此外，图 d)没有明显的主频率，这表明图像被高度污染了。

分析的最终结果是通过式(13)计算出的图像质量度量(IQM)：

$$IQM=\frac{A(F_{\max})+0.3[A(F_{\max}-1)+A(F_{\max}+1)]}{\sum_{F=1}^{NF/2}A(F)} \qquad \cdots\cdots(13)$$

其中，$A(x)$是频率指数 x 的幅度。F 为值为 $1\sim NF/2$ 的 DFT 频率指数，其中 NF 为 DFT 使用的点数(建议 $NF=52$)。$F_{\max}$表示幅度达到最大时的频率指数。

在本条描述的频域分析中，通过在脊流方向上进行均值化计算出一维信号。该均值化过程中沿脊谷流方向过滤掉噪声，并在垂直于脊流的方向上提供一个更好的平稳变化信号模型。然而，均值化过程同样忽略了脊谷方向上像素级噪声的影响。脊谷部灰度级的随机波动是样本质量低的另一表现。由于它通过脊谷结构分析与均匀性测量才能获得，因此本条暂不讨论，我们在 6.2.2.2 和 6.2.2.4 分别描述。

6.2.2.4　均匀度

均匀度决定了脊谷部灰度级的一致性。图 7 为指纹图像块均匀度由高到低的四个样本。

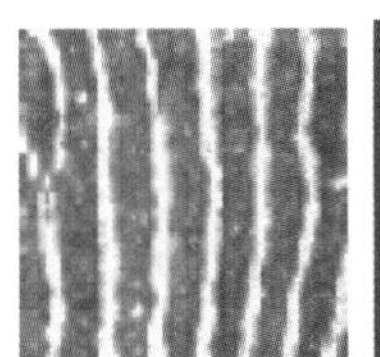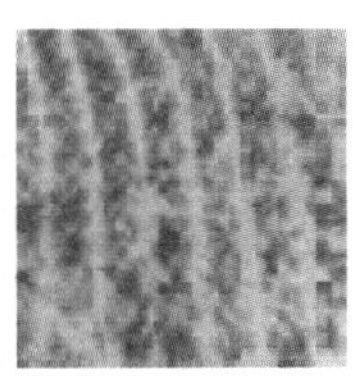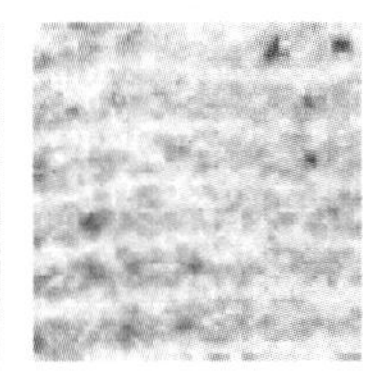

图 7　四个指纹块(均匀度从左到右递减)

最左边的指纹块中脊谷区域的灰度级非常恒定,而最右边的指纹块没有明显均匀且易辨别的脊谷区域。聚类因子被定义为在邻近区域灰度级像素簇的相似程度。“黑色”或“白色”像素点聚集的越多,此结构为有用信号的置信水平越高,因此样本质量也应更高。在计算聚类因子之前应生成一个二值图像。参考文献[9]的大律法首先被用于获取二值化图像块的最佳阈值。

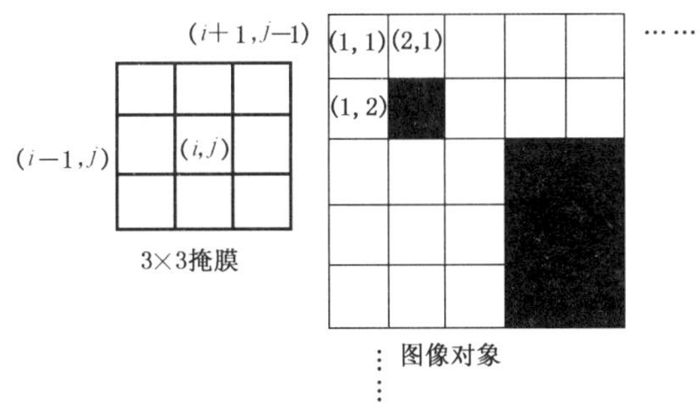

图 8　均匀度计算

图 8 显示了图像对象(上例中的 32×32 的指纹图像块)和用于计算聚类因子的 3×3 大小的掩膜。掩膜以(i,j)为中心,覆盖在图像对象上。将掩膜中心从左上角向右下角移动,同时计算聚类因子的累积结果。对于以黑色像素点为中心的掩膜,则需检查在该掩膜下所覆盖区域的像素值。若 9 个像素点中超过 4 个是黑色像素点,则返回一个 1 值,否则返回一个比例值(n×0.2),其中 n 是在黑色像素点的数量,包括 3×3 掩膜中中间像素点。整个掩膜移动过程中,当中心为黑色像素点时,返回值累积一次。更高的聚类因子表明更高的结构置信水平,因此具有更高的质量。

6.3　全局分析

6.3.1　全局分析的构成

连续性和脊谷均匀度皆为指纹图像的常规特征。连续性表示方向的变化程度,而均匀度表示整个样本的脊谷结构情况。每个特征对应一个独立的全局度量。该度量与局部分析度量相结合从而获得最终的质量分数。

6.3.2　指纹图像全局分析方法

本条讨论了现有几种指纹图像全局质量分析方法。

6.3.2.1　方向流分析

方向流是反映指纹图案质量好坏的首要指标,因为一般情况下脊流方向会逐渐改变,除非出现三角点或核心点。

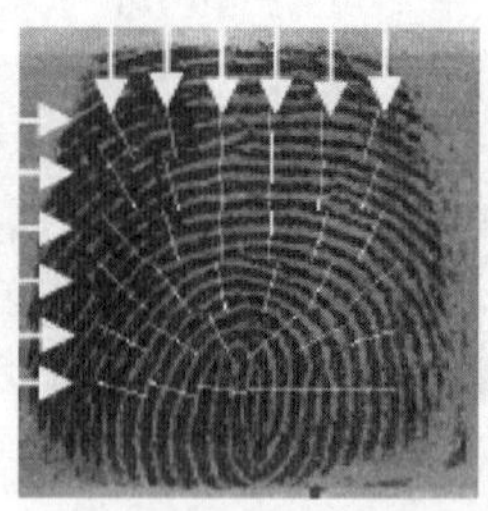

图 9　平滑趋势下的脊谷方向

图 9 指明了指纹图像的正常方向流。我们用一个二维数组—V_4 来存放指纹中的所有方向角。为了分析 $V_4(i,j)$中的方向流，需计算当前指纹块与周围指纹块在方向角上的绝对差。若假设有 8 个邻域块，局部方向质量(*LOQ*)可以通过式(14)计算得到。

$$LOQ(i,j)=\frac{\sum_{m=-1}^{1}\sum_{n=-1}^{1}\left|V_4(i,j)-V_4(i-m,j-n)\right|}{8} \qquad \cdots\cdots(14)$$

通常，角度改变的公差不超过 8°。由于方向流是不断逐渐变化的，平均差不应为零。因此，局部方向质量度量(*LOQS*)的表达式如式(15)所示：

$$LOQS(i,j)=\begin{cases}0, & LOQ(i,j)\leqslant 8^0\\ \dfrac{LOQ(i,j)-8^0}{90^0-8^0}, & LOQ(i,j)>8^0\end{cases} \qquad \cdots\cdots(15)$$

全局方向质量度量(*GOQS*)为所有 *LOQS* 值相加后所取的平均值。因此，*GOQS* 可以通过式(16)来计算。

$$GOQS=LOQS(i,j)/N \qquad \cdots\cdots(16)$$

其中，N 为 V_4 中块的个数。*GOQS* 给出了块间方向角变化的平滑度信息。

6.3.2.2　脊谷均匀度

通过对图 10 中 a)、b)、c)所示指纹图像进行目测，可知图 10a)中的指纹图像质量最差而图 10c)中的质量最好。目测结果主要依赖于脊谷之间始终存在清晰的间隔。我们可以利用脊厚度与谷厚度的比值 *GRU* 来印证目测结果。对于高质量指纹图像，这个比值在全图像中应该恒定不变。因此，整个样本的比值标准偏差就表明了指纹图像的质量。与平均比值的偏离较大说明样本质量差，因为样本的结构可能更为随意。

a)

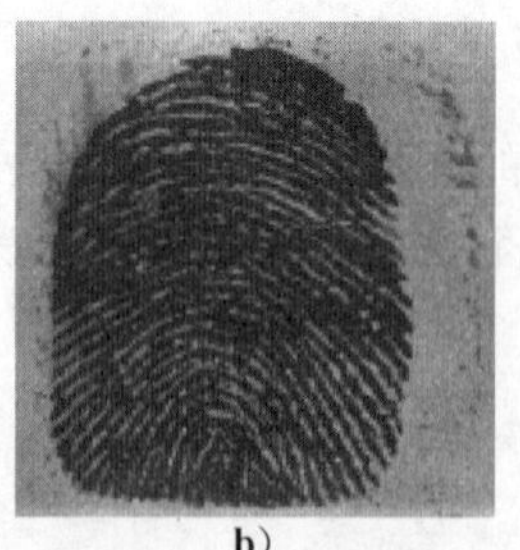

b)

c)

图 10　具有不同脊谷均匀度的 3 张指纹图像

6.3.2.3　径向功率谱

傅里叶谱的最大值被认为在脊线方向上处于稳定状态。指纹图像的脊可由一个正弦波局部近似，因此正弦波能量的较大值代表强脊。脊结构的鲁棒性可用来衡量指纹图像的质量，如式(17)所示。$f(p,q)$是一个二维傅里叶变换的结果，$Re(p,q)$和$Im(p,q)$分别表示$f(p,q)$的实部与虚部。F为合理傅里叶域中的最大径向傅里叶谱值。合理的傅里叶域既不是最高频区也不是最低频区。采用这一度量作为全局度量的样本结果如图12所示。F值越高，指纹图像的质量越好。

$$F=\max_{\text{合理傅里叶域}}(|J(r)|) \qquad\qquad (17)$$

径向傅里叶谱$J(r)$的计算公式如式(18)：

$$J(r)=\frac{1}{\sum\limits_{\alpha=0}^{\pi}\sum\limits_{r_{\min}}^{r_{\max}}|f(\alpha,r)|}\sum_{\alpha=0}^{\pi}\sum_{r}^{r+\Delta r}|f(\alpha,r)| \qquad\qquad (18)$$

其中，$f(\alpha,r)$是频谱$f(p,q)$在极坐标系(α,r)中的表示形式，如图11所示；$r_{\min}$、$r_{\max}$为在合理傅里叶域中的最高频与最低频；Δr为采样间隔。

$$f(p,q)=\sum_{x=0}^{M-1}\sum_{y=0}^{N-1}\mathrm{e}^{-2\pi\left[\frac{p,x}{M}+\frac{p,y}{N}\right]}$$

$$p(x,y)=Re(p,q)+iIm(p,q)\text{ 与 }|f(p,q)|=\sqrt{Re(p,q)^2+Im(p,q)^2}$$

傅里叶谱的样本如图12所示，而径向谱的样本如图13所示。

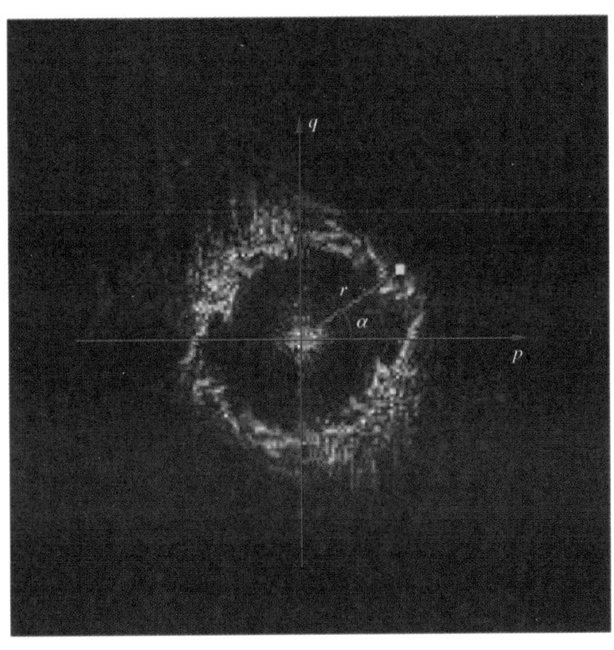

图11 极坐标系($\boldsymbol{\alpha}$,$\boldsymbol{r}$)下的傅里叶谱

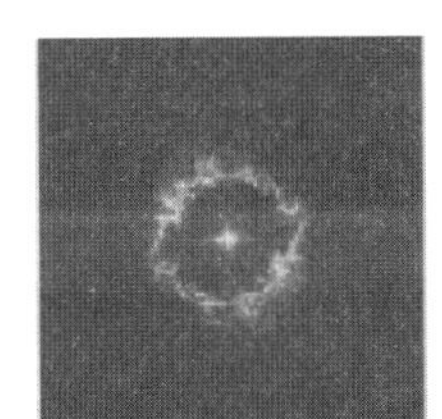

a) 极好或合适

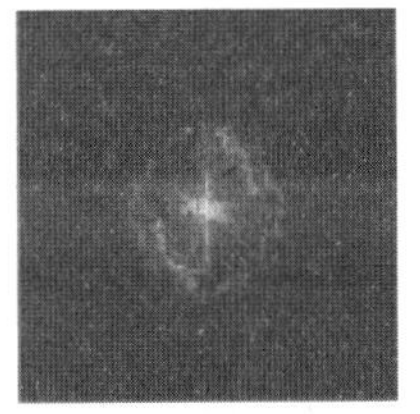

b) 勉强或无法接受

图12 傅里叶谱样本

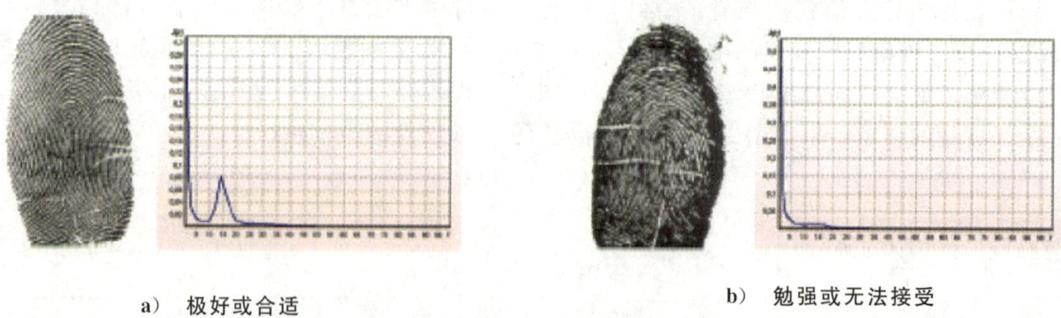

a) 极好或合适

b) 勉强或无法接受

图 13 径向傅里叶频谱样本

6.4 统一质量分数

6.4.1 组合质量度量的方法

为了从上述几个或所有质量度量获得单个或统一的输出结果，需组合这些质量度量的值从而输出一个符合质量域要求的标准质量分数，而在组合前还需将每个质量分数正则化到 0～1 之间。质量度量组合后所得的整体质量分数可帮助预测系统的性能。目前有很多质量度量组合方法，如加权平均法、使用模式分类器以及其他非线性计算等方法。可采用的信号保真度度量包括但不限于在 6.2 和 6.3 中所提到的方法。

6.4.2 加权平均法

利用 6.2 和 6.3 所述算法计算出所有度量值，然后取它们的加权平均值。这种简单的组合方法称为加权平均法。利用加权平均法，统一质量分数 $QS(0 \leqslant QS \leqslant 1)$ 的计算公式如式(19)所示：

$$QS = \alpha_1(\sigma_1 MOCL + \sigma_2 MLCS + \sigma_3 MIQM + \sigma_4 MU + \sigma_5 MD) + \alpha_2(\beta_1 GOQS + \beta_2 GRU + \beta_3 F) \quad \cdots\cdots(19)$$

其中：
$$\alpha_1 + \alpha_2 = 1, \beta_1 + \beta_2 + \beta_3 = 1, \sum_{i=1}^{5} \sigma_i = 1$$

其中，σ_i、α_i 和 β_i 是权重，$MOCL$、$MLCS$、$MIQM$、MU 和 MD 是块方向确定性水平的平均值。LCS 和 IQM 分别为均匀度和方向对比度。$GOQS$、GRU 和 F 分别为全局方向质量度量、全局脊谷均匀度和径向功率谱。

对于每个局部质量度量，整体样本度量为样本中所有局部质量度量的分数平均值。权重值 σ_i、α_i 和 β_i 的选取需考虑的是整体质量分数能够反映出样本在匹配环境下的性能。权重可通过对指纹图像数据库(如 QSN 数据库)执行最小二乘法，或使用一个或多个匹配算法的输出结果进行确定。此处采用的平均值组合方法也可以替换为其他组合方法如乘积或最小值。

6.4.3 模式分类器

模式分类器是一种数学模型。当输入的是新样本甚至未见过的样本时，它可以智能地去学习概念并预测输出。为了利用模式分类来组合指纹图像的质量分析度量，应训练模式分类器，可以通过为指纹图像提供所有已知质量度量的值以及每个样本的整体质量分数达到训练目的。当模式分类器训练完成，就能根据给定的质量度量值得出指纹图像的整体质量分数。

对于每个局部质量度量，指纹图像的整体质量分数是通过对指纹图像中所有局部度量值进行平均计算而得到，再结合全局质量度量，形成一个特征向量 f。当使用了 6.2 和 6.3 中描述的所有质量度量后，质量特征向量的示例如式(20)所示：

$$f=(MOCL,MLCS,MIQM,MU,MD,GOQS,GRU,F)^T \quad \cdots\cdots\cdots\cdots\cdots(20)$$

其中，*MOCL*、*MLCS*、*MIQM*、*MU* 和 *MD* 为块方向确定性水平，*LCS*、*IQM* 分别为均匀度和方向对比度，*GOQS*、*GRU* 和 *F* 分别为全局方向流、脊谷均匀度和径向功率谱度量。

特征向量 f 是模式分类器的输入参数。利用带有预设质量类别或分数的指纹图像数据库(如 QSN 数据库)去训练模式分类器，从而输出一个或多个质量算法。创建 QSN 数据库的详细方法和需要的最小样本量可见 ISO/IEC 29794-1。计算出数据库中所有样本的特征向量，然后对每个特征向量指定质量类别或分数，再输入模式分类器中进行训练。当模式分类器训练完成，就能根据指纹图像的给定特征向量生成整体质量分数 *QS* 或质量类别。关于如何使用模式分类器将特征向量的分量组合成一个标量的示例，参见参考文献[5,6]。

6.4.4 面积因素

尽管面积不应单独作为质量的一个评价指标，但对于内含有效指纹图案的图像来说，如果面积大小将会影响匹配器的性能和指纹图像的质量。若有效面积太小，指纹图像应被认为质量差。局部分析以块为单位，而全局分析以整个图像为单位但并没有考虑脊谷结构的实际面积。全局分析时，一个面积小但质量很好的区域可能会产生足够高的整体分数，将整个图像的质量提升到一个可接受的程度。因此，设计一个明确的面积度量很有必要。指纹面积是通过指纹图像上的有效脊谷结构(前景)所占块的数目来计算。图 14(取自 FVC 数据库，参见参考文献[4])为有效脊谷结构示例。在背景区域中，图像中有效脊谷结构之外的汗渍或其他杂质应排除出指纹面积计算的目标区域。另外，图像的边界区域也应排除在外。

a) 有效脊谷区域

b) 去除图像边界与杂质后的有效脊谷区域

图 14 有效脊谷结构示例

将图像自动划分为前景区域(包含有效脊谷结构)与背景区域(不含有效脊谷结构)的过程称为指纹分割。其中一种分割方法是计算出每个图像块的方向强度(见参考文献[2])。从分割过程来看，块的数量已知，而一般情况下指纹的前景、背景面积也已知，因此在计算指纹图像的整体质量时可将面积纳入需考虑的因素中。

参 考 文 献

[1] ISO/IEC JTC 1/SC 37 Standing Document 2,Version 9,Harmonized Biometric Vocabulary

[2] D. Maltoni,D. Maio,A.K. Jain,and S. Prabhakar,Handbook of Fingerprint Recognition,Springer,2003

[3] J.F. Mainguet,W. Gong,A. Wang,"Reducing Silicon Fingerprint Sensor Area",Lecture Notes in Computer Science,vol 3072,2004,pp 301-308

[4] Biometric System Laboratory,University of Bologna,Italy website. http://biolab.csr.unibo.it

[5] yizhognE. Tabassi,C. L. Wilson,"A Novel Approach to Fingerprint Image Quality",Proc. IEEE International Conference on Image Processing,2005

[6] E. Tabassi,C. L. Wilson and C. I. Watson. Fingerprint Image Quality,NFIQ. National Institute of Standards and Technology,NISTIR 7151,2004

[7] E. Lim,X. Jiang and W.-Y. Yau,"Fingerprint Image Quality Analysis",Proc. Int. Conf. On Image Processing (ICIP 02),Sep. 2002,vol. 1,pp. 469 -472

[8] S. Joun,H. Kim,Y. Chung and D. Ahn,"An Experimental Study on Measuring Image Quality of Infant Fingerprints," LNCS 2774,pp.1261-1269,2003

[9] N. Otsu,"A threshold selection method from gray-level histograms",IEEE Trans. Syst., Man,Cybern.,vol. 9,no. 1,pp.62-66,1979

[10] N. K. Ratha and R. M. Bolle. "Fingerprint image quality estimation". IBM computer science research report RC21622,1999

[11] L. L. Shen,A. Kot and W. M. Koo. "Quality measures of fingerprint images". Proc. of the Third AVBPA 2001,p182-271,June 2001

[12] GB/T 26237.4—2014《信息技术 生物特征数据交换格式 第4部分:指纹图像数据》(ISO/IEC 19794-4,Information technology—Biometric data interchange formats—Part 4:Finger image data)

[13] GB/T 26237.2—2011 信息技术 生物特征识别数据交换格式 第2部分:指纹细节点数据(ISO/IEC FCD 19794-2:2004,NEQ)

[14] GB/T 26237.3—2011 信息技术 生物特征识别数据交换格式 第3部分:指纹型谱数据(ISO/IEC FDIS 19794-3:2006,MOD)

[15] GB/T 26237.4—2014 信息技术 生物特征识别数据交换格式 第4部分:指纹图像数据(ISO/IEC 19794-4:2005,NEQ)

[16] GB/T 26237.8—2014 信息技术 生物特征识别数据交换格式 第8部分:指纹型骨架数据(ISO/IEC 19794-8:2011,NEQ)

[17] GB/T 28826.1—2012 信息技术 公用生物特征识别交换格式框架 第1部分:数据元素规范(ISO/IEC 19785-1:2006,MOD)

[18] GB/T 30267.1—2013 信息技术 生物特征识别应用程序接口 第1部分:BioAPI规范(ISO/IEC 19784-1:2006,IDT)

ICS 35.240.15
L 71

中华人民共和国国家标准

GB/T 33767.5—2018

信息技术　生物特征样本质量 第5部分:人脸图像数据

Information technology—Biometric sample quality—Part 5:Face image data

(ISO/IEC TR 29794-5:2010,NEQ)

2018-06-07 发布　　　　2019-01-01 实施

国家市场监督管理总局
中国国家标准化管理委员会　发布

前言

GB/T 33767《信息技术　生物特征样本质量》分为以下部分：

第 1 部分：框架，

——第 4 部分：指纹图像数据；

——第 5 部分：人脸图像数据；

——第 6 部分：虹膜图像数据。

本部分为 GB/T 33767 的第 5 部分。

本部分按照 GB/T 1.1—2009 给出的规则起草。

本部分使用重新起草法参考 ISO/IEC TR 29794-5：2010《信息技术　生物特征样本质量　第 5 部分：人脸图像数据》编制，与 ISO/IEC TR 29794-5：2010 的一致性程度为非等效。

请注意本文件的某些内容可能涉及专利。本文件的发布机构不承担识别这些专利的责任。

本部分由全国信息技术标准化技术委员会(SAC/TC 28)提出并归口。

本部分起草单位：中国电子技术标准化研究院、广州广电卓识智能科技有限公司、广州广电运通金融电子股份有限公司、北京旷视科技有限公司、北京天诚盛业科技有限公司、深圳爱酷智能科技有限公司、杭州晟元数据安全技术股份有限公司、东方网力科技股份有限公司、长春鸿达光电子与生物统计识别技术有限公司、山西天地科技有限公司、浙江蚂蚁小微金融服务集团股份有限公司、广东光阵光电科技有限公司、深圳赛西信息技术有限公司。

本部分主要起草人：黄跃珍、罗攀峰、林冠辰、高健、袁昕、梁添才、聂芸芸、张鑫、王欣、刘旭东、刘兵、金晓峰、章烈剽、芦效东、龚文川、徐俊、王乃洲、彭程、郑征、陈星、宋继伟、王文峰、秦日臻。

信息技术 生物特征样本质量 第5部分：人脸图像数据

1 范围

GB/T 33767的本部分规定了人脸图像质量指标定义、分类以及分析方法。

本部分适用于人脸图像质量的分析。

2 规范性引用文件

下列文件对于本文件的应用是必不可少的。凡是注日期的引用文件，仅注日期的版本适用于本文件。凡是不注日期的引用文件，其最新版本（包括所有的修改单）适用于本文件。

GB/T 33767.1 信息技术 生物特征样本质量 第1部分：框架（GB/T 33767.1—2017，ISO/IEC 29794-1:2009，IDT）

ISO/IEC 19794-5 信息技术 生物特征数据交换格式 第5部分：人脸图像数据（Information technology—Biometric data interchange formats—Part 5: Face image data）

ISO/IEC 19794-5:2005/Amd.1 信息技术 生物特征数据交换格式 第5部分：人脸图像数据 修改1：条件拍摄照片的人脸图像数据（Information technology—Biometric data interchange formats—Part 5: Face image data—Amendment 1: Conditions for taking photographs for face image data）

3 术语和定义

GB/T 33767.1界定的以及下列术语和定义适用于本文件。

3.1

比较分数 comparison score

通过比较而获得的数值（或一组值）。

3.2

人脸质量评估算法 face quality assessment algorithm

用于计算出给定人脸图像样本质量的算法。

3.3

人脸图像 facial image

人肖像的电子图像表现。

4 缩略语

下列缩略语适用于本文件。

CCD：电荷耦合器件（Charge-Coupled Device）

DCT：离散余弦变换（Discrete Cosine Transform）

EXIF：可交换图像文件（Exchangeable Image File）

FQAA：人脸质量评估算法（Face Quality Assessment Algorithm）

FQS:人脸质量分数(Face Quality Score)

GCF:全局对比度因子(Global Contrast Factor)

JPEG:联合图像专家组(Joint Photographic Experts Group)

QS:质量分数(Quality Score)

5 人脸图像质量定义方法

本部分中,人脸图像质量的定义与自动人脸识别系统中人脸图像的使用有关。人脸自动识别系统的性能受人脸图像的缺陷程度和缺陷数量影响。

本部分采用以下方法来描述人脸图像样本质量:

——规定人脸图像质量的特征化以及人脸生物特征样本在各方面可能存在的缺陷;

——展示如何采用 FQAA 算法获得与具体特征和可能存在的缺陷相关的人脸质量分数(FQS)。FQAA 算法通常用于在像素级或特征级进行人脸样本局部分析,并在全局范围内融合所有局部分析结果。人脸质量分数通过估计一个或多个人脸特征与相关潜在缺陷输出人脸质量指标。

系统常用的人脸图像质量分数产生方法为先获取 FQAA 算法生成的原子质量分数,然后将它们合并成一个最终质量分数。最终质量分数应预测人脸图像自动识别性能的指标,如某次人脸图像自动识别的误识或拒识。

6 人脸图像质量分类

表 1 给出了一种分类方法,按照动态和静态,以及主体特征和采集过程进行区分。

表 1 人脸质量特征

动态/静态	主体特征	采集过程
静态	生物特征,如: ——身体结构特征(如头的大小,眼睛位置等); ——受伤与伤疤; ——种族; ——年龄; ——性别; ——残疾。 其他静态特征: ——面部遮挡严重,如厚眼镜或墨镜、帽子、口罩; ——化妆; ——珠宝配饰	采集过程与采集设备的属性,如: ——图像增强与数据压缩过程; ——物理属性(如图像分辨率与对比度); ——光学畸变; ——背景的静态属性,如壁纸; ——摄像头特征: ● 传感器分辨率; ——环境特征: ● 几何扭曲

表 1（续）

动态/静态	主体特征	采集过程
动态	主体特征与行为，如： ——闭眼； ——（夸张）表情； ——头发遮挡眼睛； ——头部姿势； ——主体姿势（正对/非正对摄像头）； ——其他人/物的遮挡与干扰	场景，如： ——背景的动态特征，如运动的物体； ——光照变化与相关潜在缺陷，如： ● 非对称光照； ● 脸部区域光照不均； ● 极强或极弱照明； ——主体姿态，如： ● 太远（人脸太小），或者太近（人脸太大）； ● 未对焦（低清晰度、快速运动导致的运动模糊等）； ● 脸部部分遮挡； ——采集过程与采集设备的属性，如： ● 摄像头特征； ● 动态范围（对应于弱与强光照）

7 人脸图像质量分析

7.1 概述

人脸图像质量分析时应考虑不同方面因素。这些因素可以分为：

a) 图像属性，如图像的尺寸或分辨率；

b) 图像外观特征，如曝光度或噪声；

c) 环境特征，如光照或背景；

d) 图像中显示的肤色与主体肤色的一致性之类特征；

e) 主体的行为。

上述有些属性和特征很难评估和评价，如图像中显示的肤色与主体肤色的吻合度等。

眼距（单位为像素）等一些属性与特征的要求，见 ISO/IEC 19794-5。这些属性与特征的评估需要更加复杂的算法及计算机视觉与图像理解方面的技术。此外，还可能存在不同的处理方式，如自动检测眼睛在人脸图像中的位置就依据各种不同的原理。依据 GB/T 33767.1，可得出正则化质量分数。

FQAA 算法能不以对人脸区域进行分割为前提检测图像（如在测量图像尺寸时评估采集过程的静态特征，如压缩率、压缩方式、传感器分辨率）或仅对人脸区域进行分析（例如估计主体的姿态）。在局部区域内，人脸的局部结构由像素值（原始或加工后）定义；单个质量分数可能由多个局部结果融合而来。针对不同的环境、摄像头、主体等因素可以开发出各种人脸图像质量评估算法，在不同数据集上表现出不同性能。

7.2 动态主体特征

7.2.1 主体行为

与主体行为相关的常见特征包括：

——眼睛睁闭；

——嘴巴张合；

——各种表情,如微笑或中性;

——头部姿态,如正对或转至任意方向。

与环境属性或特征类似,上述参数的量化需要对背景、人脸及人脸特征进行识别。

此外,要求算法中的(评估某种属性)的核心算法能在计算机上实现,并且可以得到这些核心算法的评估表现的量化数值,以达到降低计算复杂度的目的。如果条件允许,可以通过选择最常用的算法或概念来降低复杂度。

7.2.2 基于左半脸和右半脸统计差异的分析

7.2.2.1 光照对称性

假设基于二维的肖像图像(见 ISO/IEC 19794-5:2005/Amd.1 规定的图像),可用左右对称性来分析光照和姿态质量。人脸区域以眼睛中线为基准分为左右两个区域(如图 1)。下面的对称性分析就是检测面部左右相应区域的差异。差异值表示在某局部图像属性的对称度,如原始像素值或局部滤波像素值。局部图像滤波器可使用伽柏(Gabor)滤波器、局部二进制滤波器、顺序滤波器或其他任何合适的局部滤波器。左右区域差异值给出了光照质量分数(即光照对称性怎样)或姿态质量分数(即正面姿态怎样)。大部分人脸是左右对称的,但有些人的面部左右部分存在明显差异,如痕迹、变色等引起的差异。质量分析度量的对称性宜考虑这些差异性。

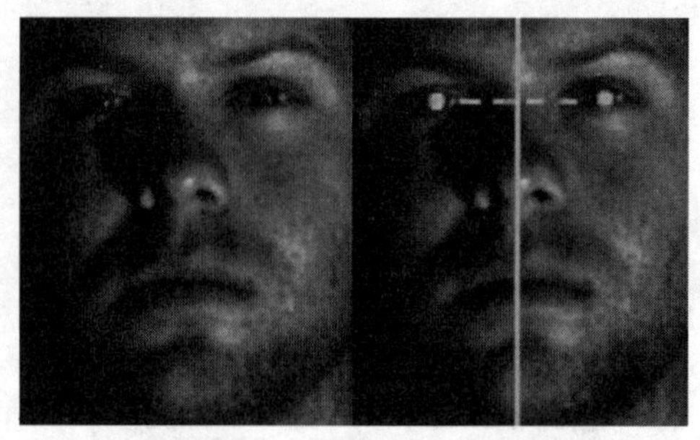

图 1 根据双眼中线划分的人脸左右区域

注:图 1 来自人脸图像数据库,参见参考文献[18]。

光照对称性差异可基于左右人脸区域的某些局部特征直方图 H^{L}_{m*n} 与 H^{R}_{m*n},其中 m 是特征向量的维度,n 是直方图组数。直方图差计算公式如下:

$$D_i = \left| H^{L}_{m*n} - H^{R}_{m*n} \right| \qquad \cdots\cdots(1)$$

式(1)中|.|是直方图距离的合适形式,如直方图交集、交叉熵或 KL 距离。差异越大,人脸区域的左右对称性越差,同时图像质量在某方面就越低。一种可能是使用图像正则化像素值。

A.1 给出了分析示例。

7.2.2.2 姿态对称性

姿态对称性是人脸图像质量判断的重要因素。人脸转动方向分为上下旋转角(pitch)、深度旋转角(yaw)和面内旋转角(roll)三个分量,其中深度旋转角分量发生变化是姿态对称性受到影响的最主要因素。通常认为深度旋转角分量在$-5°$与$+5°$之间的人脸图像是优质图像,深度旋转角分量在$-30°$与$+30°$之间的人脸图像是可接受图像。

姿态对称性分析应基于姿态敏感的图像属性。可使用局部二值模式 (LBP) 过滤像素值。

A.2 给出了分析示例。

7.3 获取过程的静态特征

7.3.1 概述

描述环境影响的典型场景特征如下：

——图像增强和数据压缩过程，如图像分辨率和尺寸；

——静态摄像头特征，如：分辨率；

——背景的静态特征，如：壁纸。

根据属性或特征，对这些参数进行量化要求识别出背景、面部和面部特征。

此处可以采用不同的核心算法以及它们的性能值。

7.3.2 图像分辨率及尺寸

图像行和列像素的数量可以用来表示标称分辨率。以像素为单位的瞳距可用于测量出相对于面部特征的像素范围。此外，应用瞳距统计平均值(例如 63 mm)，像素密度可转换为空间采样率。

7.3.3 噪声

7.3.3.1 噪声源

人脸图像中的噪声来源于获取数字图像的各个过程。不同的设备或过程对应不同的引入噪声。相关噪声源包括：

——数字图像采集设备，如数字相机的图像传感器；

模拟图像采集设备；

——图像扫描设备；

——图像压缩算法，如 JPEG 或小波的压缩。

7.3.3.2 图像采集噪声

图像噪声上限可以利用分段平滑图像先验模型以及测量 CCD 摄像头响应函数估算出来。

7.3.3.3 DCT 压缩噪声

由 DCT 压缩导致的压缩人为噪声，可用跨块边界的像素梯度和内部像素的梯度之间的差异来估算边界的不连续性估算，也可用测量块内噪声的方法。

7.4 图像采集特性

7.4.1 图像属性

元数据可依据不同的标准存储在图像中。

注：例如数字相机可以以 EXIF 格式存储元数据信息。EXIF 为一种“数字相机所使用的图像文件格式规范”。EXIF 信息包含了相机在捕获信息时的状态。而其中一些信息（如曝光时间）肯定对质量评估有帮助。在 EXIF 标准中，不同的元数据标签定义如：数据和时间信息、摄像头设置、曝光、位置信息、描述和版权信息。

图像属性的验证不需要依赖于图像源中包含的元数据。

7.4.2 图像外观

图像外观应取决于图像的颜色分布。

7.4.3 照明强度

照明强度通过质量分数来表达,从而评估出照明强度的强弱。分析对象一般为整个图像的未正则化像素值对应的直方图。照明正常时的直方图一般跨度更大。照明太弱或太强时,灰度值的分布集中在直方图的两端。

注:假设 H_0 为标准照明时的直方图,H 为待评估图像的直方图。可根据 H_0 和 H 在灰度值分布上的差异来定义质量分数。注意,要确定一个统一标准的 H_0 可能非常困难,因为 H_0 极为依赖与图像相关的实际场景。

7.4.4 图像亮度

图像的亮度可以通过强度值(例如在 YC_BC_R 颜色系统中的照度)的直方图来判断。假设给定的整个图像的强度值 i 的直方图为 h_i(i 为$\{0,\ldots,N\}$,其中 N 是最大可能达到的强度值),那么该直方图可视为概率密度函数,并且可以用其统计矩表征其特征:

——均值由式(2)计算:

$$\bar{h}=\frac{1}{N+1}\sum_{i=0}^{N}h_i \qquad \cdots\cdots(2)$$

——方差由式(3)计算:

$$v(h_0,\ldots,h_N)=\frac{1}{N}\sum_{i=0}^{N}(h_i-\bar{h})^2 \quad 其中,\sigma=\sqrt{Var(h_0,\ldots,h_N)} \qquad \cdots\cdots(3)$$

——畸变由式(4)计算:

$$s(h_0,\ldots,h_N)=\frac{1}{N+1}\sum_{i=0}^{N}\frac{|h_i-\bar{h}|^3}{\sigma^3} \qquad \cdots\cdots(4)$$

——峰度由式(5)计算:

$$k(h_0,\ldots,h_N)=\left\{\frac{1}{N+1}\sum_{i=0}^{N}\frac{|h_i-\bar{h}|^4}{\sigma^4}\right\}-3 \qquad \cdots\cdots(5)$$

注:峰度(参见文献[22,23])是概率分布函数中"峰值"的度量。高峰度的数据集往往在均值附近有明显的高点,之后迅速下滑,且带重尾。低峰度的数据集倾向于在均值附近有平顶而非尖锐的峰。均匀分布是极端情况。

7.4.5 图像对比度

7.4.5.1 概述

对比度对生物特征识别系统中的效果可能会不同。因此,可根据实际情况考虑不同的对比度定义。

图像对比度分析用于计算图像对比度的质量分数。分析对象为整个图像的未正则化图像像素值对应的直方图。

对比度可以通过式(6)计算:

$$C_I=L_I\sqrt{\frac{1}{MN}\sum_{x=0}^{M-1}\sum_{y=0}^{N-1}\left[I(x,y)-\frac{1}{MN}\sum_{x=0}^{M-1}\sum_{y=0}^{N-1}I(x,y)\right]^2} \qquad \cdots\cdots(6)$$

式中 C_I表示对比度质量得分,$I(x,y)$ 表示图像的强度值,M 和 N 分别表示图像的宽和高,L_I 为缩放因子。下面介绍了另一种对比度计算方法:给定的人脸图像作为一个二维函数 f,将人脸图像中的位置映射到强度值 I:f:$Z^2\rightarrow Z$,其中 $I=f(x,y)$。对于给定的图像 $f(x,y)$,$F(k_x,k_y)$、$F(k_p,k_t)$ 分别表示在笛卡尔坐标和极坐标系统中的傅里叶变换。

给定简单图像中的最大值和最小值 I_{max} 和 I_{min}，对比度可以按式(7)定义：

$$C_{Michelson}=\frac{I_{max}-I_{min}}{I_{max}+I_{min}} \tag{7}$$

类似，也可按式(8)定义对比度：

$$C_{Weber}=\frac{I_{max}-I_{min}}{I_{min}} \tag{8}$$

在局部频率空间的复杂图像对比度可由式(9)定义：

$$C(k_x,k_y)=2\frac{F(k_x,k_y)}{F(k_x=0,k_y=0)} \tag{9}$$

另外，能量或信息内容也可用于对比度定义，即使用图像的功率谱计算对比度，如式(10)所示：

$$C_{pow}(k_x,k_y)=2\left|\frac{F(k_x,k_y)}{F(k_x=0,k_y=0)}\right|^2 \tag{10}$$

图片的对比度数可以由所有频率的总和定义，如式(11)所示：

$$C_{Hess}=\frac{\sum_{kx}\sum_{ky}C_{pow}(k_x,k_y)}{w*h} \tag{11}$$

式中 h 和 w 分别为给定图像的高度和宽度。

7.4.5.2 考虑空间频率的感知对比度

人类感知对比度与空间频率存在依赖关系可用基于全局对比度因子(GCF)的方法进行分析。

这种方法基于四像素邻域给定的位置 $f(x,y)$ 的局部对比度 $l_c(x,y)$，计算方法见式(12)。

$$l_c(x,y)=\frac{|f(x,y)-f(x-1,y)|+|f(x,y)-f(x+1,y)|+|f(x,y)-f(x,y-1)|+|f(x,y)-f(x,y+1)|}{4} \tag{12}$$

基于此局部对比度 $l_c(x,y)$，当给定图像的分辨率为 res 时整体局部对比度可由式(13)计算得出：

$$C_{res}=\frac{1}{w*h}\sum_x\sum_y l_c(x,y) \tag{13}$$

式中，w 和 h 分别为图像的宽度和高度。

全局对比因子(GCF)为不同分辨率下整体局部对比度的加权和，如式(14)所示：

$$GCF=\sum_{res=1}^{N}w_{res}C_{res} \tag{14}$$

不同的分辨率等级图像可以利用因子 2、4、8、16、25、50、100 和 200 进行下采样来获得。

7.4.6 曝光

曝光可由亮度和对比度决定。曝光可用图像像素值在灰度上或在每个颜色通道中可用值范围内的分布程度来表征。像素强度分布的统计度量，可作为未来的曝光指标或相关基础数据。

注： 对于曝光度良好的图像，极少有像素取极端值(如 8 位图像中的 0 或 255)。如果存在大量取极端值的像素，表明过度曝光或者曝光不够。

7.4.7 模糊和清晰度

本部分提出了一种用于确定水平方向上模糊的算法。该算法通过识别图像中的棱来实现。扫描边缘图像中的每一行，确定边缘的开始和结束位置并计算出相应的边缘宽度。该宽度可视为是边缘的局部模糊值。全局模糊的度量为所有边缘位置上局部模糊值的平均值。计算方法如式(13)所示：

$$b_{global}=\frac{1}{N}\sum_{i=1}^{N}width_i \tag{15}$$

人脸图像的清晰度是指在人脸区域粗细纹理的清晰程度。清晰度的质量值可以通过图像梯度计算得出。计算方法如式(16)所示：

$$G=\sum_{x=1}^{M-2}\sum_{y=1}^{N-2}G(x,y) \qquad \cdots\cdots(16)$$

式中，$G(x,y)$指位置 (x,y)的梯度值。

7.4.8 颜色

颜色的自然性取决于人脸图像中的主体与背景。单独为颜色制定一个客观的度量标准很困难。如果背景颜色已知，可以用它来校准图像，比如18%的灰色比例。

注：目前已知主流人脸识别系统中，颜色信息不会影响自动人脸识别性能。也就是说，黑白照片中的人脸识别效果与彩色照片相同。虽然如此，颜色还可以用于人脸检测、跟踪和眼睛定位。当设计一个基于颜色的度量时可以将颜色信息考虑进去。

此外，颜色深度，即在位图或者视频帧缓冲区中用来表示单个像素颜色的位数，会影响脸和（或）眼的检测。因此，通常对灰度图像采用每像素 8 位，而彩色图像采用每像素 24 位，以防出现检测失败的情况。

7.4.9 对象与相机的距离

对象与相机的距离与图像中人脸的大小成反比，眼距可作为判断对象离相机的距离，在相机安装时就预设了一个眼距。眼距（$\mathrm{Dist_{eye}}$）可用于估算出表示对象与相机间距离是否合适的质量分数，如式(17)所示：

$$QS_{uc-dist}=\mathrm{D}(\mathrm{Dist_{eye}},\mathrm{Dist_0}) \qquad \cdots\cdots(17)$$

可通过相机的焦距数据估算对象与相机的距离。

瞳孔之间的像素数为一个性能度量参数。它与其他相机参数的相互关系如 7.3.2 中所述。

注：对象与相机的距离建议如下：对于一个标准的照相馆，建议为 1.2 m～2.5 m，而对于一个标准的照相亭，建议为 0.7 m～1.0 m（ISO/IEC 19794-5:2005/Amd.1）；眼距为 120 像素（ISO/IEC 19794-5:2005，附录 A）。

附 录 A
（资料性附录）
对称性分析示例

A.1 光照对称性分析示例

FQAA 用于光照对称分析的示例如下：

a） 选用一个恰当的正则化或均衡化算法对剪切人脸区域的像素值范围进行正则化；

b） 计算左右两个镜像位置的子窗口的每个像素对的正则化值差；

c） 计算一个合适的差异绝对值之和。

此处的绝对值之和属于光照对称性度量和越大，人脸图像的左右对称性越低，同时人脸在光照对称性方面的质量也越差。

图 A.1 显示了非对称光照下的两张人脸图像。在整个图像上随机选择了 2 300 对像素点。水平轴为像素对的个数，垂直轴为光照非对称度。正面光照下的人脸图像（左边图像）具有较低的光照非对称性（深色曲线），而右边的光照图像具有较高的光照非对称性（浅色曲线）。图 A.2 给出了光照非对称程度更高情况下的两张人脸图像。由此可见，光照对称条件下采集的人脸图像其差异值小得多。

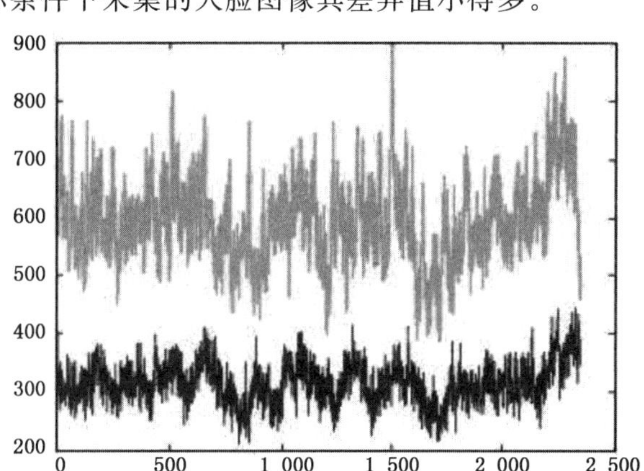

图 A.1 非对称光照下的人脸图像以及非对称的分布情况

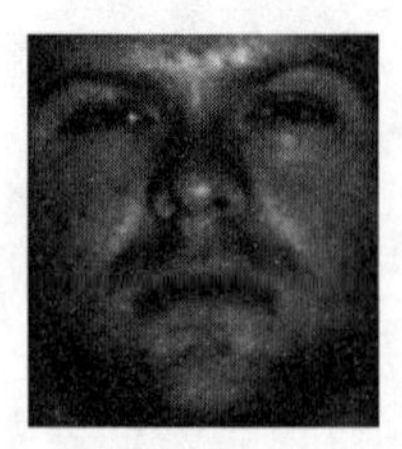

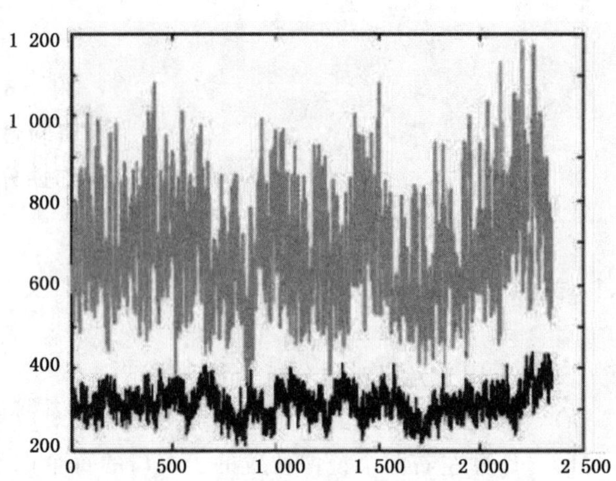

图 A.2 非对称光照下的人脸图像以及非对称的分布情况

注意,一方面,此方法只适合正脸或者近乎正脸的人脸图像。另一方面,如果与其他因素相比,对象的非对称性比较分数小,并且图像的对称性不匹配也正是由于这些因素,那么可以用非对称性来评价光照的质量。

A.2 姿态对称性分析示例

姿态对称性 FQAA 算法的示例如下:

a) 采用 LBP 过滤器进行过滤;

b) 计算左-右镜像位置的子窗口中每个像素对的筛选值之间的差异;

c) 计算一个合适的差异绝对值之和。

此处的绝对值和为非对称姿态度量和。总和越大表示脸部向左或向右的偏转越大,而总和越小表示脸的姿态越对称。

图 A.3 描述了带有局部差异的 10 个人(水平轴)在四类姿态(以不同曲线表示)下的两种人脸图像(对称光照和非对称光照)对应的姿态不对称值。差异为 2 300 个随机采样像素点之间的统计差异。图 A.3 还绘制了各差异的均值。曲线从底部到顶部对应从左至右的四类姿态以及这四类姿态的脸部非对称值。

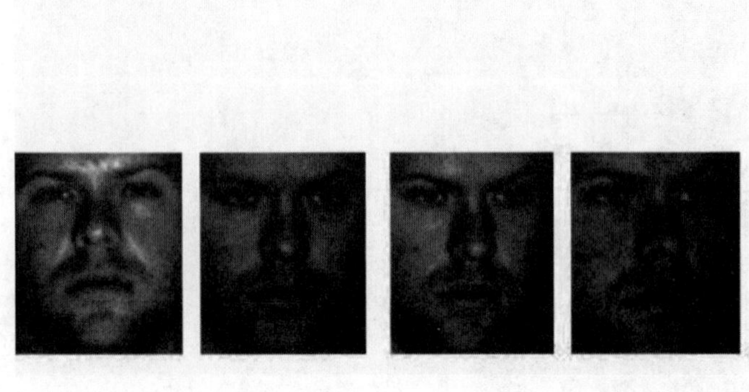

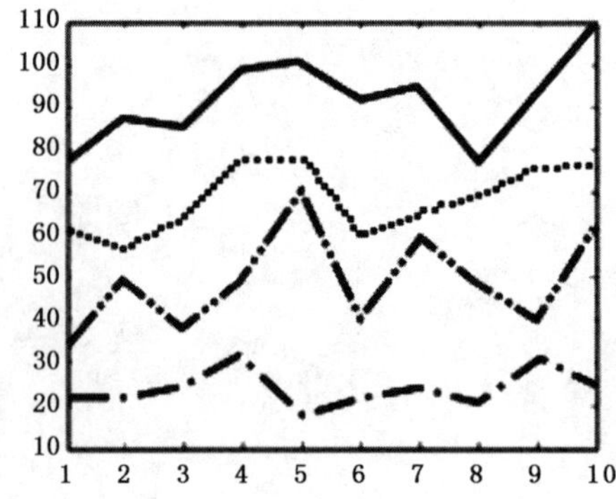

图 A.3 姿态不对称的结果

注意，一方面，从所述方法的结果中无法区分不对称的是脸、照明还是姿态。另一方面，如果与其他因素相比，对象的非对称性比较分数小，并且图像的对称性不匹配也正是由于这些因素，那么可以用非对称性来评价光照和姿态的质量。

参 考 文 献

[1] Peng Yang, Shiguang Shan, Wen Gao, Stan Z. Li, Dong Zhang. Face Recognition Using AdaBoosted Gabor Features. The 6th International Conference on Automatic Face and Gesture Recognition. Seoul, Korea, May, 2004.

[2] C. Liu and H. Wechsler.Gabor Feature Based Classification Using the Enhanced Fisher Linear Discriminant Model for Face Recognition.IEEE Trans. Image Processing, vol. 11, no. 4, pp.467-476,2002.

[3] T. Ojala, M. Pietikainen and D. Harwood.A comparative study of texture measures with classification based on feature distributions. Pattern Recognition, vol. 29 no. 1, pp. 51-59, January 1996.

[4] T. Ojala, M. Pietikainen, and M. Maenpaa.Multiresolution gray-scale and rotation invariant texture classification width local binary patterns.IEEE Transactions on Pattern Analysis and Machine Intelligence, vol. 24, pp. 971-987, 2002.

[5] Guangcheng Zhang, Xiangsheng Huang, Stan Z. Li, Yangsheng Wang & Xihong Wu.Boosting Local Binary Pattern (LBP)-Based Face Recognition.Proc. Advances in Biometric Person Authentication:5th Chinese Conference on Biometric Recognition, SINOBIOMETRICS 2004, Guangzhou, China, pp. 179-186, Dec 2004.

[6] J. Sadr, S. Mukherjee, K. Thoresz and P. Sinha.The fidelity of local ordinal encoding.In Proceedings of the Fifteenth Annual Conference on Neural Information Processing Systems (NIPS 2001), pp. 1279-1286 Vancouver, British Columbia, Canada, December 3-8 2001.

[7] P. Sinha.Qualitative representations for recognition. In Proceedings of the Second International Workshop on Biologically Motivated Computer Vision, pp. 249-262, Tubingen, Germany, November 22-24 2002.

[8] K. J. Thoresz. On qualitative representations for recognition. Master's thesis, MIT, July 2002.

[9] ShengCai Liao, Zhen Lei, XiangXin Zhu, ZheNan Sun, Stan Z. Li, Tieniu Tan.Face Recognition Using Ordinal Features. In Proceedings of IAPR International Conference on Biometrics, (ICB-2006).pp. 40-46, Hong Kong, Jan 2006.

[10] N. A. Dodgson.Variation and extreme of human interpupillary distance.Proc. SPIE Vol. 5291,Stereoscopic Displays and Virtual Reality Systems Ⅺ, A. J. Woods, J. O. Merritt, S. A. Benton and M. T. Bolas (eds.), 19-22 January 2004, San Jose, California, USA, pages 36-46.

[11] Ce Liu William, T. Freeman.Noise Estimation from a Single Image.Proceedings of the 2006 IEEE Computer Society Conference on Computer Vision and Pattern Recognition—Volume 1, 2006, pp. 901 - 908.

[12] Kresimir Matkovic, Laszlo Neumann, Attila Neumann, Thomas Psik, and Werner Purgathofer.Global Contrast Factor—a New Approach to Image Contrast, in: Computational Aesthetics in Graphics. L. Neumann, M. Sbert, B. Gooch, W. Purgathofer (Editors), Visualization and Imaging,2005.

[13] E. Peli.Contrast in complex images. Journal of Optical Society of America 7,10, 2032-2040, 1990.

[14] Jeonghun Yang, Hyuk Choi, Taejeong Kim. Noise estimation for blocking artifacts reduc-

tion in DCT coded images. IEEE Transactions on Circuits and Systems for Video Technology, vol. 10 no. 7 October pp. 1116-1120, Oct. 2000.

[15] W. Zhou and A. C. Bovik. A universal image quality index. Signal Processing Letters, IEEE, vol. 9, no. 3, pp. 81-84, 2002.

[16] R. Shahnaz, J. F. Walkup, and T. F. Krile. Image Compression in Signal-Dependent Noise, Appl. Opt. 38, 5560-5567 (1999).

[17] Japan Electronics and Information Technology Industries Association. JEITA CP-3451 Exchangeable image file format for digital still cameras: Exif Version 2.2.

[18] Athinodoros S, Georghiades and Peter N. Belhumeur. From Few to many: Illumination cone models for face recognition under variable lighting and pose. IEEE Transactions on Pattern Analysis and Machine Intelligence, Vol. 23, No. 6, pp.643-660, 2001.

[19] A.K. Jain. Fundamentals of Digital Image Processing, pp.348-350, Prentice Hall, 1989.

[20] Xiufeng Gao, Stan Z. Li, Rong Liu, Peiren Zhang. Standardization of Face Image Sample Quality. In Proceedings of IAPR/IEEE International Conference on Biometrics (ICB-2007), pp.242-251. Seoul, Korea, August 2007.

[21] Beveridge R. J., Givens G. H., Philips P. J., Draper B. A., Lui Y. M.. Focus on Quality, Predicting FRVT 2006 Performance. 8th IEEE International Conference on Automatic Face and Gesture Recognition, 2008.

[22] Kenney, J. F. and Keeping, E. S. Kurtosis. § 7.12 in Mathematics of Statistics, Pt. 1, 3rd ed. Princeton, NJ: Van Nostrand, pp. 102-103, 1962.

[23] Joanes, D. N. & Gill, C. A. (1998). Comparing measures of sample skewness and kurtosis. Journal of the Royal Statistical Society (Series D): The Statistician 47 (1), 183-189.

ICS 35.240.15
L 71

中华人民共和国国家标准

GB/T 33767.6—2018/ISO/IEC 29794-6:2015

信息技术 生物特征样本质量 第6部分:虹膜图像数据

**Information technology—Biometric sample quality—
Part 6:Iris image data**

(ISO/IEC 29794-6:2015,IDT)

2018-06-07 发布 2019-01-01 实施

国家市场监督管理总局
中国国家标准化管理委员会 发布

前　　言

GB/T 33767《信息技术　生物特征样本质量》目前分为如下几个部分：

——第1部分：框架；

——第4部分：指纹图像数据；

——第5部分：人脸图像数据；

——第6部分：虹膜图像数据。

本部分为GB/T 33767的第6部分。

本部分按照GB/T 1.1—2009给出的规则起草。

本部分使用翻译法等同采用ISO/IEC 29794-6:2015《信息技术　生物特征样本质量　第6部分：虹膜图像数据》(英文版)。

与本部分中规范性引用的国际文件有一致性对应关系的我国文件如下：

——GB/T 33767.1—2017　信息技术　生物特征样本质量　第1部分：框架(ISO/IEC 29794-1：2009,IDT)

请注意本文件的某些内容可能涉及专利。本文件的发布机构不承担识别这些专利的责任。

本部分由全国信息技术标准化技术委员会(SAC/TC 28)提出并归口。

本部分起草单位：中国电子技术标准化研究院、广州广电卓识智能科技有限公司、广州广电运通金融电子股份有限公司、山西天地科技有限公司、北京天诚盛业科技有限公司、深圳爱酷智能科技有限公司、西安凯虹电子科技有限公司、浙江蚂蚁小微金融服务集团股份有限公司、北京中科虹霸科技有限公司、上海聚虹光电科技有限公司、杭州晟元数据安全技术股份有限公司、广东光阵光电科技有限公司、深圳赛西信息技术有限公司。

本部分主要起草人：高健、黄跃珍、林冠辰、袁昕、梁添才、彭程、王文峰、秦日臻、胥建民、金晓峰、聂芸芸、陈星、孙曦、章烈剽、张默男、何召锋、李星光、林川、岳许要、龚文川、刘兵、徐俊、宫雅卓、田野、赵娜、文一舒、柯文辉。

引　　言

通过计算质量指标来评估生物特征样本质量的方法，可预测给定生物特征识别系统框架下的识别精度。若使用恰当，质量指标有助于提高生物特征识别系统的功能性。例如，在登记或识别过程中，它们可以反映出所采集生物特征数据的完整性。

本部分用于定义与虹膜图像数据质量特征化相关的术语和量化方法，以及评估它们在输出高置信度生物特征匹配决策方面的潜力。

GB/T 30267.1 和 GB/T 28826.1 增加了一个质量字段，并指定了一个适合已定性虹膜图像的质量分数范围。GB/T 26237.6 中的附录 B 介绍了虹膜图像数据的采集以及图像质量相关的指导说明。不过，这些标准都没有涉及虹膜图像质量指标的量化构成或解释。本部分以权威经验数据为佐证确立了相关变量的值范围。其他情况下，相关变量的值范围均视作非规范性的建议。

本部分的前 5 章分别为：范围、符合性、规范性引用文件、术语和定义以及缩略语，第 6 章提出了一系列用于评估虹膜图像质量的质量指标。部分指标对识别率的影响已量化，明确作为规范性的；其他指标供参考，仅用于为生物特征识别系统的后续工作提供有价值的信息。第 6 章介绍的部分指标适用于单个图像的分析，部分指标适用于两个图像（采集自同一只眼睛）的质量对比。第 7 章定义了生成合规虹膜图像所需的质量参数，为采集设备厂商提供指导。第 8 章提出了虹膜图像质量数据记录的编码方法。

信息技术 生物特征样本质量 第6部分:虹膜图像数据

1 范围

GB/T 33767 的本部分规定了以下方面:

——用于量化虹膜图像质量的方法;

——用于生成虹膜图像的软硬件的规范性要求;

——用于衡量虹膜图像可用性的软硬件的规范性要求;

——用于量化虹膜图像质量的术语和定义;

——虹膜图像质量的标准化编码。

本部分不适用于具体虹膜图像质量评估算法的性能评估。本部分附录A指出了适用于本部分的符合性测试方法、测试声明以及测试过程。

2 符合性

当6.2.X.3要求的测量值满足6.2.X.4规定的有效范围或阈值时,虹膜图像应被视为完全可用。

当采集自一个虹膜的两个图像符合6.4所述要求,具体为当使用6.4.X.3所述计算方法得出它们满足6.4.X.4规定的有效范围或阈值时,这两个虹膜图像应视为完全可用。

当虹膜图像质量记录的结构和数据值符合第8章规定的格式要求(虹膜图像质量数据记录)且它的质量值是通过6.2.X.3所述方法计算得出时,该虹膜图像质量记录应视为符合本部分标准。若符合第8章规定的规范性要求,表示满足ISO/IEC 19794-1:2011中附录A所定义的一、二级符合性要求;若符合6.2.X.3规定的规范性要求,表示满足ISO/IEC 19794-1:2011中附录A所定义的三级符合性要求。

如果采集设备符合第7章所述规范性要求,该设备符合本部分。

虹膜图像可用性的计算应符合6.2所述要求,具体为6.2.X.3描述的计算方法。成对图像可用性的计算应根据6.4所述规范性要求进行评估,具体为6.4.X.3介绍的计算方法。

如果本部分指标的实现中有一个或多个质量指标的质量值不可接受(低质量),宜重新采集该目标的其他图像数据,直至:

——采集到完全合规的图像;或

——确认在适用的限制时间内经重复采集仍然得不到满意的质量(如正确登记)。在这种情况下,选择一个不达标的图像作为最佳的可能候选图像。

3 规范性引用文件

下列文件对于本文件的应用是必不可少的。凡是注日期的引用文件,仅注日期的版本适用于本文件。凡是不注日期的引用文件,其最新版本(包括所有的修改单)适用于本文件。

ISO/IEC 19785-2 信息技术 公用生物特征识别交换格式框架 第2部分:生物特征识别注册机构操作规程(Information technology—Common biometric exchange formats framework—Part 2:Procedures for the operation of the biometric registration authority)

ISO/IEC 19794-1:2011 信息技术 生物特征识别数据交换格式 第1部分:框架(Information

technology—Biometric data interchange formats—Part 1:Framework)

ISO/IEC 19794-6:2011 信息技术 生物特征识别数据交换格式 第6部分:虹膜图像数据(Information technology—Biometric data interchange formats—Part 6:Iris image data)

ISO/IEC 29794-1 信息技术 生物特征样本质量 第1部分:框架(Information technology—Biometric sample quality—Part 1:Framework)

4 术语和定义

ISO/IEC 19794-6:2011 和 ISO/IEC 29794-1 界定的以及下列术语和定义适用于本文件。

4.1

协变量 covariate

直接影响或与其他协变量相互作用,从而影响虹膜识别精度的变量或参数。

注1:相关变量的同义词包括变量、解释变量和质量参数。

注2:精度的相关术语包括错误拒绝率、错误接受率、错误不匹配率、错误匹配率以及登记错误率或采集错误率。

4.2

离焦 defocus

由于摄像头光轴上虹膜的位置偏离了最佳对焦平面或表面而导致的图像受损,通常表现为清晰度低(模糊)或对比度差。

4.3

景深 depth of field

虹膜与采集设备入口镜头之间的距离范围;在该范围内,虹膜图像的质量高于规定的对焦点质量。

4.4

虹膜中心 iris centre

近似于虹膜与巩膜之间边界的圆的中心点。

4.5

虹膜半径 iris radius

近似于虹膜与巩膜之间边界的圆的半径。

4.6

指标 metric

利用既定方法对相关变量的量化。

4.7

调制度 modulation

用于具有最大值(max)和最小值(min)的波形的术语,用100(max−min)/(max+min)%表示。

4.8

调制传递函数 modulation transfer function

特定空间频率下,像与物的调制度的比值。

4.9

归一化虹膜图像 normalised iris image

映射到二维极坐标的图像的虹膜部分;在此极坐标中,从虹膜中心沿着任何角线、在虹膜内边界与外边界之间的径向坐标被归一化到0与1之间,以便给予成像虹膜的尺寸恒定性和瞳孔放大的恒定性。

4.10

瞳孔中心 pupil centre

近似于虹膜与瞳孔之间边界的圆的中心点。

注：本定义对于瞳孔中心的估算较之 ISO/IEC 19794-6:2011 中的定义抗偏差性更高，因为此定义对虹膜-瞳孔边界的遮盖不敏感。ISO/IEC 19794-6:2011 将瞳孔中心定义为虹膜-瞳孔边界处所有像素的坐标的平均值。

4.11

分割　segmentation

在包含虹膜的图像中确定存在可见虹膜组织的区域与不存在可见虹膜组织的区域之间边界的过程。

注：此过程的前提是虹膜定位，而分割后通常是剪去或遮盖非虹膜组织部分。

4.12

空间采样率　spatial sampling rate

目标平面上每单位距离范围内或成像系统中每单位角度范围内的图元(像素)数。

5　缩略语

下列缩略语适用于本文件。

MTF　调制传递函数(Modulation Transfer Function)

6　虹膜图像质量指标

6.1　概述

本章确立了单个虹膜图像(见 6.2 和 6.3)以及待比对图像对(见 6.4)的质量评估要求。从单个图像(以下称质量指标)计算得到的图像质量指标可帮助确保所获图像适合生物特征比对，而从图像对(以下称共同质量指标)计算得到的图像质量指标对于确保图像比对结果的可靠性很有帮助。共同质量指标表示两个虹膜图像相关变量的差别对预计比对分数的影响程度。

6.2 规定了对高可用性虹膜图像的规范性质量要求。该条出现的质量指标其排序依据为指标对识别错误率(见参考文献[11])的影响程度，影响最大的排第一位。

6.3 给出了对虹膜图像的质量要求建议。虽然已确认相关质量指标会影响识别精度，但确切的影响程度或指标的计算方法尚未从数量上进行可靠性或互操作性验证。因此，在本部分中，这些指标不作为规范。

6.4 规定了对共同质量指标的规范性要求，包括测量单位、计算方法以及待比对虹膜图像共同质量指标的可接受范围。

6.2.X.4 和 6.4.X.4 中要求或建议的值或值范围均基于当前可用的实证研究结果(见参考文献[11,12])。若本部分中的指标实现中一个或多个质量指标出现不可接受的(低)质量值的情况，宜重新采集该目标的其他图像，直至采集到完全合规的图像或确认重复的采集在适用限制时间内得不到满意的质量(如正确注册)。在这种情况下，选择一个不达标的图像留作最佳的可能候选对象。6.2.X.4 和 6.3.X.4 的末尾附注给出了帮助注册职员处理此类问题的指导说明。

附录 B 给出了那些影响图像质量进而影响识别精度的虹膜图像相关变量的信息。该附录还对基于采集设备固定设计参数或设备运行的虹膜相关变量(参见 B.2)和主体相关变量(参见 B.3)进行了区分。

6.2　由单个图像计算得到的要求性虹膜图像质量指标

6.2.1　可用虹膜区域

6.2.1.1　说明

USABLE_IRIS_AREA 指图像中未被眼睑、睫毛或镜面反射遮挡的虹膜部分的一小块区域。它应按近似于虹膜-巩膜与虹膜-瞳孔边界的两个圆之间的区域的未遮挡部分来计算，以百分数表示。

注 1：花纹式隐形眼镜会遮挡虹膜组织，宜避开。图 1 为存在各种遮挡情况的虹膜图像。

注 2：从单一图像得出的可用虹膜区域对于充分确保图像的可用性很重要。因此，主体注册过程应尽量使所关注的个体此类的相关变量最大化。此外，估计出待比对虹膜图像的公共可用虹膜区域同样也很重要，因为用于生物特征比对的图像区下的虹膜区域在两个图像中应均未被遮挡。见 6.4.1。

6.2.1.2 测量单位

USABLE_IRIS_AREA 为无量纲变量。

6.2.1.3 计算方法

应在虹膜图像分割和图像中虹膜区域所有受遮挡像素定位之后测量可用虹膜区域，步骤如下：

a) 将虹膜-巩膜及虹膜-瞳孔边界粗略估计为两个圆；
b) 以 N_{iris} 表示两个圆之间像素的数量；
c) 以 $N_{occluded}$ 表示两个圆之间被眼睑、睫毛或镜面反射遮挡的像素的数量；
d) 利用式(1)计算可用虹膜区域：

$$\left(1-\frac{N_{occluded}}{N_{iris}}\right)\times 100 \qquad (1)$$

注：可以通过对受检测的眼睑之间所分割出的虹膜部分中像素的直方图设置一个阈值，去除被睫毛遮挡的虹膜区域(见参考文献[2])。

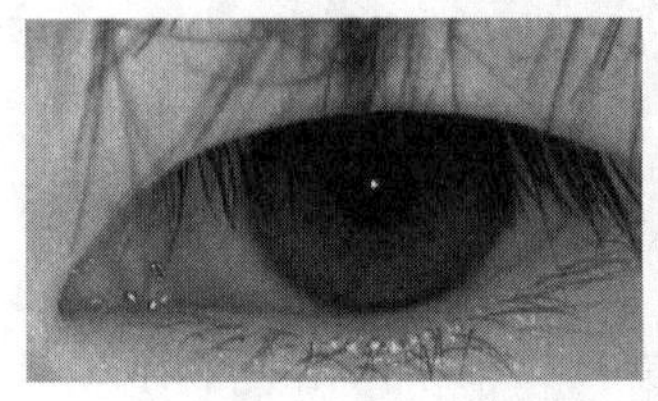
a) 眼睫毛

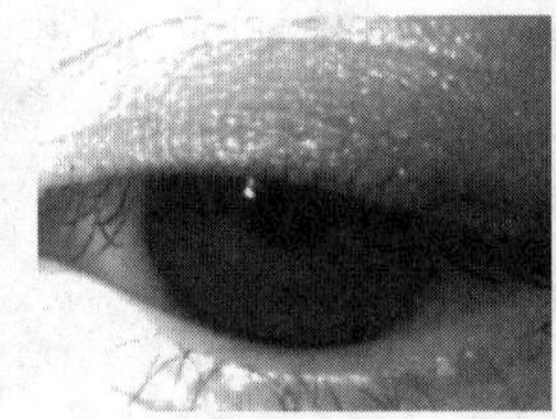
b) 眼睑

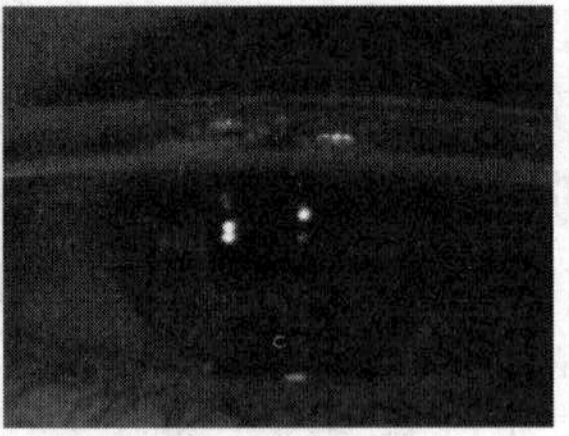
c) 眼镜框

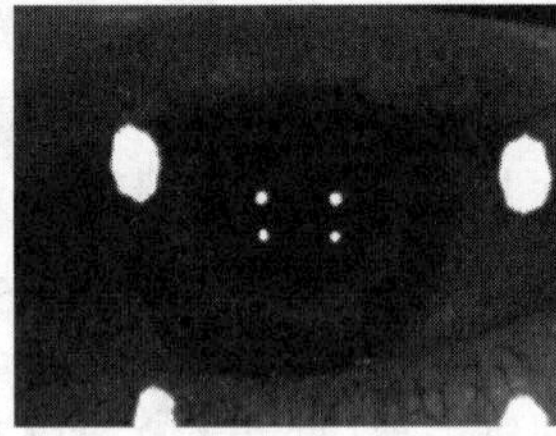
d) 镜面反射

图 1 受遮挡的虹膜图像示例

6.2.1.4 取值范围/阈值

USABLE_IRIS_AREA 的值应大于或等于 70(见参考文献[11])。

宜检测是否有诸如花纹式隐形眼镜之类人工制品，一旦检测到，应录入质量记录(见表 2)并在计算 USABLE_IRIS_AREA[见 6.2.1.3 中 c)]时计作遮挡物。

注：如果图像的 USABLE_IRIS_AREA 不达标，要求被测人员睁大眼睛、撩开长睫毛并直视摄像头，然后重新采集图像。

6.2.2 虹膜-巩膜对比度

6.2.2.1 说明

IRIS_SCLERA_CONTRAST 表示虹膜与巩膜交界处的图像特征。许多虹膜分割算法实现均需要足够的对比度。对比度过低或不足将导致特征提取时虹膜图像处理失败。

注 1：虹膜-巩膜固有对比度依虹膜而变。而虹膜图像中的虹膜-巩膜对比度同时受固有对比度以及照明波长和其他采集设备特性等外部条件的影响。

注 2：该指标不同于 GREY_SCALE_UTILISATION。

6.2.2.2 测量单位

IRIS_SCLERA_CONTRAST 为无量纲变量，以百分数表示。

6.2.2.3 计算方法

IRIS_SCLERA_CONTRAST 的计算方法如下：

a) 将虹膜-巩膜及虹膜-瞳孔的边界拟合为两个圆形；
b) 进行归一化使得虹膜-巩膜边界的半径为 1.0；
c) 选中某圆形中的所有像素。该圆形的外半径为 0.9，其内半径延伸至虹膜-瞳孔及虹膜-巩膜边界未受眼睑、睫毛、镜面反射或硬性隐形眼镜边框遮挡部分的中点。这些像素称为虹膜像素；
d) 将 iris_value 设置为虹膜像素的中值；
e) 选中圆形(内半径 1.1；外半径 1.2)中所有未受眼睑、睫毛或镜面反射遮挡的像素。这些像素称为巩膜像素；
f) 将 sclera_value 设置为巩膜像素的中值；
g) IRIS_SCLERA_CONTRAST

$$=\begin{cases}0 & pupil\_value > iris\_value \\ \dfrac{|sclera\_value - iris\_value|}{sclera\_value + iris\_value - 2\times pupil\_value}\times 100 & \text{其他}\end{cases}$$

注：虹膜-巩膜圆与虹膜-瞳孔圆是否同心圆并不影响 IRIS_SCLERA_CONTRAST 的计算。

6.2.2.4 取值范围或阈值

IRIS_SCLERA_CONTRAST 的值应大于 5。

注：如果图像的 IRIS_SCELRA_CONTRAST 不达标，应重新采集，注意尽量远离外部光源。若问题仍未解决，建议更换摄像头。通常，IRIS_SCELRA_CONTRAST 值的改善可以通过增强照明或调高摄像头增益来实现。

6.2.3 虹膜-瞳孔对比度

6.2.3.1 说明

IRIS_PUPIL_CONTRAST 表示虹膜与瞳孔交界处的图像特征。许多虹膜分割算法实现均需要足够的对比度。对比度过低或不足将导致特征提取时虹膜图像处理失败。

注 1：虹膜-瞳孔固有对比度依虹膜而变。而虹膜图像中的虹膜-瞳孔对比度同时受固有对比度以及照明波长和其他采集设备特性等外部条件的影响。

注 2：同一个虹膜图像的固有对比度在可见光照明条件下和近红外照明条件下会发生变化。

注 3：该指标不同于 GREY_SCALE_UTILISATION。

6.2.3.2 测量单位

IRIS_PUPIL_CONTRAST 为无量纲。

6.2.3.3 计算方法

IRIS_PUPIL_CONTRAST 的计算方法如下：

a) 将虹膜-巩膜及虹膜-瞳孔的边界近似为两个圆形。
b) 进行归一化使得虹膜-瞳孔边界的半径为 1.0。
c) 选中半径为 0.8 圆形中所有未受眼睑、睫毛或镜面反射遮挡的像素。这些像素称为瞳孔像素。
d) 将 pupil_value 设置为瞳孔像素的中值。

e) 选中某圆形中的所有像素。该圆形的内半径为1.1,其外半径延伸至虹膜-瞳孔及虹膜-巩膜边界未受眼睑、睫毛、镜面反射或硬性隐形眼镜边框遮挡部分的中点。这些像素称为虹膜像素。

f) 将iris_value设置为虹膜像素的中值。

g) 计算出 $weber\_ratio=\dfrac{|iris\_value-pupil\_value|}{20+pupil\_value}$ 的值。

h) $\text{IRIS\_PUPIL\_CONTRAST}=\dfrac{weber\_ratio}{0.75+weber\_ratio}\times 100$。

注1:睫毛可能遮挡住瞳孔,如图1a)所示。

注2:如果瞳孔为黑色,(Michelson)定义的对比度IRIS_PUPIL_CONTRAST将始终为100%。因此,归一化的Weber对比度更有参考意义。

6.2.3.4 取值范围或阈值

IRIS_PUPIL _CONTRAST的值应大于或等于30。

注:如果图像的IRIS_PUPIL_CONTRAST不达标,应重新采集,注意尽量远离外部光源。若问题仍未解决,建议更换摄像头。通常,IRIS_PUPIL_CONTRAST值的改善可以通过增强照明或调高摄像头增益来实现。

6.2.4 瞳孔边界圆度

6.2.4.1 说明

PUPIL_BOUNDARY_CIRCULARITY表示虹膜-瞳孔边界的圆度。

注1:虹膜-瞳孔边界圆度偏差将影响到分割精度。该指标对性能的影响程度取决于分割算法对虹膜-瞳孔边界圆度偏差的敏感度。

注2:非圆度包括天生生理畸变、视线不正或二者皆有。

注3:在某些医疗条件下或治疗过程中,可能会导致瞳孔高度失圆。

6.2.4.2 测量单位

PUPIL_BOUNDARY_CIRCULARITY为无量纲。

6.2.4.3 计算方法

PUPIL_BOUNDARY_CIRCULARITY应利用瞳孔边界的傅里叶级数展开的真实与虚构部分的总模量(平均系数之和)进行计算,为一个自中心点出发半径随角度变化的函数。具体情况如下(见参考文献[2]):

a) 对 θ 取值0到 $N-1$ 范围为$[0,2\pi]$,计算径向梯度边缘数据$\{r_\theta\}$的 N 个周期间隔角度样本的傅里叶展开。

由数据序列$\{r_\theta\}$计算得出 M 个离散傅里叶系数$\{C_k\}$的集合,如 $C_k=\sum_{\theta=0}^{N-1} r_\theta e^{-2\pi ik\theta/N}$,$k=0,\cdots,M-1$,其中 M 远小于 N。

b) $\text{PUPIL\_BOUNDARY\_CIRCULARITY}=\max\left(0.100-\dfrac{1}{N}\sum_{k=1}^{M-1}\|C_k\|^2\right)$

上述计算式中仅包括虹膜-瞳孔边界上未遮挡的像素。M 为活跃傅里叶系数的数量,表示形状模型中的自由度。M 应设为17,以捕捉保真度(见参考文献[2])合适的真实瞳孔边界。

注:当边界为正圆时,该傅里叶级数下所有高于DC(0次项 C_0)的频率系数均为0,而 C_0/N 正好等于该正圆的半径。当高于DC项的频率分量存在非零系数时,边界不为圆形。通过计算总模量可以得出非圆度。

6.2.4.4 取值范围或阈值

当边界为圆形时,PUPIL_BOUNDARY_CIRCULARITY的值为100;其他情况下取值范围是[0,

100]。

注：非圆瞳孔属于天生畸变，因此无法进行修正。

6.2.5 灰度利用率

6.2.5.1 说明

GREY_SCALE_UTILISATION 表示虹膜图像的像素值，用于反映图像中虹膜部分亮度值的分布。一个有效的虹膜图像应具有动态的灰度范围，分为 256 个灰度等级，最少分配 8 位，其中有用信息至少占用 6 位。曝光不足的图像中高亮度像素的数量过少，而过度曝光的图像正好相反。高分图像的曝光度适中，其亮度值的分布广且均匀。

6.2.5.2 测量单位

GREY_SCALE_UTILISATION 应该按位来测量。

6.2.5.3 计算方法

对于图像中的每个灰度等级 i，计算出其出现的概率 P_i。那么，P_i 为灰度等级为 i 的像素总数除以图像中的总像素数。像素直方图的熵 H，单位为 bit，可通过下式计算：

$$H = -\sum_i p_i \log_2 p_i \qquad (2)$$

注：当 $x \to 0$，$x \log_2 x \to 0$ 时，熵计算过程中可忽略那些从未出现在图像中的像素值。

6.2.5.4 取值范围或阈值

像素直方图的熵应至少为 6 bit。

注：如果图像的 GREY_SCALE_UTILIZATION 不达标，应重新采集，尽量远离外部光源。若问题仍未解决，建议更换摄像头。通常，GREY_SCALE_UTILIZATIO 值的改善可以通过增强照明或调高摄像头增益来实现。

6.2.6 虹膜半径

6.2.6.1 说明

IRIS_RADIUS 表示拟合虹膜-巩膜边界的圆形的半径。

注：人类虹膜的半径一般为 5.9 mm，据报告范围为 5.1 mm 到 6.5 mm(见参考文献[10])。

6.2.6.2 测量单位

IRIS_RADIUS 的单位为像素。

6.2.6.3 计算方法

IRIS_RADIUS 应为拟合虹膜-巩膜边界的圆形的半径。

注：应在分割操作完成后再计算该指标。

6.2.6.4 取值范围或阈值

针对报告中人类虹膜最小半径为 5.1 mm 的情况，IRIS_RADIUS 应至少为 80 像素。

6.2.7 瞳孔扩张

6.2.7.1 说明

PUPIL_IRIS_RATIO 表示瞳孔扩张或缩小的比例。

6.2.7.2 测量单位

PUPIL_IRIS_RATIO 为无量纲。

6.2.7.3 计算方法

$$\text{PUPIL\_IRIS\_RATIO}=\frac{\text{PUPIL\_RADIUS}}{\text{IRIS\_RADIUS}}\times 100 \qquad \cdots\cdots(3)$$

PUPIL_RADIUS 应为拟合瞳孔形状的圆形的半径。当边界确认为圆形时，瞳孔边界(见 6.2.4.3)的傅里叶级数展开中的 DC(0 次项 C_0)给出了瞳孔的半径。

IRIS_RADIUS 的测算见 6.2.6.3。

注：应在分割操作完成后再计算该指标。

6.2.7.4 取值范围或阈值

PUPIL_IRIS_RATIO 应在 20 至 70 之间。

注 1：此指标是唯一一个不适用于越高越好原则的质量指标。

注 2：如果瞳孔扩张的幅度超出预定范围，应在调整环境光等级以改变扩张幅度后再重新采集图像。

6.2.8 虹膜-瞳孔同心度

6.2.8.1 说明

IRIS_PUPIL_CONCENTRICITY 表示瞳孔中心点与虹膜中心点重合的程度。

注：本质上瞳孔与虹膜不可能为标准的同心圆。若明显偏离同心位置，将导致分割操作错误。反过来说，非同心度很高表示存在分割错误。

6.2.8.2 测量单位

IRIS_PUPIL_CONCENTRICITY 为无量纲。

6.2.8.3 计算方法

虹膜-瞳孔同心度为虹膜中心点到瞳孔中心点的欧几里德距离除以虹膜半径。计算式如下：

$$100\times \max\left\{1-\frac{\sqrt{(X_{\text{pupil}}-X_{\text{iris}})^2+(Y_{\text{pupil}}-Y_{\text{iris}})^2}}{\text{IRIS\_RADIUS}},0\right\} \qquad \cdots\cdots(4)$$

$(X_{\text{iris}},Y_{\text{iris}})$和$(X_{\text{pupil}},Y_{\text{pupil}})$分别为虹膜中心点和瞳孔中心点的坐标。

注：应在分割操作完成后再计算该指标。

6.2.8.4 取值范围或阈值

IRIS_PUPIL_CONCENTRICITY 应大于或等于 90。

注：虹膜与瞳孔不同心为天生情况，因此可能无法修正。可要求被测人员直视摄像头并睁大眼睛，然后重新采集图像。

6.2.9 边缘预留度

6.2.9.1 说明

MARGIN_ADEQUACY 表示图像中虹膜部分的中心点相对于整个图像边缘的距离。当满足 ISO/IEC 19794-6:2011 规定的边缘要求时，该指标的值达到最大。

6.2.9.2 测量单位

MARGIN_ADEQUACY 为无量纲。

6.2.9.3 计算方法

MARGIN 有四个值，包括 LEFT_MARGIN、RIGHT_MARGIN、UP_MARGIN 以及 DOWN_MARGIN。各值的计算式如下：

$$LM=\frac{X_{iris}-IRIS\_RADIUS}{IRIS\_RADIUS} \tag{5}$$

$$RM=\frac{IMAGE\_WIDTH-(X_{iris}+IRIS\_RADIUS)}{IRIS\_RADIUS} \tag{6}$$

$$DM=\frac{IMAGE\_HEIGHT-(Y_{iris}+IRIS\_RADIUS)}{IRIS\_RADIUS} \tag{7}$$

$$UM=\frac{Y_{iris}-IRIS\_RADIUS}{IRIS\_RADIUS} \tag{8}$$

$$LEFT\_MARGIN=\max\left\{0,\min\left\{1,\frac{LM}{0.6}\right\}\right\} \tag{9}$$

$$RIGHT\_MARGIN=\max\left\{0,\min\left\{1,\frac{RM}{0.6}\right\}\right\} \tag{10}$$

$$UP\_MARGIN=\max\left\{0,\min\left\{1,\frac{UM}{0.2}\right\}\right\} \tag{11}$$

$$DOWN\_MARGIN=\max\left\{0,\min\left\{1,\frac{DM}{0.2}\right\}\right\} \tag{12}$$

(X_{iris},Y_{iris})为横向和纵向上的虹膜中心点。(0,0)表示图像的左上角位置(见图 2)。IMAGE_WIDTH、IMAGE_HEIGHT 和 IRIS_RADIUS 的单位为像素。

边缘预留度的计算公式如下：

$$MARGIN\_ADEQUACY=100\times \min\{LEFT\_MARGIN,RIGHT\_MARGIN,UP\_MARGIN,DOWN\_MARGIN\}$$

注：应在完成粗分割操作后再计算该指标。

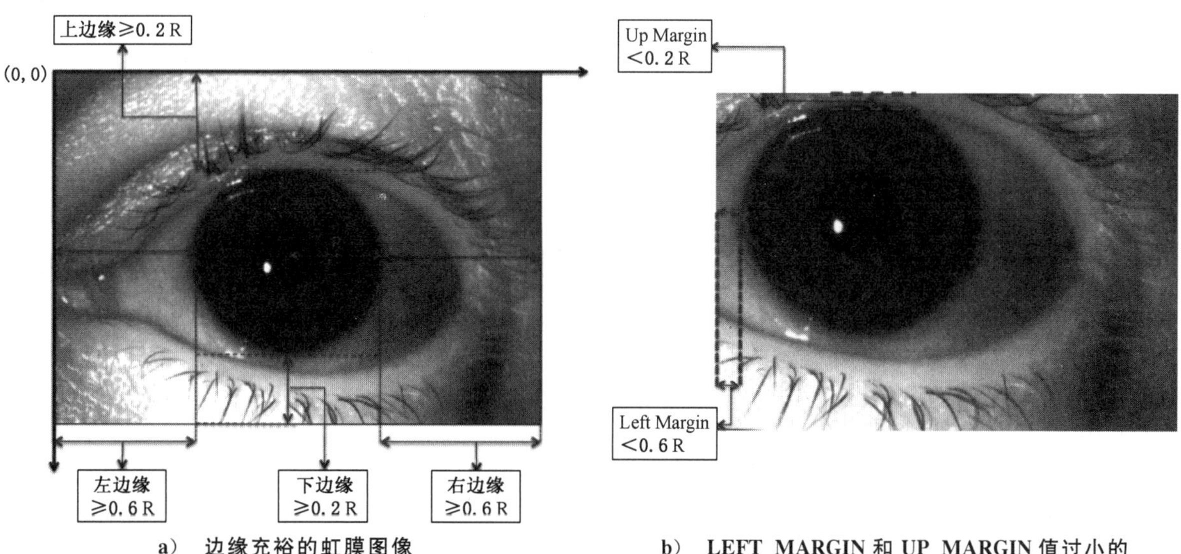

a） 边缘充裕的虹膜图像
注意(0,0)对应的位置为图像的左上方

b） LEFT_MARGIN 和 UP_MARGIN 值过小的虹膜图像

图 2 边缘充裕和不充裕时的虹膜图像示例

6.2.9.4 取值范围或阈值

MARGIN_ADEQUACY 应大于 80。

注 1：100 表示四个边缘值均符合 ISO/IEC 19794-6:2011 所述要求，也即虹膜边界与最近的图像边缘的横向距离至少为 0.6×IRIS_RADIUS，纵向距离至少为 0.2×IRIS_RADIUS。

注 2：如果图像的 MARGIN_ADEQUACY 不达标，要求被测人员直视摄像头，然后重新采集图像。

6.2.10 清晰度

6.2.10.1 说明

SHARPNESS 表示图像（见参考文献［3］［5］［6］［7］）中焦点的清晰度。清晰度为图像经过高斯拉普拉斯滤波后的功率谱测度。

6.2.10.2 测量单位

SHARPNESS 为无量纲。

6.2.10.3 计算方法

利用高斯拉普拉斯核对图像进行滤波，所得功率值可确定图像的清晰度。高斯标准差为 1.4。

卷积内核（F）定义如下：

$$F=\begin{vmatrix} 0 & 1 & 1 & 2 & 2 & 2 & 1 & 1 & 0 \\ 1 & 2 & 4 & 5 & 5 & 5 & 4 & 2 & 1 \\ 1 & 4 & 5 & 3 & 0 & 3 & 5 & 4 & 1 \\ 2 & 5 & 3 & -12 & -24 & -12 & 3 & 5 & 2 \\ 2 & 5 & 0 & -24 & -40 & -24 & 0 & 5 & 2 \\ 2 & 5 & 3 & -12 & -24 & -12 & 3 & 5 & 2 \\ 1 & 4 & 5 & 3 & 0 & 3 & 5 & 4 & 1 \\ 1 & 2 & 4 & 5 & 5 & 5 & 4 & 2 & 1 \\ 0 & 1 & 1 & 2 & 2 & 2 & 1 & 1 & 0 \end{vmatrix} \quad \cdots\cdots\cdots\cdots (13)$$

如果用 $I(x,y)$ 表示图像，那么图像中每个由第四列及第四行构成的坐标位置对应的图像加权和（随 F 而变）都要计算出来。用 $I_F(x,y)$ 来表示滤波后的输出，可得出以下等式：

$$I_F(x,y)=\sum_{i=-4}^{4}\sum_{j=-4}^{4}I(x+i,y+j)F(i+5,j+5)\ \forall x\in[1,5,\ldots w],y\in[1,5,\ldots h] \quad \cdots\cdots\cdots\cdots (14)$$

其中，w 和 h 分别表示 $I(x,y)$ 的宽和高。

计算 $I_F(x,y)$ 的平方和（ss）：

$$ss=\sum_{\forall x,y\in I_F(x,y)} I_F(x,y)^2 \quad \cdots\cdots\cdots\cdots (15)$$

利用 ss $I_F(x,y)$ 中的功率：

$$power=ss/(W_F\times h_F) \quad \cdots\cdots\cdots\cdots (16)$$

其中，W_F 和 h_F 分别表示 $I_F(x,y)$ 的宽和高。

利用功率计算 SHARPNESS 分数：

$$\text{SHARPNESS}=100\times\frac{power^2}{power^2+c^2} \quad \cdots\cdots\cdots\cdots (17)$$

其中，c 的值已根据经验设为 1 800 000。

6.3 由单个图像计算得到的推荐性虹膜图像质量指标

6.3.1 正面注视-仰角

6.3.1.1 说明

FRONTAL_GAZE-ELEVATION 表示眼睛注视时的仰角偏离理想注视角度(即与摄像头完全同轴)的程度。

眼睛注视-仰角为眼睛光轴与摄像头光轴在垂直面分量上形成的夹角,以无符号的绝对值角度表示。

注 1: 图 3 为眼睛与摄像头同轴和离轴情况下的图像。

注 2: 仰角的范围为 0°到 90°。

6.3.1.2 测量单位

FRONTAL_GAZE-ELEVATION 为无量纲。

6.3.1.3 计算方法

$$\text{FRONTAL\_GAZE} - \text{ELEVATION} = \left(1 - \frac{eyegaze\_elevation}{90}\right) \times 100 \quad \cdots\cdots\cdots(18)$$

注: 给出了另一个仰角估算方法(见参考文献[2])。

6.3.1.4 取值范围或阈值

理论上,FRONTAL_GAZE-ELEVATION 的范围为 0 到 100,其中 0 表示最差情况,而 100 表示最佳情况。当眼睛注视的仰角为 0 度时(即与摄像头同轴),该指标的值为 100。

注: 如果图像的 FRONTAL_GAZE-ELEVATION 不达标,要求被测人员直视摄像头,然后重新采集图像。

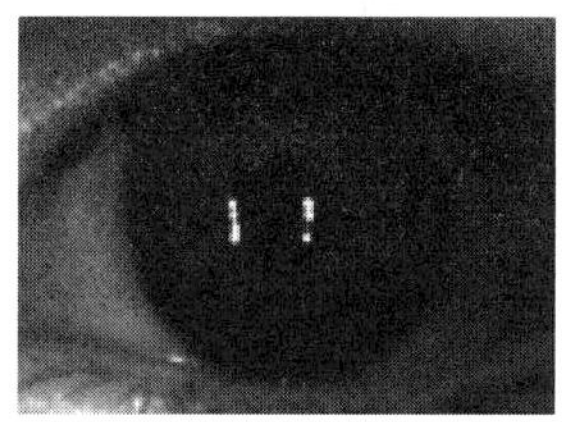

a) 居中(质量高)

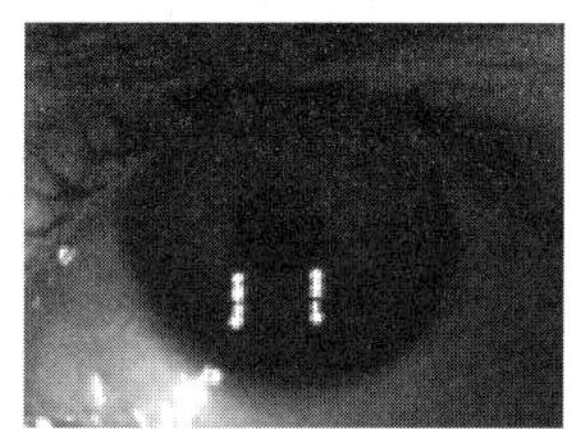

b) 偏上(质量低)

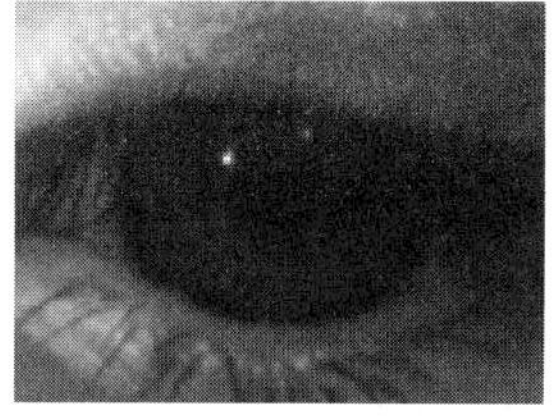

c) 偏下(质量低)

图 3 注视仰角较大和较小情况下的图像示例

6.3.2 正面注视-方位角

6.3.2.1 说明

FRONTAL_GAZE-AZIMUTH 表示眼睛注视时的方位角偏离理想注视角度(即与摄像头完全同轴)的程度。眼睛注视-方位角为眼睛光轴与摄像头光轴在水平面分量上形成的夹角,以无符号的绝对值角度表示。

注 1: 图 4 为眼睛与摄像头同轴和离轴情况下的图像。

注 2: 方位角为相对于摄像头的注视角度的水平分量,包括在头部偏离摄像头正面的角度以及相对于头部的注视角度。

注 3: 方位角的范围为 0°到 90°。

注 4: 对由于头部未正对摄像头而导致的潜在虹膜分割难点,此处所述注视方向问题的解决办法并不通用。因此,当两个图像的 FRONTAL_GAZE_AZIMUTH 相同，但头部正面仰起程度差别很大(导致了不同的 FRONTAL_GAZE_ELEVATION 值)时，对应采用的分割或比对算法也不一样。

6.3.2.2 测量单位

FRONTAL_GAZE-AZIMUTH 为无量纲。

6.3.2.3 计算方法

$$\text{FRONTAL\_GAZE}-\text{AZIMUTH}=\left(1-\frac{eyegaze-azimuth}{90}\right)\times 100 \qquad \cdots\cdots(19)$$

注 1：瞳孔的椭圆率也可表示图像是否存在离轴情况。因此，我们可通过该椭圆形的拉伸度和定向来判断正面注视的方位角。

注 2：给出了另一个方位角估算方法(见参考文献[2])。

6.3.2.4 取值范围或阈值

理论上，FRONTAL_GAZE-AZIMUTH 的值为 0 到 100，其中 0 表示最差情况，而 100 表示最佳情况。当眼睛注视的方位角为 0 度时(即与摄像头同轴)，该指标的值为 100。

当该指标的值为 0 时，表示方位角为 90°，这种情况不存在。

注：如果图像的 FRONTAL_GAZE-AZIMUTH 不达标，要求被测人员直视摄像头，然后重新采集图像。

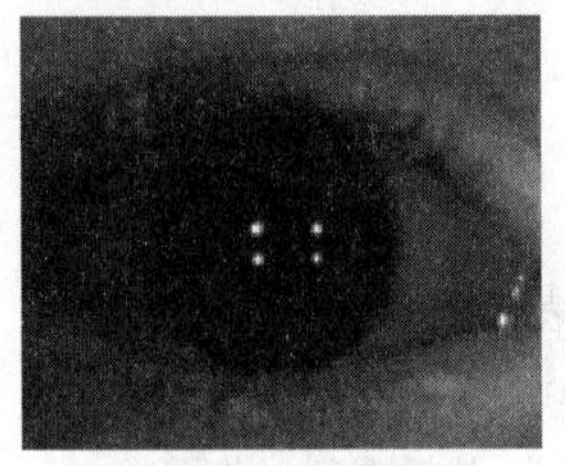

a) 居中(质量高)

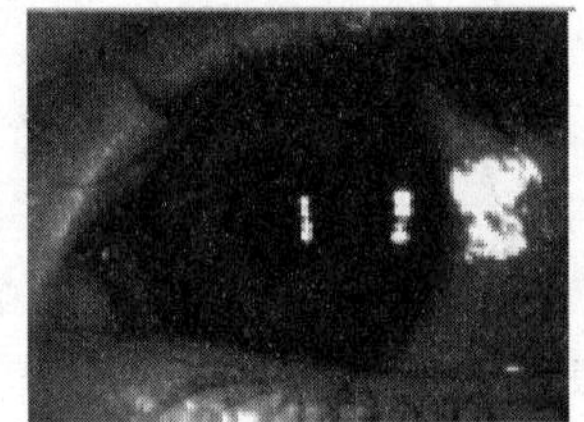

b) 偏左(质量低)

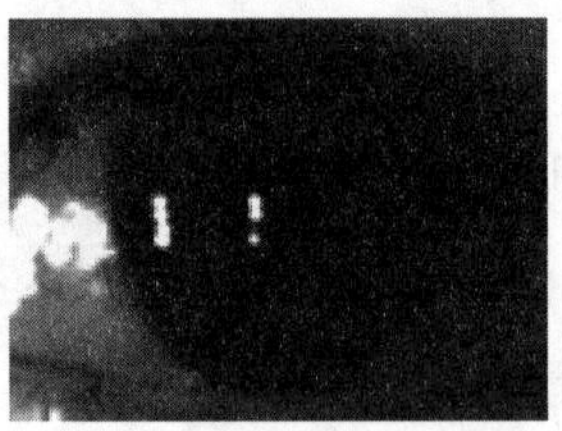

c) 偏右(质量低)

图 4 注视方位角较大和较小情况下的图像示例

6.3.3 运动模糊

6.3.3.1 说明

MOTION_BLUR 表示因运动而造成图像失真的程度。

6.3.3.2 计算方法

MOTION_BLUR 的备选计算方法为判断图像中运动的相对幅度和方向，分别用像素和角度(角度为 0 说明为水平方向运动)来表示。

注：如果图像的 MOTION_BLUR 不达标，要求被测人员直视摄像头并保持不动，然后重新采集图像。

6.4 通过一对图像计算得到的虹膜图像质量指标

6.4.1 公共可用虹膜区域

6.4.1.1 说明

COMMON_USABLE_IRIS_AREA 表示同时存在于一对图像中的虹膜组织的比例。实际用于生物特征比对的虹膜区域为一对虹膜图像中可用像素集的交集。因此，对于待比对的一对图像，共有的可用虹膜区域或其补集、虹膜与被遮挡部分应定义清楚。两个图像均需进行归一化，以便矫正尺寸和瞳孔扩张方面的各种变化。

6.4.1.2 测量单位

COMMON_USABLE_IRIS_AREA 为无量纲。

6.4.1.3 计算方法

$$\text{COMMON\_USABLE\_IRIS\_AREA}=\text{MAX}_{\phi}\left(\frac{|N(iris^{(1)}(r,\theta+\phi))\cap N(iris^{(2)}(r,\theta))|}{F(|N(iris^{(1)}(r,\theta+\phi))|,|N(iris^{(2)}(r,\theta))|)}\right) \quad \cdots\cdots(20)$$

θ 和 ϕ 为虹膜旋转角度。由于虹膜图像通常需要在不同的旋转角度下进行比对，因此加入了这两个参数。$|N(.)|$ 为归一化后的图像中可用像素的数量。$F(.)$ 为归一化虹膜图像未受遮挡的像素总数，由选择作为待比对虹膜图像的归一化格式决定。

6.4.2 扩张恒定性

6.4.2.1 说明

DILATION_CONSTANCY 表示待比对的一对虹膜图像中瞳孔扩张上的相似度。该指标只比对阶段有效。

6.4.2.2 测量单位

DILATION_CONSTANCY 为无量纲。

6.4.2.3 计算方法

$$\text{DILATION\_CONSTANCY}=\frac{100-\max(D^{(1)},D^{(2)})}{100+\min(D^{(1)},D^{(2)})} \quad \cdots\cdots(21)$$

其中，$D^{(1)}$ 和 $D^{(2)}$ 分别为 6.2.7.3 中估算的第一个和第二个虹膜图像的 PUPIL_IRIS_RATIO。

注 1：下式对两幅图像中虹膜半径和瞳孔半径也成立：

$$\text{DILATION\_CONSTANCY}=\left(\frac{R_l^{(1)}-R_p^{(1)}}{R_l^{(2)}-R_p^{(2)}}\right)\left(\frac{R_l^{(2)}}{R_l^{(1)}}\right)\times 100 \quad \cdots\cdots(22)$$

其中，设虹膜剖面尺寸恒定，其中，第一项为径向厚度的比率，第二项为摄像头放大倍率的比率。

注 2：对于许多识别算法，错误拒绝率大致随 DILATION_CONSTANCY 呈线性变化。

6.4.2.4 取值范围或阈值

DILATION_CONSTANCY 的最大值为 100(完全匹配)，最小值为 80。

注 1：PUPIL_IRIS_RATIO 的典型值 36 表示另一个虹膜图像的 PUPIL_IRIS_RATIO 应大于 20 或小于 49。

注 2：基于 6.2.7.4 给出的 20 到 70 的比率范围，DILATION_CONSTANCY 的理论最小值为 37。

6.4.3 照明相似度

6.4.3.1 说明

ILLUMINATION_SIMILARITY 表示两个虹膜图像存在(或不存在)图像采集系统照明差异的程度。该指标对于性能的影响程度取决于分割算法或虹膜识别算法对注册和识别图像在采集照明强度与图像波长的差异上的敏感度。

因此，当注册和识别操作采用不同的摄像头系统时，该指标支持虹膜图像的兼容。

6.5 整体质量分数

6.5.1 概述

6.2 和 6.3 中定义的质量指标可进行组合来计算出一个整体虹膜质量标量分数,用作虹膜图像预期性能的可执行预测因子。可用测算方法包括加权和、神经网和支持向量机等。最好的性能预测因子为幂函数的乘积,因为它不仅支持否决权,还支持重要性的定制。否决权的重要之处在于可以阻止利用质量的某些方面(如清晰度)来对其他致命问题如遮挡程度高进行补偿,而这恰是线性组合回归函数无法胜任预测因子的原因所在,它很容易引起这种不正确的补偿。此外,幂函数的指数支持对指标的相对重要性进行定制。

6.5.2 计算方法

OVERALL_QUALITY 分数可通过如下方式计算得到:

a) 利用如下正则化公式可将 6.2(以及 6.3,如涉及)中 L 个质量指标映射到[0,1]。

$$n_i = q_i^2/(q_i^2 + c_i^2) \qquad \cdots\cdots(23)$$

其中,系数 c_i 用于将各值分布于[0,1]范围内。在利用取整操作将值存入图像质量记录前,该计算方法应使用浮点 q_i。

b) 通过组合归一化质量指标计算出一个可执行的质量分数作为各幂函数的乘积。

$$\text{OVERALL\_QUALITY} = \prod_{i=1}^{L} q_i^{\alpha_i} \qquad \cdots\cdots(24)$$

其中,L 为已考虑或计算出的质量指标的数量。

c) 系数 α_i 和 c_i 通过用于 OVERALL_QUALITY 预测能力最大化的非线性回归计算得到。

注:列出所有线性幂(对于 $i=1,\cdots,L,\alpha_i=1$)为最简单的情况,不失为一个选择,但它不支持相对重要性定制。

7 虹膜采集质量

7.1 概述

虹膜采集质量涉及了为获取以下信息所必备的条件:1)满意的分辨率和清晰度;2)适合信息提取和模板生成的虹膜图像对比度;3)去除或减轻例如镜面反射等干扰时,主体虹膜恰好处于视场中对焦清晰的位置。

本章定义和确立了与图像采集设备和环境的设计和实现相关的协变量的要求。

如果设备不仅符合第 7 章所载的规范性要求,而且采集到的 1000 个虹膜图像中不少于 900 个符合 6.2 所述要求,那么该虹膜采集设备可以生成本部分标准定义的高可用性图像。一定程度上,这些图像应代表了预期的用户群体。

7.2 专用照明

7.2.1 说明

近红外照明器的波长范围应为 700 nm 到 900 nm。

注 1:见 ISO/IEC 19794-6:2011 的 B.7。

注 2:跨设备识别精度可根据 ISO/IEC 19795-4:2008 性能互操作性测试进行测量。

注 3:本部分标准不包含采集过程中对可见光的要求。

7.2.2 测量单位

光谱组成以无量纲值来表示。

7.2.3 计算方法

使用光谱仪分析光源的光谱组成。该光谱仪的波长分辨率应不低于10 nm,且在[680,920]波长区间的信噪比(SNR)应不低于40 dB。

7.2.4 取值范围或阈值

假设使用7.2.3所述光谱仪测量功率谱,下式应成立:

$$\frac{\int_{700}^{900} P(\lambda)\,\mathrm{d}\lambda}{\int_{680}^{920} P(\lambda)\,\mathrm{d}\lambda} \geqslant 0.9 \text{and} \frac{\int_{800}^{900} P(\lambda)\,\mathrm{d}\lambda}{\int_{700}^{900} P(\lambda)\,\mathrm{d}\lambda} \geqslant 0.35 \quad \cdots\cdots(25)$$

为安全考虑,功率密度不得超过最大允许照射功率(MPE),如CIE S 009/E:2002/IEC 62471:2006(见参考文献[8])所述。

7.3 调制传递函数

7.3.1 说明

作为空间频率的函数,MODULATION_TRANSFER_FUNCTION(MTF)为图像调制与目标调整的比值。MTF图表显示了图像对比度随目标空间频率的变化。

7.3.2 测量单位

MTF为无量纲。

7.3.3 计算方法

测量MTF前应测定正弦目标的对比度传递。该目标的空间频率覆盖整个相关区间,通常为数个倍频程的正弦灰度目标空间频率调制。对比度传递也可以替换为拥有一系列重复频率(每毫米线对数)。

7.3.4 取值范围或阈值

设备应可以利用合适的目标,通过在空间频率2 lp/mm执行超50%调制来传递带MTF结果的图像。

如果使用了方波(线对)目标,那么对应的衰减上限为$(4/\pi)\times0.5$,降低了2 dB,这是因为方波幅度与基础傅里叶分量(正弦波)幅度的比值为$-20\lg10(\pi/4)=2$ dB。仅当第三次谐波和更高次谐波的MTF响应被忽略时,我们可以利用这个关系来对方波对比度值间的差异以及正弦目标建模。

注:高频信息内容(大于2 lp/mm)对于计算质量元素较有帮助,但本部分并未规定对高频信息内容的MTF要求。

7.4 空间采样率

7.4.1 说明

SPATIAL_SAMPLING_RATE表示目标平面上每单位距离范围内或成像系统中每单位角度范围内的图元(像素)数。

7.4.2 测量单位

SPATIAL_SAMPLING_RATE为每毫米的像素数。

7.4.3 计算方法

SPATIAL_SAMPLING_RATE 为目标平面上每单位距离范围(毫米)内的像素数。

7.4.4 取值范围或阈值

虹膜数字图像的 SPATIAL_SAMPLING_RATE 的最小值为每毫米 15.7 个像素。

注：据报告人类虹膜的半径为 5.1 mm 到 6.5 mm(见参考文献[15])。最小虹膜半径,也即 80 像素,对应的最小米样率为 80/5.1=15.7 像素每毫米。

7.5 光学畸变

虹膜图像可能出现的光学畸变包括球面像差、色差、散光以及彗差。这类畸变不应导致设计结构的误差性能出现大幅下滑。

7.6 像素宽高比

7.6.1 说明

PIXEL_ASPECT_RATIO 为矩形像素的宽度与高度之比。

成像设备应生成方形像素,即宽高比为 1∶1 的矩形像素。

7.6.2 测量单位

PIXEL_ASPECT_RATIO 为无量纲。

7.6.3 计算方法

PIXEL_ASPECT_RATIO 为水平方向采集的 N 个像素的线性空间范围与垂直方向采集的 N 个像素的线性空间范围的比值。N 应尽可能大,以便将测量误差控制到最小。

7.6.4 取值范围或阈值

PIXEL_ASPECT_RATIO 的值为 0.99 到 1.01。

7.7 传感器信噪比

7.7.1 说明

摄像头的灵敏度为可检测到的最小可识别信号,受传感器噪声的直接影响,比如读出噪声、散粒噪声以及设备驱动相关人为噪声。

7.7.2 测量单位

SENSOR_SIGNAL_TO_NOISE_RATIO 的单位为 dB。

7.7.3 计算方法

我们可通过对一致测试目标或具备一致图像密度的积分球进行拍摄来估算传感器噪声。该测试目标的调制度和基本反射率与虹膜类似。通常虹膜的反射率为 12%到 15%。此时,以 dB 计的 SIGNAL_TO_NOISE_RATIO 应转换为 $20\lg(\mu/\sigma)$ dB,其中 μ 指样本平均强度,σ 指样本的强度标准差。取一块大小至少为 16×16 像素的局部区域,计算其 μ 和 σ。

注：待测图像区域若出现不一致,将可能导致计算出的信噪比小于实际值。

7.7.4 取值范围或阈值

眼部的 SENSOR_SIGNAL_TO_NOISE_RATIO 应大于或等于 36 dB。

注：见表 6 移动 ID 最佳实践(此表不在本部分中，来自于参考文献[4])。根据该表，SENSOR_SIGNAL_TO_NOISE_RATIO 建议大于 36 dB。建议值 36 dB 基于两个简单的假设：图像噪声主要为量化噪声以及 8 位中仅有 6 位在使用(6×6 dB=36 dB)。

8 虹膜图像质量数据记录

8.1 二进制编码

虹膜图像质量二进制记录应包含格式如表 1 所示的数据值。

6.2、6.3 和 6.5 中指标的每个质量分数计算出来后都应以 ISO/IEC 19794-1:2011 及 ISO/IEC 29794 第 1 部分所述 5 字节质量块进行编码。

该质量块的第一个字节携带了质量分数。

第二和第三个字节携带了作为提供质量分数算法的 CBEFF 生物识别机构。ISO/IEC JTC 1 SC 37(生物特征识别)的机构标识符为 257 或 0101_{HEX}。当且仅当使用 SC37 批准的参考实现来计算 6.2、6.3 和 6.5 所述标准质量指标的质量分数时，该标识符为 0101_{HEX}。

第四和第五个字节携带了表征图像质量指标的数字标识符。标准虹膜图像质量指标的标识符为 1 到 15，如表 2 所示。

ISO/IEC JTC 1 SC 37(生物特征识别)的机构标识符为 257，注册于国际生物识别组织(IBIA)。

质量分数为 255(FF_{Hex})时，表示尝试计算质量分数失败。

表 1 虹膜图像质量数据记录的结构

	字节号	名称	长度	有效值	说明+注意事项
记录长度	0	质量块数量	1 字节	0～255	该字段表示 5 字节质量块的数量。 值为 0 时，表示未尝试指定质量分数。此时，不显示质量块
5 字节质量块[0～15]	1	质量分数	1 字节	0～100， 255	该字段为质量块第 4 和第 5 字节所携带质量算法标识符(QAID)对应指标的质量分数。 若质量分数为 255(FF_{Hex})，表示尝试计算质量分数失败。 有关标准质量指标的有效值，见表 2
	2～3	质量算法厂商标识符	2 字节	0～65 535 257(0101_{HEX})：当且仅当 QAID 处于 1 和 14 之间，而且 SC37 批准的参考实现用于计算表 2 所述标准质量指标的质量分数时	该字段携带了质量分数算法供应商的标识符。质量算法供应商标识符须依照 ISO/IEC 19785-2 中所规定的 CBEFF 厂商 ID 注册程序于 IBIA 或其他授权 CBEFF 生物特征识别机构处进行注册。全 0 值表示该字段的值未上报。 SC37 厂商为 257 或 0101_{HEX}。当且仅当使用 SC37 批准的参考实现来计算 6.2、6.3 和 6.5 所述标准质量指标的质量分数时，该标识符为 0101_{HEX}。标准质量指标的 QAID 如表 2 所示
	4～5	质量算法标识(QAID)	2 字节	1～65 535 对于表 2 所示的虹膜图像质量指标，该字段的值为 1～15	质量算法标识符应为两个字节。不允许为全 0 值。 若采用 6.2、6.3 或 6.5 所述计算方法对标准质量指标进行编码，那么应使用表 2 中所示的质量指标标识符。 6.2、6.3 和 6.5 介绍了标准质量指标，而表 2 列出了这些指标的质量算法标识符

表 2 质量算法标识符

<table>
<tr><th>质量指标标识符（用于表 1 中的 OAID）</th><th>质量指标</th><th>长度</th><th>有效值</th><th>取值范围(确保高可用性)</th><th>对应章节号＋说明＋注意事项</th></tr>
<tr><td>1</td><td>整体质量分数</td><td>1 字节</td><td>0～100，255</td><td></td><td>整体质量分数应表现出表示法的预计识别性能。质量分数应为一个 1 字节的无符号整数，范围为 0-100。值越大，质量越高。
见 6.5</td></tr>
<tr><td>2</td><td>可用虹膜区域</td><td>1 字节</td><td>0～100，255</td><td>70～100</td><td>6.2.1</td></tr>
<tr><td>3</td><td>虹膜-巩膜对比度</td><td>1 字节</td><td>0～100，255</td><td>5～100</td><td>6.2.2</td></tr>
<tr><td>4</td><td>虹膜-瞳孔对比度</td><td>1 字节</td><td>0～100，255</td><td>30～100</td><td>6.2.3</td></tr>
<tr><td>5</td><td>瞳孔边界圆度</td><td>1 字节</td><td>0～100，255</td><td></td><td>6.2.4</td></tr>
<tr><td>6</td><td>灰度利用率</td><td>1 字节</td><td>0～20，255</td><td>6～20</td><td>6.2.5</td></tr>
<tr><td>7</td><td>虹膜半径</td><td>1 字节</td><td>0～254，255</td><td>80～253</td><td>6.2.6</td></tr>
<tr><td>8</td><td>瞳孔-虹膜比</td><td>1 字节</td><td>0～100，255</td><td>20～70</td><td>6.2.7</td></tr>
<tr><td>9</td><td>虹膜-瞳孔同心度</td><td>1 字节</td><td>0～100，255</td><td>90～100</td><td>6.2.8</td></tr>
<tr><td>10</td><td>边缘预留度</td><td>1 字节</td><td>0～100，255</td><td>80～100</td><td>6.2.9</td></tr>
<tr><td>11</td><td>清晰度</td><td>1 字节</td><td>0～100，255</td><td></td><td>6.2.10</td></tr>
<tr><td>12</td><td>正面注视-仰角</td><td>1 字节</td><td>0～100，255</td><td></td><td>6.3.1</td></tr>
<tr><td>13</td><td>正面注视-方位角</td><td>1 字节</td><td>0～100，255</td><td></td><td>6.3.2</td></tr>
<tr><td>14</td><td>运动模糊</td><td>1 字节</td><td>0～100，255</td><td></td><td>6.3.3</td></tr>
<tr><td>15</td><td>异常的枚举标志</td><td>1 字节</td><td>0～3</td><td>1</td><td>6.2.1.4<table><tr><th>值</th><th>解释</th></tr><tr><td>0</td><td>检测失败</td></tr><tr><td>1</td><td>不存在异常</td></tr><tr><td>2</td><td>存在人为异常</td></tr><tr><td>3</td><td>疾病</td></tr></table></td></tr>
</table>

8.2 XML 编码

```
##################### 开始复制到 SCHEMA #####################
<xs:simpleType name="QualityScoreType">
    <xs:restriction base="xs:unsignedByte">
        <xs:maxInclusive value="100"/>
    </xs:restriction>
</xs:simpleType>


<xs:complexType name="RegistryIDType">
    <xs:sequence>
        <xs:element name="Organization" type="xs:unsignedShort"/>
        <xs:element name="Identifier" type="xs:unsignedShort"/>
    </xs:sequence>
</xs:complexType>

<xs:complexType name="IrisImageQualityType">
    <xs:sequence>
        <xs:element name="QualityAlgorithm" type="RegistryIDType" />
        <xs:element name="OverallQualityScore" type="QualityScoreType" />
        <xs:element name="UsableIrisArea" type="QualityScoreType" />
        <xs:element name="IrisScleraContrast" type="QualityScoreType" />
        <xs:element name="IrisPupilContrast" type="QualityScoreType" />
        <xs:element name="PupilBoundaryCircularity" type="QualityScoreType" />
        <xs:element name="GreyScaleUtilisation" type="QualityScoreType" />
        <xs:element name="IrisSize" type="QualityScoreType" />
        <xs:element name="PupilIrisRatio" type="QualityScoreType" />
        <xs:element name="IrisPupilConcentricity" type="QualityScoreType" />
        <xs:element name="MarginAdequacy" type="QualityScoreType" />
        <xs:element name="Sharpness" type="QualityScoreType" />
        <xs:element name="FrontalGazeElevation" type="QualityScoreType" />
        <xs:element name="FrontalGazeAzimuth" type="QualityScoreType" />
        <xs:element name="MotionBlur" type="QualityScoreType" />
        <xs:element name="Artefact" type="QualityScoreType" />
    </xs:sequence>
</xs:complexType>

##################### 停止复制到 SCHEMA #####################
```

在 XML Schema 中定义以下元素：

```
<xs:element name="IrisImageQuality" type="IrisImageQualityType" />
```

XML 实例文档：

```
〈IrisImageQuality〉
    〈QualityAlgorithm〉
        〈Organization〉257〈/Organization〉
        〈Identifier〉3〈/Identifier〉
    〈/QualityAlgorithm〉
    〈QualityScore〉87〈/QualityScore〉
    〈UsableIrisArea〉72〈/UsableIrisArea〉
    〈IrisScleraContrast〉45〈/IrisScleraContrast〉
〈/IrisImageQuality〉
```

附 录 A
(规范性附录)
符合性测试声明

GB/T 33767 的本部分提出了与虹膜图像质量特征化以及它们之于高置信度生物特征匹配决策的潜力的评估相关的术语和量化方法。

GB/T 33767 的本部分的目的在于确保生物特征识别产品满足其符合性要求。符合性实现是支持实现之间互操作的必要前提。因此,应针对 GB/T 33767 本部分描述的具体模态制定一套标准的符合性测试方法、测试声明以及测试过程。其中,测试声明将尽可能覆盖本部分标准中的要求(覆盖多数关键特性),便于符合性测试结果真实反映实现对本部分标准的符合程度。这正是制定这套符合性测试方法的目的。

本附录指出了适用于 GB/T 33767 的本部分的符合性测试方法、测试声明以及测试过程。

附　录　B
（资料性附录）
虹膜图像质量

B.1　综述

本部分将质量定义为生物特征识别性能的预测算子，比如实现正确匹配的可能性。它从质量的三个方面进行了阐述：特征、保真度及可用性。虹膜特征较差的一个例子是眼睑下垂，而虹膜保真度较低的一个例子为严重压缩过的虹膜图像。特征捕捉质量差或保真度较低将导致图像可用性下降，从而引发识别错误。另一个关乎虹膜质量的方面是采集（摄像）质量，需要考虑采集设备参数（例如，照明波长和设备驱动相关人为噪声等）以及采集环境的搭建（例如，主体与摄像头的距离）。

关于质量的描述，它应该从根本上反映出已预估的单个样本对生物特征识别系统整体性能的正面或负面影响。为预测出系统的性能，该描述将帮助质量算法设计师输出质量分数，进而对虹膜分割算法、虹膜检测仪或一类虹膜检测仪的已知失效模式或敏感度特征进行建模。此外，为保证一定程度的普适性，质量分数应基于分割算法、检测仪或一类检测仪共有的一系列敏感度问题。虽然特征捕捉质量差或保真度低将影响图像的可用性（进而导致识别错误），但是具体的影响程度取决于图像增强方法是否成功地消除（或缓和）了检测仪对这些质量问题的敏感度。例如，当视线偏离摄像头的光轴时，我们可以假设虹膜为一个平面（即使实际上虹膜存在曲度），而且此注视情况下角膜不会导致虹膜图像失真，然后通过估算视线相对于摄像头的两个角度并进行仿射变换进行视线校正。某个假设甚至两个假设都可能不正确（见参考文献[1]、参考文献[2]）。尽管如此，离轴角度引起的性能下降程度取决于图像增强方法修复视线偏离的能力。

后续部分分别介绍与以下内容相关的不同质量相关变量。

B.2　虹膜采集相关变量

B.2.1　综述

本章对6.2和第7章的内容进行了补充。

B.2.2　离焦

离焦会降低图像的清晰度和对比度，而当主体的虹膜（目标平面）脱离了摄像头的景深范围时将出现离焦模糊。因此，应将主体置于摄像头的景深范围内，从而尽量降低离焦的可能性。我们用SHARPNESS指标（见6.2.10）来对离焦情况进行量化。

注1：解决离焦问题有两种方法：调整主体的位置以使虹膜处于摄像头的景深范围；根据主体的位置调整摄像头。

注2：景深由光学系统的光圈尺寸决定。光圈越小，景深越大。

B.2.3　灰度密度

虹膜采集设备的运行和设计目的在于获取可用的虹膜图像，提供256个等级的灰度动态范围以及分配至少8个比特。当解决了镜面反射问题后应进行灰度密度的测算。见6.2.5。

注：剪裁（为原始摄制图像）前后以及经过剪裁和掩模后，图像的灰度密度可能不一样。

B.2.4　运动模糊

虹膜采集设备的运动模糊（如快门速度等）控制特性应能帮助很好地完成运动模糊相关控制，确保设计结构的误差性能不会出现大幅下滑,如固定安装或手持操作。

运动模糊将导致图像失真,对应的量化指标为 MOTION_BLUR(见 6.3.3)。

注:无论虹膜的移动(如主体移动或主体眼睛转动)还是设备的移动(如自动跟拍设备)都会产生运动模糊。相比主体走近摄像头的情况,主体(或主体的眼睛)在与摄像头光轴成直角的方向上移动时更容易发生运动模糊。

B.2.5 镜面反射引起的遮挡

虹膜采集设备应控制专用照明装置引起的镜面反射,从而尽量缩小与图像中虹膜组织部分的重叠面。遮挡的量化指标为 USABLE_IRIS_AREA(见 6.2.1)。

注 1:虹膜-瞳孔边界可能受照明引起的反射遮挡。此类遮挡会降低虹膜内边界分割的精度。虹膜-瞳孔分割若不精确会增加识别错误。

注 2:遮挡的形成原因包括专用照明装置和环境光源引起的饱和镜面反射以及主体的眼镜或鼻子引起的反射。另外,眼睑和眼睫毛也可能遮挡虹膜(见 B.3.7)。USABLE_IRIS_AREA 指标反映了上述所有的遮挡情况。

B.2.6 传感器噪声

摄像头灵敏度指可检测到的最小可识别信号,受传感器噪声的直接影响,比如读出噪声、散粒噪声、坏点以及设备驱动相关人为噪声。

可通过对一致测试目标或具备一致图像密度的积分球进行拍摄来估算传感器噪声。

注:待测图像区域若出现不一致,将可能导致计算出的信噪比小于实际值。

B.3 虹膜主体协变量

B.3.1 综述

本章介绍了影响待比对虹膜图像可用性的主体相关变量(特征或行为)。

B.3.2 眼睛颜色

虹膜图像的采集应与眼睛颜色无关。虽然如此,对于虹膜颜色较浅(如蓝色、绿色或淡褐色)的眼睛来说,捕捉到的虹膜-巩膜对比度较正常时有所下降。我们可以按照 7.2 中内容引入 700 nm~900 nm 更短波长来缓解对比度下降的情况。

注:尽管有报告称配备 8 比特灰度等级的单色摄像头即可完全满足识别需求,但是颜色可以提供更多的区别信息。

B.3.3 眼镜

眼镜可能会对虹膜图像的质量有负面影响。摆放采集设备的照明装置时,应尽可能确保眼镜的大部分区域不会反射到虹膜上。有时也可以要求主体摘下眼镜。

非透明的花纹式隐形眼镜或硬性隐形眼镜应能被检测到。

注 1:眼镜会导致反射。

注 2:软件只能检测到硬性隐形眼镜的边沿,而检测不到软性隐形眼镜的边沿。

注 3:非透明的花纹式隐形眼镜应能被检测到(见参考文献[9])。

注 4:如可能,应将硬性隐形眼镜对准虹膜中点。可能采集时需多次尝试方可完成。

B.3.4 虹膜-瞳孔固有对比度

该相关变量对应量化指标 IRIS_PUPIL_CONTRAST(见 6.2.3)。虹膜-瞳孔对比度(无论固有还是非固有)越高,分割准确性越高。

注 1:虹膜-瞳孔固有对比度依虹膜而变。而虹膜图像中的虹膜-瞳孔对比度同时受固有对比度以及照明波长和其他采集设备特性等外部条件的影响。

注 2：某些生理状况如白内障或人工晶状体会影响虹膜-瞳孔对比度。

B.3.5 虹膜-巩膜固有对比度

该相关变量对应量化指标 IRIS_SCLERA _CONTRAST(见 6.2.2)。虹膜-巩膜对比度越高,分割准确性越高。

注 1：虹膜-巩膜固有对比度依虹膜而变。而虹膜图像中的虹膜-巩膜对比度同时受固有对比度以及非固有(采集设备特性所致)对比度的影响。

注 2：某些生理状况如白化病会影响虹膜-巩膜对比度。

B.3.6 虹膜和瞳孔形状

人类虹膜为一个具有内外边界的环形。边界从正面看一定程度上呈圆形。研究发现天生瞳孔和其边界很少为正圆形状。此外,边界的形状随偏离正对方向的观察角度变化而变化。

虹膜-巩膜边界或虹膜-瞳孔边界的圆度对分割精度有影响。该相关变量对应的量化指标为 PUPIL_BOUNDARY_CIRCULARITY(见 6.2.4)。

注：某些生理状况会导致瞳孔高度失圆。

B.3.7 睫毛或眼睑引起的遮挡

为达到最优的虹膜质量,应尽量减少由睫毛和眼睑引起的遮挡范围。该相关变量对应的量化指标为 USABLE_IRIS_AREA(见 6.2.1)。

注 1：眼睑常会遮挡虹膜的上下部分,而睫毛可能遮挡住虹膜或瞳孔的部分区域。此类遮挡不仅会导致可见虹膜面积的缩小(进而导致丢失部分匹配信息),而且还会降低虹膜内外边界的定位精度。检测精度和边界定位精度的下降将增加识别错误。

注 2：睫毛和眼睑遮挡形成的原因可分为:行为因素,如眨眼或斜视;以及个体的特征因素如遗传因素或生理状况如眼睑下垂等。

B.3.8 离轴朝向-头部

为达到最佳虹膜图像质量和最小遮挡面积,主体应正对摄像头,保持头部无任何动作(左右摆动、上下摆动或转动)。

注：大多数虹膜识别算法能够校正一定程度的头部摆动。

B.3.9 离轴朝向-视线

为达到最佳虹膜图像质量,主体应直视前方的摄像头。

该相关变量对应的量化指标为 FRONTAL_GAZE-ELEVATION(见 6.3.1)和 FRONTAL_GAZE-AZIMUTH metric(见 6.3.2)。

注 1：目前的虹膜成像设备要求主体直视摄像头,使主体的视线与摄像头的光轴在同一条直线上。任何偏离都可能导致匹配失败。

注 2：当主体存在某些生理状况如内斜视和弱视时,即使他们以另一只正常眼睛直视摄像头,仍可能难以杜绝离轴问题,甚至根本无法杜绝。

注 3：离轴情况下的图像可以被校正(见参考文献[1、2])。

B.3.10 瞳孔扩张

过度的瞳孔扩张会影响样本的质量。同时,异常小的瞳孔在虹膜-瞳孔边界定位时可能引发错误。瞳孔半径为拟合瞳孔形状的圆的半径。当瞳孔为正圆时,瞳孔边界(见 6.2.4.3)的傅里叶级数展开中的 DC(0 次项 C_0)为瞳孔的半径。

注 1：根据 ISO/IEC 19794-6:2011 的要求，瞳孔半径不得超过 3.5 mm。虽然可以使用散瞳药剂来获得更大的瞳孔半径，但一般情况下认为 3.5 mm 才是正常瞳孔的最大半径。

注 2：高度扩张的瞳孔将使瞳孔-虹膜的比值变得很大。得出这一结论的推论是归一化方法在这种情况下不再准确，比如那些在极坐标表示法中用于统计或"矫正"扩张方法，原因在于：a)假设尽管存在径向压缩仍保留虹膜特征的"橡胶板"模型不准确；b)瞳孔扩张时有效径向像素分辨率下降的影响。因此，可利用一个关联两个图像的质量因素来反映虹膜图像比对能力。那么当两个图像中瞳孔的扩张程度相同时，从这个质量因素来看可认为两个图像达到了最高质量级别。见 6.4.2 DILATION_CONSTANCY。

注 3：注册机构可尝试在主体瞳孔承受能力的正常范围内确定一个合适的点。该范围应尽可能接近验证或辨识(见参考文献[8])过程中可重现的特定照明范围。

参考文献

[1] Dorairaj V., Schmid N., Fahmy G. Performance evaluation of non-ideal iris based recognition system implementing global ICA encoding, in Proc. IEEE ICIP, 2005, vol.3, pp.285-288.

[2] Daugman J. New methods in iris recognition, IEEE Trans. Systems, Man. Cybernetics B. 2007, 37 pp.1167-1175.

[3] Kalka N.D., Zuo J., Schmid N.A., Cukic B. Estimating and Fusing Quality Factors for Iris Biometric Images. IEEE Trans. Syst. Man Cybern. A Syst. Hum. 2010, 40 pp.509-524.

[4] Mobile ID Device Best Practice Recommendation. Version 1.0—NIST Special Publication 500280, 2009. http://www.nist.gov/customcf/get_pdf.cfm? pub_id=903169.

[5] Daugman J. How Iris Recognition Works. IEEE Trans. Circ. Syst. Video Tech. 2004 January, 14(1) p.29.

[6] Wildes R.A system for automated iris recognition, Applications of Computer Vision, 1994, Proceedings of the Second IEEE Workshop 1994, pp 121-128.

[7] Wildes R. Iris recognition: an emerging biometric technology. Proc. IEEE. 1997, 85 pp.1348-1363.

[8] Rakshit S., & Monro D.M. Medical Conditions: Effect on Iris Recognition, Proc. IEEE International Workshop on Multimedia Signal Processing, Oct 2007.

[9] Pacut A., & Czajka A. Aliveness detection for iris biometrics, Proc. IEEE International Carnahan Conference on Security Technology, 40th Annual Conference, October 17-19, Lexington, Kentucky, 2006.

[10] Caroline A. The effect of corneal diameter on soft lens fitting, part 1. Contact Lens Spectrum. 2002, 17 p.56.

[11] Tabassi E., Grother P., Salamon W. Performance of Iris Image Quality Assessment Algorithms, NIST Interagency Report 7820, September 30, 2011.

[12] Grother P. IREX III, NIST Interagency Report 7836, April 2012.

[13] CIE S 009/E:2002/IEC 62471:2006 Photo-biological safety of lamps and lamp systems

[14] ISO/IEC 2382-37 Information technology—Vocabulary—Part 37: Biometrics

ICS 35.040
L 70

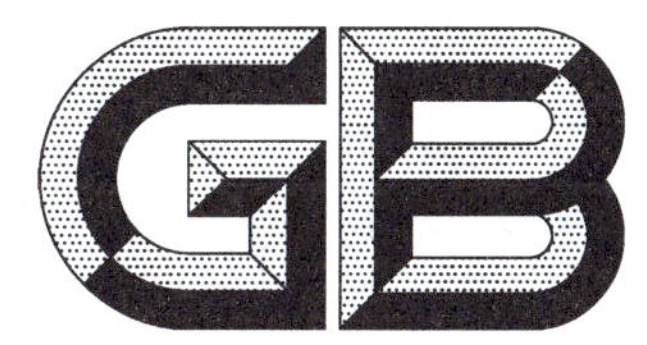

中华人民共和国国家标准

GB/T 33842.5—2018

信息技术　GB/T 26237 中定义的生物特征数据交换格式的符合性测试方法　第5部分：人脸图像数据

Information technology—Conformance testing methodology for biometric data interchange formats defined in GB/T 26237—Part 5: Face image data

(ISO/IEC 29109-5:2014, Information technology—Conformance testing methodology for biometric data interchange formats defined In ISO/IEC 19794—Part 5: Face image data, NEQ)

2018-03-15 发布　　　　2018-10-01 实施

中华人民共和国国家质量监督检验检疫总局
中国国家标准化管理委员会　发布

前　言

GB/T 33842《信息技术　GB/T 26237 中定义的生物特征数据交换格式的符合性测试方法》分为以下部分：

——第 1 部分：通用符合性测试方法；

——第 2 部分：指纹细节点数据；

——第 4 部分：指纹图像数据；

——第 5 部分：人脸图像数据；

——第 6 部分：虹膜图像数据；

——第 7 部分：签名/签字时间序列数据；

——第 8 部分：指纹型骨架数据；

——第 9 部分：血管图像数据；

——第 10 部分：手几何轮廓数据。

本部分为 GB/T 33842 的第 5 部分。

本部分按照 GB/T 1.1—2009 给出的规则起草。

本部分使用重新起草法参考 ISO/IEC 29109-5：2014《信息技术　ISO/IEC 19794 中定义的生物特征数据交换格式的符合性测试方法　第 5 部分：人脸图像数据》编制，与 ISO/IEC 29109-5：2014 的一致性程度为非等效。

请注意本文件的某些内容可能涉及专利。本文件的发布机构不承担识别这些专利的责任。

本部分由全国信息技术标准化技术委员会(SAC/TC 28)提出并归口。

本部分起草单位：长春鸿达光电子与生物统计识别技术有限公司、广州广电运通金融电子股份有限公司、北京天诚盛业科技有限公司、中国电子技术标准化研究院、东莞芝捷智能科技有限公司、重庆中科云丛科技有限公司、北京旷视科技有限公司、北京海鑫科金高科技股份有限公司、东方网力科技股份有限公司、广州广电卓识智能科技有限公司、深圳市铭图创新科技有限公司、厦门市数韬软件科技有限公司。

本部分主要起草人：张树功、刘爽、高健、霍红文、王欣、李雪妍、田野、董天、林冠辰、梁添才、何智翔、杨春宇、张鑫、彭程、刘君、张曼、陈可卿、章烈剽、郑城、翁展。

信息技术 GB/T 26237 中定义的生物特征数据交换格式的符合性测试方法 第5部分:人脸图像数据

1 范围

GB/T 33842 的本部分规定了针对 GB/T 26237.5—2014 中定义的人脸图像数据交换格式的符合性测试方法的要素、测试断言和测试规程。

本部分适用于:

——GB/T 26237.5—2014 中规定的人脸图像数据交换格式结构的符合性测试(对应于 ISO/IEC 29109-1:2009 中定义的类型 A 的级别 1);

——通过检测人脸图像数据每个字段的值的类型来检查内部一致性的符合性测试(对应于 ISO/IEC 29109-1:2009 中定义的类型 A 的级别 2);

本部分不适用于:

——GB/T 26237.5—2014 中定义的 3D 人脸记录的符合性测试;

——GB/T 26237.5—2014 中要求的 CBEFF 结构的符合性测试;

——与生物特征输入记录的一致性测试(级别 3);

GB/T 26237.5 2014 中规定的图像数据中质量相关部分的符合性测试;

——图像数据块中的 JPEG 和 JPEG2000 标准符合性测试;

——生物特征识别产品其他特性的测试或其他类型的测试(如接受率、性能、鲁棒性和安全性等)。

2 规范性引用文件

下列文件对于本文件的应用是必不可少的。凡是注日期的引用文件,仅注日期的版本适用于本文件。凡是不注日期的引用文件,其最新版本(包括所有的修改单)适用于本文件。

GB/T 1988—1998 信息技术 信息交换用七位编码字符集(eqv ISO/IEC 646:1991)

GB/T 26237.5—2014 信息技术 生物特征数据交换格式 第5部分:人脸图像数据(ISO/IEC 19794-5:2006,NEQ)

ISO/IEC 14496-2:2004 信息技术 视听对象的编码 第2部分:视觉(Information technology—Coding of audio-visual objects—Part 2:Visual)

ISO/IEC 29109-1:2009 信息技术 ISO/IEC 19794 中定义的生物特征数据交换格式的符合性测试方法 第1部分:通用符合性测试方法(Information technology—Conformance testing methodology for biometric data interchange formats defined in ISO/IEC 19794—Part 1:Generalized conformance testing methodology)

ISO/IEC 29794-1:2009 信息技术 生物特征识别样本质量 第1部分:框架(Information technology—Biometric sample quality—Part 1: Framework)

3 术语和定义

GB/T 26237.5—2014 和 ISO/IEC 29109-1:2009 界定的术语和定义适用于本文件。

4 缩略语

下列缩略语适用于本文件。

BDIR 生物特征数据交换记录(Biometric Data Interchange Record)

CBEFF 公用生物特征交换格式框架(Common Biometric Exchange Formats Framework)

IUT 受试实现(Implementation Under Test)

JPEG 图像压缩标准(Joint Photographic Experts Group)

JPEG2000 图像增强压缩标准(Joint Photographic Experts Group 2000)

PNG 图像无损压缩标准(Portable Network Graphic)

5 符合性

如果生物特征数据交换格式符合性测试满足第6章的所有规范性要求,则该测试符合GB/T 33842的本部分。具体地说,这些测试应使用ISO/IEC 29109-1:2009的第6章、第7章和第8章规定的方法,且所有级别1和级别2测试都应使用本部分表2中定义的断言。

依据规定方法检测的GB/T 26237.5—2014的具体实现,应能声明与GB/T 26237.5—2014中规定且经过依据方法学建立的测试方法检测的那些生物特征数据记录要求相符合。

GB/T 26237.5—2014的实现不必符合GB/T 26237.5—2014的所有可能的要求,只需符合其在实现符合性声明中支持的那部分要求即可。实现符合性声明应按照ISO/IEC 29109-1:2009第8章和本部分第6章表1的要求填写。

6 符合性测试方法

6.1 总则

应使用ISO/IEC 29109-1:2009中第6章、第7章和第8章中给出的测试方法。表1、表2和表3的内容依据ISO/IEC 29109-1:2009中描述的符合性测试方法设置,且只在该测试方法的背景下使用。

6.2 依据标准的要求表

GB/T 26237.5—2014的规范性要求在表1中列出。IUT的提供者可以说明其支持哪些可选项,并且测试者应能够记录测试结果。

表1中“子格式适用性”一栏列出的B(Basic)、F(Full Frontal)、T(Token Frontal)、P(Post-Processed)分别表示基本、完全正面、标记正面和后处理的图像类型。

表 1　GB/T 26237.5—2014 的要求

要求编号	对应章条	要求概要	级别	状态	子格式适用性			
					B	F	T	P
R-1	6.2.1	存储顺序:在记录格式与所有定义明确的数据块中,所有多字节数据均采用大端格式存储	1	M	Y	Y	Y	Y
R-2	6.2.2	数值类型:如无特殊约定,所有的数值均为定长无符号整型量	3C	O-1	Y	Y	Y	
R-3	6.3.2	格式标识:以 4 字节记录。格式标识应包括 3 个“FAC”字符(见 GB/T 1988—1998)与 1 个紧随其后作为空字符串结束符的 0 值字节构成	1	M	Y	Y	Y	Y
R-4	6.3.3	版本号:以 4 字节记录。版本号应由 3 个 GB/T 1988—1998 的数字符与一个紧随其后作为空字符串终止符的 0 值字节构成。第一个和第二个字符代表主版本号,第三个字符代表修订号。本版本的 GB/T 26237.5—2014 应被编码为 0x30313000,“010”,表示版本 1 的第 0 次修订	1	M	Y	Y	Y	Y
R-5	6.3.4 表 1	记录长度:以 4 字节记录。描述整个 BDIR(以字节为单位)的长度。此记录应包括记录头和一个或多个记录 BDIR 长度的部分,78≤数据记录长度≤2^{32}-1	2	M	Y	Y	Y	Y
R-6	6.3.5 表 1	表示数量:以 2 字节记录。描述整个生物特征识别数据的表示数量,1≤表示数量值≤65 535	1、2	M	Y	Y	Y	Y
R-7	6.3.6	认证标志:以 1 字节记录。说明每个表示头是否包含认证块。值 0x00 应表示没有表示数据包含认证块;值 0x01 应表示所有表示数据均含有认证块	1	M	Y	Y	Y	Y
R-8	6.3.7	时态语义:以 2 字节记录。字段值应根据 GB/T 26237.5—2014 表 2 进行分配。该字段支持多种表示的存储:从一个单独记录(如一张摄影相片),到多个不同记录(如提款机交易记录),或者图像序列(如等时视频序列)	1	M	Y	Y	Y	Y
R-9	6.4.2	表示长度:以 4 字节记录。该字段记录了人脸信息块、2D/3D 标记点块、图像信息块、质量块、表示数据块、3D 信息块和 3D 数据块的长度总和。表示数据长度的最小值为 46 字节加上表示数据块的长度(以字节为单位)。其中的 46 字节由 21 字节的人脸信息块长度和 25 字节的图像信息块构成	1、2	M	Y	Y	Y	Y
R-10	6.4.3	采集时间:以 18 字节记录。采集时间字段应使用世界标准时间(UTC)表示采集开始的时间,采集时间应按 GB/T 26237.5—2014 表 3 给出的格式编码	1	M	Y	Y	Y	Y
R-11	6.4.4	采集技术 ID:以 1 字节记录。该字段应表示用于采集生物特征识别样本的设备技术类别。采集设备是以可见光谱或近红外(NIR)方式工作的。为了区分不同类型的采集设备,当采样设备使用近红外光时,最高位应设为 1。采集技术 ID 编码见 GB/T 26237.5—2014 的表 4	1	M	Y	Y	Y	Y
R-12	6.4.5	设备厂商 ID:以 2 字节记录。采集设备厂商 ID 应记录产生生物特征识别数据的生物特征识别组织身份。值 0 表示该设备生产商没有记录	1	M	Y	Y	Y	Y

表 1（续）

要求编号	对应章条	要求概要	级别	状态	子格式适用性			
					B	F	T	P
R-13	6.4.6	设备类型 ID:以 2 字节记录。采集设备类型 ID 应记录采集该 BDIR 的产品的类型。值 0 表示该采集设备类型未注册	1	M	Y	Y	Y	Y
R-14	6.4.7	质量块数量:以 5 字节记录。该字段记录了质量块的数量值。值为 0 表示无质量块	2	M	Y	Y	Y	Y
R-15	6.4.8	质量得分:以 1 字节记录。其值在 ISO/IEC 29794-1:2009 中定义,是一个记录生物特征识别样本期望识别表现(预测的生物特征识别样本验证性能)的定量表达式。质量得分为 0 和 100 之间的整数,值越大表明质量越高。值 255 应用来记录特殊情况,表明无法计算质量得分	1、3C	M	Y	Y	Y	Y
R-16	6.4.9	质量算法来源 ID:以 2 字节记录。为了能够接受多种不同质量评估算法计算的质量得分,质量得分的提供者应该在该字段中定义一个独有的标示。该标示应该在 TC28 注册	1、3C	M	Y	Y	Y	Y
R-17	6.4.10	质量算法 ID:以 2 字节记录。该字段记录了质量算法提供者提供的一个整数产品代码。以此表明用于计算质量得分的质量评估算法为算法提供者的某个算法(与版本号)。该字段的值宜在 1 和 65 535 之间。GB/T 26237.5—2014 的表 5 总结了质量相关的字段	1、3C	M	Y	Y	Y	Y
R-18	6.5.1	标记点数量:以 2 字节记录。该字段应为紧随其后的标记点数据块的数目	1、2	M	Y	Y	Y	Y
R-19	6.5.2	性别:以 1 字节记录。性别字段应以 GB/T 26237.5—2014 表 6 的方式表明被测者的性别	1、3C	M	Y	Y	Y	Y
R-20	6.5.3	眼睛颜色:以 1 字节记录。眼睛颜色字段(字段应表示眼睛虹膜的颜色)应以 GB/T 26237.5—2014 表 7 的方式表示。若两眼颜色不同,则以右眼颜色为标准编码	1、3C	M	Y	Y	Y	Y
R-21	6.5.4	头发颜色:以 1 字节记录。头发颜色字段应以 GB/T 26237.5—2014 表 8 的方式表示	1、3C	M	Y	Y	Y	Y
R-22	6.5.5	被测者身高:以 1 字节记录。被测者身高字段应以 GB/T 26237.5—2014 表 9 的方式表示	1、3C	M	Y	Y	Y	Y
R-23	6.5.6	特征遮罩编码:以 3 字节记录。特征遮罩编码是一个位编码,编码方式如 GB/T 26237.5—2014 表 10 所示。如果相关特征存在则应设为 1,否则为 0;特征遮罩编码应从最低位开始设置。最低位设为 0 应表示特征遮罩没有具体标明;最低位设为 1 表示表 10 所有特征遮罩都被记录,而任何一个特征遮罩编码没有记录都被记为 0	1、3C	M	Y	Y	Y	Y
R-24	6.5.7	表情:以 2 字节记录。表情字段应以 GB/T 26237.5—2014 表 11 的方式表示	1、3C	M	Y	Y	Y	Y

表 1（续）

要求编号	对应章条	要求概要	级别	状态	子格式适用性			
					B	F	T	P
R-25	6.5.8.2	姿态角——偏转： 如 GB/T 26237.5—2014 的图 4 所示，偏转角度 Y 为绕 y 轴旋转角度。正前方姿态的偏转角度为 0°。正角度表示人脸向其左方旋转（绕 y 轴逆时针旋转）。 编码值 B_Y 应以 1 字节存储，取值范围为 0～180。该值是根据偏转角估计的实际值 $-180 \leqslant Y < 180$，按如下规则计算而得： 若 $180 \geqslant Y \geqslant 0$ 且 Y 为偶数，则 $B_Y = Y/2+1$； 若 $180 \geqslant Y > 0$ 且 Y 为奇数，则 $B_Y = (Y+1)/2$； 若 $-180 \leqslant Y < 0$ 且 Y 为偶数，则 $B_Y = 181+Y/2$； 若 $-180 \leqslant Y < 0$ 且 Y 为奇数，则 $B_Y = 181+(Y-1)/2$。 B_Y 的最大值为 180。如果偏转角没有指明，则 B_Y 的值应置为 0	1	M	Y	Y	Y	Y
R-26	6.5.8.3	姿态角——俯仰： 如 GB/T 26237.5—2014 的图 4 所示，俯仰角度 P 为绕 x 轴旋转的角度。正前方姿态的俯仰角度为 0°。正角度表示脸向下看（绕 x 轴逆时针旋转）。 编码值 B_P 应以 1 字节存储，取值范围为 0～180。该值是根据俯仰角估计的实际值 $-180 \leqslant P < 180$，按如下规则计算而得： 若 $180 \geqslant P \geqslant 0$ 且 P 为偶数，则 $B_P = P/2+1$； 若 $180 \geqslant P > 0$ 且 P 为奇数，则 $B_P = (P+1)/2$； 若 $-180 \leqslant P < 0$ 且 P 为偶数，则 $B_P = 181+P/2$； 若 $-180 \leqslant P < 0$ 且 P 为奇数，则 $B_P = 181+(P-1)/2$。 B_P 的最大值为 180。如果俯仰角没有指明，则 B_P 的值应为 0	1	M	Y	Y	Y	Y

表 1(续)

要求编号	对应章条	要求概要	级别	状态	子格式适用性			
					B	F	T	P
R—27	6.5.8.4	姿态角——摆动: 如 GB/T 26237.5—2014 的图 4 所示,摆动角度 R 为绕 z 轴旋转角度。正前方姿态的摆动角度为 0°。正角度表示人脸侧歪向其右肩(绕 z 轴逆时针旋转)。 编码值 B_R 应以 1 字节存储,取值范围为 0～180。该值是根据摆动角估计的实际值 $-180 \leqslant R < 180$,按如下规则计算而得: 若 $180 \geqslant R \geqslant 0$ 且 R 为偶数,则 $B_R = R/2+1$; 若 $180 \geqslant R > 0$ 且 R 为奇数,则 $B_R = (R+1)/2$; 若 $-180 \leqslant R < 0$ 且 R 为偶数,则 $B_R = 181 + R/2$; 若 $-180 \leqslant R < 0$ 且 R 为奇数,则 $B_R = 181 + (R-1)/2$; B_R 的最大值为 180。如果摆动角没有指明,则 B_R 的值应为 0	1	M	Y	Y	Y	Y
R-28	6.5.9	姿态角不确定度: 以 3 的倍数字节记录。姿态角不确定度(U_Y,U_P,U_R)分别描述了姿态角偏转、俯仰、摆动的预期精度。该字段的每个字节分别按顺序刻画了偏转、俯仰、摆动的不确定度。不确定度允许使用提供商所指定的实验不确定性表示。 姿态角不确定度(U_Y,U_P,U_R)以 3 字节记录。字段中每个字节 U_k($k=Y,P,R$)表示一个度数,其值的范围从最小值 1 到最大值 181。不确定性越高,不确定度 U_k 的值就应越大,如果不确定度未予指明,则 U_Y、U_P、U_R 的值应设置为 0	1	M	Y	Y	Y	Y
R-29	6.6.1	结构:以 8 字节记录。可选的标记点块定义了人脸图像中的标记点的类型、编码和位置	2	M	Y	Y	Y	Y
R-30	6.6.2	标记点类型:以 1 字节记录。标记点类型字段描述了存储在标记点块中标记点的类型。该字段应以 0x01 来表示标记点是符合 ISO/IEC 14496-2:2004 附录 C 规定的 2D 图像 MPEG4 标记点;应以 0x02 来表示标记点是 2D 图像坐标下一个人体测量 2D 标记点。最后,若该字段应以 0x03 来表示标记点为 3D 头像坐标下的人体测量 3D 标记点。其他值为 SC37 保留字段,为将来规定的标记点类型预留	1	M	Y	Y	Y	Y
R-31	6.6.3	标记点编码:以 1 字节记录。标记点编码字段应说明标记点块中存储的标记点。 对编码类型 0x01 的点,标记点的编码应根据 GB/T 26237.5—2014 的 6.6.4 记录,参见 ISO/IEC 14496-2:2004 附录 C 定义的 MPEG4 标记点标准,或 GB/T 26237.5—2014 的 6.6.5 记录的额外的眼镜和鼻孔的标记点也应记录于该模块。若标记点类型为 0x02 或者 0x03,即人体测量 2D 标记点或人体测量 3D 标记点,则根据 GB/T 26237.5—2014 的 6.6.6 定义的标记点编码也应记录于该模块。 标记点的水平位置和垂直位置以特征图像坐标系或笛卡尔坐标系定义(GB/T 26237.5—2014 的 6.10.2.2)	1	M	Y	Y	Y	Y

表 1（续）

要求编号	对应章条	要求概要	级别	状态	子格式适用性			
					B	F	T	P
R-32	6.7.2	人脸图像类型:以 1 字节记录。人脸图像类型应代表存储在图像信息块的人脸图像与 3D 数据的类型，见 GB/T 26237.5—2014 的表 16。人脸图像类型及其继承关系参见 GB/T 26237.5—2014 的附录 D。 **注**：所有的正面人脸图像类型可以是完全正面人脸、标记正面人脸、后处理正面人脸，或者是完全正面人脸 3D 图像或标记正面人脸 3D 图像等类型中之一。因此不需要单独的正面人脸值的字段	1	M	Y	Y	Y	Y
R-33	6.7.3	图像数据类型:以 1 字节记录。图像数据字段记录了图像数据块类型编码(见 GB/T 26237.5—2014 表 17)。其类型即 JPEG、JPEG2000 与 PNG 三者之一，应被具体指定。 对无损压缩应使用 PNG 或 JPEG2000 无损压缩方法。 对无损图像表示，应使用每通道大于 8 位的 PNG 或 JPEG2000 的图像无损表示方法。 对图像的有损表示，应使用每通道大于 8 位的 JPEG2000 有损表示方法	1、3C	M	Y	Y	Y	Y
R-34	6.7.4	图像宽度:以 2 字节记录。图像宽度字段应具体指明水平方向上图像的像素数	1、2	M	Y	Y	Y	Y
R-35	6.7.5	图像高度:以 2 字节记录。图像高度字段应具体指明垂直方向上图像的像素数	1、2	M	Y	Y	Y	Y
R-36	6.7.6	空间采样率:以 1 字节记录。对交换数据不同的具体应用，可能存在不同的最小空间采样率等级。例如:使用高空间采样率的图像能够允许进行机器通过非常小的细节特征，进行自动身份验证。空间采样率的等级编码见 GB/T 26237.5—2014 表 18，其中头宽度 CC 的定义如 GB/T 26237.5—2014 图 13 所示	1	M	Y	Y	Y	Y
R-37	6.7.7	后处理:以 2 字节记录。每个编码位代表的含义列于 GB/T 26237.5—2014 表 19 中，若进行了对应的处理应设为 1，否则为 0。 该字段按位编码，应从最低位的 0 开始编码。所有的位均设为 0 表示没有进行任何处理。 一方面，采集图像经常需要进行一些后处理，使得结果图像能够满足标准的要求，特别是正脸图像类型。 另一方面，这些处理步骤宜尽可能降低到最少，且不能破坏原有图像的特征。GB/T 26237.5—2014 表 19 的最右一列表明了可以采用何种后取样处理，而不必存储为第 11 章规定的后处理图像类型	1	M	Y	Y	Y	Y
R-38	6.7.8	交叉引用:以 1 字节记录。交叉引用数据字段表示了在记录文件中多个图像的相互依赖关系，见 GB/T 26237.5—2014 表 20。该字段特别在使用了后处理方法的情况下具有重要的作用。 后处理类型的表示数据的交叉引用字段应被编码为它们原始图像的编号。记录中的第一个表示数据为 0x01	1、2	M				Y
R-39	6.7.9	图像颜色空间:以 1 字节记录。图像颜色空间字段记录了图像信息块用于编码图像的颜色空间，编码方式如 GB/T 26237.5—2014 表 21 所示。0x80～0xFF 为图像提供者自定义空间。应用程序开发者需要从图像提供者处获取具体的编码方案	2	M	Y	Y	Y	Y

表 1（续）

要求编号	对应章条	要求概要	级别	状态	子格式适用性			
					B	F	T	P
R-40	6.8	表示数据块：表示数据包括了图像数据块，3D 信息块和 3D 数据块	3C	O-1	Y	Y	Y	Y
R-41	6.9.2 表 22	图像数据长度：以 4 字节记录。该字段应以字节为单位记录图像数据的长度。 $K \leqslant$ 长度值 $\leqslant 2^{32}-53$，K 为 JPEG、JPEG2000 或 PNG 标准头文件的最短长度	1、2	M	Y	Y	Y	Y
R-42	6.9.3 表 17、表 22	图像数据：该长度可变字段应包括以 JPEG、JPEG2000 或 PNG 标准进行编码的图像数据	2	M	Y	Y	Y	Y
R-43	6.10.1	3D 信息块长度：以 4 字节记录。该字段编码记录了 3D 信息和 3D 数据块总长度，其中包含了存在的可选字段和块的长度	1、2	M	Y	Y	Y	
R-44	6.10.2.1	坐标系类型： 所有的表示方法支持笛卡尔坐标系。距离数据表示额外增加了支持柱状坐标系。 坐标系类型字段通过 GB/T 26237.5—2014 表 23 中的值，规定了 3D 数据的坐标系类型	1、3C	M	Y	Y	Y	
R-45	6.10.2.2	笛卡尔坐标系： 在笛卡尔坐标系（如 GB/T 26237.5—2014 图 10 所示）中，传感器原点被用来表示笛卡尔坐标系的原点。 笛卡尔坐标系到度量笛卡尔坐标系的变换方法如下： $X = x \times \text{Scale}X + \text{Offset}X$ $Y = y \times \text{Scale}Y + \text{Offset}Y$ $Z = z \times \text{Scale}Z + \text{Offset}Z$ 人体测量点和坐标系系统，还可以通过建立如下的关系进行联系： ——对应 2D 图像的解剖学配准； ——通过纹理投影矩阵进行的 3D 距离图像和对应 2D 图像的匹配	3C	O-1	Y	Y	Y	
R-46	6.10.2.3	圆柱坐标系： 圆柱坐标系的点（α, h, r）。角度 α 和 h 轴定义遵循顺时针方向。 由圆柱坐标系到度量笛卡尔坐标系变换的方法如下： $X = r \times \text{Scale}Z \times \sin(\alpha \times \text{Scale}X) + \text{Offset}X$； $Y = h \times \text{Scale}Y + \text{Offset}Y$； $Z = r \times \text{Scale}Z \times \cos(\alpha \times \text{Scale}X) + \text{Offset}Z$	3C	O-1	Y	Y	Y	

表 1（续）

要求编号	对应章条	要求概要	级别	状态	子格式适用性			
					B	F	T	P
R-47	6.10.2.3	Scale$X$、Scale$Y$、Scale$Z$、Offset、Offset 和 Offset$Z$ 为变换必须的系数。 Scale$X$ 以弧度为单位。Scale$Y$、Scale$Z$、Offset$X$、Offset 和 Offset$Z$ 以毫米为单位。 传感器的原点被用来当做柱状坐标系的原点。 人体测量点和坐标系系统，还可以通过建立如下的关系进行联系： ——对应 2D 图像的解剖学配准； ——通过纹理投影矩阵进行的 3D 距离图像和对应 2D 图像的匹配	3C	O-1	Y	Y	Y	
R-48	6.10.3	纹理投影矩阵： 纹理投影矩阵 P(3×4 的浮点型，48 字节)被用来将 3D 数据投影到图像数据块的 2D 纹理图像。矩阵应以列优先方式从左上元素存储。 我们可以将一个 3D 空间中的坐标点$[X,Y,Z]^T$ 通过与纹理投影数据相乘来投影到人脸数据块的 2D 纹理数据，这被称作 3D 同质坐标系的 3D 点。 $[x,y,z]^T = P\times[X,Y,Z]^T$ 同质 3D 坐标系为一个 4 个元素的向量$[X,Y,Z,1]^T$。其中 X、Y、Z 为变量笛卡尔坐标系的坐标点。乘法的结果$[x,y,w]^T$，被称作同质 2D 坐标系，w 为辅助坐标系。将前两个元素分别除以辅助坐标系的值，可以获得纹理图像生成的 2D 图像。因此$[x:w,y:w]$为 3D 坐标点$[X,Y,Z]^T$ 对应的纹理图像坐标点。 如果需要，投影 3D 数据到纹理数据时，圆柱坐标系应转换成笛卡尔坐标系。如果有重叠现象，纹理图投影到视线中(最靠近观测者)的第一个点。 下面两个块存储了为从 3D 数据中计算度量深度值必须的所有数据	3C	O-1	Y	Y	Y	
R-49	6.10.4	X 尺度，Y 尺度，Z 尺度，X 偏移量，Y 偏移量，Z 偏移量： 如 GB/T 26237.5—2014 的 6.10.2.2 和 6.10.2.3 中的 Scale$X$、Scale$Y$、Scale$Z$、Offset$X$、Offset$Y$ 和 Offset$Z$ 为将数字坐标系转化为度量坐标系时的必须值。它们应用于 GB/T 26237.5—2014 中定义的所有 3D 人脸表示数据。所有值以毫米为单位，在笛卡尔坐标系的情况下 Scale$X$ 也以毫米为单位，在圆柱坐标系的情况下 Scale$X$ 以弧度为单位。每个因子都以 4 字节的浮点数值表示。 Scale$X$、Scale$Y$、Scale$Z$ 的值越大表示采样率越低。Scale$X$、Scale$Y$、Scale$Z$ 的边界值严格受限于不同的人脸图像的类型(见 GB/T 26237.5—2014 的第 12 章～第 14 章，参见 GB/T 26237.5—2014 附录 A.7)	1、3C	M	Y	Y	Y	
R-50	6.10.5	3D 数据类型：以 1 字节记录。3D 人脸数据类型字段应记录用于表示 3D 数据的数据类型，如 GB/T 26237.5—2014 表 24 所示	1	M	Y	Y	Y	

表 1（续）

要求编号	对应章条	要求概要	级别	状态	子格式适用性			
					B	F	T	P
R-51	6.10.6	3D 追加数据：以 1 字节记录。3D 追加数据编码是一个位编码，每一位掩码位置应如 GB/T 26237.5—2014 表 25 所示。 如果对应的 3D 信息存在应设置为 1，否则设置为 0。 因此该字段每一位都为 0 时表示任何信息都未提供。 掩码位置从 0 开始，最低位值权重最高。 掩码值表示数据是否存在投影/顶点误差图或者纹理图	1	M	Y	Y	Y	
R-52	6.10.7	3D 设备技术 ID：以 1 字节记录。和 2D 图像信息块中的采集设备技术 ID 类似，3D 设备技术 ID 字段宜记录获得 3D 数据的设备技术，如 GB/T 26237.5—2014 表 26 所示。此外，权重最高的位表示应用的扫描技术为主动扫描还是被动扫描	1	M	Y	Y	Y	
R-53	6.10.8	3D 设备类型：以 2 字节记录。3D 设备类型字段记录了提供者定义的采集设备类型 ID。值全为 0 表示 3D 设备类型未定义。应用开发者可能需要从提供者处获取具体编码	1	M	Y	Y	Y	
R-54	6.10.9	3D-2D 时间同步：以 2 字节记录。3D 到 2D 图像时同步性应被用来记录 3D 数据和图像数据块中的 2D 数据之间的时间关系，如 GB/T 26237.5—2014 表 27 所示。它并不为额外的纹理图提供时间的参考。 该字段的值表示 2D 和 3D 获得过程的时间差异，以 ms(毫秒)为单位。 该字段允许整值和负值。这里，负值的时间表示 3D 获得进程开始早于 2D 获得进程。 时间差异记录在两个采集系统的附加系统中	1	M	Y	Y	Y	
R-55	6.10.10	3D-2D 纹理同步：以 2 字节记录。3D 到 2D 纹理时同步字段应用来记录 3D 数据和可选 2D 纹理数据之间的时间关系，如 GB/T 26237.5—2014 表 28 所示。 该字段的值表示 2D 纹理图像和 3D 图像获得过程的时间差异，以 ms 为单位。该字段并不是指图像数据中的 2D 图像和 3D 图像的时同步性。 该字段允许整值和负值。此处负值时间表示 3D 获得进程开始早于 2D 获得进程。 时间差异记录在两个采集系统的附加系统中	1	M	Y	Y	Y	
R-56	6.10.11	3D 获得时间： 不同的 3D 扫描技术在获取时间上差异很大，而获取时间直接影响到图像的质量(如被测者在获取过程中产生了移动)。 因此 3D 图像获取时间字段被用来编码从获取过程开始到结束的时间跨度，以 ms 为单位，见 GB/T 26237.5—2014 表 29	1	M	Y	Y	Y	

表 1（续）

要求编号	对应章条	要求概要	级别	状态	子格式适用性			
					B	F	T	P
R-57	6.10.12	2D 纹理获得时间： 3D 数据记录可选的 2D 纹理图可能也可能不与 3D 数据的获取过程同步进行。 因此 2D 纹理图像的获取时间字段被用来记录 2D 纹理图像获取过程开始到终止的时间跨度，以 ms 为单位，如 GB/T 26237.5—2014 表 30 所示	1	M	Y	Y	Y	
R-58	6.10.13	纹理图像类型：以 1 字节记录。纹理图像类型字段记录了纹理图像的编码类型，如 GB/T 26237.5—2014 表 31 所示。若 3D 额外数据字段规定了存在纹理图，则应指出所使用的编码类型，即 JPEG、JPEG2000 及 PNG 三者之一。对 JPEG 编码，数据应遵循 JPEG 文件交换协议格式 1.02 版。 如果 3D 追加数据字段规定了没有纹理图，则纹理图类型应设为"未确定"	2	M	Y	Y	Y	
R-59	6.10.14	纹理图像光谱：以 1 字节记录。纹理图像光谱字段记录了 GB/T 26237.5—2014 的 6.11.9 具体定义的纹理图像的光谱，如 GB/T 26237.5—2014 表 32 所示。 如果 3D 附加数据字段具体规定了纹理图像存在，则纹理图像光谱不应为未定义。如果 3D 附加数据字段具体规定了没有纹理图像，则纹理图像光谱字段应为未定义	2、1	M	Y	Y	Y	
R-60	6.11.2	距离图像位深度：以 1 字节记录。距离图像位深度字段记录了距离图像的位深度，如 GB/T 26237.5—2014 表 33 所示。由于位深度也可以从 PNG 记录格式头中获得，使用该字段只是为了是解析过程更加简单	1、2	M	Y	Y	Y	
R-61	6.11.3	距离图像： 距离图像是二维距离数据的记录表示。距离图像应存成 PNG 格式。 PNG 编码的位率记录在 PNG 头文件中，但也应在距离图像位深度字段中给出（见 GB/T 26237.5—2014 的 6.11.2）。因此无论 8 位还是 16 位深度编码都应从 PNG 记录头中定义。 未压缩数据的维度等于距离图像的高度乘以距离图像的宽度。这些维度都应记录在 PNG 头文件中	2	M	Y	Y	Y	
R-62	6.11.4	3D 点图宽度和高度：各以 2 字节记录。规定了保存 3D 数据的 3D 点图的宽度和高度。 两个字段值均从 0～65 535 变化	1	M	Y	Y	Y	

表 1（续）

要求编号	对应章条	要求概要	级别	状态	子格式适用性			
					B	F	T	P
R-63	6.11.5	3D 点图： 3D 点图允许存储原始的 3D 扫描数据。 该块的组织方式如下。它包括 PNG 格式的 3 通道的无损压缩图像，每通道 16 位。第一个通道代表 X 轴坐标，第二个通道为 Y 轴坐标，第三个通道为 Z 轴坐标。 像素值(X,Y,Z)为(0xFFFF,0xFFFF,0xFFFF)时，表示不合法 3D 点。 坐标系为任意笛卡尔坐标系	1	M	Y	Y	Y	
R-64	6.11.6	顶点数据： 每个顶点的位置由具体规定的 X 轴，Y 轴，Z 轴的坐标值表示。分别存在 X 轴、Y 轴、Z 轴字段中。 如果标准字段标志为 0x01，则对应每个顶点的标准向量应分别在标准 X 轴，标准 Y 轴，标准 Z 轴中记录。 GB/T 26237.5—2014 的 6.11.8 的表 35 规定的可选顶点误差字段，记录了顶点的到标准顶点值的信息。如果在 3D 追加数据字段中存在误差图，则应给出每个顶点的误差字段。 3D 追加数据字段中的特征图存在，则每个顶点的顶点特征 X 和顶点特征 Y 值应在该字段中记录。三角形的数量在三角形统计字段中以 4 字节方式记录。 3D 定点数据表示允许额外规定顶点标准。该字段可以通过 1 字节的标准标志字段表示，见 GB/T 26237.5—2014 表 34	1、2	M	Y	Y	Y	
R-65	6.11.7	三角形数据： 长度可变的顶点三角形数据包含了三角形描述列表。三角形的数量在三角形面统计值字段中具体记录。每个三角形都通过在顶点数据中的标记值来形成三角形。顶点记录的顺序应为逆时针方向到三角形面外	1、2	M	Y	Y	Y	
R-66	6.11.8	误差图： 可选的误差图能够被用来给出 3D 数据在存储之前如何被处理的信息。误差图应通过 8 位灰度图像方式被编码成 PNG 格式。图的长度根据无损压缩算法而改变。如果与之关联的为距离图像，则未压缩数据的维度为距离图像的高度乘以距离图像的宽度；如果与之关联的为 3D 点图，则未压缩图像的维度为 3D 点图像的高度乘以 3D 点图像的宽度。 坐标值 T 的范围 0～199 为 SC37 预留值范围。T＝200 的编码表示深度值是正确的。T＝201 及以上的值表示对 3D 图像或相关的纹理图像进行了一些潜在的修改。见 GB/T 26237.5—2014 的 6.11.6 对 3D 顶点表示数据中的元素值规定	1、3C	M	Y	Y	Y	

表 1（续）

要求编号	对应章条	要求概要	级别	状态	子格式适用性			
					B	F	T	P
R-67	6.11.9	纹理图： 可选的纹理图宜只被用来存储扫描设备在 3D 获取过程中获得的，脸部数据的纹理特征。因此可能与图像数据块中的标准 2D 图像不同，该数据含有一定几何结构。 而该数据不能代替图像数据块中的标准 2D 图像。 纹理图的结构在纹理图类型字段中具体记录。 它可以被编码成 8 位或 16 位灰度或 24 位彩色图像。 图的长度可变，依赖于压缩算法。 如果与之关联的为距离图像，则未压缩数据的维度为距离图像的高度乘以距离图像的宽度；如果与之关联的为 3D 点图，则未压缩图像的维度为 3D 点图像的高度乘以 3D 点图像的宽度	3C	O-1	Y	Y	Y	
人脸图像基本类型								
R-68	7.4.1	通用文件头： 应规定格式标识符、版本号、记录长度、以及表示数量	1	M	Y	Y	Y	Y
R-69	7.4.2	数据表示文件头： 应规定表示长度和标记点数量	1	M	Y	Y	Y	Y
R-70	7.4.3	图像信息： 人脸图像类型字段的值应为 0x00。 应规定图像数据类型、图像宽度和图像高度	1	M	Y	Y	Y	Y
正面人脸图像类型								
R-71	8.2.2	姿态： 应使用正面人脸姿态。头部的相对于 p 轴和 y 轴的转动应小于±5°(见 GB/T 26237.5—2014 的 6.5.8)。 头部相对于 r 轴的转动应限制在±8°以内(见 GB/T 26237.5—2014 的 6.5.8)	1	M		Y	Y	Y
R-72	9.4.1	空间采样率： 为了满足最佳图像处理和图像永久存储的要求，图像的空间采样率应保证头部水平方向上至少有 180 个像素，或两眼中心之间有约 90 个像素。空间采样率等级编码见 GB/T 26237.5—2014 表 18	1	M		Y		

表 1（续）

要求编号	对应章条	要求概要	级别	状态	子格式适用性			
					B	F	T	P
完全正面人脸图像类型								
R-73	9.4.2	采集后处理： 采集后处理应仅包含平面旋转和/或人脸分割和/或降采样和/或多重压缩。后处理每个编码代表的含义见 GB/T 26237.5—2014 表 19	1	M		Y		
R-74	9.5.2	图像信息： 人脸图像类型字段的值应为 0x01	1	M		Y		
标记正面人脸图像类型								
R-75	10.2.2	要创建一个标记正面人脸图像，应确定眼窝中心或眼睛的位置坐标，即标记点 12.1 和 12.2 的坐标。这可通过以下方式予以确定： ——使用计算机检查； ——利用人工视觉检查； ——使用计算机和人工视觉检查	3C	O-1			Y	
R-76	10.2.3	几何特征： 标记正面人脸图像是一个彩色或灰度图像，其尺寸和眼睛的位置坐标如 GB/T 26237.5—2014 表 37 所示	2、3C	O-1			Y	
R-77	10.2.4	标记正面人脸图像的最小宽度： 标记正面人脸图像的最小宽度为 240 个像素。 坐标原点(0,0)在图像的左上角，所有的测量都是以像素为单位	1	M			Y	
R-78	10.3.2	图像信息： 人脸图像类型字段的值应为 0x02	1	M			Y	
后处理正面人脸图像类型								
R-79	11.3.2	交叉引用： 为了表征处理前后不同的编码之间的关系，应使用交叉引用字段，即交叉参考字段不应为零。而且可以多重交叉引用原始图像	1	M				Y
R-80	11.3.3	图像信息： 人脸图像类型字段的值应为 0x03	1	M				Y

表 1（续）

要求编号	对应章条	要求概要	级别	状态	子格式适用性			
					B	F	T	P
R-81	11.3.4	采集后处理： 采集后处理标记位应为大于 0 的值	1	M				Y
3D 图像基本类型的 3D 点图表示								
R-82	12.2.1	坐标系统类型： 坐标系类型字段的值应为 0x00，即笛卡尔直角坐标系	1	M	Y			
R-83	12.2.2	坐标轴尺度： 采用的坐标系各个坐标轴的尺度和坐标原点的偏移量都应使用固定值： Scale$X$ = Scale$Y$ = Scale$Z$ = 0.02 mm Offset$X$ = Offset$Y$ = Offset$Z$ = −655.34 mm	1	M	Y			
3D 图像基本类型的 3D 顶点表示								
R-84	12.3.1	坐标系统类型： 坐标系类型字段的值应为 0x00，即笛卡尔直角坐标系	1	M	Y			
R-85	12.3.2	顶点坐标系坐标轴的尺度： 采用的坐标系各个坐标轴的尺度和坐标原点的偏移量都应使用固定值： Scale$X$ = Scale$Y$ = Scale$Z$ = 0.02 mm Offset$X$ = Offset$Y$ = Offset$Z$ = −655.34 mm	1	M	Y			
完全正面人脸 3D 图像类型								
R-86	13.2	坐标系统类型： 坐标系类型字段的值应为 0x00，即笛卡尔直角坐标系。 此外，坐标系统的原点应为鼻子的位置，即标记点 Prn，其定义如 GB/T 26237.5—2014 表 15 所示	1	M		Y	Y	
R-87	13.3	3D 表示的姿态： 3D 表示中头部相对于 Y 轴和 P 轴的旋转角度应在±5°之内。头部摆动角度应在±8°之内	1	M		Y	Y	
R-88	13.4	纹理投影标定精度： 采集设备的标定精度应保证完全 2D 正面人脸图像和正面人脸 3D 图像投影后得到的 2D 人脸图像之间的偏移小于 1 mm	3C	O-1		Y	Y	

表 1（续）

要求编号	对应章条	要求概要	级别	状态	子格式适用性			
					B	F	T	P
使用深度图像表示完全正面人脸 3D 图像类型								
R-89	13.5.1	坐标轴尺度： 存储数据深度上的分辨率取决于 Z 轴的尺度。为了保证笛卡尔坐标系中的完全正面人脸 3D 图像最佳质量，应将 Z 轴的最大尺度值定义为 ScaleZ_{max} = 1 mm。 出于同样的原因，X 和 Y 轴最大的尺度值亦应定义为 ScaleX_{max} = ScaleY_{max} = 1 mm。以保证笛卡尔坐标系中的完全正面人脸 3D 图像最佳质量	1	M		Y	Y	
R-90	13.5.2	面部覆盖率： 3D 数据应覆盖的最小的矩形区域的尺寸为$[-1.75w,1.75w]\times[-1.75w,2.55w]$(外部矩形区域)，其坐标原点为标记点 Prn，$w$ 是标记点 12.1 和 12.2 之间的距离(两眼中心距)	3C	O-1		Y	Y	
R-91	13.5.3	3D 图像数据的非有效点： 在第 12.5.2 中定义的区域中，应最多有 50%的像素的值为零(零代表无效深度值)。 此外，在$[-1.5w,1.5w]\times[-1.8w,1.8w]$的“内区”中，应最多有 20%的像素的值为零	3C	O-1		Y	Y	
使用 3D 点图表示完全正面 3D 人脸图								
R-92	13.6.1	3D 点图分布图的宽度和高度： 3D 点图的分辨率直接取决 3D 点图分布的宽度和高度。为了使高分辨率的 3D 数据之间能够交换，3D 点图分布的最小宽度和高度应为： 3D 点图最小宽度=140 像素 3D 点图最小高度=170 像素	1	M		Y	Y	
R-93	13.6.2	面部覆盖率： 对于生物特征识别而言，GB/T 26237.5—2014 的 13.5.2 中所定义的外部区域中应包含充分多测量点是非常重要的。 因此，一个完全正面人脸 3D 图像的 3D 点图表示中应最少有 70%的点有 X 和 Y 坐标，且满足 $-1.75w\leqslant X\leqslant 1.75w$ 和 $-1.75w\leqslant Y\leqslant 2.55w$。其中 w 是两眼的中心(12.1 和 12.2)之间的距离	3C	O-1		Y	Y	

表 1（续）

要求编号	对应章条	要求概要	级别	状态	子格式适用性			
					B	F	T	P
使用 3D 顶点表示完全正面人脸 3D 图像类型								
R-94	13.7.1	面部覆盖率： 对于生物特征识别而言，GB/T 26237.5—2014 的 13.5.3 中所定义的内部区域中应包含充分多测量点是非常重要的。因此，一个完全正面人脸 3D 图像的 3D 顶点集表示中应最少有 1 000 个点有 X 和 Y 坐标，且满足 $-1.5w \leqslant X \leqslant 1.5w$ 和 $-1.8w \leqslant Y \leqslant 1.8w$。其中 w 是两眼的中心(12.1 和 12.2)之间的距离。 在内部区域 80%的部分上应满足每平方厘米上至少有一个投影点	3C	O-1		Y	Y	
注：3C 级别的符合性测试断言尚未规定。这主要是针对 GB/T 26237.5—2014 的强制性要求尚未定义出测试 IUT 或者 BDIR 的符合性的方法。因此对于GB/T 33842 的本部分，在合适的测试方法提出之前，所有要求都是可选项（“O”）。3C 表明级别 3 符合性要求的符合性测试超出了符合性测试标准的当前版本及其所包含表格的范围。然而，大多数要求可以通过适当的图像处理操作来测试。								

6.3 GB/T 26237.5—2014 的级别 1 和级别 2 测试断言

一个声明能生成人脸图像记录且该记录符合 GB/T 26237.5—2014 人脸图像数据交换格式的级别 1 与级别 2 要求的子系统应该通过执行所有列于表 2 中的特定测试断言来评估。表 2 中的测试注释为规范性要求，内容详见表 3。

表 2 GB/T 26237.5—2014 所有图像类型的符合性测试断言

测试编号	部分	要求 ID	级别	字段名称	操作符	操作对象	测试注释	状态
T-1	通用文件头	R-1、R-3	1	格式标识	EQ	0x46414300		M
T-2	通用文件头	R-1、R-3	1	格式标识	NEQ	0x00434146	1	M
T-3	通用文件头	R-4	1	版本号	EQ	0x30313000		M
T-4	通用文件头	R-4	1	版本号	NEQ	0x00303130	1	M
T-5	通用文件头	R-5	1	记录长度	EQ	0x0000004E～0xFFFFFFFF		M

表 2（续）

测试编号	部分	要求 ID	级别	字段名称	操作符	操作对象	测试注释	状态
T-6	通用文件头	R-5	2	记录长度	EQ	总字节读数		M
T-7	通用文件头	R-6	1	表示数量	EQ	0x0001～0xFFFF		M
T-8	通用文件头	R-6	2	表示数量	EQ	表示块的数量		M
T-9	通用文件头	R-7	1	认证标志	EQ	0x00		M
T-10	通用文件头	R-8	1	时态语义	EQ	0x0001～0xFFFF		M
T-11	数据表示文件头	R-9	1	表示长度	EQ	0x0000003D～0xFFFFFFFF		M
T-12	数据表示文件头	R-9	2	表示长度	EQ	表示块的总字节读数		M
T-13	数据表示文件头	R-10	1	采集时间	LTE	0xFFFFFFFFFFFFFFFFFFFFFFFFFFFFFFFFFFFFFFFF		M
T-14	数据表示文件头	R-10	1	采集日期的公历年份	EQ	0x076C～0x270F		M
T-15	数据表示文件头	R-10	1	采集日期的月份	EQ	0x01～0x0C、0x63		M
T-16	数据表示文件头	R-10	1	采集的日期	EQ	0x01～0x1F、0x63		M
T-17	数据表示文件头	R-10	1	采集时间的小时	EQ	0x00～0x17、0x63		M
T-18	数据表示文件头	R-10	1	采集时间的分钟	EQ	0x00～0x3B、0x63		M
T-19	数据表示文件头	R-10	1	采集时间的秒钟	EQ	0x00～0x3B、0x63		M
T-20	数据表示文件头	R-10	1	采集时间的毫秒	EQ	0x0000～0x270F		M
T-21	数据表示文件头	R-11	1	采集技术 ID	LTE	0xFF		M
T-22	数据表示文件头	R-11	1	采集技术 ID	EQ	0x00～0x07、0x80～0xFF		M
T-23	数据表示文件头	R-12	1	设备厂商 ID	EQ	0x0000～0xFFFF		M
T-24	数据表示文件头	R-13	1	设备类型 ID	EQ	0x0000～0xFFFF		M
T-25	数据表示文件头	R-13	2	设备类型 ID	EQ	0x0000	2	M
T-26	数据表示文件头	R-14	2	质量块数量	C	见测试注释	3	M

表 2（续）

测试编号	部分	要求 ID	级别	字段名称	操作符	操作对象	测试注释	状态
T-27	数据表示文件头	R-14	2	质量块数量	C	见测试注释	4	M
T-28	数据表示文件头	R-15	1	质量得分	EQ	0x00～0x64、0xFF		O
T-29	数据表示文件头	R-16	1	质量算法来源 ID	EQ	0x0001～0xFFFF		O
T-30	数据表示文件头	R-17	1	质量算法 ID	EQ	0x0001～0xFFFF		O
T-31	数据表示文件头	R-17	1	质量块数量	EQ	0x00～0xFF		M
T-32	数据表示文件头	R-18	1	标记点数量	EQ	0x0000～0xFFFF		M
T-33	数据表示文件头	R-18	2	标记点数量	EQ	预期标记点总数		M
T-34	数据表示文件头	R-19	1	性别	EQ	0x00～0x02、0xFF		M
T-35	数据表示文件头	R-20	1	眼睛颜色	EQ	0x00～0x07、0xFF		M
T-36	数据表示文件头	R-21	1	头发颜色	EQ	0x00～0x07、0xFF		M
T-37	数据表示文件头	R-22	1	被测者身高	EQ	0x00～0xFF		M
T-38	数据表示文件头	R-23	1	特征遮罩编码	EQ	0x000000、0x000001～0x0007FF(只有奇数值)		M
T-39	数据表示文件头	R-24	1	表情	EQ	0x0000、0x0001～0xFE0F(只有奇数值)		M
T-40	数据表示文件头	R-25	1	姿态角 - 偏转	EQ	0x00～0xB4		M
T-41	数据表示文件头	R-26	1	姿态角 - 俯仰	EQ	0x00～0xB4		M
T-42	数据表示文件头	R-27	1	姿态角 - 摆动	EQ	0x00～0xB4		M
T-43	数据表示文件头	R-28	1	姿态角不确定度 - 偏转	EQ	0x00～0xB5		M
T-44	数据表示文件头	R-28	1	姿态角不确定度 - 俯仰	EQ	0x00～0xB5		M
T-45	数据表示文件头	R-28	1	姿态角不确定度 - 摆动	EQ	0x00～0xB5		M
T-46	数据表示文件头	R-29	2	标记点	C	见测试注释	5	O
T-47	数据表示文件头	R-30	1	标记点类型	EQ	0x01～0x03	6	O

表 2（续）

测试编号	部分	要求 ID	级别	字段名称	操作符	操作对象	测试注释	状态
T-48	数据表示文件头	R-31	1	标记点编码	EQ	0x00～0xFF	6	O
T-49	数据表示文件头	R-32	1	人脸图像类型	EQ	0x00～0x03、0x80～0x82		M
T-50	数据表示文件头	R-33	1	图像数据类型	EQ	0x00～0x03		M
T-51	数据表示文件头	R-33、R-42	2	图像数据	C	见测试注释	7	M
T-52	数据表示文件头	R-34、R-70	1	图像宽度	EQ	0x0000～0xFFFF		M
T-53	数据表示文件头	R-34	2	图像宽度	C	见测试注释	8	M
T-54	数据表示文件头	R-35、R-70	1	图像高度	EQ	0x0000～0xFFFF		M
T-55	数据表示文件头	R-35	2	图像高度	C	见测试注释	9	M
T-56	数据表示文件头	R-36	1	空间采样率	EQ	0x00～0x07		M
T-57	数据表示文件头	R-37	1	后处理	EQ	0x0000～0x07FF		M
T-58	数据表示文件头	R-37	2	后处理	NEQ	0x0000～0x000F	10	M
T-59	数据表示文件头	R-38	1	交叉引用	EQ	0x00～0xFF		M
T-60	数据表示文件头	R-38	2	交叉引用	LTE	表示数量		M
T-61	数据表示文件头	R-39	1	图像颜色空间	EQ	0x00～0x06、0x80～0xFF		M
T-62	表示数据	R-41	1	图像数据长度	EQ	0x00000000～0xFFFFFFFF		M
T-63	表示数据	R-41	2	图像数据长度	EQ	读取的字节数(图像数据块中的字节数)		M
T-64	表示数据	R-43	1	3D 数据长度	EQ	0x00000000～0xFFFFFFFF		O
T-65	表示数据	R-43	2	3D 数据长度	EQ	读取的字节数(3D 数据块中的字节数)＋92 字节		O
T-66	表示数据	R-44	1	坐标系类型	EQ	0x00、0x01		O
T-67	表示数据	R-48	1	纹理投影矩阵	EQ	48 字节		O
T-68	表示数据	R-49	1	*X* 尺度	EQ	0x00000000～0xFFFFFFFF		O

表 2（续）

测试编号	部分	要求 ID	级别	字段名称	操作符	操作对象	测试注释	状态
T-69	表示数据	R-49	1	*Y* 尺度	EQ	0x00000000～0xFFFFFFFF		O
T-70	表示数据	R-49	1	*Z* 尺度	EQ	0x00000000～0xFFFFFFFF		O
T-71	表示数据	R-49	1	*X* 偏移量	EQ	0x00000000～0xFFFFFFFF		O
T-72	表示数据	R-49	1	*Y* 偏移量	EQ	0x00000000～0xFFFFFFFF		O
T-73	表示数据	R-49	1	*Z* 偏移量	EQ	0x00000000～0xFFFFFFFF		O
T-74	表示数据	R-50	1	3D 数据类型	EQ	0x00～0x02		O
T-75	表示数据	R-51	1	3D 追加数据	EQ	0x00～0x03		O
T-76	表示数据	R-52	1	3D 设备技术 ID	EQ	0x00～0x06、0x81、0x86		O
T-77	表示数据	R-53	1	3D 设备类型	EQ	0x0000～0xFFFF		O
T-78	表示数据	R-54	1	3D-2D 时间同步	EQ	0x0000～0xFFFF		O
T-79	表示数据	R-55	1	3D-2D 纹理同步	EQ	0x0000～0xFFFF		O
T-80	表示数据	R-56	1	3D 获得时间	EQ	0x0000～0xFFFF		O
T-81	表示数据	R-57	1	2D 纹理获得时间	EQ	0x0000～0xFFFF		O
T-82	表示数据	R-58	2	纹理图像类型	EQ	0x01～0x03	11	O
T-83	表示数据	R-58	2	纹理图像类型	EQ	0x00	12	O
T-84	表示数据	R-58	1	纹理图像类型	EQ	0x00～0x03		O
T-85	表示数据	R-59	2	纹理图像光谱	NEQ	0x00	11	O
T-86	表示数据	R-59	2	纹理图像光谱	EQ	0x00	12	O
T-87	表示数据	R-59	1	纹理图像光谱	EQ	0x00～0x04		O
T-88	表示数据	R-60、R-61	2	距离图像位深度	EQ	{ImageHeader - BitDepth}(ISO/IEC 15948:2004)		O
T-89	表示数据	R-60	1	距离图像位深度	EQ	0x00、0x01		O

表 2（续）

测试编号	部分	要求 ID	级别	字段名称	操作符	操作对象	测试注释	状态
T-90	表示数据	R-61	1	距离图像	EQ	见测试注释	13	O
T-91	表示数据	R-62	1	3D 点图宽度	EQ	0x0000～0xFFFF		O
T-92	表示数据	R-62	1	3D 点图高度	EQ	0x0000～0xFFFF		O
T-93	表示数据	R-63	1	3D 点图	EQ	见测试注释	13	O
T-94	表示数据	R-64	1	顶点数量	EQ	0x0000～0xFFFF		O
T-95	表示数据	R-64	1	顶点 X 坐标	EQ	0x0000～0xFFFF		O
T-96	表示数据	R-64	1	顶点 Y 坐标	EQ	0x0000～0xFFFF		O
T-97	表示数据	R-64	1	顶点 Z 坐标	EQ	0x0000～0xFFFF		O
T-98	表示数据	R-64	2	标准 X	EQ	0x0000～0xFFFF	14	O
T-99	表示数据	R-64	2	标准 Y	EQ	0x0000～0xFFFF	14	O
T-100	表示数据	R-64	2	标准 Z	EQ	0x0000～0xFFFF	14	O
T-101	表示数据	R-64、R-66	2	顶点误差量	EQ	0xC8～0xCD	15	O
T-102	表示数据	R-64	2	顶点纹理 X	EQ	0x0000～0xFFFF	11	O
T-103	表示数据	R-64	2	顶点纹理 Y	EQ	0x0000～0xFFFF	11	O
T-104	表示数据	R-65	1	三角形数量	EQ	0x00000000～0xFFFFFFFF		O
T-105	表示数据	R-65	1	基准量标记	EQ	0x00、0x01		O
T-106	表示数据	R-65	2	顶点数据	C	见测试注释	16	O
T-107	表示数据	R-65	1	三角形索引 1	EQ	0x0000～0xFFFF		O
T-108	表示数据	R-65	1	三角形索引 2	EQ	0x0000～0xFFFF		O
T-109	表示数据	R-65	1	三角形索引 3	EQ	0x0000～0xFFFF		O
T-110	表示数据	R-66	1	误差图	EQ	见测试注释	17	O

表 2（续）

测试编号	部分	要求 ID	级别	字段名称	操作符	操作对象	测试注释	状态
T-111	表示数据	R-66	1	误差图	EQ	0xC8～0xCD		O
T-112	表示数据	R-67	2	纹理图	EQ	见测试注释	18	O
T-113	数据表示文件头	R-68	1	表示数量	EQ	0x0001～0xFFFF		O
T-114	数据表示文件头	R-69	1	表示长度	EQ	0x0000003D～0xFFFFFFFF		O
T-115	数据表示文件头	R-70	1	人脸图像类型	EQ	0x00		O
T-116	数据表示文件头	R-70	1	图像数据类型	EQ	0x00～0x03		O
T-117	数据表示文件头	R-71、R-87	1	姿态角－偏转	EQ	0x00～0x03、0xB3～0xB4	19	O
T-118	数据表示文件头	R-71、R-87	1	姿态角－俯仰	EQ	0x00～0x03、0xB3～0xB4	19	O
T-119	数据表示文件头	R-71、R-87	1	姿态角－摆动	EQ	0x00～0x04、0xB1～0xB4	20	O
T-120	数据表示文件头	R-72	1	空间采样率	EQ	0x01～0x07		O
T-121	数据表示文件头	R-73	1	后处理	EQ	0x0000～0x000F		O
T-122	数据表示文件头	R-74	1	人脸图像类型	EQ	0x01		O
T-123	数据表示文件头	R-75	1	标记点数量	GTE	0x0002		O
T-124	数据表示文件头	R-75	1	标记点类型	EQ	0x01		O
T-125	数据表示文件头	R-75	1	标记点编码 1	EQ	0xC1		O
T-126	数据表示文件头	R-75	1	标记点编码 2	EQ	0xC2		O
T-127	数据表示文件头	R-76	2	图像高度	C	图像宽度/0.75		O
T-128	数据表示文件头	R-77	1	图像宽度	GTE	0x00F0		O
T-129	数据表示文件头	R-78	1	人脸图像类型	EQ	0x02		O
T-130	数据表示文件头	R-79	1	交叉引用	NEQ	0x00		O
T-131	数据表示文件头	R-80	1	人脸图像类型	EQ	0x03		O

表 2（续）

测试编号	部分	要求 ID	级别	字段名称	操作符	操作对象	测试注释	状态
T-132	数据表示文件头	R-81	1	采集后处理	GT	0x00		O
T-133	表示数据	R-82、R-84、R-86	1	坐标系统类型	EQ	0x00		O
T-134	表示数据	R-83、R-85	1	*X* 尺度	EQ	0x3CA3D70A		O
T-135	表示数据	R-83、R-85	1	*Y* 尺度	EQ	0x3CA3D70A		O
T-136	表示数据	R-83、R-85	1	*Z* 尺度	EQ	0x3CA3D70A		O
T-137	表示数据	R-83、R-85	1	*X* 偏移量	EQ	0xC423D5C3		O
T-138	表示数据	R-83、R-85	1	*Y* 偏移量	EQ	0xC423D5C3		O
T-139	表示数据	R-83、R-85	1	*Z* 偏移量	EQ	0xC423D5C3		O
T-140	表示数据	R-89	1	*Z* 尺度	LTE	0x00000001		O
T-141	表示数据	R-89	1	*X* 尺度	LTE	0x00000001		O
T-142	表示数据	R-89	1	*Y* 尺度	LTE	0x00000001		O
T-143	表示数据	R-92	1	3D 点图宽度	GTE	0x008C		O
T-144	表示数据	R-92	1	3D 点图高度	GTE	0x00AA		O

表 3　测试注释

序号	测试注释
1	T-2 和 T-4 检测多字节量是否被编码为等价于正确大端编码值的小端编码。如果被编为小端编码，但是在所有其他情形都通过了测试，那么这些测试失败。通过分析 T-1、T-2、T-3 和 T-4 的结果汇总，可以确定该 IUT 是否使用了正确的大端编码
2	如果{设备厂商 ID} EQ 0x0000，则适用
3	如果{质量块数量} GT 0x00，则{质量块}预期字节数 EQ {质量块数量}×5
4	如果{质量块数量} EQ 0x00，则{质量块}预期字节数 EQ 0x00

表 3（续）

序号	测试注释
5	读取的字节数(多个标记点块)EQ {标记点数量}×8 字节
6	如果{标记点数量}>0,则字段存在
7	{图像文件头}被定义为图像字节数组的头 X 个字节。X 是已知的图像压缩文件头的字节数。{图像尾}被定义为图像字节数组的最后 Y 个字节。Y 是已知的图像压缩文件尾的字节数。 如果{图像数据类型} = 0(0x00) 则 {JPEG 文件头}:0xFFD8FFE0(X=4) {JPEG 文件尾}:0xFFD9(Y=2) {图像文件头} EQ {JPEG 文件头} 且 {图像文件尾} EQ {JPEG 文件尾} 否则 如果{图像数据类型} = 1 或 2 (0x01 或 0x02) 则 {JPEG2000 文件头}:0x0000000C6A5020200D0A870A(X=12) {JPEG2000 文件尾}:0xFFD9(Y=2) {图像文件头} EQ {JPEG2000 文件头}且{图像文件头} EQ {JPEG2000 文件尾} 否则 如果{图像数据类型} = 3(0x03) 则 {PNG 文件头}:0x89504E470D0A1A0A(X=8) {PNG 文件尾}:0x49454E44AE426082(Y=8) {图像文件头} EQ {PNG 文件头} 且 {图像文件尾} EQ {PNG 文件尾}

表 3（续）

序号	测试注释
8	对PNG 图像，紧随图像文件头（IHDR）后的图像宽度和图像高度各为 4 字节。 ——定位 IHDR（0x49484452） ——设置 IHDR 起始位为索引 ——内部规定的图像宽度 ＝ 4 字节的值（从索引之后的 4 个字节开始） {图像宽度} EQ {内部规定的图像宽度} 对JPEG 图像，紧随图像开始标识（SoI）后的图像高度和图像宽度各为 2 字节。 ——定位 SoI（0xFFC0） ——设置 SoI 起始位为索引 ——内部规定的图像宽度 ＝ 2 字节的值（从索引之后的 7 个字节开始） {图像宽度} EQ {内部规定的图像宽度} 对JPEG2000 图像，紧随图像文件头（IHDR）后的图像高度和图像宽度各为 4 字节。 ——定位 IHDR（0x69686472） ——设置 IHDR 起始位为索引 ——内部规定的图像宽度 ＝ 2 字节的值（从索引之后的 8 个字节开始） {图像宽度} EQ {内部规定的图像宽度}

表 3（续）

序号	测试注释
9	对PNG 图像，紧随图像文件头(IHDR)的图像宽度和图像高度各为 4 字节。 ——定位 IHDR (0x49484452) ——设置 IHDR 起始位为索引 ——内部规定的图像高度 ＝ 4 字节的值(从索引之后的 8 个字节开始) {图像高度} EQ {内部规定的图像高度} 对JPEG 图像，紧随图像开始标识(SoI)后的图像高度和图像宽度各为 2 字节。 ——定位 SoI (0xFFC0) ——设置 SoI 起始位为索引 ——内部规定的图像高度 ＝ 2 字节的值(从索引之后的 5 个字节开始) {图像高度} EQ {内部规定的图像高度} 对JPEG2000 图像，紧随图像文件头(IHDR)后的图像高度和图像宽度各为 4 字节。 ——定位 IHDR (0x69686472) ——设置 IHDR 起始位为索引 ——内部规定的图像高度 ＝ 4 字节的值(从索引之后的 4 个字节开始) {图像高度} EQ {内部规定的图像高度}
10	在这种情况下{人脸图像类型} EQ 0x03
11	如果{3D 追加数据} EQ 0x02、0x03，测试可行
12	如果{3D 追加数据} NEQ 0x02、0x03，测试可行
13	应从 0x39504E470D0A1A0A 开始
14	如果{基准量标记} EQ 0x01，测试可行
15	如果{3D 追加数据} EQ 0x01、0x03
16	读取的字节数(三角数据块中的字节数)EQ {三角形个数}×6(字节)
17	应以 0x39504E470D0A1A0A 开始，{ImageData - BitDepth} EQ 0x08 且 {ImageData - ColourType} EQ 0x00(遵循 PNG 标准字段名)

表 3（续）

序号	测试注释
18	如果{纹理图类型} EQ 0x01 则 {纹理图}以 0xFFD8FFE0 开始,并且以{JPEG 文件尾}:0xFFD9 结束 否则 如果{纹理图类型} EQ 0x02 则 {纹理图}以 0x0000000C6A5020200D0A87 开始,并且以{JPEG 文件尾}:0xFFD9 结束 否则 如果{纹理图类型} EQ 0x02 则 {纹理图}以 0x89504E470D0A1A0A 开始,并且以{PNG 文件尾}:0x49454E44AE426082 结束
19	4 度:$B=4/2+1=3$(0x03) −4 度:$B=181-4/2=179$(0xB3)
20	7 度:$B=(7+1)/2=4$(0x04) −7 度:$B=181+(-7-1)/2=177$(0xB1)

参 考 文 献

[1] GB/T 17235.1—1998 信息技术 连续色调静态图像的数字压缩及编码 第1部分:要求和指南(ISO/IEC 10918-1:1994,IDT)

[2] GB/T 17235.2—1998 信息技术 连续色调静态图像的数字压缩及编码 第2部分:一致性测试(ISO/IEC 10918-2:1995,IDT)

[3] GB/T 30248.1—2013 信息技术 JPEG2000图像编码系统 第1部分:核心编码系统(ISO/IEC 15444-1:2004,IDT)

[4] ISO/IEC 15444-4:2004 信息技术 JPEG2000图像编码系统:一致性测试(Information technology — JPEG2000 image coding system: Conformance testing)

[5] ISO/IEC 15948:2004 信息技术 计算机图形和图像处理 可移植网络图象文件格式(PNG):功能规范[Information technology — Computer graphics and image processing — Portable Network Graphics (PNG): Functional specification]

参 考 文 献

ICS 23.080
J 71

中华人民共和国国家标准

GB/T 33925.2—2018/ISO 17769-2:2012

液体泵及其装置　通用术语、定义、量、字符和单位　第2部分:泵系统

Liquid pumps and installation—General terms, definitions, quantities, letter symbols and units—Part 2: Pumping system

(ISO 17769-2:2012, IDT)

2018-12-28 发布　　2019-07-01 实施

国家市场监督管理总局
中国国家标准化管理委员会　发布

前言

GB/T 33925《液体泵及其装置 通用术语、定义、量、字符和单位》分为以下两个部分：

——第1部分：液体泵；

——第2部分：泵系统。

本部分是GB/T 33925的第2部分。

本部分按照GB/T 1.1—2009给出的规则起草。

本部分使用翻译法等同采用ISO 17769-2:2012《液体泵及其装置 通用术语、定义、量、字符和单位 第2部分：泵系统》。

为便于使用，本部分作了下列编辑性修改：

——删除了ISO 17769-2:2012中第1章的注2；

——增加了汉语拼音索引。

本部分由中国机械工业联合会提出。

本部分由全国泵标准化技术委员会(SAC/TC 211)归口。

本部分起草单位：沈阳水泵研究所、广东肯富来泵业股份有限公司、江苏大学、合肥华升泵阀股份有限公司、合肥新沪屏蔽泵有限公司、上海凯士比泵有限公司、山东双轮股份有限公司、中石化广州工程有限公司、利欧集团浙江泵业有限公司、嘉利特荏原泵业有限公司、江苏武新泵业有限公司、重庆水泵厂有限责任公司、昆明嘉和科技股份有限公司、山东硕博泵业有限公司、杭州碱泵有限公司。

本部分主要起草人：董钦敏、刘世龙、李明义、巫建波、王国良、潘再兵、王家斌、杨成炯、毛剑云、曲景田、刘铭、白小榜、赵骏、王冠超、李进富。

液体泵及其装置　通用术语、定义、量、字符和单位　第2部分:泵系统

1　范围

GB/T 33925 的本部分界定了输送介质为液体的回转动力泵、容积泵及其装置相关的术语、字符和单位。本部分适用于装置设计者、制造商、操作人员和项目建设方之间的理解、沟通。

本部分采用国际单位制单位,但其他法定单位也可采用。

本部分主要界定了泵系统相关的术语、字符和单位。

注:为了方便使用,与 ISO 17769-1 重复的术语和定义,本部分也给予了界定。

本部分不涉及回转动力泵、容积泵及其装置用零部件的术语、字符和单位。

对于和 ISO 80000-1 相符的符号和定义,如可能,可以在本部分适当的位置给予进一步的解释。为保持一致性,本部分也给出了一些差异说明。

2　术语和定义

注:本部分中的定义重点给出了以频繁使用的变量作为后缀的量的通用表达形式。采用给出的符号和角标,可以组成其他变量和推论出相应的符号。例如"工作"和"设计"的前缀也适用于定义量。

2.1　通用定义

2.1.1

泵　pump

输送液体用机械设备,通常以进出口法兰和轴端为界限。

2.1.2

泵机组　pump unit

机械设备的总体,包括**泵**(2.1.1)和**驱动机**(2.2.2),以及传动件、底座和其他辅助设备。

2.1.3

装置　installation

为满足使用要求,与泵或泵机组所连接的管路、支撑、基础、控制、动力等系统布置。

2.1.4

转动系统　rotating system

泵、驱动机和传动系统内连接的转动部件。

2.1.5

水力系统　hydraulic system

对一个系统的流量、静压和动压产生影响的所有构件。

2.1.6

水功率　water horse power

通过泵传递给输送液体的功率。

2.1.7

泵系统　pumping system

由一台或多台泵以及相互作用或相互联系的部件组成并共同完成规定性能工作的系统。

注1：泵系统通常包括(但不限于)驱动机、驱动器、电缆(布线)、控制和监测设备以及输送液体进、出泵的管路部件。

注2：在技术报告和国际标准中，系统的范围通常按照便于分析的原则去界定。

2.1.8

泵系统　pumping system

〈非技术用途〉由泵和其相互作用的部件组成的系统。

2.1.9

开式系统　open system

从一个或多个点输送液体并排出至另一个单独的点或多个点的系统。

2.1.10

闭式系统　closed systems

液体以共同的起点和终点为路径来实现再循环的系统。

注：仅有补给液体才能加到该系统中。

2.2　转速和驱动机

2.2.1

定速泵　pump at constant speed

在转速不发生显著变化的工况下运行的泵，例如异步电机转速在正常范围内变化。

2.2.2

驱动机　pump driver

提供机械能以驱动泵的机器。

注：包括(但不限于)电机、汽轮机、液压马达、气动马达和内燃机。

2.2.3

变速驱动　variable speed drive

以机械或电气方式来改变泵转速的设备。

注：包括(但不限于)涡流驱动、磁力驱动、变频驱动、液力耦合器、流体驱动、V带变速驱动以及其他各种变速机械驱动、蒸汽轮机和燃气轮机。

2.2.4

变频驱动　variable frequency drive

具有可调输出频率的固态电子装置，其输出为供给电机的近似正弦波电源。

2.3　流程和运行

2.3.1

流程　process

一种需要液力能的工作过程，是泵系统要求达到的目的。

注：包括扬程、温度或其他液体特性的传递和改变。

2.3.2

运行条件　operating conditions

由给定的用途和输送液体决定的各种工作参数。

示例：工作温度、工作压力。

2.3.3

允许工作范围　allowable operating region；AOR

泵制造商建议的流量范围，基于此，泵可稳定运行，其使用寿命不会受到严重危害。

2.3.4

摩擦损失　friction losses

由于液体在管路中流动造成的压力损失。

注 1：摩擦损失受诸多因素影响，例如管路尺寸（内径）和粗糙度、流量、管路长度、管件的数量和类型、以及液体物理特性。

注 2：摩擦损失用压力或扬程来表示。

2.3.5

系统扬程　system head

给定流量下静扬程和摩擦损失的总和。

2.3.6

系统曲线　system curve

系统扬程和流量的关系曲线。

2.3.7

泵曲线　pump curve

泵扬程和流量的关系曲线。

2.3.8

工况点　operating point

表示泵在装置中运行的点。

注：它是泵曲线和系统曲线的交点。

2.3.9

定负荷　constant load

泵在扬程-流量曲线上的固定点运行。

注：扬程-流量曲线表示水力运行工况。

2.3.10

变负荷　variable load

泵在扬程-流量曲线上的给定范围运行。

注：扬程-流量曲线表示水力运行工况。

2.3.11

设计点　design point

在项目设计阶段，一台泵的计算工况点。

注：这个点通常偏离实际工况点。

2.3.12

节流设备　throttle

一种用来增加摩擦阻力以控制流量的设备。

注：节流设备通常指阀。

2.4　可靠性和控制

2.4.1

泵可靠性　pump reliability

在规定时间范围和条件下，泵实现所需功能的能力。

2.4.2

系统可靠性　system reliability

在规定时间范围和条件下，系统实现所需功能的能力。

2.4.3

常见故障 frequent failure

部件或系统在预期寿命期间多次发生的故障。

2.4.4

泵控制 pump controls

对泵的运行状态产生直接影响的控制方式。

注：泵的运行状态包括启动、停机和变转速。

2.4.5

系统控制 system controls

对所需工作的系统参数产生直接影响并对泵工况点产生间接影响的控制方式。

注：系统变量参数包括温度、等级、流量和压力。

2.5 能量成本

2.5.1

实际能量成本 true cost of energy used

每千瓦时的实际成本 true cost per kWh

用电高峰期的成本、非用电高峰期的成本、基本电费(无功功率成本)以及设备费用总和除以使用周期。

注：它是指总的实际功率成本、总的无功功率成本和基本电费总和除以总的使用千瓦时。

2.5.2

系统效率 system efficiency

系统所需水力功率与驱动机输入功率的比值。

2.5.3

泵系统最佳工况点 optimum pumping system operating point

满足最低寿命周期成本的工况点。

2.6 泵系统评价和改进

2.6.1

系统设计准则 system design criteria

选择和评估的要素。

注：这些要素主要与寿命周期成本和可靠性有关。

2.6.2

系统评价 system assessment

为了量化泵系统改进的幅度以及提出具体的变动建议，所进行的合理的阶段性数据采集和评估过程。

注：评价还包括提高资源利用、降低单位生产成本和改善环境等方面的建议。

2.6.3

系统审核 system audit

针对功能性要求或原系统改进的有效性，进行正式确定泵系统部件性能的过程。

2.6.4

系统概述 system survey

泵系统内所有元件的设备参数的记录或综合性文件。

2.6.5

系统建模　system modelling

采用数值方法或比例建模,近似评价系统的方式。

注:比例建模是创建系统模拟以达到评价目的的过程。这可包括近似数值计算、计算流体力学(CFD)或物理建模。

2.6.6

泵系统改进　pumping system improvement

在满足系统功能要求条件下,为了提高可靠性和/或改善泵系统的运行成本而进行的改造。

2.6.7

泵系统优化　pumping system optimization

在满足工艺要求的同时,为降低泵系统的能耗和提高其可靠性,进行识别、理解和有效消除不必要的能量损失的过程。从而使泵系统在整个经济使用寿命中运行成本趋于最小化。

2.6.8

时间图　duration diagram

显示一个参数的值超过一定值的时间总量的图。

示例:每年流量超出 Q_a 的总时间为 3 000 h。

2.6.9

直方图　histogram

显示流量、扬程、功率或其他参数(如阀的位置等)的时间间隔的分布频率的图形。

2.6.10

预筛选　pre-screening

根据预期的节能效果而进行的系统选型。

2.6.11

系统范围　system boundaries

在系统评价过程中,作为研究对象的一套系统零部件。

注:其他零部件可与系统联接,但不在系统评价范围内。这些零部件可影响系统的总体目标或作用。

参 考 文 献

[1] ISO 80000-1 量和单位 第1部分:总则

索　引

汉语拼音索引

英文对应词索引

ICS 83.040.10
G 35

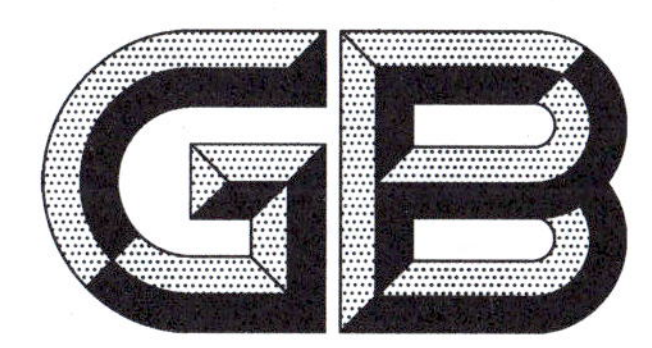

中华人民共和国国家标准

GB/T 34247.2—2018

异丁烯-异戊二烯橡胶(IIR)不饱和度的测定　第2部分:核磁共振氢谱法

Determination of the unsaturation of isobutene-isoprene rubber—Part 2: ^{1}H-NMR method

2018-12-28 发布　　　2019-11-01 实施

国家市场监督管理总局
中国国家标准化管理委员会　发布

前　言

GB/T 34247《异丁烯-异戊二烯橡胶(IIR)不饱和度的测定》分为两个部分：

——第1部分：碘量法；

——第2部分：核磁共振氢谱法。

本部分为GB/T 34247的第2部分。

本部分按照GB/T 1.1—2009给出的规则起草。

本部分由中国石油和化学工业联合会提出。

本部分由全国橡胶与橡胶制品标准化技术委员会(SAC/TC 35)归口。

本部分起草单位：中国石油化工股份有限公司北京北化院燕山分院、中国石油化工股份有限公司北京燕山分公司、山东京博石油化工有限公司橡胶分公司、怡维怡橡胶研究院有限公司、中国石油天然气股份有限公司石油化工研究院。

本部分主要起草人：卜少华、吴春红、罗俊杰、黄铃、于洪洸、赵传华、王超、李晓银、李淑芝、刘莎、刘柏岑。

异丁烯-异戊二烯橡胶(IIR)不饱和度的测定　第2部分:核磁共振氢谱法

警示——使用本标准的人员应有正规实验室工作的实践经验。本标准并未指出所有可能的安全问题,使用者有责任采取适当的安全和健康措施,并保证符合国家有关法规规定的条件。

1　范围

GB/T 34247的本部分规定了采用核磁共振氢谱法测定异丁烯-异戊二烯橡胶[通称丁基橡胶(IIR)]中不饱和度的方法。

本部分适用于IIR生橡胶。

2　规范性引用文件

下列文件对于本文件的应用是必不可少的。凡是注日期的引用文件,仅注日期的版本适用于本文件。凡是不注日期的引用文件,其最新版本(包括所有的修改单)适用于本文件。

GB/T 6379.2　测量方法与结果的准确度(正确度和精密度)　第2部分:确定标准测量方法重复性与再现性的基本方法

GB/T 15340　天然、合成生胶取样及其制样方法

3　方法概要

将一定量的IIR样品溶解在氘代氯仿中,在规定的参数条件下,测定试样的核磁共振氢谱,得到异戊二烯和异丁烯结构中不同质子的峰面积。通过不同化学环境下质子的化学位移以及积分面积值来确定IIR的不饱和度。

4　试剂

氘代氯仿($CDCl_3$):纯度大于99.8%(摩尔分数),含0.03%(体积分数)的四甲基硅烷(TMS)作为内标,NMR级。

5　仪器和设备

5.1　核磁共振波谱仪:具有400 MHz或更高频率的傅里叶变换核磁共振波谱仪(FT-NMR)。

5.2　分析天平:能够精确至0.1 mg。

5.3　样品管:外径5 mm。

6 取样

按 GB/T 15340 的规定取样。

7 分析步骤

7.1 取 20 mg～30 mg 样品放进 5 mm 核磁样品管内，加入 0.5 mL～0.6 mL 氘代氯仿，室温下溶解至少 4 h。

注：根据所使用核磁共振波谱仪的分辨率选择试样的浓度。

7.2 设定核磁共振氢谱分析条件：

a) 脉冲程序：单脉冲；

b) 试验温度：室温；

c) 数据点：64 k；

d) 中心频率：5×10^{-6}；

e) 扫描宽度：10×10^{-6}～20×10^{-6}；

f) 脉冲角度：90°；

g) 脉冲间隔时间：5 s；

h) 扫描次数：32 次或 64 次；

i) 空扫次数：2 次。

7.3 将配制好的样品放入核磁共振波谱仪内进行测定。对收集到的自由感应衰减信号(FID)进行傅里叶变换、相位校正，并以 TMS 的化学位移以零定标。

7.4 按表 1 将化学位移 8×10^{-6}～0×10^{-6}范围谱峰准确积分。表 1 所列 A、B、C 是对异丁烯-异戊二烯橡胶样品溶液在核磁共振氢谱中信号积分面积的限定。图 1 所示为 A、B、C 在核磁共振氢谱中积分面积的典型图。

7.5 每个试样按步骤 7.1～7.4 重复测定 2 次。

表 1 信号积分面积的限定

面积	信号积分范围
A	从约 5.30×10^{-6}处到约 4.97×10^{-6}处的最小强度点
B	从约 4.97×10^{-6}处到约 4.91×10^{-6}处的最小强度点
C	从约 2.70×10^{-6}处到约 0.20×10^{-6}处的最小强度点

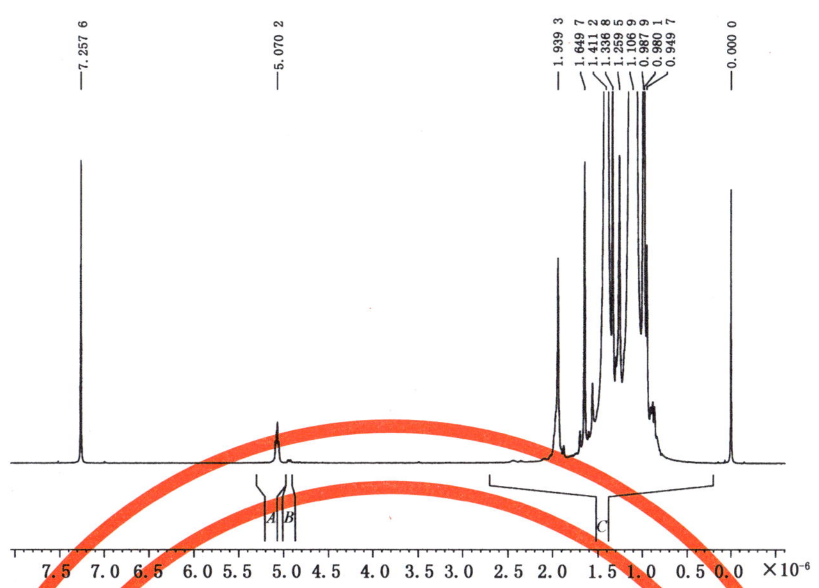

图 1 典型的核磁共振氢谱图

8 结果计算

IIR 的不饱和度 U 以试样的摩尔分数计，数值以%表示，按式(1)计算：

$$U=\frac{8A}{A+B+C}\times 100 \qquad \cdots\cdots(1)$$

式中：

A ——从约 5.30×10^{-6} 处到约 4.97×10^{-6} 处的积分面积；

B ——从约 4.97×10^{-6} 处到约 4.91×10^{-6} 处的积分面积；

C ——从约 2.70×10^{-6} 处到约 0.20×10^{-6} 处的积分面积。

取两次重复测定结果的算术平均值为试验结果，结果保留至小数点后两位。

9 精密度

9.1 总则

按照 GB/T 6379.2 的规定确定方法的精密度，精密度数值(95%置信水平)见表 2。表中的数据是测定结果的平均值和试验方法的精密度估算值。有 10 个实验室参加了精密度实验，每个实验室对两种 IIR 样品重复测定 2 次，在一周内完成实验。

9.2 重复性

在重复性条件下，两次独立测试结果的绝对差值应不大于 r。

9.3 再现性

在再现性条件下，两次独立测试结果的绝对差值应不大于 R。

表 2 IIR 不饱和度的精密度

试样	平均值	实验室内			实验室间		
	%	s_r	r	(r)	s_R	R	(R)
IIR-1	1.55	0.017	0.049	3.168	0.021	0.060	3.897
IIR-2	1.75	0.011	0.033	1.854	0.024	0.067	3.801

表中所列符号定义如下：
s_r：重复性标准差；
r：重复性，以测量值单位表示；
(r)：重复性，以相对百分数表示；
s_R：再现性标准差；
R：再现性，以测量值单位表示；
(R)：再现性，以相对百分数表示。

10 试验报告

试验报告应至少包括以下内容：

a) 本部分的编号；
b) 关于样品的详细说明；
c) 使用仪器型号和实验条件；
d) 试验结果；
e) 本部分或引用标准中未包括的任何自选操作；
f) 试验日期。

ICS 77.040.99
H 24

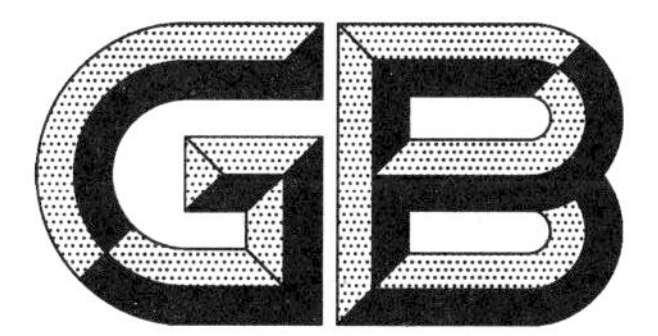

中华人民共和国国家标准

GB/T 34474.2—2018

钢中带状组织的评定　第2部分：定量法

Determination of banded structure of steel—Part 2: Quantitative method

2018-05-14 发布　　2019-02-01 实施

国家市场监督管理总局
中国国家标准化管理委员会　发布

前　言

GB/T 34474《钢中带状组织的评定》拟分为若干部分。

本部分为 GB/T 34474 的第 2 部分。

本部分按照 GB/T 1.1—2009 给出的规则起草。

本部分由中国钢铁工业协会提出。

本部分由全国钢标准化技术委员会(SAC/TC 183)归口。

本部分起草单位:首钢集团有限公司、冶金工业信息标准研究院、中国科学研究院金属研究所、江苏永钢集团有限公司。

本部分主要起草人:温娟、鞠新华、盖秀颖、栾燕、贾惠平、尹立新、其其格、崔桂彬、严春莲、郭愚。

钢中带状组织的评定　第2部分：定量法

1　范围

GB/T 34474的本部分规定了钢中带状组织的定性描述、分类及定量评定方法。

本部分适用于钢中带状组织的评定，包括取向度、各向异性指数、单位长度上带状组织数目、带状组织之间的距离等参数的测定。其他有取向的组织可参考使用。

2　规范性引用文件

下列文件对于本文件的应用是必不可少的。凡是注日期的引用文件，仅注日期的版本适用于本文件。凡是不注日期的引用文件，其最新版本(包括所有的修改单)适用于本文件。

GB/T 13298　金属显微组织检验方法

GB/T 15749　定量金相测定方法

GB/T 30067　金相学术语

GB/T 34474.1　钢中带状组织的评定　第1部分：标准评级图法

3　术语和定义

GB/T 30067界定的以及下列术语和定义适用于本文件。

3.1

特征截线数　feature interceptions

被测量网格线穿过的带状组织的数目(见图1中的 $N_{\perp}$ 和 $N_{//}$)。

3.2

特征截点数　feature intersections

被测量网格线穿过的带状组织边界的数目(见图1中 $P_{\perp}$ 和 $P_{//}$)。对于基体组织中的独立颗粒，特征截点数等于特征截线数的两倍。

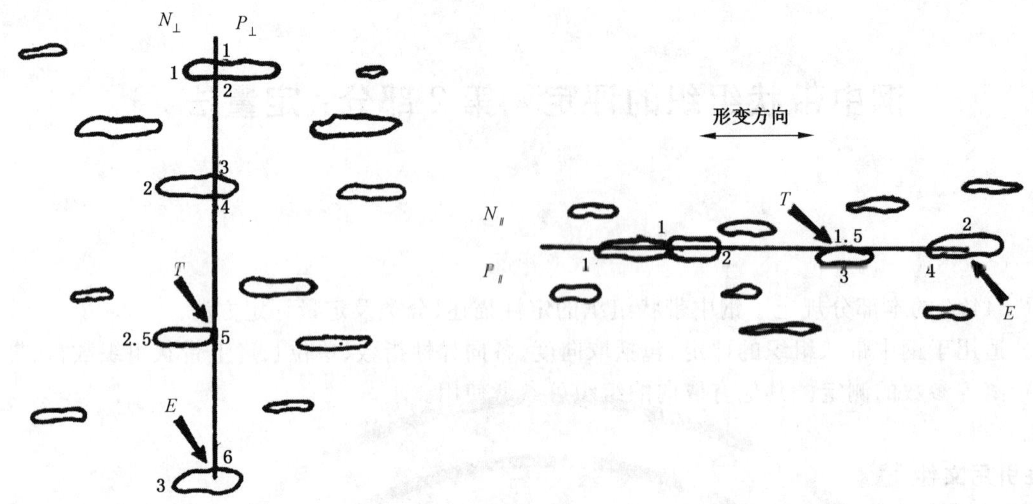

a) 检验线方向与形变方向垂直　　b) 检验线方向与形变方向平行

注 1：图示中 $N_{\perp}$ 及 $P_{\perp}$ 计数如图 a)所示是从上到下的，图示中 $N_{//}$ 及 $P_{//}$ 的计数如 b)所示是从左到右的。

注 2：T 表示带状与检验线相切，E 表示检验线终止于带状内。

图 1　带状组织截线数(**N**)和截点数(**P**)计数说明

4　符号

本部分采用的符号及其说明见表 1。

表 1　标准中符号的说明

符号	说明	单位
$N_{\perp}$	单位视场内垂直于形变方向的特征截线数目	个
$N_{//}$	单位视场内平行于形变方向的特征截线数目	个
$L_{t\perp}$	单位视场内垂直于形变方向测量网格线的真实总长度	mm
$L_{t//}$	单位视场内平行于形变方向测量网格线的真实总长度	mm
$N_{L\perp}$	单位长度上垂直于形变方向的特征截线数目	个/mm
$N_{L//}$	单位长度上平行于形变方向的特征截线数目	个/mm
$P_{\perp}$	单位视场内垂直于形变方向的特征截点数目	个
$P_{//}$	单位视场内平行于形变方向的特征截点数目	个
$P_{L\perp}$	单位长度上垂直于形变方向的特截点数目	个/mm
$P_{L//}$	单位长度上平行形变方向的特征截点数目	个/mm
n	检验视场数	个
$\overline{N}_{L\perp}$	N 个视场的垂直形变方向的特征截线数目的平均值	个/mm
$\overline{N}_{L//}$	N 个视场的平行形变方向的特征截线数目的平均值	个/mm
$\overline{P}_{L\perp}$	N 个视场的垂直形变方向的特征截点数目的平均值	个/mm
$\overline{P}_{L//}$	N 个视场的平行形变方向的特征截点数目的平均值	个/mm

表 1（续）

符号	说明	单位
X_i	单个视场的测量结果	个/mm
$\overline{X}$	平均值，指$\overline{N}_{L\perp}$，$\overline{N}_{L//}$，$\overline{P}_{L\perp}$，$\overline{P}_{L//}$	个/mm
S	标准误差	
t	和检测视场数有关的一个系数，用于和标准误差一起确定 95%置信区间	
95%CI	95%置信区间	
%RA	相对精度百分数	
$SB_{\perp}$	带状平均间距，指带状组织中心到相邻带状组织中心的距离	
V_v	带状组织所占视场的体积分数	
$\lambda_{\perp}$	带状平均自由程，指带状组织边缘到相邻带状组织边缘的距离	
AI	带状组织各向异性指数	
Ω_{12}	试样观察面上带状组织的取向度	

5 设备

带状组织用光学显微镜观察，光学显微镜需配备相关的图像采集和分析的软件系统，也可利用带刻度尺的目镜测量。目镜及软件中的刻度尺需用测微尺进行标定，测微尺按计量要求应进行校准，保证数据准确。图像采集后，也可用 word 或其他软件对带有标尺的带状组织图像进行计数和定量计算。

6 取样

6.1 一般情况下，试样应在交货状态的产品上截取。

6.2 对于板材，试样应在板宽四分之一处截取。

6.3 试样的检验面积约为 200 mm^2(20 mm×10 mm)。检验面应平行于钢材主要形变方向。

6.4 取样方法和取样数量按产品标准或技术条件的规定执行。如产品标准或技术条件没有规定，按照 GB/T 34474.1 执行。

7 试样制备

试样的磨抛和侵蚀按 GB/T 13298 的规定执行。经磨抛后试样的观察面应达镜面光洁度，无污渍和划痕。抛后用 4%硝酸酒精侵蚀 10 s～15 s，吹干备用。

8 分析步骤

8.1 采集图片

将制备好的试样置于载物台，调整试样使带状组织在水平方向。通常选用 5 X～20 X 物镜，在能清晰分辨各相组织、晶界清楚的条件下应尽可能选择小倍率观察，其他倍数的物镜根据供需双方协议也可选择使用。一般情况下，带状组织的分布、聚集程度及宽度等在纵向截面上变化很大，应在产品标准或者供需双方协议里规定带状组织的评定位置。在评定位置随机采集5个以上视场图片。

8.2 定性描述和分类

8.2.1 总则

根据试样组织的相数分为单相组织和多相组织。单相组织含有单一相,多相组织含有两种以上(包括两种)的相。

8.2.2 单相组织的带状

单相组织的带状是由于试样存在宏观成分偏析,经侵蚀后组织显示出明暗不同程度的差异而产生,如马氏体钢淬回火后心部产生的偏析带。此类带状根据形貌可分为四种:分散的带、窄带、宽带和混合带。

8.2.3 多相组织的带状

多相组织的带状是指在多相组织中有一种或多种相沿变形方向呈带状分布。这类带状根据呈带状的相数分为单相组织呈带状和多相组织呈带状。单相组织呈带状指仅一相在基体内呈带状分布,其他相随机分布,可作为基体相。多相组织呈带状指两个以上(包括两个)的相呈明显带状分布,无基体相。这两种带状按照带状形貌和严重程度可分为六种:无带状、部分带状、完全带状、窄带、宽带和混合带。

8.2.4 带状组织的分类

带状组织的分类示意图见图2。

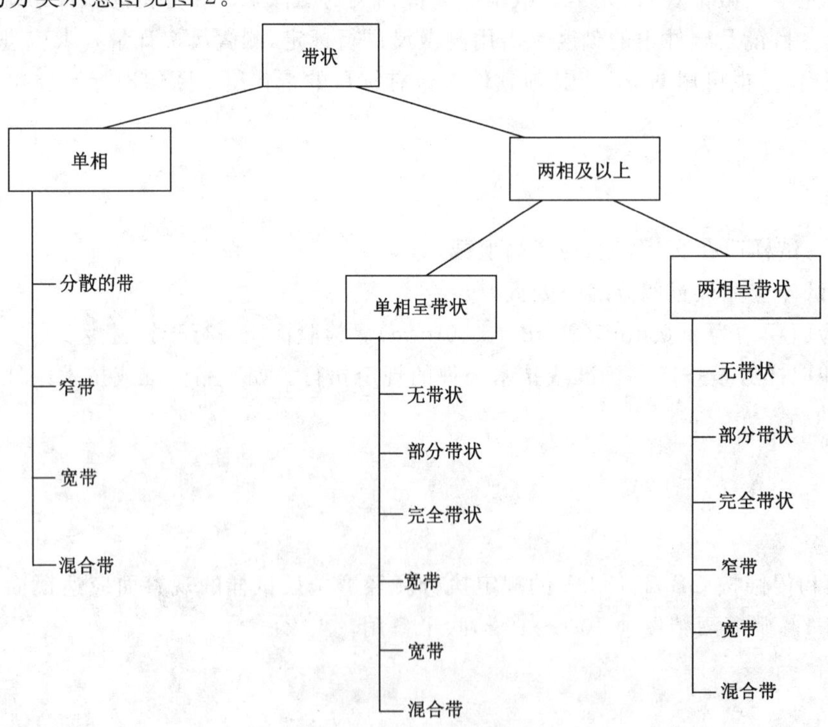

图2 带状组织的分类示意图

8.3 定量分析

8.3.1 选取分析对象

对于单相组织，宏观偏析区域的带状是测量对象。对于两相或多相组织，如果其中只有一相呈带状分布，则该呈带状组织的相是测量对象；如果两相或多相都呈带状分布，为提高计数速度，通常选择含量少的相进行测量。例如，对于热轧状态的低、中碳钢，其显微组织为铁素体和珠光体两相组织，珠光体含量少于铁素体，通常选择珠光体作为测量对象。

8.3.2 设置测量线

利用软件在所采集照片上画出数条平行和垂直带状方向的线段。线段应间隔相等，其平行度偏差不超过5°。单视场内平行和垂直方向测量线总长度均不少于5 000 μm。所画线段应覆盖整个视场，不能带有偏向性地挑选视场内局部区域画线，避免测量线只分布在视场局部基体相或只分布在某一两条有限的带状组织上。

8.3.3 特征截线或截点的计数

当带状组织中两个或多个相邻的晶粒被测量线穿过，即晶粒之间不存在其他相，记为一个截线($N=1$)或二个截点($P=2$)。测量线和带状组织相切时记为半个截线($N=0.5$)或一个截点($P=1$)。如果测量线终止于一个带状组织内部，记为半个截线($N=0.5$)或一个截点($P=1$)。如果测量线完全位于带状组织内(这种情况有时会发生在高度呈带状的材料的平行方向的计数)，记为半个截线($N=0.5$)或零个截点($P=0$)。可以只计特征截线数或者特征截点数，也可以同时对特征截线数和特征截点数进行计数。特征截线数或者特征截点数应对平行于形变方向和垂直于形变方向的测量线分别计数。

8.3.4 计算单位长度特征截线数和(或)特征截点数

分别测量出单个视场内平行于形变方向的检验线总长度 $L_{t//}$ 和垂直于形变方向的检验线总长度 $L_{t\perp}$，根据式(1)～式(4)计算 $N_{L\perp}$、$N_{L//}$、$P_{L//}$、$P_{L\perp}$。

$$N_{L\perp}=\frac{N_{\perp}}{L_{t\perp}} \qquad \cdots\cdots(1)$$

$$N_{L//}=\frac{N_{//}}{L_{t//}} \qquad \cdots\cdots(2)$$

$$P_{L\perp}=\frac{P_{\perp}}{L_{t\perp}} \qquad \cdots\cdots(3)$$

$$P_{L//}=\frac{P_{//}}{L_{t//}} \qquad \cdots\cdots(4)$$

8.3.5 计算多视场的平均值

计算多视场(n)特征截线数和特征截点数的平均值：$\overline{N}_{L\perp}$、$\overline{N}_{L//}$、$\overline{P}_{L\perp}$、$\overline{P}_{L//}$。对于高度呈带状的显微组织，$\overline{N}_{L\perp}$ 约等于 $\overline{P}_{L\perp}$ 的 二分之一。

8.3.6 计算标准误差 *S*

根据式(5)计算每个测量值 n 个视场的标准误差：

$$s=\left[\frac{1}{n-1}\sum_{i=1}^{n}(X_i-\overline{X})^2\right]^{\frac{1}{2}} \qquad \cdots\cdots(5)$$

8.3.7 计算95%置信区间

根据式(6)计算每个测量值的95%置信区间,即95%CI:

$$95\%\mathrm{CI}=\pm\frac{ts}{\sqrt{n}} \qquad \cdots\cdots(6)$$

式(6)t 则随着视场数而改变(见表2)。每个测量值的测量结果可表示为平均值±95%CI的形式。

表2 95%置信区间计算时所用的 t 值(n 是测量视场数)

$n-1$	t
2	4.303
3	3.182
4	2.776
5	2.571
6	2.447
7	2.365
8	2.306
9	2.262
10	2.228

8.3.8 计算%RA

根据式(7)计算每个测量值的相对精度百分数,即%RA:

$$\%\mathrm{RA}=\frac{95\%\mathrm{CI}}{\overline{X}}\times 100 \qquad \cdots\cdots(7)$$

相对精度是每个测量值误差百分数的估值,视场数的变化会影响相对精度。通常%RA不大于30%时,测量结果有效。如果%RA大于30%,应增加视场数直至%RA不大于30%。

通常,平行形变方向上的测量结果的相对精度比垂直形变方向上的测量结果的相对精度差。当视场数固定时,粗晶组织的统计精度通常要优于细晶组织。各向同性组织的精度要优于高度带状化组织的统计精度。

8.3.9 计算带状平均间距 $SB_{\perp}$

带状组织从带状中心到相邻带状中心的平均距离,可通过 $\overline{N}_{L\perp}$ 的倒数[式(8)]来确定:

$$SB_{\perp}=\frac{1}{\overline{N}_{L\perp}} \qquad \cdots\cdots(8)$$

8.3.10 计算平均自由程 $\lambda_{\perp}$

平均自由程(带状组织从带状边缘到相邻带状边缘的距离)$\lambda_{\perp}$ 根据式(9)计算。

$$\lambda_{\perp}=\frac{1-V_{v}}{\overline{N}_{L\perp}} \qquad \cdots\cdots(9)$$

式(9)中 V_{v} 是带状组织的体积分数,需要通过网格数点法(按照GB/T 15749执行)或其他适用的方法来测定。

根据带状平均间距和平均自由程之间的差可以估计带状组织宽度。对于高度呈带状的组织，可计算出 $SB_{\perp}$ 和 $\lambda_{\perp}$。

8.3.11 计算各向异性指数 *AI*

各向异性指数 AI 根据式(10)计算。如果忽略带状组织与网格线相切的情况和计数误差，P_L 应近似为 N_L 的两倍，因此根据特征截线数和特征截点数分别计算得到的 AI 应近似相等。随机分布、无取向的组织的各向异性指数 AI 是 1。随着带状程度的加重，各向异性指数 AI 逐渐增加。

$$AI = \frac{\overline{N}_{L\perp}}{\overline{N}_{L//}} \text{ 或 } AI = \frac{\overline{P}_{L\perp}}{\overline{P}_{L//}} \qquad \cdots\cdots\cdots(10)$$

8.3.12 计算取向度 Ω_{12}

取向度 Ω_{12} 根据式(11)计算。如果忽略带状组织与网格线相切的情况和计数误差，P_L 应近似是 N_L 的两倍，因此根据特征截线数和特征截点数分别计算得到的 Ω_{12} 应近似相等。取向度 Ω_{12} 在 0(完全随机分布)到 1(完全带状)之间变化。

$$\Omega_{12} = \frac{\overline{N}_{L\perp} - \overline{N}_{L//}}{\overline{N}_{L\perp} + 0.571\,\overline{N}_{L//}} \text{ 或 } \Omega_{12} = \frac{\overline{P}_{L\perp} - \overline{P}_{L//}}{\overline{P}_{L\perp} + 0.571\,\overline{P}_{L//}} \qquad \cdots\cdots\cdots(11)$$

8.3.13 示例

附录 A 给出了定量分析示例。

9 测试报告

9.1 报告应记录试样的牌号、取样位置、试样状态、分析日期、操作者、视场位置、视场个数及放大倍数等信息。

9.2 描述带状组织的分类及分布等情况。

9.3 列出测量值($N_{L\perp}$、$N_{L//}$、$P_{L\perp}$、$P_{L//}$)的平均值、标准偏差、95%置信区间和相对精度百分数%RA数、各向异性指数 AI 和取向度 Ω_{12}，对于较严重的带状组织，可给出带状组织间距 $SB_{\perp}$ 和 $\lambda_{\perp}$。测量结果以表格形式给出(如表 A.3)，表内 $V_{v\gamma}$、$SB_{\perp}$、$\lambda_{\perp}$ 数据可保留到小数点后三位，其他数据保留到小数点后两位。附录 B 是一些钢种的定量结果示例。

附　录　A
（资料性附录）
带状组织定量分析示例:Q235带状组织的定量评定

A.1　采集图片

取Q235纵向全厚度试样,磨制、抛光后用4%硝酸酒精进行侵蚀。利用金相显微镜在10×倍物镜下观察试样,随机采集10个视场照片。图A.1是其中一个典型视场的照片。

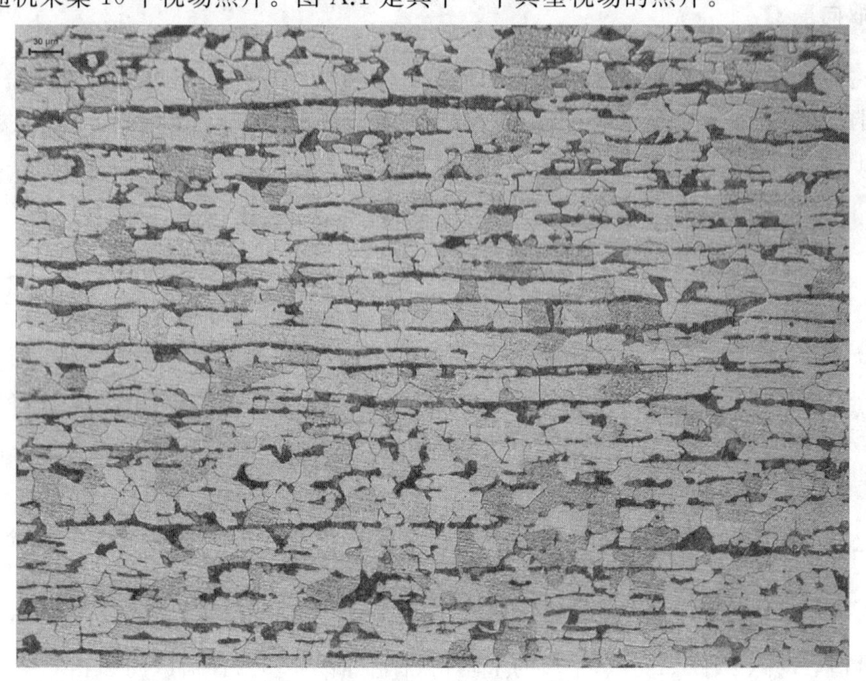

图A.1　Q235的典型组织

A.2　定性描述

Q235含有铁素体和珠光体两相组织,珠光体带为窄带,呈部分带状,铁素体是基体相。

A.3　定量分析

A.3.1　确定研究对象

Q235的两相组织中,以珠光体带为定量研究对象,计算组织的带状。

A.3.2　设置测量线

用软件自动生成测量网格,见图A.2。每个视场平行形变方向生成9条测量线段,每条线段长度相等,线段间距相等,线段总和为5 178 μm,大于5 000 μm;垂直组织形变方向生成9条测量线段,每条线段长度相等,线段间距相等,线段总和为5 002 μm,大于5 000 μm 。

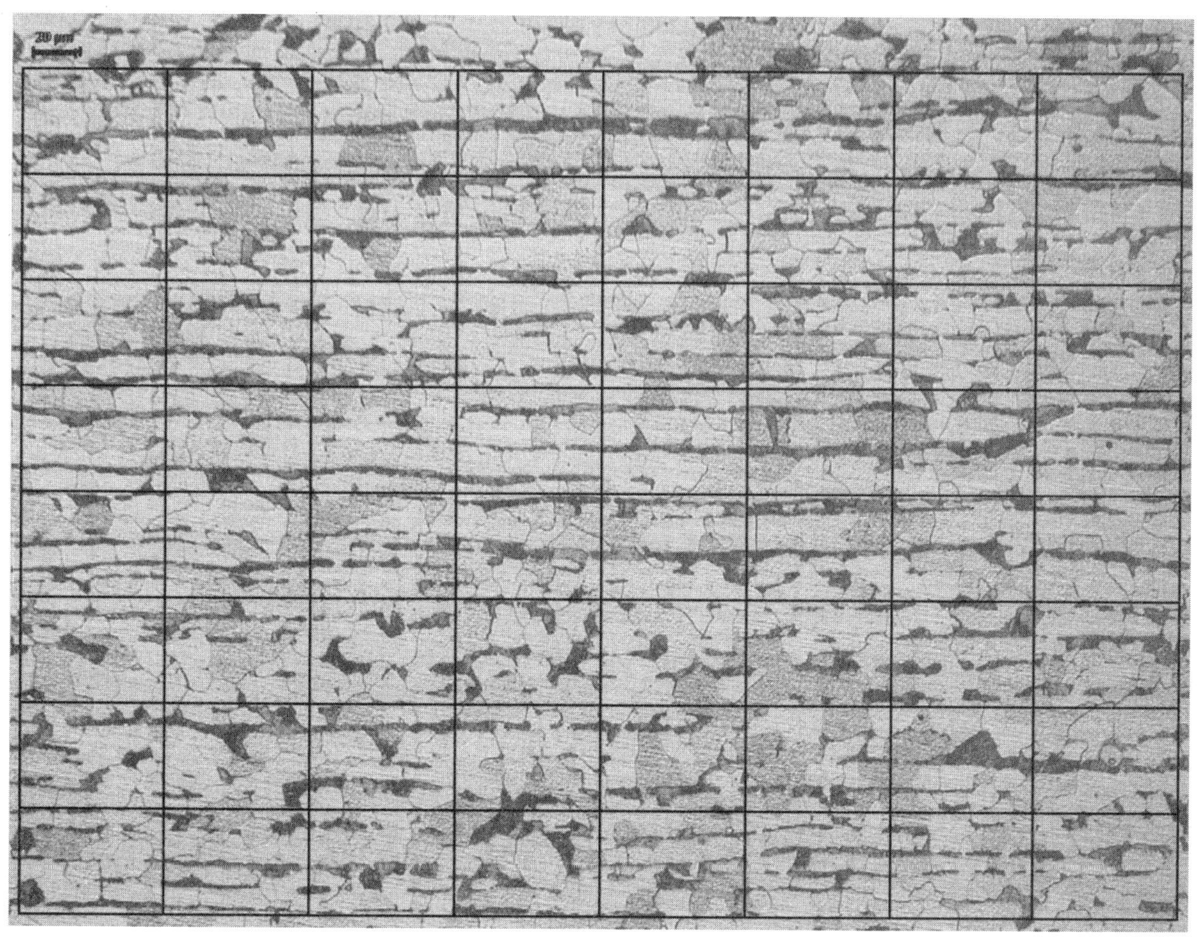

图 A.2 自动生成测量线 100X

A.3.3 对特征截线和截点计数

特征截线数和截点数见表 A.1。

表 A.1 各视场的特征截线数和截点数

参数	视场 1	视场 2	视场 3	视场 4	视场 5
$N_{/\!/}$/个	43	55	54	56	73
$P_{/\!/}$/个	86	110	108	112	146
$N_{\perp}$/个	167	177	135	164	183
$P_{\perp}$/个	334	354	270	328	366
参数	视场 6	视场 7	视场 8	视场 9	视场 10
$N_{/\!/}$/个	66	72	74	64	67
$P_{/\!/}$/个	132	144	148	128	134
$N_{\perp}$/个	179	168	138	164	175
$P_{\perp}$/个	358	336	276	328	350

A.3.4 单位长度的特征截线数和截点数计算

分别测量出单个视场内平行于形变方向的检验线总长度 $L_{t//}$(以 mm 为单位)和垂直于形变方向的检验线总长度 $L_{t\perp}$(以 mm 为单位),据公式得出 $N_{L\perp}$、$P_{L\perp}$、$N_{L//}$、$P_{L//}$ 的值,如表 A.2 所示。

表 A.2 各视场检验线总长度与单位长度上特征截线数和截点数的值

参数	视场 1	视场 2	视场 3	视场 4	视场 5
$L_{t//}$/mm	5.178	5.178	5.178	5.178	5.178
$L_{t\perp}$/mm	5.002	5.002	5.002	5.002	5.002
$N_{L//}$	8.304	10.622	10.429	10.815	14.098
$P_{L//}$	16.609	21.244	20.857	21.630	28.196
$N_{L\perp}$	33.387	35.386	26.989	32.787	36.585
$P_{L\perp}$	66.773	70.772	53.978	65.574	73.171
参数	视场 6	视场 7	视场 8	视场 9	视场 10
$L_{t//}$/mm	5.178	5.178	5.178	5.178	5.178
$L_{t\perp}$/mm	5.002	5.002	5.002	5.002	5.002
$N_{L//}$	12.746	13.905	14.291	12.360	12.939
$P_{L//}$	25.492	27.810	28.582	24.720	25.879
$N_{L\perp}$	35.786	33.587	27.589	32.787	34.986
$P_{L\perp}$	71.571	67.173	55.178	65.574	69.972

A.3.5 计算平均值

计算 10 个视场特征截线数和特征截点数的平均值:$\overline{N}_{L\perp}$、$\overline{N}_{L//}$、$\overline{P}_{L\perp}$、$\overline{P}_{L//}$。$\overline{N}_{L//}=(8.304+10.622+10.429+10.815+14.098+12.746+13.905+14.291+12.360+12.939)/10=12.051$

同样,得出 $\overline{N}_{L\perp}=32.987$,$\overline{P}_{L//}=24.102$,$\overline{P}_{L\perp}=65.974$。

A.3.6 计算其他参数

把平均值代入,根据式(5)~式(11)计算每个测量值 10 个视场的标准误差 S,95 %置信区间 95%CI,相对精度百分数%RA,各向异性指数 AI 和取向形变度 Ω_{12},结果见表 A.3。

表 A.3 各参数的计算结果

参数	$\overline{N}_{L\perp}$ (No./mm)	$\overline{N}_{L//}$ (No./mm)	$AI(\overline{N}_{L\perp}/\overline{N}_{L//})$	Ω_{12}	$\overline{P}_{L\perp}$ (No./mm)	$\overline{P}_{L//}$ (No./mm)	$AI(\overline{P}_{L\perp}/\overline{P}_{L//})$	Ω_{12}
$\overline{X}$	32.99	12.05	2.74	0.53	65.97	24.10	2.74	0.53
s	3.27	1.95	—	—	6.54	3.90	—	—
95%CI	±2.31	±1.38	—	—	±4.61	±2.75	—	—

表 A.3（续）

参数	$\overline{N}_{L\perp}$ (No./mm)	$\overline{N}_{L//}$ (No./mm)	$AI(\overline{N}_{L\perp}/\overline{N}_{L//})$	Ω_{12}	$\overline{P}_{L\perp}$ (No./mm)	$\overline{P}_{L//}$ (No./mm)	$AI(\overline{P}_{L\perp}/\overline{P}_{L//})$	Ω_{12}
% RA	6.99	11.41	—	—	6.99	11.41	—	—
n	10	—	—	—	—	—	—	—

附　录　B
（资料性附录）
不同类型组织的定量结果示例

本附录给出了不同钢种、不同类型的带状组织的定性和定量分析示例(图 B.1～图 B.18 和表 B.1～表 B.18)。

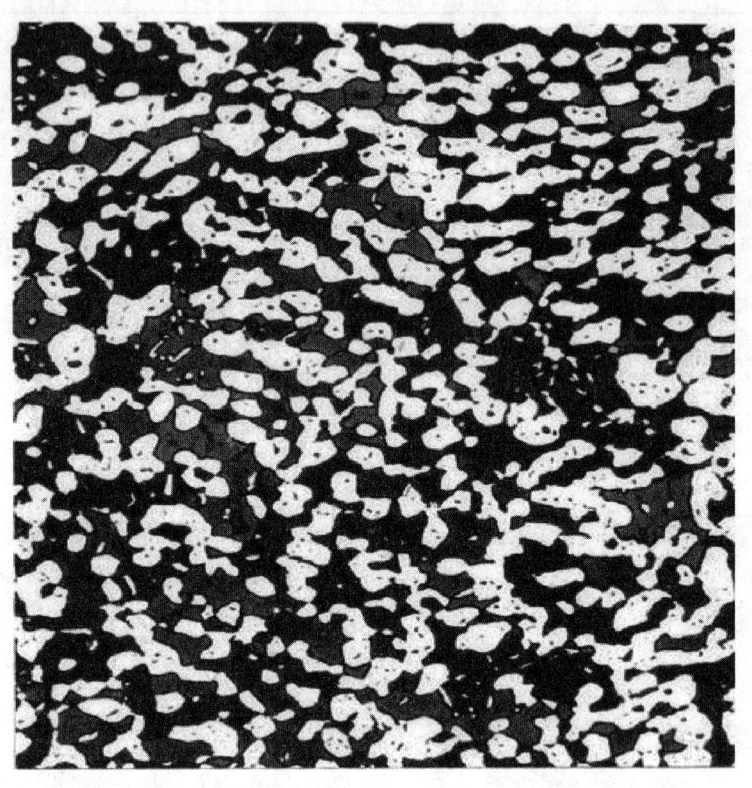

注 1：着色腐蚀，200×。

注 2：奥氏体相(白色)的测量。

图 B.1　无取向、非带状、各向同性的无基体相两相显微组织；铁素体(深色)，奥氏体(白色)

表 B.1　锻轧不锈钢的定量分析结果

参数	$\overline{N}_{L\perp}$ (No./mm)	$\overline{N}_{L//}$ (No./mm)	$AI(\overline{N}_{L\perp}/\overline{N}_{L//})$	Ω_{12}	$\overline{P}_{L\perp}$ (No./mm)	$\overline{P}_{L//}$ (No./mm)	$AI(\overline{P}_{L\perp}/\overline{P}_{L//})$	Ω_{12}
$\overline{X}$	32.30	28.71	1.13	0.07	62.02	56.50	1.10	0.06
s	1.41	1.32	—	—	3.21	4.12	—	—
95%CI	±1.06	±1.75	—	—	±2.42	±3.10	—	—
% RA	3.28	6.10	—	—	3.90	5.49	—	—
n	10	—	—	—	—	—	—	—

注 1：着色腐蚀，200 ×。

注 2：奥氏体相(白色)的测量。

图 B.2　高度取向化、带状化的两相显微组织；取向化、带状化铁素体(灰黑色)基体上的取向奥氏体(白色)

表 B.2　锻轧 0Cr26Ni5Mo 不锈钢的定量分析结果

参数	$\overline{N}_{L\perp}$ (No./mm)	$\overline{N}_{L//}$ (No./mm)	$AI(\overline{N}_{L\perp}/\overline{N}_{L//})$	Ω_{12}	$\overline{P}_{L\perp}$ (No./mm)	$\overline{P}_{L//}$ (No./mm)	$AI(\overline{P}_{L\perp}/\overline{P}_{L//})$	Ω_{12}
$\overline{X}$	61.28	13.18	4.65	0.70	121.83	25.58	4.76	0.71
s	3.83	2.39	—	—	7.23	4.56	—	—
95%CI	±2.57	±1.61	—	—	±4.86	±3.06	—	—
% RA	4.19	12.21	—	—	3.90	11.96	—	—
n	11	—	—	—	—	—	—	—
$V_{v\gamma}=0.227$　$SB_{\perp}=0.016$ mm　$\lambda_{\perp}=0.013$ mm								

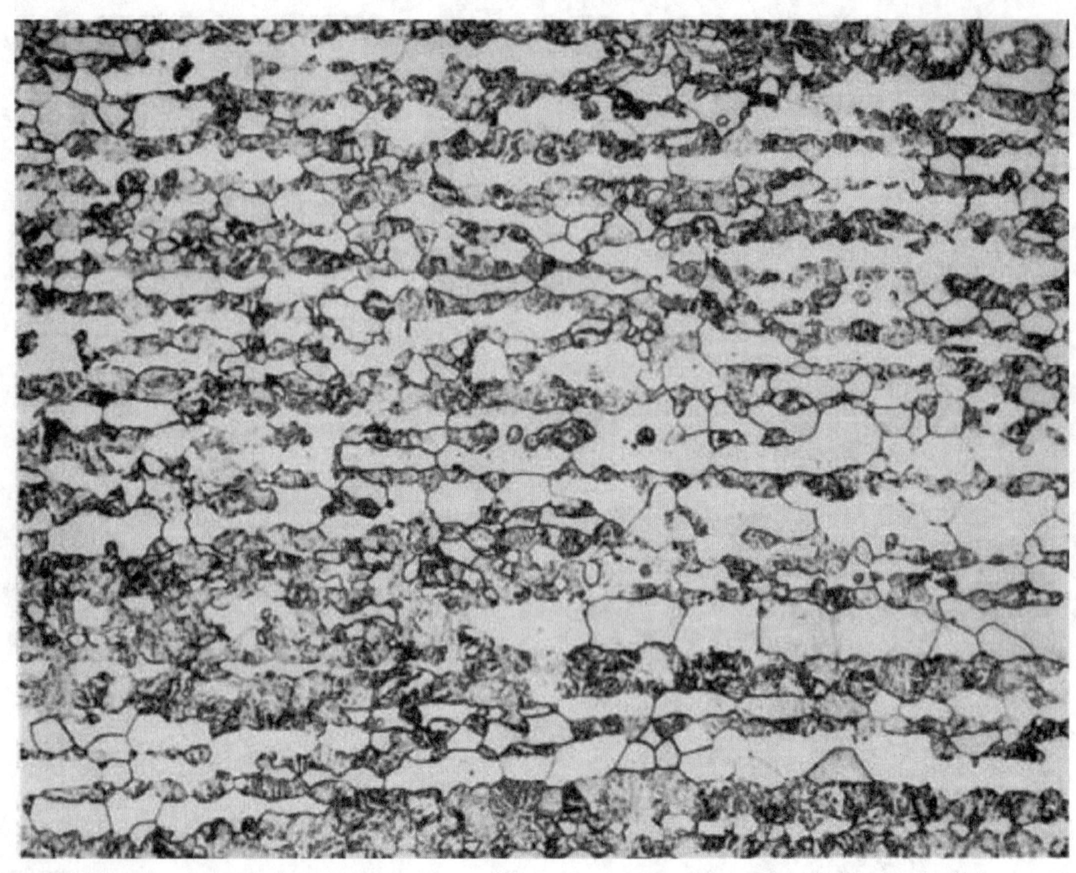

注 1：着色腐蚀，200×。

注 2：δ 铁素体相（白色）的测量。

图 B.3 双相显微组织，无取向、非带状的回火马氏体（深色）基体内分布的有取向、轻微拉长、部分带状（宽带状）的 δ 铁素体（白色）

表 B.3 不锈钢的定量分析结果

参数	$\overline{N}_{L\perp}$ (No./mm)	$\overline{N}_{L//}$ (No./mm)	$AI(\overline{N}_{L\perp}/\overline{N}_{L//})$	Ω_{12}	$\overline{P}_{L\perp}$ (No./mm)	$\overline{P}_{L//}$ (No./mm)	$AI(\overline{P}_{L\perp}/\overline{P}_{L//})$	Ω_{12}
$\overline{X}$	61.28	13.18	4.65	0.70	121.83	25.58	4.76	0.71
s	3.83	2.39	—	—	7.23	4.56	—	—
95%CI	±2.57	±1.61	—	—	±4.86	±3.06	—	—
% RA	4.19	12.21	—	—	3.99	11.96	—	—
n	11	—	—	—	—	—	—	—
$V_{v\delta}=0.490$　$SB_{\perp}=0.028$ mm　$\lambda_{\perp}=0.014$ mm								

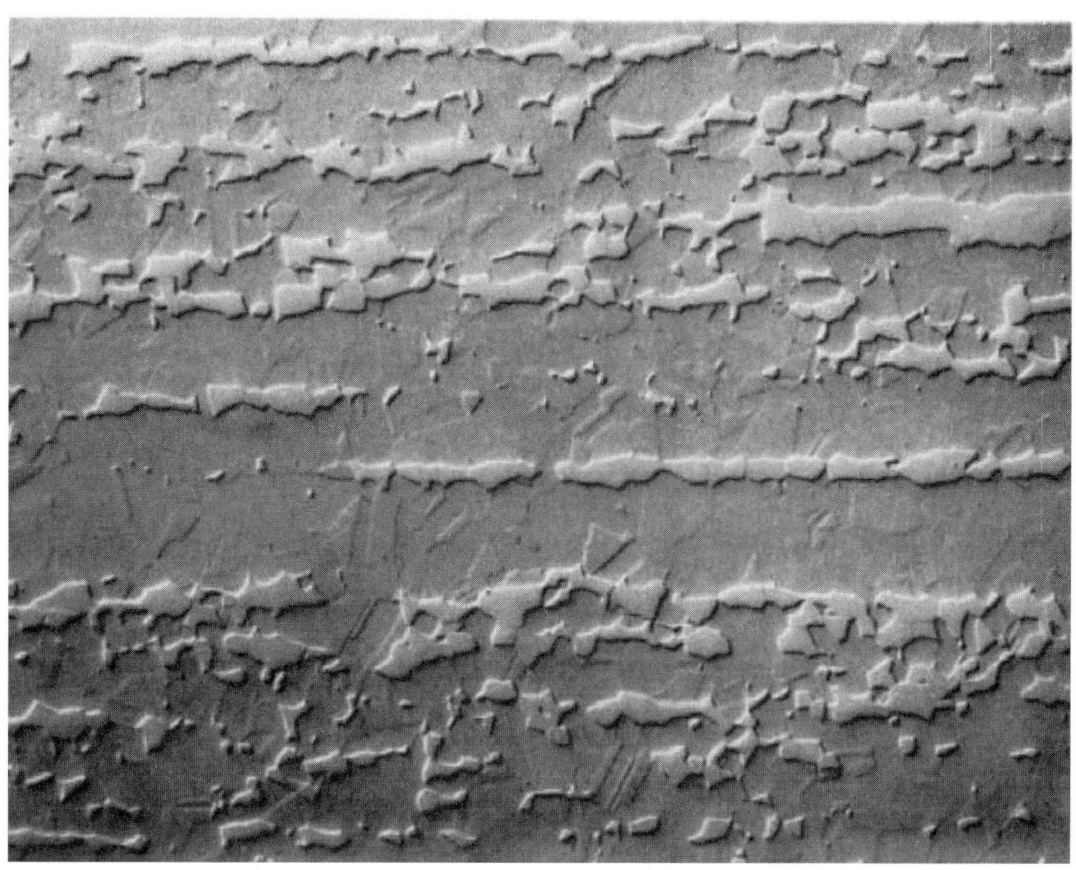

注 1：未腐蚀，200×，微差干涉衬度。

注 2：β 相的测定。

图 B.4 双相显微组织，无取向、轻微带状分布的 α 相基体（退火孪晶）中部分取向、轻微带状分布的 β 相（简称）

表 B.4 锻轧 α/β 黄铜（Cu-40wt%Zn）定量分析结果

参数	$\overline{N}_{L\perp}$ (No./mm)	$\overline{N}_{L//}$ (No./mm)	$AI(\overline{N}_{L\perp}/\overline{N}_{L//})$	Ω_{12}	$\overline{P}_{L\perp}$ (No./mm)	$\overline{P}_{L//}$ (No./mm)	$AI(\overline{P}_{L\perp}/\overline{P}_{L//})$	Ω_{12}
$\overline{X}$	21.95	12.77	1.72	0.31	43.67	24.95	1.75	0.32
s	2.53	1.84	—	—	4.96	4.14	—	—
95%CI	±1.94	±1.41	—	—	±3.81	±3.18	—	—
% RA	8.84	11.04	—	—	8.72	12.75	—	—
n	9	—	—	—	—	—	—	—

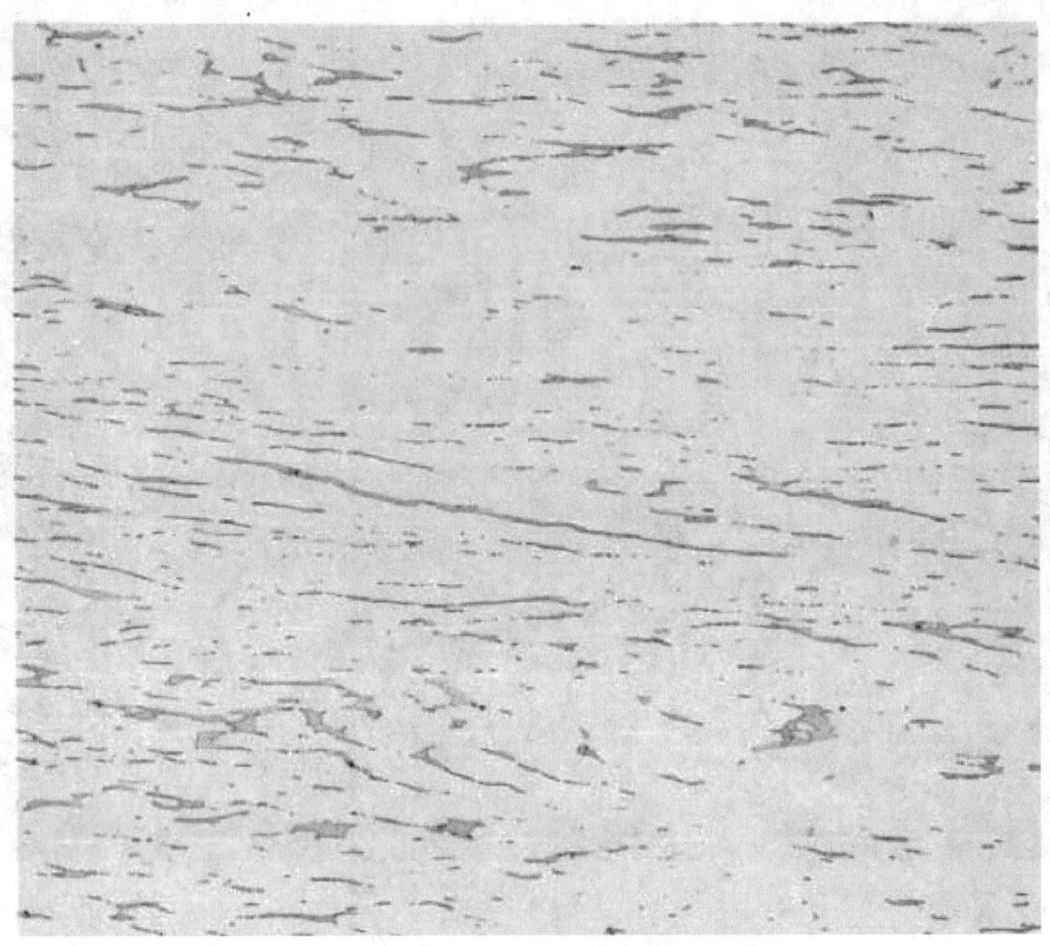

注 1：20% NaOH 电解腐蚀，50×。

注 2：δ 铁素体相的测定。

图 B.5 双相显微组织，无取向、非带状马氏体基体(未侵蚀)中的有取向、伸长状、部分带状分布的 δ 铁素体(深色)，20%NaOH 电解，50 倍下观察

表 B.5 0Cr17Ni4Cu4Nb 不锈钢定量分析结果

参数	$\overline{N}_{L\perp}$ (No./mm)	$\overline{N}_{L//}$ (No./mm)	$AI(\overline{N}_{L\perp}/\overline{N}_{L//})$	Ω_{12}	$\overline{P}_{L\perp}$ (No./mm)	$\overline{P}_{L//}$ (No./mm)	$AI(\overline{P}_{L\perp}/\overline{P}_{L//})$	Ω_{12}
$\overline{X}$	9.47	2.32	4.08	0.66	18.31	4.47	4.10	0.66
s	0.61	0.36	—	—	1.29	0.79	—	—
95%CI	±0.76	±0.45	—	—	±1.60	±0.99	—	—
% RA	8.03	19.40	—	—	8.73	22.14	—	—
n	5	—	—	—	—	—	—	—

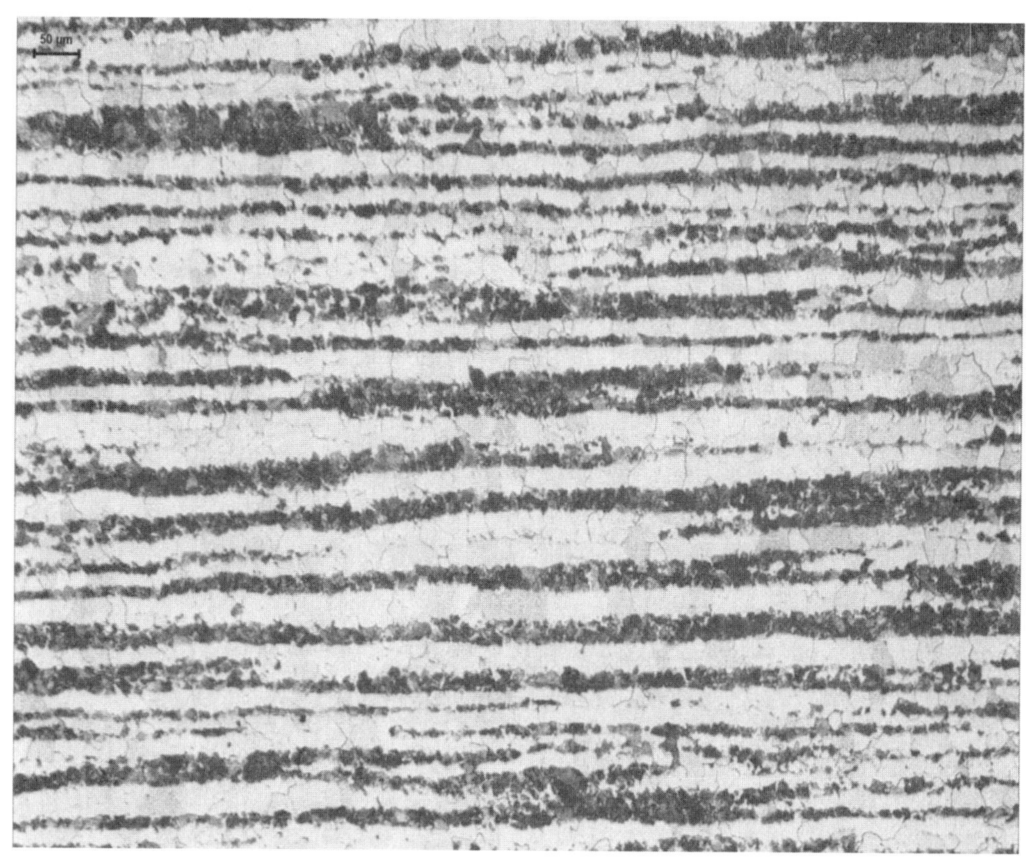

注 1：4% 硝酸酒精，100×。

注 2：珠光体相的测定。

图 B.6　双相显微组织，带状的铁素体组织中的有取向、伸长状、完全带状的珠光体（深色）

表 B.6　20CrMnTi 齿轮钢定量分析结果

参数	$\overline{N}_{L\perp}$ (No./mm)	$\overline{N}_{L//}$ (No./mm)	$AI(\overline{N}_{L\perp}/\overline{N}_{L//})$	Ω_{12}	$\overline{P}_{L\perp}$ (No./mm)	$\overline{P}_{L//}$ (No./mm)	$AI(\overline{P}_{L\perp}/\overline{P}_{L//})$	Ω_{12}
$\overline{X}$	21.77	4.35	5.01	0.72	43.53	8.69	5.01	0.72
s	2.90	0.62	—	—	4.67	1.24	—	—
95%CI	±2.53	±0.77	—	—	±5.80	±1.54	—	—
% RA	13.32	13.32	—	—	13.32	17.75	—	—
n	5	—	—	—	—	—	—	—

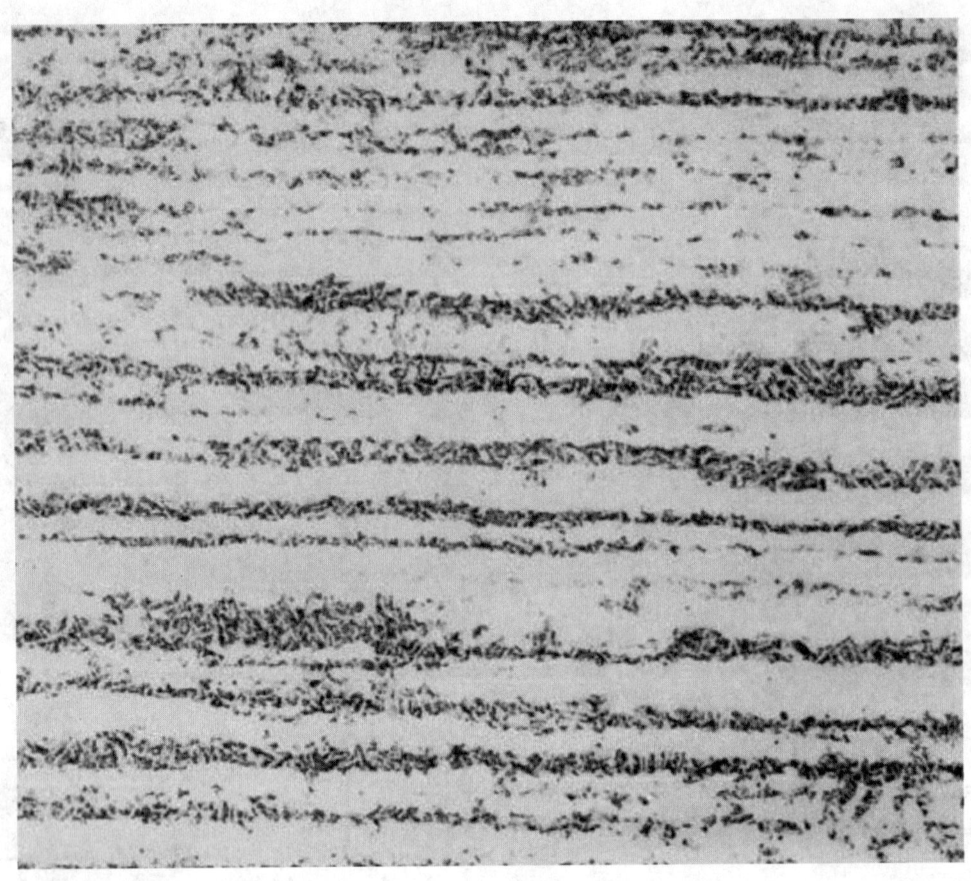

注 1：4%苦味酸酒精腐蚀；50×。

注 2：贝氏体组织的测定。

图 B.7 双相显微组织，带状等轴晶铁素体（未侵蚀）基体上的带状上贝氏体（深色）

表 B.7 合金钢定量分析结果

参数	$\overline{N}_{L\perp}$ (No./mm)	$\overline{N}_{L//}$ (No./mm)	AI ($\overline{N}_{L\perp}/\overline{N}_{L//}$)	Ω_{12}	$\overline{P}_{L\perp}$ (No./mm)	$\overline{P}_{L//}$ (No./mm)	AI ($\overline{P}_{L\perp}/\overline{P}_{L//}$)	Ω_{12}	$SB_{\perp}$ (mm)	$\lambda_{\perp}$ (mm)
$\overline{X}$	8.50	2.83	3.01	0.56	17.00	5.66	3.01	0.56	0.118	0.086
s	0.46	0.65	—	—	0.91	1.30	—	—	—	—
95%CI	±0.57	±0.81	—	—	±1.13	±1.62	—	—	—	—
% RA	6.71	28.62	—	—	6.65	29.15	—	—	—	—
n	5	—	—	—	—	—	—	—	—	—

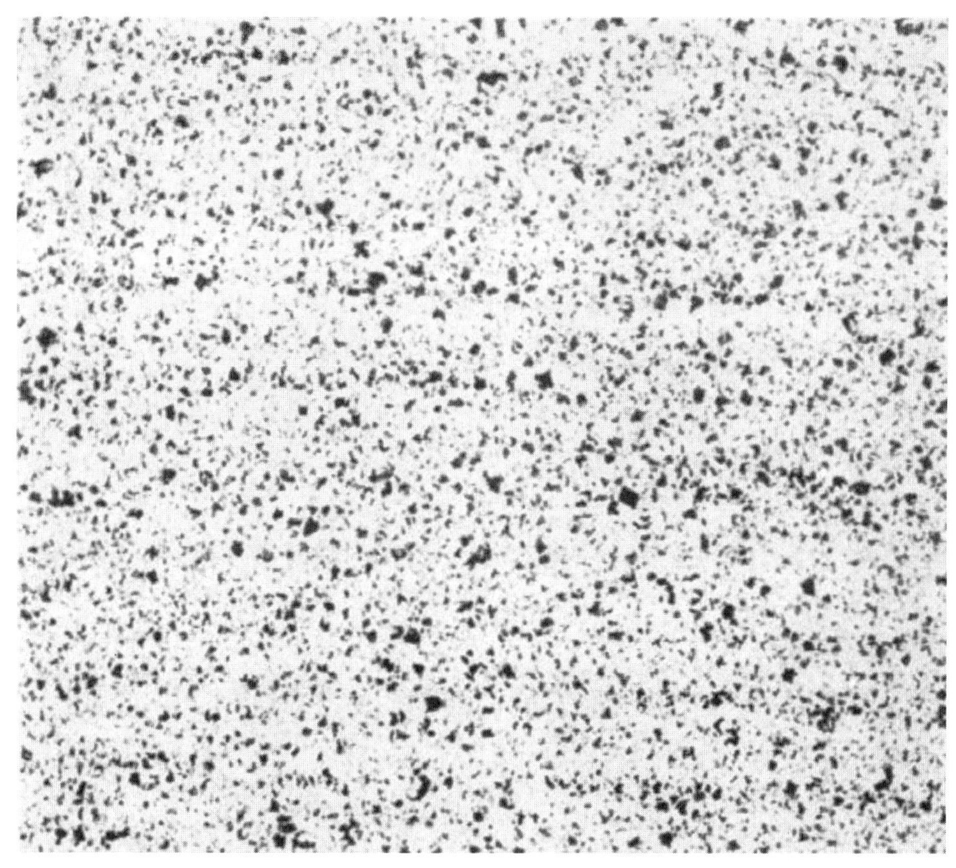

注 1：4%苦味酸酒精腐蚀；100×。

注 2：珠光体组织的测定。

图 B.8 双相显微组织，等轴晶铁素体（未被侵蚀）基体上近乎各向同性分布的球状珠光体（深色）

表 B.8 20CrNiMo 合金钢定量分析结果

参数	$\overline{N}_{L\perp}$ (No./mm)	$\overline{N}_{L//}$ (No./mm)	$AI(\overline{N}_{L\perp}/\overline{N}_{L//})$	Ω_{12}	$\overline{P}_{L\perp}$ (No./mm)	$\overline{P}_{L//}$ (No./mm)	$AI(\overline{P}_{L\perp}/\overline{P}_{L//})$	Ω_{12}
$\overline{X}$	28.86	25.92	1.11	0.07	56.31	52.55	1.08	0.05
s	1.63	2.53	—	—	4.21	4.64	—	—
95%CI	±1.72	±2.66	—	—	±4.41	±4.87	—	—
% RA	5.96	10.26	—	—	7.83	9.25	—	—
n	6	—	—	—	—	—	—	—

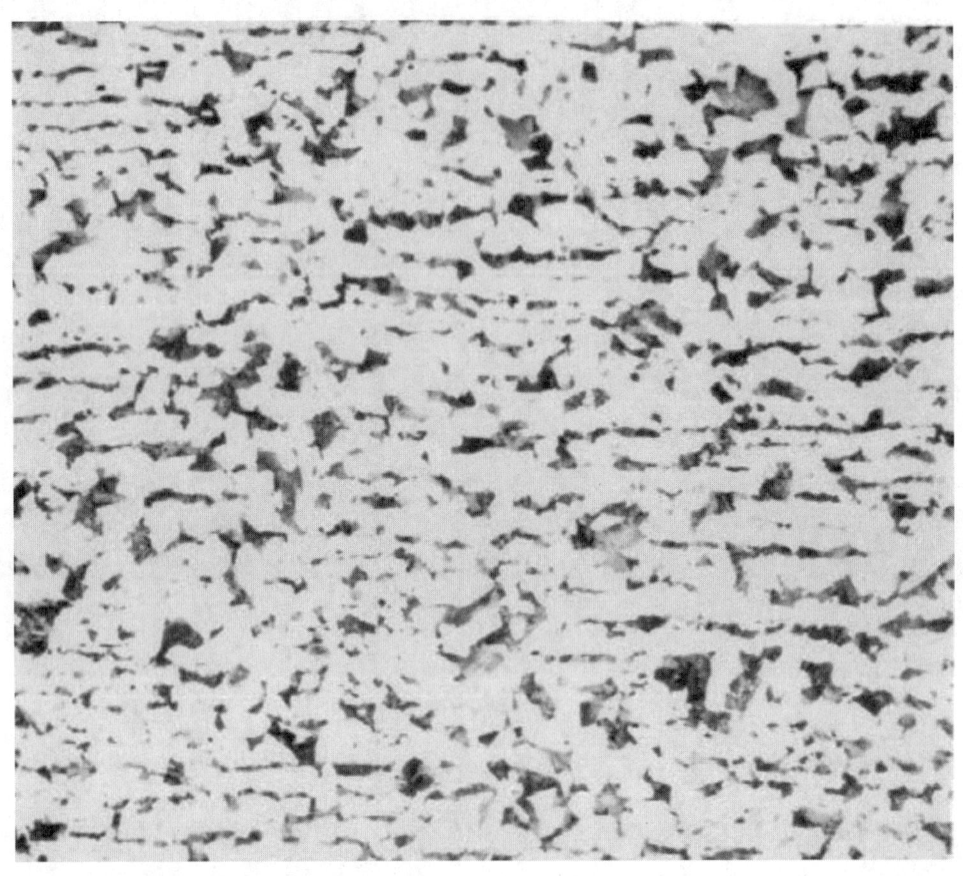

注 1：4%苦味酸酒精溶液；200×。

注 2：珠光体组织的测定。

图 B.9 双相显微组织，轻微带状分布的等轴晶铁素体（未被侵蚀）基体上呈轻微带状分布的部分拉长的珠光体（深色）

表 B.9 Q355 钢板定量分析结果

参数	$\overline{N}_{L\perp}$ (No./mm)	$\overline{N}_{L//}$ (No./mm)	AI ($\overline{N}_{L\perp}/\overline{N}_{L//}$)	Ω_{12}	$\overline{P}_{L\perp}$ (No./mm)	$\overline{P}_{L//}$ (No./mm)	AI ($\overline{P}_{L\perp}/\overline{P}_{L//}$)	Ω_{12}	$SB_{\perp}$ (mm)	$\lambda_{\perp}$ (mm)
$\overline{X}$	39.75	25.05	1.59	0.27	80.26	49.48	1.62	0.28	0.025	0.020
s	2.32	1.81	—	—	4.96	3.66	—	—	—	—
95%CI	±1.94	±1.51	—	—	±4.15	±3.06	—	—	—	—
% RA	4.88	6.02	—	—	5.17	6.18	—	—	—	—
n	8	—	—	—	—	—	—	—	—	—

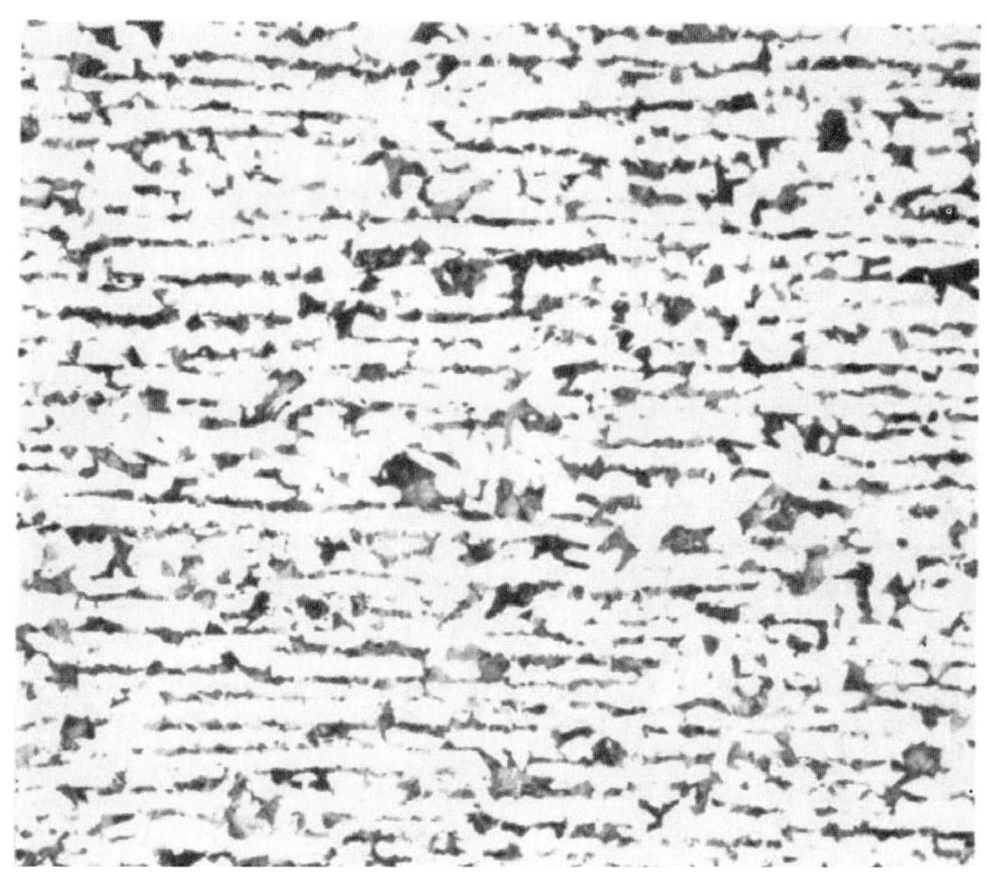

注 1：4%苦味酸酒精溶液；200×。

注 2：珠光体组织的测定。

图 B.10 双相显微组织，带状等轴晶铁素体（未侵蚀）基体上的有取向、部分拉长、显著带状的珠光体（深色）

表 B.10 Q345C 钢板定量分析结果

参数	$\overline{N}_{L\perp}$ (No./mm)	$\overline{N}_{L//}$ (No./mm)	AI ($\overline{N}_{L\perp}/\overline{N}_{L//}$)	Ω_{12}	$\overline{P}_{L\perp}$ (No./mm)	$\overline{P}_{L//}$ (No./mm)	AI ($\overline{P}_{L\perp}/\overline{P}_{L//}$)	Ω_{12}	$SB_{\perp}$ (mm)	$\lambda_{\perp}$ (mm)
$\overline{X}$	51.69	26.96	1.92	0.37	101.58	53.16	1.91	0.37	0.019	0.014
s	2.69	3.19	—	—	5.79	6.92	—	—	—	—
95%CI	±1.71	±2.03	—	—	±3.68	±4.40	—	—	—	—
% RA	3.31	7.53	—	—	3.62	8.28	—	—	—	—
n	12	—	—	—	—	—	—	—	—	—

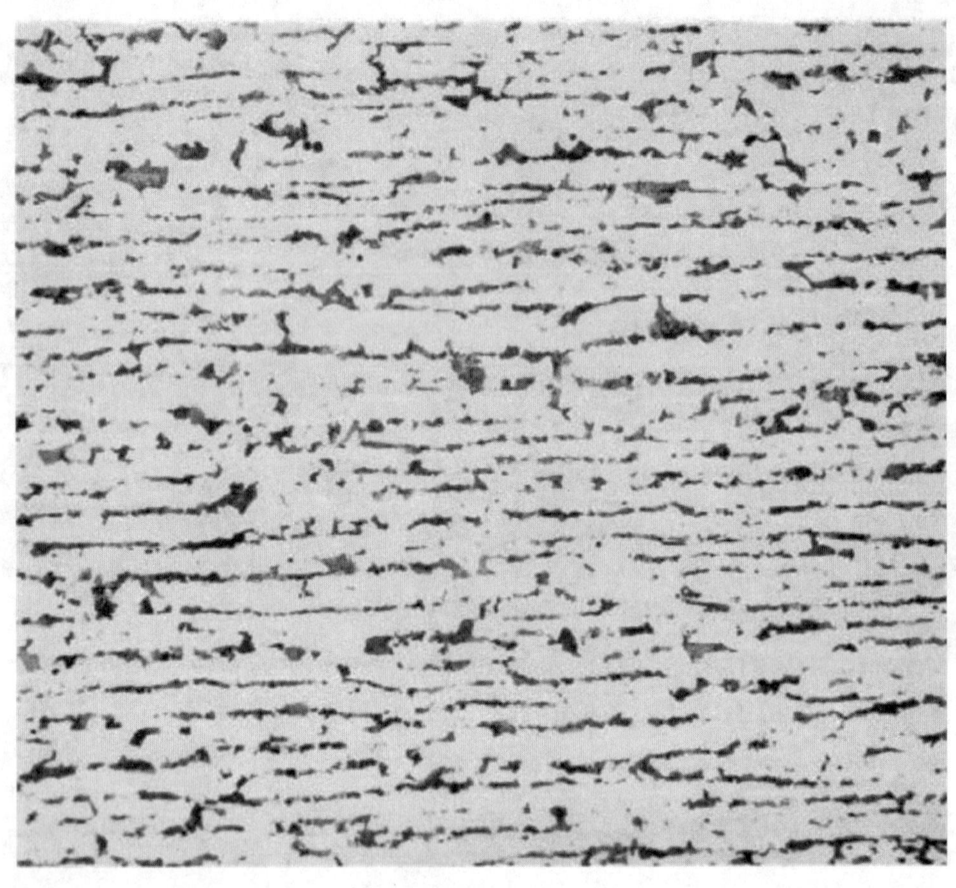

注 1：4%苦味酸酒精溶液；200×。

注 2：珠光体组织的测定。

图 B.11 双相显微组织，带状等轴晶铁素体（未被侵蚀）基体上的有取向、大部分拉长、完全带状（窄带）分布的珠光体（深色）

表 B.11 Q345C 钢板（低碳）定量分析结果

参数	$\overline{N}_{L\perp}$ (No./mm)	$\overline{N}_{L//}$ (No./mm)	AI ($\overline{N}_{L\perp}/\overline{N}_{L//}$)	Ω_{12}	$\overline{P}_{L\perp}$ (No./mm)	$\overline{P}_{L//}$ (No./mm)	AI ($\overline{P}_{L\perp}/\overline{P}_{L//}$)	Ω_{12}	$SB_{\perp}$ (mm)	$\lambda_{\perp}$ (mm)
$\overline{X}$	51.12	16.96	3.01	0.56	99.20	33.62	2.95	0.55	0.020	0.0166
s	5.025	2.47	—	—	5.91	5.07	—	—	—	—
95%CI	±3.59	±1.77	—	—	±4.23	±3.63	—	—	—	—
% RA	7.02	10.44	—	—	4.26	10.80	—	—	—	—
n	10	—	—	—	—	—	—	—	—	—

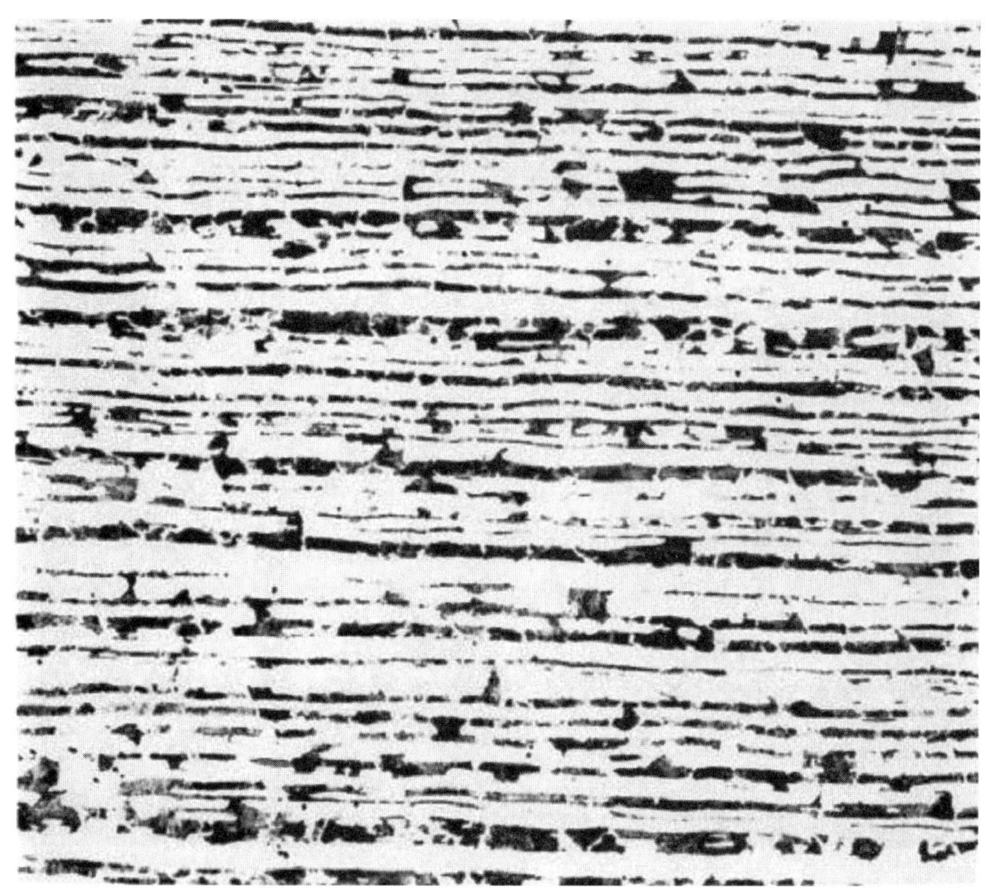

注 1：4%苦味酸酒精溶液；100×。

注 2：珠光体组织的测定。

图 B.12 双相显微组织，完全带状的伸长铁素体(未被侵蚀)基体上的伸长状、完全带状(混合了细窄和中等宽度的带状物)分布的珠光体

表 B.12 X42 管线钢定量分析结果

参数	$\overline{N}_{L\perp}$ (No./mm)	$\overline{N}_{L//}$ (No./mm)	AI ($\overline{N}_{L\perp}/\overline{N}_{L//}$)	Ω_{12}	$\overline{P}_{L\perp}$ (No./mm)	$\overline{P}_{L//}$ (No./mm)	AI ($\overline{P}_{L\perp}/\overline{P}_{L//}$)	Ω_{12}	$SB_{\perp}$ (mm)	$\lambda_{\perp}$ (mm)
$\overline{X}$	37.22	9.70	3.84	0.64	73.83	18.75	3.92	0.65	0.027	0.019
s	2.05	2.11	—	—	4.47	4.13	—	—	—	—
95%CI	±1.47	±1.51	—	—	±3.20	±2.95	—	—	—	—
% RA	3.95	15.57	—	—	4.06	15.73	—	—	—	—
n	10	—	—	—	—	—	—	—	—	—

注 1：4%硝酸酒精；50×。

注 2：碳化物的测定。

图 B.13 双相显微组织，非带状、无取向的回火马氏体(黑色)
基体上呈轻微带状分布的拉长状、有取向的合金碳化物(白色)

表 B.13 8Cr4Mo4V 轴承钢定量分析结果

参数	$\overline{N}_{L\perp}$ (No./mm)	$\overline{N}_{L//}$ (No./mm)	$AI(\overline{N}_{L\perp}/\overline{N}_{L//})$	Ω_{12}	$\overline{P}_{L\perp}$ (No./mm)	$\overline{P}_{L//}$ (No./mm)	$AI(\overline{P}_{L\perp}/\overline{P}_{L//})$	Ω_{12}
$\overline{X}$	33.79	2.56	1.48	0.23	7.30	4.98	1.47	0.23
s	0.48	0.77	—	—	0.97	1.48	—	—
95%CI	±0.51	±0.81	—	—	±1.02	±1.55	—	—
% RA	1.51	31.64	—	—	13.97	31.12	—	—
n	6	—	—	—	—	—	—	—

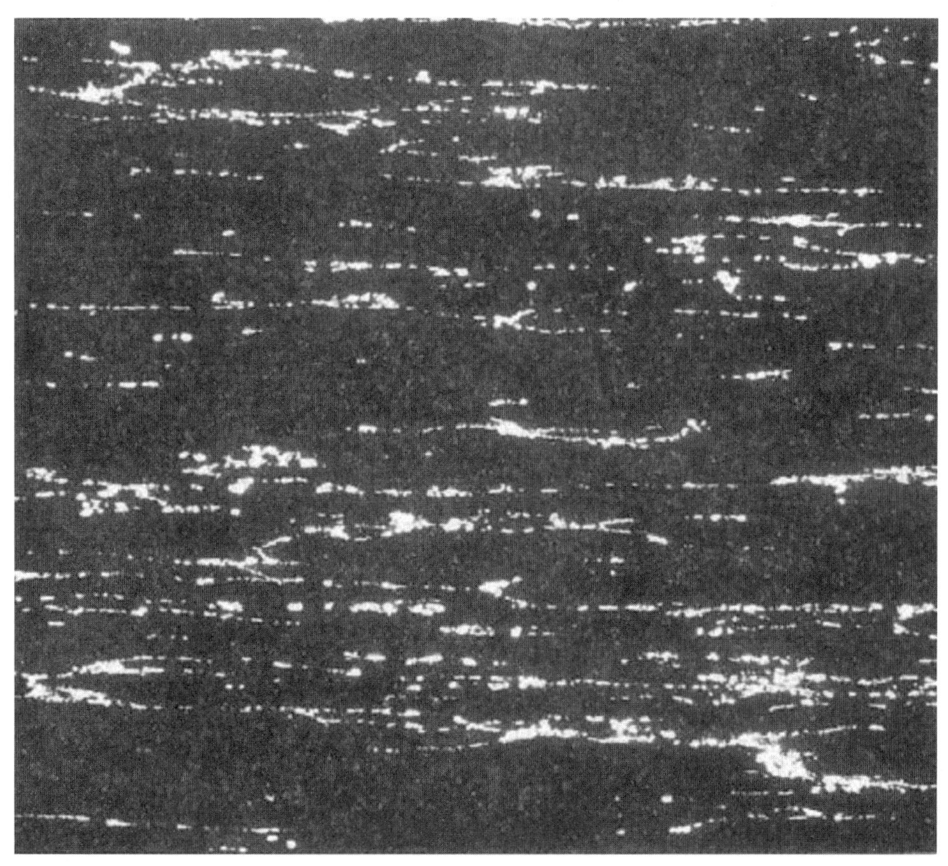

注 1：4%硝酸酒精；50×。

注 2：碳化物的测定。

图 B.14 双相显微组织，无伸长、轻微带状分布的回火马氏体(黑色)基体上呈带状分布的拉长状、有取向的合金碳化物(白色)

表 B.14 8Cr4Mo4V 轴承钢定量分析结果

参数	$\overline{N}_{L\perp}$ (No./mm)	$\overline{N}_{L//}$ (No./mm)	$AI(\overline{N}_{L\perp}/\overline{N}_{L//})$	Ω_{12}	$\overline{P}_{L\perp}$ (No./mm)	$\overline{P}_{L//}$ (No./mm)	$AI(\overline{P}_{L\perp}/\overline{P}_{L//})$	Ω_{12}
$\overline{X}$	7.43	3.21	2.31	0.46	14.59	6.20	2.35	0.46
s	0.97	0.71	—	—	1.87	1.36	—	—
95%CI	±0.90	±0.66	—	—	±1.74	±1.26	—	—
% RA	12.11	20.56	—	—	11.93	20.32	—	—
n	7	—	—	—	—	—	—	—

注 1：4%硝酸酒精；50×。

注 2：碳化物测定。

图 B.15 双相显微组织，回火马氏体（深色）基体上呈轻微带状分布的球状合金碳化物（白色）

表 B.15 9Cr18 不锈钢定量分析结果

参数	$\overline{N}_{L\perp}$ (No./mm)	$\overline{N}_{L//}$ (No./mm)	$AI(\overline{N}_{L\perp}/\overline{N}_{L//})$	Ω_{12}	$\overline{P}_{L\perp}$ (No./mm)	$\overline{P}_{L//}$ (No./mm)	$AI(\overline{P}_{L\perp}/\overline{P}_{L//})$	Ω_{12}
$\overline{X}$	18.18	12.93	1.41	0.21	36.28	25.85	1.40	0
s	1.32	0.71	—	—	2.73	1.44	—	—
95%CI	±1.65	±0.89	—	—	±3.40	±1.79	—	—
%RA	9.07	6.88	—	—	9.37	6.92	—	—
n	5	—	—	—	—	—	—	—

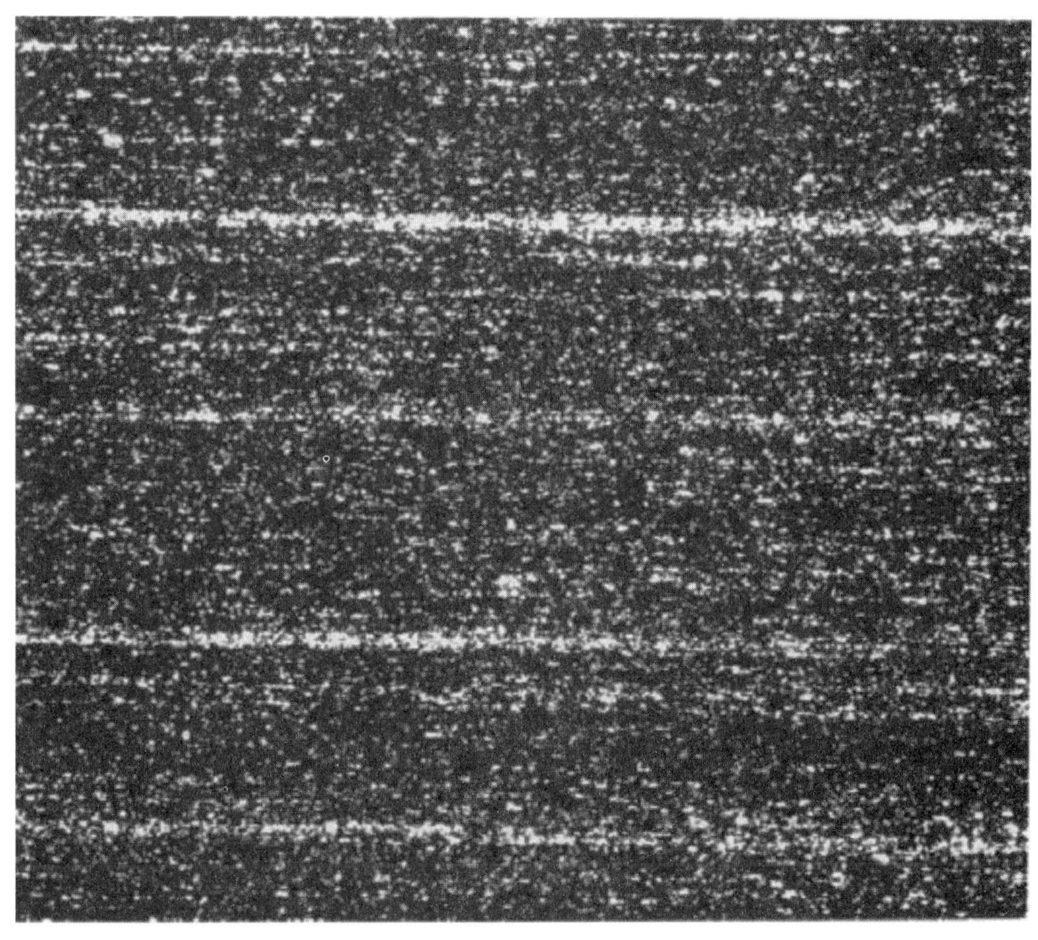

注 1：10%硝酸酒精溶液；100×。

注 2：碳化物的测定。

图 B.16 双相显微组织，回火马氏体（深色）基体上严重带状分布的球状合金碳化物（白色），合金碳化物呈现大量互相隔离的条带（条带中间有大量角状的碳化物颗粒）

表 B.16 9Cr18 不锈钢定量分析结果

参数	$\overline{N}_{L\perp}$ (No./mm)	$\overline{N}_{L//}$ (No./mm)	$AI(\overline{N}_{L\perp}/\overline{N}_{L//})$	Ω_{12}	$\overline{P}_{L\perp}$ (No./mm)	$\overline{P}_{L//}$ (No./mm)	$AI(\overline{P}_{L\perp}/\overline{P}_{L//})$	Ω_{12}
$\overline{X}$	17.40	11.96	1.46	0.22	34.71	23.91	1.45	0.22
s	1.59	2.89	—	—	3.24	5.77	—	—
95%CI	±1.98	±3.58	—	—	±4.03	±7.17	—	—
% RA	11.38	29.93	—	—	11.61	29.99	—	—
n	5	—	—	—	—	—	—	—

注 1：10％硝酸酒精溶液；100×。

注 2：图 B.17 所示样品中碳化物的分布比图 B.18 所示样品中碳化物的分布要均匀的多。在相同的测量视场个数下，标准偏差、95％置信区间以及相对精确度均由于分布的均匀性变差而有所增加。

注 3：碳化物的测定。

图 B.17　双相显微组织中，回火马氏体(黑色)基体上呈轻微带状分布的球状和有棱角的合金碳化物(白色)

表 B.17　V18Cr4V 高速钢定量分析结果

参数	$\overline{N}_{L\perp}$ (No./mm)	$\overline{N}_{L//}$ (No./mm)	$AI(\overline{N}_{L\perp}/\overline{N}_{L//})$	Ω_{12}	$\overline{P}_{L\perp}$ (No./mm)	$\overline{P}_{L//}$ (No./mm)	$AI(\overline{P}_{L\perp}/\overline{P}_{L//})$	Ω_{12}
$\overline{X}$	36.23	26.26	1.38	0.19	72.45	52.53	1.38	0.19
s	1.37	4.82	—	—	2.74	9.64	—	—
95％CI	±1.70	±5.98	—	—	±3.40	±11.96	—	—
％ RA	4.69	22.77	—	—	4.69	22.77	—	—
n	5	—	—	—	—	—	—	—

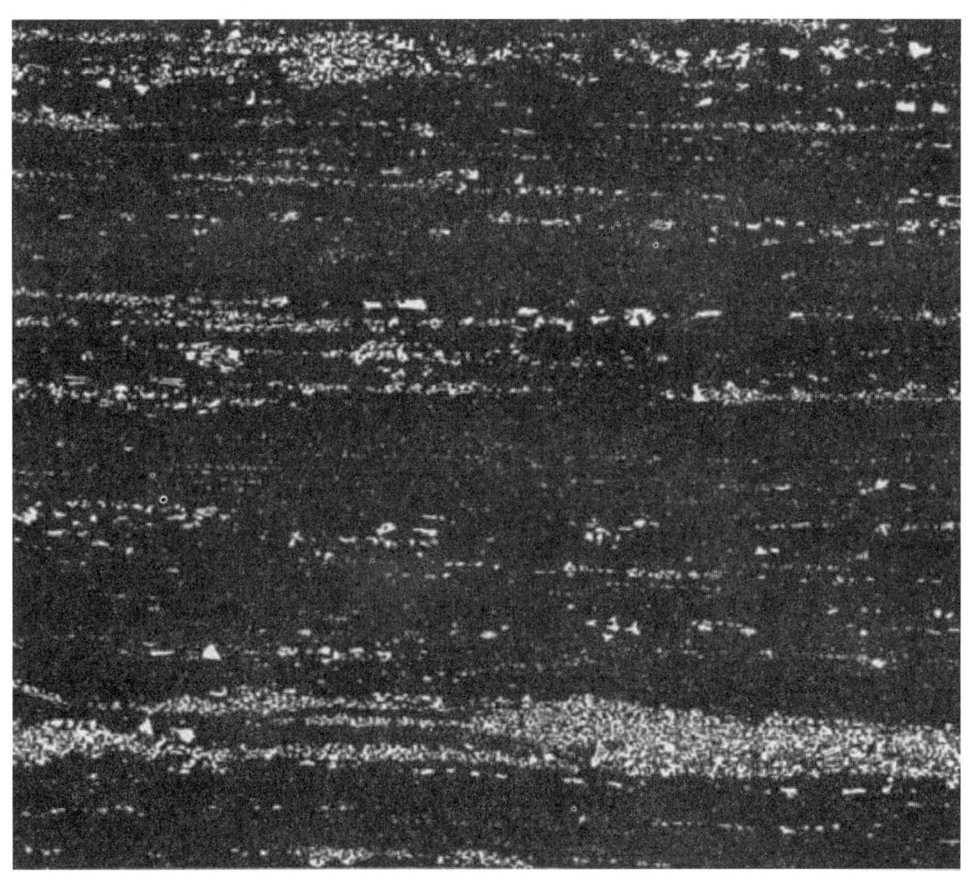

注 1：10%硝酸酒精溶液；100×。

注 2：图 B.17 所示样品中碳化物的分布比图 B.18 所示样品中碳化物的分布要均匀的多。在相同的测量视场个数下，标准偏差、95%置信区间以及相对精确度均由于分布的均匀性变差而有所增加。

注 3：碳化物的测定。

图 B.18 双相显微组织中，回火马氏体(黑色)基体上呈带状分布的球状和有棱角的合金碳化物(白色)，局部有严重的碳化物条带

表 B.18 V18Cr4V 高速钢定量分析结果

参数	$\overline{N}_{L\perp}$ (No./mm)	$\overline{N}_{L//}$ (No./mm)	$AI(\overline{N}_{L\perp}/\overline{N}_{L//})$	Ω_{12}	$\overline{P}_{L\perp}$ (No./mm)	$\overline{P}_{L//}$ (No./mm)	$AI(\overline{P}_{L\perp}/\overline{P}_{L//})$	Ω_{12}
$\overline{X}$	24.18	16.58	1.46	0.22	48.36	33.16	1.46	0.22
s	4.32	5.57	—	—	8.64	11.15	—	—
95%CI	±5.37	±6.92	—	—	±10.73	±13.84	—	—
% RA	22.21	41.73	—	—	22.19	41.74	—	—
n	5	—	—	—	—	—	—	—

ICS 77.140.10
H 40

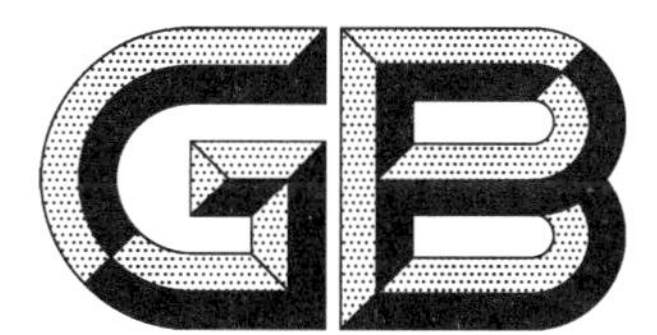

中华人民共和国国家标准

GB/T 34484.2—2018

热处理钢 第2部分:淬火及回火合金钢

Heat-treatable steels—Part 2:Alloy steels for quenching and tempering

(ISO 683-2:2016,Heat-treatable steels,alloy steels and free-cutting steels—Part 2:Alloy steels for quenching and tempering,MOD)

2018-09-17 发布　　2019-06-01 实施

国家市场监督管理总局
中国国家标准化管理委员会　发布

前　　言

GB/T 34484《热处理钢》分为两个部分：

——第 1 部分：非合金钢；

——第 2 部分：淬火及回火合金钢。

本部分为 GB/T 34484 的第 2 部分。

本部分按照 GB/T 1.1—2009 给出的规则起草。

本部分使用重新起草法修改采用 ISO 683-2:2016《热处理钢、合金钢和易切削钢　第 2 部分：淬火和回火合金钢》。

本部分与 ISO 683-2:2016 相比，在结构上有调整，附录 A 中列出了本部分与 ISO 683-2:2016 章条编号对照一览表。

本部分与 ISO 683-2:2016 相比存在技术性差异，这些差异涉及的条款已通过在其外侧页边空白位置的垂直单线(|)进行了标示，附录 B 中给出了相应技术性差异及其原因的一览表。

为了便于使用，本部分做了下列编辑性修改：

——标准名称由"热处理钢、合金钢和易切削钢　第 2 部分：淬火及回火合金钢"改为"热处理钢　第 2 部分：淬火及回火合金钢"；

——删除了 ISO 683-2:2016 中的资料性附录 D 和参考文献。

本部分由中国钢铁工业协会提出。

本部分由全国钢标准化技术委员会(SAC/TC 183)归口。

本部分起草单位：大冶特殊钢股份有限公司、冶金工业信息标准研究院、江阴兴澄特种钢铁有限公司、西王特钢有限公司。

本部分主要起草人：陈君、颜丞铭、李博鹏、胡瑞海、白云、孟羽、张灵通、李文双。

热处理钢 第2部分:淬火及回火合金钢

1 范围

GB/T 34484的本部分规定了淬火及回火状态交货合金钢的订货内容、尺寸、外形、重量、技术要求、试验方法、检验规则、包装、标志及质量证明书。

本部分适用于公称直径不大于310 mm的轧制圆钢及公称边长不大于280 mm的轧制方钢(以下简称钢材)。

2 规范性引用文件

下列文件对于本文件的应用是必不可少的。凡是注日期的引用文件,仅注日期的版本适用于本文件。凡是不注日期的引用文件,其最新版本(包括所有的修改单)适用于本文件。

GB/T 222 钢的成品化学成分允许偏差

GB/T 223.9 钢铁及合金 铝含量的测定 铬天青S分光光度法

GB/T 223.11 钢铁及合金 铬含量的测定 可视滴定或电位滴定法(GB/T 223.11—2008,ISO 4937:1986,MOD)

GB/T 223.13 钢铁及合金化学分析方法 硫酸亚铁铵滴定法测定钒含量

GB/T 223.17 钢铁及合金化学分析方法 二安替比林甲烷光度法测定钛量

GB/T 223.23 钢铁及合金 镍含量的测定 丁二酮肟分光光度法

GB/T 223.26 钢铁及合金 钼含量的测定 硫氰酸盐分光光度法

GB/T 223.53 钢铁及合金化学分析方法 火焰原子吸收分光光度法测定铜量(GB/T 223.53—1987,eqv ISO 4943:1986)

GB/T 223.60 钢铁及合金化学分析方法 高氯酸脱水重量法测定硅含量

GB/T 223.62 钢铁及合金化学分析方法 乙酸丁酯萃取光度法测定磷量

GB/T 223.64 钢铁及合金 锰含量的测定 火焰原子吸收光谱法(GB/T 223.64—2008,ISO 10700:1994,IDT)

GB/T 223.69 钢铁及合金 碳含量的测定 管式炉内燃烧后气体容量法

GB/T 223.72 钢铁及合金 硫含量的测定 重量法

GB/T 223.75 钢铁及合金 硼含量的测定 甲醇蒸馏-姜黄素光度法

GB/T 226 钢的低倍组织及缺陷酸蚀检验法

GB/T 228.1 金属材料 拉伸试验 第1部分:室温试验方法(GB/T 228.1—2010,ISO 6892-1:2009,MOD)

GB/T 229 金属材料 夏比摆锤冲击试验方法(GB/T 229—2007,ISO 148-1:2006,MOD)

GB/T 230.1 金属材料 洛氏硬度试验 第1部分:试验方法(GB/T 230.1—2018,ISO 6508-1:2016,MOD)

GB/T 231.1 金属材料 布氏硬度试验 第1部分:试验方法(GB/T 231.1—2018,ISO 6506-1:2014,MOD)

GB/T 702—2017 热轧钢棒尺寸、外形、重量及允许偏差

GB/T 1979　结构钢低倍组织缺陷评级图

GB/T 2101　型钢验收、包装、标志及质量证明书的一般规定

GB/T 4162　锻轧钢棒超声检测方法

GB/T 4336　碳素钢和中低合金钢　多元素含量的测定　火花放电原子发射光谱法(常规法)

GB/T 6394　金属平均晶粒度测定方法

GB/T 10561—2005　钢中非金属夹杂物含量的测定　标准评级图显微检验法(ISO 4967:1998,IDT)

GB/T 17505　钢及钢产品　交货一般技术要求(GB/T 17505—2016,ISO 404:2013,MOD)

GB/T 20066　钢和铁　化学成分测定用试样的取样和制样方法(GB/T 20066—2006,ISO 14284:1996,IDT)

GB/T 20123　钢铁　总碳硫含量的测定　高频感应炉燃烧后红外吸收法(常规方法)

3　订货内容

按本部分订货的合同或订单应包括下列内容:

a)　本部分编号;

b)　产品名称;

c)　牌号;

d)　冶炼方法(见5.2);

e)　表面硬度(见5.4);

f)　晶粒度(见5.7);

g)　超声检测(见5.8);

h)　剩磁(见5.9);

i)　重量(或数量);

j)　尺寸及外形(见第4章);

k)　特殊要求。

4　尺寸、外形、重量

4.1　钢材的尺寸及允许偏差应符合GB/T 702—2017中第2组的规定。

4.2　钢材的外形及允许偏差应符合GB/T 702—2017的规定,其中弯曲度应符合第2组规定。

4.3　其他尺寸钢棒的尺寸、外形及其允许偏差应符合相应标准。经供需双方协商确定,具体要求在合同中注明。

4.4　钢材按实际重量交货。

5　技术要求

5.1　牌号和化学成分

5.1.1　钢的牌号和化学成分(熔炼分析)应符合表1的规定。

表 1 牌号及化学成分

序号	牌号	化学成分(质量分数)/%										
		C	Si	Mn	P	S	Cr	Ni	Mo	B	Al	V
1	35Cr	0.32～0.39	0.17～0.37	0.50～0.80	≤0.025	≤0.035	0.80～1.10	≤0.30	≤0.10	<0.000 8	—	—
2	35CrS	0.32～0.39	0.17～0.37	0.50～0.80	≤0.025	0.020～0.040	0.80～1.10	≤0.30	≤0.10	<0.000 8	—	—
3	40Cr	0.37～0.44	0.17～0.37	0.50～0.80	≤0.025	≤0.035	0.80～1.10	≤0.30	≤0.10	<0.000 8	—	—
4	40CrS	0.37～0.44	0.17～0.37	0.50～0.80	≤0.025	0.020～0.040	0.80～1.10	≤0.30	≤0.10	<0.000 8	—	—
5	50CrVA	0.47～0.54	0.17～0.37	0.50～0.80	≤0.025	≤0.025	0.80～1.10	≤0.30	≤0.10	<0.000 8	—	0.10～0.20
6	25CrMo	0.22～0.29	0.17～0.37	0.60～0.90	≤0.025	≤0.035	0.90～1.20	≤0.30	0.15～0.30	<0.000 8	—	—
7	25CrMoS	0.22～0.29	0.17～0.37	0.60～0.90	≤0.025	0.020～0.040	0.90～1.20	≤0.30	0.15～0.30	<0.000 8	—	—
8	35CrMo	0.32～0.40	0.17～0.37	0.40～0.70	≤0.025	≤0.035	0.80～1.10	≤0.30	0.15～0.25	<0.000 8	—	—
9	35CrMoS	0.32～0.40	0.17～0.37	0.40～0.70	≤0.025	0.020～0.040	0.80～1.10	≤0.30	0.15～0.25	<0.000 8	—	—
10	42CrMo	0.38～0.45	0.17～0.37	0.50～0.80	≤0.025	≤0.035	0.90～1.20	≤0.30	0.15～0.25	<0.000 8	—	—
11	42CrMoS	0.38～0.45	0.17～0.37	0.50～0.80	≤0.025	0.020～0.040	0.90～1.20	≤0.30	0.15～0.25	<0.000 8	—	—
12	50CrMo	0.46～0.54	0.17～0.37	0.50～0.80	≤0.025	≤0.035	0.90～1.20	≤0.30	0.15～0.30	<0.000 8	—	—
13	38CrMoAl	0.35～0.42	0.20～0.45	0.30～0.60	≤0.025	≤0.035	1.35～1.65	≤0.30	0.15～0.25	<0.000 8	0.70～1.10	—
14	40CrMnMo	0.37～0.45	0.17～0.37	0.90～1.20	≤0.025	≤0.035	0.90～1.20	≤0.30	0.20～0.30	<0.000 8	—	—
15	30Cr2Ni2Mo	0.26～0.34	0.17～0.37	0.50～0.80	≤0.025	≤0.035	1.80～2.20	1.80～2.20	0.30～0.50	<0.000 8	—	—
16	30Cr2Ni4Mo	0.26～0.33	0.17～0.37	0.50～0.80	≤0.025	≤0.035	1.20～1.50	3.30～4.30	0.30～0.60	<0.000 8	—	—

表 1(续)

序号	牌号	化学成分(质量分数)/%										
		C	Si	Mn	P	S	Cr	Ni	Mo	B	Al	V
17	34Cr2Ni2Mo	0.30～0.38	0.17～0.37	0.50～0.80	≤0.025	≤0.035	1.30～1.70	1.30～1.70	0.15～0.30	<0.000 8	—	—
18	35Cr2Ni4Mo	0.32～0.39	0.17～0.37	0.50～0.80	≤0.025	≤0.035	1.60～2.00	3.60～4.10	0.25～0.45	<0.000 8	—	—
19	40CrNiMo	0.37～0.44	0.17～0.37	0.50～0.80	≤0.025	≤0.035	0.60～0.90	1.25～1.65	0.15～0.25	<0.000 8	—	—
20	40CrNi2Mo	0.38～0.43	0.17～0.37	0.60～0.80	≤0.025	≤0.035	0.70～0.90	1.65～2.00	0.20～0.30	<0.000 8	—	—
21	40MnB	0.37～0.44	0.17～0.37	1.10～1.40	≤0.025	≤0.035	≤0.25	≤0.30	≤0.10	0.000 8～0.003 5	—	—
钢中残余铝、钒、钛含量应作分析,其结果记入质量证明书。 注:本部分的牌号与国内外标准相近牌号对照参见附录 C。												

5.1.2 钢材成品化学成分允许偏差应符合 GB/T 222 的规定。

5.2 冶炼方法

除非合同中有规定,冶炼方法由供方选择。

5.3 交货状态

钢材应以淬火加回火状态交货。推荐的交货热处理制度见表 2。

表 2 钢材推荐的热处理制度

序号	牌号	淬火温度/℃	回火温度/℃
1	35Cr、35CrS	830～870	540～680
2	40Cr、40CrS	820～860	540～680
3	50CrVA	820～860	540～680
4	25CrMo、25CrMoS	840～880	540～680
5	35CrMo、35CrMoS	830～870	540～680
6	42CrMo、42CrMoS	820～860	540～680
7	50CrMo	820～860	540～680
8	38CrMoAl	870～930	580～700
9	40CrMnMo	830～870	540～660
10	30Cr2Ni2Mo	830～860	540～660
11	30Cr2Ni4Mo	840～860	540～680
12	34Cr2Ni2Mo	830～860	540～660

表 2（续）

序号	牌号	淬火温度/℃	回火温度/℃
13	35Cr2Ni4Mo	840～860	540～680
14	40CrNiMo	840～860	540～630
15	40CrNi2Mo	840～860	540～680
16	40MnB	840～880	400～650

5.4 力学性能

5.4.1 钢材按表 2 推荐的热处理制度处理后纵向力学性能检验结果应符合表 3 的规定。

5.4.2 根据需方要求，经供需双方协商，并在合同中注明，可规定钢材的表面硬度范围。交货钢材的表面硬度范围应不小于 40 HBW 或 5 HRC。按表面硬度交货的钢材可不提供力学性能检验结果。

表 3 力学性能

序号	牌号	公称直径 d 或边长 t mm																			
		$20 \leqslant d \leqslant 40$ $10 \leqslant t \leqslant 20$					$40 < d \leqslant 100$ $20 < t \leqslant 60$					$100 < d \leqslant 160$ $60 < t \leqslant 100$					$160 < d \leqslant 310$ $100 < t \leqslant 280$				
		规定塑性延伸强度 $R_{p0.2}$ MPa	抗拉强度 R_m MPa	断后伸长率 A %	断面收缩率 Z %	冲击吸收能量[a] KV_2 J	规定塑性延伸强度 $R_{p0.2}$ MPa	抗拉强度 R_m MPa	断后伸长率 A %	断面收缩率 Z %	冲击吸收能量[a] KV_2 J	规定塑性延伸强度 $R_{p0.2}$ MPa	抗拉强度 R_m MPa	断后伸长率 A %	断面收缩率 Z %	冲击吸收能量[a] KV_2 J	规定塑性延伸强度 $R_{p0.2}$ MPa	抗拉强度 R_m MPa	断后伸长率 A %	断面收缩率 Z %	冲击吸收能量[a] KV_2 J
		不小于		不小于			不小于		不小于			不小于		不小于			不小于		不小于		
1	35Cr、35CrS	590	800～950	14	40	40	460	700～850	15	45	40	实测	实测	实测	实测	实测	实测	实测	实测	实测	实测
2	40Cr、40CrS	660	900～1 100	12	35	35	560	800～950	14	40	35	实测	实测	实测	实测	实测	实测	实测	实测	实测	实测
3	50CrVA	800	1 000～1 200	10	45	30	700	900～1 100	12	50	30	650	850～1 000	13	50	30	600	800～950	13	50	30
4	25CrMo、25CrMoS	600	800～950	14	55	50	450	700～850	15	60	50	400	650～800	16	40	45	实测	实测	实测	实测	实测
5	35CrMo、35CrMoS	650	900～1 100	12	50	40	550	800～950	14	55	45	500	750～900	15	55	45	450	700～850	15	60	45
6	42CrMo、42CrMoS	750	1 000～1 200	11	45	35	650	900～1 100	12	50	35	550	800～950	13	50	35	500	750～900	14	55	35
7	50CrMo	780	1 000～1 200	10	45	30	700	900～1 100	12	50	30	650	850～1 000	13	50	30	550	800～950	13	50	30
8	38CrMoAl	750	900～1 100	11	—	25	720	900～1 100	13	—	25	670	850～1 050	14	—	30	625	800～1 000	15	—	30
9	40CrMnMo	900	1 070～1 250	14	35	27	830	1 030～1 200	14	35	34	760	930～1 100	14	45	54	760	930～1 100	14	45	54
10	30Cr2Ni2Mo	1 050	1 250～1 450	9	40	30	900	1 000～1 300	10	45	35	800	1 000～1 200	11	50	45	700	900～1 100	12	50	45

表 3（续）

序号	牌号	公称直径 d 或边长 t mm																			
		$20 \leqslant d \leqslant 40$ $10 \leqslant t \leqslant 20$					$40 < d \leqslant 100$ $20 < t \leqslant 60$					$100 < d \leqslant 160$ $60 < t \leqslant 100$					$160 < d \leqslant 310$ $100 < t \leqslant 280$				
		规定塑性延伸强度 $R_{p0.2}$ MPa	抗拉强度 R_m MPa	断后伸长率 A %	断面收缩率 Z %	冲击吸收能量[a] KV_2 J	规定塑性延伸强度 $R_{p0.2}$ MPa	抗拉强度 R_m MPa	断后伸长率 A %	断面收缩率 Z %	冲击吸收能量[a] KV_2 J	规定塑性延伸强度 $R_{p0.2}$ MPa	抗拉强度 R_m MPa	断后伸长率 A %	断面收缩率 Z %	冲击吸收能量[a] KV_2 J	规定塑性延伸强度 $R_{p0.2}$ MPa	抗拉强度 R_m MPa	断后伸长率 A %	断面收缩率 Z %	冲击吸收能量[a] KV_2 J
		不小于		不小于			不小于		不小于			不小于		不小于			不小于		不小于		
11	30Cr2Ni4Mo	880	1 080～1 230	10	45	35	880	1 080～1 230	10	45	35	790	900～1 050	11	50	35	880	900～1 050	11	50	35
12	34Cr2Ni2Mo	900	1 100～1 300	10	45	45	800	1 000～1 200	11	50	45	700	900～1 100	12	55	45	600	800～950	13	55	45
13	35Cr2Ni4Mo	1 050	1 250～1 450	9	40	30	900	1 100～1 300	10	45	35	800	1 000～1 200	11	50	45	800	1 000～1 200	11	50	45
14	40CrNiMo	735	930～1 130	11	40	35	685	880～1 080	12	45	40	635	830～980	12	50	40	540	740～880	13	50	40
15	40CrNi2Mo	900	1 070～1 250	14	35	27	830	1 030～1 200	14	35	34	760	930～1 100	14	45	54	760	930～1 100	14	45	54
16	40MnB	850	1 050～1 250	12	50	40	800	1 000～1 200	12	50	40	实测	实测	实测	实测	实测	实测	实测	实测	实测	实测

[a] 指三个冲击试样冲击吸收能量平均值的最小值，允许其中一个试样的单个值低于规定最小值，但不应低于规定最小值的 70%。

5.5 低倍

5.5.1 钢材的横截面酸浸低倍试片上不应有目视可见的缩孔、气泡、裂纹、夹杂、翻皮、白点。

5.5.2 钢材的酸浸低倍组织缺陷合格级别应符合表4的规定。

表4 低倍组织缺陷及合格级别

锭型偏析	中心偏析[a]	中心疏松	一般疏松	一般点状偏析[c]	边缘点状偏析[d]
级，不大于					
2	2	2[b]	2	不应有	

[a] 仅适用于连铸坯轧制的钢材。
[b] 对公称尺寸大于200 mm的钢材，合格级别可不大于2.5级。
[c] 38CrMoAl钢应不大于2.5级。
[d] 38CrMoAl钢应不大于1.5级。

5.6 非金属夹杂物

非金属夹杂物应按GB/T 10561—2005中A法进行评级，其合格级别应符合表5规定。

表5 非金属夹杂物合格级别

A[a]		B		C		D		DS
细系	粗系	细系	粗系	细系	粗系	细系	粗系	≤2.0
≤2.0	≤1.5	≤2.0	≤1.5	≤1.5	≤1.0	≤2.0	≤1.5	

[a] 对含硫钢材，A类细系不大于3.0级，A类粗系不大于2.5级。

5.7 晶粒度

根据需方要求，钢材可检验奥氏体晶粒度，晶粒度应为5级或更细。

5.8 超声检测

根据需方要求，可按GB/T 4162进行超声检测，其合格级别由供需双方协商。

5.9 剩磁

根据需方要求，可检验交货状态钢材的剩磁，其剩磁应不大于15 A/cm。

5.10 表面质量

钢材表面应光滑，不应有裂纹、折叠、结疤和氧化铁皮，若有上述缺陷存在，允许局部修磨，但最大修磨处应保证钢材允许的最小尺寸。

6 试验方法

6.1 钢材的检验项目和试验方法应符合表6的规定。

表 6 检验项目表

序号	试验项目	试样数量	取样部位	试验方法
1	化学分析	1个/炉	GB/T 20066	见6.2
2	拉伸	2个/批	不同根钢材，见附录D	GB/T 228.1
3	冲击	1组3个/批	任意根钢材，见附录D	GB/T 229
4	低倍	2个/批	相当于钢锭头部不同根钢材	GB/T 226、GB/T 1979
5	非金属夹杂物	2个/批	不同根钢材	GB/T 10561—2005
6	晶粒度	1个/批	任意根钢材，见附录D	GB/T 6394
7	超声检测	逐根	—	GB/T 4162
8	表面硬度	协商	距钢材端部至少0.5倍直径距离，磨下深度应能消除脱碳层	GB/T 231.1、GB/T 230.1
9	剩磁	逐根	钢材两端	高斯计
10	表面质量	逐根	—	目视
11	尺寸、外形	逐根	—	卡尺、千分尺

6.2 钢的化学成分按GB/T 4336、GB/T 20123或通用的试验方法进行分析，但仲裁时应按GB/T 223.9、GB/T 223.11、GB/T 223.13、GB/T 223.17、GB/T 223.23、GB/T 223.26、GB/T 223.53、GB/T 223.60、GB/T 223.62、GB/T 223.64、GB/T 223.69、GB/T 223.72 、GB/T 223.75的规定进行。

7 检验规则

7.1 检查和验收

7.1.1 钢材出厂的检查和验收由供方质量部门进行。

7.1.2 供方应保证交货的钢材符合本部分或合同的规定，必要时，需方有权对本部分或合同所规定的任一检验项目进行检查和验收。

7.2 组批规则

钢材应按批检查和验收，每批由同一牌号、同一炉号、同一尺寸、同一热处理制度(炉次)的钢材组成。

7.3 取样数量及取样部位

钢材的取样数量及取样部位应符合表6的规定。

7.4 复验与判定规则

7.4.1 钢材的复验与判定规则按GB/T 17505规定执行。

7.4.2 复验不合格的钢材允许重新热处理后作为新的一批提交验收，重新热处理可多次回火，但不应超过两次淬火。

8 包装、标志和质量证明书

钢材的包装、标志和质量证明书应符合GB/T 2101的有关规定。

附　录　A
（资料性附录）
本部分与 ISO 683-2:2016 相比的结构变化情况

本部分与 ISO 683-2:2016 相比在结构上有较多调整，具体章条编号对照情况见表 A.1。

表 A.1　本部分与 ISO 683-2:2016 的章条编号对照情况

本部分章条编号	对应 ISO 标准章条编号
1	1
2	2
—	3
—	4
3	5
4	7.9
—	7.1.1
5.1	7.1.2
5.2	6.1、6.2
5.3	6.3
—	6.4
5.4	7.1.3
—	7.1.4
—	7.2
—	7.3
5.5	7.5.2
5.6	7.5.1
5.7	7.4
5.8	B.3
5.9	—
—	7.6
5.10	7.7
—	7.8
5.11	7.1.5
6	8、9
7	9
8	10
附录 A	—
附录 B	—

表 A.1（续）

本部分章条编号	对应 ISO 标准章条编号
—	附录 A
—	附录 B
附录 C	附录 C
附录 D	图 2、图 3
—	附录 D
—	参考文献

附　录　B
（资料性附录）
本部分与 ISO 683-2:2016 的技术性差异及其原因

本部分与 ISO 683-2:2016 相应技术性差异及其原因见表 B.1

表 B.1　本部分与 ISO 683-2:2016 相应技术性差异及其原因

本部分的章条编号	技术性差异	原因
1	适用的规格范围由 ISO 683-2:2016 适用最大圆钢公称直径 250 mm，修改扩大到本部分最大公称直径 310 mm，同时增加了最大规格 280 mm 的方钢	适应我国实际情况
2	规范性引用文件做了具有技术性差异的调整，以适应我国的技术要求。 关于规范性引用文件，本部分做了具有技术性差异的调整，调整的情况集中反映在第 2 章“规范性引用文件”中，具体调整如下： ——增加引用了 GB/T 222、GB/T 223.9、GB/T 223.13、GB/T 223.17、GB/T 223.26、GB/T 223.60、GB/T 223.62、GB/T 223.69、GB/T 226、GB/T 702—2008、GB/T 1979、GB/T 2101、GB/T 4162、GB/T 4336、GB/T 6394； ——用 GB/T 223.11、GB/T 223.23、GB/T 223.53、GB/T 223.64、GB/T 223.72、GB/T 223.75 和 GB/T 20123 替代了 ISO/TR 9769、用 GB/T 228.1 替代了 ISO 6892-1、用 GB/T 229 替代了 ISO 148-1、用 GB/T 230.1 替代了 ISO 6508-1、用 GB/T 231.1 替代了 ISO 6506-1、用GB/T 10561—2005 替代了 ISO 4967、用 GB/T 17505 替代了 ISO 404:2013、用 GB/T 20066 替代了 ISO 14284； ——删除了 ISO 377、ISO 642、ISO 643、ISO 3887、ISO 4885、ISO 4948-1、ISO 4948-2、ISO/TS 4949、ISO 6929、ISO 7788、ISO 9443、ISO 10474	根据我国冶金行业惯例，增加了化学成分分析方法、低倍检验和评定方法、晶粒度检验方法、成品化学成分允许偏差、尺寸偏差、包装标志、超声检测等适用于我国冶金行业的国家标准； 针对引用文件中已采标的国际标准，用相应的我国国家标准来代替国际标准； 删除了不适用于我国冶金行业的国际标准，如 ISO 642 等，以及按照我国冶金标准惯例不应在正文中引用的标准，如 ISO 4948-1 和 ISO 4948-2 等
—	删除了未处理交货状态、改善剪切性能处理交货状态、退火状态，仅保留淬火及回火状态	为保持与我国合金结构钢国家标准 GB/T 3077—2015 一致
—	删除了表面交货状态的要求	适合我国惯例
4	修改了形状、尺寸、偏差要求	采用我国通用方法
表 1	修改了钢的牌号表示方法	采用我国通用方法
表 1	增加和删除了部分牌号	为保持与我国合金结构钢国家标准 GB/T 3077—2015 一致
表 1	增加了部分牌号硼元素要求，并提供铝、钒、钛实测值	考虑硼元素对钢材淬透性的影响，以及铝、钒、钛对奥氏体晶粒度的影响

表 B.1（续）

本部分的章条编号	技术性差异	原因
5.1.2	修改了化学成分允许偏差的要求	采用我国通用方法
5.2	修改了冶炼方法	按我国冶金标准通用写法
—	删除了钢材淬透性的要求	GB/T 5216—2014 标准已规定了要求淬透性的合金钢牌号
—	删除了表面淬火硬度的要求	对于步进式连续炉、感应线圈进行热处理的方式，此要求无法实现
—	删除了机械加工性能的要求	此要求针对软化退火状态，本部分不包括此交货状态
—	删除了冷剪切性能的要求	适合我国的惯例
表 3	修改了力学性能适用规格范围	适应本部分扩大后的规格范围
5.5	增加了低倍组织检验的要求	为保证钢材质量
5.6	增加了非金属夹杂物检验的要求	为保证钢材质量
—	删除了脱碳层检验要求	本部分交货为调质态，需方进行机加工，加工余量远超脱碳层深度
5.7	增加了交货状态奥氏体晶粒度要求	为保证钢材质量
5.9	增加了剩磁要求	适应行业先进生产水平的要求
5.10	增加了表面质量要求	与 GB/T 3077—2015 切削加工用钢材表面质量要求保持一致
6.1	增加了力学取样位置具体操作细节、制样细节	适应行业先进生产水平的要求
7.4	增加了复验与判定规则	适应行业先进生产水平的要求及我国通用做法
7、8	试验方法、包装标志和质量证明书等执行我国相应的标准	采用我国的通用做法
附录 A	增加本部分与 ISO 683-2:2016 章条编号对照一览表	便于标准理解执行
附录 B	增加本部分与 ISO 683-2:2016 相应技术差异及其原因一览表	便于标准理解执行
附录 C	修改了与标准正文中的牌号化学成分相同或相近的牌号。与美标近似牌号引用标准以 ASTM A29/A29M—2012 热锻及冷加工碳素钢和合金钢棒标准代替了 ASTM A830 按化学成分要求供货的结构级碳素钢板的标准	根据我国国情及标准适用范围重新做了编辑

附 录 C
（资料性附录）
国内外牌号对照表

本部分的牌号与国内外标准相近牌号对照表见表C.1。

表C.1 本部分的牌号与国内外标准相近牌号对照

序号	本部分牌号	ISO 683-2:2016	EN 10083-3:2006	ASTM A29/A29M—2012	JIS G 4053—2008
1	35Cr/35CrS	34Cr4/34CrS4	34Cr4/34CrS4	5135	SCr435
2	40Cr/40CrS	41Cr4/41CrS4	41Cr4/41CrS4	5140	SCr440
3	50CrVA	51CrV4	51CrV4	6150	—
4	25CrMo/25CrMoS	25CrMo4/25CrMoS4	25CrMo4/25CrMoS4	4130	SCM430
5	35CrMo/35CrMoS	34CrMo4/34CrMoS4	34CrMo4/34CrMoS4	4135	SCM435
6	42CrMo/42CrMoS	42CrMo4/42CrMoS4	42CrMo4/42CrMoS4	4140、4142	SCM440
7	50CrMo	—	—	4150	SCM445
8	38CrMoAl	—	—	—	SACM645
9	40CrMnMo	—	—	4140、4142	SCM440
10	30Cr2Ni2Mo	30CrNiMo8	30CrNiMo8	—	—
11	30Cr2Ni4Mo	—	30NiCrMo16-6	—	—
12	34Cr2Ni2Mo	34CrNiMo6	34CrNiMo6	—	—
13	35Cr2Ni4Mo	—	36NiCrMo16	—	—
14	40CrNiMo	—	39NiCrMo3	—	—
15	40CrNi2Mo	—	—	4340	SNCM439
16	40MnB	39MnB5	38MnB5	—	—

附　录　D
（规范性附录）
力学性能试验取样位置

力学性能试验取样位置见图 D.1。

单位为毫米

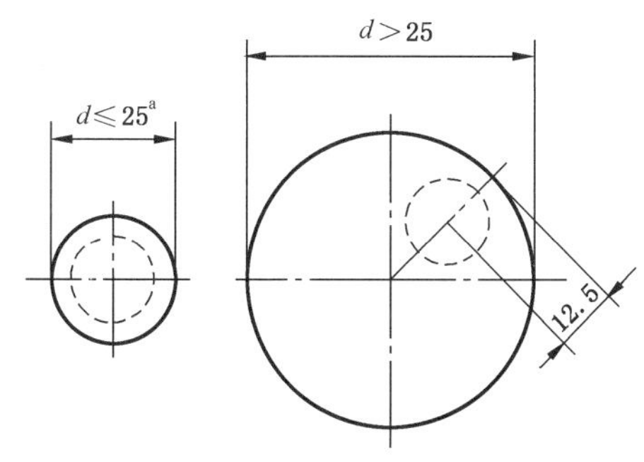

a）　圆钢拉伸试样取样位置

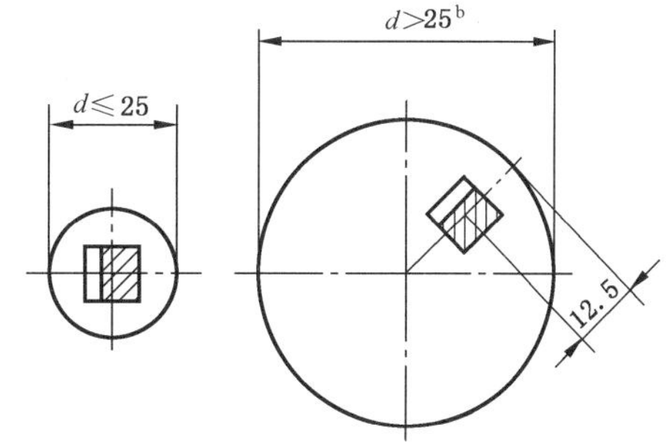

b）　圆钢冲击试样取样位置

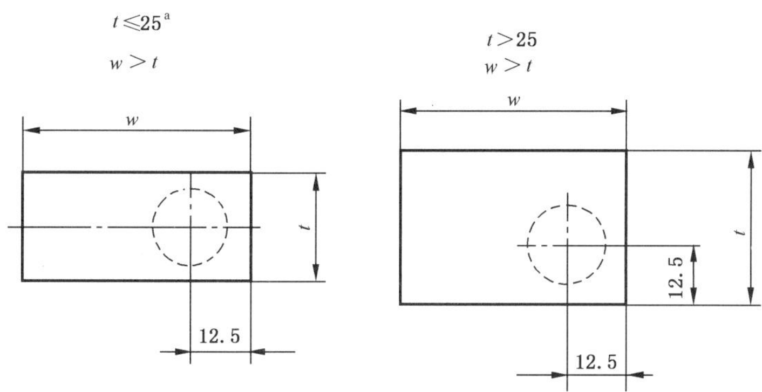

c）　方钢拉伸试样取样位置

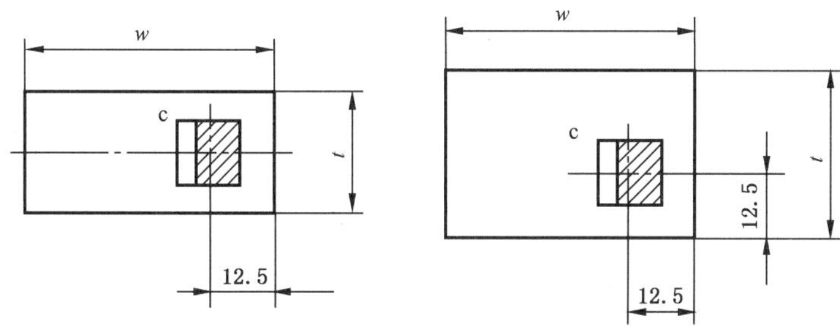

d）　方钢冲击试样取样位置

图 D.1　力学性能试验取样位置

单位为毫米

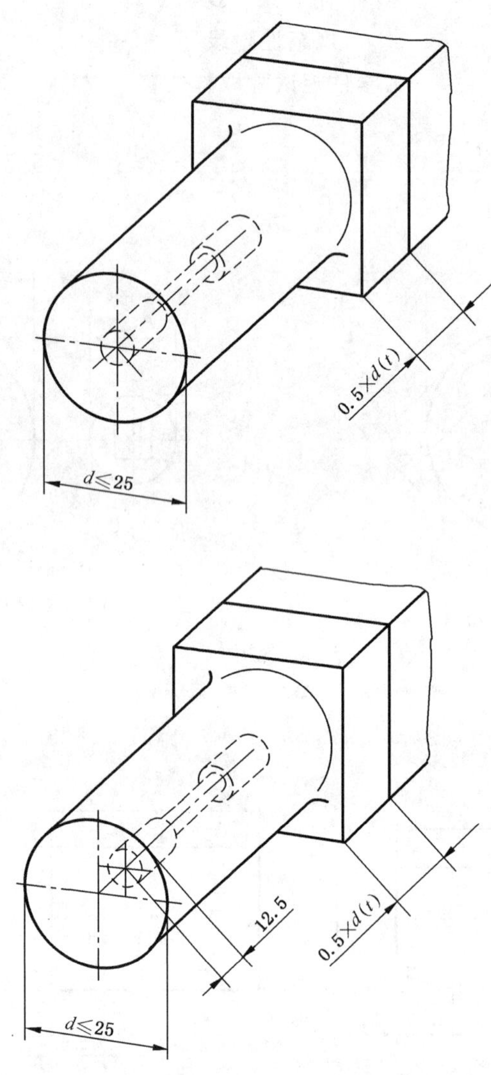

e） 取样位置与钢材端部的距离

说明：

d ——圆钢直径，单位为毫米（mm）；

t ——方钢厚度，单位为毫米（mm）；

w ——方钢宽度，单位为毫米（mm）。

[a] 对于公称尺寸小于 25 mm 的钢材，试样应包括钢材未机加工部分。

[b] 对于圆钢，缺口轴向应平行直径方向。

[c] 对于方钢，缺口轴向应垂直于最宽的轧制表面。

图 D.1（续）